용접

기능장 필기

시대에듀

합격에 윙크[Win-Q]하다

Win-Q

[용접기능장] 필기

Always with you

사람이 길에서 우연하게 만나거나 함께 살아가는 것만이 인연은 아니라고 생각합니다.
책을 펴내는 출판사와 그 책을 읽는 독자의 만남도 소중한 인연입니다.
시대에듀는 항상 독자의 마음을 헤아리기 위해 노력하고 있습니다.
늘 독자와 함께하겠습니다.

머리말

이 교재는 용접기능장을 취득하고자 하는 수험생들이 용접 관련 이론 서적들을 참고하지 않아도 필기시험에 합격할 수 있도록 구성되었습니다.

용접기능장 필기시험의 출제영역은 크게 용접공학, 용접설계시공, 용접재료, 용접자동화, 용접검사, 공업경영에 관한 사항 이렇게 6개 영역으로 구분되는데 한국산업인력공단의 출제기준과 최근 13년간의 기출문제를 철저히 분석하여 핵심이론을 구성하였고 기출문제도 상세히 해설하였습니다.

문제은행식으로 출제되는 국가기술자격의 필기시험은 기출문제가 반복적으로 출제되기 때문에 기출문제를 분석해서 자주 출제되는 문제들을 파악한 후 이와 관련된 이론들을 학습하는 것이 효과적인 합격방법입니다.

이 교재는 용접이라는 분야를 처음 접하는 수험생들이 쉽게 이해할 수 있도록 풀어서 설명하였고, 꼭 알아야만 하는 용접 관련 이론만 엄선해서 핵심이론으로 수록했기 때문에 용접기능장 필기시험을 한 번에 합격하고자 한다면 다음과 같이 교재를 활용하시기 바랍니다.

첫째, 하루에 한 번씩 빨간키의 내용을 암기하십시오. 국가기술자격시험은 60문제 중에서 최소 36문제를 맞히면 되므로 자주 등장하는 기출 어휘들에 노출되는 횟수를 증가시켜 전공용어에 익숙해질 필요가 있습니다.

둘째, 1회분 60개의 기출문제를 1시간 안에 빠른 속도로 학습하고, 이 과정을 여러 번 반복하십시오. 그러면 문제의 키워드와 매칭되는 정답을 쉽게 찾을 수 있습니다.

셋째, 학습순서는 핵심이론을 먼저 정독하기보다 기출(복원)문제와 그 해설을 반복 학습한 뒤 핵심이론은 기출(복원)문제 해설의 보충학습 정도로 활용하십시오.

넷째, 최근 기출복원문제와 해설을 더 꼼꼼하게 학습하십시오.

위와 같은 방법으로 이 교재를 활용한다면 분명 단기간에 용접기능장 필기시험에 합격하실 수 있을 것이라고 자신합니다. 이 교재가 수험생 여러분의 자격증 취득으로 가는 길에 길잡이가 되길 희망합니다.

마지막으로 본 교재가 출간될 수 있도록 도움을 주신 홍종수, 정윤숙, 신원장, 김철희, 박병욱, 오가영 선생님과 시대에듀 회장님 및 임직원 여러분들께도 감사드립니다.

홍순규

시험안내

개요

용접은 조선, 기계, 자동차, 전기, 전자 및 건설 등의 산업에서 제품이나 설비의 제조, 조립, 설치, 보수 등에 이르기까지 광범위하게 사용되고 있다. 이에 따라 용접기술을 향상시키기 위한 제반환경 조성과 전문화된 기능 인력을 양성하기 위하여 자격을 제정하였다.

진로 및 전망

용접의 활용 범위와 소재가 날로 광범위해지고 자동화, 로봇화되면서 용접의 고강도화, 고탄성화, 고정밀화, 용접변형의 극소화가 이루어지고 있으며, 극한 환경 아래에서도 용접이 가능한 무인화가 추진되고 있다. 이에 따라 고도의 현장적용능력과 관리능력을 갖춘 전문인력에 대한 수요가 증가할 것으로 보인다.

시험일정

구분	필기원서접수 (인터넷)	필기시험	필기합격 (예정자)발표	실기원서접수	실기시험	최종 합격자 발표일
제77회	1월 초순	1월 하순	1월 하순	2월 초순	3월 중순	4월 초순
제78회	5월 하순	6월 중순	6월 하순	7월 중순	8월 중순	9월 중순

※ 상기 시험일정은 시행처의 사정에 따라 변경될 수 있으니, www.q-net.or.kr에서 확인하시기 바랍니다.

시험요강

❶ 시행처 : 한국산업인력공단
❷ 관련 학과 : 실업계 고등학교, (전문)대학 산업설비(용접), 금속 등 관련 학과
❸ 시험과목
 ㉠ 필기 : 용접공학, 용접설계시공, 용접재료, 용접자동화, 용접검사, 공업경영에 관한 사항
 ㉡ 실기 : 용접 실무
❹ 검정방법
 ㉠ 필기 : 객관식 4지 택일형 60문항(60분)
 ㉡ 실기 : 작업형(5시간 정도)
❺ 합격기준(필기, 실기) : 100점 만점에 60점 이상

검정현황

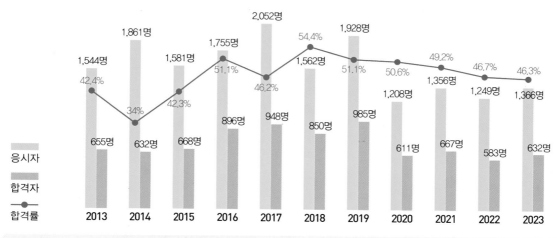

필기시험

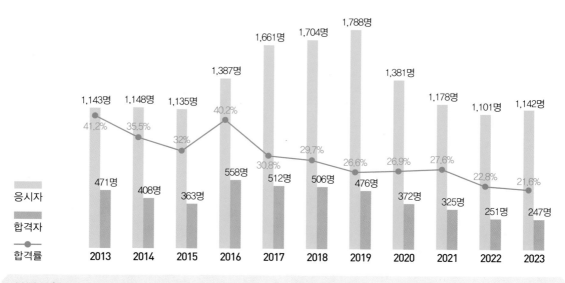

실기시험

시험안내

출제기준

필기과목명	주요항목	세부항목	세세항목
용접공학 · 용접설계시공 · 용접재료 · 용접자동화 · 용접검사 · 공업경영에 관한 사항	용접공학	용접공학	• 용접의 원리 • 용접의 장단점 • 용접의 종류 및 용도
		피복아크용접법	• 피복아크용접기기 • 피복아크용접용 설비 • 피복아크용접봉 • 피복아크용접 기법
		가스용접법	• 가스 및 불꽃 • 가스용접 설비 및 기구 • 산소, 아세틸렌용접 기법
		절단 및 가공	• 가스절단장치 및 방법 • 플라스마, 레이저 절단 • 특수가스 절단 및 아크 절단 • 스카핑 및 가우징
		특수용접 및 기타 용접	• 서브머지드아크용접 • TIG, MIG아크용접 • 이산화탄소가스아크용접 • 플럭스코어드용접 • 플라스마용접 • 일렉트로슬래그, 테르밋용접 및 그래비티용접 • 전자빔용접 • 레이저용접 • 저항용접 • 납땜 및 기타 용접
		각종 금속의 용접	• 탄소강 및 저합금강의 용접 • 주철 및 주강의 용접 • 스테인리스강의 용접

출제비율

용접공학	용접재료	용접설계시공	용접자동화	용접검사	공업경영
50%	25%	8%	1%	6%	10%

필기과목명	주요항목	세부항목	세세항목	
용접공학 · 용접설계시공 · 용접재료 · 용접자동화 · 용접검사 · 공업경영에 관한 사항	용접공학	각종 금속의 용접	• 알루미늄 및 그 합금의 용접 • 동 및 그 합금의 용접 • 기타 철금속, 비철금속 및 그 합금의 용접	
		용접안전	• 피복아크용접 작업안전보건관리 • 물질안전보건관리	
		기계설비법	• 기계설비법령	
	용접재료	용접재료 및 금속재료	• 금속재료의 일반적 성질 • 금속의 결정구조 및 결함 • 금속 및 합금 • 철강의 종류 및 특징 • 비철재료의 종류 및 특징 • 열처리 • 표면경화 및 처리법	
	용접설계시공	용접설계	• 용접구조물의 설계 • 용접이음의 강도 • 용접도면 해독	
		용접시공	• 용접시공계획 • 용접 준비 • 본용접 • 용접 전 · 후처리 • 용접결함, 변형 및 방지대책	
	용접자동화	용접의 자동화	• 자동화 절단 및 용접	• 로봇용접
	용접검사(시험)	파괴, 비파괴 및 기타 검사(시험)	• 인장시험 • 굽힘시험 및 경도시험 • 충격시험 • 방사선투과시험 • 초음파탐상시험 • 자분탐상시험 및 침투탐상시험 • 현미경조직시험 및 기타 시험	
	공업경영	품질관리	• 통계적 방법의 기초 • 관리도	• 샘플링 검사
		생산관리	• 생산계획	• 생산통제
		작업관리	• 작업방법 연구	• 작업시간 연구
		기타 공업경영에 관한 사항	• 기타 공업경영에 관한 사항	

구성 및 특징

---

01 용접공학

제1절 용접공학 일반

핵심이론 01 | 용접(Welding)

① 정 의

용접이란 2개의 서로 다른 물체를 접합하고자 할 때 사용하는 기술이다.

② 용접의 분류

　㉠ 융접 : 접합 부위를 용융시켜 만든 용융 풀에 용가재인 용접봉을 넣어가며 접합시키는 방법이다.

　㉡ 압접 : 접합 부위를 녹기 직전까지 가열한 후 압력을 가해 접합시키는 방법이다.

　㉢ 납땜 : 모재를 녹이지 않고 모재보다 용융점이 낮은 금속(은납 등)을 녹여 접합부에 넣어 표면장력(원자 간 확산침투)으로 접합시키는 방법이다.

③ 용접의 작업 순서

용접할 모재 준비 → 재료 준비 → 절단 및 가공 → 이음부 청소 → 가접 → 본용접 → 검사 → 완성

④ 용접과 타 접합법과의 차이점

구 분	종 류	장점 및 단점
야금적 접합법	용접이음 (융접, 압접, 납땜)	• 결합부에 틈새가 발생하지 않아서 이음효율이 좋다. • 영구적인 결합법으로 한 번 결합 시 분리가 불가능하다.
기계적 접합법	리벳이음, 볼트이음, 나사이음, 핀, 키, 접어잇기 등	• 결합부에 틈새가 발생하여 이음효율이 좋지 않다. • 일시적인 결합법으로 잘못 결합 시 수정이 가능하다.
화학적 접합법	본드와 같은 화학물질에 의한 접합	• 간단하게 결합이 가능하다. • 이음강도가 크지 않다.

더 알아보기!

야금 : 광석에서 금속을 추출하고 용융한 뒤 정련하여 사용목적에 알맞은 형상으로 제조하는 기술

⑤ 용접자세(Welding Position)

자 세	KS 규격	ISO	AWS
아래보기	F(Flat Position)	PA	1G
수 평	H(Horizontal Position)	PC	2G
수 직	V(Vertical Position)	PF	3G
위보기	OH(Overhead Position)	PE	4G

⑥ 용극식 용접법과 비용극식 용접법

　㉠ 용극식 용접법(소모성 전극) : 용가재인 와이어 자체가 전극이 되어 모재와의 사이에서 아크를 발생시키면서 용접 부위를 채워나가는 용접방법이다. 이때 전극의 소모와 …

　　예 서브머지드 …

　　접, 피 …

　㉡ 비용극식 …

　　하여 아크 …

　　접을 녹여 …

　　소모되지 …

　　접의 경우 …

　　예 TIG용 …

핵심이론 06 | 용접법의 종류(2)

① 납땜(Soldering) : 금속의 표면에 용융금속을 접촉시켜 양 금속원자 간의 응집력과 확산작용에 의해 결합시키는 방법으로, 고체금속면에 용융금속이 잘 달라붙는 성질인 Wetting성이 좋은 납땜용 용제의 사용과 성분의 확산현상이 중요하다.

② 저온용접 : 일반용접의 온도보다 낮은 100~500℃에서 진행되는 용접방법이다.

③ 열풍용접 : 용접 부위에 열풍을 불어넣어 용접하는 방법으로, 주로 플라스틱용접에 이용된다.

④ 마찰용접 : 특별한 용가재 없이도 회전력과 압력만이용해서 두 소재를 붙이는 용접방법이다. 환봉이나 파이프 등을 가압한 상태에서 회전시키면 마찰열이 발생하는데, 일정온도에 도달하면 회전을 멈추고 가압시켜 용접한다.

⑤ 고주파용접 : 용접부 주위에 감은 유도코일에 고주파 전류를 흘려서 용접 물체에 2차적으로 유기되는 유도전류의 가열작용을 이용하여 용접하는 방법이다.

⑥ 플러그용접 : 위아래로 겹쳐진 판을 접합할 때 사용하는 용접법으로 위에 놓인 판의 한쪽에 구멍을 뚫고 그 구멍 아래부터 용접을 하면 용접불꽃에 의해 아랫면이 용해되면서 용접이 되며 용가재로 구멍을 채워 용접하는 용접방법이다.

⑦ 논가스아크용접 : 비피복아크용접이라고도 불리며, 솔리드와이어나 플럭스와이어를 사용하여 보호가스 없이도 공기 중에서 직접 용접하는 방법으로 반자동용접 중 가장 간편하다. 보호가스가 필요치 않으므로 바람에도 비교적 안정되어 옥외용접도 가능하다.

⑧ 일렉트로가스아크용접 : 탄산가스(CO_2)를 용접부의 보호가스로 사용하며 탄산가스 분위기 속에서 아크를 발생시켜 그 아크열로 모재를 용융시켜 용접하는 방법이다.

⑨ 오버레이용접 : 내부식성과 내마모성 향상을 위해 실시하는 용접법으로 모재에 약 1mm 이상의 두께로 내마모와 내식, 내열성이 우수한 용접금속을 입히는 용접법이다.

⑩ 그래비티용접(중력용접) : 피복아크용접법에서 생산성 향상을 위해 응용된 방법으로 피복아크용접봉이 용융되면서 소모될 때 용접봉의 지지부가 슬라이드바의 면을 따라 중력에 의해 하강하면서 용접봉이 용접선을 따라 이동하면서 용착되는 방법이다. 아래보기나 수평자세 필릿용접에 주로 사용하며 한 명의 작업자가 여러 대의 용접장치를 사용할 수 있어서 수동용접보다 훨씬 능률적이다. 균일하고 정확한 용접이 가능하다.

10년간 자주 출제된 문제

6-1. 다음 중 압접에 해당되는 용접법은?

① 스폿용접
② 피복금속아크용접
③ 전자빔용접
④ 스터드용접

6-2. 아크용접법에 속하지 않는 것은?

① 프로젝션용접
② 그래비티용접
③ MIG용접
④ 스터드용접

6-3. 다음 용접법 중 압접법에 속하는 것은?

① 초음파용접
② 피복아크용접
③ 산소아세틸렌용접
④ 불활성가스아크용접

해설

6-1
스폿용접(Spot Welding, 점용접)은 저항용접의 일종으로 압접에 속한다.

6-2
프로젝션용접은 저항용접으로 분류된다.

6-3
초음파용접은 비가열식 압접의 일종이다.

정답 6-1 ① 6-2 ① 6-3 ①

핵심이론

필수적으로 학습해야 하는 중요한 이론들을 각 과목별로 분류하여 수록하였습니다.
시험과 관계없는 두꺼운 기본서의 복잡한 이론은 이제 그만! 시험에 꼭 나오는 이론을 중심으로 효과적으로 공부하십시오.

10년간 자주 출제된 문제

출제기준을 중심으로 출제 빈도가 높은 기출문제와 필수적으로 풀어보아야 할 문제를 핵심이론당 1~2문제씩 선정했습니다. 각 문제마다 핵심을 찌르는 명쾌한 해설이 수록되어 있습니다.

2012년 제51회 과년도 기출문제

01 피복아크용접봉 중 내균열성이 가장 우수한 것은?

① E4313
② E4316
③ E4324
④ E4327

해설
저수소계(E4316) 용접봉의 특징
• 기공이 발생하기 쉽다.
• 운봉에 숙련이 필요하다.
• 석회석이나 형석이 주성분이다.
• 이행 용적의 양이 적고, 입자가 크다.
• 용접봉 중 내균열성과 용착강도가 가장 우수하다.
• 강력한 탈산작용으로 강인성이 풍부하다.
• 아크가 다소 불안정하고 균열 감수성이 낮다.
• 용착금속 중의 수소 함량이 타 용접봉에 비해 1/10 정도로 현저하게 적다.
• 보통 저탄소강의 용접에 주로 사용되나 저합금강과 중·고탄소강의 용접에도 사용된다.
• 피복제는 습기를 잘 흡수하기 때문에 사용 전에 300~350℃에서 1~2시간 건조 후 사용해야 한다.
• 균열에 대한 감수성이 좋아 구속도가 큰 구조물의 용접이나 탄소 및 황의 함유량이 많은 쾌삭강의 용접에 사용한다.

02 아세틸렌가스의 성질 중 틀린 것은?

① 순수한 아세틸렌가스는 무색, 무취이다.
② 아세틸렌가스의 비중은 0.906으로 공기보다 가볍다.
③ 아세틸렌가스는 산소와 적당히 혼합하여 연소시키면 낮은 열을 낸다.
④ 아세틸렌가스는 아세톤에 25배가 용해된다.

해설
아세틸렌가스(Acetylene, C_2H_2)
• 400℃ 근처에서 자연 발화한다.
• 카바이드(CaC_2)를 물에 작용시켜 제조한다.
• 가스용접이나 절단 작업 시 연료가스로 사용된다.
• 구리나 은, 수은 등과 반응할 때 폭발성 물질이 생성된다.
• 산소와 적당히...
• 아세틸렌가스...가볍다.
• 아세틸렌가...가스이다.
• 각종 액체에...
  알코올은 : 6...
• 가스봄베(병...압 이상으로...
• 아세틸렌가...로 한다. 이...
• 순수한 카바...생하여, 보통...시킨다.
• 순수한 아세...에 포함된 불...가 난다.
• 아세틸렌이...하지만 실제...산소가 필요...
• 아세틸렌은...아세틸렌 1...

2024년 제76회 최근 기출복원문제

01 다음 중 용접이음의 단점이 아닌 것은?

① 내부결함이 생기기 쉽고 정확한 검사가 어렵다.
② 용접사의 기능에 따라 용접부의 강도가 좌우된다.
③ 다른 이음작업과 비교하여 작업 공정이 많은 편이다.
④ 잔류응력이 발생하기 쉬워서 이를 제거해야 하는 작업이 필요하다.

해설
용접은 다른 이음작업에 비해 작업 공정이 적은편이다.
용접이음의 단점
• 내부결함이 생기기 쉽고 정확한 검사가 어렵다.
• 용접사의 기능에 따라 용접부의 강도가 좌우된다.
• 잔류응력이 발생하기 쉬워 이를 제거해야 하는 작업이 필요하다.

02 다음 용접법 중 압접에 해당되는 것은?

① MIG용접
② 서브머지드 아크용접
③ 점용접
④ TIG용접

해설
용접법의 분류

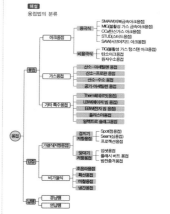

03 피복아크용접봉의 단면적 1mm²에 대한 적당한 전류밀도는?

① 6~9A
② 10~13A
③ 14~17A
④ 18~21A

과년도 기출문제

지금까지 출제된 과년도 기출문제를 수록하였습니다. 각 문제에는 자세한 해설이 추가되어 핵심 이론만으로는 아쉬운 내용을 보충 학습하고 출제 경향의 변화를 확인할 수 있습니다.

최근 기출복원문제

최근에 출제된 기출문제를 복원하여 가장 최신의 출제경향을 파악하고 새롭게 출제된 문제의 유형을 익혀 처음 보는 문제들도 모두 맞힐 수 있도록 하였습니다.

최신 기출문제 출제경향

- 용접 입열량 구하기
- 가연성가스의 발열량
- 직류용접기와 교류용접기의 차이점
- 탄산가스아크용접에서의 전진법과
  후진법의 차이점

- 전기저항용접의 3요소
- 프로젝션용접의 특징
- 스테인리스강의 조직학상 분류
- 금속침투법의 종류 및 침투원소

2018년	2019년	2019년	2020년
64회	65회	66회	67회

- 아크쏠림 방지대책
- 레이저빔용접의 특징
- 일렉트로슬래그용접의 특징
- 표준드래그 길이 : 판 두께의 20%

- 테르밋용접의 특징
- 용접구조 설계상 주의사항
- 표면경화법의 종류 및 특징
- 저수소계 용접봉 건조온도 및 시간

- 용착효율의 정의
- 일렉트로슬래그용접의 특징
- 가스용접 방법 중 전진법의 특징
- 용접이음 설계 시 주의사항

- 마우러조직도의 특징
- 탄산가스(CO_2)아크용접의 특징
- 용접 후 열처리의 목적
- 계수치 관리도의 종류

2021년	2022년	2023년	2024년
69회	72회	74회	76회

- 저수소계 용접봉의 특징
- 스카핑의 정의
- 레이저용접의 장점
- 용접변형방지법의 종류 및 특징

- 아크절단법의 종류 및 특징
- TIG용접에 사용되는 텅스텐 전극봉의 종류
- 구리 및 구리 합금의 용접성 및 그 특징
- 강의 표면경화법의 종류 및 특징

이 책의 목차

빨리보는 간단한 키워드 ────────

빨간키

#합격비법 핵심 요약집   #최다 빈출키워드   #시험장 필수 아이템

▌ 용접과 타 접합법과의 차이점

구 분	종 류	장점 및 단점
야금적 접합법	용접이음(융접, 압접, 납땜)	• 결합부에 틈새가 발생하지 않아서 이음효율이 좋다. • 영구적인 결합법으로 한번 결합 시 분리가 불가능하다.
기계적 접합법	리벳이음, 볼트이음, 나사이음, 핀, 키, 접어 잇기 등	• 결합부에 틈새가 발생하여 이음효율이 좋지 않다. • 일시적인 결합법으로 잘못 결합 시 수정이 가능하다.
화학적 접합법	본드와 같은 화학물질에 의한 접합	• 간단하게 결합이 가능하다. • 이음강도가 크지 않다.

※ 야금 : 광석에서 금속을 추출하고 용융한 뒤 정련하여 사용목적에 알맞은 형상으로 제조하는 기술

▌ 용접자세(Welding Position)

자 세	아래보기	위보기	수 평	수 직
KS 규격	F(Flat Position)	OH(Overhead Position)	H(Horizontal Position)	V(Vertical Position)

▌ 아크쏠림(자기불림)의 방지대책

- 교류용접기를 사용한다.
- 접지점을 2개 연결한다.
- 아크길이를 최대한 짧게 유지한다.
- 접지부를 용접부에서 최대한 멀리한다.
- 용접봉 끝을 아크쏠림의 반대방향으로 기울인다.

▌ 핫스타트장치

아크 발생 초기에 용접봉과 모재가 냉각되어 있어서 아크가 불안정하게 발생되는데 아크를 더 쉽게 발생시키기 위해 아크 발생 초기에만 용접전류를 특별히 크게 하는 장치이다.

▌ 이음효율(η) : 용접은 리벳과 같은 기계적 접합법보다 이음효율이 좋다.

$$이음효율(\eta) = \frac{시험편\ 인장강도}{모재\ 인장강도} \times 100\%$$

▌ 용접부 홈의 형상 및 명칭

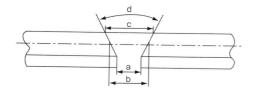

a : 루트 간격
b : 루트면 중심거리
c : 용접면 간격
d : 개선각(홈각도)

▌ 홈 형상별 특징

- I형 홈이음 형상 : 판두께 6mm 이하에 적용한다.
- H형 홈이음 형상 : 두꺼운 판을 양쪽에서 용접하므로 완전한 용입을 얻을 수 있다.

▌ 용접법의 분류

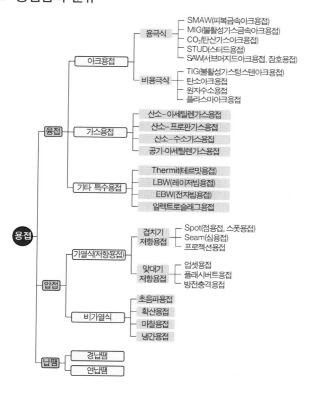

▌ 납땜용 용제의 종류

경납용 용제(Flux)		연납용 용제(Flux)	
• 붕 사	• 붕 산	• 송 진	• 인 산
• 플루오린화나트륨	• 플루오린화칼륨	• 염 산	• 염화아연
• 은 납	• 황동납	• 염화암모늄	• 주석-납
• 인동납	• 망가니즈납	• 카드뮴-아연납	• 저융점 땜납
• 양은납	• 알루미늄납		

■ 직류아크용접기와 교류아크용접기의 차이점

특 성	직류아크용접기	교류아크용접기
아크안정성	우수하다.	보통이다.
비피복봉 사용 여부	가능하다.	불가능하다.
극성변화	가능하다.	불가능하다.
아크(자기)쏠림방지	불가능하다.	가능하다.
무부하전압	약간 낮다(40~60V).	높다(70~80V).
전격의 위험	적다.	많다.
유지보수	다소 어렵다.	쉽다.
고 장	비교적 많다.	적다.
구 조	복잡하다.	간단하다.
역 률	양호하다.	불량하다.
가 격	고가이다.	저렴하다.

■ AW-300 교류아크용접기에서 300은 정격 2차 전류(출력전류)가 300A 흐를 수 있는 용량을 값으로 표현한 것이다.

■ 교류아크용접기의 종류별 특징

- 가동철심형 : 가동철심으로 누설자속을 가감하여 전류를 조정한다.
- 가동코일형 : 용접기의 핸들로 1차 코일을 상하로 이동시켜 2차 코일의 간격을 변화시켜 전류를 조정한다.
- 탭전환형 : 코일의 감긴 수에 따라 전류를 조정한다. 미세전류를 조정 시 무부하전압이 높아서 전격의 위험이 크다.
- 가포화리액터형 : 조작이 간단하고 원격제어가 가능하다. 가변저항의 변화로 용접전류를 조정한다. 전기적 전류 조정으로 소음이 없고 기계의 수명이 길다.

■ 피복금속아크용접기의 사용률

$$\text{사용률(\%)} = \frac{\text{아크발생시간}}{\text{아크발생시간 + 정지시간}} \times 100\%$$

■ 아크용접기의 허용사용률

$$\text{허용사용률(\%)} = \frac{(\text{정격 2차 전류})^2}{(\text{실제용접전류})^2} \times \text{정격사용률(\%)}$$

▌ 용접입열

$$H = \frac{60EI}{v} \; (\text{J/cm})$$

- H : 용접단위길이 1cm당 발생하는 전기적 에너지
- E : 아크전압(V)
- I : 아크전류(A)
- v : 용접속도(cm/min)

▌ 아크용접기의 극성에 따른 특징

직류정극성 (DCSP ; Direct Current Straight Polarity)	• 용입이 깊다. • 비드 폭이 좁다. • 용접봉의 용융속도가 느리다. • 후판(두꺼운 판)용접이 가능하다. • 모재에는 (+)전극이 연결되며 70% 열이 발생하고, 용접봉에는 (−)전극이 연결되며 30% 열이 발생한다.
직류역극성 (DCRP ; Direct Current Reverse Polarity)	• 용입이 얕다. • 비드 폭이 넓다. • 용접봉의 용융속도가 빠르다. • 박판(얇은 판)용접이 가능하다. • 주철, 고탄소강, 비철금속의 용접에 쓰인다. • 모재에는 (−)전극이 연결되며 30% 열이 발생하고, 용접봉에는 (+)전극이 연결되며 70% 열이 발생한다.
교류(AC)	• 극성이 없다. • 전원주파수의 $\frac{1}{2}$사이클마다 극성이 바뀐다. • 직류정극성과 직류역극성의 중간적 성격이다.

▌ 용접봉의 건조온도

일반용접봉	약 100℃로 30분~1시간
저수소계 용접봉	약 300~350℃에서 1~2시간

▌ 피복금속아크용접봉의 종류

- E4301 : 일미나이트계
- E4311 : 고셀룰로스계
- E4316 : 저수소계
- E4326 : 철분저수소계
- E4303 : 라임티타니아계
- E4313 : 고산화타이타늄계
- E4324 : 철분산화타이타늄계
- E4327 : 철분산화철계

▌ 피복아크용접봉의 편심률(e) : 3% 이내

▌ 피복제(Flux)의 역할

- 아크안정
- 보호가스 발생
- 아크의 집중성 향상
- 용착금속의 탈산·정련작용
- 용적(쇳물)을 미세화로 용착효율 향상
- 전기절연
- 스패터 발생 감소
- 용착금속의 급랭 방지
- 용융금속과 슬래그의 유동성 향상

▌ 심선을 둘러싸는 피복배합제의 종류

배합제	용도	종류
고착제	심선에 피복제를 고착시킨다.	규산나트륨, 규산칼륨, 아교
탈산제	용융금속중의 산화물을 탈산·정련한다.	크로뮴, 망가니즈, 알루미늄, 규소철, 톱밥, 페로망가니즈(Fe-Mn), 페로실리콘(Fe-Si), Fe-Ti, 망가니즈철, 소맥분(밀가루)
가스발생제	중성, 환원성가스를 발생하여 대기와의 접촉을 차단하여 용융금속의 산화나 질화를 방지한다.	아교, 녹말, 톱밥, 탄산바륨, 셀룰로이드, 석회석, 마그네사이트
아크안정제	아크를 안정시킨다.	산화타이타늄, 규산칼륨, 규산나트륨, 석회석
슬래그생성제	용융점이 낮고 가벼운 슬래그를 만들어 산화나 질화를 방지한다.	석회석, 규사, 산화철, 일미나이트, 이산화망가니즈
합금첨가제	용접부의 성질을 개선하기 위해 첨가한다.	페로망가니즈, 페로실리콘, 니켈, 몰리브데넘, 구리

▌ 피복금속아크용접 기법

- 용접봉 운봉방향(용착방향)에 의한 분류

전진법	한쪽 끝에서 다른쪽 끝으로 용접을 진행하는 방법으로 용접 진행방향과 용착방향이 서로 같다.
후퇴법	용접을 단계적으로 후퇴하면서 전체 길이를 용접하는 방법으로 용접 진행방향과 용착방향이 서로 반대가 된다.
대칭법	변형과 수축응력의 경감법으로 용접의 전길이에 걸쳐 중심에서 좌우 또는 용접물 형상에 따라 좌우대칭으로 용접하는 기법이다.
스킵법(비석법)	용접부 전체의 길이를 5개 부분으로 나누어 놓고 1-4-2-5-3 순으로 용접하는 방법이다.

- 다층용접법에 의한 분류

덧살올림법(빌드업법)	각 층마다 전체의 길이를 용접하면서 쌓아올리는 가장 일반적인 방법이다.
전진블록법	한 개의 용접봉으로 살을 붙일만한 길이로 구분해서 홈을 한 층 완료한 후 다른 층을 용접하는 방법이다.
캐스케이드법	한 부분의 몇 층을 용접하다가 다음 부분의 층으로 연속시켜 전체가 단계를 이루도록 용착시켜 나가는 방법이다.

▌ 아세틸렌가스(Acetylene, C_2H_2)

- 400℃ 근처에서 자연 발화한다.
- 카바이드(CaC_2)를 물에 작용시켜 제조한다.
- 아세틸렌 15%, 산소 85% 부근이 가장 위험하다.
- 구리나 은, 수은 등과 반응할 때 폭발성 물질이 생성된다.
- 산소와 적당히 혼합 후 연소시키면 3,000~3,500℃의 고온을 낸다.

- 각종 액체에 용해가 잘된다(물−1배, 석유−2배, 벤젠−4배, 알코올−6배, 아세톤−25배).
- 가스봄베(병) 내부가 1.5기압 이상이 되면 폭발위험이 있고 2기압 이상으로 압축하면 폭발한다.

▌ 가스용접봉의 표시(예 GA46 가스용접봉의 경우)

G	A	46
가스용접봉	용착금속의 연신율 구분	용착금속의 최저인장강도(kgf/mm²)

▌ 불꽃의 이상현상

- 역류 : 토치 내부의 청소가 불량할 때 내부기관에 막힘이 생겨 고압의 산소가 밖으로 배출되지 못하고 압력이 낮은 아세틸렌쪽으로 흐르는 현상
- 역화 : 토치의 팁 끝이 모재에 닿아 순간적으로 막히거나 팁의 과열 또는 사용가스의 압력이 부적당할 때 팁 속에서 폭발음을 내면서 불꽃이 꺼졌다가 다시 나타나는 현상
- 인화 : 팁 끝이 순간적으로 막히면 가스의 분출이 나빠지고, 가스혼합실까지 불꽃이 도달하여 토치를 빨갛게 달구는 현상

▌ 산소−아세틸렌불꽃에서 속불꽃의 온도가 가장 높다.

▌ 가스용기(봄베)는 반드시 세워서 보관해야 한다.

▌ 가스용접봉 지름$(D) = \dfrac{판두께(T)}{2} + 1$

▌ 가스용접용 용제의 특징

- 용융온도가 낮은 슬래그를 생성한다.
- 모재의 용융점보다 낮은 온도에서 녹는다.
- 일반적으로 연강은 용제를 사용하지 않는다.
- 불순물을 제거함으로써 용착금속의 성질을 좋게 한다.
- 단독으로 사용하는 것보다 혼합제로 사용하는 것이 좋다.
- 용제를 지나치게 많이 사용하면 오히려 용접을 곤란하게 한다.
- 용접 중에 생기는 금속의 산화물이나 비금속 개재물을 용해한다.
- 용접 직전의 모재 및 용접봉에 옅게 바른 다음 불꽃으로 태워 사용한다.

■ **가스절단 및 가공법**

- 산소창절단 : 가늘고 긴 강관(안지름 3.2~6mm, 길이 1.5~3m)을 사용해서 절단산소를 큰 강괴의 심부에 분출시켜 창으로 불리는 강관 자체가 함께 연소되면서 절단이 되는 방법으로, 주로 두꺼운 강판이나 주철, 강괴 등의 절단에 사용된다.

- 분말절단 : 철분이나 플럭스분말을 연속적으로 절단산소 속에 혼입시켜서 공급하여 그 반응열을 이용한 절단방법이다.

- 아크에어가우징 : 탄소봉을 전극으로 하여 아크를 발생시킨 후 절단을 하는 탄소아크절단법에 약 5~7kgf/cm²인 고압의 압축공기를 병용하는 것으로 용융된 금속을 탄소봉과 평행으로 분출하는 압축공기를 전극홀더의 끝부분에 위치한 구멍을 통해 연속해서 불어내 홈을 파내는 방법이다.

- 플라스마아크절단 : 플라스마 기류가 노즐을 통과할 때 열적 핀치효과로 20,000~30,000℃의 플라스마아크가 만들어지는데, 이 초고온의 플라스마아크를 절단 열원으로 사용하여 가공물을 절단하는 방법이다.

- 가스가우징 : 용접결함(압연강재나 주강의 표면결함)이나 가접부 등의 제거를 위하여 가스절단과 비슷한 토치를 사용해서 용접부분의 뒷면을 따내거나 U형, H형의 용접홈을 가공하기 위하여 깊은 홈을 파내는 가공방법으로, 가스절단보다 2~5배의 속도로 작업할 수 있다.

- 스카핑 : 강괴나 강편, 강재 표면의 흠이나 개재물, 탈탄층 등을 제거하기 위한 불꽃가공으로 가능한 한 얇으면서 타원형의 모양으로 표면을 깎아내는 가공법으로 종류에는 열간스카핑, 냉간스카핑, 분말스카핑이 있다.

■ **절단팁의 종류**

동심형 팁(프랑스식)	이심형 팁(독일식)
• 동심원의 중앙 구멍으로 고압산소를 분출하고 외곽 구멍으로는 예열용 혼합가스를 분출한다. • 가스절단에서 전후, 좌우 및 직선절단을 자유롭게 할 수 있다.	• 고압가스 분출구와 예열가스 분출구가 분리된다. • 예열용 분출구가 있는 방향으로만 절단 가능하다. • 작은 곡선 및 후진 등의 절단은 어렵지만 직선절단의 능률이 높고, 절단면이 깨끗하다.

■ **수중 절단작업에 주로 사용되는 가연성 가스** : 수소가스

■ **서브머지드아크용접**

용접 부위에 미세한 입상의 플럭스를 용제호퍼를 통해 다량으로 공급하면서 도포하고 용접선과 나란히 설치된 레일 위를 주행대차가 지나가면서 와이어 릴에 감겨 있는 와이어를 이송롤러를 통해 용접부로 공급시키면 플럭스 내부에서 아크가 발생하는 자동용접법이다.

▌ 서브머지드아크용접에 사용되는 용제의 특징

용융형 용제	소결형 용제
• 고속용접이 가능하다. • 화학적으로 안정되어 있다. • 조성이 균일하고 흡습성이 작다. • 미용융된 용제의 재사용이 가능하다. • 입도가 작을수록 용입이 얕고 너비가 넓으며 미려한 비드를 생성한다. • 작은 전류에는 입도가 큰 거친 입자를, 큰 전류에는 입도가 작은 입자를 사용한다.	• 고전류에서 작업성이 좋다. • 슬래그 박리성이 우수하다. • 용융형 용제에 비해 용제의 소모량이 적다. • 전류에 상관없이 동일한 용제로 용접이 가능하다. • 분말형태로 작게 만든 후 결합하여 만들어서 흡습성이 가장 높다. • 흡습성이 높아서 사용 전 150~300℃에서 1시간 정도 건조해서 사용해야 한다.

▌ 서브머지드아크용접의 다전극 용극방식

• 탠덤식 : 2개의 와이어를 독립전원(AC-DC 또는 AC-AC)에 연결한 후 아크를 발생시켜 한 번에 다량의 용착금속을 얻는 방식이다.

• 횡병렬식 : 2개의 와이어를 독립전원에 직렬로 흐르게 하여 아크의 복사열로 모재를 용융시켜 다량의 용착금속을 얻는 방식으로 용접 폭이 넓고 용입이 깊다.

• 횡직렬식 : 2개의 와이어를 한 개의 같은 전원에(AC-AC 또는 DC-DC) 연결한 후 아크를 발생시켜 그 복사열로 다량의 용착금속을 얻는 방법으로 용입이 얕아서 스테인리스강의 덧붙이용접에 사용한다.

▌ TIG용접(불활성가스텅스텐아크용접)의 정의

Tungsten(텅스텐)재질의 전극봉으로 아크를 발생시킨 후 모재와 같은 성분의 용가재를 녹여가며 용접하는 특수용접법으로 불활성가스텅스텐아크용접으로도 불린다. 용접표면을 Inert Gas(불활성가스)인 Ar(아르곤)가스로 보호하기 때문에 용접부가 산화되지 않아 깨끗한 용접부를 얻을 수 있다.

▌ TIG용접에서 고주파교류(ACHF)를 전원으로 사용하는 이유

• 긴 아크 유지가 용이하다.

• 아크를 발생시키기 쉽다.

• 비접촉에 의해 용착금속과 전극의 오염을 방지한다.

• 전극의 소모를 줄여 텅스텐 전극봉의 수명을 길게 한다.

• 고주파전원을 사용하므로 모재에 접촉시키지 않아도 아크가 발생한다.

• 동일한 전극봉에서 직류정극성(DCSP)에 비해 고주파교류(ACHF)가 사용전류범위가 크다.

▌ MIG용접(불활성가스금속아크용접)

용가재인 전극와이어($1.0 \sim 2.4\phi$)를 연속적으로 보내어 아크를 발생시키는 방법으로 용극식 또는 소모식 불활성가스아크용접법이라 한다. Air Comatic, Sigma, Filler Arc, Argonaut용접법 등으로도 불린다. 불활성가스로는 주로 Ar을 사용한다.

▮ MIG용접용 와이어 송급방식

- Push방식 : 미는 방식
- Pull방식 : 당기는 방식
- Push-pull방식 : 밀고 당기는 방식

▮ MIG용접 시 용융금속의 이행방식에 따른 분류

이행방식	특 징
단락이행	• 박판용접에 적합하고 모재로의 입열량이 적고 용입이 얕다. • 용융금속이 표면장력의 작용으로 모재에 옮겨가는 용적이행이다.
입상이행(글로뷸러, Globular)	대전류영역에서 초당 90회 정도의 와이어보다 큰 용적으로 용융되어 모재로 이행된다.
스프레이 이행	• 미입자의 용적으로 분사되어 모재에 옮겨가면서 용착되는 용적이행이다. • 용착속도가 빠르고 능률적이다.
맥동이행(펄스아크)	박판용접 시 용락으로 인해 용접이 불가능하게 되었을 때 낮은 전류에서도 스프레이이행이 이루어지게 하여 박판용접을 가능하게 한다.

※ MIG용접에서는 스프레이이행 형태를 가장 많이 사용한다.

▮ CO₂가스아크용접(이산화탄소, 탄산가스아크용접)

Coil로 된 용접와이어를 송급모터에 의해 용접토치까지 연속으로 공급시키면서 토치팁을 통해 빠져나온 통전된 와이어 자체가 전극이 되어 모재와의 사이에 아크를 발생시켜 접합하는 용극식 용접법이다.

▮ 스터드용접(Stud Welding)

아크용접의 일부로서 봉재, 볼트 등의 스터드를 판 또는 프레임 등의 구조재에 직접 심는 능률적인 용접방법이다. 여기서 스터드란 판재에 덧대는 물체인 봉이나 볼트같이 긴 물체를 일컫는 용어이다.

▮ 테르밋용접(Thermit Welding)

산화철과 알루미늄분말을 3 : 1로 혼합한 테르밋제를 만든 후 약 1,000℃로 점화시키면 약 2,800℃의 열이 발생되어 만들어진 용융강을 용접 부위에 주입 후 서랭하여 용접을 완료한다. 철도레일이나 차축, 선박의 프레임 접합에 주로 사용된다. 전기가 필요없고 용접시간이 짧고 변형이 크지 않다. 테르밋용접 이음부의 예열온도는 800~900℃가 적당하다.

▮ 플라스마아크용접(플라스마제트용접)

높은 온도를 가진 플라스마를 한 방향으로 모아서 분출시키는 것을 일컬어 플라스마제트라고 부르며, 이를 이용하여 용접이나 절단에 사용하는 용접방법이 플라스마아크용접이다. 설비비가 많이 드는 단점이 있다.

플라스마아크용접용 아크의 이행형태 종류

- 이행형 아크 : 용입이 깊다.
- 비이행형 아크 : 용입이 얕고 비드가 넓다.
- 중간형 아크 : 이행형과 비이행형 아크의 중간적 성질을 갖는다.

일렉트로슬래그용접

용융된 슬래그와 용융금속이 용접부에서 흘러나오지 못하도록 수랭동판으로 둘러싸고 이 용융풀에 용접봉을 연속적으로 공급하는데 이때 발생하는 용융슬래그의 저항열에 의하여 용접봉과 모재를 연속적으로 용융시키면서 용접하는 방법으로 선박이나 보일러와 같이 두꺼운 판의 용접에 적합하다. 수직 상진으로 단층용접하는 방식으로 용접전원으로는 정전압형 교류를 사용한다.

일렉트로슬래그용접의 주요특징

- 용접이 능률적이다.
- 전기저항열에 의한 용접이다.
- 용접시간이 적어서 용접 후 변형이 적다.
- 용접 진행 중에 용접부를 직접 관찰할 수는 없다.
- 다전극을 이용하면 더 효과적인 용접이 가능하다.
- 후판용접을 단일층으로 한 번에 용접할 수 있다.

철의 결정구조

종 류	성 질	원 소	단위격자	배위수	원자충진율
체심입방격자(BCC ; Body Centered Cubic)	• 강도가 크다. • 용융점이 높다. • 전성과 연성이 작다.	W, Cr, Mo, V, Na, K	2개	8	68%
면심입방격자(FCC ; Face Centered Cubic)	• 전기전도도가 크다. • 가공성이 우수하다. • 장신구로 사용된다. • 전성과 연성이 크다. • 연한 성질의 재료이다.	Al, Ag, Au, Cu, Ni, Pb, Pt, Ca	4개	12	74%
조밀육방격자(HCP ; Hexagonal Close Packed lattice)	• 전성과 연성이 작다. • 가공성이 좋지 않다.	Mg, Zn, Ti, Be, Hg, Zr, Cd, Ce	2개	12	70.4%

※ 결정구조란 3차원 공간에서 규칙적으로 배열된 원자의 집합체를 말한다.

금속의 비중

경금속				중금속									
Mg	Be	Al	Ti	Cr	Mn	Fe	Ni	Cu	Mo	Ag	Pb	W	Au
1.7	1.8	2.7	4.5	7.1	7.4	7.8	8.9	8.9	10.2	10.4	11.3	19.1	19.3

※ 경금속과 중금속을 구분하는 비중의 경계 : 4.5

금속의 용융점($^\circ$C)

W	Cr	Fe	Ni	Cu	Au	Ag	Al	Mg	Zn	Hg
3,410	1,860	1,538	1,453	1,083	1,063	960	660	650	420	−38.4

적열취성 : S(황)의 함유량이 많은 탄소강이 900°C 부근에서 적열(赤熱)상태가 되었을 때 파괴되는 성질로 Mn(망가니즈)을 합금하여 S을 MnS로 석출시켜 방지한다.

상온취성

P(인)의 함유량이 많은 탄소강이 상온(약 24°C)에서 충격치가 떨어지면서 취성이 커지는 현상이다.

■ **강괴의 종류**

- 킬드강 : 평로, 전기로에서 제조된 용강을 Fe-Mn, Fe-Si, Al 등으로 완전히 탈산시킨 강
- 세미킬드강 : Al으로 림드강과 킬드강의 중간 정도로 탈산시킨 강
- 림드강 : 평로, 전로에서 제조된 것을 Fe-Mn으로 가볍게 탈산시킨 강
- 캡트강 : 림드강을 주형에 주입한 후 탈산제를 넣거나 주형에 뚜껑을 덮고 리밍작용을 억제하여 내부를 조용하게 응고시키는 것에 의해 강괴의 표면 부근을 림드강처럼 깨끗한 것으로 만듦과 동시에 내부를 세미킬드강처럼 편석이 적은 상태로 만든 강

■ **크리프**

고온에서 재료에 일정 크기의 하중(정하중)을 작용시키면 시간이 경과함에 따라 변형이 증가하는 현상이다.

■ **펄라이트(Pearlite)**

α철(페라이트) + Fe_3C(시멘타이트)의 층상구조조직으로 질기고 강하다.

■ **Fe-C계 평형상태도에서의 3개 불변반응**

종 류	반응온도	탄소함유량	반응내용	생성조직
공석반응	723℃	0.8%	γ고용체 $\leftrightarrow$ α고용체 + Fe_3C	펄라이트조직
공정반응	1,147℃	4.3%	융체(L) $\leftrightarrow$ γ고용체 + Fe_3C	레데부라이트조직
포정반응	1,494℃(1,500℃)	0.18%	δ고용체 +융체(L) $\leftrightarrow$ γ고용체	오스테나이트조직

■ **탄소함유량 증가에 따른 철강의 특성**

- 경도 증가
- 취성 증가
- 항복점 증가
- 충격치 감소
- 인장강도 증가
- 인성 및 연신율, 단면수축률 감소

■ 주철과 강을 분류하는 기준은 2%의 탄소함유량이다.

■ **주조경질합금**

스텔라이트(Stellite)로도 불리는 주조경질합금은 Co(코발트)를 주성분으로 한 Co-Cr-W-C계의 합금이다. 800 ℃의 절삭열에도 경도변화가 없고 열처리가 불필요하며 고속도강보다 2배의 절삭속도로 가공이 가능하나 내구성 과 인성이 작다. 그리고 청동이나 황동의 절삭재료로도 사용된다.

▌ 초경합금(소결 초경합금)

1,100℃의 고온에서도 경도변화 없이 고속절삭이 가능한 절삭공구로 WC, TiC, TaC 분말에 Co나 Ni 분말을 함께 첨가한 후 1,400℃ 이상의 고온으로 가열하면서 프레스로 소결시켜 만든다. 진동이나 충격을 받으면 쉽게 깨지는 단점이 있으나 고속도강의 4배의 절삭속도로 가공이 가능하다.

▌ 스테인리스강의 분류

구 분	종 류	주요성분	자 성
Cr계	페라이트계 스테인리스강	Fe + Cr 12% 이상	자성체
	마텐자이트계 스테인리스강	Fe + Cr 13%	자성체
Cr + Ni계	오스테나이트계 스테인리스강	Fe + Cr 18% + Ni 8%	비자성체
	석출경화계 스테인리스강	Fe + Cr + Ni	비자성체

▌ 오스테나이트계 스테인리스강은 높은 열이 가해질수록 탄화물이 더 빨리 발생하여 입계부식을 일으키므로 가능한 용접입열을 작게 해야 한다.

▌ 개량처리의 정의

Al에 Si(규소, 실리콘)가 고용될 수 있는 한계는 공정온도인 577℃에서 약 1.6%이고, 공정점은 12.6%이다. 이 부근의 주조조직은 육각판의 모양으로 크고 거칠며 취성이 있어서 실용성이 없다. 이 합금에 나트륨이나 수산화나트륨, 플루오린화알칼리, 알칼리염류 등을 용탕 안에 넣고 10~50분 후에 주입하면 조직이 미세화되며 공정점과 온도가 14%, 556℃로 이동하는데 이 처리를 개량처리라고 한다. 실용합금으로는 10~13%의 Si가 함유된 실루민 (Silumin)이 유명하다.

▌ 알루미늄 방식법의 종류
- 수산법
- 황산법
- 크로뮴산법
- 알루미나이트법

▌ 구리합금의 대표적인 종류

청 동	Cu + Sn, 구리 + 주석	황 동	Cu + Zn, 구리 + 아연

▌황동의 종류

톰 백	Cu에 Zn을 5~20% 합금한 것으로 색깔이 아름답고 냉간가공이 쉽게 되어 단추나 금박, 금 모조품과 같은 장식용 재료로 사용된다.
문쯔메탈	60%의 Cu와 40%의 Zn이 합금된 것으로 인장강도가 최대이며, 강도가 필요한 단조제품이나 볼트, 리벳용 재료로 사용한다.
알브락	Cu 75% + Zn 20% + 소량의 Al, Si, As의 합금이다. 해수에 강하며 내식성과 내침수성이 커서 복수기관과 냉각기관에 사용한다.
애드미럴티 황동	7 : 3 황동에 Sn 1%를 합금한 것으로 전연성이 좋아서 관이나 판을 만들어 증발기나 열교환기, 콘덴서튜브에 사용한다.
델타메탈	6 : 4 황동에 1~2% Fe을 첨가한 것으로, 강도가 크고 내식성이 좋아서 광산기계나 선박용, 화학용 기계에 사용한다.
쾌삭황동	황동에 Pb을 0.5~3% 합금한 것으로 피절삭성 향상을 위해 사용한다.
납황동	3% 이하의 Pb을 6 : 4 황동에 첨가하여 절삭성을 향상시킨 쾌삭황동으로 기계적 성질은 다소 떨어진다.
강력황동	4 : 6 황동에 Mn, Al, Fe, Ni, Sn 등을 첨가하여 한층 더 강력하게 만든 황동이다.
네이벌 황동	6 : 4 황동에 0.8% 정도의 Sn을 첨가한 것으로 내해수성이 강해서 선박용 부품에 사용한다.

▌주요 청동합금

켈밋합금	Cu 70% + Pb 30~40%의 합금이다. 열전도성과 압축강도가 크고 마찰계수가 작아서 고속, 고온, 고하중용 베어링재료로 사용된다.
베릴륨청동	Cu에 1~3%의 베릴륨을 첨가한 합금으로 담금질한 후 시효경화시키면 기계적 성질이 합금강에 뒤떨어지지 않고 내식성도 우수하여 기어, 판스프링, 베어링용 재료로 쓰이는데 가공하기 어렵다는 단점이 있다.
연청동	납청동이라고도 하며 베어링용이나 패킹재료로 사용된다.
알루미늄청동	Cu에 2~15%의 Al을 첨가한 합금으로 강도가 극히 높고 내식성이 우수하다. 주조나 단조, 용접성이 우수하여 기어나 캠, 레버, 베어링용 재료로 사용된다.
콜슨(Corson) 합금	니켈청동합금으로 Ni 3~4%, Si 0.8~1.0%의 Cu 합금이다. 인장강도와 도전율이 높아서 통신선, 전화선과 같이 얇은 선재로 사용된다.

▌배빗메탈

Sn(주석), Sb(안티모니) 및 Cu(구리)가 주성분인 합금으로 Sn이 89%, Sb가 7%, Cu가 4% 섞여 있다. 발명자 Issac Babbit의 이름을 따서 배빗메탈이라 하며 화이트메탈이라고도 불린다. 내열성이 우수하여 내연기관용 베어링재료로 사용된다.

▌ 열처리의 분류

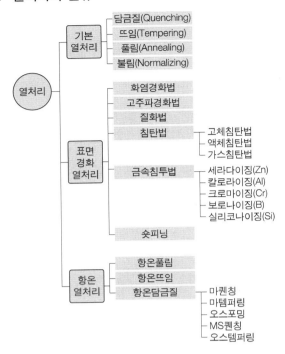

▌ 기본 열처리의 종류

- 담금질(Quenching) : 강을 Fe-C 상태도의 A_3 및 A_1변태선에서 약 30~50℃의 온도로 가열한 후 급랭시켜 오스테나이트조직에서 마텐자이트조직으로 만들어 강도를 증가시키는 열처리작업이다.
- 뜨임(Tempering) : 담금질한 강을 A_1변태점 이하로 가열한 후 서랭하는 것으로 담금질되어 경화된 재료에 인성을 부여한다.
- 풀림(Annealing) : 재질을 연하고 균일화시킬 목적으로 목적에 맞는 일정온도 이상으로 가열한 후 서랭한다(완전 풀림 : A_3변태점 이상, 연화풀림 : 650℃ 정도).
- 불림(Normalizing) : 담금질이 심하거나 결정입자가 조대해진 강을 표준화조직으로 만들어주기 위하여 A_3점이 나 A_{cm}점 이상으로 가열한 후 공랭시킨다. Normal은 표준이라는 의미이다.

▌ 담금질 조직의 경도 순서

페라이트 < 오스테나이트 < 펄라이트 < 소르바이트 < 베이나이트 < 트루스타이트 < 마텐자이트 < 시멘타이트

▌ 담금질액 중 냉각속도가 가장 빠른 순서

소금물 > 물 > 기름 > 공기

■ 심랭처리(서브제로, Subzero Treatment)

담금질강의 경도를 증가시키고 시효변형을 방지하기 위한 열처리조작으로 담금질강의 조직이 잔류 오스테나이트에서 전부 오스테나이트조직으로 바꾸기 위해 재료를 오스테나이트영역까지 가열한 후 0℃ 이하로 급랭시킨다.

■ 항온열처리의 정의

변태점의 온도 이상으로 가열한 재료를 연속 냉각하지 않고 500~600℃의 온도인 염욕 중에서 냉각하여 일정한 시간 동안 유지한 뒤 냉각시켜 담금질과 뜨임처리를 동시에 하여 원하는 조직과 경도값을 얻는 열처리법이다. 그 종류에는 항온풀림, 항온담금질, 항온뜨임이 있다.

■ 표면경화법의 종류

종 류		침탄재료
화염경화법		산소-아세틸렌불꽃
고주파경화법		고주파유도전류
질화법		암모니아가스
침탄법	고체침탄법	목탄, 코크스, 골탄
	액체침탄법	KCN(사이안화칼륨), NaCN(사이안화나트륨)
	가스침탄법	메탄, 에탄, 프로판
금속침투법	세라다이징	Zn(아연)
	칼로라이징	Al(알루미늄)
	크로마이징	Cr(크로뮴)
	실리코나이징	Si(규소, 실리콘)
	보로나이징	B(붕소)

■ 침탄법과 질화법의 특징

특 성	침탄법	질화법
경 도	질화법보다 낮다.	침탄법보다 높다.
수정여부	침탄 후 수정 가능	불 가
처리시간	짧다.	길다.
열처리	침탄 후 열처리 필요	불필요
변 형	변형이 크다.	변형이 적다.
취 성	질화층보다 여리지 않다.	질화층부가 여리다.
경화층	질화법에 비해 깊다.	침탄법에 비해 얇다.
가열온도	질화법보다 높다.	낮다.

▮ 고주파경화법

고주파유도전류로 강(Steel)의 표면층을 급속가열한 후 급랭시키는 방법으로 가열시간이 짧고, 피가열물에 대한 영향을 최소로 억제하며 표면을 경화시키는 표면경화법이다. 고주파는 소형제품이나 깊이가 얕은 담금질층을 얻고자 할 때, 저주파는 대형제품이나 깊은 담금질층을 얻고자 할 때 사용한다.

▮ 하드페이싱 : 금속 표면에 스텔라이트나 경합금 등의 금속을 용착시켜 표면경화층을 만드는 방법이다.

▮ 숏피닝

강이나 주철제의 작은 강구(볼)를 금속 표면에 고속으로 분사하여 표면층을 냉간가공에 의한 가공경화효과로 경화시키면서 압축잔류응력을 부여하여 금속부품의 피로수명을 향상시키는 표면경화법이다.

▮ 피닝(Peening)

타격 부분이 둥근 구면인 특수해머를 사용하여 모재의 표면에 지속적으로 충격을 가해 줌으로써 재료 내부에 있는 잔류응력을 완화시키면서 표면층에 소성변형을 주는 방법이다.

▌ 용접이음부설계 시 주의사항

- 용접선의 교차를 최대한 줄인다.
- 용착량이 가능한 적게 설계해야 한다.
- 용접길이가 감소될 수 있는 설계를 한다.
- 가능한 한 아래보기자세로 작업하도록 한다.
- 필릿용접보다는 맞대기용접으로 설계한다.
- 용접열이 국부적으로 집중되지 않도록 한다.
- 보강재 등 구속이 커지도록 구조설계를 한다.
- 용접작업에 지장을 주지 않도록 공간을 남긴다.
- 가능한 한 열의 분포가 부재 전체에 고루 퍼지도록 한다.
- 용접치수는 강도상 필요한 치수 이상으로 하지 않는다.
- 판면에 직각방향으로 인장하중이 작용할 경우에는 판의 이방성에 주의한다.

▌ 겹치기용접이음 응력 구하기

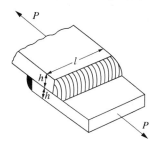

$$\sigma = \frac{F(P)}{A} = \frac{F(P)}{2(h\cos 45°) \times L} \,(\text{N/mm}^2)$$

▌ 맞대기 용접부의 인장하중(힘)

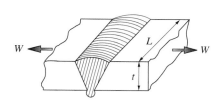

인장응력 $\sigma = \dfrac{F}{A} = \dfrac{F}{t \times L}$ 식을 응용하면

$$\sigma(\text{N/mm}^2) = \frac{W}{t(\text{mm}) \times L(\text{mm})}$$

▌ 용접부의 보조기호(1)

구 분		보조 기호	비 고
용접부의 표면 모양	평 탄	———	–
	볼 록	⌒	기선의 밖으로 향하여 볼록하게 한다.
	오 목	⌣	기선의 밖으로 향하여 오목하게 한다.
용접부의 다듬질방법	치 핑	C	–
	연 삭	G	그라인더다듬질일 경우
	절 삭	M	기계다듬질일 경우
	지정 없음	F	다듬질방법을 지정하지 않을 경우
현장용접		⚑	
온둘레용접		○	온둘레용접이 분명할 때에는 생략해도 좋다.
온둘레현장용접		⚑○	

▌ 용접부의 보조기호(2)

영구적인 덮개판(이면판재) 사용	M
제거 가능한 덮개판(이면판재) 사용	MR
끝단부 토(Toe)를 매끄럽게 함	⌣
필릿용접부 토(Toe)를 매끄럽게 함	◿

※ 토(Toe) : 용접모재와 용접 표면이 만나는 부위

▌ 용접기호의 용접부 방향 표시

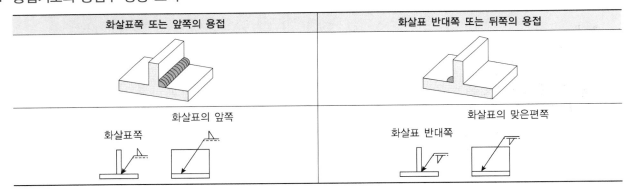

화살표쪽 또는 앞쪽의 용접	화살표 반대쪽 또는 뒤쪽의 용접
화살표의 앞쪽	화살표의 맞은편쪽
화살표쪽	화살표 반대쪽

▌ 가공방법의 기호

기 호	가공방법	기 호	가공방법
L	선 반	FS	스크레이핑
B	보 링	G	연 삭
BR	브로칭	GH	호 닝
CD	다이캐스팅	GS	평면연삭
D	드 릴	M	밀 링
FB	브러싱	P	플레이닝
FF	줄다듬질	PS	절단(전단)
FL	래 핑	SH	기계적 경화
FR	리머다듬질		

▌ 기본기호(KS B ISO 2553)

번 호	명 칭	기본기호
1	필릿용접	
2	점용접(스폿용접)	
3	플러그용접(슬롯용접)	
4	이면(뒷면)용접	
5	심용접	
6	겹침이음	
7	끝면플랜지형 맞대기용접	
8	평행(I형) 맞대기용접	
9	일면개선형 맞대기용접	
10	가장자리용접	
11	표면(서페이싱) 육성용접	

▌ 용접부별 기호표시

명 칭	형 상	기 호	의 미
단속필릿용접		$a \triangle n \times l(e)$	a : 목두께 △ : 필릿용접기호 n : 용접부 수 l : 용접길이 (e) : 인접한 용접부 간격
플러그용접		$d \square n(e)$	d : 구멍지름 □ : 플러그용접기호 n : 용접부 수 (e) : 인접한 용접부 간격

▌ KS 재료기호

- 일반구조용 압연강재(예 SS400의 경우)
  - S : Steel
  - S : 일반구조용 압연재(general Structural purposes)
  - 400 : 최저인장강도($41kgf/mm^2 \times 9.8 = 400N/mm^2$)
- 기계구조용 탄소강재(예 SM 45C의 경우)
  - S : Steel
  - M : 기계구조용(Machine structural use)
  - 45C : 탄소함유량(0.40~0.50%)
- 탄소강 단강품(예 SF490A의 경우)
  - SF : carbon Steel Forging for general use
  - 490 : 최저인장강도 $490N/mm^2$
  - A : 어닐링, 노멀라이징 또는 노멀라이징 템퍼링을 한 단강품

▌ 기타 KS 재료기호

명 칭	기 호	명 칭	기 호
다이캐스팅용 알루미늄합금	ALDC1	청동합금주물	BC(CAC)
회주철품	GC	냉간압연강판 및 강대(일반용)	SPCC
일반구조용 압연강재	SS	드로잉용 냉간압연강판 및 강대	SPCD
기계구조용 탄소강재	SM	열간압연강판 및 강대(드로잉용)	SPHD
탄소공구강	STC	스프링용강	SPS
합금공구강(냉간금형)	STD	배관용 탄소강관	SPW
일반구조용 탄소강관	STK	탄소강 주강품	SC
기계구조용 탄소강관	STKM		
용접구조용 압연강재	SM 표시후 A, B, C 순서로 용접성이 좋아짐		

▌ 열영향부(HAZ ; Heat Affected Zone)의 구조

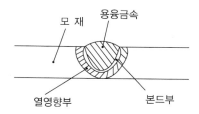

▌ 용접 전과 후 모재에 예열을 가하는 목적

- 열영향부(HAZ)의 균열을 방지한다.
- 수축변형 및 균열을 경감시킨다.
- 용접금속에 연성 및 인성을 부여한다.
- 열영향부와 용착금속의 경화를 방지한다.
- 급열 및 급랭방지로 잔류응력을 줄인다.
- 용접금속의 팽창이나 수축의 정도를 줄여 준다.
- 수소방출을 용이하게 하여 저온균열을 방지한다.
- 금속 내부의 가스를 방출시켜 기공 및 균열을 방지한다.

▌ 루트균열

맞대기용접 시 가접이나 비드의 첫 층에서 루트면 근방의 열영향부(HAZ)에 발생한 노치에서 시작하여 점차 비드 속으로 들어가는 균열(세로방향 균열)로 함유 수소에 의해서도 발생되는 저온균열의 일종이다.

▌ 크레이터균열

용접비드의 끝에서 발생하는 고온균열로서 냉각속도가 지나치게 빠른 경우에 발생하며 용접루트의 노치부에 의한 응력집중부에도 발생한다.

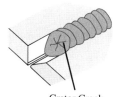

■ 스톱홀(Stop Hole)

용접부에 균열이 생겼을 때 균열이 더 이상 진행되지 못하도록 균열 진행방향의 양단에 뚫는 구멍이다.

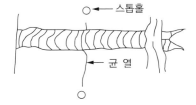

■ 용접으로 인한 재료의 변형방지법

- 억제법 : 지그나 보조판을 모재에 설치하거나 가접을 통해 변형을 억제하도록 한 것
- 역변형법 : 용접 전에 변형을 예측하여 반대방향으로 변형시킨 후 용접을 하도록 한 것
- 도열법 : 용접 중 모재의 입열을 최소화하기 위해 물을 적신 동판을 덧대어 열을 흡수하도록 한 것

■ 노내풀림법

가열 노(Furnace) 내부의 유지온도는 625℃ 정도이며 노에 넣을 때나 꺼낼 때의 온도는 300℃ 정도로 한다. 판두께 25mm일 경우에 1시간 동안 유지하는데 유지온도가 높거나 유지시간이 길수록 풀림효과가 크다.

■ 국부풀림법

노내풀림이 곤란한 경우에 사용하며 용접선 양측을 각각 250mm나 판두께의 12배 이상 범위를 가열한 후 서랭한다. 유도가열장치를 사용하며 온도가 불균일하게 실시하면 잔류응력이 발생할 수 있다.

■ 응력제거풀림법

주조나 단조, 기계가공, 용접으로 금속재료에 생긴 잔류응력을 제거하기 위한 열처리의 일종으로 구조용 강의 경우 약 550~650℃의 온도범위로 일정한 시간을 유지하였다가 노 속에서 냉각시킨다. 충격에 대한 저항력과 응력부식에 대한 저항력을 증가시키고 크리프강도도 향상시킨다. 그리고 용착금속 중 수소제거에 의한 연성을 증대시킨다.

▌ 파괴 및 비파괴시험법

비파괴시험	내부결함	방사선투과시험(RT)
		초음파탐상시험(UT)
	표면결함	외관검사(VT, 육안검사)
		자분탐상검사(MT, 자기탐상검사)
		침투탐상검사(PT)
		누설검사(LT)
파괴시험 (기계적 시험)	인장시험	인장강도, 항복점, 연신율 계산
	굽힘시험	연성의 정도 측정
	충격시험	인성과 취성의 정도 측정
	경도시험	외력에 대한 저항의 크기 측정
	매크로시험	현미경 조직검사
	피로시험	반복적인 외력에 대한 저항력 측정
	부식시험	—

▌ 피로시험(Fatigue Test)

재료의 강도시험으로 재료에 인장–압축응력을 반복해서 가했을 때 재료가 파괴되는 시점의 반복수를 구해서 S–N(응력–횟수)곡선에 응력(S)과 반복 횟수(N)와의 상관관계를 나타내서 피로한도를 측정하는 시험

▌ 인장응력 $\sigma = \dfrac{F}{A} = \dfrac{F}{t \times L}$ 식을 응용하면

$$\sigma(\mathrm{N/mm^2}) = \frac{W}{t(\mathrm{mm}) \times L(\mathrm{mm})}$$

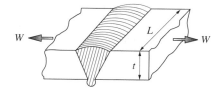

▌ 연신율(ε)

시험편이 파괴되기 직전의 표점거리와 원표점거리와의 차를 변형량이라고 하는데, 연신율은 이 변형량을 원표점거리에 대한 백분율로 표시한 것

$$\varepsilon = \frac{나중길이 - 처음길이}{처음길이} \times 100\% = \frac{l_1 - l_0}{l_0} \times 100\%$$

▌ 굽힘응력

$M = \sigma \times Z$

여기서 단면계수 $Z = \dfrac{bh^2}{6} = \dfrac{lh^2}{6}$ 대입

$\sigma = \dfrac{M}{Z} = \dfrac{M}{\dfrac{lh^2}{6}} = \dfrac{6M}{lh^2}$

▌ 경도시험법의 종류

종 류	시험원리	압입자
브리넬경도 (H_B)	압입자인 강구에 일정량의 하중을 걸어 시험편의 표면에 압입한 후, 압입자국의 표면적 크기와 하중의 비로 경도를 측정한다. $H_B = \dfrac{P}{A} = \dfrac{P}{\pi Dh} = \dfrac{2P}{\pi D(D - \sqrt{D^2 - d^2})}$ 여기서, D : 강구 지름, d : 압입자국의 지름, h : 압입자국의 깊이, A : 압입자국의 표면적	강 구
비커스경도 (H_V)	압입자에 1~120kg의 하중을 걸어 자국의 대각선 길이로 경도를 측정한다. 하중을 가하는 시간은 캠의 회전속도로 조절한다. $H_V = \dfrac{P(하중)}{A(압입자국의 표면적)}$	136°인 다이아몬드 피라미드 압입자
로크웰경도 (H_{RB}, H_{RC})	압입자에 하중을 걸어 압입자국(홈)의 깊이를 측정하여 경도를 측정한다. • 예비하중 : 10kg • 시험하중 : B스케일 100kg, C스케일 150kg $H_{RB} = 130 - 500h$, $H_{RC} = 100 - 500h$ 여기서, h : 압입자국의 깊이	• B스케일 : 강구 • C스케일 : 120° 다이아몬드(콘)
쇼어경도 (H_S)	추를 일정한 높이(h_0)에서 낙하시켜, 이 추의 반발높이(h)를 측정해서 경도를 측정한다. $H_S = \dfrac{10,000}{65} \times \dfrac{h}{h_0}$ 여기서, h : 해머의 반발높이, h_0 : 해머의 낙하높이	다이아몬드 추

▌ 초음파탐상시험의 장점 및 단점

- 장 점
  - 고감도이므로 미세한 Crack을 감지한다.
  - 대상물에 대한 3차원적인 검사가 가능하다.
  - 검사시험체의 한 면에서도 검사가 가능하다.
  - 균열이나 용융 부족 등의 결함을 찾는 데 탁월하다.
- 단 점
  - 기록 보존력이 떨어진다.
  - 결함의 경사에 좌우된다.
  - 검사자의 기능에 좌우된다.
  - 검사 표면을 평평하게 가공해야 한다.
  - 결함의 위치를 정확하게 감지하기 어렵다.
  - 결함의 형상을 정확하게 감지하기 어렵다.
  - 용접두께가 약 6.4mm 이상이 되어야 검사가 원만하므로 표면에 아주 가까운 얕은 불연속은 검출이 불가능하다.

▌ 자기탐상시험(자분탐상시험, Magnetic Test)

철강재료 등 강자성체를 자기장에 놓았을 때 시험편 표면이나 표면 근처에 균열이나 비금속 개재물과 같은 결함이 있으면 결함 부분에는 자속이 통하기 어려워 공간으로 누설되어 누설자속이 생긴다. 이 누설자속을 자분(자성분말)이나 검사코일을 사용하여 결함의 존재를 검출하는 검사방법이다.

▌ 현미경조직시험의 순서

시험편 채취 → 마운팅 → 샌드페이퍼 연마 → 폴리싱 → 부식 → 알코올 세척 및 건조 → 현미경 조직검사

▌ 침투탐상시험

검사하려는 대상물의 표면에 침투력이 강한 형광성 침투액을 도포 또는 분무하거나 표면 전체를 침투액 속에 침적시켜 표면의 흠집 속에 침투액이 스며들게 한 다음 이를 백색분말의 현상제(MgO, $BaCO_3$)나 현상액을 뿌려서 침투액을 표면으로부터 빨아내서 결함을 검출하는 방법으로 모세관현상을 이용한다. 침투액이 형광물질이면 형광 침투탐상시험이라고 불린다.

▌ 와전류탐상검사

도체에 전류가 흐르면 그 도체 주위에는 자기장이 형성되며, 반대로 변화하는 자기장 내에서는 도체에 전류가 유도된다.

■ 방사선투과시험법

방사선투과시험은 용접부 뒷면에 필름을 놓고 용접물 표면에서 X선이나 γ선을 방사하여 용접부를 통과시키면, 금속 내부에 구멍이 있을 경우 그만큼 투과되는 두께가 얇아져서 필름에 방사선의 투과량이 그만큼 많아지게 되므로 다른 곳보다 검게 됨을 확인함으로써 불량을 검출하는 시험법이다.

▌ **파레토그림**

불량이나 고장 등의 발생 수량을 항목별로 나누어 수치가 큰 순서대로 나열해 놓은 그림으로 부적합의 내용별로 분류하여 그 순서대로 나열하면 부적합의 중점 순위를 알 수 있다.

▌ **특성요인도**

원인과 결과가 어떻게 연계되어 있는지를 한눈에 알 수 있도록 나타낸 그림으로, 생선-뼈그림으로 불리기도 한다. 문제가 되고 있는 특성과 그 특성에 영향을 미친다고 여기는 요인과의 관계를 계통으로 그린 그림이다. 특성에 미치는 용인의 영향도는 수치로 파악하여 파레토그림으로 표현하는데 수치로 표현하지 않을 경우는 그에 영향을 미친다고 생각되는 것을 브레인스토밍 방식으로 검토해서 적용한다.

▌ 특성요인도를 활용한 확산적 회의기법은 브레인스토밍이다.

▌ **히스토그램**

길이나 무게와 같이 계량치 데이터가 어떤 분포를 띄고 있는지를 알아보기 위한 그림으로 도수분포표를 바탕으로 기둥그래프 형태로 만든 것이다.

▌ **산점도(Scatter Plot)**

서로 대응되는 두 개의 짝으로 된 데이터를 그래프용지 위에 점으로 나타낸 그림으로, 짝으로 된 두 개의 데이터 간의 상관관계를 파악할 수 있다.

▌ **대상에 따른 분류**

- 전수검사 : 개개의 모든 부품의 품질상태 검사
- 로트샘플링검사 : 개별 로트당 합격과 불합격품 검사
- 관리샘플링검사 : 제조공정관리, 문제점 발견을 목적으로 하는 검사
- 무검사 : 제품검사 없이 제품성적서만을 확인하는 검사

▌ 단순랜덤샘플링

모집단의 크기가 N인 모집단으로부터 n개의 샘플링 단위의 가능한 조합의 각각 뽑힐 확률이 동일하도록 하여 샘플을 추출하는 샘플링방법이다. 모집단의 개채에 대해 1부터 N까지 번호를 부여하고 n개의 난수를 발생시켜 그 번호에 해당하는 개체를 샘플링단위로 하여 샘플로 취한다.

▌ 계통샘플링

시료를 시간적으로나 공간적으로 일정한 간격을 두고 취하는 샘플링 방법

▌ 2단계샘플링

전체 크기가 N인 로트로 각각 A개씩 제품이 포함되어 있는 서브 Lot로 나뉘어져 있을 때, 서브 Lot에서 랜덤하게 몇 상자를 선택해서 각 상자로부터 몇 개의 제품을 랜덤하게 샘플링하는 방법

▌ 층별샘플링

모집단인 Lot를 몇 개의 층(서브 Lot)으로 나누어 각 층으로부터 하나 이상의 샘플링시료를 취하는 방법

▌ 집락샘플링(취락샘플링)

모집단을 여러 개의 층인 서브 Lot로 나누고 그 중 일부를 랜덤으로 샘플링한 후, 샘플링된 층에 속해 있는 모든 제품을 조사하는 방법

▌ 지그재그샘플링

계통샘플링의 간격을 복수로 하여 치우침을 방지하기 위한 방법

▌ 워크샘플링

관측대상을 무작위로 선정하여 일정시간 동안 관측한 데이터를 취합한 후 이를 기초로 하여 작업자나 기계설비의 가동상태 등을 통계적 수법을 사용하여 분석하는 작업연구의 한 방법이다.

▌ 부적합품률 $= \dfrac{\text{부적합 항목의 수}}{\text{검사한 항목의 수}}$

▌ 관리도의 관리한계선

벨 연구소의 슈하트가 개발한 관리한계선의 3가지 관리영역은 다음과 같다.

- 중심선 : CL(Central Line)
- 관리상한선 : UCL(Upper Control Limit)
- 관리하한선 : LCL(Lower Control Limit)

▌ 관리도의 분류에 따른 종류

구 분	관리도의 종류	
계량형 관리도 (계량값)	x 관리도	개별치 관리도
	$\bar{x}$ 관리도	평균 관리도
	$\bar{x}$-R 관리도	평균치와 범위 관리도
	Me-R 관리도	중위수와 범위 관리도
	Me 관리도	중위수 관리도
	R 관리도	범위 관리도
	S 관리도	표준편차 관리도
계수형 관리도 (계수치)	c 관리도	부적합수 관리도
	P 관리도	부적합품률 관리도
	nP 관리도	부적합품수 관리도
	U 관리도	단위당 부적합수 관리도

▌ 관리도의 사용 절차

관리가 필요한 제품이나 제품군 선정 → 관리항목 선정 → 관리도 선정 → 시료 채취 및 측정하여 관리도 작성

▌ 관리사이클의 순서

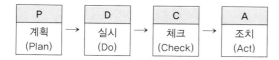

▌ Mill Sheet(자재성적서) 포함사항

- 내압검사
- 재료의 치수
- 화학성분 및 함량
- 해당 자재의 규격
- 기계시험 및 측정값
- 용접후열처리 및 비파괴시험 유무

▌ 제조공정분석표 사용기호

공정명	기호 명칭	기호 형상	공정명	기호 명칭	기호 형상
가 공	가 공	○	운 반	운 반	⇨
정 체	저 장	▽	검 사	수량검사	□
	대 기	D		품질검사	◇

▌ 이동평균법

평균의 계산기간을 순차로 한 개항씩 이동시켜 가면서 기간별 평균을 계산하여 경향치를 구하는 방법이다. 가장 오래된 데이터는 제거하고 가장 최초의 데이터로부터 평균에 대입하여 값을 구한다. 만일, 1~5월의 생산량을 바탕으로 6월 예상생산량을 구하는 식은 다음과 같다.

$$M_6 = \frac{1}{5}(M_1 + M_2 + M_3 + M_4 + M_5)$$

▌ PTS법

모든 작업을 기본동작으로 분해하고 각 기본동작의 성질과 조건에 따라 미리 정해 놓은 시간치를 적용하여 정미시간을 산정하는 방법

▌ 작업연구의 분류

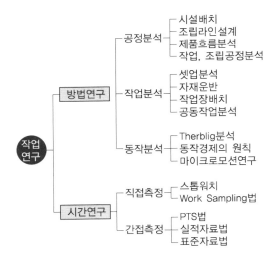

▐ 생산보전의 분류

유지활동		예방보전(PM)	정상운전, 일상보전, 정기보전, 예지보전
		사후보전(BM)	–
개선활동		개량보전(CM)	–
		보전예방(MP)	–

▐ 보전의 종류

- 부문보전 : 보전작업자는 조직상 각 제조부문의 감독자 밑에 둔다.
- 절충보전 : 지역보전이나 부문보전과 집중보전을 조합시켜 각각의 장단점을 고려한 방식이다.
- 집중보전 : 모든 보전작업자가 한 명의 관리자 밑에 조직되며 보전현장도 한곳으로 집중된다. 설계나 예방보전의 관리, 공사관리도 모두 한곳에서 집중적으로 이루어진다.
- 지역보전 : 조직상으로는 집중보전과 비슷하며 보전지역은 각 지역에 분산되어 있다. 여기서 지역이란 지리적 혹은 제품별, 제조별, 제조부문별 구분을 의미하는데 각 지역에 위치한 보전조직은 각각의 생산현장에 위치하므로 현장의 왕복시간은 타 보전법에 비해 줄어든다.

Win-

Q

PART

01

핵심이론

#출제 포인트 분석　　　#자주 출제된 문제　　　#합격 보장 필수이론

제1절 용접공학 일반

핵심이론 01 용접(Welding)

① 정 의

용접이란 2개의 서로 다른 물체를 접합하고자 할 때 사용하는 기술이다.

② 용접의 분류

㉠ 융접 : 접합 부위를 용융시켜 만든 용융 풀에 용가 재인 용접봉을 넣어가며 접합시키는 방법이다.

㉡ 압접 : 접합 부위를 녹기 직전까지 가열한 후 압력 을 가해 접합시키는 방법이다.

㉢ 납땜 : 모재를 녹이지 않고 모재보다 용융점이 낮 은 금속(은납 등)을 녹여 접합부에 넣어 표면장력 (원자 간 확산침투)으로 접합시키는 방법이다.

③ 용접의 작업 순서

④ 용접과 타 접합법과의 차이점

구 분	종 류	장점 및 단점
야금적 접합법	용접이음 (융접, 압접, 납땜)	• 결합부에 틈새가 발생하지 않아서 이음효율이 좋다. • 영구적인 결합법으로 한 번 결합 시 분리가 불가능하다.
기계적 접합법	리벳이음, 볼트이음, 나사이음, 핀, 키, 접어잇기 등	• 결합부에 틈새가 발생하여 이음효율이 좋지 않다. • 일시적인 결합법으로 잘못 결합 시 수정이 가능하다.
화학적 접합법	본드와 같은 화학물질에 의한 접합	• 간단하게 결합이 가능하다. • 이음강도가 크지 않다.

⑤ 용접자세(Welding Position)

자 세	KS 규격	ISO	AWS
아래보기	F(Flat Position)	PA	1G
수 평	H(Horizontal Position)	PC	2G
수 직	V(Vertical Position)	PF	3G
위보기	OH(Overhead Position)	PE	4G

⑥ 용극식 용접법과 비용극식 용접법

㉠ 용극식 용접법(소모성 전극) : 용가재인 와이어 자 체가 전극이 되어 모재와의 사이에서 아크를 발생 시키면서 용접 부위를 채워나가는 용접방법으로 이때 전극의 역할을 하는 와이어는 소모된다.

예 서브머지드아크용접(SAW), MIG용접, CO_2용 접, 피복금속아크용접(SMAW)

㉡ 비용극식 용접법(비소모성 전극) : 전극봉을 사용 하여 아크를 발생시키고 이 아크열로 용가재인 용 접을 녹이면서 용접하는 방법으로, 이때 전극은 소모되지 않고 용가재인 와이어(피복금속아크용 접의 경우 피복용접봉)는 소모된다.

예 TIG용접

10년간 자주 출제된 문제

1-1. 용접자세에 사용된 기호 F가 나타내는 용접자세는?

① 아래보기자세　　　② 수직자세
③ 수평자세　　　　　④ 위보기자세

1-2. 불활성가스아크용접에서 비용극식, 비소모식인 용접의 종류는?

① TIG용접　　　　　② MIG용접
③ 퓨즈아크법　　　　④ 아코스아크법

1-3. 금속과 금속의 원자 간 거리를 충분히 접근시키면 금속원자 사이에 인력이 작용하여 그 인력에 의하여 금속을 영구결합시키는 것이 아닌 것은?

① 융 접　　　　　　② 압 접
③ 납 땜　　　　　　④ 리벳이음

|해설|

1-3

용접법의 종류에는 융접, 압접, 납땜이 있으며 리벳이음은 기계적 이음법에 속한다.

정답 1-1 ①　1-2 ①　1-3 ④

핵심이론 02 | Arc(용접아크)

① 아크(Arc)

양극과 음극 사이의 고온에서 이온이 분리되면 이온화된 기체들이 매개체가 되어 전류가 흐르는 상태가 되는데 용접봉과 모재 사이에 전원을 연결한 후 용접봉을 모재에 접촉시키면서 1~2mm 정도 들어 올리면 불꽃방전에 의하여 청백색의 강한 빛이 Arc 모양으로 생기는데 이것을 아크라고 한다. 청백색의 강렬한 빛과 열을 내는 이 Arc는 온도가 가장 높은 부분(아크 중심)이 약 6,000℃이며, 보통 3,000~5,000℃ 정도이다.

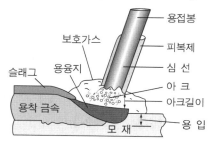

② 아크길이

모재에서 용접봉 심선 끝부분까지의 거리(아크기둥의 길이)로 용접봉의 직경에 따라 표준아크길이를 적용하는 것이 좋다.

아크길이가 짧을 때	아크길이가 길 때
• 용접봉이 자주 달라붙는다. • 슬래그 혼입 불량의 원인이 된다. • 발열량 부족으로 용입 불량이 발생한다.	• 아크전압이 증가한다. • 스패터가 많이 발생한다. • 열의 발산으로 용입이 나쁘다. • 언더컷, 오버랩 불량의 원인이 된다. • 공기의 유입으로 산화, 기공, 균열이 발생한다.

③ 표준아크길이

봉의 직경(ϕ)	전류(A)	아크길이(mm)	전압(V)
1.6	20~50	1.6	14~17
3.2	75~135	3.2	17~21
4.0	110~180	4.0	18~22
4.8	150~220	4.8	18~24
6.4	200~300	6.4	18~26

※ 최적의 아크길이는 아크 발생 소리로도 판단이 가능하다.

④ 아크전압(V_a)

아크의 양극과 음극 사이에 걸리는 전압으로 아크의 길이에 비례하며 피복제의 종류나 아크전류의 크기에도 영향을 크게 받는다.

$$\text{아크전압}(V_a) = \text{음극전압강하}(V_k) + \text{양극전압강하}(V_A) + \text{아크기둥의 전압강하}(V_P)$$

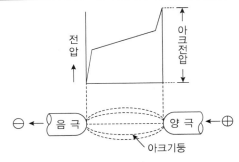

⑤ 아크쏠림(Arc Blow, 자기불림)

용접봉과 모재 사이에 전류가 흐를 때 그 주위에는 자기장이 생기는데, 이 자기장이 용접봉에 대해 비대칭으로 형성되면 아크가 자력선이 집중되지 않은 한쪽으로 쏠리는 현상이다. 직류아크용접에서 피복제가 없는 맨(Bare) 용접봉을 사용했을 때 많이 발생하며 아크가 불안정하고, 기공이나 슬래그 섞임, 용착금속의 재질 변화 등의 불량이 발생한다.

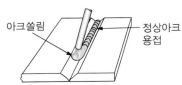

㉠ 아크쏠림에 의한 영향
- 아크가 불안정하다.
- 과도한 스패터를 발생시킨다.
- 용착금속의 재질을 변화시킨다.
- 크레이터 결함의 원인이 되기도 한다.
- 주로 용접 부재의 끝부분에서 발생한다.
- 불완전한 용입이나 용착, 기공, 슬래그 섞임 불량을 발생시킨다.

㉡ 아크쏠림의 원인
- 철계 금속을 직류전원으로 용접했을 경우
- 아크전류에 의해 용접봉과 모재 사이에 형성된 자기장에 의해
- 직류용접기에서 비피복용접봉(맨(Bare) 용접봉)을 사용했을 경우

㉢ 아크쏠림(자기불림)의 방지대책
- 용접전류를 줄인다.
- 교류용접기를 사용한다.
- 접지점을 2개 연결한다.
- 아크길이를 최대한 짧게 유지한다.
- 접지부를 용접부에서 최대한 멀리한다.
- 용접봉 끝을 아크쏠림의 반대방향으로 기울인다.
- 용접부가 긴 경우 가용접 후 후진법(후퇴용접법)을 사용한다.
- 받침쇠, 긴 가용접부, 이음의 처음과 끝에 엔드탭을 사용한다.

⑥ 핫스타트장치

㉠ 핫스타트장치의 정의

아크 발생 초기에 용접봉과 모재가 냉각되어 있어서 아크가 불안정하게 발생되는데 아크를 더 쉽게 발생시키기 위해 아크 발생 초기에만 용접전류를 특별히 크게 하는 장치이다.

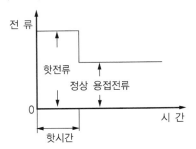

㉡ 핫스타트장치의 특징
- 기공 발생을 방지한다.
- 아크 발생을 쉽게 한다.
- 비드의 이음을 좋게 한다.
- 아크 발생 초기에 비드의 용입을 좋게 한다.

2-1. 용접기의 핫스타트(Hot Start)장치의 장점이 아닌 것은?

① 아크 발생을 쉽게 한다.
② 크레이터처리를 잘해 준다.
③ 비드 모양을 개선한다.
④ 아크 발생 초기의 비드 용입을 양호하게 한다.

2-2. 피복아크용접에서 자기불림(Magnetic Blow)의 방지책으로 틀린 것은?

① 교류용접을 한다.
② 접지점을 2개로 연결한다.
③ 접지점을 용접부에 가깝게 한다.
④ 용접부가 긴 경우는 후퇴용접법으로 한다.

2-3. 지름이 3.2mm인 피복아크용접봉으로 연강판을 용접하고자 할 때 가장 적합한 아크의 길이는 몇 mm 정도인가?

① 3.2
② 4.0
③ 4.8
④ 5.0

|해설|

2-1
핫스타트장치는 아크 발생 초기에 용접봉과 모재가 냉각되어 있어 아크가 불안정하게 된다. 아크 발생을 더 쉽게 하기 위해 아크 발생 초기에만 용접전류를 특별히 크게 하는 장치로 초기에 비드 용입을 가능하게 하고 비드 모양을 개선시킨다. 그러나 크레이터 처리와는 관련이 없다.

2-2
아크쏠림(자기불림)을 방지하려면 접지부를 용접부에서 최대한 멀리 두어야 한다.

2-3
아크길이는 보통 용접봉 심선의 지름 정도나 일반적인 아크의 길이는 3mm 정도이다. 여기서 용접봉의 지름은 곧 심선의 지름이기 때문에 가장 적합한 아크길이는 3.2mm가 된다.

정답 2-1 ② 2-2 ③ 2-3 ①

핵심이론 03 | 용접의 장점 및 단점

① 용접의 장점
  ㉠ 이음효율이 높다.
  ㉡ 재료가 절약된다.
  ㉢ 제작비가 적게 든다.
  ㉣ 이음구조가 간단하다.
  ㉤ 유지와 보수가 용이하다.
  ㉥ 재료의 두께 제한이 없다.
  ㉦ 이종재료도 접합이 가능하다.
  ㉧ 제품의 성능과 수명이 향상된다.
  ㉨ 유밀성, 기밀성, 수밀성이 우수하다.
  ㉩ 작업공정이 줄고, 자동화가 용이하다.

② 용접의 단점
  ㉠ 취성이 생기기 쉽다.
  ㉡ 균열이 발생하기 쉽다.
  ㉢ 용접부의 결함 판단이 어렵다.
  ㉣ 용융 부위 금속의 재질이 변한다.
  ㉤ 저온에서 쉽게 약해질 우려가 있다.
  ㉥ 용접 모재의 재질에 따라 영향을 크게 받는다.
  ㉦ 용접기술자(용접사)의 기량에 따라 품질이 다르다.
  ㉧ 용접 후 변형 및 수축에 따라 잔류응력이 발생한다.

③ 이음효율(η)
  용접은 리벳같은 기계적 접합법보다 이음효율이 좋다.

$$\text{이음효율}(\eta) = \frac{\text{시험편 인장강도}}{\text{모재 인장강도}} \times 100\%$$

용접의 특징으로 틀린 것은?

① 재료가 절약된다.
② 기밀, 수밀성이 우수하다.
③ 변형, 수축이 없다.
④ 기공(Blow Hole), 균열 등 결함이 있다.

|해설|

용접법은 재료의 변형과 수축이 크다는 단점이 있다.

정답 ③

① 용접부 홈의 형상 및 명칭

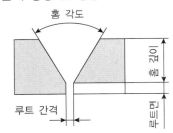

- a : 루트 간격
- b : 루트면 중심거리
- c : 용접면 간격
- d : 개선각(홈각도)

루트 간격이 커지면 빈 공간을 채워야 할 용융금속이 더 많이 필요하므로 루트 간격이 작을 때보다 더 많은 열이 모재에 공급되며 수축량도 더 크다.

② 용접이음의 종류

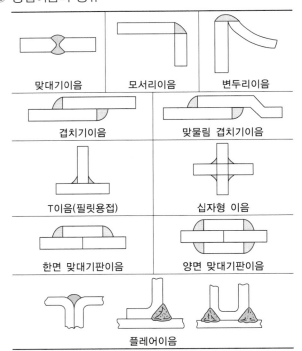

③ 맞대기이음의 종류

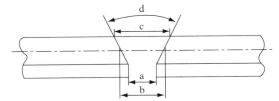

④ 홈의 형상에 따른 특징

홈의 형상	특 징
I형	• 가공이 쉽고 용착량이 적어서 경제적이다. • 판이 두꺼워지면 이음부를 완전히 녹일 수 없다.
V형	• 한쪽 방향에서 완전한 용입을 얻고자 할 때 사용한다. • 홈 가공이 용이하나 두꺼운 판에서는 용착량이 많아지고 변형이 일어난다.
X형	• 후판(두꺼운 판)용접에 적합하다. • 홈 가공이 V형에 비해 어렵지만 용착량이 적다. • 양쪽에서 용접하므로 완전한 용입을 얻을 수 있다.
U형	• 홈 가공이 어렵다. • 두꺼운 판에서 비드의 너비가 좁고 용착량도 적다. • 두꺼운 판을 한쪽 방향에서 충분한 용입을 얻고자 할 때 사용한다.
H형	두꺼운 판을 양쪽에서 용접하므로 완전한 용입을 얻을 수 있다.
J형	한쪽 V형이나 K형 홈보다 두꺼운 판에 사용한다.

⑤ 용접부 홈의 선택방법

㉠ 홈의 폭이 좁으면 용접시간은 짧아지나 용입이 나쁘다.

㉡ 루트 간격의 최댓값은 사용 용접봉의 지름을 한도로 한다.

㉢ 홈의 모양은 용접부가 되며, 홈 가공이 용이하고 용착량이 적게 드는 것이 좋다.

㉣ 홈의 모양이 6mm 이하에서는 I형 이음, 6~20mm에서는 V형 이음, 그 이상에서는 X형, U형, H형 이음 등을 적절히 적용한다.

⑥ 맞대기용접 홈의 형상별 적용 판 두께

형 상	I형	V형	∨형	X형	U형
적용 두께	6mm 이하	6~19mm	9~14mm	18~28mm	16~50mm

4-1. 19mm 두께의 알루미늄판을 양면으로 TIG용접하고자 할 때 이용할 수 있는 이음방식은?

① I형 맞대기이음
② V형 맞대기이음
③ X형 맞대기이음
④ 겹치기이음

4-2. 보통 판 두께가 4~19mm 이하의 경우를 한쪽에서 용접으로 완전용입을 얻고자 할 때 사용하며 홈 가공이 비교적 쉬우나 판의 두께가 두꺼워지면 용착금속의 양이 증가하는 맞대기이음 형상은?

① V형 홈
② H형 홈
③ J형 홈
④ X형 홈

4-3. 그림과 같은 V형 맞대기용접에서 각 부의 명칭 중 틀린 것은?

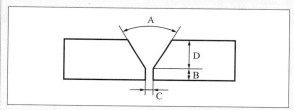

① A : 홈 각도
② B : 루트면
③ C : 루트 간격
④ D : 비드높이

4-4. 강판의 맞대기용접이음에서 가장 두꺼운 판에 사용할 수 있으며 양면용접에 의해 충분한 용입을 얻으려고 할 때 사용하는 홈의 형상은?

① V형
② U형
③ I형
④ H형

|해설|

4-1

19mm의 판 두께의 양면 용접은 X형 홈을 적용한다.

4-2

관련 서적에 따라 적용되는 형상별 두께가 다르지만 V형 홈 형상은 모재 두께가 6~19mm 정도일 때 적용하므로 ①번이 적합하다.

4-3

D의 명칭은 "홈 깊이"이다.

4-4

H형 홈은 두꺼운 판을 양쪽 방향에서 충분한 용입을 얻고자 할 때 사용한다.

정답 4-1 ③　4-2 ①　4-3 ④　4-4 ④

| 핵심이론 **05** | 용접법의 종류(1) |

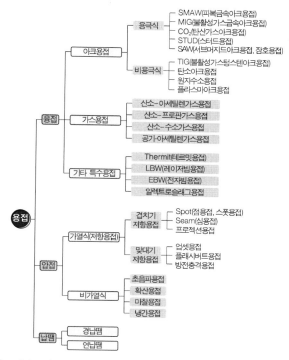

① 피복금속아크용접(SMAW ; Shielded Metal Arc Welding) : 보통 전기용접, 피복아크용접이라고도 불리며, 피복제로 심선을 둘러싼 용접봉과 모재 사이에서 발생하는 아크열(약 6,000℃)을 이용하여 모재와 용접봉을 녹여서 용접하는 용극식 용접법이다.

② 가스용접(Gas Welding) : 사용하는 가연성가스의 종류에 따라 산소-아세틸렌용접, 산소-수소용접, 산소-프로판용접, 공기-아세틸렌용접 등이 있다.

③ 불활성가스아크용접(TIG, MIG) : TIG용접과 MIG용접이 불활성가스아크용접에 해당되며, 불활성가스(Inert Gas)인 Ar을 보호가스로 하여 용접하는 특수용접법이다.

④ CO_2가스아크용접(이산화탄소가스아크용접, 탄산가스아크용접) : Coil로 된 용접와이어를 송급모터에 의해 용접토치까지 연속으로 공급시키면서 토치 팁을 통해 빠져나온 통전된 와이어 자체가 전극이 되어 모재와의 사이에 아크를 발생시켜 접합하는 용극식 용접법이다.

⑤ 서브머지드아크용접(SAW ; Submerged Arc Welding) : 용접 부위에 미세한 입상의 플럭스를 도포한 뒤 용접선과 나란히 설치된 레일 위를 주행대차가 지나가면서 와이어를 용접부로 공급시키면 플럭스 내부에서 아크가 발생하면서 용접하는 자동용접법이다. 아크가 플럭스 속에서 발생되므로 용접부가 눈에 보이지 않아 불가시아크용접, 잠호용접이라고 불린다.

⑥ 일렉트로슬래그용접(ESW ; Electro Slag Welding) : 용융된 슬래그와 용융금속이 용접부에서 흘러나오지 못하도록 수랭동판으로 둘러싸고 이 용융풀에 용접봉을 연속적으로 공급하는데 이때 발생하는 용융슬래그의 저항열에 의하여 용접봉과 모재를 연속적으로 용융시키면서 용접하는 방법이다.

⑦ 스터드용접(STUD Welding) : 점용접의 일부로 봉재나 볼트 등의 스터드를 판 또는 프레임의 구조재에 직접 심는 능률적인 용접방법이다. 여기서 스터드란 판재에 덧대는 물체인 봉이나 볼트같이 긴 물체를 일컫는 용어이다.

⑧ 전자빔용접(EBW ; Electron Beam Welding) : 고밀도로 집속되고 가속화된 전자빔을 높은 진공($10^{-6} \sim 10^{-4}$ mmHg) 속에서 용접물에 고속도로 조사시키면 빛과 같은 속도로 이동한 전자가 용접물에 충돌하면서 전자의 운동에너지를 열에너지로 변환시켜 국부적으로 고열을 발생시키는데, 이때 생긴 열원으로 용접부를 용융시켜 용접하는 방식이다. 텅스텐($3,410$℃)과 몰리브덴($2,620$℃)과 같이 용융점이 높은 재료의 용접에 적합하다.

⑨ 레이저빔용접(레이저용접, LBW ; Laser Beam Welding) : 레이저란 유도방사에 의한 빛의 증폭이란 뜻으로, 레이저에서 얻어진 접속성이 강한 단색광선은 강렬한 에너지를 가지고 있는데 이때의 광선 출력을 이용하여 용접을 하는 방법이다. 모재의 열변형이 거의 없으며, 이종금속의 용접이 가능하고 정밀한 용접을 할 수 있으며, 비접촉식 방식으로 모재에 손상을 주지 않는다는 특징을 갖는다.

⑩ 플라스마아크용접(Plasma Arc Welding) : 양이온과 음이온이 혼합된 도전성의 가스체로 높은 온도를 가진 플라스마를 한 방향으로 모아서 분출시키는 것을 일컬어 플라스마제트라고 부르는데, 이를 이용하여 용접이나 절단에 사용하는 용접법이다. 용접 품질이 균일하며 용접속도가 빠른 장점이 있으나 설비비가 많이 드는 단점이 있다.

⑪ 원자수소아크용접 : 2개의 텅스텐 전극 사이에서 아크를 발생시키고 홀더의 노즐에서 수소가스를 유출시켜서 용접하는 방법으로 연성이 좋고 표면이 깨끗한 용접부를 얻을 수 있으나, 토치 구조가 복잡하고 비용이 많이 들기 때문에 특수금속용접에 적합하다.

10년간 자주 출제된 문제

전기 저항열을 이용한 용접법은?

① 전자빔용접
② 일렉트로슬래그용접
③ 플라스마용접
④ 레이저용접

| 해설 |

일렉트로슬래그용접 : 용융된 슬래그와 용융금속이 용접부에서 흘러나오지 못하도록 수랭동판으로 둘러싸고 이 용융풀에 용접봉을 연속적으로 공급하는데 이때 발생하는 용융 슬래그의 저항열에 의하여 용접봉과 모재를 연속적으로 용융시키면서 용접하는 방법으로 선박이나 보일러와 같이 두꺼운 판의 용접에 적합하다. 수직 상진으로 단층 용접하는 방식으로 용접전원으로는 정전압형 교류를 사용한다.

정답 ②

① 납땜(Soldering) : 금속의 표면에 용융금속을 접촉시켜 양 금속원자 간의 응집력과 확산작용에 의해 결합시키는 방법으로, 고체금속면에 용융금속이 잘 달라붙는 성질인 Wetting성이 좋은 납땜용 용제의 사용과 성분의 확산현상이 중요하다.

② 저온용접 : 일반용접의 온도보다 낮은 100~500℃에서 진행되는 용접방법이다.

③ 열풍용접 : 용접 부위에 열풍을 불어넣어 용접하는 방법으로, 주로 플라스틱용접에 이용된다.

④ 마찰용접 : 특별한 용가재 없이도 회전력과 압력만 이용해서 두 소재를 붙이는 용접방법이다. 환봉이나 파이프 등을 가압된 상태에서 회전시키면 마찰열이 발생하는데, 일정온도에 도달하면 회전을 멈추고 가압시켜 용접한다.

⑤ 고주파용접 : 용접부 주위에 감은 유도코일에 고주파 전류를 흘려서 용접 물체에 2차적으로 유기되는 유도전류의 가열작용을 이용하여 용접하는 방법이다.

⑥ 플러그용접 : 위아래로 겹쳐진 판을 접합할 때 사용하는 용접법으로 위에 놓인 판의 한쪽에 구멍을 뚫고 그 구멍 아래부터 용접을 하면 용접불꽃에 의해 아랫면이 용해되면서 용접이 되며 용가재로 구멍을 채워 용접하는 용접방법이다.

⑦ 논가스아크용접 : 비피복아크용접이라고도 불리며, 솔리드와이어나 플럭스와이어를 사용하여 보호가스 없이도 공기 중에서 직접 용접하는 방법으로 반자동용접 중 가장 간편하다. 보호가스가 필요치 않으므로 바람에도 비교적 안정되어 옥외용접도 가능하다.

⑧ 일렉트로가스아크용접 : 탄산가스(CO_2)를 용접부의 보호가스로 사용하며 탄산가스 분위기 속에서 아크를 발생시켜 그 아크열로 모재를 용융시켜 용접하는 방법이다.

⑨ 오버레이용접 : 내부식성과 내마모성 향상을 위해 실시하는 용접법으로 모재에 약 1mm 이상의 두께로 내마모와 내식, 내열성이 우수한 용접금속을 입히는 용접법이다.

⑩ 그래비티용접(중력용접법) : 피복아크용접법에서 생산성 향상을 위해 응용된 방법으로 피복아크용접봉이 용융되면서 소모될 때 용접봉의 지지부가 슬라이드바의 면을 따라 중력에 의해 하강하면서 용접봉이 용접선을 따라 이동하면서 용착시키는 방법이다. 아래보기나 수평자세 필릿용접에 주로 사용하며 한 명의 작업자가 여러 대의 용접장치를 사용할 수 있어서 수동용접보다 훨씬 능률적이다. 균일하고 정확한 용접이 가능하다.

10년간 자주 출제된 문제

6-1. 다음 중 압접에 해당되는 용접법은?

① 스폿용접
② 피복금속아크용접
③ 전자빔용접
④ 스터드용접

6-2. 아크용접법에 속하지 않는 것은?

① 프로젝션용접
② 그래비티용접
③ MIG용접
④ 스터드용접

6-3. 다음 용접법 중 압접법에 속하는 것은?

① 초음파용접
② 피복아크용접
③ 산소아세틸렌용접
④ 불활성가스아크용접

|해설|

6-1
스폿용접(Spot Welding, 점용접)은 저항용접의 일종으로 압접에 속한다.

6-2
프로젝션용접은 저항용접으로 분류된다.

6-3
초음파용접은 비가열식 압접의 일종이다.

정답 6-1 ① 6-2 ① 6-3 ①

① 납땜의 정의

금속의 표면에 용융금속을 접촉시켜 양 금속원자 간의 응집력과 확산작용에 의해 결합시키는 방법이다.

② 납땜용 용제가 갖추어야 할 조건

ㄱ 유동성이 좋아야 한다.

ㄴ 인체에 해가 없어야 한다.

ㄷ 슬래그 제거가 용이해야 한다.

ㄹ 금속의 표면이 산화되지 않아야 한다.

ㅁ 모재나 땜납에 대한 부식이 최소이어야 한다.

ㅂ 침지땜에 사용되는 것은 수분이 함유되면 안 된다.

ㅅ 용제의 유효온도 범위와 납땜의 온도가 일치해야 한다.

ㅇ 땜납의 표면장력을 맞추어서 모재와의 친화력이 높아야 한다.

ㅈ 전기저항납땜용 용제는 전기가 잘 통하는 도체를 사용해야 한다.

③ 납땜용 용제의 종류

경납용 용제(Flux)	연납용 용제(Flux)
• 붕 사	• 송 진
• 붕 산	• 인 산
• 플루오린화나트륨	• 염 산
• 플루오린화칼륨	• 염화아연
• 은 납	• 염화암모늄
• 황동납	• 주석-납
• 인동납	• 카드뮴-아연납
• 망가니즈납	• 저융점땜납
• 양은납	
• 알루미늄납	

④ 주요 용제의 특징

ㄱ 은납 : Ag-Cu-Zn이나 Cd-Ni-Sn을 합금한 것으로, Al이나 Mg을 제외한 대부분의 철 및 비철금속의 납땜에 사용한다.

ㄴ 양은납 : 47%의 Cu와 11%의 Zn, 42%의 Ni이 합금된 것으로, 니켈의 함유량이 높을수록 용융점이 높고 색이 변한다. 강인한 성질이 있어서 철강이나 동, 황동, 백동, 모넬메탈 등의 납땜용 용제로 사용된다.

ㄷ 황동납 : Cu와 Zn의 합금으로 철강이나 비철금속의 납땜에 사용된다. 전기전도도가 낮고 진동에 대한 저항도 작다.

10년간 자주 출제된 문제

7-1. 납땜에서 용제가 갖추어야 할 조건이 아닌 것은?

① 모재의 산화피막과 같은 불순물을 제거하고 유동성이 좋을 것

② 청정한 금속면의 산화를 방지할 것

③ 용제의 유효온도 범위와 납땜온도가 일치할 것

④ 침지땜에 사용되는 것은 충분한 수분을 함유할 것

7-2. 연납용으로 사용되는 용제가 아닌 것은?

① 염 산

② 붕산염

③ 염화아연

④ 염화암모니아

7-3. 납땜에서 경납용으로 쓰이는 용제는?

① 붕 사

② 인 산

③ 염화아연

④ 염화암모니아

|해설|

7-1

납땜용 용제 중 침지땜에 사용되는 것은 수분을 함유하고 있으면 안 된다.

7-2

붕산염은 경납용 용제로 사용된다.

7-3

붕사는 경납(Hard Lead)용 용제로 사용된다.

정답 7-1 ④ 7-2 ② 7-3 ①

① 피복금속아크용접의 구조

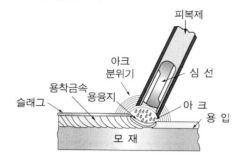

- ㉠ 모재(Base Metal) : 용접재료이다.
- ㉡ 용입(Penetration) : 용접부에서 모재 표면에서 모재가 용융된 부분까지의 총거리이다.
- ㉢ 아크(Arc) : 용접봉과 모재 사이에 전원을 연결한 후 용접봉을 모재에 접촉시킨 다음 약 1~2mm 정도 들어 올리면 불꽃방전에 의하여 청백색의 강한 빛이 Arc 모양으로 생기는 데 온도가 가장 높은 부분(아크 중심)이 약 6,000℃이며, 보통 3,000~5,000℃ 정도이다.
- ㉣ 용융지(Molton Pool) : 모재가 녹은 부분(쇳물)이다.
- ㉤ 아크 분위기(Arc Atmosphere) : 아크 주위에 피복제에 의해 기체가 미치는 영역이다.
- ㉥ 용착금속(Molton Metal) : 용접 시 용접봉의 심선으로부터 모재에 용착한 금속이다.
- ㉦ 슬래그(Slag) : 피복제와 모재의 용융지로부터 순수 금속만을 빼내고 남은 찌꺼기 덩어리로, 비드의 표면을 덮고 있다.

$$용융슬래그 \ 염기도 = \frac{\sum 염기성 \ 성분(\%)}{\sum 산성 \ 성분(\%)}$$

- ㉧ 심선(Core Wire) : 용접봉의 중앙에 있는 금속으로 모재와 같은 재질로 되어 있으며 피복제로 둘러싸여 있다.

- ㉨ 피복제(Flux) : 용제나 용가재로도 불리며 용접봉의 심선을 둘러싸고 있는 성분으로 용착금속에 특정 성질을 부여하거나 슬래그 제거를 위해 사용된다.
- ㉩ 용접봉(Core Wire) : 금속심선(Core Wire) 위에 유기물, 무기물 또는 양자의 혼합물로서 만든 피복제를 바른 것으로 아크안정 등 여러 가지 역할을 한다.
- ㉿ 용락 : 모재가 녹아 쇳물이 흘러내려서 구멍이 발생하는 현상이다.
- ㅌ 용적 : 용융방울이라고도 하며 용융지에 용착되는 것으로서 용접봉이 녹아 이루어진 형상이다.
- ㅍ 용접길이 : 용접 시작점과 크레이터(Crater)를 제외한 용접이 계속된 비드 부분의 길이이다.

② 용접선, 용접축, 다리길이
- ㉠ 용접선 : 접합 부위를 녹여서 서로 이은 자리에 생기는 줄을 말한다.
- ㉡ 용접축 : 용접선에 직각인 용착부의 단면 중심을 통과하고 그 단면에 수직인 선을 말한다.
- ㉢ 다리길이 : 필릿용접부에서 모재 표면의 교차점으로부터 용접 끝부분까지의 길이이다.

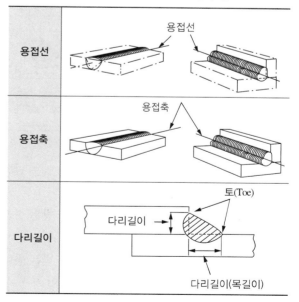

③ 다공성

다공성이란 금속 중에 기공(Blow Hole)이나 피트(Pit)가 발생하기 쉬운 성질을 말하는데 질소, 수소, 일산화탄소에 의해 발생된다. 이 불량을 방지하기 위해서는 용융강 중에 산화철(FeO)을 적당히 감소시켜야 한다.

④ 필릿용접(Fillet Welding)

2장의 모재를 T자 형태로 맞붙이거나 겹쳐붙이기를 할 때 생기는 코너 부분을 용접하는 것이다.

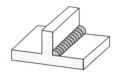

㉠ 하중방향에 따른 필릿용접의 종류

하중방향에 따른 필릿용접	전면필릿이음	
	측면필릿이음	
	경사필릿이음	
형상에 따른 필릿용접	연속필릿	
	단속병렬필릿	
	단속지그재그필릿	

㉡ 주요 필릿용접의 정의

• 전면필릿용접 : 응력의 방향인 힘을 받는 방향과 용접선이 직각인 용접이다.
• 측면필릿용접 : 응력의 방향인 힘을 받는 방향과 용접선이 평행인 용접이다.
• 경사필릿용접 : 응력의 방향인 힘을 받는 방향과 용접선이 평행이나 직각 이외의 각인 용접이다.

㉢ 필릿용접부의 보수방법

• 간격이 1.5mm 이하일 때는 그대로 규정된 각장(다리길이)으로 용접하면 된다.
• 간격이 1.5~4.5mm일 때는 그대로 규정된 각장(다리길이)으로 용접하거나 각장을 증가시킨다.
• 간격이 4.5mm일 때는 라이너를 넣는다.
• 간격이 4.5mm 이상일 때는 이상 부위를 300mm 정도로 잘라낸 후 새로운 판으로 용접한다.

10년간 자주 출제된 문제

8-1. 용접선의 방향과 하중방향이 직교되는 것은?

① 전면필릿용접
② 측면필릿용접
③ 경사필릿용접
④ 병렬필릿용접

8-2. 다음 그림과 같은 필릿용접부의 종류는?

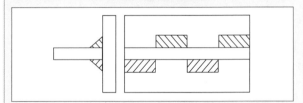

① 연속 병렬필릿용접
② 연속 필릿용접
③ 단속 병렬필릿용접
④ 단속 지그재그필릿용접

|해설|

8-1
하중방향과 용접선의 방향이 직교인 이음은 전면필릿이음이다.

정답 8-1 ① 8-2 ④

제2절 피복금속아크용접

핵심이론 01 | 피복금속아크용접기(1)

① 피복금속아크용접기의 정의

아크용접 시 열원을 공급해 주는 기기로서 용접에 알맞은 낮은 전압으로 대전류를 흐르게 해 주는 설비이다. 그 종류는 전원에 따라 직류아크용접기와 교류아크용접기로 나뉜다.

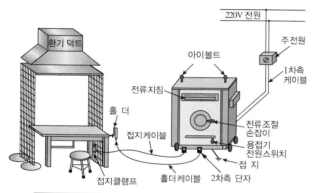

> **더 알아보기!**
>
> **연결케이블** : 전원에서 용접기에 연결하는 케이블은 1차측 케이블이다. 2차측 케이블은 용접홀더와 연결된다.

② 아크용접기의 구비조건

  ㉠ 내구성이 좋아야 한다.

  ㉡ 역률과 효율이 높아야 한다.

  ㉢ 구조 및 취급이 간단해야 한다.

  ㉣ 사용 중 온도 상승이 작아야 한다.

  ㉤ 단락되는 전류가 크지 않아야 한다.

  ㉥ 전격방지기가 설치되어 있어야 한다.

  ㉦ 아크발생이 쉽고 아크가 안정되어야 한다.

  ㉧ 아크 안정을 위해 외부특성곡선을 따라야 한다.

  ㉨ 전류조정이 용이하고 전류가 일정하게 흘러야 한다.

  ㉩ 아크길이의 변화에 따라 전류의 변동이 작아야 한다.

  ㉪ 적당한 무부하전압이 있어야 한다(AC : 70~80V, DC : 40~60V).

③ 피복금속아크용접기의 종류

직류아크용접기	발전기형	전동발전식
		엔진구동형
	정류기형	셀 렌
		실리콘
		저마늄
교류아크용접기	가동철심형	
	가동코일형	
	탭전환형	
	가포화리액터형	

④ 직류아크용접기와 교류아크용접기의 차이점

특 성	직류아크용접기	교류아크용접기
아크안정성	우수하다.	보통이다.
비피복봉 사용 여부	가능하다.	불가능하다.
극성변화	가능하다.	불가능하다.
아크(자기)쏠림방지	불가능하다.	가능하다.
무부하전압	약간 낮다 (40~60V).	높다 (70~80V).
전격의 위험	적다.	많다.
유지보수	다소 어렵다.	쉽다.
고 장	비교적 많다.	적다.
구 조	복잡하다.	간단하다.
역 률	양호하다.	불량하다.
가 격	고가이다.	저렴하다.

⑤ 직류아크용접기의 종류별 특징

발전기형	정류기형
고가이다.	저렴하다.
구조가 복잡하다.	구조가 간단하다.
보수와 점검이 어렵다.	취급이 간단하다.
완전한 직류를 얻는다.	완전한 직류를 얻지 못한다.
전원이 없어도 사용이 가능하다.	전원이 필요하다.
소음이나 고장이 발생하기 쉽다.	소음이 없다.

⑥ 교류아크용접기의 종류별 특징

  ㉠ 가동철심형
    • 현재 가장 많이 사용된다.
    • 미세한 전류 조정이 가능하다.
    • 광범위한 전류 조정이 어렵다.
    • 가동철심으로 누설자속을 가감하여 전류를 조정한다.

  ㉡ 가동코일형
    • 아크안정성이 크고 소음이 없다.
    • 가격이 비싸며 현재는 거의 사용되지 않는다.
    • 용접기 핸들로 1차 코일을 상하로 이동시켜 2차 코일의 간격을 변화시켜 전류를 조정한다.

  ㉢ 탭전환형
    • 주로 소형이 많다.
    • 탭 전환부의 소손이 심하다.
    • 넓은 범위는 전류 조정이 어렵다.
    • 코일의 감긴 수에 따라 전류를 조정한다.
    • 미세전류 조정 시 무부하전압이 높아서 전격의 위험이 크다.

  ㉣ 가포화리액터형
    • 조작이 간단하고 원격제어가 가능하다.
    • 가변저항의 변화로 용접전류를 조정한다.
    • 전기적 전류조정으로 소음이 없고 기계의 수명이 길다.

1-1. 교류아크용접기 중 가변저항의 변화로 용접전류를 조정하는 용접기의 형식은?

① 탭전환형
② 가동철심형
③ 가동코일형
④ 가포화리액터형

1-2. 직류용접기와 비교하여 교류용접기의 장점이 아닌 것은?

① 자기쏠림이 방지된다.
② 구조가 간단하다.
③ 소음이 적다.
④ 역률이 좋다.

1-3. 직류아크용접기에서 발전기형과 비교한 정류기형의 특징으로 틀린 것은?

① 소음이 적다.
② 보수 점검이 간단하다.
③ 취급이 간편하고 가격이 저렴하다.
④ 교류를 정류하므로 완전한 직류를 얻는다.

|해설|

1-1
가포화리액터형 교류아크용접기는 가변저항의 변화로 전류의 원격 조정이 가능하다.

1-2
교류아크용접기는 직류아크용접기에 비해 역률이 좋지 못하다.

정답 1-1 ④ 1-2 ④ 1-3 ④

① 교류아크용접기의 규격

종 류	AW200	AW300	AW400	AW500
정격 2차 전류(A)	200	300	400	500
정격사용률(%)	40	40	40	60
정격부하전압(V)	30	35	40	40
최고 2차 무부하전압(V)	85 이하	85 이하	85 이하	95 이하
사용 용접봉 지름 (mm)	2.0~4.0	2.6~6.0	3.2~8.0	4.0~8.0

※ AW-300 교류아크용접기에서 300은 정격 2차 전류(출력전류)가 300A 흐를 수 있는 용량을 값으로 표현한 것이다.

② 인버터아크용접기(Inverter Arc Welding Machine)
 ㉠ 정의 : 인버터란 직류(DC)전압을 교류(AC)전압으로 바꿔주는 장치로, 인버터에서 직류를 교류로 변환시켜 용접용 전원을 얻는다. 크기가 작고 220V로도 사용할 수 있어서 소형 경량으로 제작할 수 있으며 사용하기 편리하나 유지보수가 어렵다는 단점이 있다.
 ㉡ 특 징
  • 아크 스타트율이 높다.
  • 고속정밀제어가 가능하다.
  • 용접기의 유지보수가 어렵다.
  • 용접기를 소형 경량으로 제작이 가능하다.

③ 용접기의 외부특성곡선
 용접기는 아크안정성을 위해서 외부특성곡선을 필요로 한다. 외부특성곡선이란 부하전류와 부하단자전압의 관계를 나타낸 곡선으로 피복아크용접에서는 수하특성을, MIG나 CO_2 용접기에서는 정전압특성이나 상승특성이 이용된다.
 ㉠ 정전류특성(CC특성 ; Constant Current) : 전압이 변해도 전류는 거의 변하지 않는다.
 ㉡ 정전압특성(CP특성 ; Constant Voltage Characteristic) : 전류가 변해도 전압은 거의 변하지 않는다.
 ㉢ 수하특성(DC특성 ; Drooping Characteristic) : 전류가 증가하면 전압이 낮아진다.

 ㉣ 상승특성(RC특성 ; Rising Characteristic) : 전류가 증가하면 전압이 약간 높아진다.

④ 아크용접기의 고주파발생장치
 ㉠ 고주파발생장치의 정의 : 교류아크용접기의 아크 안정성을 확보하기 위하여 상용주파수의 아크전류 외에 고전압(2,000~3,000V)의 고주파전류를 중첩시키는 방식으로 라디오나 TV 등에 방해를 주는 단점도 있으나 장점이 더 많다.
 ㉡ 고주파발생장치의 특징
  • 전극봉의 소모량을 적게 한다.
  • 아크 손실이 작아 용접하기 쉽다.
  • 무부하전압을 낮게 할 수 있다.
  • 아크가 안정되고 아크가 길어도 끊어지지 않게 한다.
  • 전격의 위험이 적고 전원 입력을 작게 할 수 있으므로 역률이 개선된다.
  • 아크 발생 초기에 용접봉을 모재에 접촉시키지 않아도 아크가 발생 된다.

⑤ 피복금속아크용접(SMAW)의 회로 순서

용접기 → 전극케이블 → 용접봉 홀더 → 용접봉 → 아크 → 모재 → 접지케이블

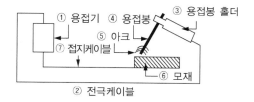

① 용접기 ④ 용접봉 ③ 용접봉 홀더
⑤ 아크
⑦ 접지케이블
⑥ 모재
② 전극케이블

⑥ 아크용접기에 사용되는 변압기
 ㉠ 변압기의 전압비 $= \dfrac{2차\ 전압}{1차\ 전압} = \dfrac{2차\ 권선수}{1차\ 권선수}$
 ㉡ 변압기 관련 용어
  • 변압기 안에서 변경할 전압을 가하는 코일 : 1차 코일
  • 변경된 전압이 발생하는 코일 : 2차 코일

- 전압(V_P)을 1차 코일에 가하면 패러데이법칙에 의해 자기장이 발생한다.
- 코일은 쇠를 중심으로 여러 번 감겨 있어서 유효면적은 코일이 감긴 횟수인 권선수(N_P)에 비례한다.
- 2차 코일을 통과하는 전압은 V_s로 표현한다.

10년간 자주 출제된 문제

2-1. AW-500 교류아크용접기의 최고 무부하전압은 몇 V 이하인가?

① 30V 이하 ② 80V 이하
③ 95V 이하 ④ 85V 이하

2-2. AW 300의 교류아크용접기로 조정할 수 있는 2차 전류(A) 값의 범위는?

① 30~220A ② 40~330A
③ 60~330A ④ 120~480A

|해설|

2-1
AW-500인 교류아크용접기의 최고 2차 무부하전압(V)은 95V 이하이다.

2-2
AW 300의 정격 2차 전류는 300A인데, 교류아크용접기의 용접전류의 조정범위는 정격 2차 전류의 20~110% 범위이다. 따라서 300A의 20~110%는 60~330A가 된다.

정답 2-1 ③   2-2 ③

핵심이론 03 | 피복금속아크용접기의 사용률, 역률 구하기

① **사용률(Duty Cycle)의 정의**
용접기의 사용률은 용접기를 사용하여 아크용접을 할 때 용접기의 2차측에서 아크가 발생하는 시간을 나타내는 것으로, 사용률이 40%이면 아크를 발생하는 시간은 용접기가 가동된 전체시간의 40%이고 나머지 60%는 용접작업 준비, 슬래그 제거 등으로 용접기가 쉬는 시간을 비율로 나타낸 것이다. 이 사용률을 고려하는 것은 용접기의 온도 상승을 방지하여 용접기를 보호하기 위해서 반드시 필요하다.

$$사용률(\%) = \frac{아크발생시간}{아크발생시간 + 정지시간} \times 100$$

㉠ 교류아크용접기의 정격사용률(KS C 9602)

종 류	정격사용률(%)
AWL-250 이하	30
AW200~400	40
AW500	60

② **아크용접기의 허용사용률**

$$허용사용률(\%) = \frac{(정격\ 2차\ 전류)^2}{(실제용접전류)^2} \times 정격사용률(\%)$$

③ **역률(Power Factor)**
역률이 낮으면 입력에너지가 증가하며, 전기소모량이 낮아진다. 또한 용접비용이 증가하고, 용접기용량이 커지며 시설비도 증가한다.

$$역률(\%) = \frac{소비전력}{전원입력} \times 100(\%)$$

④ 퓨즈용량

용접기의 1차측에는 작업자의 안전을 위해 퓨즈(Fuse)를 부착한 안전스위치를 설치해야 하는데, 이때 사용되는 퓨즈의 용량이 중요하다. 단, 규정값보다 크거나 구리로 만든 전선을 사용하면 안 된다.

$$\text{퓨즈용량} = \frac{\text{전력(kVA)}}{\text{전압(V)}}$$

⑤ 용접입열

$$H = \frac{60EI}{v}(\text{J/cm})$$

여기서, H : 용접 단위길이 1cm당 발생하는 전기적 에너지

　　　　E : 아크전압(V)

　　　　I : 아크전류(A)

　　　　v : 용접속도(cm/min)

🔍 더 알아보기!

일반적으로 모재에 흡수된 열량은 입열의 75~85% 정도이다.

10년간 자주 출제된 문제

3-1. 정격사용률이 40%, 정격 2차 전류 300A, 무부하전압 80V, 효율 85%인 용접기를 200A의 전류로 사용하고자 할 때 이 용접기의 허용사용률은 몇 %인가?

① 60%   ② 70.6%

③ 76.5%   ④ 90%

3-2. 피복아크용접 시 아크전압 30V, 아크전류 600A, 용접속도 30cm/min일 때 용접입열은 몇 Joule/cm인가?

① 9,000   ② 13,500

③ 36,000   ④ 43,225

3-3. 무부하전압이 80V, 아크전압 35V, 아크전류 400A라 하면 교류용접기의 역률과 효율은 각각 약 몇 %인가?(단, 내부손실은 4kW이다)

① 역률 : 51, 효율 : 72

② 역률 : 56, 효율 : 78

③ 역률 : 61, 효율 : 82

④ 역률 : 66, 효율 : 88

|해설|

3-1

허용사용률 구하는 식

$$\text{허용사용률(\%)} = \frac{(\text{정격 2차 전류})^2}{(\text{실제용접전류})^2} \times \text{정격사용률(\%)}$$

$$= \frac{(300\text{A})^2}{(200\text{A})^2} \times 40\%$$

$$= \frac{90,000}{40,000} \times 40\%$$

$$= 90\%$$

3-2

용접입열량 구하는 식

$$H = \frac{60EI}{v}(\text{J/cm})$$

$$= \frac{60 \times 30 \times 600}{30} = 36,000(\text{J/cm})$$

여기서, H : 용접단위 길이 1cm당 발생하는 전기적 에너지

　　　　E : 아크전압(V)

　　　　I : 아크전류(A)

　　　　v : 용접속도(cm/min)

※ 일반적으로 모재에 흡수된 열량은 입열의 75~85% 정도이다.

3-3

• 효율(%) $= \dfrac{\text{아크전력}}{\text{소비전력}} \times 100(\%)$

　여기서, 아크전력 = 아크전압 × 정격 2차 전류

　　　　　　　　　= 35 × 400

　　　　　　　　　= 14,000W

　　　소비전력 = 아크전력 + 내부손실

　　　　　　　　= 14,000 + 4000 = 18,000W

∴ 효율(%) $= \dfrac{14,000}{18,000} \times 100\% ≒ 77.7\%$

• 역률(%) $= \dfrac{\text{소비전력}}{\text{전원입력}} \times 100(\%)$

　여기서, 전원입력 = 무부하전압 × 정격 2차 전류

　　　　　　　　　= 80 × 400 = 32,000W

∴ 역률(%) $= \dfrac{18,000}{32,000} \times 100(\%) ≒ 56.2\%$

정답 3-1 ④　3-2 ③　3-3 ②

핵심이론 04 | 피복금속아크용접기의 극성

① 용접기의 극성

　㉠ 직류(Direct Current) : 전기의 흐름방향이 한 방향으로 일정하게 흐르는 전원이다.

　㉡ 교류(Alternating Current) : 시간에 따라서 전기의 흐름방향이 변하는 전원이다.

② 아크용접기의 극성에 따른 특징

직류정극성 (DCSP ; Direct Current Straight Polarity)	• 용입이 깊다. • 비드 폭이 좁다. • 용접봉의 용융속도가 느리다. • 후판(두꺼운 판)용접이 가능하다. • 모재에는 (+)전극이 연결되며 70% 열이 발생하고, 용접봉에는 (−)전극이 연결되며 30% 열이 발생한다.
직류역극성 (DCRP ; Direct Current Reverse Polarity)	• 용입이 얕다. • 비드 폭이 넓다. • 용접봉의 용융속도가 빠르다. • 박판(얇은 판)용접이 가능하다. • 주철, 고탄소강, 비철금속의 용접에 쓰인다. • 모재에는 (−)전극이 연결되며 30% 열이 발생하고, 용접봉에는 (+)전극이 연결되며 70% 열이 발생한다.
교류(AC)	• 극성이 없다. • 전원주파수의 $\frac{1}{2}$사이클마다 극성이 바뀐다. • 직류정극성과 직류역극성의 중간적 성격이다.

③ 용접극성에 따른 용입이 깊은 순서

　DCSP > AC > DCRP

4-1. 직류용접에서 정극성과 비교한 역극성의 특징은?

① 비드의 폭이 넓다.
② 모재의 용입이 깊다.
③ 용접봉의 녹음이 느리다.
④ 용접열이 용접봉쪽보다 모재쪽에 많이 발생된다.

4-2. 다음 중 피복아크용접에서 아크의 성질 중 정극성(DCSP)의 특징이 옳은 것은?

① 모재의 용입이 얕다.
② 용접봉의 녹음이 느리다.
③ 비드 폭이 넓다.
④ 박판, 주철, 비철금속의 용접에 쓰인다.

4-3. 피복아크용접에서 직류정극성의 설명으로 틀린 것은?

① 용접봉의 용융이 늦다.
② 모재의 용입이 얕아진다.
③ 두꺼운 판의 용접에 적합하다.
④ 모재를 +극에, 용접봉을 −극에 연결한다.

|해설|

4-1

직류역극성은 용접봉에 (+)전극이 연결되어 70%의 열이 발생하므로 정극성보다 비드의 폭이 더 넓다.

4-2

직류정극성은 모재에 (+)전극이 연결되어 70%의 열이 발생하므로 용입을 깊게 할 수 있으나 용접봉에는 (−)극이 연결되어 30%의 열이 발생하기 때문에 용접봉의 녹음이 느리다.

4-3

직류정극성은 모재에 (+)전극이 연결되어 70%의 열이 발생하므로 용입을 깊게 할 수 있다.

정답 4-1 ① 4-2 ② 4-3 ②

| 핵심이론 05 | 용접홀더 |

① 용접홀더의 구조

② 용접홀더의 종류(KS C 9607)

종 류	정격 용접전류 (A)	홀더로 잡을 수 있는 용접봉 지름(mm)	접촉할 수 있는 최대 홀더용 케이블의 도체공칭단면적(mm²)
125호	125	1.6~3.2	22
160호	160	3.2~4.0	30
200호	200	3.2~5.0	38
250호	250	4.0~6.0	50
300호	300	4.0~6.0	50
400호	400	5.0~8.0	60
500호	500	6.4~10.0	80

③ 안전홀더의 종류

　㉠ A형 : 안전형으로 전체가 절연된 홀더이다.

　㉡ B형 : 비안전형으로 손잡이 부분만 절연된 홀더이다.

10년간 자주 출제된 문제

피복아크용접 시 안전홀더를 사용하는 이유로 옳은 것은?

① 고무장갑 대용
② 유해가스 중독 방지
③ 용접작업 중 전격 예방
④ 자외선과 적외선 차단

|해설|

피복아크용접의 전원은 전기이므로 반드시 전격의 위험을 방지하기 위해 안전홀더를 사용해야 한다.

　　　　　　　　　　　　　　　　　　　　　　정답 ③

| 핵심이론 06 | 피복금속아크용접봉 |

① 용접봉의 구조

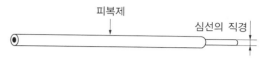

[피복아크용접봉]

② 피복금속아크용접봉의 종류

　㉠ E4301 : 일미나이트계

　㉡ E4303 : 라임티타니아계

　㉢ E4311 : 고셀룰로스계

　㉣ E4313 : 고산화타이타늄계

　㉤ E4316 : 저수소계

　㉥ E4324 : 철분산화타이타늄계

　㉦ E4326 : 철분저수소계

　㉧ E4327 : 철분산화철계

③ 용접봉의 건조온도

용접봉은 습기에 민감해서 건조가 필요하다. 습기는 기공이나 균열 등의 원인이 되므로 저수소계 용접봉에 수소가 많으면 특히 기공을 발생시키기 쉽고 내균열성과 강도가 저하되며 셀룰로스계는 피복이 떨어진다.

일반용접봉	약 100℃로 30분~1시간
저수소계 용접봉	약 300~350℃에서 1~2시간

④ 용접봉의 용융속도

단위시간당 소비되는 용접봉의 길이나 무게로 용융속도를 나타낼 수 있는데, 아크전류는 용접봉의 열량을 결정하는 주요 요인이다.

　용접봉 용융속도 = 아크전류 × 용접봉쪽 전압강하

⑤ 연강용 피복아크용접봉의 규격(저수소계 용접봉 E4316의 경우)

E	43	16
Electrode (전기용접봉)	용착금속의 최소 인장강도(kgf/mm²)	피복제의 계통

⑥ 용접봉의 선택방법

모재의 강도에 적합한 용접봉을 선정하여 인장강도와 연신율, 충격값 등을 알맞게 한다.

⑦ 용접봉의 표준지름(ϕ) – KS 규격

$\phi 1.0$, $\phi 1.4$, $\phi 2.0$, $\phi 2.6$, $\phi 3.2$, $\phi 4.0$, $\phi 4.5$, $\phi 5.5$, $\phi 6.0$, $\phi 6.4$, $\phi 7.0$, $\phi 8.0$, $\phi 9.0$

⑧ 연강용 용접봉의 시험편 처리(KS D 7005)

SR	625°±25℃에서 응력제거풀림을 한 것
NSR	용접한 상태 그대로 응력을 제거하지 않은 것

⑨ 피복아크용접봉의 편심률(e)

편심률은 일반적으로 3% 이내이어야 한다.

$$e = \frac{D-D'}{D} \times 100\%$$

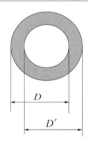

6-1. 연강용 피복아크용접봉을 KS에 의하여 E4316으로 표시할 때, "43"이 의미하는 것은?

① 용착금속의 최소인장강도의 수준
② 피복아크용접봉
③ 모재의 최대인장강도의 수준
④ 피복제 계통

6-2. 저수소계 용접봉은 용접하기 전에 어느 정도의 온도에서 일정시간 건조시켜 사용하는가?

① 100~150℃   ② 200~250℃
③ 300~350℃   ④ 400~450℃

6-3. 용접봉 선택 및 취급 시 주의사항으로 틀린 것은?

① 용접봉의 편심률은 10%가 넘는 것을 선택한다.
② 용접봉은 사용 전에 충분히 건조해야 한다.
③ 일미나이트계 용접봉의 건조온도는 70~100℃이다.
④ 저수소계 용접봉의 건조온도는 300~350℃이다.

|해설|

6-1
"43"이 의미하는 것은 용착금속의 최소인장강도(kgf/mm²)이다.

6-2
저수소계 용접봉은 흡습성이 큰 단점이 있어서 사용 전 300~350℃에서 1~2시간 건조 후 사용해야 한다.

6-3
피복아크용접봉의 편심률(e)은 일반적으로 3% 이내이어야 한다.

정답 6-1 ① 6-2 ③ 6-3 ①

핵심이론 07 | 피복금속아크용접용 피복제(1)

① 피복제(Flux)의 정의

용제나 용가재로도 불리며 용접봉의 심선을 둘러싸고 있는 성분으로 용착금속에 특정 성질을 부여하거나 슬래그 제거를 위해 사용된다.

② 피복제(Flux)의 역할

㉠ 아크를 안정시킨다.

㉡ 전기절연작용을 한다.

㉢ 보호가스를 발생시킨다.

㉣ 스패터의 발생을 줄인다.

㉤ 아크의 집중성을 좋게 한다.

㉥ 용착금속의 급랭을 방지한다.

㉦ 용착금속의 탈산·정련작용을 한다.

㉧ 용융금속과 슬래그의 유동성을 좋게 한다.

㉨ 용적(쇳물)을 미세화하여 용착효율을 높인다.

㉩ 용융점이 낮고 적당한 점성의 슬래그를 생성한다.

㉪ 슬래그 제거를 쉽게 하여 비드의 외관을 좋게 한다.

㉫ 적당량의 합금원소를 첨가하여 금속에 특수성을 부여한다.

㉬ 중성 또는 환원성 분위기를 만들어 질화나 산화를 방지하고 용융금속을 보호한다.

㉭ 쇳물이 쉽게 달라붙도록 힘을 주어 수직자세, 위보기자세 등 어려운 자세를 쉽게 한다.

③ 심선을 둘러싸는 피복배합제의 종류

배합제	용 도	종 류
고착제	심선에 피복제를 고착시킨다.	규산나트륨, 규산칼륨, 아교
탈산제	용융금속 중의 산화물을 탈산·정련한다.	크로뮴, 망가니즈, 알루미늄, 규소철, 톱밥, 페로망가니즈(Fe-Mn), 페로실리콘(Fe-Si), Fe-Ti, 망가니즈철, 소맥분(밀가루)
가스발생제	중성, 환원성가스를 발생하여 대기와의 접촉을 차단하여 용융금속의 산화나 질화를 방지한다.	아교, 녹말, 톱밥, 탄산바륨, 셀룰로이드, 석회석, 마그네사이트
아크안정제	아크를 안정시킨다.	산화타이타늄, 규산칼륨, 규산나트륨, 석회석
슬래그 생성제	용융점이 낮고 가벼운 슬래그를 만들어 산화나 질화를 방지한다.	석회석, 규사, 산화철, 일미나이트, 이산화망가니즈
합금첨가제	용접부의 성질을 개선하기 위해 첨가한다.	페로망가니즈, 페로실리콘, 니켈, 몰리브데넘, 구리

10년간 자주 출제된 문제

피복아크용접봉의 피복제에 포함되어 있는 주요성분이 아닌 것은?

① 고착제
② 탈산제
③ 탈수소제
④ 가스발생제

|해설|

피복아크용접용 피복제(피복배합제)에 탈수소제는 포함되지 않는다.

정답 ③

① 용접봉별 피복제의 특성

　㉠ 일미나이트계(E4301)

　　• 용입이 깊다.

　　• 내균열성이 좋다.

　　• 슬래그 제거가 쉽다.

　　• 전자세용 용접봉이다.

　　• 슬래그의 유동성이 좋다.

　　• 작업성과 용접성이 우수하다.

　　• 비드 형상이 가늘고 아름답다.

　　• 일반구조물이나 중요 구조물용으로 이용된다.

　　• 내균열성, 내가공성, 연성이 우수하여 25mm 이상의 후판용접도 가능하다.

　　• 일미나이트광석 등을 주성분으로 약 30% 이상 합금한 것으로 Slag 생성계 용접봉이다.

　　• 일본에서 처음 개발한 것으로 작업성과 용접성이 우수하며 값이 저렴하여 철도나 차량, 구조물, 압력용기에 사용된다.

　㉡ 라임티타니아계(Lima Titanium Typem, E4303)

　　• 슬래그 생성계이다.

　　• 박판용접에 적당하다.

　　• 비드 외관 및 작업성이 양호하다.

　　• 아크가 조용하고, 용입이 낮다.

　　• 피복이 두껍고 전자세 용접성이 우수하다.

　　• 고산화타이타늄계 용접봉보다 약간 높은 전류를 사용한다.

　　• 슬래그의 유동성이 좋고, 다공질로서 제거가 용이하다.

　　• 산화타이타늄과 염기성 산화물이 다량으로 함유된 슬래그 생성식이다.

　　• E4313의 새로운 형태로 약 30% 이상의 산화타이타늄(TiO_2)과 석회석($CaCO_3$)이 주성분이다.

　　• E4313의 작업성을 따르면서 기계적 성질과 일미나이트계의 작업성이 부족한 점을 개량하여 만든 용접봉이다.

　㉢ 고셀룰로스계(E4311)

　　• 기공이 생기기 쉽다.

　　• 아크가 강하고, 용입이 깊다.

　　• 비드 표면이 거칠고 스패터가 많다.

　　• 전류가 높으면 용착금속이 나쁘다.

　　• 다량의 가스가 용착금속을 보호한다.

　　• 표면의 파형이 나쁘며, 스패터가 많다.

　　• 슬래그 생성이 적어 위보기, 수직자세용접에 좋다.

　　• 도금강판, 저합금강, 저장탱크나 배관공사에 이용된다.

　　• 아크는 스프레이형상으로 용입이 크고 용융속도가 빠르다.

　　• 가스 생성에 의한 환원성 아크 분위기로 용착금속의 기계적 성질이 양호하다.

　　• 피복제에 가스발생제인 셀룰로스를 20~30% 정도 포함한 가스생성식 용접봉이다.

　　• 사용전류는 슬래그실드계 용접봉에 비해 10~15% 낮게 하며 사용 전 70~100℃에서 30분~1시간 건조해야 한다.

　㉣ 고산화타이타늄계(E4313)

　　• 아크가 안정하다.

　　• 균열이 생기기 쉽다.

　　• 박판용접에 적합하다.

　　• 용입이 얕고 스패터가 적다.

　　• 슬래그의 박리성이 좋고 외관이 아름답다.

　　• 용착금속의 연성이나 인성이 다소 부족하다.

　　• 다층용접에서는 만족할 만한 품질을 만들지 못한다.

　　• 저합금강이나 탄소량이 높은 합금강의 용접에 적합하다.

- 기계적 성질이 다른 용접봉에 비해 약하고 고온 균열을 일으키기 쉽다.
- 용접기의 2차 무부하전압이 낮을 때에도 아크가 안정적이며 조용하다.
- 피복제에 산화타이타늄(TiO_2)을 약 35% 정도 합금한 것으로 일반구조용용접에 사용된다.
- 균열에 대한 감수성이 좋아서 구속이 큰 구조물의 용접이나 고탄소강, 쾌삭강의 용접에 사용한다.

ⓒ 저수소계(E4316)
- 기공이 발생하기 쉽다.
- 운봉에 숙련이 필요하다.
- 석회석이나 형석이 주성분이다.
- 용착금속 중 수소 함량이 적다.
- 이행용적의 양이 적고, 입자가 크다.
- 강력한 탈산작용으로 강인성이 풍부하다.
- 아크가 다소 불안정하고 균열감수성이 낮다.
- 용착금속 중의 수소량이 타 용접봉에 비해 1/10 정도로 현저하게 적다.
- 보통 저탄소강의 용접에 주로 사용되나 저합금강과 중, 고탄소강의 용접에도 사용된다.
- 피복제는 습기를 잘 흡수하기 때문에 사용 전에 300~350℃에서 1~2시간 건조 후 사용해야 한다.
- 균열에 대한 감수성이 좋아 구속도가 큰 구조물의 용접이나 탄소 및 황의 함유량이 많은 쾌삭강의 용접에 사용한다.

ⓗ 철분산화타이타늄계(E4324)
- 용착속도가 빠르고, 용접능률이 좋다.
- 위보기용접자세에는 주로 사용하지 않는다.
- 용착금속의 기계적 성질은 E4313과 비슷하다.
- 작업성이 좋고 스패터가 적게 발생하나 용입이 얕다.
- 고산화타이타늄계(E4313)에 50% 정도의 철분을 첨가한 것이다.

ⓢ 철분저수소계(E4326)
- 아래보기나 수평필릿용접에만 사용된다.
- 저수소계에 비해 용착속도가 빠르고 용접효율이 좋다.
- E4316의 피복제에 30~50% 정도의 철분을 첨가한 것이다.
- 용착금속의 기계적 성질이 양호하고 슬래그의 박리성이 저수소계 용접봉보다 좋다.

ⓞ 철분산화철계(E4327)
- 용착금속의 기계적 성질이 좋다.
- 용착효율이 좋고, 용접속도가 빠르다.
- 슬래그 제거가 양호하고, 비드 표면이 깨끗하다.
- 산화철을 주성분으로 다량의 철분을 첨가한 것이다.
- 아크가 분무상(스프레이형)으로 나타나며 스패터가 적고 용입은 E4324보다 깊다.
- 비드의 표면이 곱고 슬래그의 박리성이 좋아서 아래보기나 수평필릿용접에 많이 사용된다.
- 주성분인 산화철에 철분을 첨가한 것으로 규산염을 다량 함유하고 있어서 산성의 슬래그가 생성된다.

8-3. 일반 고장력강을 용접할 때 주의사항으로 틀린 것은?

① 아크길이는 가능한 한 짧게 한다.
② 위빙 폭은 크게 하지 않는다.
③ 용접 개시 전에 이음부 내부 또는 용접할 부분에 청소를 한다.
④ 용접봉은 용접작업성이 좋은 고산화타이타늄계 용접봉을 사용한다.

8-4. 석회석이나 형석을 주성분으로 사용한 것으로 용착금속 중의 수소함유량이 다른 용접봉에 비해 약 1/10 정도로 현저하게 적은 용접봉은?

① 저수소계
② 고산화타이타늄계
③ 일미나이트계
④ 철분산화타이타늄계

|해설|

8-1
E4303(라임티타니아계 용접봉)은 산화타이타늄과 염기성 산화물이 다량으로 함유된 슬래그생성식 용접봉으로 작업성이 뛰어나고 비드의 외관이 좋다.

8-2
피복아크용접봉의 종류

기호	종류	기호	종류
E4301	일미나이트계	E4316	저수소계
E4303	라임티타니아계	E4324	철분산화타이타늄계
E4311	고셀룰로스계	E4326	철분저수소계
E4313	고산화타이타늄계	E4327	철분산화철계

8-3
일반 고장력강을 용접할 때는 저수소계 용접봉(E4316)을 사용하면서 위빙 폭을 가급적 작게 하여 열영향부를 줄여야 한다.

8-4
저수소계 용접봉(E4316)은 용착금속 중의 수소량이 타 용접봉에 비해 1/10 정도로 적어서 용착효율이 좋아 고장력강용으로 사용한다.

정답 8-1 ② 8-2 ② 8-3 ④ 8-4 ①

핵심이론 09 | 피복금속아크용접 기법

① 용접봉 운봉방향(용착방향)에 의한 분류
  ㉠ 전진법 : 한쪽 끝에서 다른쪽 끝으로 용접을 진행하는 방법으로 용접 진행방향과 용착방향이 서로 같다. 용접길이가 길면 끝부분쪽에 수축과 잔류응력이 생긴다.
  ㉡ 후퇴법 : 용접을 단계적으로 후퇴하면서 전체 길이를 용접하는 방법으로 용접 진행방향과 용착방향이 서로 반대가 된다. 수축과 잔류응력을 줄이는 용접기법이나 작업능률이 떨어진다.
  ㉢ 대칭법 : 변형과 수축응력의 경감법으로 용접의 전길이에 걸쳐 중심에서 좌우 또는 용접물 형상에 따라 좌우대칭으로 용접하는 기법이다.
  ㉣ 스킵법(비석법) : 용접부 전체의 길이를 5개 부분으로 나누어 놓고 1-4-2-5-3 순으로 용접하는 방법으로 용접부에 잔류응력을 적게 하면서 변형을 방지하고자 할 때 사용한다.

② 다층용접법에 의한 분류
  ㉠ 덧살올림법(빌드업법) : 각 층마다 전체의 길이를 용접하면서 쌓아올리는 가장 일반적인 방법이다.
  ㉡ 전진블록법 : 한 개의 용접봉으로 살을 붙일만한 길이로 구분해서 홈을 한 층 완료한 후 다른 층을 용접하는 방법이다. 다층용접 시 변형과 잔류응력의 경감을 위해 사용한다.
  ㉢ 캐스케이드법 : 한 부분의 몇 층을 용접하다가 다음 부분의 층으로 연속시켜 전체가 단계를 이루도록 용착시켜 나가는 방법이다.

③ 용착법의 종류별 아크용접봉의 운봉방법

구 분	종 류	
용접 방향에 의한 용착법	전진법	후퇴법
	대칭법	스킵법(비석법)
다층 비드 용착법	빌드업법(덧살올림법)	캐스케이드법
	전진블록법	

10년간 자주 출제된 문제

9-1. 용접시공에서 한 부분의 몇 층을 용접하다가 이것을 다음 부분의 층으로 연속시켜 전체가 한 단계로 이루도록 용착시켜 나가는 용착법은?

① 전진법　　　　　　② 대칭법
③ 스킵법　　　　　　④ 캐스케이드법

9-2. 각 층마다 전체의 길이를 용접하면서 쌓아올리는 용접방법은?

① 스킵법　　　　　　② 덧살올림법
③ 전진블록법　　　　④ 캐스케이드법

9-3. 한 부분의 몇 층을 용접하다가 이것을 다음 부분의 층으로 연속시켜 전체가 계단형태의 단계를 이루도록 용착시켜 나가는 용착방법은?

① 블록법　　　　　　② 스킵법
③ 덧붙이법　　　　　④ 캐스케이드법

|해설|

9-1
캐스케이드법은 한 부분의 몇 층을 용접하다가 다음 부분의 층으로 연속시켜 전체가 단계를 이루도록 용착시켜 나가는 다층용착법의 일종이다.

9-2
덧살올림법은 다층용접법의 일종으로서 각 층마다 전체의 길이를 용접하면서 쌓아올리는 가장 일반적인 방법이다.

9-3
캐스케이드법은 다층용접법의 일종으로 한 부분의 몇 층을 용접하다가 다음 부분의 층으로 연속시켜 전체가 단계를 이루도록 용착시켜 나가는 방법이다.

정답 9-1 ④　9-2 ②　9-3 ④

핵심이론 01 | 가스용접 일반(1)

① 가스용접의 정의

주로 산소-아세틸렌가스를 열원으로 하여 용접부를 용융하면서 용가재를 공급하여 접합시키는 용접법으로, 그 종류에는 사용하는 연료가스에 따라 산소-아세틸렌용접, 산소-수소용접, 산소-프로판용접, 공기-아세틸렌용접 등이 있다. 산소-아세틸렌가스의 불꽃온도는 약 3,430℃이다.

ⓐ 가스용접에는 조연성가스와 가연성가스를 혼합하여 사용한다.

ⓑ 연료가스는 연소속도가 빨라야 원활하게 작업이 가능하며 매끈한 절단면 및 용접물을 얻을 수 있다.

② 가스의 분류

조연성가스 (지연성가스)	다른 연소물질이 타는 것을 도와주는 가스	산소, 공기
가연성가스 (연료가스)	산소나 공기와 혼합하여 점화하면 빛과 열을 내면서 연소하는 가스	아세틸렌, 프로판, 메탄, 뷰테인, 수소
불활성가스	다른 물질과 반응하지 않는 기체	아르곤, 헬륨, 네온

③ 가스용접의 장점

ⓐ 운반이 편리하고 설비비가 싸다.

ⓑ 전원이 없는 곳에 쉽게 설치할 수 있다.

ⓒ 아크용접에 비해 유해광선의 피해가 적다.

ⓓ 가열할 때 비교적 열량 조절이 자유로워 박판용접에 적당하다.

ⓔ 기화용제가 만든 가스상태의 보호막은 용접 시 산화작용을 방지한다.

ⓕ 산화불꽃, 환원불꽃, 중성불꽃, 탄화불꽃 등 불꽃의 종류를 다양하게 만들 수 있다.

④ 가스용접의 단점

ⓐ 폭발의 위험이 있다.

ⓑ 금속이 탄화 및 산화될 가능성이 많다.

ⓒ 아크용접에 비해 불꽃의 온도가 낮다(아크 : 약 3,000~5,000℃, 산소-아세틸렌불꽃 : 약 3,430℃).

ⓓ 열의 집중성이 나빠서 효율적인 용접이 어려우며 가열 범위가 커서 용접변형이 크고 일반적으로 용접부의 신뢰성이 적다.

① 가스용접용 가스의 성질

　㉠ 산소가스(Oxygen, O_2)

　　• 무색, 무미, 무취의 기체이다.

　　• 액화산소는 연한 청색을 띤다.

　　• 산소는 대기 중에 21%나 존재하기 때문에 쉽게 얻을 수 있다.

　　• 고압용기에 35℃에서 150kgf/cm²의 고압으로 압축하여 충전한다.

　　• 가스용접 및 가스절단용으로 사용되는 산소는 순도가 99.3% 이상이어야 한다.

　　• 순도가 높을수록 좋으며, KS규격에 의하면 공업용 산소의 순도는 99.5% 이상이다.

　　• 산소 자체는 타지 않으나 다른 물질의 연소를 도와주어 조연성가스라 부른다. 금, 백금, 수은 등을 제외한 원소와 화합하면 산화물을 만든다.

　㉡ 아세틸렌가스(Acetylene, C_2H_2)

　　• 400℃ 근처에서 자연 발화한다.

　　• 카바이드(CaC_2)를 물에 작용시켜 제조한다.

　　• 가스용접이나 절단작업 시 연료가스로 사용된다.

　　• 구리나 은, 수은 등과 반응할 때 폭발성 물질이 생성된다.

　　• 산소와 적당히 혼합한 후 연소시키면 3,000~3,500℃의 고온을 낸다.

　　• 아세틸렌가스의 비중은 0.906으로, 비중이 1.105인 산소보다 가볍다.

　　• 아세틸렌가스는 불포화탄화수소의 일종으로 불완전한 상태의 가스이다.

　　• 각종 액체에 용해가 잘된다(물 – 1배, 석유 – 2배, 벤젠 – 4배, 알코올 – 6배, 아세톤 – 25배).

　　• 가스봄베(병) 내부가 1.5기압 이상이 되면 폭발위험이 있고, 2기압 이상으로 압축하면 폭발한다.

　　• 아세틸렌가스의 충전은 15℃ 1기압하에서 15kgf/cm²의 압력으로 한다. 아세틸렌가스 1L의 무게는 1.176g이다.

　　• 순수한 카바이드 1kg은 이론적으로 348L의 아세틸렌가스를 발생하며, 보통의 카바이드는 230~300L의 아세틸렌가스를 발생시킨다.

　　• 순수한 아세틸렌가스는 무색, 무취의 기체이나 아세틸렌가스 중에 포함된 불순물인 인화수소, 황화수소, 암모니아에 의해 악취가 난다.

　　• 아세틸렌이 완전연소하는 데는 이론적으로 2.5배의 산소가 필요하나, 실제는 아세틸렌에 불순물이 포함되어 1.2~1.3배의 산소가 필요하다.

　　• 아세틸렌은 공기 또는 산소와 혼합되면 폭발성이 격렬해지는데 아세틸렌 15%, 산소 85% 부근이 가장 위험하다.

　㉢ 아르곤가스(Argon, Ar) – 불활성가스

　　• 물에 잘 용해된다.

　　• 녹는점 : −189.35℃

　　• 끓는점 : −185.85℃

　　• 밀도 : 1,650kg/m³

　　• 불활성이며 불연성이다.

　　• 무색, 무취, 무미의 성질을 갖는다.

　　• 특수강 정련 및 특수용접에 사용된다.

　　• 대기 중 약 0.9% 존재(불활성기체 중 가장 많다)한다.

　　• 단원자분자의 기체로 반응성이 거의 없어 불활성기체라 한다.

　　• 공기보다 약 1.4배 무겁기 때문에 용접에 이용시 용접부를 도포하여 산화 및 질화를 방지하고, 용접부의 마무리를 잘해 주어 TIG용접 및 MIG용접에 주로 이용된다.

ⓔ 액화석유가스(LPG ; Liquefied Petroleum Gas, LP가스)

- 발열량이 높다.
- 일명 프로판이라고도 부른다.
- 프로판(C_3H_8)과 뷰테인(C_4H_{10})이 주성분이다.
- 열효율이 높은 연소기구의 제작이 가능하다.
- 사용 전 환기시키고, 사용 중 점화를 확인해야 한다.
- 프로판 + 산소 → 이산화탄소 + 물 + 발열반응 을 낸다.
- 연소할 때 필요한 산소량은 산소 : 프로판 = 4.5 : 1 이다.
- 상온에서는 기체상태이고 무색, 투명하며 약간 의 냄새가 난다.
- 쉽게 기화하며 발열량이 높고 폭발한계가 좁아 안전도가 높다.
- 액화가 용이하여 용기에 충전하여 저장할 수 있 다(1/250 정도로 압축할 수 있다).
- 석유나 천연가스를 적당한 방법으로 분류하여 제조한 것으로는 프로판(C_3H_8)이 대부분을 차지 하며, 프로판 이외에 에탄(C_2H_6), 뷰테인(C_4H_{10}), 펜탄(C_5H_{12}) 등이 혼합되어 있다.

ⓜ 수소(Hydrogen, H_2)

- 물의 전기분해로 제조한다.
- 무색, 무미, 무취로서 인체에 해가 없다.
- 비중은 0.0695로서 물질 중 가장 가볍다.
- 고압용기에 충전한다(35℃, 150kgf/cm^2).
- 산소와 화합하여 고온을 내며 아세틸렌가스 다 음으로 폭발범위가 넓다.
- 연소 시 탄소가 존재하지 않아 납의 용접이나 수 중절단용 가스로 사용된다.

① 아세틸렌과 LP가스의 비교

아세틸렌가스	LP가스
점화가 용이하다.	슬래그의 제거가 용이하다.
중성불꽃을 만들기 쉽다.	절단면이 깨끗하고 정밀하다.
절단 시작까지 시간이 빠르다.	절단 위 모서리 녹음이 적다.
박판절단 때 속도가 빠르다.	두꺼운 판(후판)을 절단할 때 유리하다.
모재 표면에 대한 영향이 적다.	포갬절단에서 아세틸렌보다 유리하다.

② 공기 중 가스함유량

가스의 종류	수 소	메 탄	프로판	아세틸렌
공기 중 가스함유량(%)	4~74	5~15	2.4~9.5	2.5~80

③ 용접용가스가 가스용접이나 가스절단에 사용되기 위한 조건

ㄱ 발열량이 클 것

ㄴ 연소속도가 빠를 것

ㄷ 불꽃의 온도가 높을 것

ㄹ 용융금속과 화학반응을 일으키지 않을 것

ㅁ 취급이 쉽고 폭발범위가 작을 것

④ 주요 가스의 화학식

ㄱ 뷰테인 : C_4H_{10}

ㄴ 프로판 : C_3H_8

ㄷ 펜탄 : C_5H_{12}

ㄹ 에탄 : C_2H_6

⑤ 착화온도(Ignition Temperature) : 불이 붙거나 타는 온도

가스	수 소	일산화탄소	아세틸렌	휘발유
착화온도 (발화온도)	570℃	610℃	305℃	290℃

① 가스별 불꽃의 온도 및 발열량

가스 종류	불꽃온도(℃)	발열량(kcal/m³)
아세틸렌	3,430	12,500
뷰테인	2,926	26,000
수 소	2,960	2,400
프로판	2,820	21,000
메 탄	2,700	8,500
에틸렌	–	14,000

> 🔍 더 알아보기!
>
> 불꽃온도나 발열량은 실험방식과 측정기의 캘리브레이션 정도에 따라 달라지므로 일반적으로 통용되는 수치를 기준으로 작성된다.

② 산소-아세틸렌가스불꽃의 종류 및 특징

산소와 아세틸렌가스를 대기 중에서 연소시킬 때는 산소의 양에 따라 다음과 같이 4가지의 불꽃이 된다.

불꽃의 종류	명 칭	산소 : 아세틸렌 비율
적황색(매연)	아세틸렌불꽃 (산소 약간 혼입)	–
담백색	탄화불꽃 (아세틸렌 과잉)	0.05~0.95 : 1
백심(회백색) $C_2H_2 \rightarrow 2C + H_2$ $C_2H_2 + O_2 \rightarrow 2CO + H_2$ 바깥불꽃(투명한 청색) $2CO + O_2 \rightarrow 2CO_2$ $H_2 + \frac{1}{2}O_2 \rightarrow H_2O$	중성불꽃 (표준불꽃)	1.04~1.14 : 1
	산화불꽃 (산소 과잉)	1.15~1.70 : 1

ㄱ 아세틸렌불꽃

• 산소가스 과잉 불꽃이다.

• 아세틸렌가스만 공급 후 점화했을 때 발생되는 불꽃이다.

ㄴ 탄화불꽃

• 탄화불꽃은 아세틸렌 과잉 불꽃이라 한다.

• 속불꽃과 겉불꽃 사이에 연한 백색의 제3불꽃, 즉 아세틸렌페더가 있다.

- 아세틸렌밸브를 열고 점화한 후, 산소밸브를 조금만 열면 다량의 그을음이 발생되어 연소를 하게 되는 경우 발생한다.
- 이 불꽃은 산소량이 부족할 경우에 생기므로 금속의 산화를 방지할 필요가 있는 스테인리스강, 스텔라이트, 모넬메탈 등의 용접에 사용된다.
ⓒ 중성불꽃(표준불꽃)
- 산소와 아세틸렌가스의 혼합비가 1 : 1일 때 얻어진다.
- 중성불꽃은 표준불꽃으로 용접작업에 가장 알맞은 불꽃이다.
- 금속의 용접부에 산화나 탄화의 영향이 가장 적게 미치는 불꽃이다.
- 탄화불꽃에서 산소량을 증가시키거나, 아세틸렌 가스량을 감소시키면 아세틸렌페더가 점차 감소되어 백심불꽃과 아세틸렌페더가 일치될 때를 중성불꽃(표준불꽃)이라 한다.
ⓔ 산화불꽃
- 산소 과잉 불꽃이다.
- 용접 시 금속을 산화시키므로 구리, 황동 등의 용접에 사용한다.
- 산화성 분위기를 만들어 일반적인 금속용접에는 사용하지 않는다.
- 중성불꽃에서 산소량을 증가시키거나, 아세틸렌 가스량을 감소시키면 만들어진다.

③ 산소-아세틸렌가스불꽃의 구성
산소와 아세틸렌을 1 : 1로 혼합하여 연소시키면 불꽃이 다음과 같이 생성되는데, 이때 생성되는 불꽃은 세 부분으로 구성된다.

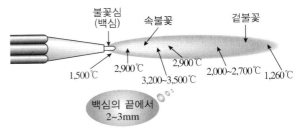

④ 불꽃의 이상현상
ⓐ 역 류
- 역류란 토치 내부의 청소가 불량할 때 내부기관에 막힘이 생겨 고압의 산소가 밖으로 배출되지 못하고 압력이 낮은 아세틸렌쪽으로 흐르는 현상이다.
- 역류의 방지 및 조치법
  - 팁을 깨끗이 청소한다.
  - 안전기와 발생기를 차단한다.
  - 토치의 산소밸브를 차단시킨다.
  - 토치의 아세틸렌밸브를 차단시킨다.
ⓑ 역화 : 토치의 팁 끝이 모재에 닿아 순간적으로 막히거나 팁의 과열 또는 사용가스의 압력이 부적당할 때 팁 속에서 폭발음을 내면서 불꽃이 꺼졌다가 다시 나타나는 현상이다. 불꽃이 꺼지면 산소밸브를 차단하고, 이어 아세틸렌밸브를 닫는다. 팁이 가열되었으면 물속에 담가 산소를 약간 누출시키면서 냉각한다.
ⓒ 인화 : 팁 끝이 순간적으로 막히면 가스의 분출이 나빠지고, 불꽃이 가스혼합실까지 도달하여 토치를 빨갛게 달구는 현상을 말한다.

4-1. 다음 가연성가스 중 발열량이 가장 큰 것은?

① 수 소   ② 뷰테인

③ 에틸렌   ④ 아세틸렌

4-2. 아세틸렌과 산소를 대기 중에서 연소시킬 때 공급되는 산소량에 따라 불꽃을 나눌 수 있다. 다음 중 불꽃의 종류에 포함되지 않는 것은?

① 탄화불꽃   ② 중성불꽃

③ 인화불꽃   ④ 산화불꽃

4-3. 가스용접불꽃의 구성에 포함되지 않는 것은?

① 불꽃심   ② 속불꽃

③ 겉불꽃   ④ 제3불꽃

4-4. 산소-아세틸렌불꽃의 구성 중 온도가 가장 높은 것은?

① 백 심   ② 속불꽃

③ 겉불꽃   ④ 불꽃심

|해설|

4-1

뷰테인(26,000kcal/m³)의 발열량은 수소(2,400kcal/m³), 에틸렌(14,000kcal/m³), 아세틸렌(12,500kcal/m³)보다 크다.

4-2

가스용접 시 발생하는 불꽃의 종류에 인화불꽃은 없다.

4-3

불꽃은 불꽃심, 속불꽃, 겉불꽃으로 구성되어 있다.

4-4

산소-아세틸렌불꽃에서 속불꽃의 온도가 가장 높다.

정답 4-1 ②   4-2 ③   4-3 ④   4-4 ②

핵심이론 05 │ 가스용접용 설비 및 기구

① 가스용접기의 구조

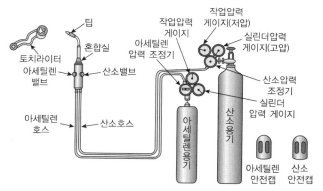

② 산소용기(Oxygen Bomb) 취급 시 주의사항

    ㉠ 용기를 굴리거나 충격을 가하는 일이 없도록 한다.

    ㉡ 용기밸브에 이상이 생겼을 때는 구매처에 반환한다.

    ㉢ 사용이 끝난 용기는 밸브를 잠그고 '빈 병'이라고 표시한다.

    ㉣ 용기의 밸브에는 그리스(Grease)나 기름 등을 묻혀서는 안 된다.

    ㉤ 이동 시에는 밸브를 닫고 안전캡을 씌워 밸브가 손상되지 않도록 한다.

    ㉥ 비눗물로 반드시 누설검사를 하고, 화기에서 5m 이상 거리를 유지한다.

    ㉦ 용기의 밸브를 개폐할 때는 핸들을 천천히 돌리되, 1/4~1/2 회전 이내로 한다.

    ㉧ 통풍이 잘되고 직사광선이 없는 곳에 보관하며, 항상 40℃ 이하를 유지한다.

    ㉨ 겨울에 용기밸브가 얼어서 산소 분출이 어려울 경우 화기를 사용하지 말고 더운물로 녹여서 사용한다.

③ 산소용기의 각인사항

    ㉠ 용기 제조자의 명칭

    ㉡ 충전가스의 명칭

    ㉢ 용기 제조번호(용기번호)

    ㉣ 용기의 중량(kg)

    ㉤ 용기의 내용적(L)

ⓗ 내압시험압력(TP, Test Pressure)

ⓢ 최고충전압력(FP, Full Pressure)

ⓞ 이음매 없는 용기일 경우(이음매 없는 용기) 표기

ⓩ 연, 월, 일

④ 용기 속의 산소량

> 용기 속의 산소량 = 내용적 × 기압

⑤ 용접 가능시간 구하기

$$용접 \ 가능시간 = \frac{산소용기 \ 총가스량}{시간당 \ 소비량} = \frac{내용적 × 압력}{시간당 \ 소비량}$$

> **Q 더 알아보기!**
>
> 가변압식 팁 100번은 단위시간당 가스소비량이 100L이다.

⑥ 일반 가스용기의 도색 색상

가스 명칭	도 색	가스 명칭	도 색
산 소	녹 색	암모니아	백 색
수 소	주황색	아세틸렌	황 색
탄산가스	청 색	프로판(LPG)	회 색
아르곤	회 색	염 소	갈 색

※ 산업용과 의료용의 용기색상은 다르다(의료용의 경우 산소는 백색).

⑦ 가스호스의 색깔

용 도	색 깔
산소용	검정색, 흑색 또는 녹색
아세틸렌용	적 색

⑧ 아세틸렌용기(Acetylene Bomb) 취급 시 주의사항

ⓐ 용기는 충격이나 타격을 주지 않도록 한다.

ⓑ 저장소의 전등 및 전기스위치 등은 방폭구조여야 한다.

ⓒ 가연성가스를 사용하는 경우는 반드시 소화기를 비치하여야 한다.

ⓓ 가스의 충전구가 동결되었을 때는 35℃ 이하의 더운물로 녹여야 한다.

ⓔ 저장소에는 인화물질이나 화기를 가까이 하지 말고 통풍이 양호해야 한다.

ⓕ 용기 내의 아세톤 유출을 막기 위해 저장 또는 사용 중 반드시 용기를 세워두어야 한다.

⑨ 아세틸렌가스량(L)

> 아세틸렌가스량(L)
> = 가스용적(병 전체 무게 – 빈 병의 무게)
> = 905(병 전체 무게 – 빈 병의 무게)

⑩ 산소용기의 취급상 주의사항

ⓐ 산소용기에 전도, 충격을 주어서는 안 된다.

ⓑ 산소와 아세틸렌용기는 각각 별도로 지정한다.

ⓒ 산소용기 속에 다른 가스를 혼합해서는 안 된다.

ⓓ 산소용기, 밸브, 조정기, 고정구는 기름이 묻지 않게 한다.

ⓔ 다른 가스에 사용한 조정기, 호스 등을 그대로 재사용해서는 안 된다.

ⓕ 산소용기를 크레인 등으로 운반할 때는 로프나 와이어 등으로 매지 말고 철제상자 등 견고한 상자에 넣어 운반하여야 한다.

⑪ 아세틸렌용기의 취급상 주의사항

ⓐ 온도가 높은 장소는 피한다.

ⓑ 용기는 충격을 가하거나 전도되지 않도록 한다.

ⓒ 불꽃과 화염 등의 접근을 막고, 빈 병은 빨리 반납한다.

ⓓ 가스의 출구는 완전히 닫아서 잔여 아세틸렌이 나오지 않도록 한다.

ⓔ 세워서 사용한다. 눕혀서 사용하면 용기 속의 아세톤이 가스와 함께 유출된다.

ⓕ 압력조정기와 호스 등의 접속부에서 가스가 누출되는지 항상 주의하며, 누출검사는 비눗물을 사용한다.

⑫ 압력조정기

ⓐ 산소압력조정기

산소압력 조정기의 형태	설 치

ⓑ 아세틸렌압력조정기

아세틸렌압력조정기는 시계 반대방향(왼나사)으로 회전시켜 단단히 죄어 설치한다.

아세틸렌압력 조정기의 형태	설 치

5-1. 아세틸렌가스 소비량이 1시간당 200L인 저압토치를 사용해서 용접할 때, 게이지압력이 60kgf/cm²인 산소병을 몇 시간 정도 사용할 수 있는가?(단, 병의 내용적은 40L, 산소는 아세틸렌가스의 1.2배 정도 소비하는 것으로 한다)

① 2시간 ② 8시간
③ 10시간 ④ 12시간

5-2. 용해 아세틸렌을 충전하였을 때 용기 전체의 무게가 62.5 kgf이었는데, B형 토치의 200번 팁으로 표준불꽃상태에서 가스용접을 하고 빈 용기를 달았더니 무게가 58.5kgf이었다면, 가스용접을 실시한 시간은 약 얼마인가?

① 약 12시간 ② 약 14시간
③ 약 16시간 ④ 약 18시간

5-3. 가스용접작업에 관한 안전사항 중 틀린 것은?

① 가스누설점검은 수시로 비눗물로 점검한다.
② 아세틸렌병은 저압이므로 눕혀서 사용하여도 좋다.
③ 산소병을 운반할 때는 캡(Cap)을 씌워 이동한다.
④ 작업 종료 후에는 메인밸브 및 콕을 완전히 잠근다.

|해설|

5-1

$$용접\ 가능시간 = \frac{산소용기\ 총가스량}{시간당\ 소비량} = \frac{내용적 \times 압력}{시간당\ 소비량}$$
$$= \frac{40L \times 60}{200 \times 1.2} = 10시간$$

5-2

용해아세틸렌 1kg을 기화시키면 약 905L의 가스가 발생하므로, 아세틸렌가스량 공식에 적용하면 다음과 같다.
아세틸렌가스량(L) = 905(병 전체 무게(A)−빈 병의 무게(B))
= 905(62.5−58.5)
= 3,620L
팁 200번이란 단위시간당 가스소비량이 200L임을 의미하므로 아세틸렌가스의 총발생량 3,620L를 200L로 나누면 18.1시간이다.

5-3

가스용접뿐만 아니라 특수용접 중 보호가스로 사용되는 가스를 담고 있는 용기(봄베, 압력용기)는 안전을 위해 모두 세워서 보관해야 한다.

정답 5-1 ③ 5-2 ④ 5-3 ②

① 가스용접용 용접봉

용가재(Filler Metal)라고 불리는 가스용접봉은 용접할 재료와 동일 재질의 용착금속을 얻기 위해 모재와 조성이 동일하거나 비슷한 것을 사용한다. 용접 중 용접열에 의하여 성분과 성질이 변화되므로 용접봉 제조 시 필요한 성분을 첨가하거나 제조하는 경우도 있다.

② 가스용접용 용접봉의 특징

  ㉠ 산화방지를 위해 경우에 따라 용제(Flux)를 사용하기도 하나 연강의 가스용접에서는 필요없다.

  ㉡ 일반적으로 비피복용접봉을 사용하지만, 보관 및 사용 중 산화방지를 위해 도금이나 피복된 것도 있다.

③ 가스용접봉의 표시

  예 GA46 가스용접봉의 경우

G	A	46
가스용접봉	용착금속의 연신율 구분	용착금속의 최저 인장강도(kgf/mm²)

④ KS상 연강용 가스용접봉의 표준치수

$\phi 1.0$	$\phi 1.6$	$\phi 2.0$	$\phi 2.6$	$\phi 3.2$	$\phi 4.0$	$\phi 5.0$	$\phi 6.0$

⑤ 가스용접봉 선택 시 조건

  ㉠ 용융온도가 모재와 같거나 비슷할 것

  ㉡ 용접봉의 재질 중에 불순물을 포함하고 있지 않을 것

  ㉢ 모재와 같은 재질이어야 하며 충분한 강도를 줄 수 있을 것

  ㉣ 용융온도가 모재와 같고, 기계적 성질에 나쁜 영향을 주지 말 것

⑥ 연강용 가스용접봉의 성분이 모재에 미치는 영향

  ㉠ C(탄소) : 강의 강도를 증가시키나 연신율, 굽힘성이 감소된다.

  ㉡ Si(규소, 실리콘) : 기공은 막을 수 있으나 강도가 떨어진다.

  ㉢ P(인) : 강에 취성을 주며 연성을 작게 한다.

  ㉣ S(황) : 용접부의 저항력을 감소시키며, 기공과 취성이 발생할 우려가 있다.

  ㉤ FeO_4(산화철) : 강도를 저하시킨다.

⑦ 가스용접용 용접봉의 종류

종류	시험편 처리	인장강도(kg/mm²)
GA 46	SR	46 이상
	NSR	51 이상
GA 43	SR	43 이상
	NSR	44 이상
GA 35	SR	35 이상
	NSR	37 이상
GB 46	SR	46 이상
	NSR	51 이상
GB 43	SR	43 이상
	NSR	44 이상
GB 35	SR	35 이상
	NSR	37 이상
GB 32	NSR	32 이상

※ SR : 응력제거풀림을 한 것
  NSR : 용접한 그대로 응력제거풀림을 하지 않은 것
  예 "625±25℃에서 1시간 동안 응력을 제거했다" = SR

⑧ 가스용접봉 지름

$$\text{가스용접봉 지름}(D) = \frac{\text{판두께}(T)}{2} + 1$$

6-1. 일반적으로 가스용접봉의 지름이 2.6mm일 때 강판의 두께는 몇 mm 정도가 적당한가?

① 1.6mm
② 3.2mm
③ 4.5mm
④ 6.0mm

6-2. 가스용접봉 선택조건으로 틀린 것은?

① 모재와 같은 재질일 것
② 용융온도가 모재보다 낮을 것
③ 불순물이 포함되어 있지 않을 것
④ 기계적 성질에 나쁜 영향을 주지 않을 것

|해설|

6-1

가스용접봉 지름$(D) = \dfrac{판두께(T)}{2} + 1$

$2.6\text{mm} = \dfrac{T}{2} + 1$

$T = 2(2.6\text{mm}) - 2$

$\quad = 3.2\text{mm}$

6-2

가스용접봉의 용융온도는 모재와 같거나 비슷해야 한다. 만일 모재의 용융온도보다 낮으면 용접봉만 먼저 용융되기 때문에 모재와 용접봉이 서로 결합되지 않는다.

정답 6-1 ② 6-2 ②

핵심이론 07 | 가스용접용 용제

① 가스용접용 용제(Flux)

ㄱ 금속을 가열하면 대기 중의 산소나 질소와 접촉하여 산화 및 질화작용이 일어난다. 이때 생긴 산화물이나 질화물은 모재와 용착금속과의 융합을 방해한다.

ㄴ 용융금속보다 비중이 가벼운 산화물은 용융금속 위로 떠오르고, 비중이 무거운 것은 용착금속의 내부에 남는다. 용제는 용접 중 생기는 산화물과 유해물을 용융시켜 슬래그로 만들거나, 산화물의 용융온도를 낮게 한다. 그러나 가스 소비량을 적게 하지는 않는다.

ㄷ 용제는 분말이나 액체로 된 것이 있으며, 분말로 된 것은 물이나 알코올에 개어서 용접봉이나 용접 홈에 그대로 칠하거나, 직접 용접 홈에 뿌려서 사용한다.

② 가스용접용 용제의 특징

ㄱ 용융온도가 낮은 슬래그를 생성한다.

ㄴ 모재의 용융점보다 낮은 온도에서 녹는다.

ㄷ 일반적으로 연강은 용제를 사용하지 않는다.

ㄹ 불순물을 제거함으로써 용착금속의 성질을 좋게 한다.

ㅁ 단독으로 사용하는 것보다 혼합제로 사용하는 것이 좋다.

ㅂ 용제를 지나치게 많이 사용하면 오히려 용접을 곤란하게 한다.

ㅅ 용접 중에 생기는 금속의 산화물이나 비금속 개재물을 용해한다.

ㅇ 용접 직전의 모재 및 용접봉에 엷게 바른 다음 불꽃으로 태워 사용한다.

③ 가스용접용 용제의 종류

재 질	용 제
연 강	용제를 사용하지 않는다.
반경강	중탄산소다, 탄산소다
주 철	붕사, 탄산나트륨, 중탄산나트륨
알루미늄	염화칼륨, 염화나트륨, 염화리튬, 플루오린화칼륨
구리합금	붕사, 염화리튬

10년간 자주 출제된 문제

7-1. 가스용접에서 용제에 대한 설명으로 틀린 것은?

① 용제는 단독으로 사용하는 것보다 혼합제로 사용하는 것이 좋다.
② 용제는 용접 직전의 모재(母材) 및 용접봉에 얇게 바른 다음 불꽃으로 태워서 사용한다.
③ 용제를 지나치게 많은 양을 쓰는 것은 오히려 용접을 곤란하게 한다.
④ 강 이외의 많은 금속은 그 산화물보다 용융점이 높기 때문에 산화물을 제거하기 위하여 용제가 중요한 역할을 한다.

7-2. 가스용접에서 사용되는 용제(Flux)에 대한 설명으로 틀린 것은?

① 용착금속의 성질을 양호하게 한다.
② 일반적으로 연강에는 용제를 사용하지 않는다.
③ 용접 중에 생기는 금속산화물을 제거하는 역할을 한다.
④ 구리 및 구리합금의 용제로는 염화나트륨이나 염화칼륨 등이 쓰인다.

|해설|

7-1
모든 금속이 산화물보다 용융점이 높지 않다.

7-2
가스용접으로 구리나 구리합금을 용접할 때 사용하는 용제는 붕사나 염화리튬이다.

정답 7-1 ④ 7-2 ④

핵심이론 08 | 산소-아세틸렌가스용접

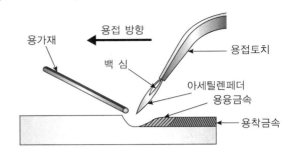

① 산소-아세틸렌가스용접의 장점
  ㉠ 응용 범위가 넓으며, 운반작업이 편리하다.
  ㉡ 전원이 불필요하며, 설치 비용이 저렴하다.
  ㉢ 아크용접에 비해 유해광선의 발생이 적다.
  ㉣ 비교적 열량 조절이 자유롭기 때문에 박판용접에 적당하다.

② 산소-아세틸렌가스용접의 단점
  ㉠ 열효율이 낮아서 용접속도가 느리다.
  ㉡ 아크용접에 비해 불꽃의 온도가 낮다.
  ㉢ 열 영향에 의하여 용접 후 변형이 심하게 된다.
  ㉣ 고압가스를 사용하므로 폭발 및 화재의 위험이 크다.
  ㉤ 용접부의 기계적 성질이 떨어져서 제품의 신뢰성이 적다.

③ 용접토치의 운봉법
  ㉠ 팁과 모재와의 거리는 불꽃 백심 끝에서 2~3mm로 일정하게 한다.
  ㉡ 용접 시 토치는 오른손으로 가볍게 잡고, 용접선을 따라 직선이나 작은 원, 반달형을 그리며 전진시켜 용융지를 형성한다.

④ 가스용접에서의 전진법과 후진법의 차이점

구 분	전진법	후진법
열 이용률	나쁘다.	좋다.
비드의 모양	보기 좋다.	매끈하지 못하다.
홈의 각도	크다(약 80°).	작다(약 60°).
용접속도	느리다.	빠르다.
용접변형	크다.	작다.
용접 가능 두께	두께 5mm 이하의 박판	후 판
가열시간	길다.	짧다.
기계적 성질	나쁘다.	좋다.
산화 정도	심하다.	양호하다.
토치 진행방향 및 각도	오른쪽 → 왼쪽	왼쪽 → 오른쪽

⑤ 산소-아세틸렌가스용접용 토치의 사용압력

저압식	중압식	고압식
0.07kgf/cm² 이하	0.07~1.3kgf/cm²	1.3kgf/cm² 이상

8-1. 가스용접에서 전진법에 대한 설명으로 옳은 것은?

① 용접봉의 소비가 많고 용접시간이 길다.
② 용접봉의 소비가 적고 용접시간이 길다.
③ 용접봉의 소비가 많고 용접시간이 짧다.
④ 용접봉의 소비가 적고 용접시간이 짧다.

8-2. 아세틸렌가스의 압력에 따른 가스용접토치의 분류에 해당하지 않는 것은?

① 저압식 ② 차압식
③ 중압식 ④ 고압식

|해설|

8-1
가스용접에서 전진법을 사용하면 용접속도가 느리므로 용접시간이 길고 용접봉의 소비도 많아진다.

정답 8-1 ① 8-2 ②

핵심이론 01 | 절단법의 종류

① 가스절단의 정의

산소-아세틸렌가스불꽃을 이용하여 재료를 절단시키는 작업으로, 가스절단 시 팁에서 나온 불꽃의 백심 끝과 강판 사이의 간격은 1.5~2mm로 한다.

② 절단법의 열원에 의한 분류

종 류	특 징	분 류
아크절단	전기아크열을 이용한 금속절단법이다.	산소아크절단
		피복아크절단
		탄소아크절단
		아크에어가우징
		플라스마제트절단
		불활성가스아크절단
가스절단	산소가스와 금속과의 산화반응을 이용한 금속절단법이다.	산소-아세틸렌가스절단
분말절단	철분말이나 용제분말을 절단용 산소에 연속적으로 혼입시켜서 용접부에 공급하면 반응하면서 발생하는 산화열로 구조물을 절단하는 방법이다.	

③ 절단법의 종류 및 특징

㉠ 산소창절단 : 가늘고 긴 강관(안지름 3.2~6mm, 길이 1.5~3m)을 사용해서 절단산소를 큰 강괴의 심부에 분출시켜 창으로 불리는 강관 자체가 함께 연소되면서 절단이 되는 방법으로, 주로 두꺼운 강판이나 주철, 강괴 등의 절단에 사용된다.

㉡ 분말절단 : 철분이나 플럭스분말을 연속적으로 절단산소 속에 혼입시켜서 공급하여 그 반응열을 이용한 절단방법이다.

㉢ 아크에어가우징 : 탄소봉을 전극으로 하여 아크를 발생시킨 후 절단을 하는 탄소아크절단법에 약 5~7kgf/cm²인 고압의 압축공기를 병용하는 것으로, 용융된 금속을 탄소봉과 평행으로 분출하는 압축공기를 전극홀더의 끝부분에 위치한 구멍을 통해 연속해서 불어내서 홈을 파내는 방법이다. 용접부의 홈가공, 구멍 뚫기, 절단작업, 뒷면 따내기, 용

접결함부 제거 등에 사용된다. 이 방법은 철이나 비철금속에 모두 이용할 수 있으며, 가스가우징보다 작업능률이 2~3배 높고 모재에도 해를 입히지 않는다.

㉣ 플라스마아크절단 : 플라스마 기류가 노즐을 통과할 때 열적 핀치효과로 20,000~30,000℃의 플라스마아크가 만들어지는데, 이 초고온의 플라스마아크를 절단 열원으로 사용하여 가공물을 절단하는 방법이다.

㉤ 가스가우징 : 용접결함이나 가접부 등의 제거를 위하여 사용하는 방법으로써, 가스절단과 비슷한 토치를 사용해서 용접 부분의 뒷면을 따내거나 U형, H형의 용접 홈을 가공하기 위하여 깊은 홈을 파내는 가공방법이다.

㉥ 산소아크절단 : 산소아크절단에 사용되는 전극봉은 중공의 피복봉으로 발생되는 아크열을 이용하여 모재를 용융시킨 후, 중공 부분으로 절단산소를 내보내서 절단하는 방법이다. 산화발열효과와 산소의 분출압력 때문에 작업속도가 빠르며, 입열시간이 적어 변형이 작다. 또한, 전극의 운봉이 거의 필요 없고, 전극봉을 절단방향으로 직선이동시키면 된다. 그러나 전단면이 고르지 못한 단점이 있다.

• 산소아크절단의 특징

– 전극의 운봉이 거의 필요 없다.

– 입열시간이 적어서 변형이 작다.

– 가스절단에 비해 절단면이 거칠다.

– 전원은 직류정극성이나 교류를 사용한다.

– 가운데가 비어 있는 중공의 원형봉을 전극봉으로 사용한다.

– 절단속도가 빨라 철강구조물 해체나 수중 해체 작업에 이용된다.

㉦ 피복아크절단 : 피복아크용접봉을 이용하는 것으로 토치나 탄소용접봉이 없을 때, 토치의 팁이 들어가지 않는 좁은 곳에 사용하는 방법이다.

ⓞ 금속아크절단 : 탄소전극봉 대신 절단 전용 특수피복제를 입힌 전극봉을 사용하여 절단하는 방법으로, 직류정극성이 적합하며 교류도 사용은 가능하다. 절단면은 가스절단면에 비해 거칠고 담금질 경화성이 강한 재료의 절단부는 기계가공이 곤란하다.

ⓩ 포갬절단 : 판과 판 사이의 틈새를 0.1mm 이상으로 포개어 압착시킨 후 절단하는 방법이다.

ⓣ TIG절단 : 아크절단법의 일종으로 텅스텐 전극과 모재 사이에 아크를 발생시켜 모재를 용융하면서 절단하는 방법으로 알루미늄과 마그네슘, 구리 및 구리합금, 스테인리스강 등의 금속재료의 절단에 사용한다. 절단가스로는 $Ar + H_2$의 혼합가스를 사용하고 전원은 직류정극성을 사용한다.

ⓚ MIG절단 : 모재의 절단부를 불활성가스로 보호하고 금속전극에 대전류를 흐르게 하여 절단하는 방법으로, 알루미늄과 같이 산화에 강한 금속의 절단에 이용한다.

ⓣ 탄소아크절단 : 탄소나 흑연재질의 전극봉과 금속 사이에서 아크를 일으켜 금속의 일부를 용융시켜 이 용융금속을 제거하면서 절단하는 방법이다.

ⓟ 레이저절단

• 철판을 가공할 때 빛(레이저)에너지를 이용하는 절단방법이다. 레이저발생장치인 발진기에서 레이저광이 만들어져서 절단헤드의 광케이블이나 미러를 통과하는데, 직경이 아주 작은 고성능 렌즈에 초점이 모아지고 이 레이저광이 철판의 표면을 용융시키면서 절단한다.

• 레이저절단기의 주요 구성
  - 광전송부
  - 절단헤드
  - 가공테이블
  - 레이저발진기

④ 아크절단과 가스절단의 차이점
아크절단은 절단면의 정밀도가 가스절단보다 못하나, 보통의 가스절단이 곤란한 알루미늄, 구리, 스테인리스강 및 고합금강의 절단에 사용할 수 있다.

10년간 자주 출제된 문제

1-1. 주철, 비철금속, 스테인리스강 등을 절단하는데 용제 및 철분을 혼합 사용하는 절단방법은?

① 스카핑
② 분말절단
③ 산소창절단
④ 플라스마절단

1-2. 강괴, 강편, 슬래그 기타 표면의 흠이나 주름, 주조결함, 탈탄층 등을 제거하는 방법으로 가장 적합한 가공법은?

① 스카핑
② 분말절단
③ 가스가우징
④ 아크에어가우징

1-3. 스테인리스강을 플라스마절단하고자 할 때 사용하는 작동 가스는?

① $O_2 + H_2$
② $Ar + N_2$
③ $N_2 + O_2$
④ $N_2 + H_2$

|해설|

1-1

분말절단 : 철분말이나 용제분말을 절단용 산소에 연속적으로 혼입시켜서 용접부에 공급하면 반응하면서 발생하는 산화열로 구조물을 절단하는 방법이다.

1-3

스테인리스강을 플라스마절단할 때는 $N_2 + H_2$의 혼합가스를 사용한다.

정답 1-1 ② 1-2 ① 1-3 ④

① 가스절단을 사용하는 이유

자동차를 제작할 때는 기계설비를 이용하여 철판을 알맞은 크기로 자른 뒤 용접을 한다. 하지만 이는 기계적인 방법이고 용접에서 사용하는 절단은 열에너지에 의해 금속을 국부적으로 용융하여 절단하는 방법인 가스절단을 사용하는데, 이는 철과 산소의 화학반응열을 이용하는 열절단법이다.

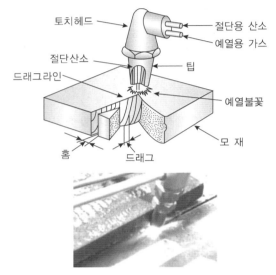

② 가스절단의 원리

가스절단 시에는 절단속도가 알맞아야 하는데, 절단속도는 산소의 압력, 모재의 온도, 산소의 순도, 팁의 형에 따라 달라진다. 특히 절단산소의 분출량과 속도에 따라 크게 좌우된다.

③ 절단팁의 종류

절단팁의 종류에는 동심형 팁(프랑스식)과 이심형 팁(독일식)이 있다.

동심형 팁(프랑스식)	이심형 팁(독일식)
• 동심원의 중앙 구멍으로 고압 산소를 분출하고 외곽 구멍으로는 예열용 혼합가스를 분출한다. • 가스절단에서 전후, 좌우 및 직선절단을 자유롭게 할 수 있다.	• 고압가스 분출구와 예열가스 분출구가 분리된다. • 예열용 분출구가 있는 방향으로만 절단 가능하다. • 작은 곡선 및 후진 등의 절단은 어렵지만 직선절단의 능률이 높고, 절단면이 깨끗하다.

④ 다이버전트형 절단팁

통의 절단 팁에 비해 가스를 고속으로 분출할 수 있으므로 절단속도를 20~25% 증가시킬 수 있다.

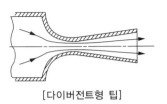

[다이버전트형 팁]

⑤ 표준드래그길이

$$\text{표준드래그길이(mm)} = \text{판두께(mm)} \times \frac{1}{5} = \text{판두께의 } 20\%$$

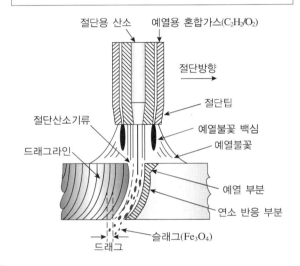

⑥ 드래그량

$$\text{드래그량(\%)} = \frac{\text{드래그길이}}{\text{판 두께}} \times 100(\%)$$

⑦ 가스절단의 절단속도

㉠ 산소의 순도가 높으면 절단속도가 빠르다.

㉡ 절단속도는 모재의 온도가 높을수록 고속절단이 가능하다.

㉢ 절단속도는 절단산소의 순도와 분출속도에 따라 결정된다.

㉣ 절단속도는 절단산소의 압력과 산소소비량이 많을수록 증가한다.

⑧ 양호한 절단면을 얻기 위한 조건

   ㉠ 드래그가 될 수 있으면 작을 것

   ㉡ 경제적인 절단이 이루어지도록 할 것

   ㉢ 절단면 표면의 각이 예리하고 슬래그의 박리성이 좋을 것

   ㉣ 절단면이 평활하며 드래그의 홈이 낮고 노치 등이 없을 것

⑨ 절단산소의 순도가 떨어질 때의 현상

   ㉠ 절단면이 거칠고, 절단속도가 늦어진다.

   ㉡ 산소소비량이 많아지고, 절단 개시시간이 길어진다.

   ㉢ 슬래그가 잘 떨어지지 않고(박리성이 떨어짐), 절단면 홈의 폭이 넓어진다.

⑩ 가스절단이 잘 안 되는 금속과 절단방법

   ㉠ 주철 : 주철의 용융점이 연소온도 및 슬래그의 용융점보다 낮고, 주철 중의 흑연은 철의 연속적인 연소를 방해하므로 가스절단이 곤란하다.

   ㉡ 스테인리스강, 알루미늄 등 : 절단 중 생기는 산화물의 용융점이 모재보다 고융점이므로, 끈적끈적한 슬래그가 절단 표면을 덮어 산소와의 산화반응을 방해하여 가스절단이 곤란하다.

   ㉢ 주철 및 스테인리스강, 알루미늄의 절단방법 : 산화물을 용해, 제거하기 위해서는 적당한 분말용제(Flux)를 산소기류에 혼입하거나 미리 절단부에 철분을 뿌린 다음 절단한다.

⑪ 수중절단용 가스의 특징

   ㉠ 연료가스로는 수소가스를 가장 많이 사용한다.

   ㉡ 일반적으로는 수심 45m 정도까지 작업이 가능하다.

   ㉢ 수중작업 시 예열가스의 양은 공기 중에서의 4~8배로 한다.

   ㉣ 수중작업 시 절단산소의 압력은 공기 중에서의 1.5~2배로 한다.

   ㉤ 연료가스로는 수소, 아세틸렌, 프로판, 벤젠 등의 가스를 사용한다.

⑫ 가스절단에 영향을 미치는 요소

   ㉠ 예열불꽃

   ㉡ 후열불꽃

   ㉢ 절단속도

   ㉣ 산소가스의 순도

   ㉤ 산소가스의 압력

   ㉥ 가연성가스의 압력

   ㉦ 가스의 분출량과 속도

2-1. 보통가스절단 시 판두께 12.7mm의 표준드래그길이는 약 몇 mm인가?

① 2.4   ② 5.2

③ 5.6   ④ 6.4

2-2. 가스절단에 관한 설명으로 옳은 것은?

① 모재가 산화연소하는 온도는 그 금속의 용융점보다 높아야 한다.

② 생성된 산화물의 용융점은 모재의 용융점보다 높아야 한다.

③ 예열불꽃을 약하게 하면 역화가 발생하지 않는다.

④ 동심형 팁은 전후, 좌우 및 직선을 자유롭게 절단할 수 있다.

2-3. 가스절단면을 보면 거의 일정 간격의 평행곡선이 진행방향으로 나타나 있는데 이 곡선을 무엇이라 하는가?

① 비드길이   ② 트 랙

③ 드래그라인   ④ 다리길이

|해설|

2-1

표준드래그길이 구하는 식

표준드래그길이(mm) = 판두께(mm) × $\frac{1}{5}$ = 판 두께의 20%

$$= 12.7\text{mm} \times \frac{1}{5}$$

$$= 2.54\text{mm}$$

따라서, 정답은 ①번이 가깝다.

2-2

프랑스식인 동심형 팁은 가스절단작업 시 전후, 좌우 및 직선절단을 자유롭게 할 수 있다.

2-3

가스절단 시 절단면에 생기는 드래그라인(Drag Line)은 가스절단의 양부를 판정하는 기준이 되는데 절단면에 거의 일정한 간격으로 평행곡선이 진행방향으로 그려져 있다. 드래그길이는 주로 절단속도와 산소의 소비량에 따라 변화한다. 만일 절단속도가 일정할 때 산소소비량이 적으면 드래그길이가 길고 절단면이 좋지 않다.

정답 2-1 ① 2-2 ④ 2-3 ③

핵심이론 03 │ 가스가공법

① 스카핑(Scarfing)

　㉠ 원리 : 강괴나 강편, 강재 표면의 흠이나 개재물, 탈탄층 등을 제거하기 위한 불꽃가공으로 가능한 한 얇으면서 타원형의 모양으로 표면을 깎아내는 가공법으로, 종류에는 열간스카핑, 냉간스카핑, 분말스카핑이 있다.

　㉡ 스카핑속도 : 재료가 냉간재와 열간재에 따라서 스카핑속도가 달라진다.

냉간재	열간재
5~7m/min	20m/min

② 가스가우징

　㉠ 원리 : 용접결함(압연강재나 주강의 표면결함)이나 가접부 등의 제거를 위하여 가스절단과 비슷한 토치를 사용해서 용접부분의 뒷면을 따내거나 U형, H형상의 용접 홈을 가공하기 위하여 깊은 홈을 파내는 가공방법이다.

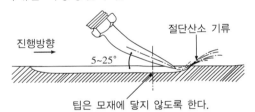

　㉡ 가스가우징의 특징

　　• 가스절단보다 2~5배의 속도로 작업할 수 있다.

　　• 약간의 진동에서도 작업이 중단되기 쉬워 상당한 숙련이 필요하다.

③ 아크에어가우징(Arc Air Gauging)

　㉠ 원리 : 탄소봉을 전극으로 하여 아크를 발생시킨 후 재료를 절단하는 탄소아크절단법에 약 5~7kgf/cm^{2}인 고압의 압축공기를 병용하는 것으로, 용융된 금속을 탄소봉과 평행으로 분출하는 압축공기를 전극홀더의 끝부분에 위치한 구멍을 통해 연속해서 불

어내서 홈을 파내는 방법이다. 용접부의 홈 가공, 구멍 뚫기, 절단작업, 뒷면 따내기, 용접결함부 제거 등에 사용된다. 이 방법은 철이나 비철금속에 모두 이용할 수 있으며, 가스가우징보다 작업능률이 2~3배 높고 모재에도 해를 입히지 않는다.

- 탄소전극봉
- 전극봉 클램프 레버
- AIR 분출구
- AIR 밸브
- 압축공기 분출
- AIR 호스와 전극봉 연결선

ⓒ 특 징

- 소음이 적다.
- 조작방법이 간단하다.
- 용접결함부의 발견이 쉽다.
- 사용전원은 직류역극성이다.
- 응용 범위가 넓고 경비가 저렴하다.
- 작업능률이 가스가우징보다 2~3배 높다.
- 철이나 비철금속에 모두 사용이 가능하다.
- 흑연으로 된 탄소봉에 구리 도금한 전극을 사용한다.
- 비용이 저렴하고 모재에 나쁜 영향을 미치지 않는다.
- 용융된 금속을 순간적으로 불어내어 모재에 악영향을 주지 않는다.

ⓒ 아크에어가우징의 구성요소

- 가우징 봉
- 가우징 토치
- 가우징 머신
- 컴프레서(압축공기)

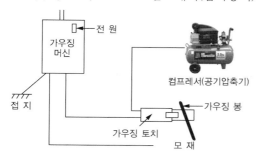

- 전 원
- 가우징 머신
- 컴프레서(공기압축기)
- 접 지
- 가우징 봉
- 가우징 토치
- 모 재

특수 및 기타 용접

핵심이론 01 | 서브머지드아크용접(SAW ; Submerged Arc Welding, 잠호용접)(1)

① 서브머지드아크용접의 정의

용접 부위에 미세한 입상의 플럭스를 용제호퍼를 통해 다량으로 공급하면서 도포하고 용접선과 나란히 설치된 레일 위를 주행대차가 지나가면서 와이어 릴에 감겨 있는 와이어를 이송롤러를 통해 용접부로 공급시키면 플럭스 내부에서 아크가 발생하는 자동용접법이다. 이때 아크가 플럭스 속에서 발생되어 불가시아크용접, 잠호용접이라고 하며, 개발자의 이름을 딴 케네디용접, 그리고 이를 개발한 회사의 상품명인 유니언멜트용접이라고도 한다. 용접봉인 와이어의 공급과 이송이 자동이며 용접부를 플럭스가 덮고 있으므로 복사열과 연기가 많이 발생하지 않는다.

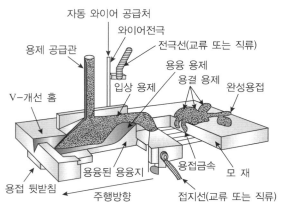

② 서브머지드아크용접의 특징

㉠ 용접속도가 빠른 경우 용입이 낮아지고, 비드 폭이 좁아진다.

㉡ 용제(Flux)가 과열을 막아주어 열 손실이 적고 용입도 깊어 고능률용접이 가능하다.

㉢ 아크길이를 일정하게 유지시키기 위해 와이어의 이송속도가 작고 자동적으로 조정된다.

㉣ 용접전류가 커지면 용입과 비드 높이가 증가하고, 전압이 커지면 용입이 낮고 비드 폭이 넓어진다.

③ 서브머지드아크용접의 장점

㉠ 내식성이 우수하다.

㉡ 이음부의 품질이 일정하다.

㉢ 후판일수록 용접속도가 빠르다.

㉣ 높은 전류밀도로 용접할 수 있다.

㉤ 용접 조건을 일정하게 유지하기 쉽다.

㉥ 용접금속의 품질을 양호하게 얻을 수 있다.

㉦ 용제의 단열작용으로 용입을 크게 할 수 있다.

㉧ 용입이 깊어 개선각을 작게 해도 되어 용접변형이 작다.

㉨ 용접 중 대기와 차폐되어 대기 중의 산소, 질소 등의 해를 받지 않는다.

㉩ 용접속도가 아크용접에 비해서 판두께 12mm에서는 2~3배, 25mm일 때는 5~6배 빠르다.

④ 서브머지드아크용접의 단점

㉠ 설비비가 많이 든다.

㉡ 용접시공 조건에 따라 제품의 불량률이 커진다.

㉢ 용제의 흡습성이 커서 건조나 취급을 잘해야 한다.

㉣ 용입이 크므로 모재의 재질을 신중히 검사해야 한다.

㉤ 용입이 크므로 요구되는 이음가공의 정도가 엄격하다.

㉥ 용접선이 짧고 복잡한 형상의 경우에는 용접기 조작이 번거롭다.

Ⓢ 아크가 보이지 않으므로 용접의 적부를 확인해서 용접할 수 없다.

Ⓞ 특수한 장치를 사용하지 않는 한 아래보기, 수평자 세용접에 한정된다.

Ⓩ 입열량이 크므로 용접금속의 결정립이 조대화되 어 충격값이 낮아지기 쉽다.

10년간 자주 출제된 문제

1-1. 잠호용접(SAW)에 대한 특징 설명으로 틀린 것은?

① 용융속도 및 용착속도가 빠르다.
② 개선각을 작게 하여 용접패스수를 줄일 수 있다.
③ 용접 진행상태의 양부를 육안으로 확인할 수 없다.
④ 적용자세에 제약을 받지 않는다.

1-2. 후판구조물 제작과 스테인리스강용접이 가능하며, 잠호용 접이라고도 하는 것은?

① 테르밋용접
② 논가스아크용접
③ 서브머지드아크용접
④ 일렉트로슬래그용접

|해설|

1-1

잠호용접으로도 부르는 서브머지드아크용접은 특수한 장치를 사 용하지 않는 한 아래보기, 수평자세용접에 한정된다.

1-2

SAW는 아크가 플럭스 속에서 발생되므로 불가시아크용접, 잠호용 접, 개발자의 이름을 딴 케네디용접, 그리고 이를 개발한 회사의 상품명인 유니언멜트용접이라고도 한다.

정답 1-1 ④ 1-2 ③

---

① 서브머지드아크용접용 용제(Flux)

ㄱ 용제의 종류
- 용융형 : 흡습성이 가장 적으며, 소결형에 비해 좋은 비드를 얻는다.
- 소결형 : 흡습성이 가장 좋다.
- 혼성형 : 중간의 특성을 갖는다.

ㄴ 용제의 제조방법

용제의 종류	제조과정 및 특징
용융형 용제 (Fused Flux)	광물성 원료를 원광석과 혼합시킨 후 아크 전기로에서 1,300℃로 용융하여 응고시킨 후 분쇄하여 알맞은 입도로 만든 것이다. 유리모양의 광택이 나며 흡습성이 적다.
소결형 용제 (Sintered Flux)	원료와 합금분말을 규산화나트륨과 같은 점결제와 함께 낮은 온도에서 일정한 입도 로 소결하여 제조한 것으로, 기계적 성질을 쉽게 조절할 수 있다.

ㄷ 서브머지드아크용접에 사용되는 용융형 용제의 특징
- 비드 모양이 아름답다.
- 고속용접이 가능하다.
- 화학적으로 안정되어 있다.
- 미용융된 용제의 재사용이 가능하다.
- 조성이 균일하고 흡습성이 작아서 가장 많이 사 용한다.
- 입도가 작을수록 용입이 얕고 너비가 넓으며 미 려한 비드를 생성한다.
- 작은 전류에는 입도가 큰 거친 입자를, 큰 전류에 는 입도가 작은 미세한 입자를 사용한다.
- 작은 전류에 미세한 입자를 사용하면 가스 방출 이 불량해서 Pock Mark 불량의 원인이 된다.

ㄹ 서브머지드아크용접에 사용되는 소결형 용제의 특징
- 고전류에서 작업성이 좋다.
- 슬래그 박리성이 우수하다.
- 흡습성이 뛰어난 결점이 있다.
- 합금원소의 첨가가 용이하다.

- 용융형 용제에 비해 용제의 소모량이 적다.
- 전류에 상관없이 동일한 용제로 용접이 가능하다.
- 페로실리콘이나 페로망가니즈 등에 의해 강력한 탈산작용이 된다.
- 분말형태로 작게 만든 후 결합하여 만들어서 흡습성이 가장 높다.
- 고입열의 자동차 후판용접, 고장력강 및 스테인리스강의 용접에 유리하다.
- 흡습성이 높아서 사용 전 150~300℃에서 1시간 정도 건조해서 사용해야 한다.

② 서브머지드아크용접과 일렉트로슬래그용접의 차이점

일렉트로슬래그용접은 처음 아크를 발생시킬 때는 모재 사이에 공급된 용제 속에 와이어를 밀어 넣고서 전류를 통하면 순간적으로 아크가 발생되는데, 이 점은 서브머지드아크용접과 같다. 그러나 서브머지드아크용접은 처음 발생된 아크를 용제 속에서 계속하여 열을 발생시키지만, 일렉트로슬래그용접은 처음 발생된 아크가 꺼져 버리고 저항열로서 용접이 계속된다는 점에서 다르다.

③ 서브머지드아크용접의 다전극 용극방식

㉠ 탠덤식 : 2개의 와이어를 독립전원(AC-DC 또는 AC-AC)에 연결한 후 아크를 발생시켜 한 번에 다량의 용착금속을 얻는 방식

㉡ 횡병렬식 : 2개의 와이어를 독립전원에 직렬로 흐르게 하여 아크의 복사열로 모재를 용융시켜 다량의 용착금속을 얻는 방식으로, 용접 폭이 넓고 용입이 깊다.

㉢ 횡직렬식 : 2개의 와이어를 한 개의 같은 전원에 (AC-AC 또는 DC-DC) 연결한 후 아크를 발생시켜 그 복사열로 다량의 용착금속을 얻는 방법으로, 용입이 얕아서 스테인리스강의 덧붙이용접에 사용한다.

① TIG용접(불활성가스텅스텐아크용접)의 정의

Tungsten(텅스텐) 재질의 전극봉으로 아크를 발생시킨 후 모재와 같은 성분의 용가재를 녹여가며 용접하는 특수용접법으로, 불활성가스텅스텐아크용접으로도 불린다. 용접 표면을 Inert Gas(불활성가스)인 Ar(아르곤)가스로 보호하기 때문에 용접부가 산화되지 않아 깨끗한 용접부를 얻을 수 있다. 또한, 전극으로 사용되는 텅스텐 전극봉이 아크만 발생시킬 뿐 용가재를 용입부에 별도로 공급해주기 때문에 전극봉이 소모되지 않아 비용극식 또는 비소모성 전극용접법이라고 불린다.

🔍 더 알아보기!

Inert Gas : 불활성가스를 일컫는 용어로, 주로 Ar가스가 사용되며 He(헬륨), Ne(네온) 등이 있다.

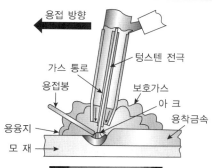

② TIG용접의 특징

㉠ 박판용접에 적합하다.

㉡ 모든 용접자세가 가능하다.

㉢ 보통의 아크용접법보다 생산비가 고가이다.

㉣ 직류에서 극성은 용접결과에 큰 영향을 준다.

㉤ 용접전원으로 DC나 AC, 아크안정을 위해 고주파교류(ACHF)를 전원으로 사용한다.

㉥ 보호가스로 사용되는 불활성가스는 용접봉 지지기 내를 통과시켜 용접물에 분출시킨다.

㉦ 용접부가 불활성가스로 보호되어 용가재 합금성분의 용착효율이 거의 100%에 가깝다.

㉧ 직류역극성에서 청정효과가 있어서 Al과 Mg과 같은 강한 산화막이나 용융점이 높은 금속의 용접에 적합하다.

㉨ 교류에서는 아크가 끊어지기 쉬우므로 용접전류에 고주파의 약전류를 중첩시켜 양자의 특징을 이용하여 아크를 안정시킬 필요가 있다.

㉩ 직류정극성(DCSP)에서는 음전기를 가진 전자가 전극에서 모재쪽으로 흐르고, 가스 이온은 반대로 모재에서 전극쪽으로 흐르며 깊은 용입을 얻는다.

㉪ 불활성가스의 압력 조정과 유량 조정은 불활성가스 압력조정기로 하며, 일반적으로 1차 압력은 150 kgf/cm^2, 2차 조정압력은 140kgf/cm^2 정도이다.

③ TIG용접용 토치의 구조

㉠ 롱 캡

㉡ 헤 드

㉢ 세라믹노즐

㉣ 콜릿 척

㉤ 콜릿 보디

④ TIG용접용 토치의 종류

분류	명칭	내용
냉각방식에 의한 분류	공랭식 토치	200A 이하의 전류 시 사용한다.
	수랭식 토치	650A 정도의 전류까지 사용한다.
모양에 따른 분류	T형 토치	가장 일반적으로 사용한다.
	직선형 토치	T형 토치의 사용이 불가능한 장소에서 사용한다.
	가변형 머리 토치 (플렉서블)	토치 머리의 각도를 조정할 수 있다.

⑤ 텅스텐 전극봉의 종류별 식별 색상

종 류	색 상	종 류	색 상
순 텅스텐봉	녹 색	지르코늄 텅스텐봉	갈 색
1% 토륨 텅스텐봉	노랑(황색)	세륨 텅스텐봉	회 색
2% 토륨 텅스텐봉	적 색		

⑥ TIG용접 시 텅스텐 혼입이 발생하는 이유
   ㉠ 전극과 용융지가 접촉한 경우
   ㉡ 전극봉의 파편이 모재에 들어가는 경우
   ㉢ 전극의 굵기보다 큰 전류를 사용한 경우
   ㉣ 외부 바람의 영향으로 전극이 산화된 경우

⑦ TIG용접기의 구성
   ㉠ 용접토치   ㉡ 용접전원
   ㉢ 제어장치   ㉣ 냉각수 순환장치
   ㉤ 보호가스 공급장치

⑧ TIG용접에서 고주파 교류(ACHF)를 전원으로 사용하는 이유
   ㉠ 긴 아크 유지가 용이하다.
   ㉡ 아크를 발생시키기 쉽다.
   ㉢ 비접촉에 의해 용착금속과 전극의 오염을 방지한다.
   ㉣ 전극의 소모를 줄여 텅스텐 전극봉의 수명을 길게 한다.
   ㉤ 고주파전원을 사용하므로 모재에 접촉시키지 않아도 아크가 발생한다.
   ㉥ 동일한 전극봉에서 직류정극성(DCSP)에 비해 고주파교류(ACHF)의 사용전류범위가 크다.

⑨ 핫와이어 TIG용접(Hot-wire TIG)
   송급와이어에 전류를 연결한 후 저항가열로 예열한 뒤 용융지에 공급시키는 용접방식이다. 아크 없이 와이어의 통전만으로도 와이어가 용융될 수 있기 때문에 아크전류와 상관없이 용융속도의 조절이 가능하고, 작업 모재의 상태에 용착금속의 양과 속도의 조절이 가능하다는 장점을 갖는다. 그리고 스패터나 슬래그의 발생이 없고 가스 발생이 적으며, 자연균열의 우려도 적어 최근 많이 사용된다.

3-1. GTAW(Gas Tungsten Arc Welding) 용접방법으로 파이프 이면 비드를 얻기 위한 방법으로 옳은 것을 보기에서 모두 고른 것은?

|보기|
ㄱ. 파이프 안쪽에 알맞은 플럭스를 칠한 후 용접한다.
ㄴ. 용접부 전면과 같이 뒷면에도 아르곤가스 등을 공급하면서 용접한다.
ㄷ. 세라믹가스컵을 가능한 한 큰 것을 사용하고 전극봉을 길게 하여 용접한다.

① ㄱ, ㄴ   ② ㄱ, ㄷ
③ ㄴ, ㄷ   ④ ㄱ, ㄴ, ㄷ

3-2. 텅스텐 전극을 사용하여 모재를 가열하고, 용접봉으로 용접하는 불활성가스아크용접법은 무엇인가?

① MIG용접   ② TIG용접
③ 논가스아크용접   ④ 플래시용접

3-3. GTAW(Gas Tungsten Arc Welding)용접 시 텅스텐의 혼입을 막기 위한 대책으로 옳은 것은?

① 사용전류를 높인다.
② 전극의 크기를 작게 한다.
③ 용융지와의 거리를 가깝게 한다.
④ 고주파발생장치를 이용하여 아크를 발생시킨다.

|해설|
3-1
TIG용접(Tungsten Inert Gas arc welding, GTAW)으로 파이프의 이면 비드를 얻으려면 파이프 안쪽에 알맞은 Flux(용제)를 칠한 뒤 용접부 전면과 같이 뒷면에도 Ar가스(불활성가스)를 공급하면서 용접해야 한다. 전극봉을 길게 하면 보호가스의 실드 범위에 영향을 받아 작업하기 힘들다.

3-2
TIG용접은 Tungsten(텅스텐)재질의 전극봉과 Inert Gas(불활성가스)인 Ar을 사용해서 용접하는 특수용접법이다.

3-3
TIG용접 시 텅스텐 혼입을 막으려면 고주파발생장치를 통해 텅스텐 전극봉이 모재에 근접하기 전 아크를 쉽게 발생시키도록 하면 된다.

정답 3-1 ①   3-2 ②   3-3 ④

① MIG용접(불활성가스금속아크용접)의 원리

용가재인 전극와이어(1.0~2.4φ)를 연속적으로 보내어 아크를 발생시키는 방법으로, 용극식 또는 소모식 불활성 가스아크용접법이라 한다. Air Comatic, Sigma, Filler arc, Argonaut용접법 등으로도 불린다. 불활성가스로는 주로 Ar을 사용한다.

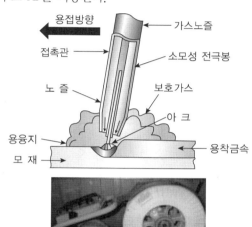

② MIG용접기의 용접전원

MIG용접의 전원은 직류역극성(DCRP ; Direct Current Reverse Polarity)이 이용되며 청정작용이 있기 때문에 알루미늄이나 마그네슘 등은 용제가 없어도 용접이 가능하다.

③ MIG용접의 특징

ㄱ 분무이행이 원활하다.

ㄴ 열영향부가 매우 작다.

ㄷ 용착효율은 약 98%이다.

ㄹ 전자세용접이 가능하다.

ㅁ 용접기의 조작이 간단하다.

ㅂ 아크의 자기제어기능이 있다.

ㅅ 직류용접기의 경우 정전압특성 또는 상승특성이 있다.

ㅇ 전류가 일정할 때 아크전압이 커지면 용융속도가 낮아진다.

ㅈ 전류밀도가 아크용접의 4~6배, TIG용접의 2배 정도로 매우 높다.

ㅊ 용접부가 좁고, 깊은 용입을 얻으므로 후판(두꺼운 판)용접에 적당하다.

ㅋ 전자동 또는 반자동식이 많으며 전극인 와이어는 모재와 동일한 금속을 사용한다.

ㅌ 용접부로 공급되는 와이어가 전극과 용가재의 역할을 동시에 하므로 전극인 와이어는 소모된다.

ㅍ 전원은 직류역극성이 이용되며 Al, Mg 등에는 클리닝작용(청정작용)이 있어 용제 없이도 용접이 가능하다.

ㅎ 용접봉을 갈아끼울 필요가 없어 용접속도를 빨리 할 수 있으므로 고속 및 연속적으로 양호한 용접을 할 수 있다.

④ MIG용접의 단점

ㄱ 장비 이동이 곤란하다.

ㄴ 장비가 복잡하고 가격이 비싸다.

ㄷ 보호가스 분출 시 외부의 영향이 없어야 하므로 방풍대책이 필요하다.

ㄹ 슬래그 덮임이 없어 용금의 냉각속도가 빨라서 열영향부(HAZ) 부위의 기계적 성질에 영향을 미친다.

⑤ MIG용접기의 와이어 송급방식

ㄱ Push방식 : 미는 방식

ㄴ Pull방식 : 당기는 방식

ㄷ Push-pull방식 : 밀고 당기는 방식

⑥ MIG용접기 송급롤러의 형태

ㄱ U형

ㄴ 롤렛형

ㄷ 기어형

⑦ MIG용접의 제어기능

종 류	기 능
예비가스 유출시간	아크 발생 전 보호가스 유출로 아크안정과 결함의 발생을 방지한다.
스타트시간	아크가 발생되는 순간에 전류와 전압을 크게 하여 아크 발생과 모재의 융합을 돕는다.
크레이터 충전시간	크레이터결함을 방지한다.
번백시간	크레이터처리에 의해 낮아진 전류가 서서히 줄어들면서 아크가 끊어지는 현상을 제어함으로써 용접부가 녹아내리는 것을 방지한다.
가스지연 유출시간	용접 후 5~25초 정도 가스를 흘려서 크레이터의 산화를 방지한다.

⑧ 용착금속의 보호방식에 따른 분류

　　㉠ 가스발생식 : 피복제성분이 주로 셀룰로스이며, 연소 시 가스를 발생시켜 용접부를 보호한다.

　　㉡ 슬래그생성식 : 피복제성분이 주로 규사, 석회석 등 무기물로 슬래그를 만들어 용접부를 보호하며 산화 및 질화를 방지한다.

　　㉢ 반가스발생식 : 가스발생식과 슬래그생성식의 중간이다.

⑨ MIG용접 시 용융금속의 이행방식에 따른 분류

이행방식	이행형태	특 징
단락이행		• 박판용접에 적합하다. • 모재로의 입열량이 적고 용입이 얕다. • 용융금속이 표면장력의 작용으로 모재에 옮겨가는 용적이행이다. • 저전류의 CO_2 및 MIG용접에서 솔리드와이어를 사용할 때 발생한다.
입상이행 (글로뷸러, Globular)		• Globule은 용융방울인 용적을 의미한다. • 핀치효과형으로도 불린다. • 깊고 양호한 용입을 얻을 수 있어서 능률적이나 스패터가 많이 발생한다. • 대전류영역에서 초당 90회 정도의 와이어보다 큰 용적으로 용융되어 모재로 이행된다.

이행방식	이행형태	특 징
스프레이 이행		• 용적이 작은 입자로 되어 스패터 발생이 적고 비드의 외관이 좋다. • 가장 많이 사용되는 것으로 아크기류 중에서 용가재가 고속으로 용융되어 미입자의 용적으로 분사되어 모재에 옮겨가면서 용착되는 용적이행이다. • 고전압, 고전류에서 발생하며, 아르곤가스나 헬륨가스를 사용하는 경합금용접에서 주로 나타나며 용착속도가 빠르고 능률적이다.
맥동이행 (펄스아크)		연속적으로 스프레이이행을 사용할 때 높은 입열로 인해 용접부의 물성이 변화되었거나 박판용접 시 용락으로 인해 용접이 불가능하게 되었을 때 낮은 전류에서도 스프레이이행이 이루어지게 하여 박판용접을 가능하게 한다.

※ MIG용접에서는 스프레이이행 형태를 가장 많이 사용한다.

⑩ 공랭식 MIG용접토치의 구성요소

　　㉠ 노 즐　　　　　　　㉡ 토치보디
　　㉢ 콘택트팁　　　　　　㉣ 전극와이어
　　㉤ 작동스위치　　　　　㉥ 스위치케이블
　　㉦ 불활성가스용 호스

⑪ 공랭식과 수랭식 MIG토치의 차이점

공랭식	• 공기에 자연 노출시켜서 그 열을 식히는 냉각방식이다. • 피복아크용접기의 홀더와 같이 전선에 토치가 붙어서 공기에 노출된 상태로 용접하면서 자연냉각되는 방식으로 장시간의 용접에는 부적당하다.
수랭식	• 과열된 토치케이블인 전선을 물로 식히는 방식이다. • 현장에서 장시간 작업하면 용접토치에 과열이 발생되는데, 이 과열된 케이블에 자동차의 라디에이터 장치처럼 물을 순환시켜 전선의 과열을 막음으로써 오랜 시간 동안 작업을 할 수 있다.

⑫ 아크의 자기제어

　　㉠ 어떤 원인에 의해 아크길이가 짧아져도 이것을 다시 길게 하여 원래의 길이로 돌아오는 제어기능이다.

　　㉡ 동일 전류에서 아크전압이 높으면 용융속도가 떨어지고, 와이어의 송급속도가 격감하여 용접물이 오목하게 파인다. 아크길이가 길어짐으로써 아크전압이 높아지면 전극의 용융속도가 감소하므로 아크길이가 짧아져 다시 원래 길이로 돌아간다.

4-1. MIG용접의 특성이 아닌 것은?

① 직류역극성 이용 시 청정작용에 의해 알루미늄, 마그네슘 등의 용접이 가능하다.
② TIG용접에 비해 전류밀도가 낮다.
③ 아크 자기제어 특성이 있다.
④ 정전압특성 또는 상승특성의 직류용접기가 사용된다.

4-2. 미그(MIG)용접의 와이어(Wire)송급장치가 아닌 것은?

① 푸시(Push)방식
② 푸시-아웃(Push-out)방식
③ 풀방식
④ 푸시-풀(Push-pull)방식

4-3. 토치를 사용하여 용접부의 결함, 뒤 따내기, 가접의 제거, 압연강재, 주강의 표면결함 제거 등에 사용하는 가공법은?

① 가스가우징
② 산소창절단
③ 산소아크절단
④ 아크에어가우징

|해설|

4-1
MIG용접의 전류밀도는 아크용접의 4~6배, TIG용접의 2배 정도로 매우 높다.

4-2
와이어의 송급방식에 푸시-아웃방식은 존재하지 않는다.

4-3
가스가우징 : 용접결함(압연강재나 주강의 표면결함)이나 가접부 등의 제거를 위하여 가스절단과 비슷한 토치를 사용해서 용접 부분의 뒷면을 따내거나 U형, H형상의 용접 홈을 가공하기 위하여 깊은 홈을 파내는 가공방법이다.

정답 4-1 ② **4-2** ② **4-3** ①

핵심이론 05 | CO₂가스아크용접(이산화탄소, 탄산가스아크용접)(1)

① CO_2용접의 정의

[CO₂가스용접기]

탄산가스아크용접(이산화탄소 아크용접, CO_2용접)은 코일(Coil)로 된 용접와이어를 송급모터에 의해 용접토치까지 연속으로 공급시키면서 토치팁을 통해 빠져나온 통전된 와이어 자체가 전극이 되어 모재와의 사이에 아크를 발생시켜 접합하는 용극식 용접법이다.

② 불활성가스 대신 CO_2를 보호가스로 사용하는 이유

㉠ 불활성가스를 연강용접재료에 사용하는 것은 비경제적이며, 기공을 발생시킬 우려가 있다.
㉡ 이산화탄소는 불활성가스가 아니므로 고온상태의 아크 중에서는 산화성이 크고 용착금속의 산화가 심하여 기공 및 그 밖의 결함이 생기기 쉬워 망가니즈, 실리콘 등의 탈산제를 많이 함유한 망가니즈-규소계 와이어와 값싼 이산화탄소, 산소 등의 혼합가스를 사용하는 용접법 등이 개발되었다.

③ CO_2용접의 특징

㉠ 조작이 간단하다.
㉡ 가시아크로 시공이 편리하다.
㉢ 전용접자세로 용접이 가능하다.
㉣ 용착금속의 강도와 연신율이 크다.
㉤ MIG용접에 비해 용착금속에 기공의 발생이 적다.
㉥ 보호가스가 저렴한 탄산가스이므로 경비가 적게 든다.
㉦ 킬드강이나 세미킬드강, 림드강도 쉽게 용접할 수 있다.
㉧ 아크와 용융지가 눈에 보여 정확한 용접이 가능하다.
㉨ 산화 및 질화가 되지 않아 양호한 용착금속을 얻을 수 있다.
㉩ 용접의 전류밀도가 커서 용입이 깊고 용접속도를 빠르게 할 수 있다.

ⓐ 용착금속 내부의 수소함량이 타 용접법보다 적어 은점이 생기지 않는다.

ⓔ 용제가 사용되지 않아 슬래그의 잠입이 적으며 슬래그를 제거하지 않아도 된다.

ⓟ 아크특성에 적합한 상승특성을 갖는 전원을 사용하므로 스패터의 발생이 적고 안정된 아크를 얻는다.

ⓗ 서브머지드아크용접에 비해 모재 표면의 녹이나 오물 등이 있어도 큰 지장이 없으므로 용접할 때 완전히 청소를 하지 않아도 된다.

④ CO₂용접의 단점

ⓐ 비드 외관이 타 용접에 비해 거칠다.

ⓒ 탄산가스(CO_2)를 사용하므로 작업량에 따라 환기를 해야 한다.

ⓒ 고온상태의 아크 중에서는 산화성이 크고 용착금속의 산화가 심하여 기공 및 그 밖의 결함이 생기기 쉽다.

ⓔ 일반적으로 탄산가스 함량이 3~4%일 때 두통이나 뇌빈혈을 일으키고, 15% 이상이면 위험상태가 되고, 30% 이상이면 중독되어 생명이 위험하다.

⑤ CO₂용접의 전진법과 후진법의 차이점

전진법	후진법
• 용접선이 잘 보여 운봉이 정확하다.	• 스패터 발생이 적다.
• 높이가 낮고 평탄한 비드를 형성한다.	• 깊은 용입을 얻을 수 있다.
• 스패터가 비교적 많고 진행방향으로 흩어진다.	• 높이가 높고 폭이 좁은 비드를 형성한다.
• 용착금속이 아크보다 앞서기 쉬워 용입이 얕다.	• 용접선이 노즐에 가려 운봉이 부정확하다.
	• 비드형상이 잘 보여 폭, 높이의 제어가 가능하다.

가스용접에서 전진법에 대한 설명으로 옳은 것은?

① 용접봉의 소비가 많고 용접시간이 길다.
② 용접봉의 소비가 적고 용접시간이 길다.
③ 용접봉의 소비가 많고 용접시간이 짧다.
④ 용접봉의 소비가 적고 용접시간이 짧다.

|해설|

가스용접에서 전진법을 사용하면 용접속도가 느리므로 용접시간이 길고 용접봉의 소비도 많아진다.

정답 ①

| CO₂가스아크용접(이산화탄소, 탄산가스아크용접)(2)

① 와이어 돌출길이에 따른 특징

　㉠ 돌출길이 : 팁 끝부터 아크길이를 제외한 선단까지의 길이

와이어 돌출길이가 길 때	와이어 돌출길이가 짧을 때
• 용접와이어의 예열이 많아진다. • 용착속도가 커진다. • 용착효율이 커진다. • 보호효과가 나빠지고 용접전류가 낮아진다.	• 가스 보호는 좋으나 노즐에 스패터가 부착되기 쉽다. • 용접부의 외관이 나쁘며, 작업성이 떨어진다.

② 팁과 모재와의 적정거리

　㉠ 저전류 영역(약 200A 미만) : 10~15mm

　㉡ 고전류 영역(약 200A 이상) : 15~25mm

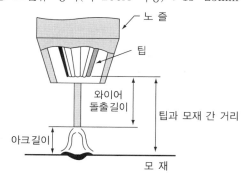

③ CO₂용접의 맞대기용접 조건

판두께 (mm)	와이어지름 (mm)	루트 간격 (mm)	용접전류 (A)	아크전압 (V)	용접속도 (m/min)
1.0	0.9	0	90~100	17~18	80~90
2.0	1.2	0	110~120	19~21	45~50
3.2	1.2	1.5	110~120	19~21	40~45
4.0	1.2	1.5	110~120	19~21	40~45

④ CO₂용접의 재료두께별 아크전압(V) 구하는 식

아크전압을 높이면 비드가 넓고 납작해지며 기포가 발생하며 아크길이가 길어진다. 반대로 아크전압이 낮으면 아크가 집중되어 용입이 깊어지고 아크길이는 짧아진다.

박판의 아크전압(V)	$0.04 \times$ 용접전류(I) + ($15.5 \pm 10\%$)
	$0.04 \times$ 용접전류(I) + (15.5 ± 1.5)
후판의 아크전압(V)	$0.04 \times$ 용접전류(I) + ($20 \pm 10\%$)
	$0.04 \times$ 용접전류(I) + (20 ± 2)

⑤ CO₂가스아크용접용 토치구조

　㉠ 노 즐

　㉡ 오리피스

　㉢ 토치 몸체

　㉣ 콘택트 팁

　㉤ 가스디퓨저

　㉥ 스프링라이너

　㉦ 노즐 인슐레이터

⑥ CO₂용접에서의 와이어 송급방식

　㉠ Push방식 : 미는 방식

　㉡ Pull방식 : 당기는 방식

　㉢ Push-pull방식 : 밀고 당기는 방식

⑦ 솔리드와이어 혼합가스법의 종류

　㉠ CO₂ + CO법

　㉡ CO₂ + O₂법

　㉢ CO₂ + Ar법

　㉣ CO₂ + Ar + O₂법

10년간 자주 출제된 문제

탄산가스아크용접용 토치의 구성품이 아닌 것은?

① 콘택트 팁(Contact Tip)
② 노즐인슐레이터(Nozzle Insulator)
③ 오리피스(Orifice)
④ 조정기(Regulator)

|해설|

CO_2가스아크용접에는 가스량을 조절하는 조정기(Regulator)는 사용되지 않는다.

CO_2가스아크용접용 토치구조

• 노 즐
• 오리피스
• 토치 몸체
• 콘택트 팁
• 가스디퓨저
• 스프링라이너
• 노즐인슐레이터

정답 ④

핵심이론 07 | CO_2가스아크용접(이산화탄소, 탄산가스아크용접)(3)

① 사용 와이어에 따른 용접법의 분류

솔리드와이어 (Solid Wire)	혼합가스법
	CO_2법
복합와이어 (FCW ; Flux Cored Wire)	아코스아크법
	유니언아크법
	퓨즈아크법
	NCG법
	S관상와이어
	Y관상와이어

② 솔리드와이어와 복합(플럭스)와이어의 차이점

솔리드와이어	복합(플럭스)와이어
• 기공이 많다. • Arc 안정성이 작다. • 바람의 영향이 크다. • 비드의 외관이 아름답지 않다. • 동일전류에서 전류밀도가 작다. • 용착속도가 빠르고 용입이 깊다. • 스패터 발생이 일반적으로 많다. • 용가재인 와이어만으로 구성되어 있다.	• 기공이 적다. • Arc 안정성이 크다. • 바람의 영향이 작다. • 비드의 외관이 아름답다. • 용착속도가 빠르다. • 와이어의 가격이 비싸다. • 동일전류에서 전류밀도가 크다. • 용제가 미리 심선 속에 들어 있다. • 용입의 깊이가 얕다. • 스패터 발생이 적다. • 탈산제나 아크안정제 등의 합금원소가 포함되어 있다.

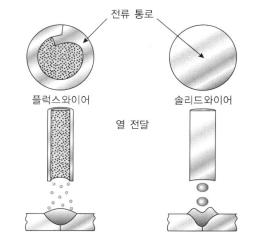

플럭스와이어   솔리드와이어

전류 통로

열 전달

③ CO_2용접용 솔리드와이어의 호칭방법 및 종류

㉠ CO_2용접용 솔리드와이어의 호칭방법

Y	G	A	–	50	W	–	1.2	–	20
용접와이어	가스실드아크용접	내후성 강의 종류		용착금속의 최소인장강도	와이어의 화학성분		지름		무게

㉡ CO_2용접용 솔리드와이어의 종류

와이어 종류	적용 강
YGA–50W	인장강도–400N/mm^{2}급 및 490N/mm^{2}급 내후성 강의 W형
YGA–50P	인장강도–400N/mm^{2}급 및 490N/mm^{2}급 내후성 강의 P형
YGA–58W	인장강도–570N/mm^{2}급 내후성 강의 W형
YGA–58P	인장강도–570N/mm^{2}급 내후성 강의 P형

※ 내후성 : 각종 기후에 잘 견디는 성질로 녹이 잘 슬지 않는 성질

④ CO_2용접에서 전류의 크기에 따른 가스 유량

전류영역		가스 유량(L/min)
250A 이하	저전류영역	10~15
250A 이상	고전류영역	20~25

⑤ CO_2가스아크용접에서 기공 발생의 원인

㉠ CO_2가스의 유량이 부족하다.

㉡ 바람에 의해 CO_2가스가 날린다.

㉢ 노즐과 모재 간 거리가 지나치게 길다.

⑥ 뒷댐재 : CO_2가스아크용접에서 이면 비드 형성과 뒷면 가우징 및 뒷면 용접을 생략할 수 있고, 모재의 중량에 따른 뒤엎기작업도 생략할 수 있도록 용접 홈의 이면(뒷면)에 부착하는 용접보조도구이다.

① 원 리

아크용접의 일부로서 봉재, 볼트 등의 스터드를 판 또는 프레임 등의 구조재에 직접 심는 능률적인 용접 방법이다. 여기서 스터드(Stud)란 판재에 덧대는 물체인 봉이나 볼트같이 긴 물체를 일컫는 용어이다.

② 스터드용접의 진행순서

| 모재에 스터드 고정 및 스터드를 둘러싸고 있는 페룰에 의한 통전 | 스터드를 들어올려 아크 발생 | 통전을 단절하고 가압스프링으로 가압 | 스터드용접 완료 |

③ 스터드용접의 특징

　㉠ 용접부가 비교적 작기 때문에 냉각속도가 빠르다.

　㉡ 철강재료 외에 구리, 황동, 알루미늄, 스테인리스강에도 적용 가능하다.

　㉢ 탭작업, 구멍 뚫기 등이 필요 없이 모재에 볼트나 환봉 등을 용접할 수 있다.

　㉣ 아크열을 이용하여 자동적으로 단시간에 용접부를 가열 용융하여 용접하는 방법으로, 용접변형이 극히 적다.

④ 페룰(Ferrule)

모재와 스터드가 통전할 수 있도록 연결해 주는 것으로, 아크 공간을 대기와 차단하  여 아크분위기를 보호한다. 아크열을 집중시켜 주며 용착금속의 누출을 방지하고 작업자의 눈도 보호해 준다.

8-1. 탭작업, 구멍 뚫기 등의 작업 없이 모재에 볼트나 환봉 등을 용접할 수 있는 용접법은?

① 심용접　　　　　　　② 스터드용접
③ 레이저용접　　　　　④ 테르밋용접

8-2. 스터드용접(Stud Welding)법의 특징에 대한 설명으로 틀린 것은?

① 아크열을 이용하여 자동적으로 단시간에 용접부를 가열 용융하여 용접하는 방법으로, 용접변형이 극히 적다.
② 탭작업, 구멍 뚫기 등이 필요 없이 모재에 볼트나 환봉 등을 용접할 수 있다.
③ 용접 후 냉각속도가 비교적 느리므로 용착금속부 또는 열영향부가 경화되는 경우가 적다.
④ 철강재료 외에 구리, 황동, 알루미늄, 스테인리스강에도 적용 가능하다.

8-3. 스터드용접에서 페룰의 역할로 틀린 것은?

① 용융금속의 유출을 촉진시킨다.
② 아크열을 집중시켜 준다.
③ 용융금속의 산화를 방지한다.
④ 용착부의 오염을 방지한다.

|해설|

8-2
스터드용접은 용접부가 비교적 작기 때문에 냉각속도가 빠르다.

8-3
스터드용접에 사용되는 페룰은 용융부를 둘러싸고 있으므로 용융금속의 유출을 방지한다.

정답 8-1 ②　8-2 ③　8-3 ①

① 테르밋용접의 정의

금속산화물과 알루미늄이 반응하여 열과 슬래그를 발생시키는 테르밋반응을 이용하는 용접법이다. 강을 용접할 경우에는 산화철과 알루미늄분말을 3 : 1로 혼합한 테르밋제를 만든 후 냄비의 역할을 하는 도가니에 넣은 후, 점화제를 약 1,000℃로 점화시키면 약 2,800℃의 열이 발생되어 용접용 강이 만들어지게 되는데, 이 강(Steel)을 용접 부위에 주입한 후 서랭하여 용접을 완료하며 철도레일이나 차축, 선박의 프레임 접합에 주로 사용된다.

② 테르밋용접의 특징

㉠ 전기가 필요 없다.

㉡ 용접작업이 단순하다.

㉢ 홈 가공이 불필요하다.

㉣ 용접시간이 비교적 짧다.

㉤ 용접결과물이 우수하다.

㉥ 용접 후 변형이 크지 않다.

㉦ 용접기구가 간단해서 설비비가 저렴하다.

㉧ 구조, 단조, 레일 등의 용접 및 보수에 이용한다.

㉨ 작업장소의 이동이 쉬워 현장에서 많이 사용된다.

㉩ 차량, 선박, 접합 단면이 큰 구조물의 용접에 적용한다.

㉪ 금속산화물이 알루미늄에 의해 산소를 빼앗기는 반응을 이용한다.

㉫ 차축이나 레일의 접합, 선박의 프레임 등 비교적 큰 단면을 가진 물체의 맞대기용접과 보수용접에 주로 사용한다.

③ 테르밋용접용 점화제의 종류

㉠ 마그네슘

㉡ 과산화바륨

㉢ 알루미늄분말

④ 테르밋 반응식

㉠ $3FeO + 2Al \rightleftarrows 3Fe + Al_2O_3 + 199.5kcal$

㉡ $Fe_2O_3 + 2Al \rightleftarrows 2Fe + Al_2O_3 + 198.3kcal$

㉢ $3Fe_3O_4 + 8Al \rightleftarrows 9Fe + 4Al_2O_3 + 773.7kcal$

10년간 자주 출제된 문제

9-1. 전기적 에너지를 열원으로 사용하는 용접법에 해당되지 않는 것은?

① 테르밋용접

② 플라스마아크용접

③ 피복금속아크용접

④ 일렉트로슬래그용접

9-2. 납땜과 용제를 삽입한 틈을 고주파전류를 이용하여 가열하는 납땜방법으로 가열시간이 짧고 작업이 용이한 것은?

① 저항납땜

② 노내납땜

③ 인두납땜

④ 유도가열납땜

9-3. 테르밋용접에서 테르밋제의 주성분은?

① 과산화바륨과 산화철분말

② 아연분말과 알루미늄분말

③ 과산화바륨과 마그네슘분말

④ 알루미늄분말과 산화철분말

9-4. 테르밋용접 이음부의 예열온도는 약 몇 ℃가 적당한가?

① 400~600

② 600~800

③ 800~900

④ 1,000~1,100

|해설|

9-1

테르밋용접은 반응열에 의한 용접법이므로, 전기적 에너지를 사용하지 않는다.

9-2

유도가열납땜이란 고주파전류를 이용하여 납땜과 용제 사이를 가열하여 납땜하는 방법으로, 가열시간이 짧고 작업성이 용이하다.

9-3

테르밋용접용 테르밋제는 산화철과 알루미늄분말을 3:1로 혼합한다.

9-4

테르밋용접 이음부의 예열온도는 800~900℃가 적당하다.

정답 9-1 ① 9-2 ④ 9-3 ④ 9-4 ③

① 플라스마

기체를 가열하여 온도가 높아지면 기체의 전자는 심한 열운동에 의해 전리되어 이온과 전자가 혼합되면서 매우 높은 온도와 도전성을 가지는 현상을 말한다.

ㄱ 원리 : 높은 온도를 가진 플라스마를 한 방향으로 모아서 분출시키는 것을 일컬어 플라스마제트라고 부르며, 이를 이용하여 용접이나 절단에 사용하는 용접방법이다. 설비비가 많이 드는 단점이 있다.

ㄴ 플라스마아크용접의 특징

- 용입이 깊다.
- 비드의 폭이 좁다.
- 용접변형이 작다.
- 용접의 품질이 균일하다.
- 용접부의 기계적 성질이 좋다.
- 용접속도를 크게 할 수 있다.
- 용접장치 중에 고주파발생장치가 필요하다.
- 용접속도가 빨라서 가스보호가 잘 안 된다.
- 무부하전압이 일반 아크용접기보다 2~5배 더 높다.
- 핀치효과에 의해 전류밀도가 크고, 안정적이며 보유열량이 크다.
- 스테인리스강이나 저탄소합금강, 구리합금, 니켈합금과 같이 용접하기 힘든 재료도 용접이 가능하다.

- 판두께가 두꺼울 경우 토치노즐이 용접이음부의 루트면까지의 접근이 어려워서 모재의 두께는 25mm 이하로 제한을 받는다.
- 아크용접에 비해 에너지밀도가 10~100배 높아 10,000~30,000℃의 고온의 플라스마를 얻으므로 철과 비철금속의 용접과 절단에 이용된다.

ㄷ 플라스마아크용접용 아크의 이행형태별 특징

- 이행형 아크 : 텅스텐 전극봉에 (-), 모재에 (+)를 연결하는 것으로 모재가 전기전도성이 있어 용입이 깊다.
- 비이행형 아크 : 텅스텐 전극봉에 (-), 구속노즐 (+) 사이에서 아크를 발생시키는 것으로 모재에는 전기를 연결하지 않아서 비전도체도 용접이 가능하나 용입이 얕고 비드가 넓다.
- 중간형 아크 : 이행형과 비이행형 아크의 중간적 성질을 갖는다.

ㄹ 열적 핀치효과 : 아크플라스마의 외부를 가스로 강제 냉각하면 아크플라스마는 열손실이 증가하여 전류를 일정하게 하며 아크전압은 상승한다. 아크플라스마는 열손실이 최소한이 되도록 단면이 수축되고 전류밀도가 증가하여 매우 높은 온도의 아크플라스마가 얻어진다.

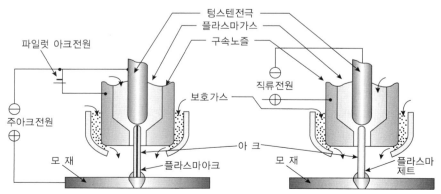

[플라스마아크용접과 플라스마제트용접의 차이점]

ㅁ 자기적 핀치효과 : 아크플라스마는 고전류가 되면 방전전류에 의하여 생기는 자장과 전류의 작용으로 아크의 단면이 수축되고 그 결과 아크단면이 수축하여 가늘게 되고 전류밀도가 증가하여 큰 에너지를 발생하는 것이다.

10-1. 플라스마아크용접의 장점으로 틀린 것은?

① 높은 에너지밀도를 얻을 수 있다.
② 용접속도가 빠르고 품질이 우수하다.
③ 용접부의 기계적 성질이 좋으며 변형이 적다.
④ 맞대기용접에서 용접 가능한 모재 두께의 제한이 없다.

10-2. 플라스마아크용접에 관한 설명으로 틀린 것은?

① 핀치효과에 의해 열에너지의 집중이 좋으므로 용입이 깊다.
② 가스가 충분히 이온화되어 전류가 통할 수 있는 상태를 플라스마라 한다.
③ 플라스마아크 발생방법은 플라스마 이행형태에 따라 크게 두 가지가 있다.
④ 아크의 형태가 원통형이며, 일반적으로 토치에서 모재까지의 거리 변화에 영향이 크지 않다.

10-3. 열적 핀치효과와 자기적 핀치효과를 이용하는 용접은?

① 초음파용접
② 고주파용접
③ 레이저용접
④ 플라스마아크용접

10-4. 플라스마아크용접에 사용되는 가스가 아닌 것은?

① 헬 륨
② 수 소
③ 아르곤
④ 암모니아

|해설|

10-1
플라스마아크용접은 판두께가 두꺼울 경우 토치노즐이 용접이음부의 루트면까지의 접근이 어려워서 모재의 두께는 25mm 이하로 제한을 받는다.

10-2
플라스마아크의 발생방법은 이행형태에 따라 3가지로 분류된다.

10-4
높은 온도를 가진 플라스마를 한 방향으로 모아서 분출시키는 것을 일컬어 플라스마제트라고 부르며, 이를 이용하여 용접이나 절단에 사용하는 것을 플라스마아크용접이라고 한다. 보호가스로는 헬륨, 수소, 아르곤 등의 불활성가스를 사용한다.

정답 10-1 ④ 10-2 ③ 10-3 ④ 10-4 ④

① 일렉트로슬래그용접의 정의

용융된 슬래그와 용융금속이 용접부에서 흘러나오지 못하도록 수랭동판으로 둘러싸고 이 용융풀에 용접봉을 연속적으로 공급하는데 이때 발생하는 용융슬래그의 저항열에 의하여 용접봉과 모재를 연속적으로 용융시키면서 용접하는 방법이다. 선박이나 보일러와 같이 두꺼운 판의 용접에 적합하며, 수직 상진으로 단층 용접하는 방식으로 용접전원으로는 정전압형 교류를 사용한다.

② 일렉트로슬래그용접의 장점

㉠ 용접이 능률적이다.

㉡ 전기저항열에 의한 용접이다.

㉢ 용접시간이 적어서 용접 후 변형이 작다.

㉣ 다전극을 이용하면 더 효과적인 용접이 가능하다.

㉤ 후판용접을 단일층으로 한 번에 용접할 수 있다.

㉥ 스패터나 슬래그의 혼입, 기공 등의 결함이 거의 없다.

㉦ 일렉트로슬래그용접의 용착량은 거의 100%에 가깝다.

㉧ 냉각하는 데 시간이 오래 걸려서 기공이나 슬래그가 섞일 확률이 작다.

③ 일렉트로슬래그용접의 단점

㉠ 손상된 부위에 취성이 크다.

㉡ 용접진행 중에 용접부를 직접 관찰할 수는 없다.

㉢ 가격이 비싸며, 용접 후 기계적 성질이 좋지 못하다.

㉣ 저융점 합금원소의 편석과 작은 형상계수로 인해 고온균열이 발생한다.

④ 일렉트로슬래그용접부의 구조

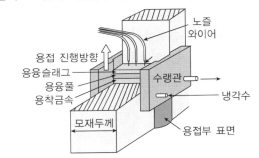

⑤ 일렉트로슬래그용접이음의 종류

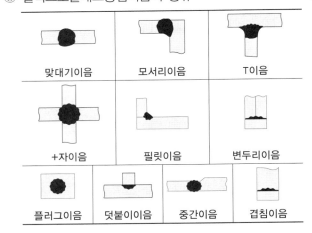

맞대기이음	모서리이음	T이음
+자이음	필릿이음	변두리이음
플러그이음	덧붙이이음	중간이음	겹침이음

⑥ 일렉트로가스아크용접

㉠ 원리 : 용접하는 모재의 틈을 물로 냉각시킨 구리받침판으로 싸고 용융풀의 위부터 이산화탄소가스인 실드가스를 공급하면서 와이어를 용융부에 연속적으로 공급하여 와이어 선단과 용융부와의 사이에서 아크를 발생시켜 그 열로 와이어와 모재를 용융시키는 용접법이다. 주로 탄산가스(CO_2)를 사용하지만 Ar(아르곤)이나 He(헬륨)가스를 사용하기도 한다.

㉡ 일렉트로가스아크용접의 특징

• 용접속도는 자동으로 조절된다.

• 판두께가 두꺼울수록 경제적이다.

• 이산화탄소(CO_2)가스를 보호가스로 사용한다.

• 판두께에 관계없이 단층으로 상진 용접한다.

• 용접홈의 기계가공이 필요하며 가스절단 그대로 용접할 수 있다.

- 정확한 조립이 요구되며 이동용 냉각동판에 급
  수장치가 필요하다.
- 용접장치가 간단해서 취급이 쉬워 용접 시 숙련
  이 요구되지 않는다.

10년간 자주 출제된 문제

11-1. 다음 중 일렉트로가스아크용접의 특징으로 적합하지 않는 것은?

① 판두께에 관계없이 단층으로 상진 용접한다.
② 판두께가 두꺼울수록 경제적이다.
③ 용접장치가 복잡하며 고도의 숙련이 필요하다.
④ 용접속도는 자동으로 조절된다.

11-2. 전기저항열을 이용한 용접법은?

① 전자빔용접
② 일렉트로슬래그용접
③ 플라스마용접
④ 레이저용접

11-3. 일렉트로가스아크용접(EGW) 시 사용되는 보호가스가 아닌 것은?

① 아르곤가스
② 헬륨가스
③ 이산화탄소
④ 수소가스

11-4. 일렉트로가스아크용접의 특징으로 틀린 것은?

① 판두께가 두꺼울수록 경제적이다.
② 판두께에 관계없이 단층으로 상진 용접한다.
③ 용접장치가 간단하며, 취급이 쉽고 고도의 숙련을 요하지 않는다.
④ 스패터 및 가스의 발생이 적고, 용접작업 시 바람의 영향을 받지 않는다.

| 해설 |

11-1
일렉트로가스아크용접은 용접장치가 간단해서 취급이 쉬워 용접 시 숙련이 요구되지 않는다.

11-2
일렉트로슬래그용접 : 용융된 슬래그와 용융금속이 용접부에서 흘러나오지 못하도록 수랭동판으로 둘러싸고 이 용융풀에 용접봉을 연속적으로 공급하는데 이때 발생하는 용융 슬래그의 저항열에 의하여 용접봉과 모재를 연속적으로 용융시키면서 용접하는 방법이다. 선박이나 보일러와 같이 두꺼운 판의 용접에 적합하며, 수직 상진으로 단층 용접하는 방식으로 용접 전원으로는 정전압형 교류를 사용한다.

11-3
일렉트로가스용접용 보호가스로 수소가스는 사용하지 않는다.

11-4
일렉트로가스아크용접은 보호가스로 이산화탄소(CO_2)가스를 사용하므로 바람의 영향을 받는다.

정답 11-1 ③ 11-2 ② 11-3 ④ 11-4 ④

핵심이론 12 | 전자빔용접(EBW ; Electron Beam Welding)

① 전자빔용접의 정의

고밀도로 집속되고 가속화된 전자빔을 높은 진공(10^{-6}~10^{-4}mmHg) 속에서 용접물에 고속도로 조사시키면 빛과 같은 속도로 이동한 전자가 용접물에 충돌하면서 전자의 운동에너지를 열에너지로 변환시켜 국부적으로 고열을 발생시키는데, 이때 생긴 열원으로 용접부를 용융시켜 용접하는 방식이다. 텅스텐(3,410℃)과 몰리브데넘(2,620℃)과 같이 용융점이 높은 재료의 용접에 적합하다.

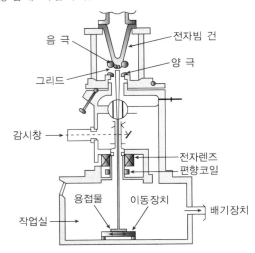

② 전자빔용접의 장점

㉠ 에너지밀도가 크다.

㉡ 용접부의 성질이 양호하다.

㉢ 활성재료가 용이하게 용접이 된다.

㉣ 고용융점 재료의 용접이 가능하다.

㉤ 아크빔에 의해 열의 집중이 잘된다.

㉥ 고속절단이나 구멍 뚫기에 적합하다.

㉦ 얇은 판부터 두꺼운 판까지 용접할 수 있다(응용 범위가 넓다).

㉧ 아크용접에 비해 용입이 깊어 다층용접도 단층용접으로 완성할 수 있다.

㉨ 에너지의 집중이 가능하기 때문에 용융속도가 빠르고 고속용접이 가능하다.

㉩ 높은 진공상태에서 행해지므로 대기와 반응하기 쉬운 재료도 용접이 가능하다.

㉪ 진공 중에서도 용접하므로 불순가스에 의한 오염이 적고 높은 순도의 용접이 된다.

㉫ 용접부가 작아서 용접부의 입열이 작고 용입이 깊어 용접변형이 작고, 정밀용접이 가능하다.

③ 전자빔용접의 단점

㉠ 설비비가 비싸다.

㉡ 용접부에 경화현상이 생긴다.

㉢ X선 피해에 대한 특수보호장치가 필요하다.

㉣ 진공 중에서 용접하기 때문에 진공상자의 크기에 따라 모재 크기가 제한된다.

④ 전자빔용접의 가속전압

㉠ 고전압형 : 60~150kV(일부 전공서에는 70~150 kV로 되어 있다)

㉡ 저전압형 : 30~60kV

12-1. 전자빔용접법의 특징이 아닌 것은?

① 에너지밀도가 크다.

② 고용융점재료의 용접이 가능하다.

③ 얇은 판부터 두꺼운 판까지 용접할 수 있다.

④ 모재의 크기에 제한이 없고, 배기장치가 필요없다.

12-2. 다음 중 전자빔용접의 특징으로 틀린 것은?

① 용접변형이 작아 정밀한 용접을 할 수 있다.

② 에너지의 집중이 가능하기 때문에 용융속도가 빠르고 고속 용접이 가능하다.

③ 전자빔은 전기적으로 정확한 제어가 어려워 얇은 판의 용접에 적용되며 후판의 용접은 곤란하다.

④ 전자빔은 자기렌즈에 의해 에너지를 집중시킬 수 있으므로 용융점이 높은 재료의 용접이 가능하다.

|해설|

12-1

전자빔용접은 진공 중에서 용접하기 때문에 진공상자의 크기에 따라 모재 크기가 제한된다.

12-2

전자빔용접은 얇은 판부터 두꺼운 판까지 용접이 가능하다.

정답 12-1 ④ 12-2 ③

핵심이론 13 │ 레이저빔용접

① 레이저빔용접(레이저용접)의 정의

레이저란 유도방사에 의한 빛의 증폭이란 뜻으로 레이저에서 얻어진 접속성이 강한 단색광선은 강렬한 에너지를 가지고 있는데 이때의 광선출력을 이용하는 용접법이다. 모재의 열변형이 거의 없으며, 이종금속의 용접과 정밀한 용접도 할 수 있으며, 비접촉식 방식으로 모재에 손상을 주지 않는다는 특징을 갖는다.

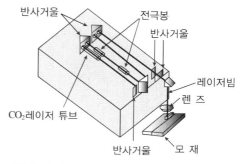

② 레이저빔용접의 특징

㉠ 좁고 깊은 용접부를 얻을 수 있다.

㉡ 이종금속의 용접이 가능하다.

㉢ 미세하고 정밀한 용접이 가능하다.

㉣ 접근이 곤란한 물체의 용접이 가능하다.

㉤ 열변형이 거의 없는 비접촉식 용접법이다.

㉥ 전자빔용접기 설치비용보다 설치비가 저렴하다.

㉦ 고속용접과 용접 공정의 융통성을 부여할 수 있다.

㉧ 전자부품과 같은 작은 크기의 정밀용접이 가능하다.

㉨ 용접입열이 매우 작으며, 열영향부의 범위가 좁다.

㉩ 용접할 물체가 불량 도체인 경우에도 용접이 가능하다.

㉪ 에너지밀도가 매우 높으며, 고용점을 가진 금속의 용접에 이용한다.

㉫ 접합되어야 할 부품의 조건에 따라서 한면용접으로 접합이 가능하다.

㉬ 열원이 빛의 빔이기 때문에 투명재료를 써서 어떤 분위기 속에서도(공기, 진공) 용접이 가능하다.

13-1. 레이저용접에 대한 설명으로 틀린 것은?

① 비접촉용접이며 어떤 분위기에서도 용접이 가능하다.
② 고에너지밀도로 모든 금속 및 이종금속의 용접도 가능하다.
③ 정밀하지 않은 넓은 장소의 용접에 응용되고, 열에 민감한 부품에 근접용접이 가능하다.
④ 레이저빔은 거울에 의해 반사될 수 있으므로 직각 및 기존의 용접방식으로는 도달하기 어려운 영역에서도 용접 가능하다.

13-2. 다음 중 레이저용접의 특징을 설명한 것으로 옳은 것은?

① 레이저용접의 경우 용융폭이 매우 넓다.
② 아크용접에 비해 깊은 용입을 얻을 수 있다.
③ 아크용접에 비하여 용접부가 조대화되어 품질이 우수하다.
④ 용접에너지를 모재에 전달할 때 표면을 기점으로 점진적으로 열을 전달한다.

13-3. 레이저용접(Laser Welding)에 관한 설명으로 틀린 것은?

① 소입열용접이 가능하다.
② 좁고 깊은 용접부를 얻을 수 있다.
③ 고속용접과 용접 공정의 융통성을 부여할 수 있다.
④ 접합되어야 할 부품의 조건에 따라서 한 방향의 용접으로는 접합이 불가능하다.

|해설|

13-1
레이저빔용접은 비접촉식의 정밀용접법으로 고융점을 가진 금속의 용접에 이용되므로 열에 민감한 재료에는 근접용접이 어렵다.

13-2
레이저빔용접은 에너지밀도가 피복아크용접법보다 높아서 용입이 깊은 용접부를 얻을 수 있다.

13-3
레이저빔용접(레이저용접)은 한 방향으로 용접이 가능하다.

정답 13-1 ③ **13-2** ② **13-3** ④

핵심이론 14 | 전기저항용접(Resistance Welding)

① 전기저항용접의 정의

용접하고자 하는 2개의 금속면을 서로 맞대어 놓고 적당한 기계적 압력을 주며 전류를 흐르게 하면 접촉면에 존재하는 접촉저항 및 금속 자체의 저항 때문에 접촉면과 그 부근에 열이 발생하여 온도가 올라가고 그 부분에 가해진 압력 때문에 양면이 완전히 밀착하게 되며, 이때 전류를 끊어서 용접을 완료한다.

② 저항용접의 분류

겹치기 저항용접	맞대기 저항용접
• 점용접(스폿용접) • 심용접 • 프로젝션용접	• 버트용접 • 퍼커션용접 • 업셋용접 • 플래시버트용접 • 포일심용접

③ 저항용접의 3요소
  ㉠ 가압력
  ㉡ 용접전류
  ㉢ 통전시간

④ 전기저항용접의 발열량

$$발열량(H) = 0.24 I^2 RT$$

여기서, I : 전류, R : 저항, T : 시간

⑤ 저항용접의 장점
  ㉠ 작업자의 숙련이 필요 없다.
  ㉡ 작업속도가 빠르고 대량생산에 적합하다.
  ㉢ 산화 및 변질 부분이 적고, 접합강도가 비교적 크다.
  ㉣ 용접공의 기능에 대한 영향이 작다(숙련을 요하지 않는다).
  ㉤ 가압효과로 조직이 치밀하며 용접봉, 용제 등이 불필요하다.
  ㉥ 열손실이 적고, 용접부에 집중열을 가할 수 있어서 용접변형 및 잔류응력이 작다.

⑥ 저항용접의 단점
   ㉠ 용융점이 다른 금속 간의 접합은 다소 어렵다.
   ㉡ 대전류를 필요로 하며 설비가 복잡하고 값이 비싸다.
   ㉢ 서로 다른 금속과의 접합이 곤란하며, 비파괴검사에 제한이 있다.
   ㉣ 급랭경화로 용접 후 열처리가 필요하며, 용접부의 위치, 형상 등의 영향을 받는다.

⑦ 심용접(Seam Welding)
   ㉠ 원 리
   원판상의 롤러전극 사이에 용접할 2장의 판을 두고, 전기와 압력을 가하며 전극을 회전시키면서 연속적으로 점용접을 반복하는 용접이다.

   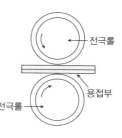

   전극롤
   용접부
   전극롤

   ㉡ 심용접의 종류
   • 맞대기심용접
   • 머시심용접
   • 포일심용접

   ㉢ 심용접의 특징
   • 얇은 판의 용기제작에 우수한 특성을 갖는다.
   • 수밀, 기밀이 요구되는 액체와 기체를 담는 용기 제작에 사용된다.
   • 점용접에 비해 전류는 1.5~2배, 압력은 1.2~1.6배가 적당하다.

⑧ 점용접법(스폿용접, Spot Welding)
   ㉠ 원리 : 재료를 2개의 전극 사이에 끼워 놓고 가압하는 방법이다.
   ㉡ 특 징
   • 공해가 극히 적다.
   • 작업속도가 빠르다.
   • 내구성이 좋아야 한다.
   • 고도의 숙련을 요하지 않는다.
   • 재질은 전기와 열전도도가 좋아야 한다.

   전극팁
   전극팁
   용접부

   • 고온에서도 기계적 성질이 유지되어야 한다.
   • 구멍을 가공할 필요가 없고 변형이 거의 없다.

   ㉢ 점용접법의 종류
   • 단극식 점용접 : 점용접의 기본적인 방법으로 전극 1쌍으로 1개의 점용접부를 만든다.
   • 다전극 점용접 : 전극을 2개 이상으로 2점 이상의 용접을 하며 용접속도 향상 및 용접변형 방지에 좋다.
   • 직렬식 점용접 : 1개의 전류회로에 2개 이상의 용접점을 만드는 방법으로, 전류손실이 크다. 전류를 증가시켜야 하며 용접 표면이 불량하고 균일하지 못하다.
   • 인터랙 점용접 : 용접전류가 피용접물의 일부를 통하여 다른 곳으로 전달하는 방식이다.
   • 맥동 점용접 : 모재두께가 다른 경우에 전극의 과열을 피하기 위해 전류를 단속하여 용접한다.

⑨ 프로젝션용접
   ㉠ 원리 : 모재의 편면에 프로젝션인 돌기부를 만들어 평탄한 동전극의 사이에 물려 대전류를 흘려보낸 후 돌기부에 발생된 저항열로 용접한다.

   전 극
   돌기부
   전 극

   ㉡ 프로젝션용접의 특징
   • 열의 집중성이 좋다.
   • 스폿용접의 일종이다.
   • 전극의 가격이 고가이다.
   • 대전류가 돌기부에 집중된다.
   • 표면에 요철부가 생기지 않는다.
   • 용접위치를 항상 일정하게 할 수 있다.
   • 좁은 공간에 많은 점을 용접할 수 있다.
   • 전극의 형상이 복잡하지 않으며 수명이 길다.
   • 돌기를 미리 가공해야 하므로 원가가 상승한다.
   • 두께, 강도, 재질이 현저히 다른 경우에도 양호한 용접부를 얻는다.

⑩ 플래시용접(플래시버트용접)

2개의 금속단면을 가볍게 접촉시키면서 큰 전류(대전류)를 흐르게 하면 열이 집중적으로 발생하면서 그 부분이 용융되고 불꽃이 튀게 되는데, 이때 접촉이 끊어지고 다시 피용접재를 전진시키면서 용융과 불꽃 튀는 것을 반복하면서 강한 압력을 가해 압접하는 방법으로, 불꽃용접이라고도 불린다.

14-1. 전기저항용접(Electric Resistance Welding)의 원리를 설명한 것 중 틀린 것은?

① 전기저항용접은 모재를 서로 접촉시켜 놓고 전류를 통하면 저항열로 접합면을 가압하여 용접하는 방법이다.
② 저항열은 줄(Joule)의 법칙, 즉 $H = 0.42IRT$의 공식에 의해 계산한다.
③ 전류를 통하는 시간은 짧을수록 좋다.
④ 용접변압기, 단시간 전류개폐기, 가압장치, 전극 및 홀더(Holder) 등으로 구성된다.

14-2. 저항용접의 3대 요소에 해당되는 것은?

① 도전율
② 가압력
③ 용접전압
④ 용접저항

14-3. 전기저항용접과 가장 관계가 깊은 법칙은?

① 줄(Joule)의 법칙
② 플레밍의 법칙
③ 암페어의 법칙
④ 뉴턴(Newton)의 법칙

|해설|

14-1
전기저항용접의 발열량
발열량(H) $= 0.24I^2RT$
여기서, I : 전류, R : 저항, T : 시간

14-2
저항용접의 3요소 : 가압력, 용접전류, 통전시간

14-3
전기저항용접은 줄의 법칙을 응용한 접합법이다.
줄의 법칙 : 저항체에 흐르는 전류의 크기와 이 저항체에 단위시간당 발생하는 열량과의 관계를 나타낸 법칙이다.

정답 14-1 ② 14-2 ② 14-3 ①

① 초음파용접의 정의

용접물을 겹쳐서 용접팁과 하부의 앤빌 사이에 끼워 놓고 압력을 가하면서 초음파주파수(약 18kHz 이상)로 직각방향으로 진동을 주면 접촉면의 불순물이 제거되면서 그 마찰열로 금속원자 간 결합이 이루어져 압접을 실시하는 접합법이다.

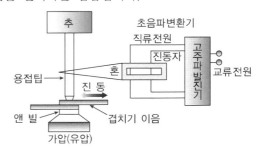

② 초음파용접의 특징

㉠ 교류전류를 사용한다.
㉡ 이종금속의 용접도 가능하다.
㉢ 판의 두께에 따라 용접강도가 많이 변한다.
㉣ 필름과 같은 매우 얇은 판도 쉽게 용접할 수 있다.
㉤ 냉간압접에 비해 주어지는 압력이 작아 용접물의 변형도 작다.
㉥ 금속이나 플라스틱용접 및 모재가 서로 다른 종류의 금속용접에 적당하다.
㉦ 금속은 0.01~2mm, 플라스틱 종류는 1~5mm의 두께를 가진 것도 용접이 가능하다.

다음 중 압접법에 속하는 용접법은?

① 초음파용접
② 피복아크용접
③ 산소 아세틸렌용접
④ 불활성가스 아크용접

|해설|
초음파용접은 비가열식 압접의 일종이다.

정답 ①

① MAG용접(Metal Active Gas Arc Welding)

MAG용접은 용접 시 용접와이어가 연속적으로 공급되며, 이 와이어와 모재 간에 발생하는 아크가 지속되며 용접이 진행한다. 용접와이어는 아크를 발생시키는 전극인 동시에 그 아크열에 의해서 스스로 용해되어 용접금속을 형성해 나간다. 이때 토치 끝부분의 노즐에서 유출되는 실드(Shield Gas)가스가 용접금속을 보호하여 대기의 악영향을 막는다. 용접와이어에는 솔리드와이어나 용융제가 포함된 와이어 전극이 사용된다. 이 경우, 용접 작업성이나 용접금속의 기계적 성질에 차이가 생긴다. MAG용접은 최근에 실드가스의 종류와 특성을 고려해 정의된 것으로, 용접원리는 미그용접이나 탄산가스아크용접과 같다.

② MAG용접의 특징

ㄱ 용착속도가 크기 때문에 용접을 빨리 완성할 수 있다.

ㄴ 용착효율이 높기 때문에 용접재료를 절약할 수 있다.

ㄷ 용융부가 깊기 때문에 모재의 절단단면적을 줄일 수 있다.

③ MIG용접과 MAG용접의 차이점

연속적으로 공급되는 솔리드 와이어를 사용하고 불활성가스를 보호가스로 사용하는 경우는 MIG, Active Gas를 사용할 경우 MAG용접으로 분류된다. MAG용접은 두 종류의 가스를 사용하기보다는 여러 가스를 혼합하여 사용한다. 일반적으로 Ar 80%와 CO_2 20%의 혼합비로 섞어서 많이 사용하며 여기에 산소, 탄산가스를 혼합하여 사용하기도 한다.

활성가스를 보호가스로 사용하는 용접법은?

① SAW용접   ② MIG용접

③ MAG용접   ④ TIG용접

|해설|

MAG(Metal Active Gas Arc Welding)용접은 활성가스를 보호가스로 사용하는 용접법으로, 일반적으로 Ar 80%와 CO_2 20%의 혼합비로 섞어서 많이 사용한다. 여기에 산소, 탄산가스를 혼합하여 사용하기도 한다. 용접원리는 MIG용접이나 탄산가스아크용접과 같다.

정답 ③

핵심이론 01 │ 안전율 및 안전기구

① 안전율

　㉠ 정의 : 외부의 하중에 견딜 수 있는 정도를 수치로 나타낸 것이다.

$$S = \frac{\text{극한강도}(\sigma_u)}{\text{허용응력}(\sigma_a)}$$

　㉡ 연강재의 안전하중
　　• 정하중 : 3
　　• 동하중(일반) : 5
　　• 동하중(주기적) : 8
　　• 충격하중 : 12

② 용접의 종류별 적정 차광번호(KS P 8141)

아크가 발생될 때 눈을 자극하는 빛인 적외선과 자외선을 차단하는 것으로, 번호가 클수록 빛을 차단하는 차광량이 많아진다.

용접의 종류	전류범위(A)	차광도 번호(No.)
납 땜	–	2~4
가스용접	–	4~7
산소절단	901~2,000	5
	2,001~4,000	6
	4,001~6,000	7
피복아크용접 및 절단	30 이하	5~6
	36~75	7~8
	76~200	9~11
	201~400	12~13
	401 이상	14
아크에어가우징	126~225	10~11
	226~350	12~13
	351 이상	14~16
탄소아크용접	–	14
TIG, MIG	100 이하	9~10
	101~300	11~12
	301~500	13~14
	501 이상	15~16

🔍 더 알아보기!

적외선과 자외선
- 아크용접과 절단작업 시 발생되는 아크광선은 전광성안염을 발생시킬 수 있으며, 특히 적외선은 작업자의 눈에 백내장을 일으키고 맨살에 화상을 입힌다.
- 적외선은 태양과 같은 발광물체에서 방출되는 빛을 스펙트럼으로 분산시켰을 때 적색 스펙트럼의 끝보다 더 바깥쪽에 있어서 적외선이라고 불리는데 파장은 가시광선보다 길다.
- 아크광선은 적외선뿐만 아니라 가시광선과 자외선도 발생시킨다.
- 자외선(Ultraviolet Ray)은 가시광선보다는 파장이 짧고, X선보다는 파장이 긴 전자기파의 일종이다.

③ 안전모

　㉠ 안전모의 거리 및 간격 상세도

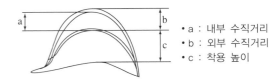

　　• a : 내부 수직거리
　　• b : 외부 수직거리
　　• c : 착용 높이

　㉡ 안전모 각부의 명칭

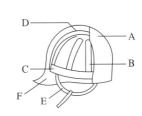

번 호	명 칭	
A	모 체	
B	착 장 체	머리받침끈
C		머리고정대
D		머리받침고리
E	턱 끈	
F	챙(차양)	

④ 안전모의 일반 기준

　㉠ 안전모는 모체, 착장체 및 턱끈을 가질 것
　㉡ 착장체의 머리고정대는 착용자의 머리 부위에 적합하도록 조절할 수 있을 것
　㉢ 턱끈은 사용 중 탈락되지 않도록 확실히 고정되는 구조일 것
　㉣ 안전모의 착용높이는 85mm 이상이고, 외부수직거리는 80mm 미만일 것
　㉤ 안전모의 내부수직거리는 25mm 이상이고, 50mm 미만일 것
　㉥ 안전모의 수평 간격은 5mm 이상일 것

ⓢ 머리받침끈이 섬유인 경우 각각의 폭은 15mm 이상이고, 교차되는 끈의 폭의 합은 72mm 이상일 것

ⓞ 턱끈의 폭은 10mm 이상일 것

ⓩ 안전모의 모체, 착장체를 포함한 질량은 440g을 초과하지 않을 것

ⓩ 안전모는 통기를 목적으로 모체에 구멍을 뚫을 수 있으며, 통기 구멍의 총면적은 150mm² 이상이고 450mm² 이하일 것

⑤ 안전모의 기호

기 호	사용구분
A	물체의 낙하 및 비래에 의한 위험을 방지 또는 경감시키기 위한 것
AB	물체의 낙하 또는 비래 및 추락에 의한 위험을 방지 또는 경감시키기 위한 것
AE	물체의 낙하 또는 비래에 의한 위험을 방지 또는 경감하고, 머리 부위 감전에 의한 위험을 방지하기 위한 것
ABE	물체의 낙하 또는 비래 및 추락에 의한 위험을 방지 또는 경감하고, 머리 부위 감전에 의한 위험을 방지하기 위한 것

⑥ 귀마개를 착용하지 않아야 하는 작업자

강재하역장의 크레인 신호자는 지표면에 있는 수신자의 호각소리에 주의를 기울여 협력작업을 진행해야 하므로, 귀마개를 착용하지 않는다.

10년간 자주 출제된 문제

1-1. 다음 중 전류 100A 이상 300A 미만의 금속아크용접 시 어떤 범위의 차광렌즈를 사용하는 것이 가장 적당한가?

① 8~9
② 10~12
③ 13~14
④ 15 이상

1-2. 용접이음의 안전율을 계산하는 식은?

① 안전율 $= \dfrac{허용응력}{인장강도}$
② 안전율 $= \dfrac{인장강도}{허용응력}$

③ 안전율 $= \dfrac{피로강도}{변형률}$
④ 안전율 $= \dfrac{파괴강도}{연신율}$

1-3. 용접이음에서 정하중에 대한 안전율은 얼마인가?

① 1
② 3
③ 5
④ 8

|해설|

1-1
아크용접 시 전류를 100~300A로 설정했다면 차광도는 핵심이론 01 표에 따라 ②번이 적합하다.

1-2
안전율(S) : 외부의 하중에 견딜 수 있는 정도를 수치로 나타낸 것
$$S = \frac{극한강도(\sigma_u)}{허용응력(\sigma_a)} = \frac{인장강도(\sigma_y)}{허용응력(\sigma_a)}$$

1-3
하중의 종류에 따른 안전율 설정
• 정하중 : 3
• 동하중(일반) : 5
• 동하중(주기적) : 8
• 충격하중 : 12

정답 1-1 ② 1-2 ② 1-3 ②

핵심이론 02 | 전격방지기

① 전격(電 : 번개 전, 激 : 흐를 격)

강한 전류를 갑자기 몸에서 느꼈을 때의 충격을 말하는데 용접기에는 작업자의 전격을 방지하기 위해 반드시 전격방지기를 부착해야 한다. 전격방지기는 작업을 쉬는 동안에 2차 무부하전압이 항상 25V 정도로 유지되도록 하여 전격을 방지할 수 있는데 서적에 따라서 전압의 수치를 30V 이하로 나타내기도 한다.

② 전격방지기의 역할

㉠ 용접작업 중 전격의 위험을 방지한다.

㉡ 작업을 쉬는 중 용접기의 2차 무부하전압을 25V로 유지하고 용접봉을 모재에 접촉하면 순간 전자개폐기가 닫혀서 보통 2차 무부하전압이 70~80V로 되어 아크가 발생되도록 한다. 용접을 끝내고 아크를 끊으면 자동적으로 전자개폐가 차단되어 2차 무부하전압이 다시 25V로 된다. 이와 같이 작업을 쉬는 동안에 2차 무부하전압이 항상 25V 정도로 유지되도록 하면 전격을 방지할 수 있다.

10년간 자주 출제된 문제

2-1. 용접기의 자동전격방지장치에서 아크를 발생하지 않을 때는 보조변압기에 의해 용접기의 2차 무부하전압을 몇 V 이하로 유지하는 것이 가장 적합한가?

① 30
② 40
③ 45
④ 50

2-2. 교류아크용접기에서 용접사를 보호하기 위하여 사용한 장치는?

① 전격방지기
② 핫스타트장치
③ 고주파발생장치
④ 원격제어장치

2-3. 피복아크용접 시 전격방지에 대한 주의사항으로 틀린 것은?

① 작업을 장시간 중지할 때는 스위치를 차단한다.
② 무부하전압이 필요 이상 높은 용접기를 사용하지 않는다.
③ 가죽장갑, 앞치마, 발덮개 등 규정된 안전보호구를 착용한다.
④ 땀이 많이 나는 좁은 장소에서는 신체를 노출시켜 용접해도 된다.

|해설|

2-1

전격방지기는 작업을 쉬는 동안에 2차 무부하전압이 항상 25V 정도로 유지되도록 하여 전격을 방지할 수 있다. 전격이란 강한 전류를 갑자기 몸에 느꼈을 때의 충격을 말하며, 용접기에는 작업자의 전격을 방지하기 위해서 반드시 전격방지기를 부착해야 한다.

2-2

교류아크용접기는 용접사의 감전사고 방지를 위하여 전격방지장치(전격방지기)가 반드시 설치되어 있어야 한다. 전격방지장치는 용접기가 작업을 쉬는 동안에 2차 무부하전압을 항상 25V 정도로 유지되도록 하여 전격을 방지하는 장치로 용접기에 부착된다.
② 핫스타트장치 : 아크가 발생하는 초기에만 용접전류를 커지게 만드는 아크발생제어장치이다.
③ 고주파발생장치 : 교류아크용접기의 아크안정성을 확보하기 위하여 상용주파수의 아크전류 외에 고전압(2,000~3,000V)의 고주파전류를 중첩시키는 방식이며 라디오나 TV 등에 방해를 주는 단점도 있으나 장점이 더 많다.
④ 원격제어장치 : 원거리에서 용접전류 및 용접전압 등의 조정이 필요할 때 설치하는 원거리조정장치이다.

2-3

용접 시 전격을 방지하려면 반드시 절연장갑 등을 껴서 신체를 노출시키지 않는다.

정답 2-1 ① 2-2 ① 2-3 ④

핵심이론 03 | 유해가스가 인체에 미치는 영향

① 전류량이 인체에 미치는 영향

전류량	인체에 미치는 영향
1mA	전기를 조금 느낀다.
5mA	상당한 고통을 느낀다.
10mA	근육운동은 자유로우나 고통을 수반한 쇼크를 느낀다.
20mA	근육 수축, 스스로 현장을 탈피하기 힘들다.
20~50mA	고통과 강한 근육 수축, 호흡이 곤란하다.
50mA	심장마비 발생으로 사망의 위험이 있다.
100mA	사망과 같은 치명적인 결과를 준다.

② CO_2가스가 인체에 미치는 영향

CO_2 농도	증 상	대 책
1%	호흡속도 다소 증가	무 해
2%	호흡속도 증가, 지속 시 피로를 느낌	
3~4%	호흡속도 평소의 약 4배 증대, 두통, 뇌빈혈, 혈압 상승	환 기
6%	피부혈관의 확장, 구토	
7~8%	호흡곤란, 정신장애, 수 분 내 의식불명	
10% 이상	시력장애, 2~3분 내에 의식을 잃으며 방치 시 사망	30분 이내 인공호흡, 의사의 조치 필요
15% 이상	위험 상태	즉시 인공호흡, 의사의 조치 필요
30% 이상	극히 위험, 사망	–

③ CO(일산화탄소)가스가 인체에 미치는 영향

농 도	증 상
0.01% 이상	건강에 유해
0.02~0.05%	중독작용
0.1% 이상	수 시간 호흡하면 위험
0.2% 이상	30분 이상 호흡하면 극히 위험, 사망

① 산업안전보건법에 따른 안전·보건표지의 색채 및 용도

색 상	용 도	사 례
빨간색	금 지	정지신호, 소화설비 및 그 장소, 유해행위 금지
	경 고	화학물질 취급장소에서의 유해·위험경고
노란색	경 고	화학물질 취급장소에서의 유해·위험경고 이외의 위험경고, 주의표지 또는 기계방호물
파란색	지 시	특정 행위의 지시 및 사실의 고지
녹 색	안 내	비상구 및 피난소, 사람 또는 차량의 통행표지
흰 색	–	파란색 또는 녹색에 대한 보조색
검은색	–	문자 및 빨간색 또는 노란색에 대한 보조색

② 응급처치의 구명 4단계

단 계	명 칭	특 징
1단계	기도 유지	질식을 막기 위해 기도 개방 후 이물질을 제거하고, 호흡이 끊어지면 인공호흡을 한다.
2단계	지 혈	상처 부위의 피를 멈추게 하여 혈액 부족으로 인한 혼수상태를 예방한다.
3단계	쇼크방지	호흡곤란이나 혈액 부족을 제외한 심리적 충격에 의한 쇼크를 예방한다.
4단계	상처의 치료	환자의 의식이 있는 상태에서 치료를 시작하며, 충격을 해소시켜야 한다.

③ 조도의 기준(산업안전보건기준에 관한 규칙 제8조)

작업구분	기 준
초정밀작업	750lx 이상
정밀작업	300lx 이상
보통작업	150lx 이상
그 밖의 작업	75lx 이상

4-1. 산업보건기준에 관한 규칙에서 근로자가 상시 작업하는 장소의 작업면의 조도 중 정밀작업 시 조도의 기준으로 맞는 것은?(단, 갱내 및 감광재료를 취급하는 작업장은 제외한다)

① 300lx 이상
② 750lx 이상
③ 150lx 이상
④ 75lx 이상

4-2. KS규격에서 화재안전, 금지표시의 의미를 나타내는 안전색은?

① 노 랑
② 초 록
③ 빨 강
④ 파 랑

|해설|

4-1
조도의 기준(산업안전보건기준에 관한 규칙 제8조)에서 정밀작업은 300lx 이상으로 한다.

4-2
산업안전보건법에 따르면 금지의 표시는 빨간색으로 나타낸다.

정답 4-1 ① 4-2 ③

① 화재의 종류에 따른 사용 소화기

분 류	A급 화재	B급 화재
명 칭	일반(보통)화재	유류 및 가스화재
가연물질	나무, 종이, 섬유 등의 고체물질	기름, 윤활유, 페인트 등의 액체물질
소화효과	냉각효과	질식효과
표현 색상	백 색	황 색
소화기	• 물 • 분말소화기 • 포(포말)소화기 • 이산화탄소소화기 • 강화액소화기 • 산, 알칼리소화기	• 분말소화기 • 포(포말)소화기 • 이산화탄소소화기
사용 불가능 소화기	–	–

분 류	C급 화재	D급 화재
명 칭	전기화재	금속화재
가연물질	전기설비, 기계전선 등의 물질	가연성 금속 (Al분말, Mg분말)
소화효과	질식 및 냉각효과	질식효과
표현 색상	청 색	–
소화기	• 분말소화기 • 유기성소화기 • 이산화탄소소화기 • 무상강화액소화기 • 할로겐화합물소화기	건조된 모래(건조사)
사용 불가능 소화기	포(포말)소화기	물(금속가루는 물과 반응하여 폭발의 위험성이 있다)

※ 전기화재에서 무상강화액소화기는 무상(안개모양)으로 뿌리기 때문에 사용이 가능하나, 포소화기(포말소화기)의 소화재인 포는 액체로 되어 있기 때문에 전기화재에 사용할 경우 감전의 위험이 있어서 사용이 불가능하다.

② 소화기의 특징

포소화기에서 포는 물로 되어 있기 때문에 감전의 위험이 있어 사용이 불가능하며 가연성의 액체를 소화할 때 사용한다. 무상강화액소화기도 액체로 되어 있으나 무상(안개모양)으로 뿌리기 때문에 소화용으로 사용은 가능하다.

[소화약제에 의한 분류]

약 제	종 류
물(수계)	물소화기, 산·알칼리소화기, 강화액소화기, 포소화기
가스계	이산화탄소소화기, 할로겐소화기
분말계	분말소화기

③ 화상의 등급

㉠ 1도 화상 : 뜨거운 물이나 불에 가볍게 표피만 데인 화상으로 붉게 변하고 따가운 상태

㉡ 2도 화상 : 표피 안의 진피까지 화상을 입은 경우로 물집이 생기는 상태

㉢ 3도 화상 : 표피, 진피, 피하지방까지 화상을 입은 경우로 살이 벗겨지는 매우 심한 상태

④ 화상에 따른 피부의 손상 정도

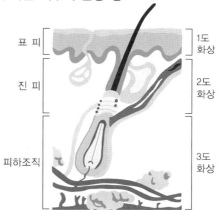

⑤ 상처의 정의

㉠ 찰과상 : 마찰에 의해 피부의 표면에 입는 외상으로, 긁힌 상처라고도 불린다. 피부의 진피까지 상처를 입으면 출혈이 크다. 넘어지거나 물체에 긁힘에 의해 발생한다.

㉡ 타박상 : 외부의 충격이나 부딪침 등에 의해 연부조직과 근육 등에 손상을 입어 통증이 발생되며 피부에 출혈과 부종이 보이는 경우이다.

㉢ 화상 : 뜨거운 물이나 불, 화학물질에 의해 피부나 피부의 내부조직이 손상된 현상이다.

㉣ 출혈 : 혈관의 손상에 의해 혈액이 혈관 밖으로 나오는 현상이다.

⑥ 응급처치 시 유의사항
  ㉠ 충격방지를 위하여 환자의 체온 유지에 노력하여야
     한다.
  ㉡ 의식불명 환자에게 물 등 기타의 음료수를 먹이지
     말아야 한다.
  ㉢ 응급의료진과 가족에게 연락하고 주위 사람에게
     도움을 청해야 한다.
  ㉣ 긴급을 요하는 환자가 2인 이상 발생 시 대출혈,
     중독의 환자부터 처치해야 한다.

10년간 자주 출제된 문제

5-1. 일반화재에 속하지 않는 것은?

① 목 재 ② 종 이
③ 금 속 ④ 섬 유

5-2. 다음 중 전기설비화재에 적용이 불가능한 소화기는?

① 포소화기
② 이산화탄소소화기
③ 무상강화액소화기
④ 할로겐화합물소화기

|해설|

5-1
A급 화재(일반화재) : 나무, 종이, 섬유 등과 같은 물질의 화재이다.

5-2
포소화기에서 포는 물로 되어 있기 때문에 감전의 위험이 있어
사용이 불가능하며 가연성의 액체를 소화할 때 사용한다. 무상강
화액소화기도 액체로 되어 있으나 무상(안개모양)으로 뿌리기
때문에 소화용으로 사용 가능하다.

정답 5-1 ③ 5-2 ①

핵심이론 06 │ 물질안전보건자료(MSDS)

① MSDS(Material Safety Data Sheets, 물질안전보건자료)
   화학물질을 안전하게 관리 및 사용하기 위해 필요한
   정보를 기재한 Data Sheet로 16가지 항목이 상세하게
   기록되어 있다.
② MSDS 관련 법령
   산업안전보건법
③ MSDS(물질안전보건자료) 작성 및 제출의 주체
   물질안전보건자료대상물질을 제조하거나 수입하려
   는 자
④ 물질안전보건자료대상물질을 제조하려는 자의 정의
   직접 사용 또는 양도·제공을 목적으로 화학물질 또는
   혼합물을 생산·가공 또는 혼합 등을 하려는 자를 의
   미하며, 화학물질 또는 혼합물을 실제로 취급함으로
   써 생산·가공 또는 혼합하는 자를 의미한다. 만약,
   화학물질 및 화학제품의 제조를 위탁하여 수탁자가
   해당 제품을 제조하는 경우 수탁자가 물질안전보건자
   료를 작성하여 제출해야 한다.
⑤ 물질안전보건자료대상물질을 수입하려는 자의 정의
   직접 사용 또는 양도·제공을 목적으로 외국에서 국내
   로 화학물질 또는 혼합물을 들여오는 자를 뜻하며,
   관세법 제19조에 따른 납세의무자를 의미한다.
⑥ MSDS에 포함되어야 할 사항
   • 화학제품과 회사에 관한 정보
   • 유행성, 위험성
   • 구성성분의 명칭 및 함유량
   • 응급조치 요령
   • 폭발·화재 시 대처방법
   • 누출사고 시 대처방법
   • 취급 및 저장방법
   • 노출 방지 및 개인보호구
   • 물리화학적 특성
   • 안정성 및 반응성

- 독성에 관한 정보
- 환경에 미치는 영향
- 폐기 시 주의사항
- 운송에 필요한 정보
- 법적 규제 현황
- 그 밖의 참고사항

핵심이론 07 | 기계설비 관련 법령

(1) 기계설비법

① 목적(법 제1조)

기계설비산업의 발전을 위한 기반을 조성하고 기계설비의 안전하고 효율적인 유지관리를 위하여 필요한 사항을 정함으로써 국가경제의 발전과 국민의 안전 및 공공복리 증진에 이바지함을 목적으로 한다.

② 정의(법 제2조)

㉠ 기계설비 : 건축물, 시설물 등에 설치된 기계·기구·배관 및 그 밖에 건축물 등의 성능을 유지하기 위한 설비로서 대통령령으로 정하는 설비를 말한다.

㉡ 기계설비기술자 : 기계설비 관련 분야의 기술자격을 취득하거나 기계설비에 관한 기술 또는 기능을 인정받은 사람을 말한다.

㉢ 기계설비유지관리자 : 기계설비유지관리(기계설비의 점검 및 관리를 실시하고 운전·운용하는 모든 행위를 말한다)를 수행하는 자를 말한다.

③ 기계설비 발전 기본계획의 수립(법 제5조)

국토교통부장관은 기계설비산업의 육성과 기계설비의 효율적인 유지관리 및 성능 확보를 위하여 기계설비 발전 기본계획을 5년마다 수립·시행하여야 한다.

④ 실태조사(법 제6조)

㉠ 국토교통부장관은 기계설비산업의 발전에 필요한 기초자료를 확보하기 위하여 기계설비산업에 관한 실태를 조사할 수 있다. 다만, 다른 중앙행정기관의 장의 요구가 있는 경우에는 합동으로 실태를 조사하여야 한다.

㉡ 국토교통부장관은 기계설비사업자 또는 기계설비산업 관련 단체 및 기관의 장에게 ㉠에 따른 실태조사에 필요한 자료의 제출 등을 요청할 수 있다. 이 경우 자료 제출 등을 요청받은 자는 특별한 사유가 없으면 이에 협조하여야 한다.

ⓒ ㉠에 따른 실태조사의 내용·방법·절차 등에 필요한 사항은 대통령령으로 정한다.

⑤ 기계설비 기술기준(법 제14조)
㉠ 국토교통부장관은 기계설비의 안전과 성능 확보를 위하여 필요한 기술기준을 정하여 고시하여야 한다. 이를 변경하는 경우에도 또한 같다.
㉡ 기계설비사업자는 기술기준을 준수하여야 한다.

⑥ 기계설비유지관리기준의 고시(법 제16조)
㉠ 국토교통부장관은 건축물 등에 설치된 기계설비의 유지관리 및 점검을 위하여 필요한 유지관리기준을 정하여 고시하여야 한다.
㉡ ㉠에 따른 유지관리기준의 내용, 방법, 절차 등은 국토교통부령으로 정한다.

⑦ 유지관리교육(법 제20조)
㉠ 선임된 기계설비유지관리자는 대통령령으로 정하는 바에 따라 국토교통부장관이 실시하는 기계설비유지관리에 관한 교육을 받아야 한다.
㉡ 국토교통부장관은 ㉠에 따른 유지관리교육에 관한 업무를 대통령령으로 정하는 바에 따라 관계 기관 및 단체에 위탁할 수 있다.

⑧ 기계설비성능점검업의 등록 등(법 제21조)
㉠ 성능점검과 관련된 업무를 하려는 자는 자본금, 기술 인력의 확보 등 대통령령으로 정하는 요건을 갖추어 특별시장·광역시장·특별자치시장·도지사 또는 특별자치도지사(이하 '시·도지사'라 한다)에게 등록하여야 한다.
㉡ 기계설비성능점검업을 등록한 자(이하 '기계설비성능점검업자'라 한다)는 ㉠에 따라 등록한 사항 중 대통령령으로 정하는 사항이 변경된 경우에는 변경 사유가 발생한 날부터 30일 이내에 변경 등록을 하여야 한다.
㉢ 시·도지사가 기계설비성능점검업의 등록 또는 변경 등록을 받은 경우에는 등록신청자에게 등록증을 발급하여야 한다.

⑨ 벌칙(법 제28조)
다음의 어느 하나에 해당하는 자는 1년 이하의 징역 또는 1천만원 이하의 벌금에 처한다.
㉠ 착공 전 확인을 받지 아니하고 기계설비공사를 발주한 자 또는 사용 전 검사를 받지 아니하고 기계설비를 사용한 자
㉡ 등록을 하지 아니하거나 변경 등록을 하지 아니하고 기계설비성능점검 업무를 수행한 자
㉢ 거짓이나 그 밖의 부정한 방법으로 등록을 하거나 변경등록을 한 자
㉣ 기계설비성능점검업 등록증을 다른 사람에게 빌려주거나, 빌리거나, 이러한 행위를 알선한 자

⑩ 양벌규정(법 제29조)
법인의 대표자나 법인 또는 개인의 대리인, 사용인, 그 밖의 종업원이 그 법인 또는 개인의 업무에 관하여 제28조 벌칙의 어느 하나에 해당하는 위반행위를 하면 그 행위자를 벌하는 외에 그 법인 또는 개인에게도 해당 조문의 벌금형을 과(科)한다. 다만, 법인 또는 개인이 그 위반행위를 방지하기 위하여 해당 업무에 관하여 상당한 주의와 감독을 게을리하지 아니한 경우에는 그러하지 아니하다.

⑪ 과태료(법 제30조)
㉠ 다음의 어느 하나에 해당하는 자에게는 500만원 이하의 과태료를 부과한다.
• 유지관리기준을 준수하지 아니한 자
• 점검기록을 작성하지 아니하거나 거짓으로 작성한 자
• 점검기록을 보존하지 아니한 자
• 기계설비유지관리자를 선임하지 아니한 자
㉡ 다음의 어느 하나에 해당하는 자에게는 100만원 이하의 과태료를 부과한다.
• 착공 전 확인과 사용 전 검사에 관한 자료를 특별자치시장·특별자치도지사·시장·군수·구청장에게 제출하지 아니한 자

- 점검기록을 특별자치시장·특별자치도지사·시장·군수·구청장에게 제출하지 아니한 자
- 유지관리교육을 받지 아니한 사람을 해임하지 아니한 자
- 신고를 하지 아니하거나 거짓으로 신고한 자
- 유지관리교육을 받지 아니한 사람
- 신고를 하지 아니하거나 거짓으로 신고한 자
- 서류를 거짓으로 제출한 자
- ㉢ 과태료는 대통령령으로 정하는 바에 따라 국토교통부장관 또는 관할 지방자치단체의 장이 부과·징수한다.

(2) 기계설비법 시행령

① **기계설비의 범위(영 제2조)**
기계설비법에서 대통령령으로 정하는 설비란 다음의 설비(영 별표 1)를 말한다.
- ㉠ 열원설비
- ㉡ 냉난방설비
- ㉢ 공기조화·공기청정·환기설비
- ㉣ 위생기구·급수·급탕·오배수·통기설비
- ㉤ 오수 정화·물재이용설비
- ㉥ 우수 배수설비
- ㉦ 보온설비
- ㉧ 덕트(Duct)설비
- ㉨ 자동제어설비
- ㉩ 방음·방진·내진설비
- ㉪ 플랜트설비
- ㉫ 특수설비

② **기계설비 발전 기본계획의 수립(영 제5조)**
- ㉠ 대통령령으로 정하는 사항이란 다음의 사항을 말한다.
  - 기계설비산업의 국내외 시장 전망에 관한 사항

- 기계설비발전 기본계획(이하 '기본계획'이라 한다)의 추진 성과에 관한 사항
- 기계설비산업의 생산성 향상에 관한 사항
- ㉡ 국토교통부장관은 기본계획을 수립하기 위하여 필요한 경우 관계 중앙행정기관의 장 및 지방자치단체의 장에게 자료 제출을 요청할 수 있다.
- ㉢ 국토교통부장관은 기본계획을 수립했을 때에는 관계 중앙행정기관의 장에게 통보해야 한다.

③ **기계설비의 착공 전 확인(영 제12조)**
- ㉠ 기계설비에 해당하는 설계도서가 기술기준(이하 '기술기준'이라 한다)에 적합한지를 확인받으려는 자는 국토교통부령으로 정하는 기계설비공사 착공 전 확인신청서를 해당 기계설비공사를 시작하기 전에 특별자치시장·특별자치도지사·시장·군수·구청장(구청장은 자치구의 구청장을 말하며, 이하 '시장·군수·구청장'이라 한다)에게 제출해야 한다.
- ㉡ 시장·군수·구청장은 ㉠에 따른 기계설비공사 착공 전 확인신청서를 받은 경우에는 해당 설계도서의 내용이 기술기준에 적합한지를 확인해야 한다.
- ㉢ 시장·군수·구청장은 ㉡에 따른 확인을 마친 경우에는 국토교통부령으로 정하는 기계설비공사 착공 전 확인결과통보서에 검토의견 등을 적어 해당 신청인에게 통보해야 하며, 해당 설계도서의 내용이 기술기준에 미달하는 등 시공에 부적합하다고 인정하는 경우에는 보완이 필요한 사항을 함께 적어 통보해야 한다.
- ㉣ 시장·군수·구청장은 ㉢에 따라 기계설비공사 착공 전 확인 결과를 통보한 경우에는 그 내용을 기록하고 관리해야 한다.

④ 기계설비의 사용 전 검사(영 제13조)
　㉠ 사용 전 검사를 받으려는 자는 국토교통부령으로 정하는 기계설비 사용 전 검사신청서를 시장·군수·구청장에게 제출해야 한다. 이 경우 해당 기계설비가 다음의 어느 하나에 해당하는 경우에는 그 검사 결과를 함께 제출할 수 있다.
　　• 에너지이용 합리화법에 따른 검사대상기기 검사에 합격한 경우
　　• 고압가스 안전관리법에 따른 완성검사에 합격한 경우(같은 항 단서에 따라 감리적합판정을 받은 경우를 포함한다)
　㉡ 시장·군수·구청장은 ㉠ 사항 외의 부분 전단에 따른 기계설비 사용 전 검사신청서를 받은 경우에는 해당 기계설비가 기술기준에 적합한지를 검사해야 한다. 이 경우 검사 대상 기계설비 중 ㉠ 사항 외의 부분 후단에 따라 합격한 검사 결과가 제출된 기계설비 부분에 대해서는 기술기준에 적합한 것으로 검사해야 한다.
　㉢ 시장·군수·구청장은 ㉡에 따른 검사 결과 해당 기계설비가 기술기준에 적합하다고 인정하는 경우에는 국토교통부령으로 정하는 기계설비 사용 전 검사확인증을 해당 신청인에게 발급해야 한다.
　㉣ 시장·군수·구청장은 ㉡에 따른 검사 결과 해당 기계설비가 기술기준에 미달하는 등 사용에 부적합하다고 인정하는 경우에는 그 사유와 보완기한을 명시하여 보완을 지시해야 한다.
　㉤ 시장·군수·구청장은 ㉣에 따른 보완 지시를 받은 자가 보완기한까지 보완을 완료한 경우에는 ㉠에 따른 신청 절차를 다시 거치지 않고 ㉡ 및 ㉢에 따라 사용 전 검사를 다시 실시하여 기계설비 사용 전 검사 확인증을 발급할 수 있다.

⑤ 기계설비성능점검업의 등록(영 제17조)
　㉠ 자본금, 기술인력의 확보 등 대통령령으로 정하는 요건이란 기계설비성능점검업의 등록 요건을 말한다.
　㉡ 특별시장·광역시장·특별자치시장·도지사 또는 특별자치도지사(이하 '시·도지사'라 한다)는 등록 신청이 다음의 어느 하나에 해당하는 경우를 제외하고는 등록을 해 주어야 한다.
　　• 등록을 신청한 자가 법 제22조제1항 각 호의 어느 하나에 해당하는 경우
　　• 시행령 별표 7에 따른 등록 요건을 갖추지 못한 경우
　　• 그 밖에 법, 이 영 또는 다른 법령에 따른 제한에 위반되는 경우
⑥ 기계설비성능점검업의 변경등록 사항(영 제18조)
　법 제21조제2항에서 대통령령으로 정하는 사항이란 다음의 어느 하나에 해당하는 사항을 말한다.
　㉠ 상호
　㉡ 대표자
　㉢ 영업소 소재지
　㉣ 기술인력
⑦ 기계설비성능점검업의 휴업·폐업 등(영 제19조)
　㉠ 기계설비성능점검업을 등록한 자(이하 '기계설비성능점검업자'라 한다)는 휴업 또는 폐업의 신고를 하려는 경우에는 그 휴업 또는 폐업한 날부터 30일 이내에 국토교통부령으로 정하는 휴업·폐업신고서를 시·도지사에게 제출해야 한다.
　㉡ 시·도지사는 기계설비성능점검업 등록을 말소한 경우에는 다음의 사항을 해당 특별시·광역시·특별자치시·도 또는 특별자치도의 인터넷 홈페이지에 게시해야 한다.
　　• 등록말소 연월일
　　• 상호
　　• 주된 영업소의 소재지

- 말소 사유
⑧ 성능점검능력 평가에 관한 업무의 위탁(영 제20조의2)
  ㉠ 국토교통부장관은 기계설비의 성능점검능력 평가 및 공시에 관한 업무를 기계설비와 관련된 업무를 수행하는 협회 중 국토교통부장관이 해당 업무에 대한 전문성이 있다고 인정하여 고시하는 협회에 위탁한다.
  ㉡ ㉠에 따라 업무를 위탁받은 협회는 위탁업무의 처리 결과를 매 반기 말일을 기준으로 다음 달 말일까지 국토교통부장관에게 보고해야 한다.

(3) 기계설비법 시행규칙
① 목적(규칙 제1조)
  이 규칙은 기계설비법 및 같은 법 시행령에서 위임된 사항과 그 시행에 필요한 사항을 규정함을 목적으로 한다.
② 기계설비산업 정보체계의 구축·운영 등(규칙 제2조)
  ㉠ 국토교통부장관은 기계설비법(이하 '법'이라 한다)에 따른 기계설비산업 정보체계(이하 '정보체계'라 한다)의 효율적인 구축·운영을 위하여 다음의 업무를 수행할 수 있다.
    • 정보체계의 구축·운영에 관한 연구·개발 및 기술지원
    • 정보체계의 표준화 및 고도화
    • 정보체계를 이용한 정보의 공동활용 촉진
    • 기계설비산업 관련 정보 및 자료를 보유하고 있는 기관 또는 단체와의 연계·협력 및 공동사업의 시행
    • 그 밖에 정보체계의 구축·운영과 관련하여 국토교통부장관이 필요하다고 인정하는 사항
  ㉡ 국토교통부령으로 정하는 기계설비산업에 관련된 정보란 다음의 정보를 말한다.
    • 기계설비산업의 국제협력 및 해외 진출에 관한 사항

    • 기계설비산업의 고용 및 촉진에 관한 사항
    • 전문인력(이하 '전문인력'이라 한다) 양성·교육에 관한 사항
    • 그 밖에 정보체계와 관련하여 국토교통부장관이 필요하다고 인정하는 사항
  ㉢ 국토교통부장관은 정보체계를 구축할 때 관계 중앙행정기관 및 지방자치단체의 장에게 수집·보유한 기계설비산업 관련 조사자료 및 통계 등의 제출을 요청할 수 있다.
  ㉣ 국토교통부장관은 기계설비산업 관련 정보 및 자료를 인터넷 홈페이지 등을 통하여 제공할 수 있다.
③ 전문인력 양성기관의 지정 신청 등(규칙 제3조)
  ㉠ 기계설비법 시행령(이하 '영'이라 한다)에 따른 기계설비 전문인력 양성기관 지정신청서(전자문서로 된 신청서를 포함한다. 이하 같다) 신청인은 이를 제출할 때에는 다음의 서류(전자문서를 포함한다. 이하 같다)를 첨부해야 한다.
    • 교육훈련 인력·시설 및 장비 확보 현황
    • 교육훈련 사업계획서 및 교육훈련 평가계획서
    • 교육훈련 운영경비 조달계획서 및 지원받을 교육훈련 비용에 대한 활용계획서
    • 교육훈련 운영규정
  ㉡ 국토교통부장관은 ㉠에 따른 신청서를 받은 경우에는 전자정부법에 따른 행정정보의 공동이용을 통하여 법인 등기사항증명서(법인인 경우만 해당한다)를 확인해야 한다.
  ㉢ 국토교통부장관은 전문인력 양성기관(이하 '전문인력 양성기관'이라 한다)의 지정을 하는 경우에는 서식의 기계설비 전문인력 양성기관 지정서를 발급해야 한다.
④ 전문인력 양성 및 교육훈련(규칙 제4조)
  ㉠ 전문인력 양성기관의 장은 다음 연도의 전문인력 양성 및 교육훈련에 관한 계획을 수립하여 매년 11월 30일까지 국토교통부장관에게 제출해야 한다.

ⓛ ⑦에 따른 전문인력 양성 및 교육훈련에 관한 계획에는 다음의 사항이 포함되어야 한다.
- 교육훈련의 기본 방향
- 교육훈련 추진계획에 관한 사항
- 교육훈련의 재원 조달 방안에 관한 사항
- 그 밖에 교육훈련을 위하여 필요한 사항

ⓒ 국토교통부장관 또는 전문인력 양성기관의 장은 전문인력 교육훈련을 이수한 사람에게 별지 제3호 서식의 교육수료증을 발급해야 한다.

⑤ 기계설비 유지관리기준의 내용 및 방법 등(규칙 제7조)
ⓖ 기계설비의 유지관리 및 점검을 위하여 필요한 유지관리 기준에는 다음의 사항이 반영되어야 한다.
- 기계설비 유지관리 및 점검에 대한 계획 수립
- 기계설비 유지관리 및 점검 참여자의 자격, 역할 및 업무내용
- 기계설비 유지관리 및 점검의 종류, 항목, 방법 및 주기
- 기계설비 유지관리 및 점검의 기록 및 문서 보존 방법
- 그 밖에 유지관리기준의 관리, 운영, 조사, 연구 및 개선업무에 관한 사항

ⓛ 국토교통부장관은 유지관리기준을 정하려는 경우에는 관계 중앙행정기관, 지방자치단체의 장 또는 기계설비산업 관련 단체 및 기관의 장에게 유지관리기준 관련 자료 등의 제출을 요청할 수 있다.

ⓒ 국토교통부장관은 유지관리기준을 정하기 위한 업무를 효율적으로 수행하기 위하여 국내외 관련 자료의 수집, 조사 및 연구 등을 실시할 수 있다. 다만, 전문성이 요구되는 시험·조사·연구가 필요한 경우 그 업무의 일부를 관련 전문연구기관 등에 의뢰할 수 있다.

⑥ 성능점검능력의 평가방법(규칙 제16조)
ⓖ 기계설비성능점검업자의 성능점검능력의 평가방법은 다음과 같다.
- 성능점검능력평가액 = 점검실적평가액 + 경영평가액 + 기술능력평가액 ± 신인도평가액
- 경영평가액 = 자본금 × 경영평점
- 경영평점 = (유동비율평점 + 자기자본비율평점 + 매출액순이익률평점 + 총자본회전율평점) ÷ 4
- 기술능력평가액 = 기술능력생산액(전년도 성능점검업계의 기계설비유지관리자 1명당 평균생산액) × 성능점검업자가 보유한 기계설비유지관리자 수(기계설비유지관리자 등급별 가중치를 반영한 수) × 30/100
- 위의 산식 중 기계설비유지관리자 등급별 가중치는 다음 표에 따른다.

보유 기술인력	특 급	고 급	중 급	초 급	보 조
가중치	1.7	1.5	1.3	1	0.7

ⓛ 해당 기계설비성능점검업자의 신청이 있거나 성능점검능력이 현저히 변동되었다고 성능점검능력 평가 수탁기관이 인정하는 경우에는 ⑦에 따른 평가방법에 따라 새로 평가할 수 있다.

ⓒ 2월 15일까지 성능점검능력평가를 신청하지 못한 기계설비성능점검업자로서 다음의 어느 하나에 해당하는 자가 성능점검능력평가를 신청한 경우에는 기계설비성능점검업자의 성능점검능력은 ⑦에 따라 평가할 수 있다.
- 법 제21조제1항에 따라 새로 기계설비성능점검업을 등록한 자
- 채무자 회생 및 파산에 관한 법률에 따라 복권된 자
- 기계설비성능점검업 등록취소 처분이 취소되거나 법원의 판결 등으로 집행정지 결정이 된 자

ㄹ 성능점검능력평가 수탁기관은 제출된 서류가 거짓으로 확인된 경우에는 확인된 날부터 10일 이내에 점검능력을 새로 평가해야 한다.

⑦ 성능점검능력의 공시항목 및 공시시기 등(규칙 제17조)
국토교통부장관은 성능점검능력을 평가한 경우에는 다음의 항목을 공시해야 하며, 성능점검능력평가 수탁기관은 해당 기계설비성능점검업자의 등록수첩에 성능점검능력평가액을 기재해야 한다.

ㄱ 상호(법인인 경우에는 법인 명칭을 말한다)

ㄴ 기계설비성능점검업자의 성명(법인인 경우에는 대표자의 성명을 말한다)

ㄷ 영업소 소재지

ㄹ 기계설비성능점검업 등록번호

ㅁ 성능점검능력평가액과 그 산정항목이 되는 점검실적평가액, 경영평가액, 기술능력평가액 및 신인도평가액

ㅂ 보유기술인력

10년간 자주 출제된 문제

7-1. 건축물, 시설물 등에 설치된 기계·기구·배관 및 그 밖에 건축물 등의 성능을 유지하기 위한 설비로서 대통령령으로 정하는 설비는?

① 기계설비
② 전기설비
③ 건축설비
④ 토목설비

7-2. 전문인력 양성 및 교육훈련에 관한 계획에 반드시 포함되어야 할 사항이 아닌 것은?

① 교육훈련의 기본 방향
② 교육훈련 추진계획에 관한 사항
③ 교육훈련의 재원 조달 방안에 관한 사항
④ 교육훈련에는 관련이 없지만 훈련장 주변 지형에 대한 사항

|해설|

7-2
전문인력 양성 및 교육훈련에 관한 계획에 포함되어야 할 사항
• 교육훈련의 기본 방향
• 교육훈련 추진계획에 관한 사항
• 교육훈련의 재원 조달 방안에 관한 사항
• 그 밖에 교육훈련을 위하여 필요한 사항

정답 7-1 ① 7-2 ④

용접재료

제1절 용접재료 및 금속재료

핵심이론 01 │ 금속의 일반적인 성질(1)

① 금속의 일반적인 특성
  ㉠ 비중이 크다.
  ㉡ 전기 및 열의 양도체이다.
  ㉢ 금속 특유의 광택을 갖는다.
  ㉣ 이온화하면 양(+)이온이 된다.
  ㉤ 상온에서 고체이며 결정체이다(단, Hg 제외).
  ㉥ 연성과 전성이 우수하며 소성변형이 가능하다.

② 철의 결정구조

종 류	체심입방격자 (BCC ; Body Centered Cubic)	면심입방격자 (FCC ; Face Centered Cubic)	조밀육방격자 (HCP ; Hexagonal Close Packed lattice)
성 질	• 강도가 크다. • 용융점이 높다. • 전성과 연성이 작다.	• 전기전도도가 크다. • 가공성이 우수하다. • 장신구로 사용된다. • 전성과 연성이 크다. • 연한 성질의 재료이다.	• 전성과 연성이 작다. • 가공성이 좋지 않다.
원 소	W, Cr, Mo, V, Na, K	Al, Ag, Au, Cu, Ni, Pb, Pt, Ca	Mg, Zn, Ti, Be, Hg, Zr, Cd, Ce
단위격자	2개	4개	2개
배위수	8	12	12
원자충진율	68%	74%	70.4%

🔍 **더 알아보기!**

결정구조
3차원 공간에서 규칙적으로 배열된 원자의 집합체를 말한다.

③ 합금(Alloy)

철강에 영향을 주는 주요 10가지 합금원소에는 C(탄소), Si(규소), Mn(망가니즈), P(인), S(황), N(질소), Cr(크로뮴), V(바나듐), Mo(몰리브데넘), Cu(구리), Ni(니켈)이 있는데 이러한 철강의 합금원소는 각각 철강재의 용접성과 밀접한 관련이 있다. 그중 C(탄소)가 가장 큰 영향을 미치는데, C(탄소)량이 적을수록 용접성이 좋으므로 저탄소강이 가장 용접성이 좋다.

  ㉠ 합금의 일반적 성질
    • 경도가 증가한다.
    • 주조성이 좋아진다.
    • 용융점이 낮아진다.
    • 전성, 연성은 떨어진다.
    • 성분금속의 비율에 따라 색이 변한다.
    • 성분금속보다 강도 및 경도가 증가한다.
    • 성분을 이루는 금속보다 우수한 성질을 나타내는 경우가 많다.

④ 금속의 비중

경금속		중금속			
Mg	1.7	Sn	5.8	Mo	10.2
Be	1.8	V	6.1	Ag	10.4
Al	2.7	Cr	7.1	Pb	11.3
Ti	4.5	Mn	7.4	W	19.1
		Fe	7.8	Au	19.3
		Ni	8.9	Pt	21.4
		Cu	8.9	Ir	22

※ 경금속과 중금속을 구분하는 비중의 경계 : 4.5

⑤ 금속의 용융점(℃)

W	3,410	Ag	960
Cr	1,860	Al	660
Fe	1,538	Mg	650
Ni	1,453	Zn	420
Cu	1,083	Hg	−38.4
Au	1,063		

⑥ 열 및 전기전도율이 높은 순서

Ag > Cu > Au > Al > Mg > Zn > Ni > Fe > Pb > Sb

※ 열전도율이 높을수록 고유저항은 작아진다.

10년간 자주 출제된 문제

1-1. 다음 중 용융점이 가장 높은 금속은?

① Au
② W
③ Cr
④ Ni

1-2. 면심입방격자(FCC)에 속하지 않는 금속은?

① Ag
② Cu
③ Ni
④ Zn

|해설|

1-1
W(텅스텐)의 용융점은 약 3,410℃로 다른 금속들보다 높다.

1-2
Zn(아연)은 조밀육방격자에 속하는 금속이다. Ag(은), Cu(구리), Ni(니켈)은 모두 연한 금속으로서 면심입방격자에 속한다.

정답 1-1 ② 1-2 ④

핵심이론 02 | 금속의 일반적인 성질(2)

① 재료의 성질

㉠ 탄성 : 외력에 의해 변형된 물체가 외력을 제거하면 다시 원래의 상태로 되돌아가려는 성질이다.

㉡ 소성 : 물체에 변형을 준 뒤 외력을 제거해도 원래의 상태로 되돌아오지 않고 영구적으로 변형되는 성질로, 가소성으로도 불린다.

㉢ 전성 : 넓게 펴지는 성질로 가단성으로도 불린다. 전성(가단성)이 크면 큰 외력에도 쉽게 부러지지 않아 단조가공의 난이도를 나타내는 척도로 사용된다.

㉣ 연성 : 탄성한도 이상의 외력이 가해졌을 때 파괴되지 않고 잘 늘어나는 성질이다.

㉤ 취성 : 물체가 외력에 견디지 못하고 파괴되는 성질로, 인성에 반대되는 성질이다. 취성재료는 연성이 거의 없으므로 항복점이 아닌 탄성한도를 고려해서 다뤄야 한다.

• 적열취성(赤熱 : 붉을 적, 더울 열, 철이 빨갛게 달궈진 상태)
S(황)의 함유량이 많은 탄소강이 900℃ 부근에서 적열(赤熱)상태가 되었을 때 파괴되는 성질로 철에 S의 함유량이 많으면 황화철이 되면서 결정립계 부근의 S이 망상으로 분포되면서 결정립계가 파괴된다. 적열취성을 방지하려면 Mn(망가니즈)를 합금하여 S을 MnS로 석출시키면 된다. 이 적열취성은 높은 온도에서 발생하므로 고온취성으로도 불린다.

• 청열취성 (靑熱 : 푸를 청, 더울 열, 철이 산화되어 푸른빛으로 달궈져 보이는 상태)
탄소강이 200~300℃에서 인장강도와 경도값이 상온일 때보다 커지는 반면, 연신율이나 성형성은 오히려 작아져서 취성이 커지는 현상이다. 이 온도범위(200~300℃)에서는 철의 표면에 푸른 산화피막이 형성되기 때문에 청열취성이라고 불린다. 따라서 탄소강은 200~300℃에서 가공을 피해야 한다.

- 저온취성 : 탄소강이 천이온도에 도달하면 충격치가 급격히 감소되면서 취성이 커지는 현상이다.
- 상온취성 : P(인)의 함유량이 많은 탄소강이 상온(약 24℃)에서 충격치가 떨어지면서 취성이 커지는 현상이다.

ⓑ 인성 : 재료가 파괴되기(파괴강도) 전까지 에너지를 흡수할 수 있는 능력이다.

ⓢ 강도 : 외력에 대한 재료단면의 저항력이다.

ⓞ 경도 : 재료표면의 단단한 정도를 말한다.

ⓩ 연신율(ε) : 재료에 외력이 가해졌을 때 처음길이에 비해 나중에 늘어난 길이의 비율이다.

$$\varepsilon = \frac{\text{나중길이} - \text{처음길이}}{\text{처음길이}} \times 100\% = \frac{l_1 - l_0}{l_0} \times 100\%$$

ⓩ 피로한도 : 재료에 하중을 반복적으로 가했을 때 파괴되지 않는 응력변동의 최대범위로 S-N곡선으로 확인할 수 있다. 재질이나 반복하중의 종류, 표면 상태나 형상에 큰 영향을 받는다.

ⓚ 피로수명 : 반복하중을 받는 재료가 파괴될 때까지 반복적으로 재료에 가한 수치나 시간이다.

ⓣ 크리프 : 고온에서 재료에 일정 크기의 하중(정하중)을 작용시키면 시간이 경과함에 따라 변형이 증가하는 현상이다.

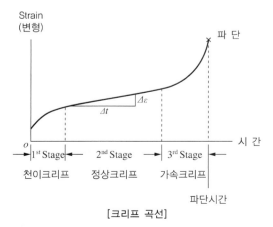

[크리프 곡선]

ⓟ 잔류응력 : 변형 후 외력을 제거해도 재료의 내부나 표면에 남아 있는 응력이다. 물체의 온도변화에 의해서 발생할 수 있는데 추가적으로 소성변형을 해 주거나 재결정온도 전까지 온도를 올려 주어 감소시킬 수 있다. 표면에 남아 있는 인장잔류응력은 피로수명과 파괴강도를 저하시킨다.

ⓗ 재결정온도 : 1시간 안에 95% 이상 새로운 재결정이 형성되는 온도이다. 금속이 재결정되면 불순물이 제거되어 더 순수한 결정을 얻어낼 수 있는데, 이 재결정은 금속의 순도나 조성, 소성변형 정도, 가열시간에 큰 영향을 받는다.

㉮ 가단성 : 단조가공 동안 재료가 파괴되지 않고 변형되는 금속의 성질이다. 단조가공의 난이도를 나타내는 척도로, 전성의 다른 말로도 사용되는데 합금보다는 순금속의 가단성이 더 크다.

㉯ 슬립 : 금속이 소성변형을 일으키는 원인으로 원자밀도가 가장 큰 격자면에서 잘 일어난다.

[철의 결정구조별 슬립면과 슬립방향]

결정구조	슬립면	슬립방향
BCC(체심입방격자)	{110}	〈111〉
	{211}	〈111〉
	{321}	〈111〉
FCC(면심입방격자)	{111}	〈110〉

㉰ 전위(轉位 : 구를 전, 자리 위) : 안정된 상태의 금속결정은 원자가 규칙적으로 질서정연하게 배열되어 있는데, 이 상태에서 어긋나 있는 상태를 말하며 이는 전자현미경으로 확인이 가능하다.

㉱ 편석 : 합금원소나 불순물이 균일하지 못하고 편중되어 있는 상태이다.

㉲ 고용체 : 두 개 이상의 고체가 일정한 조성으로 완전하게 균일한 상을 이룬 혼합물이다.

ⓑ 금속간 화합물 : 두 가지 이상의 원소를 간단한 원자의 정수비로 결합시킴으로써 원하는 성질의 재료를 만들어낸 결과물이다.

ⓢ 쌍정 : 특정 결정면을 경계로 처음의 결정과 경면적 대칭의 관계에 있는 원자배열을 갖는 결정 부분이다.

핵심이론 03 | 금속의 일반적인 성질(3)

① 금속조직의 종류 및 특징

ⓐ 페라이트(Ferrite, α철) : 체심입방격자인 α철이 723℃에서 최대 0.02%의 탄소를 고용하는데, 이때의 고용체가 페라이트이다. 전연성이 크고 자성체이다.

ⓑ 펄라이트(Pearlite) : α철(페라이트) + Fe_3C(시멘타이트)의 층상구조조직으로 질기고 강한 성질을 갖는 금속조직이다.

ⓒ 시멘타이트(Cementite) : 순철에 6.67%의 탄소(C)가 합금된 금속조직으로 경도가 매우 크나 취성도 크다. 재료 기호는 Fe_3C로 표시한다.

ⓓ 마텐자이트(Martensite) : 강을 오스테나이트영역의 온도까지 가열한 후 급랭시켜 얻는 금속조직으로 강도와 경도가 크다.

ⓔ 베이나이트(Bainite) : 공석강을 오스테나이트영역까지 가열한 후 250~550℃의 온도 범위에서 일정시간 동안 항온을 유지하는 항온열처리 조작을 통해서 얻을 수 있는 금속조직이다. 펄라이트와 마텐자이트의 중간조직으로 냉각온도에 따라 분류된다.

더 알아보기!

항온열처리 온도에 따른 분류
• 250℃~350℃ : 하부 베이나이트
• 350℃~550℃ : 상부 베이나이트

ⓕ 오스테나이트(Austenite) : γ철, 강을 A₁변태점 이상으로 가열했을 때 얻어지는 조직으로, 비자성체이며 전기저항이 크고 질기고 강한 성질을 갖는다.

ⓖ 레데부라이트 : 융체(L) ↔ γ고용체 + Fe_3C

② Fe-C계 평형상태도에서의 불변반응

종 류	반응온도	탄소 함유량	반응내용	생성조직
공석 반응	723℃	0.8%	γ고용체 $\leftrightarrow$ α고용체 + Fe_3C	펄라이트조직
공정 반응	1,147℃	4.3%	융체(L) $\leftrightarrow$ γ고용체 + Fe_3C	레데부라이트 조직
포정 반응	1,494℃ (1,500℃)	0.18%	δ고용체 +융체(L) $\leftrightarrow$ γ고용체	오스테나이트 조직

③ 금속의 재결정온도

금 속	온도(℃)	금 속	온도(℃)	금 속	온도(℃)
주석(Sn)	상온 이하	마그네슘 (Mg)	150	백금(Pt)	450
납(Pb)	상온 이하	알루미늄 (Al)	150	철(Fe)	450
카드뮴 (Cd)	상 온	구리(Cu)	200	니켈(Ni)	600
아연(Zn)	상 온	은(Ag)	200	몰리브데넘 (Mo)	900
		금(Au)	200	텅스텐 (W)	1,200

10년간 자주 출제된 문제

Fe-C 상태도에서 γ고용체 + Fe_3C의 조직으로 옳은 것은?

① 페라이트(Ferrite)
② 펄라이트(Pearlite)
③ 레데부라이트(Ledeburite)
④ 오스테나이트(Austenite)

|해설|

레데부라이트 조직은 융체(L)가 냉각되면서 γ고용체 + Fe_3C로 변환되면서 만들어진다.

정답 ③

핵심이론 04 | 기계가공법

① 소성가공

소성가공이란 금속재료에 힘을 가해서 형태를 변화시켜 갖가지 모양을 만드는 가공방법으로 압연, 단조, 인발 등의 가공방법이 속한다. 선반가공은 재료를 깎는 작업방법으로 절삭가공에 속한다.

② 절삭가공

절삭공구로 재료를 깎아 가공하는 방법으로 칩(Chip)이 발생되는 가공법이다. 절삭가공에 사용되는 공작기계로는 선반, 밀링, 드릴링머신, 셰이퍼 등이 있다.

③ 열간가공

재결정온도 이상에서 하는 소성가공법이다. 열간가공으로는 가공경화가 일어나지 않으며 연속하여 가공을 할 수 있고, 조밀하고 균질한 조직이 되어 안정된 재질을 얻을 수 있으나 냉간가공에 비해 치수는 부정확하다.

④ 냉간가공

강철을 720℃(재결정온도) 이하로 가공하는 방법으로, 강철의 조직은 치밀해지나 가공도가 진행될수록 내부에 변형을 일으켜 점성을 감소시키는 결점이 있다. 또 200~300℃ 부근에서는 청열취성이 발생되므로 이 온도 부근에서는 가공을 피해야 한다. 경량의 형강이 냉간가공으로 제조된다. 열간가공에 의해 형성된 강재를 최종 치수로 마무리하는 경우에 압연, 인발, 압출, 판금가공에 의해 실시된다.

㉠ 냉간가공의 특징
- 수축에 의한 변화가 없다.
- 가공온도와 상온과의 차가 작다.
- 표면의 마무리를 깨끗하게 할 수 있다.
- 재료 표면의 산화가 없기 때문에 치수정밀도를 향상할 수 있다.
- 냉간가공에 의해 적당한 내부변형이 발생하여 금속을 경화하여 재질을 강하게 할 수 있다.

- 강을 200~300℃의 범위에서 냉간가공하면 결정격자에 변형을 발생시켜 재료가 무르게 되기 때문에 가공이 어렵게 되는데 이 현상을 청열취성(Blue Shortness)이라고 한다.

⑤ 가공경화

소성변형을 부여하면 이후 같은 종류의 응력이 가해질 때마다 항복점이 상승하여 다음의 소성변형을 일으키는 데 필요한 저항이 증가하는데 이와 같은 현상을 가공경화라고 한다.

10년간 자주 출제된 문제

기어, 크랭크축 등 기계요소용 재료의 열처리법으로 사용되고 표면은 내마모성을 가지고 중심은 강인성을 요구하는 재료의 열처리법이 아닌 것은?

① 화염경화법　　　② 침탄법
③ 질화법　　　　　④ 소성가공법

|해설|

소성가공이란 금속재료에 힘을 가해서 형태를 변화시켜 갖가지 모양을 만드는 가공방법으로 압연, 단조, 인발 등의 가공방법이 속한다. 따라서 재료의 열처리법의 종류에는 속하지 않는다.

정답 ④

---

① 철강의 분류

성 질	순 철	강	주 철
영 문	Pure Iron	Steel	Cast Iron
탄소함유량	0.02% 이하	0.02~2.0%	2.0~6.67%
담금질성	담금질이 안 된다.	좋다.	잘되지 않는다.
강도/경도	연하고 약하다.	크다.	경도는 크나 잘 부서진다.
활 용	전기재료	기계재료	주조용 철
제 조	전기로	전 로	큐폴라

🔍 더 알아보기!

강의 종류별 탄소함유량
- 연강 : 0.15~0.28%의 탄소함유량
- 반경강 : 0.3~0.4%의 탄소함유량
- 경강 : 0.4~0.5%의 탄소함유량
- 최경강 : 0.5~0.6%의 탄소함유량
- 탄소공구강 : 0.6~1.5%의 탄소함유량

② 탄소강의 정의

순철은 너무 연해 구조용 강으로 부적합하기에 규소와 망가니즈, 인 등을 첨가하여 강도를 높인 것을 탄소강이라 하며 연강으로도 불린다.

③ 탄소함유량 증가에 따른 철강의 특성
　㉠ 경도 증가
　㉡ 취성 증가
　㉢ 항복점 증가
　㉣ 충격치 감소
　㉤ 인장강도 증가
　㉥ 인성 및 연신율, 단면수축률 감소

④ 탄소강의 표준조직

탄소강의 표준조직은 철과 탄소(C)의 합금에 따른 평형상태도에 나타나는 조직을 말하며 종류로는 페라이트, 펄라이트, 오스테나이트, 시멘타이트, 레데부라이트가 있다.

⑤ 탄소주강의 분류
　㉠ 저탄소주강 : 0.2% 이하의 C가 합금된 주조용 재료

ⓒ 중탄소주강 : 0.2~0.5%의 C가 합금된 주조용 재료

ⓒ 고탄소주강 : 0.5% 이상의 C가 합금된 주조용 재료

⑥ 저탄소강의 용접성

저탄소강은 연하기 때문에 용접 시 특히 문제가 되는 것은 노치취성과 용접터짐이다. 저탄소강은 어떠한 용접법으로도 가능하나, 노치취성과 용접터짐의 발생할 우려가 있어서 용접 전 예열이나 저수소계와 같이 적절한 용접봉을 선택해서 사용해야 한다.

⑦ 강괴의 종류

ⓐ 킬드강 : 평로, 전기로에서 제조된 용강을 Fe-Mn, Fe-Si, Al 등으로 완전히 탈산시킨 강

ⓑ 세미킬드강 : Al으로 림드강과 킬드강의 중간 정도로 탈산시킨 강

ⓒ 림드강 : 평로, 전로에서 제조된 것을 Fe-Mn으로 가볍게 탈산시킨 강

ⓓ 캡트강 : 림드강을 주형에 주입한 후 탈산제를 넣거나 주형에 뚜껑을 덮고 리밍작용을 억제하여 내부를 조용하게 응고시키는 것에 의해 강괴의 표면 부근을 림드강처럼 깨끗한 것으로 만듦과 동시에 내부를 세미킬드강처럼 편석이 적은 상태로 만든 강

킬드강	림드강	세미킬드강
수축공 강괴	기포 강괴	수축공 기포 강괴

⑧ 탄소강의 질량효과

탄소강을 담금질하였을 때 강의 질량(크기)에 따라 조직과 기계적 성질이 변하는 현상이다. 질량이 무거운 제품을 담금질 시 질량이 큰 제품일수록 내부의 열이 많기 때문에 천천히 냉각되며, 그 결과 조직과 경도가 변한다.

5-1. 탄소강에서 탄소량이 증가할 경우 나타나는 현상은?

① 경도 감소, 연성 감소
② 경도 감소, 연성 증가
③ 경도 증가, 연성 증가
④ 경도 증가, 연성 감소

5-2. 탈산 및 기타 가스 처리가 불충분한 상태의 용강을 그대로 주형에 주입하여 응고한 것으로, 강괴 내에 기포가 많이 존재하게 되어 품질이 균일하지 못한 강괴는?

① 림드강
② 킬드강
③ 캡트강
④ 세미킬드강

5-3. Fe-C계 평형상태도상에서 탄소를 2.0~6.67% 정도 함유하는 금속재료는?

① 구 리
② 타이타늄
③ 주 철
④ 니 켈

5-4. 주철과 강을 분류할 때 탄소의 함량이 약 몇 %를 기준으로 하는가?

① 0.4%
② 0.8%
③ 2.0%
④ 4.3%

|해설|

5-1
탄소강에서 탄소량이 증가하면 경도가 증가하며 전성과 연성은 떨어진다.

5-2
림드강 : 평로, 전로에서 제조된 것을 Fe-Mn으로 가볍게 탈산시킨 강이다. 탈산처리가 불충분한 상태로 주형에 주입시켜 응고시킨 것으로 강괴 내에 기포가 많이 존재하므로 품질이 균일하지 못한 단점이 있다.

5-3
주철은 순철에 탄소(C)의 함유량이 2.0~6.67%인 금속재료이다.

5-4
주철과 강을 분류하는 기준은 2%의 탄소함유량이다.

정답 5-1 ④ 5-2 ① 5-3 ③ 5-4 ③

|핵심이론 06 | 탄소강에 함유된 합금원소의 영향

① 탄소(C)

  ㉠ 경도를 증가시킨다.

  ㉡ 충격치를 감소시킨다.

  ㉢ 인성과 연성을 감소시킨다.

  ㉣ 일정 함유량까지 강도를 증가시킨다.

  ㉤ 인장강도, 경도, 항복점을 증가시킨다.

  ㉥ 함유량이 많아질수록 취성(메짐)이 강해진다.

② 규소(Si, 실리콘)

  ㉠ 탈산제로 사용한다.

  ㉡ 유동성을 증가시킨다.

  ㉢ 용접성과 가공성을 저하시킨다.

  ㉣ 인장강도, 탄성한계, 경도를 상승시킨다.

  ㉤ 결정립의 조대화로 충격값과 인성, 연신율을 저하시킨다.

③ 망가니즈(Mn)

  ㉠ 탈산제로 사용한다.

  ㉡ 주조성을 향상시킨다.

  ㉢ 주철의 흑연화를 방지한다.

  ㉣ 강의 고온가공을 쉽게 한다.

  ㉤ 고온에서 결정립 성장을 억제한다.

  ㉥ 인성과 점성, 인장강도를 증가시킨다.

  ㉦ 강의 담금질 효과를 증가시켜 경화능을 향상시킨다.

  ㉧ 탄소강에 함유된 S(황)을 MnS로 석출시켜 적열취성을 방지한다.

🔍 **더 알아보기!**

경화능 : 담금질함으로써 생기는 경화의 깊이 및 분포의 정도를 표시하는 것으로, 경화능이 클수록 담금질이 잘된다는 의미이다.

④ 인(P)

  ㉠ 불순물을 제거한다.

  ㉡ 상온취성의 원인이 된다.

  ㉢ 강도와 경도를 증가시킨다.

  ㉣ 연신율과 충격값을 저하시킨다.

  ㉤ 결정립의 크기를 조대화시킨다.

  ㉥ 편석이나 균열의 원인이 된다.

  ㉦ 주철의 용융점을 낮추고 유동성을 좋게 한다.

⑤ 황(S)

  ㉠ 인성을 저하시킨다.

  ㉡ 불순물을 제거한다.

  ㉢ 절삭성을 양호하게 한다.

  ㉣ 편석과 적열취성의 원인이 된다.

  ㉤ 철을 여리게 하며 알칼리성에 약하다.

🔍 **더 알아보기!**

편석 : 합금원소나 불순물이 균일하지 못하고 편중되어 있는 상태

⑥ 수소(H_2)

  백점, 헤어크랙의 원인이 된다.

⑦ 몰리브데넘(Mo)

  ㉠ 내식성을 증가시킨다.

  ㉡ 뜨임취성을 방지한다.

  ㉢ 담금질 깊이를 깊게 한다.

⑧ 크로뮴(Cr)

  ㉠ 강도와 경도를 증가시킨다.

  ㉡ 탄화물을 만들기 쉽게 한다.

  ㉢ 내식성, 내열성, 내마모성을 증가시킨다.

⑨ 납(Pb)

  절삭성을 크게 하여 쾌삭강의 재료가 된다.

⑩ 코발트(Co)

  고온에서 내식성, 내산화성, 내마모성, 기계적 성질이 뛰어나다.

⑪ 구리(Cu)

  ㉠ 고온취성의 원인이 된다.

  ㉡ 압연 시 균열의 원인이 된다.

⑫ 니켈(Ni)

  내식성 및 내산성을 증가시킨다.

⑬ 타이타늄(Ti)

　　㉠ 부식에 대한 저항이 매우 크다.

　　㉡ 가볍고 강력해서 항공기용 재료로 사용된다.

⑭ 비금속 개재물

　　강 중에는 Fe_2O_3, FeO, MnS, MnO_2, Al_2O_3, SiO_2 등 여러 가지 비금속 개재물이 섞여 있다. 이러한 비금속 개재물은 재료 내부에 점상태로 존재하여 인성 저하와 열처리 시 균열의 원인이 된다. 산화철, 알루미나, 규산염 등은 단조나 압연 중에 균열을 일으키기 쉬우며, 적열메짐의 원인이 된다.

6-1. 다음 특수원소가 강 중에서 나타나는 일반적인 특성이 아닌 것은?

① Si – 적열취성 방지

② Mn – 담금질 효과 향상

③ Mo – 뜨임취성 방지

④ Cr – 내식성, 내마모성 향상

6-2. 합금강에서 Cr 원소의 첨가효과로 틀린 것은?

① 내열성을 증가시킨다.

② 자경성을 증가시킨다.

③ 부식성을 증가시킨다.

④ 내마멸성을 증가시킨다.

6-3. 적열취성에 가장 큰 영향을 미치는 것은?

① S　　　　　　　　　② P

③ H_2　　　　　　　　④ N_2

|해설|

6-1

적열취성을 방지하는 원소는 Mn(망가니즈)이다.

6-2

크로뮴(Cr)원소의 합금 효과

• 강도와 경도를 증가시킨다.

• 탄화물을 만들기 쉽게 한다.

• 내식성, 내열성, 내마모성을 증가시킨다.

6-3

S은 적열취성을 일으키는 원소이므로 이를 방지하기 위해서는 Mn(망가니즈)를 합금시킨다.

정답 6-1 ①　6-2 ③　6-3 ①

① 주 철

용광로에 철광석, 석회석, 코크스를 장입하여 열원을 넣어주면 쇳물이 나오는데, 이 쇳물에는 보통 4.5% 정도의 탄소가 함유되어 있다. 이 쇳물을 보통주철(Cast Iron)이라고 하며 Fe에 탄소가 2~6.67%까지 함유되어 있다. 주조에 사용되어 주철이라고 부른다. 탄소함유량이 철에 비해 많기 때문에 가스절단이 용이하지 못하며, 비철금속의 경우도 구리, 납, 주석, 아연, 금, 백금, 수은과 같은 것으로 용융온도가 낮아 가스절단 시 발생하는 불꽃에 의해 바로 용융되어 절단이 되지 못하기 때문에 분말절단을 사용한다.

② 주철의 특징

- ㉠ 주조성이 우수하다.
- ㉡ 기계가공성이 좋다.
- ㉢ 압축강도가 크고 경도가 높다.
- ㉣ 가격이 저렴해서 널리 사용된다.
- ㉤ 고온에서 기계적 성질이 떨어진다.
- ㉥ 600℃ 이상으로 가열과 냉각을 반복하면 부피가 팽창한다.
- ㉦ 주철 중의 Si은 공정점을 저탄소강 영역으로 이동시킨다.
- ㉧ 용융점이 낮고 주조성이 좋아서 복잡한 형상을 쉽게 제작한다.
- ㉨ 주철 중 탄소의 흑연화를 위해서는 탄소와 규소의 함량이 중요하다.
- ㉩ 주철을 파면상으로 분류하면 회주철, 백주철, 반주철로 구분할 수 있다.
- ㉪ 주철에서 C와 Si의 함유량이 많을수록 비중은 작아지고 용융점은 낮아진다.
- ㉫ 강에 비해 탄소의 함유량이 많기 때문에 취성과 경도가 커지나 강도는 작아진다.
- ㉬ 투자율을 크게 하려면 화합탄소를 적게 하고, 유리 탄소를 균일하게 분포시킨다.

③ 주철의 종류

- ㉠ 보통주철(GC 100~GC 200) : 주철 중에서 인장강도가 가장 낮다. 인장강도가 100~200N/mm²(10~20 kgf/mm²) 정도로 기계가공성이 좋고 값이 싸며 기계구조물의 몸체 등의 재료로 사용된다. 주조성이 좋으나 취성이 커서 연신율이 거의 없다. 탄소함유량이 높기 때문에 고온에서 기계적 성질이 떨어지는 단점이 있다.
- ㉡ 고급주철(GC 250~GC 350) : 펄라이트주철이다. 편상흑연주철 중 인장강도가 250N/mm² 이상의 주철로, 조직이 펄라이트라서 펄라이트주철로도 불린다. 고강도와 내마멸성을 요구하는 기계부품에 주로 사용된다.
- ㉢ 회주철(Gray Cast iron) : "GC200"으로 표시되는 주조용 철로서 200은 최저인장강도를 나타낸다. 탄소가 흑연박편의 형태로 석출되며 내마모성과 진동흡수능력이 우수하고 압축강도가 좋아서 엔진블록이나 브레이크드럼용 재료, 공작기계의 베드용 재료로 사용된다. 이 회주철 조직에 가장 큰 영향을 미치는 원소는 C와 Si이다.
  - 회주철의 특징
    - 주조와 절삭가공이 쉽다.
    - 인장력에 약하고 깨지기 쉽다.
    - 탄소강에 비해 진동에너지의 흡수가 좋다.
    - 유동성이 좋아서 복잡한 형태의 주물을 만들 수 있다.
- ㉣ 구상흑연주철 : 주철 속 흑연이 완전히 구상이고 그 주위가 페라이트조직으로 되어 있는데, 이 형상이 황소의 눈과 닮았다고 해서 불스아이주철로도 불린다. 일반주철에 Ni(니켈), Cr(크로뮴), Mo(몰리브데넘), Cu(구리)를 첨가하여 재질을 개선한 주철로 내마멸성, 내열성, 내식성이 매우 우수하여 자동차용 주물이나 주조용 재료로 사용된다. 노듈러주철, 덕타일주철로도 불린다.

ⓜ 백주철 : 회주철을 급랭하여 얻는 주철로 파단면이 백색이다. 흑연을 거의 함유하고 있지 않으며 탄소가 시멘타이트로 존재하기 때문에 다른 주철에 비해 시멘타이트의 함유량이 많아서 단단하지만 취성이 큰 단점이 있다. 마모량이 큰 제분용 볼(Mill Ball)과 같은 기계요소의 재료로 사용된다.

ⓗ 가단주철 : 백주철을 고온에서 장시간 열처리하여 시멘타이트조직을 분해하거나 소실시켜 조직의 인성과 연성을 개선한 주철로 가단성이 부족했던 주철을 강인한 조직으로 만들기 때문에 단조작업이 가능한 주철이다. 제작공정이 복잡해서 시간과 비용이 상대적으로 많이 든다.

• 가단주철의 종류
  - 흑심가단주철 : 흑연화가 주목적
  - 백심가단주철 : 탈탄이 주목적
  - 특수가단주철
  - 펄라이트가단주철

ⓢ 미하나이트주철 : 바탕이 펄라이트조직으로 인장강도가 350~450MPa인 이 주철은 담금질이 가능하고 인성과 연성이 매우 크며, 두께 차이에 의한 성질의 변화가 매우 작아서 내연기관의 실린더재료로 사용된다.

ⓞ 고규소주철 : C(탄소)가 0.5~1.0%, Si(규소)가 14~16% 정도 합금된 주철로서 내식용 재료로 화학공업에 널리 사용된다. 경도가 높아 가공성이 곤란하며 재질이 여린 결점이 있다.

ⓩ 칠드주철 : 주조 시 주형에 냉금을 삽입하여 주물의 표면을 급랭시켜 조직을 백선화하고 경도를 증가시킨 내마모성 주철이다. 칠드된 부분은 시멘타이트조직으로 되어 경도가 높아지고 내마멸성과 압축강도가 커서 기차바퀴나 분쇄기롤러 등에 사용된다.

ⓩ ADI(Austempered Ductile Iron)주철 : 재질을 경화시키기 위해 구상흑연주철을 항온열처리법인 오스템퍼링으로 열처리한 주철이다.

④ **주철의 장단점**

장 점	단 점
• 융점이 낮고, 유동성이 양호하다. • 마찰저항이 좋다. • 절삭성이 우수하다. • 압축강도가 크다. • 가격이 싸다.	• 충격에 약하다. • 취성이 크고, 소성변형이 어렵다. • 담금질, 뜨임이 불가능하다.

⑤ **주철의 성장**

㉠ 정의 : 주철을 600℃ 이상의 온도에서 가열과 냉각을 반복하면 부피의 증가로 재료가 파열되는데, 이 현상을 주철의 성장이라고 한다.

㉡ 주철성장의 원인
  • 흡수된 가스에 의한 팽창
  • A_1 변태에서 부피변화로 인한 팽창
  • 시멘타이트(Fe_3C)의 흑연화에 의한 팽창
  • 페라이트 중 고용된 Si(규소)의 산화에 의한 팽창
  • 불균일한 가열에 의해 생기는 파열, 균열에 의한 팽창

㉢ 주철의 성장을 방지하는 방법
  • 편상흑연을 구상흑연화한다.

- C와 Si의 양을 적게 해야 한다.
- 흑연의 미세화로서 조직을 치밀하게 한다.
- Cr, Mn, Mo 등을 첨가하여 펄라이트 중의 Fe_3C (시멘타이트) 분해를 막는다.

⑥ 흑연화

Fe_3C 상태에서는 불안정하게 되어 Fe과 흑연으로 분리되는 현상을 말한다.

⑦ 주철의 보수용접작업의 종류

ㄱ 스터드법 : 스터드볼트를 사용해서 용접부가 힘을 받도록 하는 방법이다.

ㄴ 비녀장법 : 균열부 수리나 가늘고 긴 부분을 용접할 때 용접선에 직각이 되게 지름이 6~10mm 정도인 ㄷ자형의 강봉을 박고 용접하는 방법이다.

ㄷ 버터링법 : 처음에는 모재와 잘 융합되는 용접봉으로 적정 두께까지 용착시킨 후 다른 용접봉으로 용접하는 방법이다.

ㄹ 로킹법 : 스터드볼트 대신에 용접부 바닥에 홈을 파고 이 부분을 걸쳐서 힘을 받도록 하는 방법이다.

⑧ 마우러조직도

주철의 조직을 지배하는 주요 요소인 C와 Si의 함유량에 따른 주철의 조직의 관계를 나타낸 그래프이다.

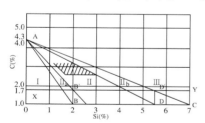

※ 빗금 친 부분은 고급주철이다.

영 역	주철조직	경 도
I	백주철	
II$_a$	반주철	최대
II	펄라이트주철	↕
II$_b$	회주철	최소
III	페라이트주철	

10년간 자주 출제된 문제

7-1. 주철의 보수용접 종류 중 스터드볼트 대신 용접부 바닥면에 둥근 홈을 파고 이 부분에 걸쳐 힘을 받도록 하여 용접하는 방법은?

① 로킹법 ② 스터드법
③ 비녀장법 ④ 버터링법

7-2. 주철의 마우러(Maurer)조직도란?

① C와 Si 양에 따른 주철조직도
② Fe과 Si 양에 따른 주철조직도
③ Fe과 C 양에 따른 주철조직도
④ Fe 및 C와 Si 양에 따른 주철조직도

7-3. 주철의 용접 시 주의사항으로 틀린 것은?

① 용접전류는 필요 이상 높이지 말고 지나치게 용입을 깊게 하지 않는다.
② 비드의 배치는 짧게 해서 여러 번의 조작으로 완료한다.
③ 용접봉은 가급적 지름이 굵은 것을 사용한다.
④ 용접부를 필요 이상 크게 하지 않는다.

|해설|

7-1
주철의 보수용접법 중 로킹법이란 스터드볼트 대신에 용접부 바닥에 홈을 파고 이 부분을 걸쳐서 힘을 받도록 하는 방법이다.

7-3
주철(Cast Iron)을 용접할 때 용접봉은 되도록 가는 지름의 것을 사용해야 한다.

정답 7-1 ① 7-2 ① 7-3 ③

① 주강의 정의

주철에 비해 C(탄소)의 함유량을 줄인 용강(용융된 강)을 주형에 주입해서 만든 주조용 강 재료로, 탄소가 0.1~0.5% 함유되어 있다. 주철에 비해 기계적 성질이 좋고 용접에 의한 보수작업이 용이하며 단조품에 비해 가공공정이 적으면서 대형제품을 만들 수 있는 장점이 있어서, 형상이 크거나 복잡해서 단조품으로 만들기 곤란하거나 주철로는 강도가 부족한 경우에 사용한다. 그러나 주조조직이 거칠고 응고 시 수축률도 크며 취성이 있어서 주조 후에는 완전풀림을 통해 조직을 미세화하고 주조응력을 제거해야 한다는 단점이 있다.

② 주강의 특징

㉠ 주철로서는 강도가 부족한 곳에 사용된다.

㉡ 일반적인 주강의 탄소함량은 0.1~0.6% 정도이다.

㉢ 함유된 C(탄소)의 양이 많기 때문에 완전풀림을 실시해야 한다.

㉣ 기포나 기공 등이 생기기 쉬우므로 제강작업 시 다량의 탈산제가 필요하다.

③ 주강의 종류

㉠ 탄소주강 : Fe과 C의 합금만으로 만들어진 주강으로, 탄소함유량에 따라 기계적 성질이 다르게 나타난다.

• 탄소주강의 분류

– 저탄소주강 : 0.2% 이하의 C가 합금된 주조용 재료

– 중탄소주강 : 0.2~0.5%의 C가 합금된 주조용 재료

– 고탄소주강 : 0.5% 이상의 C가 합금된 주조용 재료

㉡ 합금주강 : 원하는 목적에 따라 탄소주강에 다양한 합금원소를 첨가해서 만든 주조용 재료로, 탄소주강에 비해 강도가 우수하고 인성과 내마모성이 크다.

• 합금주강의 분류

– Ni주강 : 강인성 향상을 위해 1~5%의 Ni을 첨가한 것으로 연신율의 저하를 막고 강도 및 내마멸성이 향상되어 톱니바퀴나 차축용 재료로 사용된다.

– Cr주강 : 탄소주강에 3% 이하의 Cr을 첨가하여 강도와 내마멸성을 증가시킨 재료로 분쇄기계용 재료로 사용된다.

– Ni-Cr주강 : 1~4%의 Ni, 약 1%의 Cr을 합금한 주강으로 강도가 크고 인성이 양호해서 자동차나 항공기용 재료로 사용된다.

– Mn주강 : Mn를 약 1% 합금한 저망가니즈주강은 제지용 롤러에, 약 12% 합금한 고망가니즈주강(하드필드강)은 오스테나이트 입계의 탄화물 석출로 취약하나 약 1,000℃에서 담금질하면 균일한 오스테나이트조직이 되면서 조직이 강인해지므로 광산이나 토목용 기계부품에 사용이 가능하다.

④ 탄소주강품의 기계적 성질

종 류	인장강도(N/mm²)	탄소함유량(%)
SC360	360 이하	0.20 이하
SC410	420 이하	0.30 이하
SC450	450 이하	0.35 이하
SC480	480 이하	0.40 이하

⑤ 탄소강의 표현

SC360에서 SC는 Steel Carbon의 약자로, 탄소강을 의미한다. 360은 인장강도 360N/mm²을 나타낸다.

10년간 자주 출제된 문제

저탄소강 용접금속의 조직에 대한 설명으로 맞는 것은?

① 용접 후 재가열하면 여러 가지 탄화물 또는 a상이 석출하여 용접 성질을 저하시킨다.

② 용접금속의 조직은 대부분 페라이트이고, 다층용접의 경우 미세 페라이트이다.

③ 용접부가 급랭되는 경우는 레데부라이트가 생성한 백선조직이 된다.

④ 용접부가 급랭되는 경우는 시멘타이트 조직이 생성된다.

|해설|

저탄소강이란 순수한 철에 C가 0.2% 이하로 첨가된 "페라이트" 조직으로 다층용접의 경우 미세 페라이트가 생성된다.

정답 ②

핵심이론 09 | 공구재료

① 절삭공구재료의 구비조건

　㉠ 내마모성이 커야 한다.

　㉡ 충격에 잘 견뎌야 한다.

　㉢ 고온경도가 커야 한다.

　㉣ 열처리와 가공이 쉬워야 한다.

　㉤ 절삭 시 마찰계수가 작아야 한다.

　㉥ 강인성(억세고 질긴 성질)이 커야 한다.

　㉦ 성형성이 용이하고 가격이 저렴해야 한다.

> 🔍 **더 알아보기!**
>
> **고온경도** : 접촉 부위의 온도가 높아지더라도 경도를 유지하는 성질

② 공구강의 고온경도 및 파손강도가 높은 순서

> 다이아몬드 > 입방정 질화붕소 > 세라믹 > 초경합금주조경질합금(스텔라이트) > 고속도강 > 합금공구강 > 탄소공구강

③ 공구재료의 종류

　㉠ 탄소공구강(STC) : 300℃의 절삭열에도 경도변화가 작고 열처리가 쉬우며 값이 저렴한 반면, 강도가 작아서 고속절삭용 공구재료로는 사용이 부적합하다. 수기가공용 공구인 줄이나 쇠톱날, 정의 재료로 사용된다.

　㉡ 합금공구강(STS) : 탄소강에 W, Cr, W-Cr, Mn, Ni 등을 합금하여 제작하는 공구재료로 600℃의 절삭열에도 경도변화가 작아서 바이트나 다이스, 탭, 띠톱용 재료로 사용된다.

　㉢ 고속도강(HSS) : 탄소강에 W-18%, Cr-4%, V-1%가 합금된 것으로 600℃의 절삭열에도 경도변화가 없다. 탄소강보다 2배의 절삭속도로 가공이 가능하기 때문에 강력 절삭바이트나 밀링커터용 재료로 사용된다. 고속도강에서 나타나는 시효변화를 억제하기 위해서는 뜨임처리를 3회 이상 반복함으로써 잔류응력을 제거해야 한다. 크게 W계와 Mo계로 분류된다.

② 주조경질합금 : 스텔라이트(Stellite)로도 불리는 주조경질합금은 Co(코발트)를 주성분으로 한 Co-Cr-W-C계의 합금이다. 800℃의 절삭열에도 경도변화가 없고 열처리가 불필요하며 고속도강보다 2배의 절삭속도로 가공이 가능하나 내구성과 인성이 작다. 그리고 청동이나 황동의 절삭재료로도 사용된다.

⑩ 초경합금(소결 초경합금)
- 1,100℃의 고온에서도 경도변화 없이 고속절삭이 가능한 절삭공구로 WC, TiC, TaC 분말에 Co나 Ni 분말을 함께 첨가한 후 1,400℃ 이상의 고온으로 가열하면서 프레스로 소결시켜 만든다. 진동이나 충격을 받으면 쉽게 깨지는 단점이 있으나 고속도강의 4배의 절삭속도로 가공이 가능하다.
- 초경합금의 특징
  - 경도가 높다.
  - 내마모성이 크다.
  - 고온에서 변형이 적다.
  - 고온경도 및 강도가 양호하다.
  - 소결합금으로 이루어진 공구이다.
  - HRC(로크웰경도 C스케일) 50 이상으로 경도가 크다.

⑭ 세라믹 : 무기질의 비금속재료를 고온에서 소결한 것으로 1,200℃의 절삭열에도 경도변화가 없는 신소재이다. 주로 고온에서 소결시켜 만들 수 있는데 내마모성과 내열성, 내화학성(내산화성)이 우수하나 인성이 부족하고 성형성이 좋지 못하며 충격에 약한 단점이 있다.

⑭ 다이아몬드 : 절삭공구용 재료 중에서 가장 경도가 높고(HB 7000), 내마멸성이 크며 절삭속도가 빨라서 가공이 매우 능률적이나 취성이 크고 값이 비싼 단점이 있다. 강에 비해 열팽창이 크지 않아서 장시간의 고속절삭이 가능하다.

⑥ 입방정 질화붕소(CBN공구 ; Cubic Boron Nitride) : 미소분말을 고온이나 고압에서 소결하여 만든 것으로, 다이아몬드 다음으로 경한 재료이다. 내열성과 내마모성이 뛰어나서 철계 금속이나 내열합금의 절삭, 난삭재, 고속도강의 절삭에 주로 사용한다.

④ 베어링재료
㉠ 베어링재료의 특징 : 베어링은 축에 끼워져서 구조물의 하중을 받아야 하므로 전연성이 없고 강성이 커야 한다. 전연성이 크면 베어링에 변형을 가져온다.

㉡ 베어링재료의 구비조건(미끄럼 및 구름베어링)
- 내식성이 클 것
- 피로한도가 높을 것
- 마찰계수가 작을 것
- 마찰과 마멸이 적을 것
- 유막의 형성이 용이할 것
- 방열을 위하여 열전도율이 클 것
- 축재질보다 면압강도가 클 것
- 하중 및 피로에 대한 충분한 강도를 가질 것

9-1. 코발트를 주성분으로 하는 주조경질합금의 대표적 강으로 주로 절삭공구에 사용되는 것은?

① 고속도강　　　　② 스텔라이트
③ 화이트메탈　　　④ 합금공구강

9-2. WC, TiC, TaC 등의 금속탄화물을 Co로 소결한 것으로서 탄화물 소결공구라고 하며, 일반적으로 칠드주철, 경질유리 등도 쉽게 절삭할 수 있는 공구강은?

① 세라믹　　　　　② 고속도강
③ 초경합금　　　　④ 주조경질합금

|해설|

9-1

스텔라이트(Stellite)로도 불리는 주조경질합금은 Co(코발트)를 주성분으로 한 Co-Cr-W-C계의 합금이다. 800℃의 절삭열에도 경도변화가 없고 열처리가 불필요하며 고속도강보다 2배의 절삭속도로 가공이 가능하나 내구성과 인성이 작다. 청동이나 황동의 절삭재료로도 사용된다.

9-2

초경합금은 텅스텐카바이드, 타이타늄카바이드 등의 소결재료로 제작되어 약 1,100℃의 고온에서도 열에 의한 변형 없이 가공할 수 있다.

정답 9-1 ②　**9-2** ③

핵심이론 10 │ 스테인리스강(Stainless Steel)

① 스테인리스강의 정의

일반 강 재료에 Cr(크로뮴)을 12% 이상 합금하여 만든 내식용 강으로 부식이 잘 일어나지 않아서 최근 조리용 재료로 많이 사용되는 금속재료이다. 스테인리스강에는 Cr(크로뮴)이 가장 많이 함유된다.

② 스테인리스강의 분류

구 분	종 류	주요 성분	자 성
Cr계	페라이트계 스테인리스강	Fe + Cr 12% 이상	자성체
	마텐자이트계 스테인리스강	Fe + Cr 13%	자성체
Cr + Ni계	오스테나이트계 스테인리스강	Fe + Cr 18% + Ni 8%	비자성체
	석출경화계 스테인리스강	Fe + Cr + Ni	비자성체

③ 스테인리스강의 일반적인 특징

㉠ 내식성이 우수하다.

㉡ 대기 중이나 수중에서 녹이 발생하지 않는다.

㉢ 황산, 염산 등의 크로뮴산화막에는 침식되어 내식성을 잃는다.

㉣ 스테인리스강 중에서 용접성이 가장 좋은 것은 오스테나이트계이다.

④ 오스테나이트 스테인리스강 용접 시 유의사항

㉠ 짧은 아크를 유지한다.

㉡ 아크를 중단하기 전에 크레이터 처리를 한다.

㉢ 낮은 전륫값으로 용접하여 용접입열을 억제한다.

㉣ 170℃ 정도로 층간온도를 낮게 유지하면서 최대한 용접입열을 낮추어야 한다.

㉤ 입계부식을 방지하려면 용접 후 1,000~1,050℃로 용체화처리하고 급랭시킨다.

㉥ 입계부식을 방지하려면 STS 321, STS 347 등의 모재를 용접에 사용한다.

㉦ 오스테나이트계 스테인리스강은 높은 열이 가해질수록 탄화물이 더 빨리 발생하여 입계부식을 일으키므로 가능한 한 용접입열을 작게 해야 한다.

⑤ 스테인리스강의 종류별 특징

  ㉠ 페라이트계 스테인리스강

    • 자성체이다.

    • 체심입방격자(BCC)이다.

    • 열처리에 의해 경화되지 않는다.

    • 순수한 Cr계 스테인리스강이다.

    • 유기산과 질산에는 침식되지 않는다.

    • 염산, 황산 등과 접촉하게 되면 내식성을 잃어버린다.

    • 오스테나이트계 스테인리스강에 비하여 내산성이 낮다.

    • 표면이 잘 연마된 것은 공기나 물중에 부식되지 않는다.

  ㉡ 마텐자이트계 스테인리스강

    • 자성체이다.

    • 체심입방격자이다.

    • 열처리에 의해 경화된다.

    • 순수한 Cr 스테인리스강이다.

  ㉢ 오스테나이트계 스테인리스강

    • 비자성체이다.

    • 비경화성이다.

    • 내식성이 크다.

    • 면심입방격자이다.

    • 용접성이 좋지 않다.

    • 염산이나 황산에 강하다.

    • Cr-18%와 Ni-8%가 합금된 재료이다.

⑥ PH형 스테인리스강

  Precipitation Hardening의 약자로서 Cr-Ni계 스테인리스강에 Al, Ti, Nb, Cu 등을 첨가하여 석출경화를 이용하여 강도를 높인 스테인리스강의 총칭이다.

⑦ 스테인리스클래드강

  ㉠ 클래드강의 정의 : 녹 발생이 쉬운 금속의 표면에 녹 발생이 어려운 금속을 피복한 것으로 경계부의 중화작용을 하는 용접봉은 E309이다.

  ㉡ 클래드강의 특징

    • 균열 불량이 발생할 수 있다.

    • 용접한 경계부의 연성이 저하된다.

    • 용입량에 따라 내식성이 저하된다.

    • 열영향부(Hot Affected Zone) 입계침투는 발생하지 않는다.

10년간 자주 출제된 문제

10-1. 스테인리스강을 조직상으로 분류한 것 중 틀린 것은?

① 시멘타이트계   ② 페라이트계

③ 마텐자이트계   ④ 오스테나이트계

10-2. 스테인리스강의 용접방법에 대한 설명으로 옳은 것은?

① 용접전류는 연강용접 시보다 약 10% 높게 용접한다.

② 오스테나이트계 용접 시 고온에서 탄화물이 형성될 수 있다.

③ 마텐자이트계는 열에 의해 경화되지 않는다.

④ 오스테나이트계 용접 시 예열을 800℃로 높이고, 시간은 길게 한다.

10-3. 오스테나이트계 스테인리스강 용접 시 유의해야 할 사항으로 틀린 것은?

① 예열을 실시해야 한다.

② 짧은 아크길이를 유지한다.

③ 용접봉은 모재의 재질과 동일한 것을 사용한다.

④ 낮은 전륫값으로 용접하여 용접입열을 억제한다.

10-4. 스테인리스강에서 용접성이 가장 좋은 계통은?

① 페라이트계   ② 펄라이트계

③ 마텐자이트계   ④ 오스테나이트계

|해설|

10-2, 10-3

오스테나이트계 스테인리스강에 높은 열이 가해질수록 탄화물이 더 빨리 발생되고 탄화물의 석출에 따른 크로뮴함유량이 감소되어 입계부식을 일으키기 때문에 가능한 한 용접입열을 작게 해야 한다. 따라서 재료에 예열을 해서는 안 된다.

10-4

스테인리스강 중에서 가장 대표적으로 사용되는 오스테나이트계 스테인리스강은 일반 강(Steel)에 Cr-18%와 Ni-8%가 합금된 재료로 스테인리스강 중에서 용접성이 가장 좋다.

정답 10-1 ①   10-2 ②   10-3 ①   10-4 ④

① 알루미늄의 성질

　　㉠ 비중은 2.7이다.

　　㉡ 용융점은 660℃이다.

　　㉢ 면심입방격자이다.

　　㉣ 비강도가 우수하다.

　　㉤ 주조성이 우수하다.

　　㉥ 열과 전기전도성이 좋다.

　　㉦ 가볍고 전연성이 우수하다.

　　㉧ 내식성 및 가공성이 양호하다.

　　㉨ 담금질효과는 시효경화로 얻는다.

　　㉩ 염산이나 황산 등의 무기산에 잘 부식된다.

　　㉪ 보크사이트 광석에서 추출하는 경금속이다.

> **🔍 더 알아보기!**
>
> **시효경화** : 열처리 후 시간이 지남에 따라 강도와 경도가 증가하는 현상

② 알루미늄합금의 종류 및 특징

분 류	종 류	구성 및 특징
주조용 (내열용)	실루민	• Al+Si(10~14% 함유) • 알펙스로도 불리며, 해수에 잘 침식되지 않는다.
	라우탈	• Al+Cu 4%+Si 5% • 열처리에 의하여 기계적 성질을 개량할 수 있다.
	Y합금	• Al+Cu+Mg+Ni • 내연기관용 피스톤, 실린더헤드의 재료로 사용된다.
	로-엑스합금 (Lo-Ex)	• Al+Si 12%+Mg 1%+Cu 1%+Ni • 열팽창계수가 작아서 엔진, 피스톤용 재료로 사용된다.
	코비탈륨	• Al+Cu+Ni에 Ti, Cu 0.2% 첨가 • 내연기관의 피스톤용 재료로 사용된다.
가공용	두랄루민	• Al+Cu+Mg+Mn • 고강도로서 항공기나 자동차용 재료로 사용된다.
	알클래드	고강도 Al 합금에 다시 Al을 피복한 것이다.

분 류	종 류	구성 및 특징
내식성	알 민	• Al+Mn • 내식성과 용접성이 우수한 알루미늄합금이다.
	알드레이	• Al+Mg+Si • 강인성이 없고 가공변형에 잘 견딘다.
	하이드로 날륨	• Al+Mg • 내식성과 용접성이 우수한 알루미늄합금이다.

③ 알루미늄 및 알루미늄합금의 용접성이 불량한 이유

　　㉠ 강에 비해 용접 후 변형이 커서 균열이 발생하기 쉽다.

　　㉡ 색채에 따라 가열온도의 판정이 곤란하므로 지나치게 용융되기 쉽다.

　　㉢ 알루미늄은 용융응고 시 수소가스를 흡수하기 때문에 기공이 발생하기 쉽다.

　　㉣ 비열과 열전도도가 대단히 커서 수축량이 크고 단시간 내 용융온도에 이르기 힘들다.

　　㉤ 알루미늄합금은 표면에 강한 산화막이 존재하기 때문에 납땜이나 용접하기가 힘든데, 그 이유는 산화알루미늄의 용융온도(약 2,070℃)가 알루미늄(용융온도 660℃, 끓는점 약 2,500℃)의 용융온도보다 매우 높기 때문이다.

④ 알루미늄은 철강에 비하여 일반용접봉으로는 용접이 매우 곤란한 이유

　　㉠ 비열 및 열전도도가 크므로, 단시간에 용접온도를 높이는 데에는 높은 온도의 열원이 필요하다.

　　㉡ 강에 비해 팽창계수가 약 2배, 응고수축이 1.5배 크므로, 용접변형이 클 뿐 아니라 합금에 따라서는 응고균열이 생기기 쉽다.

　　㉢ 산화알루미늄의 비중(4.0)은 보통알루미늄의 비중(2.7)에 비해 크므로, 용융금속 표면에 떠오르기가 어렵고, 용착금속 속에 남는다.

　　㉣ 액상에 있어서의 수소용해도가 고상일 때보다 매우 커서 수소가스를 흡수하여 응고할 때에 기공으로 되어 용착금속 중에 남게 된다.

ⓜ 산화알루미늄의 용융점은 알루미늄의 용융점(658℃)에 비하여 매우 높아서 약 2,050℃나 되므로, 용융되지 않은 채로 유동성을 해치고, 알루미늄 표면을 덮어 금속 사이의 융합을 방지하는 등 작업을 크게 해친다.

⑤ 알루미늄합금의 열처리방법

알루미늄합금은 변태점이 없기 때문에 담금질이 불가능하므로 시효경화나 석출경화를 이용하여 기계적 성질을 변화시킨다.

⑥ 개량처리

ⓐ 개량처리의 정의 : Al에 Si(규소, 실리콘)가 고용될 수 있는 한계는 공정온도인 577℃에서 약 1.6%이고, 공정점은 12.6%이다. 이 부근의 주조조직은 육각판의 모양으로, 크고 거칠며 취성이 있어서 실용성이 없는데 이 합금에 나트륨이나 수산화나트륨, 플루오린화알칼리, 알칼리염류 등을 용탕 안에 넣고 10~50분 후에 주입하면 조직이 미세화되며, 공정점과 온도가 14%, 556℃로 이동하는데 이 처리를 개량처리라고 한다.

ⓑ 개량처리된 합금의 명칭 : 실용합금으로는 10~13%의 Si가 함유된 실루민(Silumin)이 유명하다.

ⓒ 개량처리에 주로 사용되는 원소 : Na(나트륨)

⑦ 알루미늄 방식법의 종류

ⓐ 수산법 : 알루마이트법이라고도 하며 Al 제품을 2%의 수산용액에서 전류를 흘려 표면에 단단하고 치밀한 산화막조직을 형성시키는 방법이다.

ⓑ 황산법 : 전해액으로 황산(H_2SO_4)을 사용하며, 가장 널리 사용되는 Al 방식법이다. 경제적이며 내식성과 내마모성이 우수하다. 착색력이 좋아서 유지하기가 용이하다.

ⓒ 크로뮴산법 : 전해액으로 크로뮴산(H_2CrO_4)을 사용하며, 반투명이나 에나멜과 같은 색을 띤다. 광학기계나 가전제품, 통신기기 등에 사용된다.

ⓓ 알루미나이트 방식법 : 15~25%의 황산액에서 재료의 산화물계 피막을 형성한다.

11-1. 알루미늄이나 그 합금은 용접성이 대체로 불량한데, 그 이유에 해당되지 않는 것은?

① 비열과 열전도도가 매우 커서 단시간 내에 용융온도까지 이르기가 힘들기 때문이다.
② 용접 후의 변형이 크며 균열이 생기기 쉽기 때문이다.
③ 용융점이 660℃로서 낮은 편이고, 색채에 따라 가열온도의 판정이 곤란하여 지나치게 용융되기 쉽기 때문이다.
④ 용융응고 시에 수소가스를 배출하여 기공이 발생되기 어렵기 때문이다.

11-2. Al-Cu-Si계의 합금으로서 Si에 의해 주조성을 개선하고 Cu에 의해 피삭성을 좋게 한 주조용 알루미늄합금은?

① Y합금　　　　　　　　② 배빗메탈
③ 라우탈　　　　　　　　④ 두랄루민

11-3. 고Mn강의 조직으로 옳은 것은?

① 오스테나이트　　　　　② 펄라이트
③ 베이나이트　　　　　　④ 마텐자이트

11-4. Al의 표면을 적당한 전해액 중에 양극산화처리하여 표면에 방식성이 우수하고 치밀한 산화피막을 만드는 방법이 아닌 것은?

① 수산법　　　　　　　　② 크롤법
③ 황산법　　　　　　　　④ 크로뮴산법

| 해설 |

11-1

알루미늄은 용융응고 시 수소가스를 흡수하기 때문에 기공이 발생하기 쉽다.

11-2

③ 라우탈 : Al + Cu 4% + Si 5%의 주조용 알루미늄합금으로 열처리로 기계적 성질을 개량할 수 있다.

① Y합금 : Al + Cu + Mg + Ni의 주조용 알루미늄합금으로 내연기관용 피스톤, 실린더헤드의 재료로 사용된다.

② 배빗메탈(화이트메탈) : Sn(주석), Sb(안티모니) 및 Cu(구리)가 주성분인 합금으로 Sn이 89%, Sb가 7%, Cu가 4% 섞여 있다. 발명자 Issac Babbit의 이름을 따서 배빗메탈이라 하며 화이트메탈이라고도 부른다. 내열성이 우수하여 내연기관용 베어링재료로 사용된다.

④ 두랄루민 : Al + Cu + Mg + Mn의 가공용 알루미늄합금으로 고강도로서 항공기나 자동차용 재료로 사용된다.

11-3

고Mn주강 : Mn을 약 12%, C를 1~1.4% 합금한 고망가니즈주강(하드필드강)은 오스테나이트 입계의 탄화물석출로 취약하나 약 1,000℃에서 담금질하면 균일한 오스테나이트조직이 되면서 조직이 강인해지므로 광산이나 토목용 기계부품에 사용이 가능하다.

11-4

알루미늄재료의 방식법에는 수산법, 황산법, 크로뮴산법 등이 있다.

정답 11-1 ④ 11-2 ③ 11-3 ① 11-4 ②

핵심이론 12 │ 구리와 그 합금

① 구리(Cu)의 성질

  ㉠ 비중은 8.96이다.

  ㉡ 비자성체이다.

  ㉢ 내식성이 좋다.

  ㉣ 용융점은 1,083℃이다.

  ㉤ 끓는점은 2,560℃이다.

  ㉥ 전기전도율이 우수하다.

  ㉦ 전기와 열의 양도체이다.

  ㉧ 전연성과 가공성이 우수하다.

  ㉨ Ni, Sn, Zn 등과 합금이 잘된다.

  ㉩ 건조한 공기 중에서 산화하지 않는다.

  ㉪ 방전용 전극재료로 가장 많이 사용된다.

  ㉫ 아름다운 광택과 귀금속적 성질이 우수하다.

  ㉬ 결정격자는 면심입방격자이며 변태점이 없다.

  ㉭ 황산, 염산에 용해되며 습기, 탄소가스, 해수에 녹이 생긴다.

  ㉮ 수소병이라 하여 환원여림의 일종으로 산화구리를 환원성 분위기에서 가열하면 수소가 구리 중에 확산침투하여 균열이 발생한다. 질산에는 급격히 용해된다.

② 구리합금의 대표적인 종류

청 동	Cu + Sn, 구리 + 주석
황 동	Cu + Zn, 구리 + 아연

③ 구리 및 구리합금의 용접이 어려운 이유

  ㉠ 구리는 열전도율이 높고 냉각속도가 크다.

  ㉡ 수소와 같이 확산성이 큰 가스를 석출하여 그 압력 때문에 더욱 약점이 조성된다.

  ㉢ 열팽창계수는 연강보다 약 50% 크므로 냉각에 의한 수축과 응력집중을 일으켜 균열이 발생하기 쉽다.

  ㉣ 구리는 용융될 때 심한 산화를 일으키며, 가스를 흡수하기 쉬우므로 용접부에 기공 등이 발생하기 쉽다.

ㅁ 구리의 경우 열전도율과 열팽창계수가 높아서 가열 시 재료의 변형이 일어나고, 열의 집중성이 떨어져서 저항용접이 어렵다.

ㅂ 구리 중의 산화구리(Cu_2O)를 함유한 부분이 순수한 구리에 비하여 용융점이 약간 낮으므로, 먼저 용융되어 균열이 발생하기 쉽다.

ㅅ 가스용접, 그 밖의 용접방법으로 환원성 분위기 속에서 용접을 하면 산화구리는 환원될 가능성이 커진다. 이때 용적은 감소하여 스펀지(Sponge) 모양의 구리가 되므로 더욱 강도를 약화시킨다. 그러므로 용접용 구리재료는 전해구리보다 탈산구리를 사용해야 하며, 용접봉은 탈산구리용접봉 또는 합금용접봉을 사용해야 한다.

12-1. 구리 및 구리합금의 용접성에 관한 설명으로 틀린 것은?

① 충분한 용입을 얻으려면 예열을 해야 한다.
② 용접 후 응고 수축 시 변형이 발생하기 쉽다.
③ 구리합금의 경우 아연 증발로 중독을 일으키기 쉽다.
④ 가스용접 시 수소분위기에서 가열하면 산화물이 산화되어 수분을 생성하지 않는다.

12-2. 구리합금의 용접성에 대한 설명으로 틀린 것은?

① 순동은 좋은 용입을 얻기 위해서 반드시 예열이 필요하다.
② 알루미늄청동은 열간에서 강도나 연성이 우수하다.
③ 인청동은 열간취성의 경향이 없으며, 용융점이 낮아 편석에 의한 균열 발생이 없다.
④ 황동에는 아연이 다량 함유되어 있어 용접 시 증발에 의해 기포가 발생하기 쉽다.

|해설|

12-1
구리 및 구리합금을 용접할 때 수소분위기에서 작업하면 더욱 약점이 조성된다.

12-2
청동은 구리와 주석의 합금인데 구리 중의 산화구리를 함유한 부분이 순수한 구리에 비해 용융점이 낮아서 먼저 용융되는데, 이때 균열이 발생하므로 동합금(구리합금)을 용접할 때 균열이 발생할 수 있다.

정답 12-1 ④ 12-2 ③

① 황동과 청동합금의 종류

황 동		청 동	
• 양 은	• 톰 백	• 켈 밋	• 포 금
• 알브락	• 델타메탈	• 쿠니알	• 인청동
• 문쯔메탈	• 규소황동	• 콘스탄탄	• 베어링청동
• 네이벌황동	• 고속도황동		
• 알루미늄황동			
• 애드미럴티황동			

② 황동의 종류

ⓐ 톰백 : Cu에 Zn을 5~20% 합금한 것이다. 색깔이 아름답고 냉간가공이 쉽게 되어 단추나 금박, 금모조품과 같은 장식용 재료로 사용된다.

ⓑ 문쯔메탈 : 60%의 Cu와 40%의 Zn이 합금된 것이다. 인장강도가 최대이며, 강도가 필요한 단조제품이나 볼트, 리벳용 재료로 사용한다.

ⓒ 알브락 : Cu 75% + Zn 20% + 소량의 Al, Si, As의 합금이다. 해수에 강하며 내식성과 내침수성이 커서 복수기관과 냉각기관에 사용한다.

ⓓ 애드미럴티 황동 : 7 : 3 황동에 Sn 1%를 합금한 것이다. 전연성이 좋아서 관이나 판을 만들어 증발기나 열교환기, 콘덴서튜브에 사용한다.

ⓔ 델타메탈 : 6 : 4 황동에 1~2% Fe을 첨가한 것이다. 강도가 크고 내식성이 좋아서 광산기계나 선박용, 화학용 기계에 사용한다.

ⓕ 쾌삭황동 : 황동에 Pb을 0.5~3% 합금한 것으로, 피절삭성 향상을 위해 사용한다.

ⓖ 납 황동 : 3% 이하의 Pb을 6 : 4 황동에 첨가하여 절삭성을 향상시킨 쾌삭황동으로, 기계적 성질은 다소 떨어진다.

ⓗ 강력 황동 : 4 : 6 황동에 Mn, Al, Fe, Ni, Sn 등을 첨가하여 한층 더 강력하게 만든 황동이다.

ⓘ 네이벌 황동 : 6 : 4 황동에 0.8% 정도의 Sn을 첨가한 것으로, 내해수성이 강해서 선박용 부품에 사용한다.

③ 황동의 자연균열

황동의 자연균열이란 냉간가공한 황동의 파이프, 봉재제품이 보관 중에 자연적으로 균열이 생기는 현상으로, 그 원인은 암모니아나 암모늄에 의한 내부응력 때문이다. 방지법은 표면에 도색이나 도금을 하거나 200~300℃로 저온풀림처리를 하여 내부응력을 제거하면 된다.

④ 재료의 경년변화

경년변화란 재료 내부의 상태가 세월이 경과함에 따라 서서히 변화하는 것이다. 그 때문에 부품의 특성이 당초의 값보다 변동하는 것으로 방치할 경우 기기의 오작동을 초래할 수 있다. 이것은 상온에서 장시간 방치할 경우에 발생한다.

⑤ 주요 청동합금

ⓐ 켈밋합금 : Cu 70% + Pb 30~40%의 합금이다. 열전도성과 압축강도가 크고 마찰계수가 작아서 고속, 고온, 고하중용 베어링재료로 사용된다.

ⓑ 베릴륨청동 : Cu에 1~3%의 베릴륨을 첨가한 합금으로 담금질한 후 시효경화시키면 기계적 성질이 합금강에 뒤떨어지지 않고 내식성도 우수하여 기어, 판스프링, 베어링용 재료로 쓰인다. 그러나 가공하기 어렵다는 단점이 있다.

ⓒ 연청동 : 납청동이라고도 하며 베어링용이나 패킹재료로 사용된다.

ⓓ 알루미늄청동 : Cu에 2~15%의 Al을 첨가한 합금으로, 강도가 매우 높고 내식성이 우수하다. 주조나 단조, 용접성이 우수하여 기어나 캠, 레버, 베어링용 재료로 사용된다.

ⓔ 콜슨(Corson)합금 : 니켈청동합금으로 Ni 3~4%, Si 0.8~ 1.0%의 Cu 합금이다. 인장강도와 도전율이 높아서 통신선, 전화선과 같이 얇은 선재로 사용된다.

⑥ 탈아연부식

20% 이상의 Zn(아연)을 포함한 황동이 바닷물에 침식되거나 불순물이 있을 경우 아연만 용해되고, 구리는

남아 있어 재료에 구멍이 나거나 두께가 얇아지는 현상이다. 이러한 부식을 방지하려면 주석이나 안티모니 등을 첨가한다.

13-1. 7 : 3 황동에 Sn을 1% 첨가한 황동으로 전연성이 좋아 관 또는 판을 만들어 증발기, 열교환기 등에 사용하는 것은?

① 양 은
② 톰 백
③ 네이벌 황동
④ 애드미럴티 황동

13-2. 황동의 탈아연부식에 대한 설명으로 틀린 것은?

① 탈아연부식은 60:40 황동보다 70:30 황동에서 많이 발생한다.
② 탈아연된 부분은 다공질로 되어 강도가 감소하는 경향이 있다.
③ 아연이 구리에 비하여 전기화학적으로 이온화경향이 크기 때문에 발생한다.
④ 불순물이나 부식성 물질이 공존할 때 수용액의 작용에 의하여 생긴다.

13-3. 6 : 4 황동에 1~2% Fe을 첨가한 것으로, 강도가 크며 내식성이 좋아 광산기계, 선박용 기계, 화학기계 등에 이용되는 합금은?

① 톰 백
② 라우탈
③ 델타메탈
④ 네이벌 황동

|해설|

13-1
애드미럴티 황동은 7 : 3 황동에 Sn 1%를 합금한 것으로 전연성이 좋아서 관이나 판을 만들어 증발기나 열교환기, 콘덴서튜브에 사용한다.

13-2
탈아연부식은 Zn의 함량이 많을수록 많이 발생하므로 Cu : Zn의 비율이 60 : 40에서 더 많이 발생한다.

13-3
델타메탈은 6 : 4 황동에 1~2% Fe을 첨가한 것으로, 강도가 크고 내식성이 좋아서 광산기계나 선박용, 화학용 기계에 사용한다.

정답 13-1 ④ 13-2 ① 13-3 ③

핵심이론 14 | 기타 비철금속과 그 합금

① 마그네슘과 그 합금

㉠ Mg(마그네슘)의 성질
- 절삭성이 우수하다.
- 용융점은 650℃이다.
- 조밀육방격자 구조이다.
- 고온에서 발화하기 쉽다.
- Al에 비해 약 35% 가볍다.
- 알칼리성에는 거의 부식되지 않는다.
- 구상흑연주철 제조 시 첨가제로 사용된다.
- 비중이 1.74로 실용금속 중 가장 가볍다.
- 열전도율과 전기전도율은 Cu, Al보다 낮다.
- 비강도가 우수하여 항공기나 자동차부품으로 사용된다.
- 대기 중에는 내식성이 양호하나 산이나 염류(바닷물)에는 침식되기 쉽다.

🔍 **더 알아보기!**
마그네슘합금은 부식되기 쉽고, 탄성한도와 연신율이 작으므로 Al, Zn, Mn 및 Zr 등을 첨가한 합금으로 제조된다.

㉡ 마그네슘합금의 종류

구 분	종 류
주물용 마그네슘합금	Mg-Al계 합금
	Mg-Zn계 합금
	Mg-희토류계 합금
가공용 마그네슘합금	Mg-Mn계 합금
	Mg-Al-Zn계 합금
	Mg-Zn-Zr계 합금

※ 알루미늄은 주조조직을 미세화하며 기계적 성질을 향상시킨다.

② 니켈과 그 합금

㉠ 니켈(Ni)의 성질
- 용융점은 1,455℃이다.
- 밀도는 8.9g/cm^{3}이다.
- 아름다운 광택과 내식성이 우수하다.
- 강자성체로서 자성을 띠는 금속원소이다.
- 냄새가 없는 은색의 단단한 고체금속이다.

ⓒ Ni-Fe계 합금의 특징

- 불변강으로 내식용 니켈합금이다.
- 일반적으로 강하고 인성이 좋으며 공기나 물, 바닷물에도 부식되지 않을 정도로 내식성이 우수하여 밸브나 보일러용 파이프에 사용된다.

ⓒ Ni-Fe계 합금(불변강)의 종류

종 류	용 도
인 바	• Fe에 35%의 Ni, 0.1~0.3%의 Co, 0.4%의 Mn이 합금된 불변강의 일종으로, 상온 부근에서 열팽창계수가 매우 작아서 길이 변화가 거의 없다. • 줄자나 측정용 표준자, 바이메탈용 재료로 사용한다.
슈퍼인바	• Fe에 30~32%의 Ni, 4~6%의 Co를 합금한 재료로, 20℃에서 열팽창계수가 0에 가까워서 표준 척도용 재료로 사용한다. • 인바에 비해 열팽창계수가 작다.
엘린바	Fe에 36%의 Ni, 12%의 Cr이 합금된 재료로 온도변화에 따라 탄성률의 변화가 미세하여 시계태엽이나 계기의 스프링, 기압계용 다이어프램, 정밀저울용 스프링재료로 사용한다.
퍼멀로이	• 자기장의 세기가 큰 합금의 상품명이다. • Fe에 35~80%의 Ni이 합금된 재료로 열팽창계수가 작고, 열처리를 하면 높은 자기투과도를 나타내기 때문에 측정기나 고주파철심, 코일, 릴레이용 재료로 사용된다.
플래티나이트	Fe에 46%의 Ni이 합금된 재료로 열팽창계수가 유리와 백금과 가까우며 전구도입선이나 진공관의 도선용으로 사용한다.
코엘린바	• 엘린바에 Co(코발트)를 첨가한 재료이다. • Fe에 Cr 10~11%, Co 26~58%, Ni 10~16% 합금한 것으로 온도변화에 대한 탄성률의 변화가 작고 공기 중이나 수중에서 부식되지 않아서 스프링, 태엽, 기상관측용 기구의 부품에 사용한다.

③ Cu와 Ni의 합금

ⓐ 콘스탄탄 : Cu에 Ni을 40~45% 합금한 재료로 온도변화에 영향을 많이 받으며 전기저항성이 커서 저항선이나 전열선, 열전쌍의 재료로 사용된다.

ⓑ 니크로뮴 : 니켈과 크로뮴의 이원합금으로 고온에 잘 견디며 높은 저항성이 있어서 저항선이나 전열선으로 사용된다.

ⓒ 모넬메탈 : Cu에 Ni이 60~70% 합금된 재료로 내식성과 고온강도가 높아서 화학기계나 열기관용 재료로 사용된다.

ⓓ 큐프로니켈 : Cu에 Ni을 15~25% 합금한 재료로 백동이라고도 한다. 소성가공성과 내식성이 좋고 비교적 고온에서도 잘 견디어 열교환기의 재료로 사용된다.

ⓔ 베네딕트메탈 : Cu 85%에 Ni이 14.5 정도 합금된 재료로 복수기관이나 건축공구, 화학기계의 부품용으로 사용되는 내식용 백색합금이다.

ⓕ 니켈 실버(Nickel Silver) : 은백색의 Cu+Zn+Ni의 합금으로 기계적 성질과 내식성, 내열성이 우수하여 스프링재료로 사용되며, 전기저항이 작아서 온도조절용 바이메탈재료로도 사용된다. 기계재료로 사용될 때는 양백, 식기나 장식용으로 사용 시에는 양은으로 불리는 경우가 많다.

④ 배빗메탈

Sn(주석), Sb(안티모니) 및 Cu(구리)가 주성분인 합금으로 Sn이 89%, Sb가 7%, Cu가 4% 섞여 있다. 발명자 Issac Babbit의 이름을 따서 배빗메탈이라 하며 화이트메탈이라고도 불린다. 내열성이 우수하여 내연기관용 베어링재료로 사용된다.

⑤ 텅갈로이

WC(탄화텅스텐)의 합금으로써 초경질합금에 이용되는데, 절삭작업 중 열이 발생하면 재료에 변형이 발생하므로 불변강에는 속하지 않는다.

⑥ 니칼로이

50%의 Ni, 1% 이하의 Mn, 나머지 Fe이 합금된 것으로 투자율이 높아서 소형 변압기나 계전기, 증폭기용 재료로 사용한다.

⑦ 어드밴스

56%의 Cu, 1.5% 이하의 Mn, 나머지 Ni의 합금으로 전기저항에 대한 온도계수가 작아서 열전쌍이나 저항재료를 활용한 전기기구에 사용한다.

⑧ 타이타늄(Ti)의 성질

ⓐ 비중은 4.5이다.

ⓑ 용융점은 1,668℃이다.

ⓒ 가볍고 내식성이 우수하다.

ⓔ 타이타늄용접 시 보호장치가 필요하다.

ⓜ 강한 탈산제 및 흑연화 촉진제로 사용된다.

ⓗ 600℃ 이상에서 급격한 산화로 TIG용접 시 용접토치에 특수(Shield Gas)장치가 필요하다.

핵심이론 01 | 열처리

① 열처리의 정의 : 열처리란 사용목적에 따라 강(Steel)에 필요한 성질을 부여하는 조작이다.

② 열처리의 분류

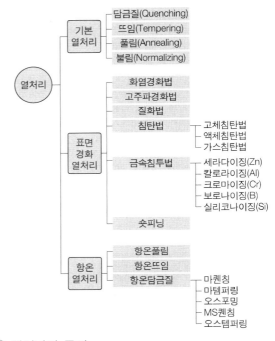

③ 열처리의 특징

ⓐ 결정립을 미세화시킨다.

ⓑ 결정립을 조대화하면 강이 물러진다.

ⓒ 강에 가열하거나 냉각하는 처리를 통해 금속의 기계적 성질을 변화시키는 처리이다.

④ 기본 열처리의 종류

ⓐ 담금질(Quenching) : 강을 Fe-C 상태도의 A_3 및 A_1변태선에서 약 30~50℃의 온도로 가열한 후 급랭시켜 오스테나이트조직에서 마텐자이트조직으로 만들어 강도를 증가시키는 열처리작업이다.

ⓑ 뜨임(Tempering) : 담금질한 강을 A_1변태점 이하로 가열한 후 서랭하는 것으로 담금질되어 경화된 재료에 인성을 부여한다.

ⓒ 풀림(Annealing) : 재질을 연하고 균일화시킬 목적으로 목적에 맞는 일정온도 이상으로 가열한 후 서랭한다(완전풀림 : A_3변태점 이상, 연화풀림 : 650℃ 정도).

ⓔ 불림(Normalizing) : 담금질이 심하거나 결정입자가 조대해진 강을 표준화조직으로 만들어주기 위하여 A_3점이나 A_{cm}점 이상으로 가열한 후 공랭시킨다. Normal은 표준이라는 의미이다.

⑤ 담금질조직의 경도 순서

> 페라이트 < 오스테나이트 < 펄라이트 < 소르바이트 < 베이나이트 < 트루스타이트 < 마텐자이트 < 시멘타이트

⑥ 강의 담금질조직의 냉각속도가 빠른 순서

> 오스테나이트 > 마텐자이트 > 트루스타이트 > 소르바이트 > 펄라이트

⑦ 담금질액 중 냉각속도가 가장 빠른 순서

> 소금물 > 물 > 기름 > 공기

⑧ 철에 열을 가한 후 물에 식히는 작업인 담금질을 하는 이유

상온에서 체심입방격자인 강을 오스테나이트조직의 영역까지 가열하여 면심입방격자의 오스테나이트조직으로 만든 후 급랭을 하면 상온에서도 오스테나이트조직의 강을 만들 수 있다. 강을 오스테나이트조직으로 만들려는 목적은 페라이트와 시멘타이트의 층상조직으로 이루어진 오스테나이트조직이 다른 금속조직에 없는 질기고 강한 성질을 얻기 위함이다.

⑨ 금속을 가열한 후 냉각하는 방법에 따른 금속조직

ⓐ 노랭 : 펄라이트

ⓑ 공랭 : 소르바이트

ⓒ 유랭 : 트루스타이트

ⓓ 수랭 : 마텐자이트

⑩ 심랭처리(Subzero Treatment, 서브제로)

담금질강의 경도를 증가시키고 시효변형을 방지하기 위한 열처리조작으로 담금질강의 조직이 잔류 오스테나이트에서 전부 오스테나이트조직으로 바꾸기 위해 재료를 오스테나이트영역까지 가열한 후 0℃ 이하로 급랭시킨다.

⑪ 항온열처리

ⓐ 항온열처리의 정의 : 변태점의 온도 이상으로 가열한 재료를 연속 냉각하지 않고 500~600℃의 온도인 염욕 중에서 냉각하여 일정한 시간 동안 유지한 뒤 냉각시켜 담금질과 뜨임처리를 동시에 하여 원하는 조직과 경도값을 얻는 열처리법이다.

ⓑ 항온열처리의 종류

항온풀림		재료의 내부응력을 제거하여 조직을 균일화하고 인성을 향상시키기 위한 열처리조작으로 가열한 재료를 연속적으로 냉각하지 않고, 약 500~600℃의 염욕 중에 냉각하여 일정 시간 동안 유지시킨 뒤 냉각시키는 방법이다.
항온뜨임		약 250℃의 열욕에서 일정시간을 유지시킨 후 공랭하여 마텐자이트와 베이나이트의 혼합된 조직을 얻는 열처리법으로, 고속도강이나 다이스강을 뜨임처리하고자 할 때 사용한다.
항온담금질	오스템퍼링	강을 오스테나이트 상태로 가열한 후 300~350℃의 온도에서 담금질을 하여 하부 베이나이트조직으로 변태시킨 후 공랭하는 방법으로, 강인한 베이나이트조직을 얻고자 할 때 사용한다.
	마템퍼링	강을 M_s점과 M_f점 사이에서 항온 유지 후 꺼내어 공기 중에서 냉각하여 마텐자이트와 베이나이트의 혼합조직을 얻는 방법이다. • M_s : 마텐자이트 생성 시작점 • M_f : 마텐자이트 생성 종료점
	마퀜칭	강을 오스테나이트 상태로 가열한 후 M_s점 바로 위에서 기름이나 염욕에 담그는 열욕에서 담금질하여 재료의 내부 및 외부가 같은 온도가 될 때까지 항온을 유지한 후 공랭하여 열처리하는 방법으로, 균열이 없는 마텐자이트조직을 얻을 때 사용한다.
	오스포밍	가공과 열처리를 동시에 하는 방법으로, 조밀하고 기계적 성질이 좋은 마텐자이트를 얻고자 할 때 사용된다.
	MS 퀜칭	강을 M_s점보다 다소 낮은 온도에서 담금질하여 물이나 기름 중에서 급랭시키는 열처리 방법으로 잔류 오스테나이트의 양이 적다.

1-1. 담금질하여 경화된 강을 변태가 일어나지 않는 A₁점(온도) 이하에서 가열한 후 서랭 또는 공랭하는 열처리방법은?

① 뜨 임
② 담금질
③ 침탄법
④ 질화법

1-2. 다음 중 표면경화 열처리방법이 아닌 것은?

① 방전경화법
② 세라다이징
③ 서브제로처리
④ 고주파경화법

1-3. 다음 중 경도가 가장 낮은 조직은?

① 페라이트
② 펄라이트
③ 시멘타이트
④ 마텐자이트

1-4. 강의 오스테나이트 상태에서 냉각속도가 가장 빠를 때 나타나는 조직은?

① 펄라이트
② 소르바이트
③ 마텐자이트
④ 트루스타이트

|해설|

1-1

뜨임(Tempering)은 담금질한 강을 A₁변태점(723℃) 이하로 가열 후 서랭하는 것으로 담금질로 경화된 재료에 인성을 부여하고 내부응력을 제거한다.

1-2

심랭처리(Subzero Treatment, 서브제로)
담금질강의 경도를 증가시키고 시효변형을 방지하기 위한 열처리 조작으로 담금질강의 조직이 잔류 오스테나이트에서 전부 오스테나이트조직으로 바꾸기 위해 재료를 오스테나이트영역까지 가열한 후 0℃ 이하로 급랭시킨다. 전체 열처리의 일종으로 표면경화법에 속하지 않는다.

1-3

금속조직의 강도와 경도 순서

> 페라이트 < 오스테나이트 < 펄라이트 < 소르바이트 < 베이나이트 < 트루스타이트 < 마텐자이트 < 시멘타이트

정답 1-1 ① 1-2 ③ 1-3 ① 1-4 ③

핵심이론 02 | 표면경화법

① 표면경화법의 종류

종 류		침탄재료
화염경화법		산소-아세틸렌불꽃
고주파경화법		고주파유도전류
질화법		암모니아가스
침탄법	고체침탄법	목탄, 코크스, 골탄
	액체침탄법	KCN(사이안화칼륨), NaCN(사이안화나트륨)
	가스침탄법	메탄, 에탄, 프로판
금속침투법	세라다이징	Zn(아연)
	칼로라이징	Al(알루미늄)
	크로마이징	Cr(크로뮴)
	실리코나이징	Si(규소, 실리콘)
	보로나이징	B(붕소)

② 표면경화법의 성질에 따른 분류

물리적 표면경화법	화학적 표면경화법
화염경화법	침탄법
고주파경화법	질화법
하드페이싱	금속침투법
숏피닝	-

③ 침탄법과 질화법의 특징

특 성	침탄법	질화법
경 도	질화법보다 낮다.	침탄법보다 높다.
수정여부	침탄 후 수정 가능	불 가
처리시간	짧다.	길다.
열처리	침탄 후 열처리 필요	불필요
변 형	변형이 크다.	변형이 적다.
취 성	질화층보다 여리지 않다.	질화층부가 여리다.
경화층	질화법에 비해 깊다.	침탄법에 비해 얇다.
가열온도	질화법보다 높다.	낮다.

④ 침탄법

㉠ 침탄법의 정의 : 순철에 0.2% 이하의 C가 합금된 저탄소강을 목탄과 같은 침탄제 속에 완전히 파묻은 상태로 약 900~950℃로 가열하여 재료의 표면에 C(탄소)를 침입시켜 고탄소강으로 만든 후 급랭시킴으로써 표면을 경화시키는 열처리법이다. 주로 기어나 피스톤핀을 표면경화할 때 사용된다. 액체침탄법은 재료 표면의 내마모성 향상을 위해

KCN(사이안화칼륨), NaCN(사이안화나트륨), 사이안화소다 등을 750~900℃에서 30분~1시간 침탄시키는 표면경화법이다.

ⓛ 침탄법의 종류

- 액체침탄법 : 침탄제인 KCN(사이안화칼륨), NaCN(사이안화나트륨), 사이안화소다에 염화물과 탄화염을 40~50% 첨가하고 600~900℃에서 30분~1시간 용해하여 C와 N가 동시에 소재의 표면에 침투시키는 표면경화법으로 침탄과 질화가 동시에 된다는 특징이 있다.
- 고체침탄법 : 침탄제인 목탄이나 코크스분말과 소금 등의 침탄 촉진제를 재료와 함께 침탄상자에서 약 900℃의 온도에서 약 3~4시간 가열하여 표면에서 0.5~2mm의 침탄층을 얻는 표면경화법이다.
- 가스침탄법 : 메탄가스나 프로판가스를 이용하여 표면을 침탄하는 표면경화법이다.

⑤ 질화법

암모니아(NH_3)가스 분위기(영역) 안에 재료를 넣고 500℃에서 50~100시간을 가열하면 재료 표면에 Al, Cr, Mo원소와 함께 질소가 확산되면서 강 재료의 표면이 단단해지는 표면경화법이다. 내연기관의 실린더 내벽이나 고압용 터빈날개를 표면경화할 때 주로 사용된다.

⑥ 화염경화법

㉠ 화염경화법의 정의 : 산소-아세틸렌가스불꽃으로 강의 표면을 급격히 가열한 후 물을 분사시켜 급랭시킴으로써 담금질성 있는 재료의 표면을 경화시키는 방법이다.

㉡ 화염경화법의 특징

- 설비비가 저렴하다.
- 가열온도의 조절이 어렵다.
- 부품의 크기와 형상은 무관하다.

㉢ 화염경화법의 담금질경도(HRC, 로크웰경도, C스케일) 구하는 식

$$C\% \times 100 + 15$$

⑦ 금속침투법

경화하고자 하는 재료의 표면을 가열한 후 여기에 다른 종류의 금속을 확산작용으로 부착시켜 합금피복층을 얻는 표면경화법이다.

구 분	침투원소
세라다이징	Zn(아연)
칼로라이징	Al(알루미늄)
크로마이징	Cr(크로뮴)
실리코나이징	Si(규소, 실리콘)
보로나이징	B(붕소)

⑧ 고주파경화법의 정의

㉠ 고주파유도전류로 강(Steel)의 표면층을 급속가열한 후 급랭시키는 방법으로 가열시간이 짧고, 피가열물에 대한 영향을 최소로 억제하며 표면을 경화시키는 표면경화법이다. 고주파는 소형 제품이나 깊이가 얕은 담금질층을 얻고자 할 때, 저주파는 대형 제품이나 깊은 담금질층을 얻고자 할 때 사용한다.

㉡ 고주파경화법의 특징

- 작업비가 싸다.
- 직접 가열하므로 열효율이 높다.
- 열처리 후 연삭과정을 생략할 수 있다.
- 조작이 간단하여 열처리시간이 단축된다.
- 불량이 적어서 변형을 수정할 필요가 없다.
- 급열이나 급랭으로 인해 재료가 변형될 수 있다.
- 경화층이 이탈되거나 담금질균열이 생기기 쉽다.
- 가열시간이 짧아서 산화되거나 탈탄의 우려가 적다.
- 마텐자이트 생성으로 체적이 변화하여 내부응력이 발생한다.
- 부분담금질이 가능하므로 필요한 깊이만큼 균일하게 경화시킬 수 있다.

⑨ 기타 표면경화

　　㉠ 하드페이싱 : 금속 표면에 스텔라이트나 경합금 등의 금속을 용착시켜 표면경화층을 만드는 방법이다.

　　㉡ 숏피닝 : 강이나 주철제의 작은 강구(볼)를 금속 표면에 고속으로 분사하여 표면층을 냉간가공에 의한 가공경화효과로 경화시키면서 압축잔류응력을 부여하여 금속부품의 피로수명을 향상시키는 표면경화법이다.

　　㉢ 피닝(Peening) : 타격 부분이 둥근 구면인 특수해머를 사용하여 모재의 표면에 지속적으로 충격을 가해 줌으로써 재료 내부에 있는 잔류응력을 완화시키면서 표면층에 소성변형을 주는 방법이다.

　　㉣ 샌드블라스트 : 분사가공의 일종으로, 직경이 작은 구를 압축공기로 분사시키거나 중력으로 낙하시켜 소재의 표면을 연마작업이나 녹 제거 등의 가공을 하는 방법이다.

03 용접설계시공

CHAPTER 03

제1절 용접설계

핵심이론 01 | 용접구조물의 설계 및 강도

① 용접이음부 설계 시 주의사항

　㉠ 용접선의 교차를 최대한 줄인다.

　㉡ 가능한 한 용착량을 적게 설계해야 한다.

　㉢ 용접길이가 감소될 수 있는 설계를 한다.

　㉣ 가능한 한 아래보기자세로 작업하도록 한다.

　㉤ 필릿용접보다는 맞대기용접으로 설계한다.

　㉥ 용접열이 국부적으로 집중되지 않도록 한다.

　㉦ 보강재 등 구속이 커지도록 구조설계를 한다.

　㉧ 용접작업에 지장을 주지 않도록 공간을 남긴다.

　㉨ 가능한 한 열의 분포가 부재 전체에 고루 퍼지도록 한다.

　㉩ 용접치수는 강도상 필요한 치수 이상으로 하지 않는다.

　㉪ 판면에 직각방향으로 인장하중이 작용할 경우에는 판의 이방성에 주의한다.

② 용접부설계

　㉠ 겹치기용접이음 응력 구하기

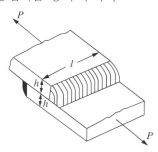

$$\sigma = \frac{F(P)}{A} = \frac{F(P)}{2(h\cos 45°) \times L} \, (\text{N/mm}^2)$$

　㉡ T형이음 인장응력

$$\sigma = \frac{F}{A} = \frac{F}{t \times L} \, (\text{N/mm}^2)$$

　㉢ 맞대기용접부의 인장하중(힘)

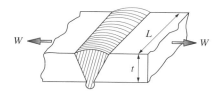

인장응력 $\sigma = \dfrac{F}{A} = \dfrac{F}{t \times L}$ 식을 응용하면

$$\sigma(\text{N/mm}^2) = \frac{W}{t(\text{mm}) \times L(\text{mm})}$$

　㉣ 완전용입된 평판맞대기이음에서 굽힘응력을 계산하는 식

$$M = \sigma \times Z$$
$$\text{단면계수}(Z) : \frac{bh^2}{6} = \frac{lh^2}{6} \text{ 대입}$$
$$\sigma = \frac{M}{Z} = \frac{M}{\dfrac{lh^2}{6}} = \frac{6M}{lh^2}$$

여기서, σ : 용접부의 굽힘응력

　　　　M : 굽힘모멘트

　　　　l : 용접 유효길이

　　　　h : 모재의 두께

1-1. 용접설계상 주의하여야 할 사항으로 틀린 것은?

① 용접이음이 한 군데 집중되거나 너무 접근하지 않도록 할 것
② 반복하중을 받는 이음에서는 이음 표면을 볼록하게 할 것
③ 용접길이는 가능한 한 짧게 하고, 용착금속도 필요한 최소한으로 할 것
④ 필릿용접은 가능한 한 피할 것

1-2. 다음 그림에서 강판의 두께 20mm, 인장하중 8,000N을 작용시키고자 하는 겹치기용접이음을 하고자 한다. 용접부의 허용응력을 5N/mm²라 할 때 필요한 용접길이는 약 얼마인가?

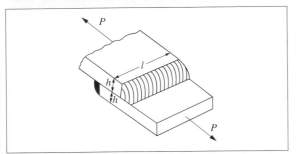

① 36.6mm
② 46.5mm
③ 56.6mm
④ 66.5mm

│해설│

1-1
반복하중을 받는 이음에서는 특히 이음표면을 편평하게 해야 한다. 만일 굴곡이 있을 경우 그 경계부에 균열이 발생한다.

1-2
인장응력 $\sigma = \dfrac{F}{A}$

겹치기이음이므로 $\dfrac{F}{2(h\cos 45°) \times L}$ 식을 응용하면

$5\,\text{N/mm}^2 = \dfrac{8,000\text{N}}{40\cos 45°\,\text{mm} \times \text{L}}$

$L = \dfrac{8,000\text{N}}{40\cos 45°\,\text{mm} \times 5\,\text{N/mm}^2} = 56.5\text{ mm}$

정답 1-1 ② 1-2 ③

핵심이론 02 │ 용접도면 해독

① 용접부 보조기호

　㉠ 용접부 보조기호의 정의 : 용접부의 표면모양이나 다듬질방법, 용접장소 및 방법 등을 표시하는 기호이다.

　㉡ 용접부의 보조기호(1)

구 분		보조기호	비 고
용접부의 표면 모양	평 탄	———	–
	볼록	⌒	기선의 밖으로 향하여 볼록하게 한다.
	오 목	⌣	기선의 밖으로 향하여 오목하게 한다.
용접부의 다듬질방법	치 핑	C	–
	연 삭	G	그라인더다듬질일 경우
	절 삭	M	기계다듬질일 경우
	지정 없음	F	다듬질방법을 지정하지 않을 경우
현장용접		⚑	온둘레용접이 분명할 때에는 생략해도 좋다.
온둘레용접		○	
온둘레현장용접		⚑	

　㉢ 용접부의 보조기호(2)

영구적인 덮개판(이면판재) 사용	M
제거 가능한 덮개판(이면판재) 사용	MR
끝단부 토(Toe)를 매끄럽게 함	⌣
필릿용접부 토(Toe)를 매끄럽게 함	⌰

　　※ 토(Toe) : 용접모재와 용접 표면이 만나는 부위

② 용접기호의 용접부 방향 표시

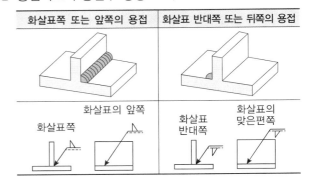

화살표쪽 또는 앞쪽의 용접	화살표 반대쪽 또는 뒤쪽의 용접

③ 가공방법의 기호

기 호	가공방법	기 호	가공방법
L	선 반	FS	스크레이핑
B	보 링	G	연 삭
BR	브로칭	GH	호 닝
CD	다이캐스팅	GS	평면연삭
D	드 릴	M	밀 링
FB	브러싱	P	플레이닝
FF	줄다듬질	PS	절단(전단)
FL	래 핑	SH	기계적 경화
FR	리머다듬질		

④ 필릿용접에서 목두께(a)와 목길이(z)

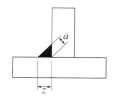

㉠ a : 목두께, z : 목길이(다리길이)

㉡ $z = a\sqrt{2}$

⑤ 기본기호(KS B ISO 2553)

번 호	명 칭	도 시	기본기호
1	필릿용접		◺
2	점용접(스폿용접)		◯
3	플러그용접(슬롯용접)		▢
4	이면(뒷면)용접		◡
5	심용접		⬭
6	겹침이음		
7	끝면플랜지형 맞대기용접		

번 호	명 칭	도 시	기본기호
8	평행(I형) 맞대기용접		‖
9	V형 맞대기용접		V
10	일면개선형 맞대기용접		V
11	넓은 루트면이 있는 V형 맞대기용접		Y
12	가장자리용접		‖‖
13	표면(서페이싱) 육성용접		⌒⌒
14	서페이싱용접		
15	경사접합부		／

※ 육성용접 : 재료의 표면에 내마모용이나 내식용 재료를 입히는 용접법

⑥ 용접부별 기호 표시

명 칭	단속필릿용접	지그재그 단속필릿용접
형 상		
기 호	$a \triangleright n \times l(e)$	$\dfrac{a \triangleright n \times l \diagup (e)}{a \triangleright n \times l \diagup (e)}$
의 미	a : 목두께 ▷ : 필릿용접기호 n : 용접부 수 l : 용접길이 (e) : 인접한 용접부 간격	a : 목두께 ▷ : 필릿용접기호 n : 용접부 수 l : 용접길이 (e) : 인접한 용접부 간격

명 칭	플러그 또는 슬롯용접	플러그용접
형 상		
기 호	$c \Box n \times l(e)$	$d \Box n(e)$
의 미	c : 슬롯의 너비 $\Box$: 플러그용접기호 n : 용접부 수 l : 용접길이 (e) : 인접한 용접부 간격	d : 구멍지름 $\Box$: 플러그용접기호 n : 용접부 수 (e) : 인접한 용접부 간격
명 칭	심용접	점용접
형 상		
기 호	$c \ominus n \times l(e)$	$d \bigcirc n(e)$
의 미	c : 슬롯의 너비 $\ominus$: 심용접기호 n : 용접부 수 l : 용접길이 (e) : 인접한 용접부 간격	d : 점(용접부)의 지름 $\bigcirc$: 점용접기호 n : 용접부 수 (e) : 인접한 용접부 간격

⑦ KS 재료기호

　㉠ 주요 재료기호의 의미

　　• 일반구조용 압연강재 : SS400의 경우

　　　– S : Steel

　　　– S : 일반구조용 압연재

　　　– 400 : 최저인장강도

　　　　$(41\text{kgf/mm}^2 \times 9.8 = 400\text{N/mm}^2)$

　　• 기계구조용 탄소강재 : SM45C의 경우

　　　– S : Steel

　　　– M : 기계구조용(Machine Structural Use)

　　　– 45C : 탄소함유량(0.40~0.50%)

　　• 탄소강 단강품 : SF490A의 경우

　　　– SF : carbon Steel Forging for general use

　　　– 490 : 최저인장강도 490N/mm²이다.

　　　– A : 어닐링, 노멀라이징 또는 노멀라이징 템퍼링을 한 단강품이다.

　　• 제도용지 표시 : "KS B ISO 5457 – A1t – TP112.5 – TBL"의 경우

A1으로 제단된 트레이싱 용지의 단위면적당 질량이 112.5g/m²이다. 뒷면(R)에 인쇄한 것이 TBL 형식에 따르는 표제란을 가진 도면이다.

– TP 112.5 : 트레이싱 용지 112.5g/m²
　　(참고로 OP : 불투명용지 60~120g/m²)

– R : 인쇄 시 뒷면

– TBL : TBL 형식에 따르는 표제란을 도면에 기재한다.

㉡ 기타 KS 재료기호

명 칭	기 호
알루미늄합금주물	AC1A
알루미늄청동	ALBrC1
다이캐스팅용 알루미늄합금	ALDC1
청동합금주물	BC(CAC)
편상흑연주철	FC
회주철품	GC
구상흑연주철품	GCD
구상흑연주철	GCD
인청동	PBC2
합 판	PW
피아노선재	PWR
보일러 및 압력용기용 탄소강	SB
보일러용 압연강재	SBB
보일러 및 압력용기용 강재	SBV
탄소강 주강품	SC
기계구조용 합금강재	SCM, SCr 등
크로뮴강	SCr
주강품	SCW
탄소강 단조품	SF
고속도 공구강재	SKH
기계구조용 탄소강재	SM
니켈-크로뮴강	SNC
니켈-크로뮴-몰리브데넘강	SNCM
판스프링강	SPC
냉간압연강판 및 강대(일반용)	SPCC
드로잉용 냉간압연강판 및 강대	SPCD
열간압연연강판 및 강대(드로잉용)	SPHD
배관용 탄소강판	SPP
스프링용강	SPS
배관용 탄소강관	SPW
일반구조용 압연강재	SS
탄소공구강	STC

명 칭	기 호
합금공구강(냉간금형)	STD
합금공구강(열간금형)	STF
일반구조용 탄소강관	STK
기계구조용 탄소강관	STKM
합금공구강(절삭공구)	STS
리벳용 원형강	SV
탄화텅스텐	WC
화이트메탈	WM
다이캐스팅용 아연합금	ZDC
용접구조용 압연강재	SM 표시 후 A, B, C 순서로 용접성이 좋아진다.

10년간 자주 출제된 문제

2-1. 용접 보조기호 중 용접부의 다듬질방법을 표시하는 기호 설명으로 잘못된 것은?

① P - 치핑
② G - 연삭
③ M - 절삭
④ F - 지정 없음

2-2. 다음 용접보조기호는?

① 용접부를 볼록으로 다듬질함
② 끝단부를 매끄럽게 함
③ 용접부를 오목으로 다듬질함
④ 영구적인 덮개판을 사용함

2-3. 철강재료 선정 시 고려사항 중 틀린 것은?

① 기계적 강도가 요구되면 인장강도가 클 것
② 반복하중을 받는 것이면 피로강도가 클 것
③ 마모되는 곳에는 탈탄산화성이 클 것
④ 부식되는 곳에는 내부식성이 클 것

2-4. 다음 용접기호의 설명으로 틀린 것은?

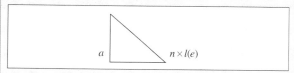

① a : 목두께
② n : 목길이의 개수
③ (e) : 인접한 용접부 간격
④ l : 용접길이(크레이터 제외)

2-5. 다음 중 심(Seam)용접의 기호로 맞는 것은?

| 해설 |

2-1
P는 플레이닝가공에 대한 기호이다.

2-2
용접부의 보조기호

영구적인 덮개판(이면판재) 사용	M
제거 가능한 덮개판(이면판재) 사용	MR
끝단부 토(Toe)를 매끄럽게 함	⌣
필릿용접부 토(Toe)를 매끄럽게 함	◺

※ 토(Toe) : 용접모재와 용접 표면이 만나는 부위

2-3
철강재료는 마모되는 곳뿐만 아니라 모든 곳에서 산화성이 크면 안 된다.

2-4
단속필릿용접부 표시기호

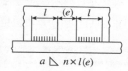

$$a \,\triangle\, n \times l(e)$$

- a : 목두께
- ◿ : 필릿용접기호
- n : 용접부 수
- l : 용접길이
- (e) : 인접한 용접부 간격

정답 2-1 ① 2-2 ② 2-3 ③ 2-4 ② 2-5 ③

핵심이론 01 | 열영향부

① 열영향부(HAZ ; Heat Affected Zone)의 정의
열영향부는 용접할 때의 열에 영향을 받아 금속의 성질이 본래 상태와 달라진 부분이다.

② 열영향부의 구조

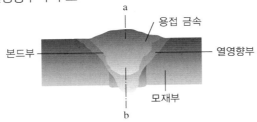

③ 열영향부의 특징
　㉠ 용융면 주변의 수 mm 구역은 마크로부식으로 관찰할 경우 모재의 원질부와 명확하게 구분되는데, 그 구역을 열영향부라고 한다.
　㉡ 열영향부의 기계적 성질과 조직의 변화는 모재의 화학성분, 냉각속도, 용접속도, 예열 및 후열 등에 따라서 달라지므로 변질부라고도 한다.

10년간 자주 출제된 문제

용접부의 단면을 나타낸 것이다. 열영향부를 나타내는 것은?

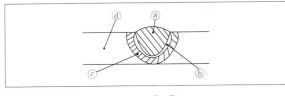

① ⓐ　　　　　　　② ⓑ
③ ⓒ　　　　　　　④ ⓓ

|해설|
ⓐ : 용융금속
ⓑ : 본드부
ⓒ : 열영향부(HAZ ; Heat Affected Zone)
ⓓ : 모 재

정답 ③

핵심이론 02 | 용접 전처리(용접 예열)

① 용접 전과 후 모재에 예열을 가하는 목적
　㉠ 열영향부(HAZ)의 균열을 방지한다.
　㉡ 수축변형 및 균열을 경감시킨다.
　㉢ 용접금속에 연성 및 인성을 부여한다.
　㉣ 열영향부와 용착금속의 경화를 방지한다.
　㉤ 급열 및 급랭방지로 잔류응력을 줄인다.
　㉥ 용접금속의 팽창이나 수축의 정도를 줄여 준다.
　㉦ 수소 방출을 용이하게 하여 저온균열을 방지한다.
　㉧ 금속 내부의 가스를 방출시켜 기공 및 균열을 방지한다.

② 예열불꽃의 세기

예열불꽃이 너무 강할 때	예열불꽃이 너무 약할 때
• 절단면이 거칠어진다. • 절단면 위 모서리가 녹아 둥글게 된다. • 슬래그가 뒤쪽에 많이 달라 붙어 잘 떨어지지 않는다. • 슬래그 중의 철 성분의 박리가 어려워진다.	• 드래그가 증가한다. • 역화를 일으키기 쉽다. • 절단속도가 느려지며, 절단이 중단되기 쉽다.

③ 주요 예열방법
　㉠ 물건이 작거나 변형이 큰 경우에는 전체 예열을 실시한다.
　㉡ 국부 예열의 가열범위는 용접선 양쪽에 50~100mm 정도로 한다.
　㉢ 오스테나이트계 스테인리스강은 가능한 한 용접 입열을 작게 해야 하므로 용접 전 예열을 하지 않는다.
　㉣ 국부 예열일 경우 용접선 양쪽에서 50~100mm로 해야 하므로 물건이 작거나 변형이 큰 경우에는 전체 예열을 실시해야 한다.

④ 예열 및 절단
예열 시 팁의 백심에서 모재까지의 거리는 1.5~2.0 mm가 되도록 유지하며 모재의 절단 부위를 예열한다. 약 900℃가 되었을 때 고압의 산소를 분출시키면서 서서히 토치를 진행시키면 모재가 절단된다.

⑤ 탄소량에 따른 모재의 예열온도(℃)

탄소량	0.2% 이하	0.2~0.3	0.3~0.45	0.45~0.8
예열온도	90 이하	90~150	150~260	260~420

2-1. 양호한 용접품질을 얻기 위하여 용접시공 시 예열이 많이 사용되는데, 예열을 하는 가장 주된 이유는?

① 표면오염을 제거하기 위하여
② 고강도의 용착금속을 얻기 위하여
③ 저열전도도 재료를 용이하게 용접하기 위하여
④ 열영향부와 용착금속의 경화를 방지하고 연성을 증가하기 위하여

2-2. 주철의 용접에서 예열은 몇 ℃ 정도가 가장 적당한가?

① 0~50℃   ② 60~90℃
③ 100~140℃   ④ 150~300℃

2-3. 예열 및 후열의 목적이 아닌 것은?

① 균열의 방지   ② 기계적 성질 향상
③ 잔류응력의 경감   ④ 균열 감수성의 증가

|해설|

2-1
재료에 예열을 가하는 목적은 급열 및 급랭방지로 잔류응력을 줄여 용착금속의 경화를 방지하고 용접금속에 연성과 인성을 부여하기 위함이다.

2-2
예열온도란 용접 직전의 용접모재의 온도이다. 주철(2~6.67%의 C)용접 시 일반적인 예열 및 후열의 온도는 500~600℃가 적당하나 특별히 냉간용접을 실시할 경우에는 200℃ 전후가 알맞으므로, ④번이 정답에 가깝다.

2-3
용접재료를 예열이나 후열을 하는 목적은 금속의 갑작스런 팽창과 수축에 의한 변형방지 및 잔류응력을 제거함으로써 균열에 대한 감수성을 저하시키는 데 있다.

정답 2-1 ④   **2-2** ④   **2-3** ④

---

① 용접결함

　㉠ 용접결함의 분류

결함의 종류	결함의 명칭	
치수상 결함	변 형	
	치수 불량	
	형상 불량	
구조상 결함	기 공	
	은 점	
	언더컷	
	오버랩	
	균 열	
	선상조직	
	용입 불량	
	표면결함	
	슬래그 혼입	
성질상 결함	기계적 불량	인장강도 부족
		항복강도 부족
		피로강도 부족
		경도 부족
		연성 부족
		충격시험값 부족
	화학적 불량	화학성분 부적당
		부식(내식성 불량)

　㉡ 용접결함의 정의
　　• 언더컷(Undercut) : 용접부의 끝부분에서 모재가 파이고 용착금속이 채워지지 않고 홈으로 남아 있는 부분이다.
　　• 오버랩(Overlap) : 용융된 금속이 용입이 되지 않은 상태에서 표면을 덮어버린 불량이다.
　　• 슬래그 섞임(Slag Inclusion) : 용착금속 안이나 모재와의 융합부에 슬래그가 남아 있는 불량이다.
　　• 은점(Fish Eye) : 수소(H_2)가스에 의해 발생하는 불량으로, 용착금속의 파단면에 은백색을 띤 물고기 눈 모양의 결함이다.
　　• 기공 : 용접부가 급랭될 때 미처 빠져나오지 못한 가스에 의해 발생하는 빈 공간이다.

- 용락(Burn Through) : 용융금속이 홈 끝의 뒤쪽으로 녹아서 떨어져 내리는 불량이다.
- 피트(Pit) : 용접부 표면에 작은 구멍이 생기는 표면결함으로, 주로 C(탄소)에 의해 발생된다.
- 아크스트라이크(Arc Strike) : 아크용접 시 용접이음의 용융부 밖에서 아크를 발생시킬 때 나타나는 모재표면의 결함이다.

[Arc Strike 불량]

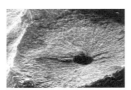

[Fish Eye(은점) 불량]

② 주요 용접부결함과 방지대책

결함모양	원 인	방지대책
언더컷	• 전류가 높을 때 • 아크길이가 길 때 • 용접속도 부적당 시 • 부적당한 용접봉 사용 시	• 전류를 낮춘다. • 아크길이를 짧게 한다. • 용접의 속도를 알맞게 한다. • 적절한 용접봉을 사용한다.
오버랩	• 전류가 낮을 때 • 운봉, 작업각과 진행각 불량 시 • 부적당한 용접봉 사용 시	• 전류를 높인다. • 작업각과 진행각을 조정한다. • 적절한 용접봉을 사용한다.
용입불량	• 이음설계 결함 • 용접속도가 빠를 때 • 용접전류가 낮을 때 • 부적당한 용접봉 사용 시	• 루트 간격 및 치수를 크게 한다. • 용접속도를 적당히 조절한다. • 전류를 높인다. • 적절한 용접봉을 사용한다.
균 열	• 이음부의 강성이 클 때 • 부적당한 용접봉 사용 시 • C, Mn 등 합금성분이 많을 때 • 과대전류, 속도가 클 때 • 모재에 유황성분이 많을 때	• 예열, 피닝 등 열처리한다. • 적절한 용접봉을 사용한다. • 예열 및 후열한다. • 전류 및 속도를 적절하게 한다. • 저수소계 용접봉을 사용한다.

결함모양	원 인	방지대책
기 공	• 수소나 일산화탄소 과잉 • 용접부의 급속한 응고 시 • 용접속도가 빠를 때 • 아크의 길이가 부적절할 때	• 건조된 저수소계 용접봉을 사용한다. • 적당한 전류 및 용접속도로 한다. • 이음 표면을 깨끗이 하고 예열을 한다.
슬래그혼입	• 용접이음의 부적당 • 모든 층의 슬래그제거 불완전 • 전류 과소, 불완전한 운봉 조작	• 슬래그를 깨끗이 제거한다. • 루트 간격을 넓게 한다. • 전류를 약간 세게 하며, 적절한 운봉 조작을 한다.

③ 기타 균열 및 결함의 종류

㉠ 저온균열 : 상온까지 냉각한 다음 시간이 지남에 따라 균열이 발생하는 불량으로 일반적으로는 220℃ 이하의 온도에서 발생하는 균열로 용접 후 용접부의 온도가 상온(약 24℃) 부근으로 떨어지면 발생하는 균열인데 200~300℃에서 발생하기도 한다. 잔류응력이나 용착금속 내의 수소가스, 철강재료의 용접부나 HAZ(열영향부)의 경화현상에 의해 주로 발생한다.

㉡ 루트균열 : 맞대기용접 시 가접이나 비드의 첫 층에서 루트면 근방의 열영향부(HAZ)에 발생한 노치에서 시작하여 점차 비드 속으로 들어가는 균열(세로방향 균열)로 함유 수소에 의해서도 발생되는 저온균열의 일종이다.

Root Crack

㉢ 크레이터균열 : 용접비드의 끝에서 발생하는 고온균열로서 냉각속도가 지나치게 빠른 경우에 발생하며 용접 루트의 노치부에 의한 응력집중부에도 발생한다.

Crater Crack

ⓔ 설퍼균열 : 유황의 편석이 층상으로 존재하는 강재를 용접하는 경우, 낮은 융점의 황화철 공정이 원인이 되어 용접금속 내에 생기는 1차 결정립계의 균열이다.

ⓜ 세로굽힘변형(Longitudinal Deformation) : 용접선의 길이방향으로 발생하는 굽힘변형으로 세로방향의 수축 중심이 부재단면의 중심과 일치하지 않을 경우에 발생한다.

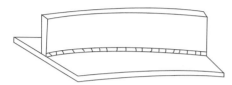

ⓗ 가로굽힘변형(Transverse Deformation) : 각변형이라고도 하며 양면용접을 동시에 수행하면 용접 시 온도변화는 양면에 대칭되나 실제는 한쪽면씩 용접을 수행하기 때문에 수축량 등이 달라져 가로굽힙변형이 발생한다.

ⓢ 좌굴변형 : 박판의 용접은 입열량에 비해 판재의 강성이 낮아 용접선방향으로 작용하는 압축응력에 의해 좌굴형식의 변형이 발생한다.

ⓞ 래미네이션 불량 : 모재의 재질결함으로서 강괴일때 기포가 내부에 존재해서 생기는 결함이다. 설퍼밴드와 같은 층상으로 편재하여 강재 내부에 노치를 형성한다.

ⓩ 비드밑균열 : 모재의 용융선 근처의 열영향부에서 발생되는 균열로, 고탄소강이나 저합금강을 용접할 때 용접열에 의한 열영향부의 경화와 변태응력 및 용착금속 내부의 확산성 수소에 의해 발생한다.

ⓩ 라멜라테어(Lamellar Tear)균열 : 압연으로 제작된 강판 내부에 표면과 평행하게 층상으로 발생하는 균열로, T이음과 모서리이음에서 발생한다. 평행부와 수직부로 구성되며 주로 MnS계 개재물에 의해서 발생되는데 S의 함량을 감소시키거나 판두께 방향으로 구속도가 최소가 되게 설계하거나 시공하여 억제할 수 있다.

ⓚ 토균열 : 표면비드와 모재와의 경계부에서 발생하는 불량이다.

ⓣ 스톱홀(Stop Hole) : 용접부에 균열이 생겼을 때 균열이 더 이상 진행되지 못하도록 균열 진행방향의 양단에 뚫는 구멍이다.

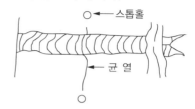

① 용접으로 인한 재료의 변형방지법

　ⓗ 억제법 : 지그나 보조판을 모재에 설치하거나 가접을 통해 변형을 억제하도록 한 것이다.

　ⓛ 역변형법 : 용접 전에 변형을 예측하여 반대방향으로 변형시킨 후 용접을 하도록 한 것이다.

　ⓒ 도열법 : 용접 중 모재의 입열을 최소화하기 위해 물을 적신 동판을 덧대어 열을 흡수하도록 한 것이다.

🔍 더 알아보기!

용접 후 수축에 따른 작업 시 주의사항

철이 열을 받으면 부피가 팽창하고 냉각이 되면 부피가 수축된다. 따라서 변형을 방지하기 위해서는 반드시 용접 후 수축이 큰 이음부를 먼저 용접한 뒤 수축이 작은 부분을 해야 한다.

② 용접 후 재료 내부의 잔류응력 제거법

　ⓗ 노내풀림법 : 가열 노(Furnace) 내부의 유지온도는 625℃ 정도이며, 노에 넣을 때나 꺼낼 때의 온도는 300℃ 정도로 한다. 판두께가 25mm일 경우에 1시간 동안 유지하는데 유지온도가 높거나 유지시간이 길수록 풀림효과가 크다.

　ⓛ 국부풀림법 : 노내풀림이 곤란한 경우에 사용하며 용접선 양측을 각각 250mm나 판두께의 12배 이상의 범위를 가열한 후 서랭한다. 유도가열장치를 사용하며 온도가 불균일하게 실시되면 잔류응력이 발생할 수 있다.

　ⓒ 응력제거풀림법 : 주조나 단조, 기계가공, 용접으로 금속재료에 생긴 잔류응력을 제거하기 위한 열처리의 일종이다. 구조용 강의 경우 약 550~650℃의 온도범위로 일정한 시간을 유지하였다가 노 속에서 냉각시킨다. 충격에 대한 저항력과 응력부식에 대한 저항력을 증가시키고, 크리프 강도도 향상시킨다. 그리고 용착금속 중 수소 제거에 의한 연성을 증대시킨다.

　ⓔ 기계적 응력완화법 : 용접 후 잔류응력이 있는 제품에 하중을 주어 용접부에 약간의 소성변형을 일으킨 후 하중을 제거하면서 잔류응력을 제거하는 방법이다.

　ⓜ 저온응력완화법 : 용접선의 양측을 정속으로 이동하는 가스불꽃에 의하여 약 150mm의 너비에 걸쳐 150~200℃로 가열한 뒤 곧 수랭하는 방법으로, 주로 용접선 방향의 응력을 제거하는 데 사용한다.

　ⓑ 피닝법 : 끝이 둥근 특수해머를 사용하여 용접부를 연속적으로 타격하며 용접표면에 소성변형을 주어 인장응력을 완화시킨다.

　ⓢ 연화풀림법 : 재질을 연하고 균일화시킬 목적으로 실시하는 열처리법으로 650℃ 정도로 가열한 후 서랭한다.

③ 모재의 단면적과 응력의 상관관계

$$응력(\sigma) = \frac{작용힘(하중, F)}{단면적(A)}$$ 이므로, 부재의 단면적을 높게 계산할수록 작용하는 응력은 낮게 설정되어 안전상의 문제가 발생한다. 따라서 안전상의 이유로 단면적은 얇은 쪽 부재의 두께로 계산해야 한다.

④ 용접변형방지용 지그

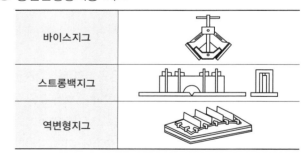

바이스지그	
스트롱백지그	
역변형지그	

⑤ 용접선이 교차하는 것을 방지하기 위해서는 교차되는 곳에 스캘럽을 만들어 준다.

스캘럽(Scallop)

⑥ 용접변형 교정을 위한 선상가열법

용접변형교정법의 일종으로 맞대기나 필릿용접이음에서 각 변형을 교정하기 위한 방법으로, 이면담금질법이라고도 불린다. 선상가열법의 실시방법은 강판의 표면을 가스버너로 직선으로 가열하면 그 발생열에 의한 열변형을 이용하여 각 변형(휨 변형)을 교정한다.

10년간 자주 출제된 문제

4-1. 용접선이 교차하는 것을 방지하기 위한 조치로 옳은 것은?

① 교차되는 곳에는 용접을 하지 않는다.
② 교차되는 곳에는 돌림용접을 시공한다.
③ 교차되는 곳에는 용접각장을 키워준다.
④ 교차되는 곳에는 스캘럽을 만들어준다.

4-2. 잔류응력제거법 중 잔류응력이 있는 제품에 하중을 주어 용접 부위에 약간의 소성변형을 일으킨 다음 하중을 제거하는 방법은?

① 피닝법
② 노내풀림법
③ 국부풀림법
④ 기계적 응력완화법

|해설|

4-1

용접선이 교차하는 것을 방지하기 위해서는 교차되는 곳에 스캘럽을 만들어준다.

4-2

기계적 응력완화법 : 용접한 후 잔류응력이 있는 제품에 하중을 주어 용접부에 약간의 소성변형을 일으킨 후 하중을 제거하면서 잔류응력을 제거하는 방법이다.

정답 4-1 ④ 4-2 ④

CHAPTER 04 용접검사

제1절 파괴 및 비파괴검사

핵심이론 01 | 용접부의 검사방법

① 용접부 검사방법의 종류

㉠ 파괴 및 비파괴시험법

비파괴시험	내부결함	방사선투과시험(RT)
		초음파탐상시험(UT)
	표면결함	외관검사(VT, 육안검사)
		자분탐상검사(MT, 자기탐상검사)
		침투탐상검사(PT)
		누설검사(LT)
파괴시험 (기계적 시험)	인장시험	인장강도, 항복점, 연신율 계산
	굽힘시험	연성의 정도 측정
	충격시험	인성과 취성의 정도 측정
	경도시험	외력에 대한 저항의 크기 측정
	매크로시험	현미경 조직검사
	피로시험	반복적인 외력에 대한 저항력 측정
	부식시험	–

※ 굽힘시험은 용접 부위를 U자 모양으로 굽힘으로써, 용접부의 연성 여부를 확인할 수 있다.

- 피로시험(Fatigue Test) : 재료의 강도시험으로 재료에 인장-압축응력을 반복해서 가했을 때 재료가 파괴되는 시점의 반복수를 구해서 S-N(응력-횟수)곡선에 응력(S)과 반복 횟수(N)와의 상관관계를 나타내서 피로한도를 측정하는 시험

㉡ 용접부의 성질시험법의 종류

구 분	종 류
연성시험	킨젤시험
	코머렐시험
	T-굽힘시험
취성시험	로버트슨시험
	밴더빈시험
	칸티어시험
	슈나트시험
	카안인열시험
	티퍼시험
	에소시험
	샤르피충격시험
균열(터짐, 열적구속도)성 시험	피스코 균열시험
	CTS 균열시험법
	리하이형 구속균열시험

㉢ 비파괴검사의 기호 및 영문 표기

명 칭	기 호	영문 표기
방사선투과시험	RT	Radiography Test
침투탐상검사	PT	Penetrant Test
초음파탐상검사	UT	Ultrasonic Test
와전류탐상검사	ET	Eddy Current Test
자분탐상검사	MT	Magnetic Test
누설검사	LT	Leaking Test
육안검사	VT	Visual Test

1-1. 용접부에 대한 비파괴시험방법에 관한 침투탐상시험법을 나타낸 기호는?

① RT   ② UT

③ MT   ④ PT

1-2. 용접균열시험 중 열적구속도시험이라고도 부르는 것은?

① 휘스코 균열시험(Fisco Cracking Test)

② CTS 균열시험(Controlled Thermal Severity Cracking)

③ 리하이형 구속균열시험(Lehigh Controlled Cracking Test)

④ 슬릿형 균열시험(Slit Type Cracking Test)

|해설|

1-1

침투탐상검사의 표시기호는 PT이다.

1-2

CTS 균열시험법은 열적구속도시험에 속한다.

정답 1-1 ④   1-2 ②

핵심이론 02 │ 인장시험

① 정 의

만능시험기를 이용하여 규정된 시험편에 인장하중을 가하여 재료의 인장강도 및 연신율 등을 측정하는 시험법이다.

② 인장응력

재료에 인장하중이 가해질 때 생기는 응력

$$\text{인장응력}(\sigma) = \frac{\text{하중}(F)}{\text{단면적}(A)}\ (\text{kgf/cm}^2)$$

③ 맞대기용접부의 인장하중(힘)

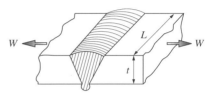

인장응력 $\sigma = \dfrac{F}{A} = \dfrac{F}{t \times L}$ 식을 응용하면

$$\sigma(\text{N/mm}^2) = \frac{W}{t(\text{mm}) \times L(\text{mm})}$$

④ 인장시험편

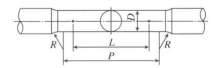

단위 : mm

지름 (D)	표점거리 (L)	평행부의 길이 (P)	어깨부의 반지름 (R)
14	50	60	15 이상

⑤ 인장시험을 통해 알 수 있는 사항

  ㉠ 인장강도 : 시험편이 파단될 때의 최대인장하중을 평행부의 단면적으로 나눈 값이다.

  ㉡ 항복점 : 인장시험에서 하중이 증가하여 어느 한도에 도달하면 하중을 제거해도 원위치로 돌아가지 못하고 변형이 남는 순간의 하중이다.

ⓒ 연신율(ε) : 시험편이 파괴되기 직전의 표점거리와 원표점거리와의 차를 변형량이라고 하는데, 연신율은 이 변형량을 원표점거리에 대한 백분율로 표시한 것이다.

$$\varepsilon = \frac{나중길이 - 처음길이}{처음길이} \times 100\% = \frac{l_1 - l_0}{l_0} \times 100\%$$

ⓔ 단면수축률(α) : 시험편이 파괴되기 직전의 최소단면적(A)과 시험 전 원단면적과의 차가 단면변형량이다. 단면수축률은 변형량을 원단면적에 대한 백분율(%)로 표시한 것이다.

$$\alpha = \frac{A_0 - A_1}{A_0} \times 100\%$$

2-1. 처음길이가 340mm인 용접재료를 길이방향으로 인장시험한 결과 390mm가 되었다. 이 재료의 연신율은 약 몇 %인가?

① 12.8 ② 14.7
③ 17.2 ④ 87.2

2-2. 맞대기용접이음에서 강판의 두께 6mm, 인장하중 60kN을 작용시키려 한다. 이때 필요한 용접길이는?(단, 허용인장응력은 500MPa이다)

① 20mm ② 30mm
③ 40mm ④ 50mm

|해설|

2-1

연신율(ε) : 재료에 외력이 가해졌을 때 처음길이에 비해 나중에 늘어난 길이의 비율

$$\varepsilon = \frac{나중길이 - 처음길이}{처음길이} \times 100\% = \frac{l_1 - l_0}{l_0} \times 100\%$$

$$= \frac{390mm - 340mm}{340mm} \times 100\% \fallingdotseq 14.7\%$$

2-2

인장응력(σ) $= \dfrac{F}{A} = \dfrac{F}{t \times L}$ 식을 응용하면

$$500 \times 10^6 Pa = \frac{60,000N}{6 \times 10^{-3}m \times L \times 10^{-3}m}$$

$$L = \frac{60,000N}{6 \times 10^{-3}m \times 500 \times 10^6 \times 10^{-3}m}$$

$$= 20mm$$

정답 2-1 ② 2-2 ①

① 굽힘시험법

　㉠ 굽힘시험 측정 이유 : 용접부의 연성을 조사하기 위해 사용되는 시험법으로, 보통 180°까지 굽힌다.

　㉡ 표면상태에 따른 굽힘시험 분류

　　• 표면 굽힘시험

　　• 이면 굽힘시험

　　• 측면 굽힘시험

　㉢ 굽힘방법

　　• 자유굽힘

　　• 롤러굽힘

　　• 형틀굽힘

　㉣ 굽힘시험용 형틀의 형상

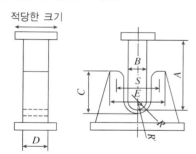

　㉤ 굽힘응력

$$M = \sigma \times Z$$

단면계수$(Z) : \dfrac{bh^2}{6} = \dfrac{lh^2}{6}$ 대입

$$\sigma = \frac{M}{Z} = \frac{M}{\dfrac{lh^2}{6}} = \frac{6M}{lh^2}$$

② 경도시험법

　㉠ 경도시험의 측정 이유 : 경도는 기계적 성질 중 단단한 정도인데, 경도시험은 이 단단한 정도를 시험한다. 경도값을 통해서 내마모성을 알 수 있으며 단단한 재료일수록 연신율이 작다.

　㉡ 경도시험법의 원리 : 시험편 위에 강구나 다이아몬드와 같은 압입자에 일정한 하중을 가한 후 시험편에 나타난 자국을 측정하여 경도를 측정한다.

　㉢ 경도시험법의 종류

종 류	시험원리	압입자
브리넬 경도 (H_B)	압입자인 강구에 일정량의 하중을 걸어 시험편의 표면에 압입한 후, 압입자국의 표면적 크기와 하중의 비로 경도를 측정한다. $H_B = \dfrac{P}{A} = \dfrac{P}{\pi D h}$ $\quad = \dfrac{2P}{\pi D(D - \sqrt{D^2 - d^2})}$ 여기서, D : 강구지름 　　　　d : 압입자국의 지름 　　　　h : 압입자국의 깊이 　　　　A : 압입자국의 표면적	강 구
비커스 경도 (H_V)	압입자에 1~120kg의 하중을 걸어 자국의 대각선길이로 경도를 측정한다. 하중을 가하는 시간은 캠의 회전속도로 조절한다. $H_V = \dfrac{P(\text{하중})}{A(\text{압입자국의 표면적})}$	136°인 다이아몬드 피라미드 압입자
로크웰 경도 (H_{RB}, H_{RC})	압입자에 하중을 걸어 압입자국(홈)의 깊이를 측정하여 경도를 측정한다. • 예비하중 : 10kg • 시험하중 : B스케일 – 100kg, C스케일 – 150kg $H_{RB} = 130 - 500h$ $H_{RC} = 100 - 500h$ 여기서, h : 압입자국의 깊이	• B스케일 : 강구 • C스케일 : 120° 다이아몬드(콘)
쇼어 경도 (H_S)	추를 일정한 높이(h_0)에서 낙하시켜 이 추의 반발높이(h)를 측정해서 경도를 측정한다. $H_S = \dfrac{10,000}{65} \times \dfrac{h}{h_0}$ 여기서, h : 해머의 반발높이 　　　　h_0 : 해머의 낙하높이	다이아몬드 추

3-1. 꼭지각이 136°인 다이아몬드 4각추의 압자를 1~120kg의 하중으로 시험편에 압입한 후에 생긴 오목자국의 대각선을 측정하여 경도를 측정하는 시험은?

① 로크웰경도
② 브리넬경도
③ 쇼어경도
④ 비커스경도

3-2. 용접재료검사 중 경도시험에서 사용되지 않는 시험방법은?

① 쇼어경도
② 브리넬경도
③ 비커스경도
④ 샤르피경도

3-3. 작은 강구나 다이아몬드를 붙인 소형 추를 일정한 높이에서 시험편 표면에 낙하시켜 튀어오르는 반발높이로 경도를 측정하는 시험은?

① 쇼어경도시험
② 브리넬경도시험
③ 로크웰경도시험
④ 비커스경도시험

|해설|

3-1
비커스경도 : 136°인 다이아몬드 피라미드 압입자인 강구에 일정량의 하중을 걸어 시험편의 표면에 압입한 후, 압입자국의 표면적 크기와 하중의 비로 경도를 측정한다.

3-2
경도시험법에 샤르피경도는 없다.

3-3
쇼어경도시험은 추를 일정한 높이(h_0)에서 낙하시켜 이 추의 반발높이(h)를 측정해서 경도를 측정한다.

정답 3-1 ④ 3-2 ④ 3-3 ①

핵심이론 04 | 충격시험(Impact Test)

① 충격시험의 목적

충격력에 대한 재료의 충격저항인 인성과 취성을 시험하는 데 있다. 재료에 충격력을 가해 파괴하려 할 때 재료가 잘 파괴되지 않는 성질인 인성, 파괴가 잘되는 성질인 메짐(취성)의 정도를 알아보는 데 있다.

② 충격시험 시 유의사항

충격시험은 충격값이 낮은 주철, 다이캐스팅용 합금 등에는 적용하지 않는다.

③ 충격시험방법

충격시험은 시험편에 V형 또는 U형의 노치부를 만들고 이 시편에 충격을 주어 충격량을 계산하는 방식의 시험법으로, 시험기의 종류에 따라 샤르피식과 아이조드식으로 나뉜다.

④ 충격시험의 종류

㉠ 샤르피식 충격시험법 : 샤르피 충격시험기를 사용하여 시험편을 40mm 떨어진 2개의 지지대로 지지하고, 노치부를 지지대 사이의 중앙에 일치시킨 후 노치부 뒷면을 해머로 1회만 충격을 주어 시험편을 파단시킬 때 소비된 흡수에너지(E)와 충격값(U)을 구하는 시험방법이다.

[샤르피 시험기]

$$E = WR(\cos\beta - \cos\alpha)\,(\mathrm{kgf \cdot m})$$

여기서, E : 소비된 흡수에너지

W : 해머의 무게(kg)

R : 해머의 회전축 중심에서 무게중심까지의 거리(m)

α : 해머의 들어올린 각도

β : 시험편 파단 후에 해머가 올라간 각도

$$U = \frac{E}{A_0} (\mathrm{kgf \cdot m/cm^2})$$

여기서, A_0 : 소비된 흡수에너지

ⓛ 아이조드식 충격시험법 : 아이조드 충격시험기를 사용하여 시험편의 한 끝을 노치부에 고정하고 다른 끝을 노치부에서 22mm 떨어져 있는 위치에서 노치부와 같은 쪽의 면을 해머로 1회 충격하여 시험편을 파단하고 그 충격값을 구하는 시험방법이다.

[아이조드 시험기]

핵심이론 05 | 방사선투과시험(RT)

① 방사선투과시험법의 원리

방사선투과시험은 용접부 뒷면에 필름을 놓고 용접물 표면에서 X선이나 γ선을 방사하여 용접부를 통과시키면, 금속 내부에 구멍이 있을 경우 그만큼 투과되는 두께가 얇아져서 필름에 방사선의 투과량이 그만큼 많아지게 되므로 다른 곳보다 검게 됨을 확인함으로써 불량을 검출하는 시험법이다.

② 방사선투과시험의 특징

기공, 균열, 용착 불량, 슬래그 섞임 등의 투과량이 다 다르므로 검게 되는 정도를 확인하여 결함의 종류와 위치를 찾을 수 있다.

③ 방사선투과시험의 기계 및 기구

ㄱ X선 발생장치

ㄴ 투과도계

ㄷ 필름배지

ㄹ 필름식별판

ㅁ 방사선표지판

ㅂ 현상용 탱크

ㅅ 증감지

ㅇ 서베이미터

④ 방사선의 종류

X선	• 얇은 판 투과 시 사용한다. • 물체 투과 시 일부는 물체에 흡수된다.
γ선	두꺼운 판 투과

⑤ 방사선투과시험의 결함 등급

종 별	결함의 종류
제1종	기공(블로홀) 및 이와 유사한 둥근 결함
제2종	가는 슬래그 개입 및 이와 유사한 결함
제3종	터짐 및 이와 유사한 결함

| 10년간 자주 출제된 문제 |

비파괴검사법 중 표면 바로 밑의 결함 검출에 가장 좋은 검사법은?

① 방사선투과시험 ② 육안검사시험
③ 자기탐상시험 ④ 침투탐상시험

| 해설 |

표면 바로 밑의 결함은 곧 내부결함을 의미하므로 내부결함에 적합한 비파괴검사법은 방사선투과시험법이다.

정답 ①

핵심이론 06 │ 초음파탐상시험(UT ; Ultrasonic Test)

① 초음파탐상시험의 원리

사람이 들을 수 없는 매우 높은 주파수의 초음파를 사용하여 검사대상물의 형상과 물리적 특성을 검사하는 방법이다. 4~5MHz 정도의 초음파가 경계면, 결함표면 등에서 반사되어 되돌아오는 성질을 이용하는 방법으로, 반사파의 시간과 크기를 스크린으로 관찰하여 결함의 유무, 크기, 종류 등을 검사한다.

② 초음파탐상시험의 특징

㉠ 주파수가 높고 파장이 짧아 저항성이 크다.

㉡ 용접결함 등 불연속부에서 반사되는 성질이다.

㉢ 음파는 특정 재질에서 일정한 속도로 전파되는 특성이 있다.

③ 초음파탐상시험의 장점

㉠ 인체에 무해하다.

㉡ 휴대가 가능하다.

㉢ 고감도이므로 미세한 Crack을 감지한다.

㉣ 대상물에 대한 3차원적인 검사가 가능하다.

㉤ 검사시험체의 한 면에서도 검사가 가능하다.

㉥ 균열이나 용융 부족 등의 결함을 찾는 데 탁월하다.

④ 초음파탐상시험의 단점

㉠ 기록 보존력이 떨어진다.

㉡ 결함의 경사에 좌우된다.

㉢ 검사자의 기능에 좌우된다.

㉣ 검사 표면을 평평하게 가공해야 한다.

㉤ 결함의 위치를 정확하게 감지하기 어렵다.

㉥ 결함의 형상을 정확하게 감지하기 어렵다.

㉦ 용접두께가 약 6.4mm 이상이 되어야 검사가 원만하므로 표면에 아주 가까운 얕은 불연속은 검출이 불가능하다.

⑤ KS규격(KS B 0535)의 초음파탐촉자의 성능측정 기호

    ㉠ UT-A : 경사각

    ㉡ UT-VA : 가변각

    ㉢ UT-LA : 종파경사각

    ㉣ UT-N : 수직형식으로 탐상

    ㉤ UT-S : 표면파

⑥ 초음파탐상시험법의 종류

    ㉠ 투과법 : 초음파펄스를 시험체의 한쪽면에서 송신하고 반대쪽면에서 수신하는 방법이다.

    ㉡ 펄스반사법 : 시험체 내로 초음파펄스를 송신하고 내부 또는 바닥면에서 그 반사파를 탐지하는 결함에코의 형태로 내부결함이나 재질을 조사하는 방법으로, 현재 가장 널리 사용된다.

    ㉢ 공진법 : 시험체에 가해진 초음파진동수와 고유진동수가 일치할 때 진동폭이 커지는 공진현상을 이용하여 시험체의 두께를 측정하는 방법이다.

10년간 자주 출제된 문제

6-1. 용접부의 검사에서 초음파탐상시험방법에 속하지 않는 것은?

① 공진법   ② 투과법
③ 펄스반사법   ④ 맥진법

6-2. 초음파탐상시험의 장점이다. 틀린 것은?

① 표면에 아주 가까운 얕은 불연속을 검출할 수 있다.
② 고강도이므로 아주 작은 결함의 검출도 가능하다.
③ 휴대가 가능하다.
④ 검사시험체의 한 면에서도 검사가 가능하다.

|해설|

6-1
초음파탐상법에 맥진법은 속하지 않는다.

6-2
용접두께가 약 6.4mm 이상이 되어야 검사가 원만하므로 표면에 아주 가까운 얕은 불연속은 검출이 불가능하다.

정답 6-1 ④ 6-2 ①

핵심이론 07 | 자기탐상시험(자분탐상시험, MT)

① 자기탐상시험(자분탐상시험, Magnetic Test)의 원리
철강재료 등 강자성체를 자기장에 놓았을 때 시험편표면이나 표면 근처에 균열이나 비금속 개재물과 같은 결함이 있으면 결함 부분에는 자속이 통하기 어려워 공간으로 누설되어 누설자속이 생긴다. 이 누설자속을 자분(자성분말)이나 검사코일을 사용하여 결함의 존재를 검출하는 검사방법이다. 전류를 통하여 자화가 될 수 있는 금속재료인 철이나 니켈과 같이 자기변태를 나타내는 금속으로 제조된 구조물이나 기계부품의 표면부에 존재하는 결함을 검출하는 비파괴시험법이다. 그러나 알루미늄, 오스테나이트계 스테인리스강, 구와 같은 비자성체에는 적용이 불가능하다.

② 자분탐상시험의 특징

    ㉠ 취급이 간단하다.

    ㉡ 인체에 해롭지 않다.

    ㉢ 내부결함 및 비자성체에서 사용이 곤란하다.

    ㉣ 교류는 표면에, 직류는 내부에 수직하게 사용한다.

    ㉤ 미세한 표면결함 및 표면직하결함 탐지에 뛰어나다.

③ 자분탐상시험의 방법(습식법)
표면 청소 - 형광체 Screen액 도포 - 습식 자분 도포 - 자화

④ 자분탐상시험의 종류

    ㉠ 극간법 : 시험편의 전체나 일부분을 전자석 또는 영구자석의 자극 사이에 놓고 직선자화시키는 방법이다.

    ㉡ 직각통전법 : 실험편의 축에 대해 직각인 방향에 직접 전류를 흘려서 전류 주위에 생기는 자장을 원형으로 자화시키는 방법으로 축에 직각인 방향의 결함을 검출한다.

    ㉢ 축통전법 : 시험편의 축방향의 끝에 전극을 대고 전류를 흘려 원형으로 자화시키는 방법으로, 축방향인 전류에 평행한 결함을 검출하는 방법이다.

② 관통법 : 시험편의 구멍에 철심을 통해 교류자속을 흘려 그 주위에 유도전류를 발생시켜 그 전류가 만드는 자기장에 의해 결함을 검출하는 방법이다.

⑩ 코일법 : 시험편을 전자석으로 자화시키고 시험편에 따라 탐상코일을 이동시키면서 전자유도전류로 검출하는 직선자화방법이다.

10년간 자주 출제된 문제

자기비파괴검사에서 사용하는 자화방법이 아닌 것은?

① 형광법　　　　② 극간법
③ 관통법　　　　④ 축통전법

|해설|
자분탐상검사의 종류
• 축통전법　　　　• 직각통전법
• 관통법　　　　　• 코일법
• 극간법

정답 ①

---

① 현미경조직검사의 원리

금속조직은 동일한 화학성분이라도 주조조직이나 가공조직, 열처리조직이 다르며 금속의 성질에 큰 영향을 미친다. 따라서 현미경조직검사는 조직을 관찰하고 결함을 파악하는 데 사용한다.

② 현미경조직검사의 활용

㉠ 균열의 형상과 성장 상황

㉡ 금속조직의 구분 및 결정입도의 크기

㉢ 주조, 열처리, 단조 등에 의한 조직변화

㉣ 비금속 개재물의 종류와 형상, 크기 및 편석 부분의 상황

㉤ 파단면 관찰에 의한 파괴 양상의 파악 등에 따른 상세한 검토

③ 현미경조직검사의 방법

순 서	검사방법	내 용
1	시료 채취 및 제작	검사 부위를 채취한다(결함검사 시 결함부에서 가까운 부분을 25mm 크기로 절단).
2	연 마	현미경 관찰이 용이하도록 평활한 측정면을 만드는 작업한다.
3	부식(Etching)	검사할 면을 부식시킨다.
4	조직 관찰	금속현미경을 사용하여 시험편의 조직을 관찰한다.

㉠ 현미경조직시험의 순서

시험편 채취 → 마운팅 → 샌드페이퍼 연마 → 폴리싱 → 부식 → 알코올 세척 및 건조 → 현미경조직검사

• 마운팅 : 시편의 성형작업

• 폴리싱(Polishing) : 알루미나 등의 연마입자가 부착된 연마벨트로 제품 표면의 이물질을 제거하여 제품의 표면을 매끈하고 광택이 나게 만드는 정밀입자가공법으로 버핑가공의 전 단계에서 실시한다.

④ 용융금속의 응고과정

결정핵 생성 → 수지상 결정(수지상정) 형성 → 결정립계(결정립경계) 형성 → 결정입자 구성

---

⑤ 연마(Grinding-polishing)

　㉠ 연마의 종류
　　• 거친연마
　　• 중간연마
　　• 미세연마
　　• 광택연마

　㉡ 연마작업 시 주의사항
　　• 각 단계로 넘어갈 때마다 시험편의 연마 흔적이 나타나지 않도록 먼저 작업한 연마방향에 수직방향으로 연마를 하며 평면이 되게 한다.
　　• 광택연마는 최종연마로 미세한 표면 홈을 제거하여 매끄러운 광택의 표면을 얻기 위해 회전식 연마기를 사용하여 특수연마포에 연마제를 뿌려 가며 광택을 낸다.

　㉢ 연마제의 종류

일반재료	Fe_2O_3, Cr_2O_3, Al_2O_3
경합금	Al_2O_3, MgO
초경합금	다이아몬드 페이스트

⑥ 부식제의 종류

부식할 금속	부식제
철강용	질산알코올용액과 피크린산알코올용액, 염산, 초산
Al과 그 합금	플루오린화수소액
금, 백금 등 귀금속의 부식제	왕 수

8-1. 금속현미경조직시험의 진행과정 순서로 맞는 것은?

① 시편의 채취 → 성형 → 연삭 → 광연마 → 물세척 및 건조 → 부식 → 알코올 세척 및 건조 → 현미경검사

② 시편의 채취 → 광연마 → 연삭 → 성형 → 물세척 및 건조 → 부식 → 알코올 세척 및 건조 → 현미경검사

③ 시편의 채취 → 성형 → 물세척 및 건조 → 광연마 → 연삭 → 부식 → 알코올 세척 및 건조 → 현미경검사

④ 시편의 채취 → 알코올 세척 및 건조 → 성형 → 광연마 → 물세척 및 건조 → 연삭 → 부식 → 현미경검사

8-2. 용접부의 단면을 연삭기나 샌드페이퍼 등으로 연마하고 적당한 부식을 해서 육안이나 저배율의 확대경으로 관찰하여 용입의 상태, 열영향부의 범위, 결함의 유무 등을 알아보는 시험은?

① 파면시험
② 현미경시험
③ 응력부식시험
④ 매크로조직시험

8-3. 철강에 주로 사용되는 부식액이 아닌 것은?

① 염산 1 : 물 1의 액
② 염산 3.8 : 황린 1.2 : 물 5.0의 액
③ 수소 1 : 물 1.5의 액
④ 초산 1 : 물 3의 액

|해설|

8-1

현미경조직시험의 순서
시험편 채취 → 마운팅 → 샌드페이퍼 연마 → 폴리싱 → 부식 → 알코올 세척 및 건조 → 현미경 조직검사

8-2

매크로조직시험 : 용접부의 단면을 연삭기나 샌드페이퍼로 연마한 뒤 부식시켜 육안이나 저배율확대경으로 관찰함으로써 용입상태나 열영향부의 범위, 결함 등을 파악하는 시험법으로 현미경조직시험이라고도 불린다.

8-3

수소는 부식액으로 사용하지 않는다.

정답 8-1 ① 8-2 ④ 8-3 ③

① 침투탐상시험의 정의

검사하려는 대상물의 표면에 침투력이 강한 형광성 침투액을 도포 또는 분무하거나 표면 전체를 침투액 속에 침적시켜 표면의 흠집 속에 침투액이 스며들게 한 다음 이를 백색분말의 현상제(MgO, BaCO₃)나 현상액을 뿌려서 침투액을 표면으로부터 빨아내서 결함을 검출하는 방법으로 모세관현상을 이용한다. 침투액이 형광물질이면 형광침투탐상시험이라고 불린다.

② 침투탐상시험의 특징

㉠ 물체의 표면에 균열, 흠, 핀홀 등 개구부를 갖는 결함에 대해서만 유효한 방법이며, 비자성재료의 표면결함검출에 효과가 있다.

㉡ 점성이 높은 침투액은 결함 내부로 천천히 이동하며 침투속도를 느리게 한다. 온도가 낮을수록 점성이 커지게 되기 때문에 검사온도는 15~50℃ 사이에서 약 5분간 시험을 해야 한다.

㉢ 점성이란 서로 접촉하는 액체간 떨어지지 않으려는 성질로, 온도에 따라 바뀐다. 이 성질은 침투력 자체에는 영향을 미치지 않으나, 침투액이 용접결함 속으로 침투하는 속도에 영향을 준다.

㉣ 시험방법이 간단하여 초보자도 쉽게 검사할 수 있으므로, 검사원의 경험과는 큰 관련이 없다.

10년간 자주 출제된 문제

모세관현상을 이용하여 표면결함을 검사하는 방법은?

① 육안검사
② 침투검사
③ 자분검사
④ 전자기적 검사

정답 ②

---

① 와전류탐상검사의 정의

도체에 전류가 흐르면 그 도체 주위에는 자기장이 형성되며, 반대로 변화하는 자기장 내에서는 도체에 전류가 유도된다.

② 와전류탐상검사의 특징

㉠ 결함의 크기, 두께 및 재질의 변화 등을 동시에 검사할 수 있다.

㉡ 결함 지시가 모니터에 전기적 신호로 나타나므로 기록 보존과 재생이 용이하다.

㉢ 표면에 흐르는 전류의 형태를 파악하여 검사하는 방법으로 깊은 부위의 결함은 찾아낼 수 없다.

㉣ 표면부 결함의 탐상감도가 우수하며 고온에서의 검사 및 얇고 가는 소재와 구멍의 내부 등을 검사할 수 있다.

10년간 자주 출제된 문제

와전류탐상검사의 장점이 아닌 것은?

① 결함의 크기, 두께 및 재질의 변화 등을 동시에 검사할 수 있다.
② 결함 지시가 모니터에 전기적 신호로 나타나므로 기록 보존과 재생이 용이하다.
③ 검사체의 표면으로부터 깊은 내부결함 및 강자성 금속도 탐상이 가능하다.
④ 표면부 결함의 탐상감도가 우수하며 고온에서의 검사 및 얇고 가는 소재와 구멍의 내부 등을 검사할 수 있다.

|해설|

와전류탐상검사 : 도체에 전류가 흐르면 그 도체 주위에는 자기장이 형성되며, 반대로 변화하는 자기장 내에서는 도체에 전류가 유도된다. 표면에 흐르는 전류의 형태를 파악하여 검사하는 방법으로 깊은 부위의 결함은 찾아낼 수 없다.

정답 ③

CHAPTER 05 공업경영

제1절 품질관리

핵심이론 01 | 품질관리 일반

① 품질(Quality)의 정의

생산된 제품이나 사람들이 제공받은 서비스가 소비자의 요구를 만족하고 있는지를 판단하기 위한 평가의 대상이 되는 고유의 성질이나 성능을 총칭하는 용어로, 일부 학자들은 요구사항이나 규격에 부합되는 것이라고도 말하고 있다.

② 품질관리(Quality Control)의 정의

제품의 품질을 일정하게 유지시키고, 더욱 향상시키기 위한 모든 관리절차를 말한다.

③ 품질관리의 역사

작업자 품질관리 시대 → 직장 품질관리 시대 → 검사 품질관리 시대 → 통계적 품질관리 시대 → 종합적 품질관리 시대 → 종합적 품질경영 시대

> **품질 관련 사회운동 : ZD 운동(Zero Defect Movement)**
> 미국의 마리에타 기업에서 시작된 품질개선을 위한 동기부여 프로그램으로 모든 작업자가 무결점을 목표로 처음부터 올바른 작업을 수행하여 품질비용을 줄이기 위한 운동이다.

④ 품질관리도구의 종류

ⓐ 파레토그림(파레토도)

• 파레토그림의 정의 : 불량이나 고장 등의 발생 수량을 항목별로 나누어 수치가 큰 순서대로 나열해 놓은 그림으로, 부적합의 내용별로 분류하여 그 순서대로 나열하면 부적합의 중점 순위를 알 수 있다.

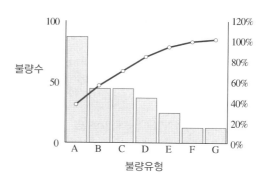

• 파레토그림의 특징

– 개선 전과 후를 쉽게 비교할 수 있다.

– 중점관리 부적합 대상을 쉽게 선정할 수 있다.

ⓑ 특성요인도

• 특성요인도의 정의 : 원인과 결과가 어떻게 연계되어 있는지를 한눈에 알 수 있도록 나타낸 그림으로, 생선-뼈그림으로 불리기도 한다. 문제가 되고 있는 특성과 그 특성에 영향을 미친다고 여기는 요인과의 관계를 계통으로 그린 그림이다. 특성에 미치는 요인의 영향도는 수치로 파악하여 파레토그림으로 표현하는데, 수치로 표현하지 않을 경우는 그에 영향을 미친다고 생각되는 것을 브레인스토밍 방식으로 검토해서 적용한다.

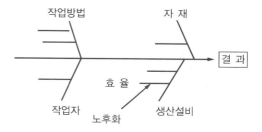

CHAPTER 05 공업경영 ■ 133

- 특성요인도의 특징
  - 많은 의견을 한 장의 그림으로 정리가 가능하다.
  - 브레인스토밍 회의기법을 사용하여 그래프 작성이 가능하다.
  - 원인으로는 5M1E를 사용한다(Man, Machine, Method, Material, Measurement, Environ-ment).

> **더 알아보기!**
> **확산적 회의기법 : 브레인스토밍**
> 여러 사람이 한자리에 모여서 하나 혹은 다양한 주제에 대하여 자유롭게 의견을 제시하면 그것들을 모두 기록하면서 의견을 모으는 회의기법으로, 어떤 의견에도 비판 없이 자유로운 분위기에서 자신의 의견을 제시함으로써 많은 양의 아이디어를 모으는 것이 브레인스토밍의 특징이다.

ⓒ 히스토그램
- 정의 : 길이나 무게와 같이 계량치 데이터가 어떤 분포를 띠고 있는지를 알아보기 위한 그림으로 도수분포표를 바탕으로 기둥그래프 형태로 만든 것이다.

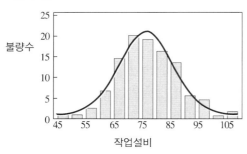

- 히스토그램의 특징
  - 데이터 분포를 확인할 수 있다.
  - 공정별 품질역량을 판단할 수 있다.
  - 기준과 비교하여 불량률을 파악할 수 있다.
  - 데이터만으로 알기 힘든 평균이나 산포의 크기를 알 수 있다.
  - 데이터가 얻어지는 공정의 안정성 정도를 대략적으로 판별할 수 있다.

ⓡ 산점도(Scatter Plot) : 서로 대응되는 두 개의 짝으로 된 데이터를 그래프용지 위에 점으로 나타낸 그림으로, 짝으로 된 두 개의 데이터 간의 상관관계를 파악할 수 있다.

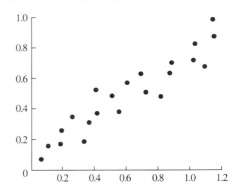

ⓜ 체크시트 : 불량이나 결함수와 같은 계수치 데이터를 항목별로 어느 부분에 집중되어 있는가를 알아보기 쉽게 나타낸 그림이나 표이다. 파레토그림을 그리기 위해 데이터를 수집할 때 체크시트가 많이 사용된다.

⑤ 통계용어
ⓐ 정성적 : 물질의 성분이나 성질
ⓑ 정량적 : 수량을 세어 정하는 것
ⓒ 범위(Range) : 자료의 흩어진 정도를 측정하는 방법 중 하나로 최곳값에서 최솟값을 뺀 것을 R로 표시한다.
ⓡ 분산(Variance) : 변수의 흩어진 정도를 나타내는 지표

> 분산 = 부분군의 크기 × 1단위당 평균 부적합품수
> $$= 부분군의 크기 \times \frac{부적합수}{부분군의 크기}$$

ⓜ 변동계수(Coefficient of Variation) : 표준편차를 평균값으로 나눈 값으로 측정단위가 서로 다른 자료를 비교하고자 할 때 사용한다.

ⓑ 최빈값(Mode) : 주어진 자료 중 가장 많이 나타나는 값으로 모집단의 중심적 경향을 나타내는 척도이다. 평균이나 중앙값을 구하기 어려운 경우에 사용한다.

ⓢ 정규분포 : 통계이론 중 가장 중요한 확률분포값이다.

• 정규분포의 특징
  - 평균치와 중앙값이 같다.
  - 그래프에서 중심이 가장 높다.
  - 표준편차가 클수록 산포가 나쁘다.
  - 평균치가 0이고, 표준편차가 1인 정규분포를 표준정규분포라 불린다.
  - 그래프는 평균을 중심으로 좌우가 대칭으로 중심축의 위치와 분포가 중심축을 중심으로 흩어졌다.

10년간 자주 출제된 문제

다음 중 브레인스토밍(Brainstorming)과 가장 관계가 깊은 것은?

① 파레토도   ② 히스토그램
③ 회귀분석   ④ 특성요인도

|해설|

특성요인도란 문제가 되는 특성과 그 특성에 영향을 미친다고 여기는 요인과의 관계를 계통으로 그린 그림이다. 특성에 미치는 요인의 영향도는 수치로 파악하여 파레토그림으로 표현하는데 수치로 표현하지 않을 경우 그에 영향을 미친다고 생각되는 것을 브레인스토밍 방식으로 검토해서 적용한다.

정답 ④

핵심이론 02 | 샘플링검사

① 샘플링검사

한 로트(Lot)의 물품 중에서 발췌한 시료를 조사하고 그 결과를 판정기준과 비교하여 그 로트의 합격 여부를 결정하는 검사이다. 여기서 Lot란 같은 조건하에서 생산되거나 생산된 물품의 집합으로 Lot Size는 하나의 Lot에 포함된 제품의 수량이다.

🔍 더 알아보기!

검사의 정의 : 일정한 품질이나 서비스에 대한 특성에 대해 측정이나 검정, 게이지를 사용하여 시험하고 각 특성이 규정에 적합한지를 판정하는 활동

② 샘플링검사의 분류

㉠ 목적에 따른 분류

• 수입검사 : 재료나 반제품, 제품을 외부로부터 투입되는 경우, 제조공정에 투입하기 전 규정된 품질을 만족시키는가를 확인하기 위해 이루어지는 검사이다.

• 공정검사 : 여러 공정에 걸쳐 제품이 생산되는 경우 앞 공정이 다음 공정으로 이동할 때 행해지는 검사로 전수검사보다 샘플링검사가 더 알맞다.

• 최종검사 : 제조공정의 최종단계에서 실시되는 검사로 완성품이 제품의 요구사항을 충족하고 있는지를 판정하기 위한 검사이다.

• 출하검사 : 재고로 쌓여 있을 때 어떤 이상점이 없는지, 포장상태는 어떤지 출하 전 제품의 상태를 점검하는 검사이다.

🔍 더 알아보기!

출장검사 : 회사 내부가 아닌 외부기업이나 장소에서 검사를 진행하는 것을 목적으로 하는 검사로 검사장소에 의한 분류에 속한다.

㉡ 대상에 따른 분류

• 전수검사 : 개개의 모든 부품의 품질상태를 검사

• 로트샘플링검사 : 개별 로트당 합격과 불합격품을 검사

- 관리샘플링검사 : 제조공정관리, 문제점발견을 목적으로 하는 검사
- 무검사 : 제품검사 없이 제품성적서만을 확인하는 검사

③ 샘플링검사의 종류

㉠ 단순랜덤샘플링 : 모집단의 크기가 N인 모집단으로부터 n개의 샘플링 단위의 가능한 조합의 각각 뽑힐 확률이 동일하도록 하여 샘플을 추출하는 샘플링방법이다. 모집단의 개채에 대해 1부터 N까지 번호를 부여하고 n개의 난수를 발생시켜 그 번호에 해당하는 개체를 샘플링단위로 하여 샘플로 취한다.

㉡ 계통샘플링 : 시료를 시간적으로나 공간적으로 일정한 간격을 두고 취하는 샘플링방법이다.

- 계통샘플링 절차
  - 크기가 N인 모집단에 대해 각각의 개체(부품이나 제품)에 일련번호를 부여한다.
  - 크기가 n인 샘플을 추출할 때 추출 간격 $(k) = \dfrac{N}{n}$ 을 결정한다.
  - 1에서 k 사이의 난수 h를 발생하여 이 번호(h)에 해당하는 개체를 첫 번째 샘플로 추출한다.
  - 두 번째 이후의 샘플 선택은 k만큼 일정한 간격으로 추출한다.

- 계통샘플링의 특징
  - 연속생산공정과 같이 모집단이 순서대로 정렬된 경우 추출이 용이하다.
  - 모집단의 순서에 어떤 경향이나 주기성이 없다면 단순랜덤샘플링보다 더 좋은 정밀도의 데이터를 얻는다.
  - 모집단에 주기성이 내포되면 계통샘플링의 결과는 왜곡될 수 있는데 이 경우 지그재그샘플링방법을 이용한다.

㉢ 2단계샘플링 : 전체 크기가 N인 로트로 각각 A개씩 제품이 포함되어 있는 서브 Lot로 나뉘어져 있을 때, 서브 Lot에서 랜덤하게 몇 상자를 선택해서 각 상자로부터 몇 개의 제품을 랜덤하게 샘플링하는 방법이다.

㉣ 층별샘플링 : 모집단인 Lot를 몇 개의 층(서브 Lot)으로 나누어 각 층으로부터 하나 이상의 샘플링시료를 취하는 방법이다.

㉤ 집락샘플링(취락샘플링) : 모집단을 여러 개의 층인 서브 Lot로 나누고, 그중 일부를 랜덤으로 샘플링한 후 샘플링된 층에 속해 있는 모든 제품을 조사하는 방법이다.

㉥ 지그재그샘플링 : 계통샘플링의 간격을 복수로 하여 치우침을 방지하기 위한 방법이다.

㉦ 워크샘플링 : 관측대상을 무작위로 선정하여 일정시간 동안 관측한 데이터를 취합한 후 이를 기초로 하여 작업자나 기계설비의 가동상태 등을 통계적 수법을 사용하여 분석하는 작업연구의 한 방법이다.

④ 샘플링 관련 용어

㉠ 샘플(시료, 표본) : 모집단의 정보를 얻기 위해 모집단에서 채취한 하나 이상의 샘플링 단위이다.

㉡ 샘플링 : 모집단에서 샘플을 뽑는 행위이다.

㉢ 층별 : 모집단을 몇 개의 층으로 분할하는 것으로, 층이란 부분모집단의 일종으로 서로 공통 부분을 갖지 않고 각각의 층을 합한 것이 모집단이다.

㉣ 부적합품률 : 부적합 항목의 수를 검사한 항목의 총수로 나눈 것이다.

$$부적합품률 = \frac{부적합\ 항목의\ 수}{검사한\ 항목의\ 수}$$

⑤ 검사특성곡선(OC곡선)

A, B, C 타입의 곡선으로 분류되는데 A타입은 Lot의 품질수준에 대해 Lot가 합격판정기준을 만족하는 확률관계를 나타낸 곡선이다. B타입은 생산된 Lot가 합격되는 확률을 나타낸 곡선이다. C타입은 소정의 연속형 샘플링검사에서 샘플링검사기간 동안 제품이 합격하는 백분율을 장기간의 평균값으로 나타낸 곡선이다.

⑥ 소비자위험품질(CRQ ; Consumer's Risk Quality)

샘플링검사방식에서 Lot나 Process의 규정된 소비자위험에 대응하는 품질수준이다.

2-1. 검사의 종류 중 검사공정에 의한 분류에 해당되지 않는 것은?

① 수입검사   ② 출하검사
③ 출장검사   ④ 공정검사

2-2. 샘플링에 관한 설명으로 틀린 것은?

① 취락샘플링에서는 취락 간의 차는 작게, 취락 내의 차는 크게 한다.
② 제조공정의 품질특성에 주기적인 변동이 있는 경우 계통샘플링을 적용하는 것이 좋다.
③ 시간적 또는 공간적으로 일정 간격을 두고 샘플링하는 방법을 계통샘플링이라고 한다.
④ 모집단을 몇 개의 층으로 나누어 각 층마다 랜덤하게 시료를 추출하는 것을 층별샘플링이라고 한다.

2-3. 모집단으로부터 공간적, 시간적으로 간격을 일정하게 하여 샘플링하는 방식은?

① 단순랜덤샘플링(Simple Random Sampling)
② 2단계 샘플링(Two-stage Sampling)
③ 취락샘플링(Cluster Sampling)
④ 계통샘플링(Systematic Sampling)

|해설|

2-1
출장검사는 검사장소에 의한 분류에 속한다.

2-2
품질특성에 주기적인 변동이 있는 경우 계통샘플링은 사용하지 않는 것이 좋다.

2-3
계통샘플링은 모집단으로부터 시간적으로나 공간적으로 일정한 간격을 두고 취하는 샘플링방법이다.

정답 2-1 ③ 2-2 ② 2-3 ④

① 관리도의 정의

생산공정에서 이상이 발생했을 때 빨리 이를 발견하여 수정하게 함으로써 부적합품의 발생을 사전에 억제하기 위해서 사용하는 그림이나 차트이다.

② 관리도의 관리한계선

벨 연구소의 슈하트가 개발한 관리한계선의 3가지 관리영역은 다음과 같다.

㉠ 중심선 : CL(Central Line)

㉡ 관리상한선 : UCL(Upper Control Limit)

㉢ 관리하한선 : LCL(Lower Control Limit)

> **🔍 더 알아보기 !**
>
> **슈하트 관리도** : 프로세스가 통계적 관리상태인지의 여부를 판단하기 위한 관리도

③ 관리도의 종류

㉠ 정의 : 특성치에 따라 계량형 관리도와 계수형 관리도로 구분되는데, 일반적으로 3σ 관리한계선을 갖는 슈하트 관리도가 산업현장에서 많이 사용된다.

㉡ 관리도의 분류

• 계량형 관리도 : 공정의 품질특성치가 중량이나 길이, 소음, 강도와 같이 계량형 데이터인 경우 사용되는 관리도

• 계수형 관리도 : 적합이나 부적합, 부적합수와 같이 계수형으로 측정이 이루어지는 공정을 관리하기 위한 관리도

㉢ 관리도의 분류에 따른 종류

구 분	관리도의 종류	
계량형 관리도 (계량값)	x 관리도	개별치 관리도
	$\bar{x}$ 관리도	평균 관리도
	$\bar{x}$-R 관리도	평균치와 범위 관리도
	Me-R 관리도	중위수와 범위 관리도
	Me 관리도	중위수 관리도
	R 관리도	범위 관리도
	S 관리도	표준편차 관리도
계수형 관리도 (계수치)	C 관리도	부적합수 관리도
	P 관리도	부적합품률 관리도
	nP 관리도	부적합품수 관리도
	U 관리도	단위당 부적합수 관리도

㉣ 관리도의 종류별 특징

• 측정치가 적합이나 부적합으로 얻어지는 관리도 : nP, P 관리도

• 측정치가 부적합수(결점수)로 얻어지는 관리도 : C, U 관리도

• 부분군의 크기 n이 일정하면 C관리도, n이 변화하면 U 관리도

• 측정치가 부적합품수로 얻어지는 관리도 : U 관리도

④ 관리도의 오류

㉠ 제1종 오류 : 해당 공정이 관리상태에 있음에도 불구하고 점이 우연히 관리한계 밖으로 이탈할 때 일어나는데, 공정이 이상상태라고 잘못 판단하여 존재하지 않은 문제의 원인을 조사하는 비용이 발생한다. 이 개념을 만든 슈하트는 이 크기를 0.3% 정도로 본다.

㉡ 제2종 오류 : 해당 공정이 이상상태일 경우 우연히 관리한계 내에 점이 나타날 때 발생하는데, 이 경우 공정이 관리상태에 있다고 오류로 결론을 내리게 되는데 부적합품의 증가를 검출할 수 없는데 따르는 비용이 발생한다.

제2종 오류에 대한 위험률은 3가지 요소의 함수가 있다.
- 관리한계의 폭
- 군의 크기
- 공정 이상상태의 정도

⑤ 관리도의 사용 절차

관리가 필요한 제품이나 제품군 선정 → 관리항목 선정 → 관리도 선정 → 시료 채취 및 측정하여 관리도 작성

3-1. 다음은 관리도의 사용절차를 나타낸 것이다. 관리도의 사용절차를 순서대로 나열한 것은?

ㄱ 관리하여야 할 항목의 선정
ㄴ 관리도의 선정
ㄷ 관리하려는 제품이나 종류 선정
ㄹ 시료를 채취하고 측정하여 관리도를 작성

① ㄱ → ㄴ → ㄷ → ㄹ
② ㄱ → ㄷ → ㄹ → ㄴ
③ ㄷ → ㄱ → ㄴ → ㄹ
④ ㄷ → ㄹ → ㄱ → ㄴ

3-2. 3σ법의 $\bar{x}$관리도에서 공정이 관리상태에 있는데도 불구하고 관리상태가 아니라고 판정하는 제1종 과오는 약 몇 %인가?

① 0.27
② 0.54
③ 1.0
④ 1.2

|해설|

3-1
관리도의 사용 절차
관리가 필요한 제품이나 제품군 선정 → 관리항목 선정 → 관리도 선정 → 시료 채취 및 측정하여 관리도 작성

3-2
관리도의 두 가지 오류 중에서 제1종 오류란 해당 공정이 관리상태에 있음에도 불구하고 점이 우연히 관리한계 밖으로 이탈할 때 일어나는데, 공정이 이상상태라고 잘못 판단하여 존재하지 않은 문제의 원인을 조사하는 비용이 발생한다. 이 개념을 만든 슈하트는 이 크기를 0.3% 정도로 본다. 따라서 정답은 ①번이 적합하다.

정답 3-1 ③ 3-2 ①

제2절 **생산관리**

핵심이론 01 | 생산계획 및 통제

① 생산관리의 정의
규정된 품질의 제품을 일정한 기간 내에 필요한 수량만큼을 기대되는 원가로 생산하기 위해 생산을 예측하고 모든 활동을 계획하고 통제 및 조정함으로써 생산활동 전체의 최적화를 도모하는 것이다.

② 관리사이클의 순서

P		D		C		A
계획(Plan)	→	실시(Do)	→	체크(Check)	→	조치(Act)

③ Mill Sheet(자재성적서) 포함사항
ㄱ 내압검사
ㄴ 재료의 치수
ㄷ 화학성분 및 함량
ㄹ 해당 자재의 규격
ㅁ 기계시험 및 측정값
ㅂ 용접 후 열처리 및 비파괴시험 유무

④ 제조공정분석표 사용기호

공정명	기호 명칭	기호 형상
가 공	가 공	○
운 반	운 반	⇒
정 체	저 장	▽
	대 기	D
검 사	수량검사	□
	품질검사	◇

⑤ 작업방법 개선 기본 4원칙

배제 – 결합 – 재배열 – 단순화

⑥ 생산보전의 분류

유지활동	예방보전(PM)	정상운전, 일상보전, 정기보전, 예지보전
	사후보전(BM)	–
개선활동	개량보전(CM)	–
	보전예방(MP)	–

⑦ 보전의 종류
  ㉠ 부문보전 : 보전작업자는 조직상 각 제조부문의 감독자 밑에 둔다.
  ㉡ 절충보전 : 지역보전이나 부문보전과 집중보전을 조합시켜 각각의 장단점을 고려한 방식이다.
  ㉢ 집중보전 : 모든 보전작업자가 한 명의 관리자 밑에 조직되며 보전현장도 한곳으로 집중된다. 설계나 예방보전의 관리, 공사관리도 모두 한곳에서 집중적으로 이루어진다.
  ㉣ 지역보전 : 조직상으로는 집중보전과 비슷하며 보전지역은 각 지역에 분산되어 있다. 여기서 지역이란 지리적 혹은 제품별, 제조별, 제조부문별 구분을 의미하는데 각 지역에 위치한 보전조직은 각각의 생산현장에 위치하므로 현장의 왕복시간은 타 보전법에 비해 줄어든다.

⑧ 주요 용어
  ㉠ 정미시간 : Net Time, 표준작업시간이다.
  ㉡ 내경법의 여유율
$$= \frac{여유시간}{기본작업시간(정미+여유)} \times 100\%$$
  ㉢ 비용구배 $= \dfrac{특급작업비용 - 정상작업비용}{정상작업기간 - 특급작업기간}$

㉣ 이동평균법 : 평균의 계산기간을 순차로 한 개항씩 이동시켜 가면서 기간별 평균을 계산하여 경향치를 구하는 방법이다. 가장 오래된 데이터는 제거하고 가장 최초의 데이터로부터 평균에 대입하여 값을 구한다. 만일, 1~5월의 생산량을 바탕으로 6월 예상 생산량을 구하는 식은 다음과 같다.

$$M_6 = \frac{1}{5}(M_1 + M_2 + M_3 + M_4 + M_5)$$

1-1. 관리사이클의 순서를 가장 적절하게 표시한 것은?(단, A는 조치(Act), C는 체크(Check), D는 실시(Do), P는 계획(Plan)이다)
① P → D → C → A
② A → D → C → P
③ P → A → C → D
④ P → C → A → D

1-2. ASME(American Society of Mechanical Engineers)에서 정의하고 있는 제품공정분석표에 사용되는 기호 중 "저장(Storage)"을 표현한 것은?

①   ②
③   ④

1-3. 다음 내용은 설비보전조직에 대한 설명이다. 어떤 조직의 형태에 대한 설명인가?

보전작업자는 조직상 각 제조부문의 감독자 밑에 둔다. • 단점 : 생산 우선에 의한 보전작업 경시, 보전기술 향상의 곤란성 • 장점 : 운전자와 일체감 및 현장감독의 용이성

① 집중보전   ② 지역보전
③ 부문보전   ④ 절충보전

| 해설 |

1-1
관리 사이클의 순서

| P 계획 (Plan) | → | D 실시 (Do) | → | C 체크 (Check) | → | A 조치 (Act) |

1-2
제조공정분석표 사용기호

공정명	기호 명칭	기호 형상	공정명	기호 명칭	기호 형상
가 공	가 공	○	운 반	운 반	⇨
정 체	저 장	▽	검 사	수량검사	□
	대 기	D		품질검사	◇

1-3
③ 부문보전 : 보전작업자는 조직상 각 제조부문의 감독자 밑에 둔다.
① 집중보전 : 모든 보전작업자가 한 명의 관리자 밑에 조직되며 보전현장도 한곳으로 집중된다. 설계나 예방보전의 관리, 공사관리도 모두 한곳에서 집중적으로 이루어진다.
② 지역보전 : 조직상으로는 집중보전과 비슷하며 보전지역은 각 지역에 분산되어 있다. 여기서 지역이란 지리적 혹은 제품별, 제조별, 제조부문별 구분을 의미한다.
④ 절충보전 : 지역보전이나 부문보전과 집중보전을 조합시켜 각각의 장단점을 고려한 방식이다.

정답 1-1 ① 1-2 ③ 1-3 ③

핵심이론 02 | 작업방법 및 작업시간 연구

① 작업연구의 정의

작업 중에 포함되어 있는 "무리, 낭비, 억지"를 줄여서 가장 피로가 적으면서 적절한 작업방법인 표준작업방법을 결정하는 것과 더불어 소요되는 시간도 조사하여 표준시간을 설정하기 위한 기법체계로 주요 작업연구의 기법에는 공정분석과 시간연구, 동작연구, PTS(Pre-determined Time System), 가동분석 등이 있다.

② 작업연구의 목적

㉠ 생산량 향상

㉡ 작업능률 향상

㉢ 작업시간의 단축

㉣ 효율적인 업무 배분

㉤ 제품품질의 균일화

㉥ 좋은 작업환경 유지 및 개선

㉦ 생산인력의 효율적 관리 향상

③ 작업연구의 구성

㉠ 방법연구(동작연구)

경제적인 작업방법을 고려하여 최적화된 표준의 작업방법 개발이 그 목적이다.

㉡ 시간연구(작업측정)

작업에 필요한 표준시간의 측정에 그 목적이 있다.

④ 작업연구의 분류

⑤ 작업연구의 종류 및 특징

㉠ PTS법 : 모든 작업을 기본동작으로 분해하고 각 기본동작의 성질과 조건에 따라 미리 정해 놓은 시간치를 적용하여 정미시간을 산정하는 방법이다.

[주요 PTS 특성 비교]

구 분	MTM법	RWF법
의 미	작업에 필요한 기본동작으로 분해한 후 조건에 대응하는 시간치 부여	신체 각 부분의 동작난이도에 따라 서로 다른 개수의 작업요소 부여
난이도	규칙 : 간단 분석 : 다소 어려움	규칙 : 복잡 분석 : 쉬움
시간단위	$1TMU = \dfrac{1}{100,000}$시간	1RU = 0.001분
적 용	중공업공정	전자 및 기계조립공정

• TMU(Time Measurement Unit)
• RU(Ready Time Unit)

㉡ Work Sampling법 : 관측대상을 무작위로 선정하여 일정시간 동안 관측한 데이터를 취합한 후 이를 기초로 하여 작업자나 기계설비의 가동상태 등을 통계적 수법을 사용하여 분석하는 작업연구의 한 방법이다.

㉢ 스톱워치법 : 테일러에 의해 처음 도입된 방법이다. 스톱워치를 들고 작업시간을 직접 관측하여 표준시간을 설정하는 기법이므로 직접측정법에 속한다.

㉣ 실적자료법 : 기존 데이터자료를 기반으로 시간을 추정하는 방법이다.

㉤ 경험견적법 : 전문가의 경험을 이용하는 방법으로, 비용이 저렴하고 산정시간이 작지만 작업하는 상황변화를 반영하지 못한다는 단점이 있다.

㉥ 표준자료법 : 표준시간 동안 축적된 자료를 분석하는 방법이다.

⑥ 용어정리

㉠ 유휴시간 : 근무시간 중 생산량에 기여하지 않는 모든 낭비되는 시간이다.

㉡ 생산성 : 생산시스템의 효율 정도를 평가하는 척도로 투입량과 생산량의 비율이다.

$$생산성 = \frac{산출}{투입}$$

㉢ 길브레스와 테일러의 작업 측정
길브레스는 동작(방법)에 집중했으나, 테일러는 일의 총량은 작업자에 따라 다르다는 전제하에 작업을 측정하였다.

㉣ 반즈의 동작경제원칙
• 신체의 사용에 관한 원칙
• 작업장의 배치에 관한 원칙
• 공구 및 설비의 디자인에 관한 원칙

2-1. 워크샘플링에 관한 설명 중 틀린 것은?

① 워크샘플링은 일명 스냅리딩(Snap Reading)이라 불린다.
② 워크샘플링은 스톱워치를 사용하여 관측대상을 순간적으로 관측하는 것이다.
③ 워크샘플링은 영국의 통계학자 L.H.C. Tippet이 가동률조사를 위해 창안한 것이다.
④ 워크샘플링은 사람의 상태나 기계의 가동상태 및 작업의 종류 등을 순간적으로 관측하는 것이다.

2-2. 표준시간 설정 시 미리 정해진 표를 활용하여 작업자의 동작에 대해 시간을 산정하는 시간연구법에 해당되는 것은?

① PTS법
② 스톱워치법
③ 워크샘플링법
④ 실적자료법

2-3. MTM(Method Time Measurement)법에서 사용되는 1TMU(Time Measurement Unit)는 몇 시간인가?

① $\frac{1}{100,000}$ 시간
② $\frac{1}{10,000}$ 시간
③ $\frac{6}{10,000}$ 시간
④ $\frac{36}{1,000}$ 시간

|해설|

2-1

스톱워치를 사용하는 샘플링법은 스톱워치법으로 테일러에 의해 처음 도입된 방법이다. 스톱워치를 들고 작업시간을 직접 관측하여 표준시간을 설정하는 기법으로, 직접측정법의 일종이다.

워크샘플링법 : 관측대상을 무작위로 선정하여 일정시간 동안 관측한 데이터를 취합한 후 이를 기초로 하여 작업자나 기계설비의 가동상태 등을 통계적 수법을 사용하여 분석하는 작업연구의 한 방법이다.

2-2

PTS법은 모든 작업을 기본동작으로 분해하고 각 기본동작의 성질과 조건에 따라 미리 정해 놓은 시간치를 적용하여 정미시간을 산정하는 방법이다.

2-3

MTM법에서의 1TMU 구하는 식 : $\frac{1}{100,000}$ 시간

정답 2-1 ② 2-2 ① 2-3 ①

PART 02

과년도+최근 기출복원문제

#기출유형 확인   #상세한 해설   #최종점검 테스트

01 피복아크용접봉 중 내균열성이 가장 우수한 것은?

① E4313

② E4316

③ E4324

④ E4327

해설

저수소계(E4316) 용접봉의 특징

• 기공이 발생하기 쉽다.

• 운봉에 숙련이 필요하다.

• 석회석이나 형석이 주성분이다.

• 이행 용적의 양이 적고, 입자가 크다.

• 용접봉 중 내균열성과 용착강도가 가장 우수하다.

• 강력한 탈산작용으로 강인성이 풍부하다.

• 아크가 다소 불안정하고 균열 감수성이 낮다.

• 용착금속 중의 수소 함량이 타 용접봉에 비해 1/10 정도로 현저하게 적다.

• 보통 저탄소강의 용접에 주로 사용되나 저합금강과 중·고탄소강의 용접에도 사용된다.

• 피복제는 습기를 잘 흡수하기 때문에 사용 전에 300~350℃에서 1~2시간 건조 후 사용해야 한다.

• 균열에 대한 감수성이 좋아 구속도가 큰 구조물의 용접이나 탄소 및 황의 함유량이 많은 쾌삭강의 용접에 사용한다.

02 아세틸렌가스의 성질 중 틀린 것은?

① 순수한 아세틸렌가스는 무색, 무취이다.

② 아세틸렌가스의 비중은 0.906으로 공기보다 가볍다.

③ 아세틸렌가스는 산소와 적당히 혼합하여 연소시키면 낮은 열을 낸다.

④ 아세틸렌가스는 아세톤에 25배가 용해된다.

해설

아세틸렌가스(Acetylene, C_2H_2)

• 400℃ 근처에서 자연 발화한다.

• 카바이드(CaC_2)를 물에 작용시켜 제조한다.

• 가스용접이나 절단 작업 시 연료가스로 사용된다.

• 구리나 은, 수은 등과 반응할 때 폭발성 물질이 생성된다.

• 산소와 적당히 혼합 후 연소시키면 3,000~3,500℃의 고온을 낸다.

• 아세틸렌가스의 비중은 0.906으로, 비중이 1.105인 산소보다 가볍다.

• 아세틸렌가스는 불포화탄화수소의 일종으로 불완전한 상태의 가스이다.

• 각종 액체에 용해가 잘된다(물 : 1배, 석유 : 2배, 벤젠 : 4배, 알코올 : 6배, 아세톤 : 25배).

• 가스봄베(병) 내부가 1.5기압 이상이 되면 폭발위험이 있고, 2기압 이상으로 압축하면 폭발한다.

• 아세틸렌가스의 충전은 15℃, 1기압하에서 15kgf/cm²의 압력으로 한다. 아세틸렌가스 1L의 무게는 1.176g이다.

• 순수한 카바이드 1kg은 이론적으로 348L의 아세틸렌가스를 발생하며, 보통의 카바이드는 230~300L의 아세틸렌가스를 발생시킨다.

• 순수한 아세틸렌가스는 무색무취의 기체이나 아세틸렌가스 중에 포함된 불순물인 인화수소, 황화수소, 암모니아에 의해 악취가 난다.

• 아세틸렌이 완전연소하는 데 이론적으로 2.5배의 산소가 필요하지만 실제는 아세틸렌에 불순물이 포함되어 1.2~1.3배의 산소가 필요하다.

• 아세틸렌은 공기 또는 산소와 혼합되면 폭발성이 격렬해지는데, 아세틸렌 15%, 산소 85% 부근이 가장 위험하다.

03 저압식 가스절단토치를 올바르게 설명한 것은?

① 아세틸렌가스의 압력이 보통 $0.07kgf/cm^2$ 이하에서 사용한다.

② 산소가스의 압력이 보통 $0.07kgf/cm^2$ 이하에서 사용한다.

③ 아세틸렌가스의 압력이 보통 $0.07kgf/cm^2$ 이상에서 사용한다.

④ 산소가스의 압력이 보통 $0.07{\sim}0.4kgf/cm^2$ 정도에서 사용한다.

해설

산소-아세틸렌가스용접용 토치의 사용압력

저압식	중압식	고압식
$0.07kgf/cm^2$ 이하	$0.07{\sim}1.3kgf/cm^2$	$1.3kgf/cm^2$ 이상

04 피복아크용접봉 피복제 중에 포함되어 있는 주요 성분은 용접에 있어서 중요한 작용과 역할을 하는데, 이 중 관계가 없는 것은?

① 아크안정제   ② 슬래그생성제

③ 고착제   ④ 침탄제

해설

피복아크용접용 피복제(피복배합제)에 침탄제는 포함되지 않는다.

심선을 둘러싸는 피복배합제의 종류

배합제	용도	종류
고착제	심선에 피복제를 고착시킨다.	규산나트륨, 규산칼륨, 아교
탈산제	용융금속 중의 산화물을 탈산·정련한다.	크로뮴, 망가니즈, 알루미늄, 규소철, 톱밥, 페로망가니즈(Fe-Mn), 페로실리콘(Fe-Si), Fe-Ti, 망가니즈철, 소맥분(밀가루)
가스 발생제	중성, 환원성 가스를 발생하여 대기와의 접촉을 차단하여 용융금속의 산화나 질화를 방지한다.	아교, 녹말, 톱밥, 탄산바륨, 셀룰로이드, 석회석, 마그네사이트
아크 안정제	아크를 안정시킨다.	산화타이타늄, 규산칼륨, 규산나트륨, 석회석
슬래그 생성제	용융점이 낮고 가벼운 슬래그를 만들어 산화나 질화를 방지한다.	석회석, 규사, 산화철, 일미나이트, 이산화망가니즈
합금 첨가제	용접부의 성질을 개선하기 위해 첨가한다.	페로망가니즈, 페로실리콘, 니켈, 몰리브데넘, 구리

05 용접열원으로서 제어가 매우 용이하고, 에너지의 집중화를 예측할 수 있는 에너지원은?

① 전자기적 에너지   ② 기계적 에너지

③ 화학반응 에너지   ④ 결정 에너지

해설

용접열원 중 열량의 제어가 가장 용이한 것은 전자기적 에너지이다. 따라서 에너지의 집중화를 예측할 수 있다.

06 교류아크용접기에서 용접사를 보호하기 위하여 사용한 장치는?

① 전격방지기   ② 핫스타트장치

③ 고주파발생장치   ④ 원격제어장치

해설

교류아크용접기에는 용접사의 감전사고 방지를 위하여 전격방지장치(전격방지기)가 반드시 설치되어 있어야 한다. 전격방지장치는 용접기가 작업을 쉬는 동안에 2차 무부하전압을 항상 25V 정도로 유지되도록 하여 전격을 방지하는 장치로 용접기에 부착된다.

② 핫스타트장치 : 아크가 발생하는 초기에만 용접전류를 커지게 만드는 아크발생제어장치이다.

③ 고주파발생장치 : 교류아크용접기의 아크안정성을 확보하기 위하여 상용주파수의 아크전류 외에 고전압(2,000~3,000V)의 고주파전류를 중첩시키는 방식이며 라디오나 TV 등에 방해를 주는 단점도 있으나 장점이 더 많다.

④ 원격제어장치 : 원거리에서 용접전류 및 용접전압 등의 조정이 필요할 때 설치하는 원거리 조정장치이다.

07 아세틸렌가스의 통로에 구리 또는 구리합금(62% 이상 구리)을 사용하면 안 되는 이유는?

① 아세틸렌의 과다한 공급을 초래하기 때문에

② 폭발성 화합물을 생성하기 때문에

③ 역화의 원인이 되기 때문에

④ 가스성분이 변하기 때문에

해설

아세틸렌가스(Acetylene, C_2H_2)가 구리(Cu)나 은(Ag)과 반응하면 폭발성 물질이 생성된다. 이 가스는 탄화수소 중 가장 불안전한 가스로 폭발의 위험성을 갖고 있다.

08 교류아크용접기의 종류 표시와 사용된 기호의 수치에 대한 설명 중 옳은 것은?

① AW-300으로 표시하며 300의 수치는 정격 출력 전류이다.
② AW-300으로 표시하며 300의 수치는 정격 1차 전류이다.
③ AC-300으로 표시하며 300의 수치는 정격 출력 전류이다.
④ AC-300으로 표시하며 300의 수치는 정격 1차 전류이다.

해설
AW-300 교류아크용접기에서 300은 정격 2차 전류(출력전류)가 300A 흐를 수 있는 용량을 값으로 표현한 것이다.

09 레이저절단기의 구성요소가 아닌 것은?

① 광전송부
② 가공테이블
③ 광파측정볼
④ 레이저발진기

해설
레이저절단기의 주요 구성
• 광전송부
• 절단헤드
• 가공테이블
• 레이저발진기

[레이저절단기]

10 용해 아세틸렌을 충전하였을 때 용기 전체의 무게가 62.5kgf이었는데, B형 토치의 200번 팁으로 표준불꽃 상태에서 가스용접을 하고 빈 용기를 달아 보았더니 무게가 58.5kgf이었다면 가스용접을 실시한 시간은 약 얼마인가?

① 약 12시간
② 약 14시간
③ 약 16시간
④ 약 18시간

해설
용해 아세틸렌 1kg을 기화시키면 약 905L의 가스가 발생하므로, 아세틸렌가스량 공식에 적용하면 다음과 같다.
아세틸렌가스량(L) = 905(병 전체 무게(A) − 빈 병의 무게(B))
= 905(62.5 − 58.5)
= 3,620L
팁 200번이란 단위시간당 가스소비량이 200L임을 의미하므로 아세틸렌가스의 총발생량 3,620L를 200L로 나누면 18.1시간이 나온다.

11 다음 중 용착효율(Deposition Efficiency)이 가장 낮은 용접은?

① MIG용접
② 피복아크용접
③ 서브머지드아크용접
④ 플럭스코어드아크용접

해설
용접부에 보호가스를 얼마만큼 공급해 주는가가 용착효율에 큰 영향을 미치는데, 피복아크용접만이 보호가스를 피복제만으로 공급받고 나머지는 추가로 불활성가스를 공급받기 때문에 용착효율 역시 피복아크용접이 가장 낮다.

12 용접케이블에 대한 설명으로 틀린 것은?

① 2차측 케이블은 유연성이 좋은 캡타이어전선을 사용한다.

② 전원에서 용접기에 연결하는 케이블을 2차측 케이블이라 한다.

③ 2차측 케이블은 저전압 대전류를 사용한다.

④ 2차측 케이블에 비하여 1차측 케이블은 움직임이 별로 없다.

해설
전원에서 용접기에 연결하는 케이블은 1차측 케이블이다. 2차측 케이블은 용접홀더와 연결된다.

13 공정변경에 의한 용접매연 및 유독성분 발생 감소 방안에 대한 설명 중 틀린 것은?

① 용접매연 발생량이 적은 용접공정의 선택

② 스패터를 최소화할 수 있는 용접조건의 설정

③ 작업 가능한 최소의 용접전류 및 아크전압 선택

④ 주위 환경에 최대의 산소를 보장할 수 있는 플럭스의 선택

해설
최대산소공급은 용접매연과 유독성분 발생을 감소시킬 수 없다.

14 피복아크용접봉의 피복제 중 탈산제가 아닌 것은?

① Fe-Cu ② Fe-Si

③ Fe-Mn ④ Fe-Ti

해설
피복아크용접용 피복제(피복배합제) 중 Fe-Cu는 탈산제로 사용되지 않는다.

15 강재 표면의 흠이나 개재물, 탈탄층 등을 제거하기 위해서 될 수 있는 대로 얇게, 타원형으로 표면을 깎아내는 가공법은?

① 가우징

② 아크에어가우징

③ 스카핑

④ 플라스마제트절단

해설
③ 스카핑(Scarfing) : 강괴나 강편, 강재 표면의 흠이나 개재물, 탈탄층 등을 제거하기 위한 불꽃가공으로 가능한 얇으면서 타원형의 모양으로 표면을 깎아내는 가공방법이다.

① 가스가우징 : 용접결함(압연강재나 주강의 표면결함)이나 가접부 등의 제거를 위하여 가스절단과 비슷한 토치를 사용해서 용접 부분의 뒷면을 따내거나 U형, H형상의 용접 홈을 가공하기 위하여 깊은 홈을 파내는 가공방법이다.

② 아크에어가우징 : 탄소봉을 전극으로 하여 아크를 발생시킨 후 절단을 하는 탄소아크절단법에 약 5~7kgf/cm²인 고압의 압축공기를 병용하는 것으로 용융된 금속을 탄소봉과 평행으로 분출하는 압축공기를 전극홀더의 끝부분에 위치한 구멍을 통해 연속해서 불어내서 홈을 파내는 방법이다. 용접부의 홈가공, 구멍 뚫기, 절단작업, 뒷면 따내기, 용접결함부 제거 등에 사용된다. 이 방법은 철이나 비철금속에 모두 이용할 수 있으며, 가스가우징보다 작업 능률이 2~3배 높고 모재에도 해를 입히지 않는다.

④ 플라스마절단(플라스마제트절단) : 높은 온도를 가진 플라스마를 한 방향으로 모아서 분출시키는 것을 일컬어 플라스마제트라고 부르는데 이 열원으로 절단하는 방법이다.

16 서브머지드용접과 같이 대전류 영역에서 비교적 큰 용적이 단락되지 않고 옮겨가는 용적이행방식은?

① 입상용적이행(Globular Transfer)
② 단락이행(Short-circuiting Transfer)
③ 분사식이행(Spray Transfer)
④ 중간이행(Middle Transfer)

해설

MIG용접 시 용융금속의 이행방식에 따른 분류

이행방식	이행형태	특 징
단락이행		• 박판용접에 적합하다. • 모재로의 입열량이 적고 용입이 얕다. • 용융금속이 표면장력의 작용으로 모재에 옮겨가는 용적이행이다. • 저전류의 CO_2 및 MIG용접에서 솔리드와이어를 사용할 때 발생한다.
입상이행 (글로뷸러, Globular)		• Globule은 용융방울인 용적을 의미한다. • 핀치효과형이라고도 한다. • 깊고 양호한 용입을 얻을 수 있어서 능률적이나 스패터가 많이 발생한다. • 대전류 영역에서 초당 90회 정도의 와이어보다 큰 용적으로 용융되어 모재로 이행된다.
스프레이 이행		• 용적이 작은 입자로 되어 스패터 발생이 적고 비드의 외관이 좋다. • 가장 많이 사용되는 것으로 아크기류 중에서 용가재가 고속으로 용융되어 미입자의 용적으로 분사되어 모재에 옮겨가면서 용착되는 용적이행이다. • 고전압, 고전류에서 발생하며, 아르곤가스나 헬륨가스를 사용하는 경합금용접에서 주로 나타나며 용착속도가 빠르고 능률적이다.

이행방식	이행형태	특 징
맥동이행 (펄스아크)		연속적으로 스프레이이행을 사용할 때 높은 입열로 인해 용접부의 물성이 변화되었거나 박판용접 시 용락으로 인해 용접이 불가능하게 되었을 때 낮은 전류에서도 스프레이이행이 이루어지게 하여 박판용접을 가능하게 한다.

17 서브머지드아크용접용 용제의 종류 중 광물성 원료를 혼합하여 노(爐)에 넣어 1,300℃ 이상으로 가열해서 용해하여 응고시킨 후 분쇄하여 알맞은 입도로 만든 것으로, 유리모양의 광택이 나며 흡습성이 적은 것이 특징인 것은?

① 용융형 용제
② 소결형 용제
③ 혼성형 용제
④ 분쇄형 용제

해설

서브머지드아크용접용 용제의 제조방법 및 특징

용제의 종류	제조과정 및 특징
용융형 용제 (Fused Flux)	• 광물성 원료를 원광석과 혼합시킨 후 아크전기로에서 1,300℃로 용융하여 응고시킨 후 분쇄하여 알맞은 입도로 만든 것이다. • 유리모양의 광택이 나며 흡습성이 작다.
소결형 용제 (Sintered Flux)	원료와 합금분말을 규산화나트륨과 같은 점결제와 함께 낮은 온도에서 일정의 입도로 소결하여 제조한 것으로, 기계적 성질을 쉽게 조절할 수 있다.

18 MIG용접 시 송급롤러의 형태가 아닌 것은?

① 롤렛형
② 기어형
③ 지그재그형
④ U형

해설

MIG용접기 송급롤러의 형태
• U형 : 와이어 표면의 손상을 방지하고자 할 때 사용한다.
• V형 : ϕ 2.4 이하의 단단한 와이어에 사용한다.
• 롤렛형 : V형 이외 두께의 와이어 적용 시 사용한다.
• 기어형(치차형) : 용제가 내장된 와이어에 사용하는데 가압력을 크게 할 수 없는 경우 사용한다.

19 전류가 인체에 미치는 영향 중 순간적으로 사망할 위험이 있는 전류량은 몇 mA 이상인가?

① 10   ② 20

③ 30   ④ 50

해설

전류가 인체에 미치는 영향

전류량	인체에 미치는 영향
1mA	전기를 조금 느낀다.
5mA	상당한 고통을 느낀다.
10mA	근육운동은 자유롭지만 고통을 수반한 쇼크를 느낀다.
20mA	근육이 수축되며 스스로 현장을 탈피하기 힘들다.
20~50mA	고통과 강한 근육수축이 있으며 호흡이 곤란하다.
50mA	심장마비 발생으로 사망의 위험이 있다.
100mA	사망과 같은 치명적인 결과를 준다.

20 레이저용접(Laser Welding)의 장점 설명으로 틀린 것은?

① 좁고 깊은 용접부를 얻을 수 있다.

② 소입열용접이 가능하다.

③ 고속용접과 용접공정의 융통성을 부여할 수 있다.

④ 접합되어야 할 부품의 조건에 따라서 한 방향의 용접으로는 접합이 불가능하다.

해설

레이저빔용접(레이저용접)의 특징

• 좁고 깊은 용접부를 얻을 수 있다.
• 한 방향으로 용접이 가능하다.
• 이종금속의 용접이 가능하다.
• 미세하고 정밀한 용접이 가능하다.
• 접근이 곤란한 물체의 용접이 가능하다.
• 열변형이 거의 없는 비접촉식 용접법이다.
• 전자빔용접기 설치비용보다 설치비가 저렴하다.
• 고속용접과 용접공정의 융통성을 부여할 수 있다.
• 전자부품과 같은 작은 크기의 정밀용접이 가능하다.
• 용접입열이 매우 작으며, 열영향부의 범위가 좁다.
• 용접될 물체가 불량도체인 경우에도 용접이 가능하다.
• 에너지밀도가 매우 높으며, 고용점을 가진 금속의 용접에 이용한다.
• 접합되어야 할 부품의 조건에 따라서 한면용접으로 접합이 가능하다.
• 열원이 빛의 빔이기 때문에 투명재료를 써서 어떤 분위기 속(공기, 진공)에서도 용접이 가능하다.

21 돌기(Projection)용접의 장점 설명으로 틀린 것은?

① 여러 점을 동시에 용접할 수 있으므로 생산성이 높다.

② 좁은 공간에 많은 점을 용접할 수 있다.

③ 용접부의 외관이 깨끗하며 열변형이 작다.

④ 용접기의 용량이 적어 설비비가 저렴하다.

해설

겹치기저항용접법에 속하는 프로젝션용접은 대전류가 돌기부에 집중되므로 용량이 크고 전극의 가격이 고가이므로 설비비가 비싸다. 프로젝션용접은 모재의 편면에 프로젝션인 돌기부를 만들어 평탄한 동전극의 사이에 물려 대전류를 흘려보낸 후 돌기부에 발생된 저항열로 용접한다.

프로젝션용접의 특징

• 열의 집중성이 좋다.
• 스폿용접의 일종이다.
• 전극의 가격이 고가이다.
• 대전류가 돌기부에 집중된다.
• 표면에 요철부가 생기지 않는다.
• 용접 위치를 항상 일정하게 할 수 있다.
• 좁은 공간에 많은 점을 용접할 수 있다.
• 전극의 형상이 복잡하지 않으며 수명이 길다.
• 돌기를 미리 가공해야 하므로 원가가 상승한다.
• 두께, 강도, 재질이 현저히 다른 경우에도 양호한 용접부를 얻는다.

22 불활성가스아크용접에서 주로 사용되는 불활성가스는?

① C_2H_2 ② Ar

③ H_2 ④ N_2

해설

불활성가스아크용접에 속하는 TIG용접과 MIG용접에는 주로 불활성가스인 Ar(아르곤)이 사용된다.

23 전기저항용접의 3대 요소에 해당되는 것은?

① 도전율 　　　　② 용접전압

③ 용접저항 　　　④ 가압력

해설
저항용접의 3요소
• 용접전류
• 통전시간
• 가압력

24 기체를 가열하여 양이온과 음이온이 혼합된 도전(導電)성을 띤 가스체를 적당한 방법으로 한 방향에 분출시켜 각종 금속의 접합에 이용하는 용접은?

① 서브머지드아크용접

② MIG용접

③ 피복아크용접

④ 플라스마(Plasma)아크용접

해설
플라스마아크용접(Plasma Arc Welding)
양이온과 음이온이 혼합된 도전성의 가스체로 높은 온도를 가진 플라스마를 한 방향으로 모아서 분출시키는 것을 일컬어 플라스마 제트라고 부르는데, 이를 이용하여 용접이나 절단에 사용하는 용접법이다. 용접 품질이 균일하며 용접속도가 빠른 장점이 있으나 설비비가 많이 드는 단점이 있다.

25 탄산가스(CO_2)아크용접 작업 시 전진법의 특징으로 맞는 것은?

① 용접스패터가 비교적 많으며 진행방향쪽으로 흩어진다.

② 용접선이 잘 안 보이므로 운봉을 정확하게 할 수 없다.

③ 용착금속의 용입이 깊어진다.

④ 비드 폭의 높이가 높아진다.

해설
CO_2용접의 전진법과 후진법의 차이점

전진법	후진법
• 용접선이 잘 보여 운봉이 정확하다.	• 스패터 발생이 적다.
• 높이가 낮고 평탄한 비드를 형성한다.	• 깊은 용입을 얻을 수 있다.
• 스패터가 비교적 많고 진행 방향으로 흩어진다.	• 높이가 높고 폭이 좁은 비드를 형성한다.
• 용착금속이 아크보다 앞서기 쉬워 용입이 얕다.	• 용접선이 노즐에 가려 운봉이 부정확하다.
	• 비드 형상이 잘 보여 폭, 높이의 제어가 가능하다.

26 TIG용접 시 텅스텐 혼입이 일어나는 이유로 거리가 먼 것은?

① 전극의 길이가 짧고 노출이 적어 모재에 닿지 않을 때

② 전극과 용융지가 접촉하였을 때

③ 전극의 굵기보다 큰 전류를 사용하였을 때

④ 외부 바람의 영향으로 전극이 산화되었을 때

해설
TIG용접 시 텅스텐 혼입이 발생하려면 용융지로 텅스텐이 닿아야 하는데 전극의 길이가 짧아서 모재에 닿지 않는다면 혼입은 발생하지 않는다.
TIG용접 시 텅스텐 혼입이 발생하는 이유
• 전극과 용융지가 접촉한 경우
• 전극봉의 파편이 모재에 들어가는 경우
• 전극의 굵기보다 큰 전류를 사용한 경우
• 외부 바람의 영향으로 전극이 산화된 경우

27 티그(TIG)용접과 비교한 플라스마(Plasma)아크용접의 단점이 아닌 것은?

① 플라스마아크 토치가 커서 필릿용접 등에 불리하다.
② 키홀용접 시 언더컷이 발생하기 쉽다.
③ 용입이 얕고, 비드 폭이 넓으며, 용접속도가 느리다.
④ 키홀용접과 용융용접을 모두 사용해야 하는 다층용접 시 용접변수의 변화가 크다.

해설
플라스마아크용접의 특징
• 용입이 깊다.
• 비드의 폭이 좁다.
• 용접변형이 작다.
• 용접의 품질이 균일하다.
• 용접부의 기계적 성질이 좋다.
• 용접속도를 크게 할 수 있다.
• 용접장치 중에 고주파발생장치가 필요하다.
• 용접속도가 빨라서 가스 보호가 잘 안 된다.
• 무부하전압이 일반 아크용접기보다 2~5배 더 높다.
• 핀치효과에 의해 전류밀도가 크고, 안정적이며 보유 열량이 크다.
• 스테인리스강이나 저탄소합금강, 구리합금, 니켈합금과 같이 용접하기 힘든 재료도 용접이 가능하다.
• 판두께가 두꺼울 경우 토치노즐이 용접이음부의 루트면까지의 접근이 어려워서 모재의 두께는 25mm 이하로 제한을 받는다.
• 아크용접에 비해 10~100배의 높은 에너지밀도를 가짐으로써 10,000~30,000℃의 고온의 플라스마를 얻으므로 철과 비철금속의 용접과 절단에 이용된다.

28 가스용접 및 절단작업 시 안전사항으로 가장 거리가 먼 것은?

① 작업 시 작업복은 깨끗하고 간편한 복장으로 갈아입고 작업자의 눈을 보호하기 위해 보안경을 착용한다.
② 납이나 아연합금 및 도금재료의 용접이나 절단 시 중독에 우려가 있으므로 환기에 신경을 쓰며 방독마스크를 착용하고 작업을 한다.
③ 산소병은 고압으로 충전되어 있으므로 운반 시는 전용 운반장비를 이용하며, 나사 부분의 마모를 적게 하기 위하여 윤활유를 사용한다.
④ 밀폐된 용기를 용접하거나 절단할 때 내부의 잔여 물질성분이 팽창하여 폭발할 우려를 충분히 검토 후 작업을 한다.

해설
가스봄베(병)의 이음부에는 절대 윤활유를 바르거나 이물질이 있게 해서는 안 된다.

29 납땜에 사용하는 용제가 갖추어야 할 조건 중 틀린 것은?

① 모재의 산화피막과 같은 불순물을 제거하고 유동성이 좋을 것
② 모재나 땜납에 대한 부식작용이 최대일 것
③ 납땜 후 슬래그 제거가 용이할 것
④ 인체에 해가 없어야 할 것

해설
납땜용 용제는 모재나 땜납에 대한 부식작용이 작아야 한다.

30 스테인리스강을 조직상으로 분류한 것 중 틀린 것은?

① 시멘타이트계
② 페라이트계
③ 마텐자이트계
④ 오스테나이트계

스테인리스강의 분류

구 분	종 류	주요성분	자 성
Cr계	페라이트계 스테인리스강	Fe + Cr 12% 이상	자성체
	마텐자이트계 스테인리스강	Fe + Cr 13%	자성체
Cr+Ni계	오스테나이트계 스테인리스강	Fe + Cr 18% + Ni 8%	비자성체
	석출경화계 스테인리스강	Fe + Cr + Ni	비자성체

31 타이타늄합금을 용접할 때, 용접이 가장 잘되는 것은?

① 피복아크용접
② 불활성가스아크용접
③ 산소–아세틸렌가스용접
④ 서브머지드아크용접

해설
Ti(타이타늄)은 가볍고 강하며 내식성이 우수하나 600℃ 이상에서 급격히 산화되는 현상이 발생하기 때문에 Ar(아르곤)가스를 보호가스로 사용하는 TIG용접이 가장 잘된다.

32 다음 중 70~90% Ni, 10~30% Fe을 함유한 합금으로 니켈–철계 합금은?

① 어드밴스(Advance)
② 큐프로니켈(Cupro Nickel)
③ 퍼멀로이(Permalloy)
④ 콘스탄탄(Constantan)

해설
③ 퍼멀로이 : Fe에 70~90%의 Ni이 합금된 Ni-Fe계 합금으로 열팽창계수가 작고 열처리를 하면 높은 자기투과도를 나타내기 때문에 측정기나 고주파철심, 코일, 릴레이용 재료로 사용된다. 퍼멀로이는 자기장의 세기가 큰 합금의 상품명이다(Ni의 합금 비율은 문제 출제자마다 참고도서가 다르므로 각종 자격증시험마다 다르다).
① 어드밴스 : 56%의 Cu, 1.5% 이하의 Mn, 나머지 Ni의 합금으로 전기저항에 대한 온도계수가 작아서 열전쌍이나 저항재료를 활용한 전기기구에 사용한다.
② 큐프로니켈 : Cu에 Ni을 15~25% 합금한 재료로 백동이라고도 한다. 소성가공성과 내식성이 좋고 비교적 고온에서도 잘 견디어 열교환기의 재료로 사용된다.
④ 콘스탄탄 : Cu에 Ni을 40~45% 합금한 재료로 온도변화에 영향을 많이 받으며 전기저항성이 커서 저항선이나 전열선, 열전쌍의 재료로 사용된다.

33 담금질 균열방지책이 아닌 것은?

① 급격한 냉각을 위하여 빠른 속도로 냉각한다.
② 가능한 한 수랭을 피하고 유랭을 한다.
③ 설계 시 부품의 직각 부분을 적게 한다.
④ 부분적인 온도차를 작게 하기 위해 부분 단면을 적게 한다.

해설
고온의 재료를 급히 냉각시키면 오히려 균열이 더 많이 발생한다.

34 오스테나이트계 스테인리스강의 용접 시 입계부식 방지를 위하여 탄화물을 분해하는 가열온도로 가장 적당한 것은?

① 480~600℃ ② 650~750℃
③ 800~950℃ ④ 1,000~1,100℃

35 풀림의 목적으로 틀린 것은?

① 냉간가공 시 재료가 경화됨
② 가스 및 분출물의 방출과 확산을 일으키고 내부 응력이 저하됨
③ 금속합금의 성질을 변화시켜 연화됨
④ 일정한 조직이 균일화됨

해설
풀림은 냉간가공으로 경화된 재료를 연하게 만들기 위한 열처리 조작이다.

36 황동의 탈아연부식에 대한 설명으로 틀린 것은?

① 탈아연부식은 60:40 황동보다 70:30 황동에서 많이 발생한다.
② 탈아연된 부분은 다공질로 되어 강도가 감소하는 경향이 있다.
③ 아연이 구리에 비하여 전기화학적으로 이온화 경향이 크기 때문에 발생한다.
④ 불순물이나 부식성 물질이 공존할 때 수용액의 작용에 의하여 생긴다.

해설
탈아연부식은 Zn의 함량이 많을수록 많이 발생하므로 Cu : Zn의 비율이 60 : 40에서 더 많이 발생한다.
탈아연부식
20% 이상의 Zn을 포함한 황동이 바닷물에 침식되거나 불순물이 있을 경우 아연만 용해되고 구리는 남아 있어 재료에 구멍이 나거나 두께가 얇아지는 현상이다. 이러한 부식을 방지하려면 주석이나 안티몬 등을 첨가한다.

37 고급주철인 미하나이트주철은 저탄소, 저규소의 주철에 어떤 접종제를 사용하는가?

① 규소철, Ca-Si
② 규소철, Fe-Mn
③ 칼슘, Fe-Si
④ 칼슘, Fe-Mg

해설
미하나이트주철은 저탄소, 저규소의 주철에 규소철이나 Ca-Si를 접종시켜 사용한다.
미하나이트주철
바탕이 펄라이트조직으로 인장강도가 350~450MPa인 이 주철은 담금질이 가능하고 인성과 연성이 매우 크며 두께 차이에 의한 성질의 변화가 매우 작아서 내연기관의 실린더 재료로 사용된다.

38 기어, 크랭크축 등 기계요소용 재료의 열처리법으로 사용되고, 표면은 내마모성을 가지고 중심은 강인성을 요구하는 재료의 열처리법이 아닌 것은?

① 화염경화법
② 침탄법
③ 질화법
④ 소성가공법

해설
소성가공이란 금속재료에 힘을 가해서 형태를 변화시켜 갖가지 모양을 만드는 가공방법으로서 압연, 단조, 인발 등의 가공방법이 속한다. 따라서 재료의 열처리법의 종류에는 속하지 않는다.

39 특수강의 제조목적이 아닌 사항은?

① 고온기계적 성질 저하의 방지
② 담금질 효과의 증대
③ 결정입도의 조대화 증대
④ 기계적 성질의 증대

해설
특수강은 결정입도를 미세화시켜서 재질의 기계적 성질을 증대시키기 위해 제조한다.

40 탄소강을 질화처리한 것으로 그 특징이 아닌 것은?

① 경화층은 얇고, 경도는 침탄한 것보다 크다.
② 마모 및 부식에 대한 저항이 크다.
③ 침탄강은 침탄 후 담금질하나, 질화강은 담금질할 필요가 없다.
④ 600℃ 이하의 온도에서는 경도가 감소되고, 산화가 잘된다.

해설
질화법
암모니아(NH₃)가스 분위기(영역) 안에 재료를 넣고 500℃에서 50~100시간을 가열하면 재료 표면에 Al, Cr, Mo 원소와 함께 질소가 확산되면서 강 재료의 표면이 단단해지는 표면경화법이다. 내연기관의 실린더 내벽이나 고압용 터빈날개를 표면경화할 때 주로 사용된다.

41 일반 고장력강의 용접 시 주의사항이 아닌 것은?

① 용접봉은 저수소계를 사용한다.
② 아크 길이는 가능한 한 짧게 유지한다.
③ 위빙 폭은 용접봉 지름의 3배 이상이 되게 한다.
④ 용접봉은 300~350℃ 정도에서 1~2시간 건조 후 사용한다.

해설
일반 고장력강을 용접할 때는 저수소계 용접봉(E4316)을 사용하면서 위빙 폭을 가급적 작게 하여 열영향부를 줄여야 한다.

42 알루미늄이나 그 합금은 용접성이 대체로 불량한데, 그 이유에 해당되지 않는 것은?

① 비열과 열전도도가 대단히 커서 단시간 내에 용융온도까지 이르기가 힘들기 때문이다.
② 용접 후의 변형이 크며 균열이 생기기 쉽기 때문이다.
③ 용융점이 660℃로서 낮은 편이고, 색채에 따라 가열온도의 판정이 곤란하여 지나치게 용융되기 쉽기 때문이다.
④ 용융응고 시에 수소가스를 배출하여 기공이 발생되기 어렵기 때문이다.

해설
알루미늄 또는 그 합금의 용접성이 불량한 이유
• 강에 비해 용접 후 변형이 커서 균열이 발생하기 쉽다.
• 색채에 따라 가열온도의 판정이 곤란하므로 지나치게 용융되기 쉽다.
• 알루미늄은 용융응고 시 수소가스를 흡수하기 때문에 기공이 발생하기 쉽다.
• 비열과 열전도도가 대단히 커서 수축량이 크고 단시간 내 용융온도에 이르기 힘들다.
• 알루미늄합금은 표면에 강한 산화막이 존재하기 때문에 납땜이나 용접하기가 힘든데, 그 이유는 산화알루미늄의 용융온도(약 2,070℃)가 알루미늄(용융온도 660℃, 끓는점 약 2,500℃)의 용융온도보다 매우 높기 때문이다.

43 다음 그림에서 강판의 두께 20mm, 인장하중 8,000N 을 작용시키고자 하는 겹치기용접이음을 하고자 한 다. 용접부의 허용응력을 5N/mm²라 할 때 필요한 용접길이는 약 얼마인가?

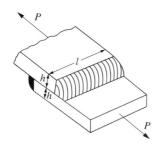

① 36.6mm

② 46.5mm

③ 56.6mm

④ 66.5mm

해설

인장응력 $\sigma = \dfrac{F}{A}$

겹치기이음이므로 $\dfrac{F}{2(h\cos 45°) \times L}$ 식을 응용하면

$5 \text{ N/mm}^2 = \dfrac{8{,}000\text{N}}{40\cos 45° \times L}$

$L = \dfrac{8{,}000\text{N}}{40\cos 45° \times 5 \text{ N/mm}^2} = 56.6 \text{ mm}$

44 한국산업표준에서 현장용접을 나타내는 기호는?

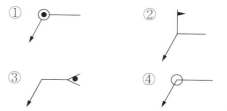

해설

용접부의 보조기호

구 분		보조기호	비 고
용접부의 표면모양	평 탄	▬	―
	볼 록	⌒	기선의 밖으로 향하여 볼록 하게 한다.
	오 목	⌣	기선의 밖으로 향하여 오목 하게 한다.
용접부의 다듬질방법	치 핑	C	―
	연 삭	G	그라인더다듬질일 경우
	절 삭	M	기계다듬질일 경우
	지정 없음	F	다듬질방법을 지정하지 않을 경우
현장용접		▶	
온둘레용접		○	온둘레용접이 분명할 때에는 생략해도 좋다.
온둘레현장용접		▶○	

45 19mm 두께의 알루미늄판을 양면으로 TIG용접하 고자 할 때 이용할 수 있는 이음방식은?

① I형 맞대기이음

② V형 맞대기이음

③ X형 맞대기이음

④ 겹치기이음

해설

관련 서적에 따라 적용되는 형상별 두께가 다르지만 19mm 두께의 알루미늄판을 양면으로 TIG용접하고자 할 때는 ③번이 적합하다.
맞대기용접홈의 형상별 적용 판두께

형 상	I형	V형	V형	X형	U형
적용 두께	6mm 이하	6~19 mm	9~14 mm	18~28 mm	16~50 mm

46 관절좌표로봇(Articulated Robot) 동작기구의 장점에 대한 설명으로 틀린 것은?

① 3개의 회전축을 가진다.
② 장애물의 상하에 접근이 가능하다.
③ 작은 설치공간에 큰 작업영역을 가진다.
④ 복잡한 머니퓰레이터 구조를 가진다.

해설
관절좌표로봇은 일반적으로 단순한 머니퓰레이터의 구조를 가진 것이 특징이다.
※ 산업용 로봇은 전원장치, 제어장치, 머니퓰레이터로 구성되어 있는데 머니퓰레이터란 로봇이 기계적 동작을 할 수 있게 만들어 주는 것으로 몸체와 팔, 손목, 손으로 구성되어 있다.

47 다음 중 용접포지셔너 사용 시 장점이 아닌 것은?

① 최적의 용접자세를 유지할 수 있다.
② 로봇 손목에 의해 제어되는 이송각도의 일종인 토치팁의 리드각과 래그각의 변화를 줄일 수 있다.
③ 용접토치가 접근하기 어려운 위치를 용접이 가능하도록 접근성을 부여한다.
④ 바닥에 고정되어 있는 로봇의 작업영역한계를 축소시켜 준다.

해설
용접포지셔너는 용접작업 중 불편한 용접자세를 바로잡기 위해 작업자가 원하는 대로 용접물을 움직일 수 있는 작업보조기구이므로, 로봇의 작업영역과는 관련이 없다.

48 용접부에 대한 비파괴시험방법에 관한 침투탐상시험법을 나타낸 기호는?

① RT   ② UT
③ MT   ④ PT

해설
비파괴시험법의 종류

비파괴시험	내부결함	방사선투과시험(RT)
		초음파탐상시험(UT)
	표면결함	외관검사(육안검사, VT)
		자분탐상검사(자기탐상검사, MT)
		침투탐상검사(PT)
		누설검사(LT)

49 용접변형 교정방법 중 맞대기용접이음이나 필릿용접이음의 각 변형을 교정하기 위하여 이용하는 방법으로 이면담금질법이라고도 하는 것은?

① 점가열법
② 선상가열법
③ 가열 후 해머링
④ 피닝법

해설
선상가열법이란 용접변형 교정방법의 일종으로 맞대기나 필릿용접이음에서 각 변형을 교정하기 위한 방법으로 이면담금질법이라고도 불린다. 선상가열법의 실시방법은 강판의 표면을 가스버너로 직선으로 가열하면 그 발생열에 의한 열변형을 이용하여 각 변형(휨 변형)을 교정한다.

50 CO_2아크용접에서 기공의 발생원인이 아닌 것은?

① 노즐과 모재 사이의 거리가 15mm이었다.

② CO_2가스에 공기가 혼입되어 있다.

③ 노즐에 스패터가 많이 부착되어 있다.

④ CO_2가스 순도가 불량하다.

해설

팁과 모재와의 적정거리

CO_2용접(탄산가스, 이산화탄소가스아크용접)에서 노즐과 모재 사이의 거리가 15mm이면 적절하므로 기공 발생의 원인이 되지 않는다.

• 저전류 영역(약 200A 미만) : 10~15mm
• 고전류 영역(약 200A 이상) : 15~25mm

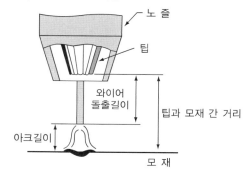

51 일반적인 각 변형의 방지대책으로 틀린 것은?

① 구속지그를 활용한다.

② 용접속도가 빠른 용접법을 이용한다.

③ 판두께가 얇을수록 첫 패스측의 개선깊이를 크게 한다.

④ 개선각도는 작업에 지장이 없는 한도 내에서 크게 한다.

해설

일반적으로 용접할 재료의 개선각도가 크면 그만큼 투입해야 할 재료의 양이 많아지는데, 그러면 용접입열량이 늘어나서 재료에 열변형을 줄 수 있으므로 가능한 한 재료의 개선각도는 작아야 한다.

52 예열을 하는 목적에 대한 설명 중 틀린 것은?

① 용접부와 인접된 모재의 수축응력을 감소시키기 위하여

② 임계온도 도달 후 냉각속도를 느리게 하여 경화를 방지하기 위하여

③ 약 200℃ 범위의 통과시간을 지연시켜 비드 밑 균열방지를 위하여

④ 후판에서 30~50℃로 용접 홈을 예열하여 냉각 속도를 높이기 위하여

해설

재료에 예열을 가하는 목적은 급열 및 급랭방지로 잔류응력을 줄이기 위함이므로 냉각속도를 낮추는 데 그 목적이 있다.

용접 전과 후, 모재에 예열을 가하는 목적

• 열영향부(HAZ)의 균열을 방지한다.
• 수축변형 및 균열을 경감시킨다.
• 용접금속에 연성 및 인성을 부여한다.
• 열영향부와 용착금속의 경화를 방지한다.
• 급열 및 급랭방지로 잔류응력을 줄인다.
• 용접금속의 팽창이나 수축의 정도를 줄여 준다.
• 수소 방출을 용이하게 하여 저온균열을 방지한다.
• 금속 내부의 가스를 방출시켜 기공 및 균열을 방지한다.

53 금속현미경 조직시험의 진행과정 순서로 맞는 것은?

① 시편의 채취 → 성형 → 연삭 → 광연마 → 물세척 및 건조 → 부식 → 알코올 세척 및 건조 → 현미경 검사

② 시편의 채취 → 광연마 → 연삭 → 성형 → 물세척 및 건조 → 부식 → 알코올 세척 및 건조 → 현미경 검사

③ 시편의 채취 → 성형 → 물세척 및 건조 → 광연마 → 연삭 → 부식 → 알코올 세척 및 건조 → 현미경 검사

④ 시편의 채취 → 알코올 세척 및 건조 → 성형 → 광연마 → 물세척 및 건조 → 연삭 → 부식 → 현미경검사

해설
현미경 조직시험의 순서
시험편 채취 → 마운팅 → 샌드페이퍼 연마 → 폴리싱 → 부식 → 알코올 세척 및 건조 → 현미경 조직검사

🔍 더 알아보기!
단어의 정의
• 마운팅 : 시편의 성형작업을 말한다.
• 폴리싱(Polishing) : 알루미나 등의 연마입자가 부착된 연마벨트로 제품 표면의 이물질을 제거하여 제품의 표면을 매끈하고 광택이 나게 만드는 정밀입자가공법으로, 버핑가공의 전 단계에서 실시한다.

54 용접부의 국부가열 응력제거방법에서 용접구조용 압연강재의 응력제거 시 유지온도와 유지시간으로 적합한 것은?

① $625\pm25℃$ 판두께 25mm에 대해 1시간
② $725\pm25℃$ 판두께 25mm에 대해 1시간
③ $625\pm25℃$ 판두께 25mm에 대해 2시간
④ $725\pm25℃$ 판두께 25mm에 대해 2시간

해설
용접구조물을 응력제거 풀림처리했을 때 "SR"로 표시하는데, 이 열처리법은 판두께 25mm의 재료를 $625\pm25℃$에서 1시간 동안 응력을 제거한 것이다.

55 여유시간이 5분, 정미시간이 40분일 경우 내경법으로 여유율을 구하면 약 몇 %인가?

① 6.33%   ② 9.05%
③ 11.11%   ④ 12.50%

해설
내경법의 여유율

$$여유율 = \frac{여유시간}{기본작업시간(정미 + 여유)} \times 100\%$$

$$= \frac{5}{40 + 5} \times 100\%$$

$$≒ 11.11\%$$

※ 정미시간은 Net Time으로 표준작업시간이다.

56 로트에서 랜덤하게 시료를 추출하여 검사한 후 그 결과에 따라 로트의 합격, 불합격을 판정하는 검사법을 무엇이라 하는가?

① 자주검사   ② 간접검사
③ 전수검사   ④ 샘플링검사

해설
④ 샘플링검사 : 로트(Lot)에서 무작위(랜덤)로 시료를 추출하여 검사한 후 그 결과에 따라 로트 전체의 합격과 불합격을 판정하는 검사방법이다.
① 자주검사 : 작업자가 스스로 만든 제품을 검사하는 방식이다.
② 간접검사 : 제품을 직접적으로 검사하지 못할 경우 제품제작공정이나 장비, 작업자 등을 관리하면서 검사하는 방식이다.
③ 전수검사 : 제품의 작업 순서대로 모든 제품을 검사하는 방식이다.

57 다음과 같은 데이터에서 5개월 이동평균법에 의하여 8월의 수요를 예측한 값은 얼마인가?

월	1	2	3	4	5	6	7
판매실적	100	90	110	100	115	110	100

① 103
② 105
③ 107
④ 109

해설
이동평균법이란 평균의 계산기간을 순차로 한 개씩 이동시켜 가면서 기간별 평균을 계산하여 경향치를 구하는 방법이다. 가장 오래된 데이터는 제거하고 가장 최초의 데이터로부터 평균에 대입하여 값을 구한다.

$$M_t = \frac{1}{5}(110 + 100 + 115 + 110 + 100) = 107$$

58 관리사이클의 순서를 가장 적절하게 표시한 것은? (단, A는 조치(Act), C는 체크(Check), D는 실시(Do), P는 계획(Plan)이다)

① P → D → C → A
② A → D → C → P
③ P → A → C → D
④ P → C → A → D

해설
관리사이클의 순서

59 다음 중 계량값 관리도만으로 짝지어진 것은?

① c 관리도, u 관리도
② $x - R_s$ 관리도, P 관리도
③ $\bar{x} - R$ 관리도, nP 관리도
④ Me$-$R 관리도, $\bar{x} - R$ 관리도

해설
관리도의 종류

분류	관리도 종류	주요 특징
계량값 관리도	$\bar{x} - R$ 관리도	평균치와 범위 관리도
	x 관리도	발생데이터 관리도
	Me$-$R 관리도	중위수와 범위 관리도
	R 관리도	범위 관리도
계수치 관리도	c 관리도	결점수 관리도
	u 관리도	단위당 결점수 관리도
	P 관리도	불량률 관리도
	nP 관리도	불량개수 관리도

• $\bar{x} - R$ 관리도 : 축의 완성지름이나 철사의 인장강도, 아스피린 순도와 같은 데이터를 관리하는 가장 대표적인 관리도이다.
• c 관리도 : 미리 정해진 일정단위 중 포함된 부적합수에 의거하여 공정을 관리할 때 사용한다.
• u 관리도 : 제품의 크기가 일정하지 않을 경우 결점수를 일정단위로 바꾸어서 관리하는 방법이다. 공식은 $\bar{u} \pm 3\sqrt{\frac{\bar{u}}{n}}$ 을 사용한다.

60 다음 중 모집단의 중심적 경향을 나타낸 측도에 해당하는 것은?

① 범위(Range)
② 최빈값(Mode)
③ 분산(Variance)
④ 변동계수(Coefficient of Variation)

해설
② 최빈값 : 주어진 자료 중 가장 많이 나타나는 값으로 모집단의 중심적 경향을 나타내는 척도이다. 평균이나 중앙값을 구하기 어려운 경우에 사용한다.
① 범위 : 자료의 흩어진 정도를 측정하는 방법 중 하나로, 최댓값에서 최솟값을 뺀 것을 R로 표시한다.
③ 분산 : 변수의 흩어진 정도를 나타내는 지표이다.
④ 변동계수 : 표준편차를 평균값으로 나눈 값으로 측정단위가 서로 다른 자료를 비교하고자 할 때 사용한다.

01 AW-500 교류아크용접기의 최고 무부하전압은 몇 V 이하인가?

① 30V 이하　　　　② 80V 이하

③ 95V 이하　　　　④ 85V 이하

해설

AW-500인 교류아크용접기의 최고 2차 무부하전압(V)은 95V 이하이다.

교류아크용접기의 규격

종 류	AW200	AW300	AW400	AW500
정격 2차 전류(A)	200	300	400	500
정격사용률(%)	40	40	40	60
정격부하전압(V)	30	35	40	40
최고 2차 무부하전압(V)	85 이하	85 이하	85 이하	95 이하
사용 용접봉 지름 (mm)	2.0~4.0	2.6~6.0	3.2~8.0	4.0~8.0

02 교량의 개조나 침몰선의 해체, 항만의 방파제 공사 등에 가장 많이 사용되는 것은?

① 산소창절단　　　② 수중절단

③ 분말절단　　　　④ 플라스마절단

해설

② 수중절단 : 수중(水中)에서 철구조물을 절단하고자 할 때 사용하는 가스용접법으로 주로 수소(H_2)가스가 사용되며 예열가스의 양은 공기 중의 4~8배로 한다. 교량의 개조나 침몰선의 해체, 항만의 방파제 공사에도 사용한다.

① 산소창절단 : 가늘고 긴 강관(안지름 3.2~6mm, 길이 1.5~3m)을 사용해서 절단산소를 큰 강괴의 중심부에 분출시켜 창으로 불리는 강관 자체가 함께 연소되면서 절단하는 방법으로, 주로 두꺼운 강판이나 주철, 강괴 등의 절단에 사용된다.

③ 분말절단 : 철분말이나 용제분말을 절단용 산소에 연속적으로 혼입시켜서 용접부에 공급하면 반응하면서 발생하는 산화열로 구조물을 절단하는 방법이다.

④ 플라스마제트절단 : 높은 온도를 가진 플라스마를 한 방향으로 모아서 분출시키는 것을 일컬어 플라스마제트라고 부르는데, 이 열원으로 절단하는 방법이다.

03 연강용 피복아크용접봉을 KS에 의하여 E4316으로 표시할 때, "43"이 의미하는 것은?

① 용착금속의 최소인장강도의 수준

② 피복아크용접봉

③ 모재의 최대인장강도의 수준

④ 피복제 계통

해설

연강용 피복아크용접봉의 규격(예 저수소계 용접봉인 E4316의 경우)

E	43	16
Electrode (전기용접봉)	용착금속의 최소인장강도(kgf/mm^2)	피복제의 계통

04 저수소계 용접봉에 대한 설명으로 틀린 것은?

① 피복제는 석회석이나 형석을 주성분으로 한다.

② 타 용접봉에 비해 용착금속 중의 수소함유량이 1/10 정도로 적다.

③ 용접봉은 사용하기 전에 300~350℃ 정도로 1~2시간 정도 건조시켜 사용한다.

④ 용착금속은 강인성이 풍부하나 내균열성이 나쁘다.

해설

저수소계(E4316) 용접봉의 특징

• 내균열성과 용착강도가 가장 우수하다.
• 기공이 발생하기 쉽다.
• 운봉에 숙련이 필요하다.
• 석회석이나 형석이 주성분이다.
• 이행용적의 양이 적고, 입자가 크다.
• 강력한 탈산작용으로 강인성이 풍부하다.
• 아크가 다소 불안정하고 균열감수성이 낮다.
• 용착금속 중의 수소함량이 타 용접봉에 비해 1/10 정도로 현저하게 적다.
• 보통 저탄소강의 용접에 주로 사용되나 저합금강과 중·고탄소강의 용접에도 사용된다.
• 피복제는 습기를 잘 흡수하기 때문에 사용 전에 300~350℃에서 1~2시간 건조 후 사용해야 한다.
• 균열에 대한 감수성이 좋아 구속도가 큰 구조물의 용접이나 탄소 및 황의 함유량이 많은 쾌삭강의 용접에 사용한다.

05 가스용접에서 용제에 대한 설명으로 틀린 것은?

① 용제는 단독으로 사용하는 것보다 혼합제로 사용하는 것이 좋다.

② 용제는 용접 직전의 모재(母材) 및 용접봉에 엷게 바른 다음 불꽃으로 태워서 사용한다.

③ 용제를 지나치게 많은 양을 쓰는 것은 도리어 용접을 곤란하게 한다.

④ 강 이외의 많은 금속은 그 산화물보다 용융점이 높기 때문에 산화물을 제거하기 위하여 용제가 중요한 역할을 한다.

해설

강 이외의 많은 금속이 산화물보다 용융점이 높지 않으며 산화물 제거를 위해 용제를 사용하지 않는 경우도 있다.

가스용접용 용제의 특징

• 용융온도가 낮은 슬래그를 생성한다.
• 모재의 용융점보다 낮은 온도에서 녹는다.
• 일반적으로 연강은 용제를 사용하지 않는다.
• 불순물을 제거함으로써 용착금속의 성질을 좋게 한다.
• 단독으로 사용하는 것보다 혼합제로 사용하는 것이 좋다.
• 용제를 지나치게 많이 사용하면 오히려 용접을 곤란하게 한다.
• 용접 중에 생기는 금속의 산화물이나 비금속 개재물을 용해한다.
• 용접 직전의 모재 및 용접봉에 엷게 바른 다음 불꽃으로 태워 사용한다.

06 잠호용접(SAW)에 대한 특징 설명으로 틀린 것은?

① 용융속도 및 용착속도가 빠르다.

② 개선각을 작게 하여 용접패스수를 줄일 수 있다.

③ 용접 진행상태의 양부를 육안으로 확인할 수 없다.

④ 적용자세에 제약을 받지 않는다.

해설

서브머지드아크용접(SAW, 잠호용접)의 단점

• 설비비가 많이 든다.
• 용접시공조건에 따라 제품의 불량률이 커진다.
• 용제의 흡습성이 커서 건조나 취급을 잘해야 한다.
• 용입이 크므로 모재의 재질을 신중히 검사해야 한다.
• 용입이 크므로 요구되는 이음가공의 정도가 엄격하다.
• 용접선이 짧고 복잡한 형상의 경우에는 용접기 조작이 번거롭다.
• 아크가 보이지 않으므로 용접의 적부를 확인해서 용접할 수 없다.
• 특수한 장치를 사용하지 않는 한 아래보기, 수평자세용접에 한정된다.
• 입열량이 크므로 용접금속의 결정립이 조대화되어 충격값이 낮아지기 쉽다.

07 산소-아세틸렌용접에서 전진법은 보통 판 두께가 몇 mm 이하의 맞대기용접이나 변두리용접에 쓰이는가?

① 5mm ② 10mm
③ 15mm ④ 20mm

해설
가스용접에서의 전진법과 후진법의 차이점

구 분	전진법	후진법
열이용률	나쁘다.	좋다.
비드의 모양	보기 좋다.	매끈하지 못하다.
홈의 각도	크다(약 80°).	작다(약 60°).
용접속도	느리다.	빠르다.
용접변형	크다.	작다.
용접 가능두께	두께 5mm 이하의 박판	후 판
가열시간	길다.	짧다.
기계적 성질	나쁘다.	좋다.
산화 정도	심하다.	양호하다.
토치 진행방향 및 각도	오른쪽 → 왼쪽	왼쪽 → 오른쪽

09 가스절단기 중 비교적 가볍고 두 가지의 가스를 이중으로 된 동심형의 구멍으로부터 분출하는 토치의 종류는?

① 프랑스식 ② 덴마크식
③ 독일식 ④ 스웨덴식

해설
절단팁의 종류

동심형 팁(프랑스식)	이심형 팁(독일식)
• 동심원의 중앙구멍으로 고압산소를 분출하고 외곽구멍으로는 예열용 혼합가스를 분출한다. • 가스절단에서 전후, 좌우 및 직선절단을 자유롭게 할 수 있다.	• 고압가스 분출구와 예열가스 분출구가 분리된다. • 예열용 분출구가 있는 방향으로만 절단 가능하다. • 작은 곡선 및 후진 등의 절단은 어렵지만 직선절단의 능률이 높고, 절단면이 깨끗하다.

08 가스용접으로 사용되는 산소의 성질에 대한 설명으로 잘못된 것은?

① 물에 조금 녹아 있기 때문에 수중생물의 호흡에 쓰인다.
② 다른 물질의 연소를 도와주는 조연성 가스이다.
③ 액체산소는 보통 연한 청색을 띤다.
④ 금, 백금, 수은 등을 제외한 모든 원소와 화합 시 탄화물을 만든다.

해설
산소는 모든 원소와 화합 시 탄화물을 생성하지는 않는다.

10 가스가우징 작업에 대해 설명한 것 중 틀린 것은?

① 용접부의 결함 제거
② 가접의 제거
③ 용접부의 뒤 따내기
④ 강재 표면의 얕고 넓은 홈, 탈탄층 제거

해설
가스가우징
용접결함(압연강재나 주강의 표면결함)이나 가접부 등의 제거를 위하여 가스절단과 비슷한 토치를 사용해서 용접부분의 뒷면을 따내거나 U형, H형상의 용접홈을 가공하기 위하여 깊은 홈을 파내는 가공방법이다.

11 정격 2차 전류 250A, 정격사용률 40%의 아크용접기로서, 실제로 200A의 전류로 용접한다면 허용사용률은 몇 %인가?

① 22.5   ② 42.5

③ 62.5   ④ 82.5

해설

허용사용률 구하는 식

$$허용사용률(\%) = \frac{(정격\ 2차\ 전류)^2}{(실제용접전류)^2} \times 정격사용률(\%)$$

$$= \frac{(250A)^2}{(200A)^2} \times 40\%$$

$$= \frac{62,500}{40,000} \times 40\%$$

$$= 62.5\%$$

12 아크용접 시 용접봉의 용융금속 이행형식이 될 수 없는 것은?

① 단락형   ② 스프레이형

③ 글로뷸러형   ④ 전류형

해설

전류형은 MIG용접 시 용융금속의 이행방식으로 분류하지 않는다.

13 용접구조물을 리벳구조물과 비교할 때 용접구조물의 장점으로 틀린 것은?

① 잔류응력이 발생하지 않는다.
② 재료의 절약도 가능하게 되고 무게도 경감된다.
③ 리벳구멍에 의한 유효단면적의 감소가 없으므로 이음효율이 높다.
④ 리벳이음에 비해 수밀, 유밀, 기밀유지가 잘된다.

해설

리벳은 기계적 접합법이므로 잔류응력이 거의 발생하지 않으나 용접은 작업 중 발생되는 열에 의해 잔류응력이 발생한다.

14 직류용접기와 교류용접기의 비교 설명 중 틀린 것은?

① 무부하전압은 교류용접기가 높다.
② 직류용접기가 역률이 양호하다.
③ 교류용접기의 구조가 직류용접기보다 간단하다.
④ 교류용접기는 극성변화가 가능하다.

해설

교류아크용접기는 극성의 변화가 불가능하나 직류아크용접기는 정극성과 역극성으로 극성의 변화가 가능하다.

직류아크용접기와 교류아크용접기의 차이점

구 분	직류아크용접기	교류아크용접기
아크안정성	우수하다.	보통이다.
비피복봉 사용 여부	가능하다.	불가능하다.
극성변화	가능하다.	불가능하다.
아크(자기) 쏠림방지	불가능하다.	가능하다.
무부하전압	약간 낮다(40~60V).	높다(70~80V).
전격의 위험	작다.	크다.
유지보수	다소 어렵다.	쉽다.
고 장	비교적 많다.	적다.
구 조	복잡하다.	간단하다.
역 률	양호하다.	불량하다.
가 격	고가이다.	저렴하다.

15 플라스마절단방식에서 텅스텐 전극과 모재 사이에서 아크플라스마를 발생시키는 것은?

① 이행형 아크절단
② 비이행형 아크절단
③ 단락형 아크절단
④ 중간형 아크절단

해설

이행형 아크절단	텅스텐 전극과 모재 사이에서 아크플라스마를 발생시키는 것이다.
비이행형 아크절단	텅스텐 전극과 수랭노즐 사이에서 아크플라스마를 발생시키는 것이다.

16 경납땜에 사용되는 용가재 중 은납에 관한 설명 중 틀린 것은?

① 구리, 은, 아연이 주성분인 합금이다.
② 구리, 구리합금, 스테인리스강 등에 사용한다.
③ 융점은 황동납보다 높고 유동성이 좋다.
④ 불꽃경납땜, 고주파 유도가열 경납땜, 노 내 경납땜에 사용한다.

해설
황동납의 용융점은 조성에 따라 다르지만 보통 850℃ 정도이고 은납은 800℃ 이하이므로 황동납의 용융점이 은납보다 더 높다.
은 납
Ag-Cu-Zn이나 Cd-Ni-Sn을 합금한 것으로 Al이나 Mg을 제외한 대부분의 철 및 비철금속의 납땜에 사용한다.

17 가스용접작업에 관한 안전사항 중 틀린 것은?

① 아세틸렌병은 저압이므로 뉘어서 사용하여도 좋다.
② 가스누설점검은 수시로 비눗물로 점검한다.
③ 산소병을 운반할 때는 캡(Cap)을 씌워 이동한다.
④ 작업 종료 후에는 메인밸브 및 콕을 완전히 잠근다.

해설
가스용접뿐만 아니라 특수용접 중 보호가스로 사용되는 가스를 담고 있는 용기(봄베, 압력용기)는 안전을 위해 모두 세워서 보관해야 한다.

18 용접면을 가볍게 접촉시키면서 대전류를 흐르게 하여 접촉면에 전기불꽃을 발생시켜 그 열로 두 개의 면을 접합시키는 용접은?

① 플래시용접   ② 마찰용접
③ 프로젝션용접   ④ 심용접

해설
플래시용접(플래시버트용접)
2개의 금속 단면을 가볍게 접촉시키면서 큰 전류(대전류)를 흐르게 하면 열이 집중적으로 발생하면서 그 부분이 용융되고 불꽃이 튀게 된다. 이때 접촉이 끊어지고 다시 피용접재를 전진시키면서 용융과 불꽃이 튀는 것을 반복하면서 강한 압력을 가해 압접하는 방법으로, 불꽃용접이라고도 한다.

19 TIG용접에 사용되는 전극의 조건으로 틀린 것은?

① 고용융점의 금속
② 전자 방출이 잘되는 금속
③ 전기저항률이 큰 금속
④ 열전도성이 좋은 금속

해설
TIG용접용 전극은 전자 방출이 잘되어야 하므로 전기저항률이 작은 금속으로 만들어져야 한다.

20 산업보건기준에 관한 규칙에서 근로자가 상시 작업하는 장소의 작업면의 조도 중 정밀작업 시 조도의 기준으로 맞는 것은?(단, 갱내 및 감광재료를 취급하는 작업장은 제외한다)

① 300lx 이상   ② 750lx 이상
③ 150lx 이상   ④ 75lx 이상

해설
조도의 기준(산업안전보건기준에 관한 규칙 제8조)

작업구분	기 준
초정밀작업	750lx 이상
정밀작업	300lx 이상
보통작업	150lx 이상
그 밖의 작업	75lx 이상

21 테르밋용접에서 테르밋제의 주성분은?

① 과산화바륨과 마그네슘분말

② 알루미늄분말과 산화철분말

③ 아연분말과 알루미늄분말

④ 과산화바륨과 산화철분말

해설

테르밋용접

금속산화물과 알루미늄이 반응하여 열과 슬래그를 발생시키는 테르밋반응을 이용하는 용접법이다. 강을 용접할 경우에는 산화철과 알루미늄분말을 3 : 1로 혼합한 테르밋제를 만들어 냄비의 역할을 하는 도가니에 넣은 후, 점화제를 약 1,000℃로 점화시키면 약 2,800℃의 열이 발생되어 용접용 강이 만들어지는데 이 강(Steel)을 용접 부위에 주입 후 서랭하여 용접을 완료한다. 주로 철도레일이나 차축, 선박의 프레임 접합에 사용된다.

23 불활성가스텅스텐아크용접에서 사용되는 가스로서 무색, 무미, 무취로 독성이 없으며 대기 중에는 약 0.94% 정도 포함되어 있으며 용접부 보호능력이 우수한 가스는?

① 헬륨(He) ② 수소(H_2)

③ 아르곤(Ar) ④ 탄산가스(CO_2)

해설

아르곤가스(Ar)의 특징

• 물에 용해된다.

• 불활성이며 불연성이다.

• 무색·무취·무미의 성질을 갖는다.

• 특수강 정련 및 특수용접에 사용된다.

• 대기 중 약 0.9% 존재한다(불활성기체 중 가장 많음).

• 단원자분자의 기체로 반응성이 거의 없어 불활성기체라고 한다.

• 공기보다 약 1.4배 무겁기 때문에 용접에 이용 시 용접부를 도포하여 산화 및 질화를 방지한다.

24 일반적으로 곧고 긴 용접선의 용접에 적합하며 이음면 위에 뿌려 놓은 분말플럭스 속에 용가재(전극)를 찔러 넣은 상태에서 용접하는 용극식의 자동용접법은?

① 불활성가스아크용접

② 전자빔용접

③ 플라스마아크용접

④ 서브머지드아크용접

해설

서브머지드아크용접(SAW)

용접 부위에 미세한 입상의 플럭스를 용제호퍼를 통해 다량으로 공급하면서 도포하고 용접선과 나란히 설치된 레일 위를 주행대차가 지나가면서 와이어릴에 감겨 있는 와이어를 이송롤러를 통해 용접부로 공급시키면 플럭스 내부에서 아크가 발생하는 자동용접법이다. 이때 아크가 플럭스 속에서 발생되므로 불가시아크용접, 잠호용접, 개발자의 이름을 딴 케네디용접, 그리고 이를 개발한 회사의 상품명인 유니언멜트용접이라고도 한다. 용접봉인 와이어의 공급과 이송이 자동이며 용접부를 플럭스가 덮고 있으므로 복사열과 연기가 많이 발생하지 않는다.

22 탄산가스아크용접법에서 아크를 안정시키기 위하여 혼합가스를 사용한다. 다음 중 공급가스로서 사용되지 않는 것은?

① $CO_2 - O_2$

② $CO_2 - Ar$

③ $CO_2 - H_2$

④ $CO_2 - Ar - O_2$

해설

수소가스는 폭발의 위험성이 있는 가연성가스이므로 가스용접용으로는 사용되지 않는다.

25 서브머지드아크용접에서 사용 재료로 가장 적당하지 않은 것은?

① 탄소강　　　　② 주 강
③ 주 철　　　　④ 스테인리스강

서브머지드아크용접의 경우 입열량이 커서 용접금속의 결정립이 조대화되어 충격값이 낮아지는데, 주철의 경우 자체 탄소함유량이 높아 용접성도 떨어지므로 용접용 재료로 적합하지 않다.

26 탄산가스아크용접(CO_2 Gas Shielded Arc Welding)의 원리와 같은 용접방식은?

① 미그(MIG)용접
② 서브머지드아크용접
③ 피복금속아크용접
④ 원자수소아크용접

이산화탄소(CO_2)가스아크용접과 MIG용접은 모두 불활성가스를 사용하며 롤 형태의 와이어를 공급하면서 토치를 사용해 용접하는 방식이 서로 같다.

작업명	MIG용접	CO₂가스아크용접
설비형식		
보호가스 (Shield Gas)	Ar(아르곤)	CO₂(이산화탄소)

27 고진공 상태에서 충격열을 이용하여 용접하며 원자력 및 전자제품의 정밀용접에 적용되는 용접은?

① 전자빔용접　　　② 레이저용접
③ 원자수소아크용접　④ 플라스마제트용접

전자빔용접

고밀도로 집속되고 가속화된 전자빔을 높은 진공($10^{-6} \sim 10^{-4}$mmHg) 속에서 용접물에 고속도로 조사시키면 빛과 같은 속도로 이동한 전자가 용접물에 충돌하면서 전자의 운동에너지를 열에너지로 변환시켜 국부적으로 고열을 발생시키는데, 이때 생긴 열원으로 용접부를 용융시켜 용접하는 방식이다. 텅스텐(3,410℃)과 몰리브데넘(2,620℃)과 같이 용융점이 높은 재료의 용접에 적합하다.

28 MIG용접의 특성이 아닌 것은?

① 직류역극성 이용 시 청정작용에 의해 알루미늄, 마그네슘 등의 용접이 가능하다.
② TIG용접에 비해 전류밀도가 낮다.
③ 아크 자기제어 특성이 있다.
④ 정전압 특성 또는 상승 특성의 직류용접기가 사용된다.

MIG용접의 특징
• 분무이행이 원활하다.
• 열영향부가 매우 적다.
• 용착효율은 약 98%이다.
• 전자세용접이 가능하다.
• 용접기의 조작이 간단하다.
• 아크의 자기제어 기능이 있다.
• 직류용접기의 경우 정전압 특성 또는 상승 특성이 있다.
• 전류가 일정할 때 아크전압이 커지면 용융속도가 낮아진다.
• 전류밀도가 아크용접의 4~6배, TIG용접의 2배 정도로 매우 높다.
• 용접부가 좁고, 깊은 용입을 얻으므로 후판(두꺼운 판)용접에 적당하다.
• 전자동 또는 반자동식이 많으며 전극인 와이어는 모재와 동일한 금속을 사용한다.
• 용접부로 공급되는 와이어가 전극과 용가재의 역할을 동시에 하므로 전극인 와이어는 소모된다.
• 전원은 직류역극성이 이용되며 Al, Mg 등에는 클리닝작용(청정작용)이 있어 용제 없이도 용접이 가능하다.
• 용접봉을 갈아 끼울 필요가 없어 용접속도를 빨리할 수 있으므로 고속 및 연속적으로 양호한 용접을 할 수 있다.

29 일렉트로가스아크용접에서 사용되지 않는 보호가스는?

① CO_2
② Ar
③ He
④ N_2

해설

일렉트로가스아크용접은 탄산가스(CO_2)를 용접부의 보호가스로 사용하며 탄산가스 분위기 속에서 아크를 발생시켜 그 아크열로 모재를 용융시켜 용접하는 방법으로 불활성가스인 Ar(아르곤)이나 He(헬륨)가스를 보호가스로 사용이 가능하다. 그러나 N_2(질소)가스는 사용할 수 없다.

30 다이캐스팅용 알루미늄합금에 요구되는 성질이 아닌 것은?

① 유동성이 좋을 것
② 금형에 대한 점착성이 좋을 것
③ 응고수축에 대한 용탕보급성이 좋을 것
④ 열간취성이 적을 것

해설

다이캐스팅주조법은 정확하게 가공된 강재로 만든 금형 안으로 용융된 금속을 주입하여 금형과 똑같은 형태의 주물을 얻는 정밀주조법으로, 용융금속이 응고된 후 금형에서 잘 떨어져야 하므로 점착성이 좋으면 안 된다. 점착성이 좋으면 재료가 떨어지면서 손상이 생길 우려가 있다.

31 탄산가스아크용접에서 와이어에 적당한 탈산제를 첨가하여 용착금속 내에 기공을 방지하는 데 사용되는 원소로 맞는 것은?

① Mn, Si
② Cr, Si
③ Ni, Mn
④ Cr, Ni

해설

Mn(망가니즈)와 Si(규소, 실리콘)를 CO_2용접용 와이어에 첨가하면 탈산제로 사용되어 용착금속 내의 기공을 방지한다.

32 주철의 마우러(Maurer)의 조직도란 무엇인가?

① C와 Si 양에 따른 주철조직도
② Fe과 Si 양에 따른 주철조직도
③ Fe과 C 양에 따른 주철조직도
④ Fe 및 C와 Si 양에 따른 주철조직도

해설

마우러조직도

주철의 조직을 지배하는 주요 요소인 C(탄소)와 Si(규소, 실리콘)의 함유량에 따른 주철의 조직의 관계를 나타낸 그래프이다.

33 표면경화 열처리법 중에서 가열시간이 짧기 때문에 산화, 탈탄, 결정입자의 조대화는 일어나지 않지만, 급열·급랭으로 인한 변형과 마텐자이트 생성에 따른 담금질 균열의 발생이 우려되는 것은?

① 화염경화법
② 가스침탄법
③ 액체침탄법
④ 고주파경화법

해설

고주파경화법(고주파담금질)

고주파유도전류로 강(Steel)의 표면층을 급속가열한 후 급랭시키는 방법으로, 가열시간이 짧고 피가열물에 대한 영향을 최소로 억제하며 표면을 경화시키는 표면경화법이다. 고주파는 소형 제품이나 깊이가 얕은 담금질층을 얻고자 할 때, 저주파는 대형 제품이나 깊은 담금질층을 얻고자 할 때 사용한다.

고주파경화법의 특징

• 작업비가 싸다.
• 직접 가열하므로 열효율이 높다.
• 열처리 후 연삭과정을 생략할 수 있다.
• 조작이 간단하여 열처리시간이 단축된다.
• 불량이 적어서 변형을 수정할 필요가 없다.
• 급열이나 급랭으로 인해 재료가 변형될 수 있다.
• 경화층이 이탈되거나 담금질 균열이 생기기 쉽다.
• 가열시간이 짧아서 산화되거나 탈탄의 우려가 적다.
• 마텐자이트 생성으로 체적이 변화하여 내부응력이 발생한다.
• 부분담금질이 가능하므로 필요한 깊이만큼 균일하게 경화시킬 수 있다.

34 스테인리스강 용접 시 열영향부(HAZ) 부근의 부식 저항이 감소되어 입계부식현상이 일어나기 쉬운데 이러한 현상의 주된 원인으로 맞는 것은?

① 탄화물의 석출로 크로뮴함유량 감소
② 산화물의 석출로 니켈함유량 감소
③ 유황의 편석으로 크로뮴함유량 감소
④ 수소의 침투로 니켈함유량 감소

해설

오스테나이트 스테인리스강 용접 시 유의사항
• 짧은 아크를 유지한다.
• 아크를 중단하기 전에 크레이터처리를 한다.
• 낮은 전륫값으로 용접하여 용접입열을 억제한다.
• 170℃ 정도로 층간온도를 낮게 유지하면서 최대한 용접입열을 낮추어야 한다.
• 입계부식을 방지하려면 용접 후 1,000~1,050℃로 용체화처리하고 급랭시킨다.
• 입계부식을 방지하려면 STS 321, STS 347 등의 모재를 용접에 사용한다.
• 오스테나이트계 스테인리스강에 높은 열이 가해질수록 탄화물이 더 빨리 발생되고 탄화물의 석출에 따른 크로뮴함유량이 감소되어 입계부식을 일으키기 때문에 가능한 한 용접입열을 작게 해야 한다.

35 Al-Cu-Si계의 합금으로서, Si에 의해 주조성을 개선하고 Cu에 의해 피삭성을 좋게 한 주조용 알루미늄합금은?

① Y합금
② 배빗메탈
③ 라우탈
④ 두랄루민

해설

③ 라우탈 : Al + Cu 4% + Si 5%의 주조용 알루미늄합금으로, 열처리하여 기계적 성질을 개량할 수 있다.
① Y합금 : Al + Cu + Mg + Ni의 주조용 알루미늄합금으로 내연기관용 피스톤, 실린더헤드의 재료로 사용된다.
② 배빗메탈(화이트메탈) : Sn(주석), Sb(안티모니) 및 Cu(구리)가 주성분인 합금으로 Sn이 89%, Sb가 7%, Cu가 4% 섞여 있다. 발명자 Issac Babbit의 이름을 따서 배빗메탈이라 하며 화이트메탈이라고도 부른다. 내열성이 우수하여 내연기관용 베어링재료로 사용된다.
④ 두랄루민 : Al + Cu + Mg + Mn의 가공용 알루미늄합금으로, 고강도로서 항공기나 자동차용 재료로 사용된다.

36 강을 담금질한 후 0℃ 이하로 냉각하고 잔류오스테나이트를 마텐자이트화하기 위한 방법은?

① 저온뜨임
② 고온뜨임
③ 오스템퍼
④ 서브제로처리

해설

심랭처리(Subzero Treatment 또는 서브제로)는 담금질강의 경도를 증가시키고 시효변형을 방지하기 위한 열처리조작으로 담금질강의 조직이 잔류 오스테나이트에서 전부 오스테나이트조직으로 바꾸기 위해 재료를 오스테나이트영역까지 가열한 후 0℃ 이하로 급랭시킨다.

37 주강의 대표적인 특성에 대한 설명으로 틀린 것은?

① 수축이 크다.
② 유동성이 나쁘다.
③ 고온 인장강도가 낮다.
④ 표피 및 그 인접 부위의 품질이 나쁘다.

해설

주강의 표피나 그 인접 부분의 품질은 나쁘지 않은 편이다.
주 강
주철에 비해 C(탄소)의 함유량을 줄인 용강(용융된 강)을 주형에 주입해서 만든 주조용 강재료이다. 주철에 비해 기계적 성질이 좋고 용접에 의한 보수작업이 용이하며 단조품에 비해 가공공정이 적으면서 대형 제품을 만들 수 있는 장점이 있어서, 형상이 크거나 복잡해서 단조품으로 만들기 곤란하거나 주철로는 강도가 부족한 경우 사용한다. 그러나 주조조직이 거칠고 응고 시 수축률도 크며 취성이 있어서 주조 후에는 완전풀림을 통해 조직을 미세화하고 주조응력을 제거해야 한다는 단점이 있다.

38 Fe-C계 평형상태도상에서 탄소를 2.0~6.67% 정도 함유하는 금속재료는?

① 구 리　　　　　　② 타이타늄
③ 주 철　　　　　　④ 니 켈

해설

철강의 분류

성 질	순 철	강	주 철
영 문	Pure Iron	Steel	Cast Iron
탄소함유량	0.02% 이하	0.02~2.0%	2.0~6.67%
담금질성	담금질이 안 됨	좋 음	잘되지 않음
강도 및 경도	연하고 약함	큼	경도는 크나 잘 부서짐
활 용	전기재료	기계재료	주조용 철
제 조	전기로	전 로	큐폴라

39 엘린바의 주요 성분원소가 아닌 것은?

① 철　　　　　　　② 니 켈
③ 크로뮴　　　　　④ 인

해설

엘린바는 Fe(철)과 Ni(니켈), Cr(크로뮴)의 합금재료로 P(인)과는 관련이 없다.

엘린바

Fe에 36%의 Ni, 12%의 Cr이 합금된 재료로, 온도변화에 따라 탄성률의 변화가 미세하여 시계태엽이나 계기의 스프링, 기압계용 다이어프램, 정밀저울용 스프링재료로 사용한다.

40 구리(47%)-아연(11%)-니켈(42%)의 합금으로, 니켈함유량이 많을수록 융점이 높고 색은 변색한다. 융점이 높고 강인하므로 철강을 위시하여 동, 황동, 백동, 모넬메탈 등의 납땜에 사용하는 것은?

① 양은납　　　　　② 은 납
③ 인청동납　　　　④ 황동납

해설

① 양은납 : 47%의 Cu와 11%의 Zn, 42%의 Ni이 합금된 것으로, 니켈의 함유량이 높을수록 용융점이 높고 색이 변한다. 강인한 성질이 있어서 철강이나 동, 황동, 백동, 모넬메탈 등의 납땜용 용제로 사용된다.
② 은납 : Ag-Cu-Zn이나 Cd-Ni-Sn을 합금한 것으로, Al이나 Mg을 제외한 대부분의 철 및 비철금속의 납땜에 사용한다.
④ 황동납 : Cu와 Zn의 합금으로, 철강이나 비철금속의 납땜에 사용된다. 전기전도도가 낮고 진동에 대한 저항도 작다.

41 베어링용 합금이 갖추어야 할 조건 중 옳지 않은 것은?

① 충분한 경도와 내압력을 가져야 한다.
② 전연성이 풍부해야 한다.
③ 주조성, 절삭성이 좋아야 한다.
④ 내식성이 좋고 가격이 저렴해야 한다.

해설

베어링은 축에 끼워져서 구조물의 하중을 받아야 하므로 전연성이 없고 강성이 커야 한다. 전연성이 크면 베어링에 변형을 가져온다.

베어링재료의 구비조건(미끄럼 및 구름베어링)

• 내식성이 클 것
• 피로한도가 높을 것
• 마찰계수가 작을 것
• 마찰과 마멸이 적을 것
• 유막의 형성이 용이할 것
• 방열을 위하여 열전도율이 클 것
• 축재질보다 면압강도가 클 것
• 하중 및 피로에 대한 충분한 강도를 가질 것

42 화염경화법의 장점에 해당되지 않는 것은?

① 부품의 크기나 형상에 제한이 없다.

② 국부담금질이 가능하다.

③ 일반담금질법에 비해 담금질 변형이 많다.

④ 설비비가 적게 든다.

해설

화염경화법

산소-아세틸렌가스불꽃으로 강의 표면을 급격히 가열한 후 물을 분사시켜 급랭시킴으로써 담금질성이 있는 재료의 표면을 경화시키는 방법이다. 필요한 부분만 가열하기 때문에 재료 전체를 열처리하는 일반 담금질법에 비해 변형이 작다.

43 용접변형 교정법으로 맞지 않는 것은?

① 얇은 판에 대한 점수축법

② 형재에 대한 직선수축법

③ 국부템퍼링법

④ 가열한 후 해머링하는 방법

해설

국부템퍼링이란 한정된 부분만 뜨임(Tempering) 열처리를 실시하는 것으로, 재료에 인성을 부여하고 내부응력을 제거하기 위한 작업이다. 따라서 국부템퍼링은 변형교정법과 관련이 없다.

44 연강재료의 인장시험편이 시험 전의 표점거리가 60mm이고, 시험 후의 표점거리가 78mm일 때 연신율은 몇 %인가?

① 77%   ② 130%

③ 30%   ④ 18%

해설

연신율(ε)

재료에 외력이 가해졌을 때 처음길이에 비해 나중에 늘어난 길이의 비율을 말한다.

$$\varepsilon = \frac{나중길이(l_1) - 처음길이(l_0)}{처음길이(l_0)} \times 100$$

$$= \frac{78\text{mm} - 60\text{mm}}{60\text{mm}} \times 100\% = 30\%$$

45 피복아크용접 시 열효율과 가장 관계가 없는 항목은?

① 용접봉의 길이

② 아크길이

③ 모재의 판두께

④ 용접속도

해설

피복아크용접 시 열효율과 관련이 깊은 것은 아크길이와 모재의 판두께, 용접속도로 용접입열량에 큰 영향을 미친다. 그러나 용접봉의 길이는 관련이 없다.

46 자동제어의 장점으로 가장 거리가 먼 것은?

① 제품의 품질이 균일화되어 불량률이 감소된다.

② 인간능력 이상의 정밀 고속작업이 가능하다.

③ 인간에게는 부적당한 위험환경에서 작업이 가능하다.

④ 설비나 장치가 간단하며 이동이 용이하다.

해설

생산공정을 자동화로 제어하려면 기계설비와 PLC 등을 설치해야 하므로 공정을 만드는 데 다소 복잡하고 한 번 설치하면 이동하기 어렵다.

47 용접구조물의 본 용접 시 용접순서를 결정할 때 주의사항으로 틀린 것은?

① 동일 평면 내에 이음이 많을 경우, 수축은 가능한 한 자유단으로 보낸다.

② 가능한 한 수축이 큰 이음부를 먼저 용접한다.

③ 물품의 중심에 대하여 항상 대칭적으로 용접을 진행한다.

④ 리벳과 용접을 병행하는 경우 리벳이음을 먼저 한 후 용접이음을 한다.

해설
리벳과 용접작업을 병행할 때는 용접 시 발생되는 열에 의해 재료의 변형이 발생하는 용접이음을 먼저 한 뒤 리벳이음을 실시해야 한다.

48 지그(Jig)를 구성하는 기계요소에 해당되지 않는 것은?

① 공작물의 내마모장치

② 공작물의 위치결정장치

③ 공작물의 클램핑장치

④ 공구의 안내장치

해설
지 그
작업의 편리성을 위해 작업자가 공작물을 작업하기 알맞게 고정시키기 위한 것으로, 공구와 공작물을 고정하거나 이동시키는 안내장치가 필요하다. 그러나 공작물의 내마모장치는 관련이 없다.

49 용접부의 비파괴검사 중 비자성체 재료에 이용할 수 없는 것은?

① 방사선투과검사 ② 초음파탐상검사

③ 침투탐상검사 ④ 자분탐상검사

해설
자기탐상시험(자분탐상시험 또는 Magnetic Test)
철강재료 등 강자성체를 자기장에 놓았을 때 시험편 표면이나 표면 근처에 균열이나 비금속 개재물과 같은 결함이 있으면 결함 부분에는 자속이 통하기 어려워 공간으로 누설되어 누설자속이 생긴다. 이 누설자속을 자분(자성분말)이나 검사코일을 사용하여 결함의 존재를 검출하는 검사방법이다. 기계부품의 표면부에 존재하는 결함을 검출하는 비파괴시험법이나 알루미늄, 오스테나이트 스테인리스강, 구리 등 비자성체에는 적용이 불가능하고, 반드시 자성체의 재료만 이용이 가능하다.

50 용접비드의 토(Toe)에 생기는 작은 홈을 말하는 것으로 용접전류가 과대할 때, 아크길이가 길 때, 운봉속도가 너무 빠를 때 생기기 쉬운 용접결함은?

① 언더컷 ② 오버랩

③ 기 공 ④ 용입 불량

해설
언더컷은 용접부의 가장자리 부분에서 모재가 파여 용착금속이 채워지지 않고 홈으로 남아 있는 부분이다. 언더컷 불량은 용접전류가 너무 높아서 입열량이 많아졌을 때, 아크길이가 길 때, 운봉속도가 너무 빠를 때 생긴 것으로 이 불량을 방지하려면 용접전류를 알맞게 조절하거나 운봉속도를 알맞게 조절해야 한다.

51 잔류응력의 측정법에서 정성적 방법이 아닌 것은?

① 자기적 방법 ② 응력 와니스법

③ 응력이완법 ④ 부식법

해설
자기적 성질과 응력, 부식을 이용하는 것은 물질의 성분이나 성질과 관련이 있으므로 정성적 방법에 속하는 반면, 응력이완법은 다른 말로 저항선변형도계(Wire Strain Gauge)이므로 정량적 방법에 속한다.

정성적	물질의 성분이나 성질
정량적	수량을 세어 정하는 것

52 용접이음을 설계할 때의 주의사항 중 틀린 것은?

① 맞대기용접에서는 뒷면용접을 할 수 있도록 해서 용입 부족이 없도록 한다.
② 용접이음부가 한곳에 집중하지 않도록 설계한다.
③ 맞대기용접은 가급적 피하고 필릿용접을 하도록 한다.
④ 아래보기용접을 많이 하도록 설계한다.

해설
용접부를 설계할 때는 필릿용접보다 맞대기용접을 실시해야 강성을 높일 수 있다.
용접이음부 설계 시 주의사항
• 용접선의 교차를 최대한 줄인다.
• 용착량을 가능한 한 적게 설계해야 한다.
• 용접길이가 감소될 수 있는 설계를 한다.
• 가능한 한 아래보기자세로 작업하도록 한다.
• 필릿용접보다는 맞대기용접으로 설계한다.
• 용접열이 국부적으로 집중되지 않도록 한다.
• 보강재 등 구속이 커지도록 구조설계를 한다.
• 용접작업에 지장을 주지 않도록 공간을 남긴다.
• 열의 분포가 가능한 한 부재 전체에 고루 퍼지도록 한다.
• 용접치수는 강도상 필요한 치수 이상으로 하지 않는다.
• 판면에 직각방향으로 인장하중이 작용할 경우에는 판의 이방성에 주의한다.

53 용접비드 바로 밑에서 용접선에 아주 가까이 거의 평행하게 모재 열영향부에 생기는 균열은?

① 토균열
② 크레이터균열
③ 루트균열
④ 비드밑균열

해설
④ 비드밑균열 : 모재의 용융선 근처의 열영향부에서 발생되는 균열이며 고탄소강이나 저합금강을 용접할 때 용접열에 의한 열영향부의 경화와 변태응력 및 용착금속 내부의 확산성 수소에 의해 발생되는 균열을 말한다.
① 토균열 : 표면비드와 모재와의 경계부에서 발생하는 불량으로 토(Toe)란 용접모재와 용접표면이 만나는 부위를 말한다.
② 크레이터균열 : 용접비드의 끝에서 발생하는 고온균열로서 냉각속도가 지나치게 빠른 경우에 발생한다.
③ 루트균열 : 맞대기용접 시 가접이나 비드의 첫 층에서 루트면 근방의 열영향부(HAZ)에 발생한 노치에서 시작하여 점차 비드 속으로 들어가는 균열(세로방향균열)로 함유 수소에 의해서도 발생되는 저온균열의 일종이다.

54 다음 그림의 용접도면을 설명한 것 중 맞지 않는 것은?

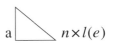

① a : 목두께
② l : 용접길이(크레이터 제외)
③ n : 목길이의 개수
④ (e) : 인접한 용접부 간격

해설
단속필릿용접부 표시기호

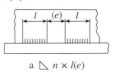

$a \triangle n \times l(e)$

• a : 목두께
• △ : 필릿용접기호
• n : 용접부 수
• l : 용접길이
• (e) : 인접한 용접부 간격

55 축의 완성지름, 철사의 인장강도, 아스피린 순도와 같은 데이터를 관리하는 가장 대표적인 관리도는?

① c 관리도
② nP 관리도
③ u 관리도
④ $\bar{x} - R$ 관리도

해설
④ $\bar{x} - R$ 관리도 : 축의 완성지름이나 철사의 인장강도, 아스피린 순도와 같은 데이터를 관리하는 가장 대표적인 관리도이다.
① c 관리도 : 미리 정해진 일정단위 중 포함된 부적합수에 의거하여 공정을 관리할 때 사용한다.
② nP 관리도 : 제품의 크기가 일정할 때 일정 개수의 Lot 생산 시 사용하는 관리도로 nP는 불량 개수를 의미한다.
③ u 관리도 : 제품의 크기가 일정하지 않을 경우 결점수를 일정단위로 바꾸어서 관리하는 방법이다. 공식은 $\bar{u} \pm 3\sqrt{\dfrac{u}{n}}$ 을 사용한다.

56 로트의 크기가 시료의 크기에 비해 10배 이상 클 때, 시료의 크기와 합격판정 개수를 일정하게 하고 로트의 크기를 증가시킬 경우 검사특성곡선의 모양 변화에 대한 설명으로 가장 적절한 것은?

① 무한대로 커진다.
② 별로 영향을 미치지 않는다.
③ 샘플링검사의 판별능력이 매우 좋아진다.
④ 검사특성곡선의 기울기 경사가 급해진다.

해설
로트의 크기가 시료의 크기보다 10배 이상 크더라도 시료의 크기와 합격판정 개수가 일정하다면 로트의 크기를 증가시키더라도 검사특성곡선에는 별로 영향을 미치지 않는다.

57 작업시간 측정방법 중 직접측정법은?

① PTS법
② 경험견적법
③ 표준자료법
④ 스톱워치법

해설
④ 스톱워치법 : 테일러에 의해 처음 도입된 방법이다. 스톱워치를 들고 작업시간을 직접 관측하여 표준시간을 설정하는 기법이므로 직접측정법에 속한다.
① PTS법 : 모든 작업을 기본동작으로 분해하고 각 기본동작의 성질과 조건에 따라 미리 정해 놓은 시간치를 적용하여 정미시간을 산정하는 방법이다.
② 경험견적법 : 전문가의 경험을 이용하는 방법으로, 비용이 저렴하고 산정시간이 작지만 작업하는 상황변화를 반영하지 못한다는 단점이 있다.
③ 표준자료법 : 표준시간 동안 축적된 자료를 분석하는 방법이다.

58 준비작업시간 100분, 개당 정미작업시간 15분, 로트 크기 20일 때 1개당 소요작업시간은 얼마인가? (단, 여유시간은 없다고 가정한다)

① 15분
② 20분
③ 35분
④ 45분

해설
물건 1개당 작업시간 = 개당 정미작업시간 + 개당 작업준비시간 + 여유시간

물건 1개당 작업시간 = 기본 15분 + $\dfrac{100분}{20개}$ + 여유시간은 0이므로,

개당 작업소요시간은 20분이다.

59 소비자가 요구하는 품질로서 설계와 판매정책에 반영되는 품질을 의미하는 것은?

① 시장품질
② 설계품질
③ 제조품질
④ 규격품질

해설
시장품질 : 소비자가 요구하는 품질 정도를 설계단계, 생산공정단계, 판매정책에 반영하는 것을 말한다.

60 다음 중 샘플링검사보다 전수검사를 실시하는 것이 유리한 경우는?

① 검사항목이 많은 경우
② 파괴검사를 해야 하는 경우
③ 품질특성치가 치명적인 결점을 포함하는 경우
④ 다수·다량의 것으로 어느 정도 부적합품이 섞여도 괜찮을 경우

해설
품질특성치가 치명적인 결함을 포함한 경우에는 생산단위인 1Lot(로트)에서 일부만 검사하는 샘플링검사보다 모든 제품을 검사하는 전수검사가 품질수율의 증진에 유리하다.
※ Lot수는 일정한 제조 횟수를 표시하는 개념을 말한다.

01 교류와 직류용접기를 비교할 때 교류용접기가 유리한 항목은?

① 아크의 안정이 우수하다.

② 비피복봉 사용이 가능하다.

③ 자기쏠림방지가 가능하다.

④ 역률이 매우 양호하다.

해설

직류아크용접기와 교류아크용접기의 차이점

구 분	직류아크용접기	교류아크용접기
아크안정성	우수하다.	보통이다.
비피복봉 사용 여부	가능하다.	불가능하다.
극성변화	가능하다.	불가능하다.
아크(자기) 쏠림방지	불가능하다.	가능하다.
무부하전압	약간 낮다(40~60V).	높다(70~80V).
전격의 위험	작다.	크다.
유지보수	다소 어렵다.	쉽다.
고 장	비교적 많다.	적다.
구 조	복잡하다.	간단하다.
역 률	양호하다.	불량하다.
가 격	고가이다.	저렴하다.

02 아크전류(Welding Current)가 210A, 아크전압이 25V, 용접속도가 15cm/min인 경우 용접의 단위길이 1cm당 발생하는 용접입열은 몇 Joule/cm인가?

① 11,000Joule/cm

② 3,000Joule/cm

③ 21,000Joule/cm

④ 8,000Joule/cm

해설

용접입열량(H)

$$H = \frac{60EI}{v} = \frac{60 \times 25 \times 210}{15} = 21,000 \, \text{J/cm}$$

여기서, H : 용접 단위길이 1cm당 발생하는 전기적 에너지

E : 아크전압(V)

I : 아크전류(A)

v : 용접속도(cm/min)

※ 일반적으로 모재에 흡수된 열량은 입열의 75~85% 정도이다.

03 가스절단면을 보면 거의 일정 간격의 평행곡선이 진행 방향으로 나타나 있는데 이 곡선을 무엇이라 하는가?

① 비드길이

② 트 랙

③ 드래그라인

④ 다리길이

해설

가스절단 시 절단면에 생기는 드래그라인(Drag Line)은 가스절단의 양부를 판정하는 기준이 되는데 절단면에 거의 일정한 간격으로 평행곡선이 진행방향으로 그려져 있다. 드래그길이는 주로 절단속도와 산소의 소비량에 따라 변화한다. 만일 절단속도가 일정할 때 산소소비량이 적으면 드래그길이가 길고 절단면이 좋지 않다.

04 아크쏠림(Arc Blow)의 방지대책으로 맞지 않는 것은?

① 접지점을 용접부에서 멀리할 것
② 교류(AC) 대신에 직류(DC)를 쓸 것
③ 짧은 아크를 사용할 것
④ 이음부의 처음과 끝에 엔드탭(End tap)을 이용할 것

[해설]
아크쏠림(자기불림)을 방지하려면 교류용접기를 사용해야 하므로 직류보다는 교류를 사용해야 한다.
아크쏠림 방지대책
• 용접전류를 줄인다.
• 교류용접기를 사용한다.
• 접지점을 2개 연결한다.
• 아크길이는 최대한 짧게 유지한다.
• 접지부를 용접부에서 최대한 멀리한다.
• 용접봉 끝을 아크쏠림의 반대방향으로 기울인다.
• 용접부가 긴 경우는 가용접 후 후진법(후퇴용접법)을 사용한다.
• 받침쇠, 긴 가용접부, 이음의 처음과 끝에는 엔드탭을 사용한다.

05 서브머지드아크용접에서 소결형 플럭스(Flux)의 특성으로 맞는 것은?

① 가스 발생이 적다.
② 슬래그의 박리성이 좋다.
③ 고전류가 되기 곤란하다.
④ 외관은 유리형상(Grass)의 형태를 나타낸다.

[해설]
소결형 용제는 슬래그의 박리성이 우수하다.
서브머지드아크용접에 사용되는 소결형 용제의 특징
• 고전류에서 작업성이 좋다.
• 슬래그 박리성이 우수하다.
• 합금원소의 첨가가 용이하다.
• 용융형 용제에 비해 용제의 소모량이 적다.
• 전류에 상관없이 동일한 용제로 용접이 가능하다.
• 페로실리콘이나 페로망가니즈 등에 의해 강력한 탈산작용이 된다.
• 분말형태로 작게 만든 후 결합하여 만들어서 흡습성이 가장 높다.
• 고입열의 자동차 후판용접, 고장력강 및 스테인리스강의 용접에 유리하다.

06 아세틸렌가스와 접촉하여도 폭발의 위험성이 가장 적은 재료는?

① 수은(Hg)
② 은(Ag)
③ 동(Cu)
④ 크로뮴(Cr)

[해설]
아세틸렌가스(Acetylene, C_2H_2)
• 400℃ 근처에서 자연발화한다.
• 카바이드(CaC_2)를 물에 작용시켜 제조한다.
• 가스용접이나 절단작업 시 연료가스로 사용된다.
• 구리나 은, 수은 등과 반응할 때 폭발성 물질이 생성된다.
• 산소와 적당히 혼합 후 연소시키면 3,000~3,500℃의 고온을 낸다.
• 아세틸렌가스의 비중은 0.906으로, 비중이 1.105인 산소보다 가볍다.
• 아세틸렌가스는 불포화탄화수소의 일종으로 불완전한 상태의 가스이다.
• 각종 액체에 용해가 잘된다(물 : 1배, 석유 : 2배, 벤젠 : 4배, 알코올 : 6배, 아세톤 : 25배).
• 가스봄베(병) 내부가 1.5기압 이상이 되면 폭발위험이 있고, 2기압 이상으로 압축하면 폭발한다.
• 아세틸렌가스의 충전은 15℃, 1기압하에서 15kgf/cm²의 압력으로 한다. 아세틸렌가스 1L의 무게는 1.176g이다.
• 순수한 카바이드 1kg은 이론적으로 348L의 아세틸렌가스를 발생하며, 보통의 카바이드는 230~300L의 아세틸렌가스를 발생시킨다.
• 순수한 아세틸렌가스는 무색무취의 기체이나 아세틸렌가스 중에 포함된 불순물인 인화수소, 황화수소, 암모니아에 의해 악취가 난다.
• 아세틸렌이 완전연소하는 데 이론적으로 2.5배의 산소가 필요하지만 실제는 아세틸렌에 불순물이 포함되어 산소가 1.2~1.3배 필요하다.
• 아세틸렌은 공기 또는 산소와 혼합되면 폭발성이 격렬해지는데, 아세틸렌 15%, 산소 85% 부근이 가장 위험하다.

07 토치를 사용하여 용접 부분의 뒷면을 따내든지 U형, H형의 용접홈 가공법으로 일명 가스 파내기라고도 하는 것은?

① 스카핑　　　　　② 가스가우징
③ 산소창절단　　　④ 포갬절단

해설
② 가스가우징 : 용접결함(압연강재나 주강의 표면결함)이나 가접부 등의 제거를 위하여 가스절단과 비슷한 토치를 사용해서 용접부분의 뒷면을 따내거나 U형, H형상의 용접홈을 가공하기 위하여 깊은 홈을 파내는 가공방법이다.
① 스카핑(Scarfing) : 강괴나 강편, 강재 표면의 흠이나 개재물, 탈탄층 등을 제거하기 위한 불꽃가공으로 가능한 한 얇으면서 타원형의 모양으로 표면을 깎아내는 가공방법이다.
③ 산소창절단 : 가늘고 긴 강관(안지름 3.2~6mm, 길이 1.5~3m)을 사용해서 절단산소를 큰 강괴의 중심부에 분출시켜 창으로 부르는 강관 자체가 함께 연소되면서 절단하는 방법으로, 주로 두꺼운 강판이나 주철, 강괴 등의 절단에 사용된다.
④ 포갬절단 : 판과 판 사이의 틈새를 0.1mm 이상으로 포개어 압착시킨 후 절단하는 방법이다.

08 다음은 피복아크용접기법에 대하여 설명한 것이다. 이 중 맞지 않는 것은?

① 용접봉은 건조로에 작업에 필요한 양만큼 사전에 건조시켜 놓아야 한다.
② 작업자를 보호하기 위하여 반드시 지정된 규격품의 보호구를 착용하여야 한다.
③ 피복아크용접할 때 일반적으로 3mm 정도 짧은 아크길이를 사용하는 것이 유리하다.
④ 용접을 정지하려면 정지시키는 곳에 아크를 길게 하여 운봉을 크게 하면서 아크를 소멸시킨다.

해설
피복아크용접 시 용접을 정지하려면 정지하는 곳의 아크를 짧게 하고 운봉을 작게 하면서 크레이터처리를 실시해야 균열을 방지할 수 있다.

09 피복아크용접봉의 피복제 중에 포함되어 있는 주요성분이 아닌 것은?

① 가스발생제　　　② 고착제
③ 탈수소제　　　　④ 탈산제

해설
심선을 둘러싸는 피복배합제의 종류

배합제	용 도	종 류
고착제	심선에 피복제를 고착시킨다.	규산나트륨, 규산칼륨, 아교
탈산제	용융금속 중의 산화물을 탈산·정련한다.	크로뮴, 망가니즈, 알루미늄, 규소철, 톱밥, 페로망가니즈(Fe-Mn), 페로실리콘(Fe-Si), Fe-Ti, 망가니즈철, 소맥분(밀가루)
가스발생제	중성, 환원성 가스를 발생하여 대기와의 접촉을 차단하여 용융금속의 산화나 질화를 방지한다.	아교, 녹말, 톱밥, 탄산바륨, 셀룰로이드, 석회석, 마그네사이트
아크안정제	아크를 안정시킨다.	산화타이타늄, 규산칼륨, 규산나트륨, 석회석
슬래그생성제	용융점이 낮고 가벼운 슬래그를 만들어 산화나 질화를 방지한다.	석회석, 규사, 산화철, 일미나이트, 이산화망가니즈
합금첨가제	용접부의 성질을 개선하기 위해 첨가한다.	페로망가니즈, 페로실리콘, 니켈, 몰리브데넘, 구리

10 플라스마아크절단의 작동가스 중 일반적으로 알루미늄 등의 경금속에 사용되는 가스는?

① 질소와 수소혼합가스
② 아르곤과 수소의 혼합가스
③ 헬륨과 산소의 혼합가스
④ 탄산가스와 산소의 혼합가스

해설
플라스마아크절단
플라스마기류가 노즐을 통과할 때 열적핀치효과를 이용하여 20,000 ~30,000℃의 플라스마아크를 만들어 내는데, 이 초고온의 플라스마아크를 절단열원으로 사용하여 가공물을 절단하는 방법이다. 플라스마아크(제트)절단 작업 시 알루미늄과 같은 경금속의 절단작업에는 Ar(아르곤) + H₂(수소)의 혼합가스를 사용한다. 단, 스테인리스강을 플라스마절단할 때는 N₂ + H₂의 혼합가스를 사용한다.

11 연강피복아크용접봉 중 산화타이타늄과 염기성 산화물이 함유되어 작업성이 뛰어나고 비드 외관이 좋은 것은?

① E4301　　　　② E4303
③ E4311　　　　④ E4326

해설

E4303(라임티타니아계 용접봉)은 산화타이타늄과 염기성 산화물이 다량으로 함유된 슬래그생성식 용접봉으로 작업성이 뛰어나고 비드의 외관이 좋다.

피복아크용접봉의 종류

종 류	특 징
E4301 일미나이트계	• 일미나이트($TiO_2 \cdot FeO$)를 약 30% 이상 합금한 것으로 우리나라에서 많이 사용한다. • 일본에서 처음 개발한 것으로 작업성과 용접성이 우수하며 값이 저렴하여 철도나 차량, 구조물, 압력용기에 사용된다. • 내균열성, 내가공성, 연성이 우수하여 25mm 이상의 후판용접도 가능하다.
E4303 라임 티타니아계	• E4313의 새로운 형태로 약 30% 이상의 산화타이타늄(TiO_2)과 염기성 산화물인 석회석($CaCO_3$)이 주성분인 슬래그생성식 용접봉으로 전자세 용접성이 우수하다. • 용입이 얕아서 박판용접에 적합하다. • 피복이 두껍고 슬래그의 유동성이 좋으며 가볍고 박리성이 양호하다. • 비드표면이 평면적이며 외관이 곱고 언더컷이 잘 생기지 않는다. • E4313의 작업성을 따르면서 기계적 성질과 일미나이트계의 작업성이 부족한 점을 개량하여 만든 용접봉이다. • 고산화타이타늄계 용접봉보다 약간 높은 전류를 사용한다.
E4311 고셀룰로스계	• 발생가스량이 많아 피복량이 얇고 슬래그가 적으므로 수직, 위보기용접에서 우수한 작업성을 보인다. • 가스 생성에 의한 환원성 아크분위기로 용착금속의 기계적 성질이 양호하며 아크는 스프레이형상으로 용입이 크고 용융속도가 빠르다. • 슬래그가 적으므로 비드 표면이 거칠고 스패터가 많다. • 사용전류는 슬래그 실드계 용접봉에 비해 10~15% 낮게 하며 사용 전 약 70~100℃에서 30분~1시간 정도 건조해야 한다. • 도금강판, 저합금강, 저장탱크나 배관공사에 이용된다. • 피복제에 가스발생제인 셀룰로스(유기물)를 20~30% 정도 포함한 가스생성식의 대표적인 용접봉이다.

종 류	특 징
E4313 고산화 타이타늄계	• 균열에 대한 감수성이 좋아서 구속이 큰 구조물의 용접이나 고탄소강, 쾌삭강의 용접에 사용한다. • 피복제에 산화타이타늄(TiO_2)을 약 35% 정도 합금한 것으로 일반 구조용 용접에 사용된다. • 용접기의 2차 무부하전압이 낮을 때에도 아크가 안정적이며 조용하다. • 스패터가 적고 슬래그의 박리성도 좋아서 비드의 모양이 좋다. • 저합금강이나 탄소량이 높은 합금강의 용접에 적합하다. • 다층용접에서는 만족할 만한 품질을 만들지 못한다. • 기계적 성질이 다른 용접봉에 비해 약하고 고온균열을 일으키기 쉬운 단점이 있다.
E4316 저수소계	• 아크가 불안정하다. • 용접봉 중에서 피복제의 염기성이 가장 높다. • 석회석이나 형석을 주성분으로 한 피복제를 사용한다. • 숙련도가 낮을 경우 심한 볼록비드의 모양이 만들어지기 쉽다. • 보통 저탄소강의 용접에 주로 사용되나 저합금강과 중·고탄소강의 용접에도 사용된다. • 용착금속 중의 수소량이 타 용접봉에 비해 1/10 정도로 현저하게 적다. • 균열에 대한 감수성이 좋아 구속도가 큰 구조물이 용접이나 탄소 및 황의 함유량이 많은 쾌삭강의 용접에 사용한다. • 피복제는 습기를 잘 흡수하기 때문에 사용 전에 약 300~350℃에서 1~2시간 정도 건조 후 사용해야 한다.
E4324 철분산화 타이타늄계	• E4313의 피복제에 철분을 50% 정도 첨가한 것이다. • 작업성이 좋고 스패터가 적게 발생하나 용입이 얕다. • 용착금속의 기계적 성질은 E4313과 비슷하다.
E4326 철분 저수소계	• E4316의 피복제에 30~50% 정도의 철분을 첨가한 것으로 용착속도가 빠르고 작업능률이 좋다. • 용착금속의 기계적 성질이 양호하고 슬래그의 박리성이 저수소계 용접봉보다 좋으며 아래보기나 수평필릿용접에만 사용된다.
E4327 철분 산화철계	• 주성분인 산화철에 철분을 첨가한 것으로 규산염을 다량 함유하고 있어서 산성의 슬래그가 생성된다. • 아크가 분무상으로 나타나며 스패터가 적고 용입은 E4324보다 깊다. • 비드의 표면이 곱고 슬래그의 박리성이 좋아서 아래보기나 수평필릿용접에 많이 사용된다.

12 수동 가스절단기의 설명 중 틀린 것은?

① 가스를 동심원의 구멍에서 분출시키는 절단토 치는 전후, 좌우 및 직선절단을 자유롭게 할 수 있다.

② 이심형의 절단토치는 작은 곡선 등의 절단에 능률적이다.

③ 독일식 절단토치는 이심형이다.

④ 프랑스식 절단토치는 동심형이다.

해설

절단팁의 종류

동심형 팁(프랑스식)	이심형 팁(독일식)
• 동심원의 중앙 구멍으로 고압산소를 분출하고 외곽 구멍으로는 예열용 혼합가스를 분출한다. • 가스절단에서 전후, 좌우 및 직선절단을 자유롭게 할 수 있다.	• 고압가스 분출구와 예열가스 분출구가 분리된다. • 예열용 분출구가 있는 방향으로만 절단 가능하다. • 작은 곡선 및 후진 등의 절단은 어렵지만 직선절단의 능률이 높고, 절단면이 깨끗하다.

13 산소-아세틸렌용접을 할 때 팁(Tip) 끝이 순간적으로 막히면 가스의 분출이 나빠지고 토치의 가스 혼합실까지 불꽃이 그대로 도달되어 토치가 빨갛게 달구어지는 현상은?

① 인화(Flash Back) ② 역화(Back Fire)
③ 적화(Red Flash) ④ 역류(Contra Flow)

해설

불꽃의 이상현상
• 인화 : 팁 끝이 순간적으로 막히면 가스의 분출이 나빠지고 가스 혼합실까지 불꽃이 도달하여 토치를 빨갛게 달구는 현상이다.
• 역류 : 토치 내부의 청소가 불량할 때 내부기관에 막힘이 생겨 고압의 산소가 밖으로 배출되지 못하고 압력이 낮은 아세틸렌쪽으로 흐르는 현상이다.
• 역화 : 토치의 팁 끝이 모재에 닿아 순간적으로 막히거나 팁의 과열 또는 사용가스의 압력이 부적당할 때 팁 속에서 폭발음을 내면서 불꽃이 꺼졌다가 다시 나타나는 현상이다. 불꽃이 꺼지면 산소밸브를 차단하고 이어 아세틸렌밸브를 닫는다. 팁이 가열되었으면 물속에 담가 산소를 약간 누출시키면서 냉각한다.

14 가스용접기법 중 전진법과 후진법에 대한 비교 설명 중 옳은 것은?

① 열이용률은 후진법보다 전진법이 좋다.
② 홈각도는 전진법보다 후진법이 크다.
③ 용접변형은 후진법보다 전진법이 작다.
④ 산화의 정도는 전진법보다 후진법이 약하다.

해설

가스용접에서의 전진법과 후진법의 차이점

구 분	전진법	후진법
열이용률	나쁘다.	좋다.
비드의 모양	보기 좋다.	매끈하지 못하다.
홈의 각도	크다(약 80°).	작다(약 60°).
용접속도	느리다.	빠르다.
용접변형	크다.	작다.
용접 가능두께	두께 5mm 이하의 박판	후 판
가열시간	길다.	짧다.
기계적 성질	나쁘다.	좋다.
산화 정도	심하다.	양호하다.
토치 진행방향 및 각도	오른쪽 → 왼쪽	왼쪽 → 오른쪽

15 교류아크용접기에서 1차 전압 220V, 1차 코일의 감긴수가 15회, 2차 코일의 감긴수가 6회이면 2차 전압은 몇 V인가?

① 75V ② 80V

③ 88V ④ 90V

해설

• 변압기의 전압비 $= \dfrac{2\text{차 전압}}{1\text{차 전압}} = \dfrac{2\text{차 권선수}}{1\text{차 권선수}}$

2차 전압 $= 1\text{차 전압} \times \dfrac{6}{15} = 220V \times \dfrac{6}{15} = 88V$

• 용어정리
  - 변압기 안에서 변경할 전압을 가하는 코일 : 1차 코일
  - 변경된 전압이 발생하는 코일 : 2차 코일
  - 전압(V_P)을 1차 코일에 가하면 패러데이법칙에 의해 자기장이 발생한다.
  - 코일은 쇠를 중심으로 여러 번 감겨 있어서 유효면적은 코일이 감긴 횟수인 권선수(N_P)에 비례한다.
  - 2차 코일을 통과하는 전압은 V_s로 표현한다.

16 다음 중 일렉트로가스아크용접의 특징으로 적합하지 않는 것은?

① 판두께에 관계없이 단층으로 상진용접한다.
② 판두께가 두꺼울수록 경제적이다.
③ 용접장치가 복잡하며 고도의 숙련이 필요하다.
④ 용접속도는 자동으로 조절된다.

해설

일렉트로가스아크용접

용접하는 모재의 틈을 물로 냉각시킨 구리받침판으로 싸고 용융풀의 위부터 이산화탄소가스인 실드가스를 공급하면서 와이어를 용융부에 연속적으로 공급하여 와이어선단과 용융부와의 사이에서 아크를 발생시켜 그 열로 와이어와 모재를 용융시키는 용접법이다.

일렉트로가스아크용접의 특징

• 용접속도는 자동으로 조절된다.
• 판두께가 두꺼울수록 경제적이다.
• 이산화탄소(CO_2)가스를 보호가스로 사용한다.
• 판두께에 관계없이 단층으로 상진용접한다.
• 용접홈의 기계가공이 필요하며 가스절단 그대로 용접할 수 있다.
• 정확한 조립이 요구되며 이동용 냉각동판에 급수장치가 필요하다.
• 용접장치가 간단해서 취급이 쉬워 용접 시 숙련이 요구되지 않는다.

17 테르밋용접(Thermit Welding)에서 테르밋제는 무엇의 미세한 분말 혼합인가?

① 규소와 납의 분말
② 붕사와 붕산의 분말
③ 알루미늄과 산화철의 분말
④ 알루미늄과 마그네슘의 분말

해설

테르밋용접

금속산화물과 알루미늄이 반응하여 열과 슬래그를 발생시키는 테르밋반응을 이용하는 용접법이다. 강을 용접할 경우에는 산화철과 알루미늄분말을 3 : 1로 혼합한 테르밋제를 만들어 냄비의 역할을 하는 도가니에 넣은 후, 점화제를 약 1,000℃로 점화시키면 약 2,800℃의 열이 발생되어 용접용 강이 만들어지는데 이 강(Steel)을 용접 부위에 주입 후 서랭하여 용접을 완료한다. 주로 철도레일이나 차축, 선박의 프레임 접합에 사용된다.

18 같은 재료에서 심용접은 점용접에 비해 몇 배 정도의 용접전류를 필요로 하는가?

① 0.1~0.5 ② 0.6~0.8

③ 1.5~2.0 ④ 3.0~3.5

해설

심용접은 점용접(Spot Welding)에 비해 1.5~2배 정도의 용접전류가 더 필요하다.

19 다음 중 압접에 해당되는 용접법은?

① 스폿용접

② 피복금속아크용접

③ 전자빔용접

④ 스터드용접

해설

스폿용접(Spot Welding, 점용접)은 저항용접의 일종으로 압접에 속한다.

용접법의 분류

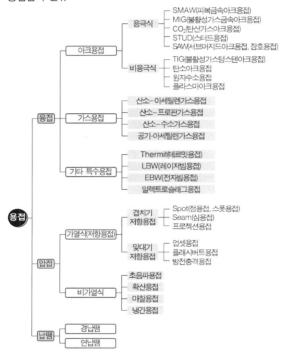

21 다음 가스용접의 안전작업 중 적합하지 않은 것은?

① 가스를 들이마시지 않도록 주의한다.

② 산소누설시험에는 비눗물을 사용한다.

③ 토치 끝으로 용접물의 위치를 바꾸거나 재를 제거하면 안 된다.

④ 토치에 불꽃을 점화시킬 때에는 산소밸브를 먼저 충분히 열고 다음에 아세틸렌밸브를 연다.

해설

가스용접 시 토치에 불꽃을 점화시킬 때는 열량의 조절을 위하여 가장 먼저 아세틸렌밸브를 연 후 산소밸브를 열어 불꽃을 만든다.

20 염화아연을 사용하여 납땜을 사용하였더니 그 후에 납땜 부분이 부식되기 시작했다. 그 주된 원인은?

① 인두의 가열온도가 높기 때문에

② 땜납의 모재가 친화력이 없기 때문에

③ 납땜 후 염화아연을 닦아내지 않았기 때문에

④ 땜납과 금속판이 전기작용을 일으켰기 때문에

해설

연납용 납땜용제인 염화아연으로 납땜한 뒤 이를 닦아내지 않으면 산화작용에 의해 납땜 부분이 부식된다.

22 서브머지드아크용접에서 비드 중앙에 발생되기 쉬우며, 그 주된 원인은 수소가스가 기포로서 용착금속 내에 포함되기 때문이다. 이 결함은 다음 중 어느 것인가?

① 용입 부족   ② 언더컷

③ 용 락   ④ 기 공

해설

기공은 용접부에서 산소나 수소와 같은 가스가 빠져나가지 못해서 공동부를 만드는 불량이다. 은점(백점)이나 헤어크랙은 수소(H_2) 가스가 원인이 되기 때문에 용접부에서의 탈가스작업은 중요하다.

23 전자빔용접의 장단점을 설명한 것 중 틀린 것은?

① 전자빔은 전자렌즈에 의해 에너지를 집중시킬 수 있으므로 용융점이 높은 몰리브데넘, 텅스텐 등을 용접할 수 있다.

② 전자빔은 전기적으로 정확히 제어되므로 얇은 판의 용접에 적용되며 후판의 용접은 곤란하다.

③ 일반적으로 용접봉을 사용하지 않으므로 슬래그 섞임 등의 결함이 생기지 않는다.

④ 진공 중에서 용접을 하기 때문에 기공의 발생, 합금성분의 감소 등이 생긴다.

해설

전자빔용접의 장단점

장 점	• 에너지밀도가 크다. • 용접부의 성질이 양호하다. • 활성재료가 용이하게 용접된다. • 고용융점재료의 용접이 가능하다. • 아크빔에 의해 열의 집중이 잘된다. • 고속절단이나 구멍 뚫기에 적합하다. • 얇은 판에서 두꺼운 판까지 용접할 수 있다(응용범위가 넓다). • 아크용접에 비해 용입이 깊어 다층용접도 단층용접으로 완성할 수 있다. • 에너지의 집중이 가능하기 때문에 용융속도가 빠르고 고속용접이 가능하다. • 높은 진공상태에서 행해지므로 대기와 반응하기 쉬운 재료도 용접이 가능하다. • 진공 중에서 용접하므로 불순가스에 의한 오염이 적고 높은 순도의 용접이 된다. • 용접부가 작아서 용접부의 입열이 작고 용입이 깊어 용접변형이 작고 정밀용접이 가능하다.
단 점	• 설비비가 비싸다. • 용접부에 경화현상이 생긴다. • X선 피해에 대한 특수보호장치가 필요하다. • 진공 중에서 용접하기 때문에 진공상자의 크기에 따라 모재크기가 제한된다.

전자빔용접

고밀도로 집속되고 가속화된 전자빔을 높은 진공($10^{-6} \sim 10^{-4}$mmHg) 속에서 용접물에 고속도로 조사시키면 빛과 같은 속도로 이동한 전자가 용접물에 충돌하면서 전자의 운동에너지를 열에너지로 변환시켜 국부적으로 고열을 발생시키는데, 이때 생긴 열원으로 용접부를 용융시켜 용접하는 방식이다. 텅스텐(3,410℃)과 몰리브데넘(2,620℃)과 같이 용융점이 높은 재료의 용접에 적합하다.

24 GTAW(Gas Tungsten Arc Welding) 용접방법으로 파이프 이면비드를 얻기 위한 방법으로 옳은 것을 보기에서 있는 대로 고른 것은?

┤ 보기├

ㄱ. 파이프 안쪽에 알맞은 플럭스를 칠한 후 용접한다.

ㄴ. 용접부 전면과 같이 뒷면에도 아르곤가스 등을 공급하면서 용접한다.

ㄷ. 세라믹가스컵을 가능한 한 큰 것을 사용하고 전극봉을 길게 하여 용접한다.

① ㄱ, ㄴ ② ㄱ, ㄷ
③ ㄴ, ㄷ ④ ㄱ, ㄴ, ㄷ

해설

TIG용접(Tungsten Inert Gas Arc Welding, GTAW)으로 파이프의 이면비드를 얻으려면 파이프 안쪽에 알맞은 Flux(용제)를 칠한 뒤 용접부 전면과 같이 뒷면에도 Ar가스(불활성가스)를 공급하면서 용접해야 한다. 전극봉을 길게 하면 보호가스의 실드 범위에 영향을 받으며 작업하기 힘들다.

25 다음 중 서브머지드아크용접에서 다전극방식에 따른 분류에 해당되지 않는 것은?

① 횡횡렬식
② 횡병렬식
③ 횡직렬식
④ 탠덤식

해설

서브머지드아크용접의 다전극용극방식

• 횡병렬식 : 2개의 와이어를 독립전원에 직렬로 흐르게 하여 아크의 복사열로 모재를 용융시켜 다량의 용착금속을 얻는 방식으로 용접 폭이 넓고 용입이 깊다.

• 횡직렬식 : 2개의 와이어를 한 개의 같은 전원에(AC-AC 또는 DC-DC) 연결한 후 아크를 발생시켜 그 복사열로 다량의 용착금속을 얻는 방법으로 용입이 얕아 스테인리스강의 덧붙이용접에 사용한다.

• 탠덤식 : 2개의 와이어를 독립전원(AC-DC or AC-AC)에 연결한 후 아크를 발생시켜 한 번에 다량의 용착금속을 얻는 방식이다.

26 CO_2가스아크용접 작업 시 전진법의 특징을 설명한 것이 아닌 것은?

① 용접선이 잘 보이므로 운봉을 정확하게 할 수 있다.
② 스패터가 비교적 많으며 진행방향쪽으로 흩어진다.
③ 용착금속이 아크보다 앞서기 쉬워 용입이 얕아진다.
④ 비드높이가 약간 높고 폭이 좁은 비드가 형성된다.

해설
CO_2용접의 전진법과 후진법의 차이점

전진법	후진법
• 용접선이 잘 보여 운봉이 정확하다.	• 스패터 발생이 적다.
• 높이가 낮고 평탄한 비드를 형성한다.	• 깊은 용입을 얻을 수 있다.
• 스패터가 비교적 많고 진행방향으로 흩어진다.	• 높이가 높고 폭이 좁은 비드를 형성한다.
• 용착금속이 아크보다 앞서기 쉬워 용입이 얕다.	• 용접선이 노즐에 가려 운봉이 부정확하다.
	• 비드 형상이 잘 보여 폭, 높이의 제어가 가능하다.

27 텅스텐 전극을 사용하여 모재를 가열하고 용접봉으로 용접하는 불활성가스아크용접법은 무엇인가?

① MIG용접
② TIG용접
③ 논가스아크용접
④ 플래시용접

해설
TIG용접은 Tungsten(텅스텐) 재질의 전극봉과 Inert Gas(불활성가스)인 Ar을 사용해서 용접하는 특수용접법이다.

28 다음 용접 중 전기저항열을 이용하여 용접하는 것은?

① 탄산가스아크용접
② 플라스마아크용접
③ 일렉트로슬래그용접
④ 일렉트로가스아크용접

해설
일렉트로슬래그용접
용융된 슬래그와 용융금속이 용접부에서 흘러나오지 못하도록 수랭동판으로 둘러싸고 이 용융풀에 용접봉을 연속적으로 공급하는데 이때 발생하는 용융슬래그의 저항열에 의하여 용접봉과 모재를 연속적으로 용융시키면서 용접하는 방법이다. 선박이나 보일러와 같이 두꺼운 판의 용접에 적합하며, 수직상진으로 단층용접하는 방식으로 용접전원으로는 정전압형 교류를 사용한다.
일렉트로슬래그용접의 장점
• 용접이 능률적이다.
• 전기저항열에 의한 용접이다.
• 용접시간이 짧아 용접 후 변형이 작다.
• 다전극을 이용하면 더 효과적인 용접이 가능하다.
• 후판용접을 단일층으로 한 번에 용접할 수 있다.
• 스패터나 슬래그 혼입, 기공 등의 결함이 거의 없다.
• 일렉트로슬래그용접의 용착량은 거의 100%에 가깝다.
• 냉각하는데 시간이 오래 걸려서 기공이나 슬래그가 섞일 확률이 적다.

29 이산화탄소아크용접법이 아닌 것은?

① 아코스아크법
② 플라스마아크법
③ 유니언아크법
④ 퓨즈아크법

해설
CO_2가스아크용접용 와이어에 따른 용접법의 분류

Solid Wire	혼합가스법
	CO_2법
복합 와이어 (FCW ; Flux Cored Wire)	아코스아크법
	유니언아크법
	퓨즈아크법
	NCG법
	S관상와이어
	Y관상와이어

30 다음 중 특수황동의 종류가 아닌 것은 어느 것인가?

① Al황동   ② 강력황동

③ 델타메탈   ④ 철황동

해설
모두 황동의 일종이므로 전항정답 처리되었다.

31 알루미늄(Al)을 침투확산시키는 금속침투법은?

① 보로나이징(Boronizing)

② 세라다이징(Sheradizing)

③ 칼로라이징(Calorizing)

④ 크로마이징(Chromizing)

해설
표면경화법의 일종인 금속침투법에서 칼로라이징은 금속 표면에 Al(알루미늄)을 침투시킨다.

금속침투법의 종류

구 분	침투원소
세라다이징	Zn(아연)
칼로라이징	Al(알루미늄)
크로마이징	Cr(크로뮴)
실리코나이징	Si(규소, 실리콘)
보로나이징	B(붕소)

32 담금질 조직 중에서 가장 경도가 높은 것은?

① 펄라이트   ② 소르바이트

③ 마텐자이트   ④ 트루스타이트

해설
금속조직의 강도와 경도가 높은 순서
페라이트 < 오스테나이트 < 펄라이트 < 소르바이트 < 베이나이트 < 트루스타이트 < 마텐자이트 < 시멘타이트

33 마그네슘(Mg)의 성질에 대한 설명 중 틀린 것은?

① 고온에서 발화하기 쉽다.

② 비중은 1.74 정도이다.

③ 조밀육방격자로 되어 있다.

④ 바닷물에 대단히 강하다.

해설
Mg(마그네슘)의 성질
• 절삭성이 우수하다.
• 용융점은 650℃이다.
• 조밀육방격자 구조이다.
• 고온에서 발화하기 쉽다.
• Al에 비해 약 35% 가볍다.
• 알칼리성에는 거의 부식되지 않는다.
• 구상흑연주철 제조 시 첨가제로 사용된다.
• 비중이 1.74로 실용금속 중 가장 가볍다.
• 열전도율과 전기전도율은 Cu, Al보다 낮다.
• 비강도가 우수하여 항공기나 자동차부품으로 사용된다.
• 대기 중에는 내식성이 양호하나 산이나 염류(바닷물)에는 침식되기 쉽다.
※ 마그네슘 합금은 부식되기 쉽고, 탄성한도와 연신율이 작으므로 Al, Zn, Mn 및 Zr 등을 첨가한 합금으로 제조된다.

34 백주철을 열처리하여 연신율을 향상시킨 주철은?

① 반주철   ② 회주철

③ 구상흑연주철   ④ 가단주철

해설
④ 가단주철 : 주조성이 우수한 백선의 주물을 만들고, 열처리하여 강인한 조직으로 단조가공을 가능하게 한 주철이다. 고탄소주철로서 회주철과 같이 주조성이 우수한 백선주물을 만들고 열처리함으로써 강인한 조직으로 만들기 때문에 단조작업을 가능하게 한다.
② 회주철 : "GC200"으로 표시되는 주조용 철로서, 200은 최저인 장강도를 나타낸다. 탄소가 흑연박편의 형태로 석출되며 내마모성과 진동흡수능력이 우수하고 압축강도가 좋아서 엔진블록이나 브레이크드럼용 재료, 공작기계의 베드용 재료로 사용된다. 회주철 조직에서 가장 큰 영향을 미치는 원소는 C와 Si이다.
③ 구상흑연주철 : 주철 속 흑연이 완전히 구상이고 바탕조직은 펄라이트이고 그 주위가 페라이트조직으로 되어 있는데, 이 형상이 황소의 눈과 닮았다고 하여 불스아이주철로도 불린다. 일반주철에 Ni(니켈), Cr(크로뮴), Mo(몰리브데넘), Cu(구리)를 첨가하여 재질을 개선한 주철로 내마멸성, 내열성, 내식성이 매우 우수하여 자동차용 주물이나 주조용 재료로 사용되며 다른 말로 노듈러주철, 덕타일주철로도 불린다.

35 탄소강에서 펄라이트조직은 구체적으로 어떤 조직인가?

① α고용체
② γ고용체 + Fe_3C
③ α고용체 + Fe_3C
④ Fe_3C

해설
펄라이트(Pearlite) : α철(페라이트) + Fe_3C(시멘타이트)의 층상 구조조직으로 질기고 강한 성질을 갖는 금속조직이다.

36 화염경화법의 담금질경도(HRC)를 구하는 식은? (단, C는 탄소함유량이다)

① $24 + 40 \times C\%$
② $C\% \times 100 + 15$
③ $600/(경화깊이)^2$
④ $550 - 350 \times C\%$

해설
화염경화법의 담금질경도(HRC, 로크웰경도, C스케일) 구하는 식
$C\% \times 100 + 15$

37 스테인리스강 용접 시 열영향부 부근의 부식저항이 감소되어 입계부식저항이 일어나기 쉬운데 이러한 현상의 주된 원인은?

① 탄화물의 석출로 크로뮴함유량 감소
② 산화물의 석출로 니켈함유량 감소
③ 수소의 침투로 니켈함유량 감소
④ 유황의 편석으로 크로뮴함유량 감소

해설
오스테나이트 스테인리스강 용접 시 유의사항
• 짧은 아크를 유지한다.
• 아크를 중단하기 전에 크레이터처리를 한다.
• 낮은 전륫값으로 용접하여 용접입열을 억제한다.
• 170℃ 정도로 층간온도를 낮게 유지하면서 최대한 용접입열을 낮추어야 한다.
• 입계부식을 방지하려면 용접 후 1,000~1,050℃로 용체화처리하고 급랭시킨다.
• 입계부식을 방지하려면 STS 321, STS 347 등의 용접에 사용한다.
• 오스테나이트계 스테인리스강에 높은 열이 가해질수록 탄화물이 더 빨리 발생되고 탄화물의 석출에 따른 크로뮴함유량이 감소되어 입계부식을 일으키기 때문에 가능한 한 용접입열을 작게 해야 한다.

38 마텐자이트 조직이 생기기 시작하는 점(M_s)부터 마텐자이트 변태가 완료하는 점(M_f) 부근에서의 항온열처리로서 오스테나이트 구역의 강은 점 M_s 이하의 열욕(100~200℃)에서 담금질하고, 변태가 거의 끝날 때까지 항온유지시킨 후 강을 꺼내어 공기 중에서 냉각하는 방법은?

① 오스템퍼링
② 마템퍼링
③ 마퀜칭
④ 마에이징

해설
항온열처리의 종류

	항온풀림	재료의 내부응력을 제거하여 조직을 균일화하고 인성을 향상시키기 위한 열처리조작으로, 가열한 재료를 연속적으로 냉각하지 않고 약 500~600℃의 염욕 중에 냉각하여 일정시간 동안 유지시킨 뒤 냉각시키는 방법이다.
	항온뜨임	약 250℃의 열욕에서 일정시간을 유지시킨 후 공랭하여 마텐자이트와 베이나이트의 혼합된 조직을 얻는 열처리법으로, 고속도강이나 다이스강을 뜨임처리하고자 할 때 사용한다.
항온담금질	오스템퍼링	강을 오스테나이트 상태로 가열한 후 300~350℃의 온도에서 담금질을 하여 하부 베이나이트 조직으로 변태시킨 후 공랭하는 방법으로, 강인한 베이나이트 조직을 얻고자 할 때 사용한다.
	마템퍼링	강을 M_s점과 M_f점 사이에서 항온유지 후 꺼내어 공기 중에서 냉각하여 마텐자이트와 베이나이트의 혼합조직을 얻는 방법이다. • M_s : 마텐자이트 생성 시작점 • M_f : 마텐자이트 생성 종료점
	마퀜칭	강을 오스테나이트 상태로 가열한 후 M_s점 바로 위에서 기름이나 염욕에 담그는 열욕에서 담금질하여 재료의 내부 및 외부가 같은 온도가 될 때까지 항온을 유지한 후 공랭하여 열처리하는 방법으로 균열이 없는 마텐자이트 조직을 얻을 때 사용한다.
	오스포밍	가공과 열처리를 동시에 하는 방법으로, 조밀하고 기계적 성질이 좋은 마텐자이트를 얻고자 할 때 사용된다.
	MS 퀜칭	강을 M_s 점보다 다소 낮은 온도에서 담금질하여 물이나 기름 중에서 급랭시키는 열처리방법으로, 잔류 오스테나이트의 양이 적다.

35 ③ 36 ② 37 ① 38 ② **정답**

39 배빗메탈(Babbit Metal)은 무슨 계를 주성분으로 하는 화이트메탈인가?

① Sb계
② Sn계
③ Pb계
④ Zn계

해설
배빗메탈(화이트메탈) : Sn(주석), Sb(안티모니) 및 Cu(구리)가 주성분인 합금으로 Sn이 89%, Sb가 7%, Cu가 4% 섞여 있다. 발명자 Issac Babbit의 이름을 따서 배빗메탈이라 하며 화이트메탈이라고도 부른다. 내열성이 우수하여 내연기관용 베어링재료로 사용된다.

40 알루미늄용접의 전처리 방법으로 부적합한 것은?

① 와이어브러시나 줄로 표면을 문지른다.
② 화학약품과 물을 사용하여 표면을 깨끗이 한다.
③ 불활성가스용접의 경우는 전처리를 하지 않아도 된다.
④ 전처리는 용접 하루 전에 실시하는 것이 좋다.

해설
알루미늄용접 시 전처리는 용접부의 청결을 위해 반드시 필요하므로 작업 직전에 실시하는 것이 좋다.

41 일반 고장력강을 용접할 때 주의사항으로 틀린 것은?

① 용접봉은 용접작업성이 좋은 고산화타이타늄계 용접봉을 사용한다.
② 용접개시 전에 이음부 내부 또는 용접할 부분에 청소를 한다.
③ 아크길이는 가능한 한 짧게 한다.
④ 위빙폭은 크게 하지 않는다.

해설
일반 고장력강을 용접할 때는 저수소계 용접봉(E4316)을 사용하면서 위빙폭을 가급적 작게 하여 열영향부를 줄여야 한다.

42 고급주철은 주철의 기지조직을 펄라이트로 하고 흑연을 미세화시켜 인장강도를 약 몇 MPa 이상 강화시킨 것인가?

① 104
② 154
③ 234
④ 294

해설
고급주철(GC 250~GC 350)은 편상흑연주철 중 인장강도를 크게 향상시킨 주철로, 조직이 펄라이트라서 펄라이트주철로도 불린다. 고강도와 내마멸성을 요구하는 기계부품에 주로 사용된다. 인장강도의 수치는 최근 서적과 문제가 나온 시점의 서적들과 차이가 있을 수 있다.

43 용접부검사법 중 비파괴시험에 속하지 않은 것은?

① 부식시험
② 와류시험
③ 형광시험
④ 누설시험

해설
파괴 및 비파괴시험법

비파괴시험	내부결함	방사선투과시험(RT)
		초음파탐상시험(UT)
	표면결함	외관검사(VT)
		자분탐상검사(MT)
		침투탐상검사(PT)
		누설검사(LT)
파괴시험 (기계적 시험)	인장시험	인장강도, 항복점, 연신율 계산
	굽힘시험	연성의 정도 측정
	충격시험	인성과 취성의 정도 측정
	경도시험	외력에 대한 저항의 크기 측정
	매크로시험	현미경조직검사
	피로시험	반복적인 외력에 대한 저항력 측정
	부식시험	–

※ 굽힘시험은 용접 부위를 U자 모양으로 굽힘으로써, 용접부의 연성 여부를 확인할 수 있다.

44 용접자동화의 장점이 아닌 것은?

① 생산성 증대　　② 품질 향상
③ 노동력 증가　　④ 원가 절감

해설
용접작업이 자동화되면 작업자의 노동력이 감소한다.

45 용접부의 검사에서 초음파탐상시험방법에 속하지 않는 것은?

① 공진법　　② 투과법
③ 펄스반사법　　④ 맥진법

해설
초음파탐상법의 종류
• 투과법 : 초음파펄스를 시험체의 한쪽면에서 송신하고 반대쪽면 에서 수신하는 방법이다.
• 펄스반사법 : 시험체 내로 초음파펄스를 송신하고 내부 또는 바닥면에서 그 반사파를 탐지하는 결함에코의 형태로 내부결함 이나 재질을 조사하는 방법으로, 현재 가장 널리 사용된다.
• 공진법 : 시험체에 가해진 초음파진동수와 고유진동수가 일치할 때 진동폭이 커지는 공진현상을 이용하여 시험체의 두께를 측정 하는 방법이다.

46 용접 기본기호 중 심(Seam)용접기호로 맞는 것은?

① 　　②

③ 　　④

해설
용접부 기호의 종류

명 칭	기본기호
점용접(스폿용접)	◯
심용접	⊖
표면(서페이싱)육성용접	⌒⌒
겹침이음	⊐

47 T형이음(홈완전용입)에서 인장하중 6ton, 판두께 를 20mm로 할 때 필요한 용접길이는 몇 mm인가? (단, 용접부의 허용인장응력은 5kgf/mm²이다)

① 60　　② 80
③ 100　　④ 102

해설
인장응력 $\sigma = \dfrac{F}{A} = \dfrac{F}{t \times L}$ 식을 응용하면

$$5\text{kgf/mm}^2 = \frac{6{,}000\text{kgf}}{20\text{mm} \times L}$$

$$L = \frac{6{,}000\text{kgf}}{20\text{mm} \times 5\text{kgf/mm}^2} = 60\text{mm}$$

48 용접결함 중 언더컷(Under Cut)에 대한 설명 중 맞지 않는 것은?

① 대부분 언더컷의 깊이는 사양서에 명시하되 일반 적으로 0.8mm까지 허용한다.
② 방사선투과시험에서 필름상의 언더컷모양은 흰 색으로 용접부 중앙에 나타난다.
③ 언더컷의 방지대책으로 짧은 아크길이를 유지 한다.
④ 언더컷의 방지대책으로 용접속도를 늦춘다.

해설
방사선투과검사(Radiography Test)
용접부 뒷면에 필름을 놓고 용접물 표면에서 X선이나 γ선을 방사 하여 용접부를 통과시키면, 금속 내부에 구멍이 있을 경우 그만큼 투과되는 두께가 얇아져서 필름에 방사선의 투과량이 그만큼 많아 지게 되므로 다른 곳보다 검게 됨을 확인함으로써 불량을 검출하는 방법이다.

49 용접모재의 제조서(Mill Sheet)에 기재되어 있지 않은 것은?

① 강재의 제조공정
② 해당 규격
③ 재료 치수
④ 화학성분

해설

Mill Sheet(자재성적서) 포함사항
• 내압검사
• 재료의 치수
• 화학성분 및 함량
• 해당 자재의 규격
• 기계시험 및 측정값
• 용접 후 열처리 및 비파괴시험 유무

50 압력용기를 회전하면서 아래보기자세로 용접하기에 가장 적합하지 않은 용접설비는?

① 스트롱백(Strong Back)
② 포지셔너(Positioner)
③ 머니퓰레이터(Manipulator)
④ 터닝롤러(Turning Roller)

해설

스트롱백(Strong Back)은 변형방지법의 일종으로 용접자세를 좋게 하는 설비는 아니다.

용접변형방지용 지그

바이스 지그	
스트롱백 지그	
역변형 지그	

51 용접시공에서 한 부분의 몇 층을 용접하다가 이것을 다음 부분의 층으로 연속시켜 전체가 한 단계로 이루도록 용착시켜 나가는 용착법은?

① 전진법
② 대칭법
③ 스킵법
④ 캐스케이드법

해설

용접법의 종류

구 분		특 징
용착 방향에 의한 용착법	전진법	• 한쪽 끝에서 다른 쪽 끝으로 용접을 진행하는 방법으로 용접진행방향과 용착방향이 서로 같다. • 용접길이가 길면 끝부분 쪽에 수축과 잔류응력이 생긴다.
	후퇴법	• 용접을 단계적으로 후퇴하면서 전체 길이를 용접하는 방법으로 용접진행방향과 용착방향이 서로 반대가 된다. • 수축과 잔류응력을 줄이는 용접기법이나 작업능률은 떨어진다.
	대칭법	변형과 수축응력의 경감법으로, 용접의 전 길이에 걸쳐 중심에서 좌우 또는 용접물 형상에 따라 좌우대칭으로 용접하는 기법이다.
	스킵법 (비석법)	• 용접부 전체의 길이를 5개 부분으로 나누어 놓고 1-4-2-5-3순으로 용접하는 방법이다. • 용접부에 잔류응력을 적게 하면서 변형을 방지하고자 할 때 사용한다.
다층 비드 용착법	덧살올림법 (빌드업법)	각 층마다 전체의 길이를 용접하면서 쌓아올리는 방법으로 가장 일반적인 방법이다.
	전진블록법	• 한 개의 용접봉으로 살을 붙일만한 길이로 구분해서 홈을 한 층 완료한 후 다른 층을 용접하는 방법이다. • 다층용접 시 변형과 잔류응력의 경감을 위해 사용한다.
	캐스케이드법	한 부분의 몇 층을 용접하다가 다음 부분의 층으로 연속시켜 전체가 단계를 이루도록 용착시켜 나가는 방법이다.

52 용접 후 용착금속부의 인장응력을 연화시키는 데 효과적인 방법으로 구면모양의 특수해머로 용접부를 가볍게 때리는 것은?

① 어닐링(Annealing)
② 피닝(Peening)
③ 크리프(Creep)가공
④ 저온응력 완화법

해설
피닝(Peening) : 타격 부분이 둥근 구면인 특수해머를 사용하여 모재의 표면에 지속적으로 충격을 가하여 재료 내부에 있는 잔류응력을 완화시키면서 표면층에 소성변형을 주는 방법이다.

53 설퍼프린트의 황편석 분류 중 황이 강의 외주부로부터 중심부로 향하여 감소하여 분포되고, 외주부보다 중심부의 방향으로 착색도가 낮게 된 편석은?

① 정편석   ② 역편석
③ 주상편석   ④ 중심부편석

해설
역편석 : 설퍼프린트의 황편석 분류 중 황이 강의 외부에서 중심부로 향할수록 감소하며 분포되고 외부보다 중심부 방향으로 착색도가 낮게 된 편석이다.

54 용접작업에서 잔류응력의 경감과 완화를 위한 방법으로 적합하지 않는 것은?

① 용착금속량의 감소
② 용착법의 적절한 선정
③ 포지셔너 사용
④ 직선수축법 선정

해설
직선수축법은 용접변형 교정방법의 한 방법으로, 잔류응력 경감법과는 관련이 없다.

55 검사의 분류방법 중 검사가 행해지는 공정에 의한 분류에 속하는 것은?

① 관리샘플링검사
② 로트별샘플링검사
③ 전수검사
④ 출하검사

해설
검사가 행해지는 공정 중 출하검사는 제품이 출하되기 전 최종단계에서 실시되는 검사방법으로, 공정에 의한 분류에는 출하검사와 수입검사, 공정검사가 있다. 관리샘플링, 로트별 샘플링, 전수검사는 모두 작업 중 검사방법에 속하므로 공정에 의한 분류는 아니다.

56 다음 중 브레인스토밍(Brainstorming)과 가장 관계가 깊은 것은?

① 파레토도   ② 히스토그램
③ 회귀분석   ④ 특성요인도

해설
특성요인도란 문제가 되고 있는 특성과 그 특성에 영향을 미친다고 여기는 요인과의 관계를 계통으로 그린 그림이다. 특성에 미치는 용인의 영향도는 수치로 파악하여 파레토그림으로 표현하는데 수치로 표현하지 않을 경우는 그에 영향을 미친다고 생각되는 것을 브레인스토밍 방식으로 검토해서 적용한다.

브레인스토밍
창의적인 아이디어를 이끌어내는 회의기법으로 구성원들이 자발적으로 자연스럽게 제시한 아이디어를 모두 기록하여 특정한 문제에 대한 좋은 아이디어를 얻어내는 방법이다.

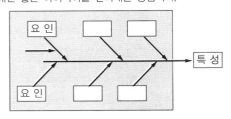

[특성요인도]

57 단계여유(Slack)의 표시로 옳은 것은?(단, TE는 가장 이른 예정일, TL은 가장 늦은 예정일, TF는 총여유시간, FF는 자유여유시간이다)

① $TE - TL$

② $TL - TE$

③ $FF - TF$

④ $TE - TF$

단계여유(S) = $TL - TE$

58 c 관리도에서 $k = 20$인 군의 총부적합수 합계는 58이었다. 이 관리도의 UCL, LCL을 계산하면 약 얼마인가?

① UCL = 2.90, LCL = 고려하지 않음

② UCL = 5.90, LCL = 고려하지 않음

③ UCL = 6.92, LCL = 고려하지 않음

④ UCL = 8.01, LCL = 고려하지 않음

관리상한선(UCL) = $\overline{C} + 3\sqrt{C}$

$\overline{C} = \dfrac{\sum c}{k} = \dfrac{58}{20} = 2.9$

∴ $2.9 + 3\sqrt{2.9} ≒ 8.008$

따라서, 정답은 ④번이다.

59 테일러(F.W. Taylor)에 의해 처음 도입된 방법으로 작업시간을 직접 관측하여 표준시간을 설정하는 표준시간 설정기법은?

① PTS법

② 실적자료법

③ 표준자료법

④ 스톱워치법

④ 스톱워치법 : 테일러에 의해 처음 도입된 방법이다. 스톱워치를 들고 작업시간을 직접 관측하여 표준시간을 설정하는 기법이므로 직접측정법에 속한다.

① PTS법 : 모든 작업을 기본동작으로 분해하고 각 기본동작의 성질과 조건에 따라 미리 정해 놓은 시간치를 적용하여 정미시간을 산정하는 방법이다.

③ 표준자료법 : 표준시간 동안 축적된 자료를 분석하는 방법이다.

60 공정 중에 발생하는 모든 작업, 검사, 운반, 저장, 정체 등이 도식화된 것이며 또한 분석에 필요하다고 생각되는 소요시간, 운반거리 등의 정보가 기재된 것은?

① 작업분석(Operation Analysis)

② 다중활동분석표(Multiple Activity Chart)

③ 사무공정분석(Form Process Chart)

④ 유통공정도(Flow Process Chart)

유통공정도 : 공정 중 발생하는 모든 작업과 검사, 운반, 저장, 정체 등을 도식화한 것으로 소요시간이나 운반거리 등의 정보가 기재되어 있다.

01 정격 2차 전류가 300A, 정격사용률이 40%인 용접기로 180A로 용접할 때, 허용사용률(%)은?

① 약 111% ② 약 101%

③ 약 91% ④ 약 121%

해설

허용사용률 구하는 식

$$허용사용률(\%) = \frac{(정격\ 2차\ 전류)^2}{(실제용접전류)^2} \times 정격사용률(\%)$$

$$= \frac{(300A)^2}{(180A)^2} \times 40\%$$

$$= \frac{90,000}{32,400} \times 40\%$$

$$\fallingdotseq 111.1\%$$

02 다음 중 가스가우징용 토치에 대한 설명으로 옳은 것은?

① 팁 끝은 일직선으로 되어 있다.

② 산소분출공이 일반 절단용에 비하여 작다.

③ 토치 본체는 일반 절단용과 매우 차이가 크다.

④ 예열화염의 구멍은 산소분출구멍의 상하 또는 둘레에 만들어져 있다.

해설

가스가우징용 토치는 절단용과 비교하여 토치의 본체는 비슷하나 절단용에 비해 산소분출구멍이 더 크고 예열화염의 구멍은 산소분출구멍의 상하나 둘레 부분에 만들어져 있다. 그리고 팁의 끝부분이 다소 구부러져 있어서 용접부의 결함이나 뒷면 따내기, 가접 제거에 사용한다.

03 피복아크용접봉의 피복제에 대하여 설명한 것 중 틀린 것은?

① 저수소계를 제외한 다른 피복아크용접봉의 피복제는 아크 발생 시 탄산(CO_2)가스와 수증기(H_2O)가 가장 많이 발생한다.

② 아크안정제는 아크열에 의하여 이온화가 되어 아크전압을 강화시키고 이에 의하여 아크를 안정시킨다.

③ 가스발생제는 중성 또는 환원성가스를 발생하여 용접부를 대기로부터 차단하여 용융금속의 산화 및 질화를 방지하는 작용을 한다.

④ 슬래그생성제는 용융점이 낮은 슬래그를 만들어 용융금속의 표면을 덮어서 산화나 질화를 방지하고 용착금속의 냉각속도를 느리게 한다.

해설

피복아크용접용 피복제는 용접부의 보호가 주역할이기 때문에 저수소계를 제외한 모든 피복제들은 탄산가스나 수증기를 많이 발생시키지 않는다.

피복제(Flux)의 역할

• 아크를 안정시킨다.
• 전기절연작용을 한다.
• 보호가스를 발생시킨다.
• 스패터의 발생을 줄인다.
• 아크의 집중성을 좋게 한다.
• 용착금속의 급랭을 방지한다.
• 용착금속의 탈산·정련작용을 한다.
• 용융금속과 슬래그의 유동성을 좋게 한다.
• 용적(쇳물)을 미세화하여 용착효율을 높인다.
• 용융점이 낮고 적당한 점성의 슬래그를 생성한다.
• 슬래그제거를 쉽게 하여 비드의 외관을 좋게 한다.
• 적당량의 합금원소를 첨가하여 금속에 특수성을 부여한다.
• 중성 또는 환원성 분위기를 만들어 질화나 산화를 방지하고 용융금속을 보호한다.
• 쇳물이 쉽게 달라붙도록 힘을 주어 수직자세, 위보기자세 등 어려운 자세를 쉽게 한다.

04 피복아크용접의 품질에 영향을 주는 요소가 아닌 것은?

① 용접전류

② 용접기의 사용률

③ 용접봉각도

④ 용접속도

해설

피복아크용접으로 작업한 제품의 품질은 용접전류와 용접봉의 종류, 용접속도, 용접봉각도, 용접사의 기량 등에 큰 영향을 받지만 용접기의 사용률과는 관련이 없다.

05 내용적이 40L인 산소용기의 고압게이지에 압력이 90kgf/cm²로 나타났다면 가변압식 토치팁(Tip) 300번으로 몇 시간 사용할 수 있는가?

① 3.5   ② 7.5

③ 12   ④ 20

해설

300L 팁의 시간당 소비량은 300L이다.

$$용접\ 가능시간 = \frac{산소용기의\ 총가스량}{시간당\ 소비량} = \frac{내용적 \times 압력}{시간당\ 소비량}$$

$$= \frac{40 \times 90}{300} = 12시간$$

06 아크용접에서 아크길이가 너무 길 때, 용접부에 미치는 현상으로 틀린 것은?

① 스패터가 많다.

② 아크 실드효과가 떨어진다.

③ 열집중이 많다.

④ 기공이 생긴다.

해설

아크길이가 길면 열이 발산되기 때문에 아크열이 집중되지 못한다.

07 직류용접에서 정극성과 비교한 역극성의 특징은?

① 비드의 폭이 넓다.

② 모재의 용입이 깊다.

③ 용접봉의 녹음이 느리다.

④ 용접열이 용접봉쪽보다 모재쪽에 많이 발생된다.

해설

직류역극성은 용접봉에 (+)전극이 연결되어 70%의 열이 발생하므로 정극성보다 비드의 폭이 더 넓다.

용접기의 극성에 따른 특징

직류정극성 (DCSP ; Direct Current Straight Polarity)	• 용입이 깊다. • 비드 폭이 좁다. • 용접봉의 용융속도가 느리다. • 후판(두꺼운 판)용접이 가능하다. • 모재에는 (+)전극이 연결되며 70% 열이 발생하고, 용접봉에는 (−)전극이 연결되며 30% 열이 발생한다.
직류역극성 (DCRP ; Direct Current Reverse Polarity)	• 용입이 얕다. • 비드 폭이 넓다. • 용접봉의 용융속도가 빠르다. • 박판(얇은 판)용접이 가능하다. • 주철, 고탄소강, 비철금속의 용접에 쓰인다. • 모재에는 (−)전극이 연결되며 30% 열이 발생하고, 용접봉에는 (+)전극이 연결되며 70% 열이 발생한다.
교류(AC)	• 극성이 없다. • 전원주파수의 $\frac{1}{2}$사이클마다 극성이 바뀐다. • 직류정극성과 직류역극성의 중간적 성격이다.

08 용해 아세틸렌을 취급할 때 주의할 사항으로 틀린 것은?

① 저장장소는 통풍이 잘되어야 한다.

② 용기가 넘어지는 것을 예방하기 위하여 용기는 뉘어서 사용한다.

③ 화기에 가깝거나 온도가 높은 장소에는 두지 않는다.

④ 용기 주변에 소화기를 설치해야 한다.

해설
가스용접뿐만 아니라 특수용접 중 보호가스로 사용되는 가스를 담고 있는 용기(봄베, 압력용기)는 안전을 위해 모두 세워서 보관해야 한다.

09 가스절단 시 양호한 절단면을 얻기 위한 조건이 아닌 것은?

① 드래그(Drag)가 가능한 한 클 것

② 절단면 표면의 각이 예리할 것

③ 슬래그 이탈이 양호할 것

④ 절단면이 평활하여 노치 등이 없을 것

해설
양호한 절단면을 얻기 위한 조건
• 드래그가 될 수 있으면 작을 것
• 경제적인 절단이 이루어지도록 할 것
• 절단면 표면의 각이 예리하고 슬래그의 박리성이 좋을 것
• 절단면이 평활하며 드래그의 홈이 낮고 노치 등이 없을 것
드래그(Drag) : 가스절단 시 한 번에 토치를 이동한 거리로 절단면에 일정한 간격의 곡선이 나타나는 것

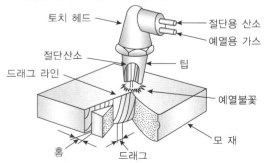

토치 헤드
절단용 산소
예열용 가스
절단산소
팁
드래그 라인
예열불꽃
모 재
홈
드래그

10 용접작업에 영향을 주는 요소 중 아크길이가 너무 길 때 용접부의 특징에 대한 설명으로 틀린 것은?

① 스패터가 많고 기공이 생긴다.

② 용착금속이 산화나 질화가 된다.

③ 비드 표면이 거칠고 아크가 흔들린다.

④ 비드 폭이 좁고 볼록하다.

해설
아크길이가 길면 아크열이 비산되기 때문에 비드 폭이 넓어지고 비드 형상이 오목해진다.

11 보통가스절단 시 판두께 12.7mm의 표준드래그길이는 몇 mm인가?

① 2.4   ② 5.2
③ 5.6   ④ 6.4

해설
표준드래그길이 구하는 식

표준드래그길이(mm) = 판두께(mm) × $\frac{1}{5}$ = 판두께의 20%

$$= 12.7\text{mm} \times \frac{1}{5} = 2.54\text{mm}$$

따라서, 정답은 ①번이 알맞다.

12 다음 보기는 어떤 용접봉의 특성을 나타낸 것인가?

┌ 보기 ┐

• 주성분은 산화타이타늄(TiO₂) 30% 이상과 석회석(CaCO₃)이다.
• 용입이 얕으므로 박판용접에 적합하다.
• 비드 표면은 평면적이며, 언더컷이 생기지 않고 곱다.
• 피복의 두께가 두껍고 슬래그는 유동성이 좋고 가벼우며 박리성이 양호하다.

① 저수소계   ② 라임티타니아계
③ 고셀룰로스계   ④ 일미나이트계

해설
E4303(라임티타니아계 용접봉)은 30% 이상의 산화타이타늄(TiO₂)과 염기성 산화물인 석회석(CaCO₃)이 주성분인 슬래그생성식 용접봉으로, 전자세용접성이 우수하다. 용입이 얕아서 박판용접에 적합한 특징을 갖는다.

13 자동가스절단에서 절단면에 대한 설명으로 맞는 것은?

① 절단속도가 빠를 경우 드래그가 작다.

② 절단속도가 느린 경우 표면이 과열되어 위 가장 자리가 둥글게 된다.

③ 산소 중에 불순물이 증가하면 슬래그의 이탈성이 좋아진다.

④ 팁의 위치가 높을 때에는 예열범위가 좁아진다.

해설

절단속도가 느리면 재료에 더 많은 열량이 전달되므로 표면이 과열되어 위 가장자리가 둥글게 된다.
① 절단속도가 빠를 경우 드래그 간격은 크다.
③ 산소 중 불순물이 증가하면 슬래그 이탈성은 나빠진다.
④ 팁의 위치가 높으면 예열범위가 넓어진다.

14 아크에어가우징의 장점에 해당되지 않는 것은?

① 가스가우징에 비해 작업능률이 2~3배 높다.

② 용융금속에 순간적으로 불어내므로 모재에 악영향을 주지 않는다.

③ 소음이 매우 심하다.

④ 용접결함부를 그대로 밀어 붙이지 않는 관계로 발견이 쉽다.

해설

아크에어가우징

탄소봉을 전극으로 하여 아크를 발생시킨 후 절단을 하는 탄소아크 절단법에 약 5~7kgf/cm²인 고압의 압축공기를 병용하는 것으로, 용융된 금속을 탄소봉과 평행으로 분출하는 압축공기를 전극홀더의 끝부분에 위치한 구멍을 통해 연속해서 불어내서 홈을 파내는 방법이다. 용접부의 홈가공, 구멍 뚫기, 절단작업, 뒷면 따내기, 용접결함부 제거 등에 사용된다. 철이나 비철금속에 모두 이용할 수 있으며, 가스가우징보다 작업능률이 2~3배 높고 모재에도 해를 입히지 않는다. 또한 소음 발생이 거의 없다.

15 용접에서 용융금속의 이행방식 분류에 속하지 않는 것은?

① 연속형　　　　② 글로뷸러형

③ 단락형　　　　④ 스프레이형

해설

MIG용접 시 용융금속의 이행방식에 따른 분류

이행방식	이행형태	특 징
단락이행		• 박판용접에 적합하다. • 모재로의 입열량이 적고 용입이 얕다. • 용융금속이 표면장력의 작용으로 모재에 옮겨가는 용적이행이다. • 저전류의 CO_2 및 MIG용접에서 솔리드와이어를 사용할 때 발생한다.
입상이행 (글로뷸러, Globular)		• Globule은 용융방울인 용적을 의미한다. • 핀치효과형이라고도 한다. • 깊고 양호한 용입을 얻을 수 있어서 능률적이나 스패터가 많이 발생한다. • 대전류영역에서 초당 90회 정도의 와이어보다 큰 용적으로 용융되어 모재로 이행된다.
스프레이 이행		• 용적이 작은 입자로 되어 스패터 발생이 적고 비드의 외관이 좋다. • 가장 많이 사용되는 것으로 아크기류 중에서 용가재가 고속으로 용융되어 미입자의 용적으로 분사되어 모재에 옮겨가면서 용착되는 용적이행이다. • 고전압, 고전류에서 발생하며, 아르곤가스나 헬륨가스를 사용하는 경합금용접에서 주로 나타나며 용착속도가 빠르고 능률적이다.
맥동이행 (펄스아크)		연속적으로 스프레이 이행을 사용할 때 높은 입열로 인해 용접부의 물성이 변화되었거나 박판용접 시 용락으로 인해 용접이 불가능하게 되었을 때 낮은 전류에서도 스프레이이행이 이루어지게 하여 박판용접을 가능하게 한다.

16 이산화탄소아크용접 20L/min의 유량으로 연속사용할 경우 액체 이산화탄소 25kg 용기는 대기 중에서 가스량이 약 12,700L라 할 때 약 몇 시간 정도 사용할 수 있는가?

① 6.6 ② 10.6
③ 15.6 ④ 20.6

해설
이산화탄소가스를 1분당 20L 사용한다고 했을 때 1시간 동안 1,200L가 사용된다.

$$\frac{12,700L}{1,200L/시간} ≒ 10.58시간$$

17 납땜에 대한 설명 중 틀린 것은?

① 비철금속접합에 이용할 수 있다.
② 납은 접합할 금속보다 높은 온도에서 녹아야 한다.
③ 용접용 땜납으로 경납을 사용한다.
④ 일반적으로 땜납은 합금으로 되어 있다.

해설
납은 접합할 금속보다 낮거나 비슷한 온도에서 녹아야 한다.

18 그래비티용접의 설명으로 틀린 것은?

① 철분계 용접봉을 사용한다.
② 한 사람이 여러 대(2~7대)의 용접기를 조작할 수 있다.
③ 중력을 이용한 용접법이다.
④ 스프링으로 압력을 가하여 자동적으로 용접봉이 모재에 밀착되도록 설계된 특수홀더를 사용한다.

해설
그래비티용접용 홀더는 스프링으로 용접봉을 용접선에 밀착시키는 방법이 아니라 슬라이드바의 면을 따라 미끄러지면서 밀착된다. 특수홀더를 스프링으로 압력을 가해 자동으로 용접봉이 모재에 밀착되도록 하는 것은 오토콘용접장치의 구조이다.
그래비티용접(중력용접법)
피복아크용접법에서 생산성 향상을 위해 응용된 방법으로, 피복아크용접봉이 용융되면서 소모될 때 용접봉의 지지부가 슬라이드바의 면을 따라 중력에 의해 하강하면서 용접봉이 용접선을 따라 이동하면서 용착시키는 방법이다. 주로 아래보기나 수평자세 필릿용접에 사용하며 한 명의 작업자가 여러 대의 용접장치를 사용할 수 있어서 수동용접보다 훨씬 능률적이다. 균일하고 정확한 용접이 가능하다.

19 테르밋용접에서 산화철과 알루미늄이 반응할 때 화학반응을 통하여 발생되는 온도는 약 몇 도(℃)인가?

① 800 ② 2,800
③ 4,000 ④ 5,800

해설
테르밋용접
금속산화물과 알루미늄이 반응하여 열과 슬래그를 발생시키는 테르밋반응을 이용하는 용접법이다. 강을 용접할 경우에는 산화철과 알루미늄분말을 3 : 1로 혼합한 테르밋제를 만들어 냄비의 역할을 하는 도가니에 넣은 후, 점화제를 약 1,000℃로 점화시키면 약 2,800℃의 열이 발생되어 용접용 강이 만들어지는데 이 강(Steel)을 용접 부위에 주입 후 서랭하여 용접을 완료한다. 주로 철도레일이나 차축, 선박의 프레임접합에 사용된다.

20 서브머지드아크용접의 장점에 해당하는 것은?

① 자유곡선용접이 가능하다.

② 용착금속의 품질이 양호하다.

③ 용접 홈가공이 정밀해야 한다.

④ 용접자세의 제한을 받는다.

해설

서브머지드아크용접의 장단점

장 점	• 내식성이 우수하다. • 이음부의 품질이 일정하다. • 후판일수록 용접속도가 빠르다. • 높은 전류밀도로 용접할 수 있다. • 용접조건을 일정하게 유지하기 쉽다. • 용접금속의 품질을 양호하게 얻을 수 있다. • 용제의 단열작용으로 용입을 크게 할 수 있다. • 용입이 깊어 개선각을 작게 해도 되므로 용접변형이 작다. • 용접 중 대기와 차폐되어 대기 중의 산소, 질소 등의 해를 받지 않는다. • 용접속도가 아크용접에 비해서 판두께가 12mm일 때는 2~3배, 25mm일 때는 5~6배 빠르다.
단 점	• 설비비가 많이 든다. • 용접시공조건에 따라 제품의 불량률이 커진다. • 용제의 흡습성이 커서 건조나 취급을 잘해야 한다. • 용입이 크므로 모재의 재질을 신중히 검사해야 한다. • 용입이 크므로 요구되는 이음가공의 정도가 엄격하다. • 용접선이 짧고 복잡한 형상의 경우에는 용접기 조작이 번거롭다. • 아크가 보이지 않으므로 용접의 적부를 확인해서 용접할 수 없다. • 특수한 장치를 사용하지 않는 한 아래보기, 수평자세 용접에 한정된다. • 입열량이 크므로 용접금속의 결정립이 조대화되어 충격값이 낮아지기 쉽다.

21 스테인리스강의 용접방법에 대한 설명으로 옳은 것은?

① 용접전류는 연강용접 시보다 약 10% 높게 용접한다.

② 오스트나이트계 용접 시 고온에서 탄화물이 형성될 수 있다.

③ 마텐자이트계는 열에 의해 경화되지 않는다.

④ 오스테나이트계 용접 시 예열을 800℃로 높이고 시간은 길게 한다.

해설

오스테나이트 스테인리스강 용접 시 유의사항

• 짧은 아크를 유지한다.

• 아크를 중단하기 전에 크레이터처리를 한다.

• 낮은 전류값으로 용접하여 용접입열을 억제한다.

• 170℃ 정도로 층간온도를 낮게 유지하면서 최대한 용접입열을 낮추어야 한다.

• 입계부식을 방지하려면 용접 후 1,000~1,050℃로 용체화처리하고 급랭시킨다.

• 입계부식을 방지하려면 STS 321, STS 347 등의 모재를 용접에 사용한다.

• 오스테나이트계 스테인리스강에 높은 열이 가해질수록 탄화물이 더 빨리 발생하고 탄화물의 석출에 따른 크로뮴함유량이 감소되어 입계부식을 일으키기 때문에 가능한 한 용접입열을 작게 해야 한다. 따라서 재료에 예열을 해서는 안 된다.

22 티그(TIG)용접 시 불활성가스를 용접 중은 물론 용접 전후에도 약간 유출시켜야 하는 이유를 설명한 것 중 틀린 것은?

① 용접 전에 가스 유출은 도관이나 토치에 공기를 배출시키기 위함이다.

② 용접 후에 가스 유출은 가열된 상태의 용접부가 산화 혹은 질화되는 것을 방지하기 위함이다.

③ 용접 후에 가스 유출은 가열된 텅스텐 전극의 산화방지를 하기 위함이다.

④ 용접 전에 가스 유출은 세라믹노즐을 보호하기 위함이다.

해설

TIG용접(Tungsten Inert Gas arc welding)은 Inert Gas(불활성 가스)로 Ar(아르곤)을 주로 사용하는데, 작업 전후 약간씩 누출시켜야 하는 이유는 용접부와 텅스텐 전극을 보호하고 도관이나 토치 내부의 공기를 밖으로 배출시키기 위함이지 세라믹노즐을 보호하기 위해서는 아니다.

24 점용접기를 사용하여 서로 다른 종류의 금속을 납땜할 때 가장 적합한 방법은?

① 인두납땜(Soldering-iron Brazing)

② 가스납땜(Gas Brazing)

③ 저항납땜(Resistance Brazing)

④ 노내납땜(Furance Brazing)

해설

서로 다른 이종의 금속을 납땜할 때는 점용접기(Spot Welding Machine)를 사용하여 저항납땜을 실시한다.

23 미그(MIG)용접의 와이어(Wire) 송급장치가 아닌 것은?

① 푸시(Push)방식

② 푸시-아웃(Push-out)방식

③ 풀방식

④ 푸시-풀(Push-pull)방식

해설

MIG용접기의 와이어 송급방식
• Push방식 : 미는 방식
• Pull방식 : 당기는 방식
• Push-pull방식 : 밀고 당기는 방식

25 다음 용접법 중 가장 두꺼운 판을 용접할 수 있는 것은?

① 이산화탄소아크용접

② 일렉트로슬래그용접

③ 불활성가스아크용접

④ 스터드용접

해설

일렉트로슬래그용접은 용융슬래그의 저항열에 의하여 용접봉과 모재를 연속적으로 용융시키면서 용접하기 때문에 가장 두꺼운 판의 용접이 가능하다.

26 탄산가스아크용접에서 전진법의 특징이 아닌 것은?

① 용접선이 잘 보이므로 운봉을 정확하게 할 수 있다.

② 용융금속이 앞으로 나가지 않으므로 깊은 용입을 얻을 수 있다.

③ 스패터가 비교적 많으며 진행방향쪽으로 흩어진다.

④ 비드 높이가 낮고 평탄한 비드가 형성된다.

해설

CO_2용접의 전진법과 후진법의 차이점

전진법	후진법
• 용접선이 잘 보여 운봉이 정확하다.	• 스패터 발생이 적다.
• 높이가 낮고 평탄한 비드를 형성한다.	• 깊은 용입을 얻을 수 있다.
• 스패터가 비교적 많고 진행방향으로 흩어진다.	• 높이가 높고 폭이 좁은 비드를 형성한다.
• 용착금속이 아크보다 앞서기 쉬워 용입이 얕다.	• 용접선이 노즐에 가려 운봉이 부정확하다.
	• 비드 형상이 잘 보여 폭, 높이의 제어가 가능하다.

27 서브머지드아크용접기에 사용되는 용제(Flux)의 종류가 아닌 것은?

① 용융형

② 고온소결형

③ 저온소결형

④ 가입형

해설

서브머지드아크용접용 용제는 용융형과 소결형으로 분류된다.

28 불활성가스아크용접으로 스테인리스강을 용접할 때의 설명 중 잘못된 것은?

① 깊은 용입을 위하여 직류정극성을 사용한다.

② 전극봉은 지르코늄텅스텐을 사용한다.

③ 전극의 끝은 뾰족할수록 전류가 안정되고 열집중성이 좋다.

④ 보호가스는 아르곤가스를 사용하며 낮은 유속에서도 우수한 보호작용을 한다.

해설

TIG용접으로 스테인리스강이나 탄소강, 주철, 동합금을 용접할 때는 토륨텅스텐 전극봉을 이용해서 직류정극성으로 용접한다.

29 가스용접작업에서 팁 끝이 모재에 닿아 순간적으로 팁 끝이 막히면서 팁의 과열, 사용가스의 압력이 부적당할 때 팁 속에서 폭발음이 나면서 불꽃이 꺼졌다가 다시 나타나는 현상은?

① 역 류
② 역 화
③ 인 화
④ 산 화

해설

② 역화 : 토치의 팁 끝이 모재에 닿아 순간적으로 막히거나 팁의 과열 또는 사용가스의 압력이 부적당할 때 팁 속에서 폭발음을 내면서 불꽃이 꺼졌다 다시 나타나는 현상이다. 불꽃이 꺼지면 산소밸브를 차단하고, 이어 아세틸렌밸브를 닫는다. 팁이 가열되었으면 물속에 담가 산소를 약간 누출시키면서 냉각한다.

① 역류 : 토치 내부의 청소가 불량할 때 내부기관에 막힘이 생겨 고압의 산소가 밖으로 배출되지 못하고 압력이 낮은 아세틸렌 쪽으로 흐르는 현상이다.

③ 인화 : 팁 끝이 순간적으로 막히면 가스의 분출이 나빠지고 가스혼합실까지 불꽃이 도달하여 토치를 빨갛게 달구는 현상이다.

④ 산화 : 분자나 원자, 이온이 산소를 얻거나 전자를 잃는 것이다.

30 다음 주조용 알루미늄합금 중 Alcoa(알코아) No. 12 합금의 종류는?

① Al – Ni계 합금 ② Al – Si계 합금
③ Al – Cu계 합금 ④ Al – Zn계 합금

해설
주조용 알루미늄합금의 일종인 알코아(Alcoa) No.12는 Al–Cu계 합금이다.

31 열전대 중 가장 높은 온도를 측정할 수 있는 것은?

① 백금 – 백금로듐 ② 철 – 콘스탄탄
③ 크로멜 – 알루멜 ④ 구리 – 콘스탄탄

해설
열전쌍의 종류별 온도 측정범위
• 백금–백금로듐 : 0~1,600℃
• 철–콘스탄탄 : −184~760℃
• 크로멜–알루멜 : 0~982℃
• 구리–콘스탄탄 : 300℃ 이하

32 용접부는 급격한 열팽창 및 응고수축으로 인한 결함 발생 우려가 있어 예열을 실시한다. 그 목적으로 거리가 먼 것은?

① 수축응력 감소
② 용착금속 및 열영향부 경화방지
③ 비드 밑 균열방지
④ 내부식성 향상

해설
재료에 예열을 가하는 목적은 급열 및 급랭방지로 잔류응력을 줄이기 위함이므로 냉각속도를 낮추는 데 그 목적이 있으나 내부식성의 향상과는 거리가 멀다.
용접 전과 후 모재에 예열을 가하는 목적
• 열영향부(HAZ)의 균열을 방지한다.
• 수축변형 및 균열을 경감시킨다.
• 용접금속에 연성 및 인성을 부여한다.
• 열영향부와 용착금속의 경화를 방지한다.
• 급열 및 급랭방지로 잔류응력을 줄인다.
• 용접금속의 팽창이나 수축의 정도를 줄여 준다.
• 수소방출을 용이하게 하여 저온균열을 방지한다.
• 금속 내부의 가스를 방출시켜 기공 및 균열을 방지한다.

33 흑연봉을 양극으로 하고 WC, TiC 등의 초경합금을 음극으로 하여 공구 표면에 불꽃을 일으켜 그 열로 주위를 경화시키는 방법은?

① 고주파담금질 ② 화염경화법
③ 금속침투법 ④ 방전경화법

해설
방전경화법은 피경화제인 철강의 표면을 양극으로 하고 WC, TiC 등의 경화용 초경합금 전극을 음극으로 하여 그 사이에 주기적으로 불꽃방전을 일으켜서 공구와 같이 내마모성을 필요한 기계부품의 표면을 경화시키는 방법이다.

34 일반적으로 탄소강의 가공 시 특히 가공성을 요구하는 경우에 가장 적합한 탄소함유량의 범위는?

① 0.05~0.3%C
② 0.45~0.6%C
③ 0.76~1.2%C
④ 1.34~1.9%C

해설
일반적으로 탄소강을 가공할 때 절삭가공용으로 순철에 0.3% 이하의 C(탄소)를 합금시킨다. 이 범위의 탄소강은 담금질과 뜨임처리 후 매우 강인해지고 결정입자가 균일하고 미세화되어 절삭가공에 적합하다.

35 침탄, 질화, 고주파담금질 등으로 내마모성과 인성이 요구되는 기계적 성질을 개선하는 열처리는?

① 뜨 임　　　　　② 표면경화

③ 항온열처리　　　④ 담금질

해설
침탄법과 질화법, 고주파담금질, 화염경화법 등은 모두 표면경화법에 속한다.

36 백주철을 풀림열처리에서 탈탄 또는 흑연화방법으로 제조한 것은?

① 칠드주철　　　　② 구상흑연주철

③ 가단주철　　　　④ 미하나이트주철

해설
가단주철 : 주조성이 우수한 백선의 주물을 만들고, 열처리하여 강인한 조직으로 단조가공을 가능하게 한 주철이다. 고탄소주철로서 회주철과 같이 주조성이 우수한 백선주물을 만들고 열처리함으로써 강인한 조직으로 만들기 때문에 단조작업을 가능하게 한다.

37 스테인리스강의 입계(粒界)부식 방지를 위한 가장 적절한 설명은?

① 용접 후 입계부식온도를 서서히 통과할 수 있도록 한다.

② 모재가 STS321, STS347 등의 용접에 사용한다.

③ 용접 후 서랭시킨다.

④ 용접 후 1,100℃에서 응력 제거를 위하여 열처리한다.

해설
오스테나이트 스테인리스강을 용접할 때 입계부식을 방지하려면 STS321, STS347 등의 모재를 용접에 사용한다.

38 절삭되어 나오는 칩처리의 능률, 공정의 단축, 가공 단가의 저렴화 등을 고려하여 탄소강에 S, Pb, P, Mn을 첨가한 구조용 강은?

① 강인강　　　　　② 스프링강

③ 표면경화용강　　④ 쾌삭강

해설
쾌삭강은 강을 절삭할 때 Chip을 짧게 하고 절삭성을 좋게 하기 위해 황(S)이나 납(Pb), 인(P), 셀레늄(Se), 지르코늄(Zr) 등을 첨가하여 제조한 구조용 강이다.

39 오스테나이트 스테인리스강의 용접 시 유의해야 할 사항 중 틀린 것은?

① 짧은 아크길이를 유지한다.

② 층간온도는 320℃ 이상을 유지한다.

③ 아크를 중단하기 전에 크레이터 처리를 한다.

④ 낮은 전룻값으로 용접을 하여 용접입열을 억제한다.

해설
오스테나이트계 스테인리스강을 용접 시 170℃ 정도로 층간온도를 낮게 유지하면서 최대한 용접입열을 낮추어야 한다.

40 강을 담금질할 때 가장 냉각속도가 빠른 것은?

① 식염수　　　　　② 기 름

③ 비눗물　　　　　④ 물

해설
담금질액 중 냉각속도가 가장 빠른 순서
소금물 > 물 > 기름 > 공기
재료를 소금물의 일종인 식염수에 담금질했을 때 냉각속도가 가장 빠르다. 물이 가장 빠르지 않은 이유는 뜨거운 쇠가 물에 닿으면 물체의 주변에 기포가 발생하여 보호막 역할을 하기 때문에 열이 빨리 식지 못한다.

41 코발트를 주성분으로 하는 주조경질합금의 대표적 강으로 주로 절삭공구에 사용되는 것은?

① 고속도강
② 스텔라이트
③ 화이트메탈
④ 합금공구강

해설
스텔라이트(Stellite)로도 불리는 주조경질합금은 Co(코발트)를 주성분으로 한 Co–Cr–W–C계의 합금이다. 800℃의 절삭열에도 경도변화가 없고 열처리가 불필요하며 고속도강보다 2배의 절삭 속도로 가공이 가능하나 내구성과 인성이 작다. 청동이나 황동의 절삭재료로도 사용된다.

42 고망가니즈강의 주요 성분으로 다음 중 가장 적합한 것은?

① C 0.2~0.8%, Mn 11~14%
② C 0.2~0.8%, Mn 5~10%
③ C 0.9~1.3%, Mn 5~10%
④ C 0.9~1.3%, Mn 10~14%

해설
고Mn주강 : Mn을 약 12%, C를 1~1.4% 합금한 고망가니즈주강(하드필드강)은 오스테나이트 입계의 탄화물 석출로 취약하나 약 1,000℃에서 담금질하면 균일한 오스테나이트조직이 되면서 조직이 강인해지므로 광산이나 토목용 기계부품에 사용이 가능하다.

43 용접변형을 방지하는 방법 중 냉각법이 아닌 것은?

① 수랭동판 사용법
② 살수법
③ 피닝법
④ 석면포 사용법

해설
피닝(Peening)법은 타격 부분이 둥근 구면인 특수해머를 사용하여 모재의 표면에 지속적으로 충격을 가하여 재료 내부에 있는 잔류응력을 완화시키면서 표면층에 소성변형을 주는 작업이므로 냉각법과는 관련이 없다.

44 초음파탐상시험의 장점이다. 틀린 것은?

① 표면에 아주 가까운 얕은 불연속을 검출할 수 있다.
② 고강도이므로 아주 작은 결함의 검출도 가능하다.
③ 휴대가 가능하다.
④ 검사시험체의 한 면에서도 검사가 가능하다.

해설
초음파탐상시험의 장단점

장 점	단 점
• 인체에 무해하다. • 휴대가 가능하다. • 고감도이므로 미세한 Crack을 감지한다. • 대상물에 대한 3차원적인 검사가 가능하다. • 검사시험체의 한 면에서도 검사가 가능하다. • 균열이나 용융부족 등의 결함을 찾는 데 탁월하다.	• 기록 보존력이 떨어진다. • 결함의 경사에 좌우된다. • 검사자의 기능에 좌우된다. • 검사 표면을 평평하게 가공해야 한다. • 결함의 위치를 정확하게 감지하기 어렵다. • 결함의 형상을 정확하게 감지하기 어렵다. • 용접두께가 약 6.4mm 이상이 되어야 검사가 원만하므로 표면에 아주 가까운 얕은 불연속은 검출이 불가능하다.

45 경도측정방법 중 압입 경도시험기가 아닌 것은?

① 쇼어경도계   ② 브리넬경도계

③ 로크웰경도계   ④ 비커스경도계

해설
쇼어경도계는 충격시험용 시험기이다.

46 용접보조기호 중 용접부의 다듬질 방법을 표시하는 기호 설명으로 잘못된 것은?

① P – 치핑   ② G – 연삭

③ M – 절삭   ④ F – 지정 없음

해설
가공방법의 기호

기 호	가공방법	기 호	가공방법
L	선 반	FS	스크레이핑
B	보 링	G	연 삭
BR	브로칭	GH	호 닝
CD	다이캐스팅	GS	평면연삭
D	드 릴	M	밀 링
FB	브러싱	P	플레이닝
FF	줄다듬질	PS	절단(전단)
FL	래 핑	SH	기계적 경화
FR	리머다듬질	–	–

47 용접이음 설계 시 일반적인 주의사항이 아닌 것은?

① 가급적 능률이 좋은 아래보기용접자세를 많이 할 수 있도록 설계한다.

② 될 수 있는 대로 용접량이 많은 홈 형상을 선택한다.

③ 용접이음을 1개소로 집중시키거나 너무 접근하여 설계하지 않는다.

④ 안전상 필릿용접보다 맞대기용접을 주로 한다.

해설
용접부를 설계할 때는 용착량을 가능한 한 적게 설계해야 하므로 용접할 홈의 수도 적은 것이 좋다.
용접이음부 설계 시 주의사항
• 용접선의 교차를 최대한 줄인다.
• 용착량을 가능한 한 적게 설계해야 한다.
• 용접길이가 감소될 수 있는 설계를 한다.
• 가능한 아래보기자세로 작업하도록 한다.
• 필릿용접보다는 맞대기용접으로 설계한다.
• 용접열이 국부적으로 집중되지 않도록 한다.
• 보강재 등 구속이 커지도록 구조설계를 한다.
• 용접작업에 지장을 주지 않도록 공간을 남긴다.
• 열의 분포가 가능한 한 부재 전체에 고루 퍼지도록 한다.
• 용접치수는 강도상 필요한 치수 이상으로 하지 않는다.
• 판면에 직각방향으로 인장하중이 작용할 경우에는 판의 이방성에 주의한다.

48 로봇의 구성에서 구동부와 제어부를 가동시키기 위한 에너지를 동력원이라 하고 에너지를 기계적인 움직임으로 변환하는 기기의 명칭은?

① 액추에이터

② 머니퓰레이터

③ 교시박스

④ 시퀀스제어

해설
로봇에서 에너지의 동력을 기계적 움직임으로 변환하여 실제 움직임을 하는 부분의 명칭은 액추에이터이다.

49 그림과 같이 두께 12mm, 폭 100mm의 강판에 맞대기용접이음을 할 때 이음효율 $\eta = 0.8$로 하면 인장력(P)는 얼마인가?(단, 판에 최저인장강도는 420 MPa이고 안전율은 4로 한다)

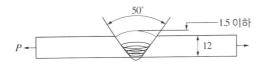

① 100,200N

② 10,080N

③ 108,800N

④ 100,800N

해설

$\sigma_a = \dfrac{F(P)}{A} = \dfrac{F(P)}{t \times L}$, 이음효율($\eta$)은 분모에 대입한다.

$105\text{MPa} = \dfrac{인장력(F)}{0.012\text{m} \times 0.1\text{mm} \times 0.8}$

인장력(F) = 100,800N

여기서, 안전율(S) = $\dfrac{인장강도(\sigma_y)}{허용응력(\sigma_a)}$

$4 = \dfrac{420\,\text{MPa}}{\sigma_a}$

$\sigma_a = \dfrac{420\,\text{MPa}}{4} = 105\text{MPa}$

50 V형 맞대기 피복아크용접 시 슬래그 섞임의 방지 대책이 아닌 것은?

① 슬래그를 깨끗이 제거한다.

② 용접전류를 약간 세게 한다.

③ 용접이음부의 루트 간격을 좁게 한다.

④ 봉의 유지각도를 용접방향에 적절하게 한다.

해설

피복아크용접 시 슬래그 섞임을 방지하게 위해서는 용접이음부의 루트 간격을 넓게 한다.

51 저온균열의 발생원인으로 틀린 것은?

① 와이어 흡습

② 예열 부족

③ 저입열용접

④ 심한 구속

해설

저온균열

일반적으로는 220℃ 이하의 온도에서 발생하는 균열로 용접 후 용접부의 온도가 상온(약 24℃) 부근으로 떨어지면 발생하는데 200~300℃에서 발생하기도 한다. 잔류응력이나 구조물의 심한 구속상태, 와이어 흡습이나 예열 부족, 용착금속 내의 수소가스 분포, 철강재료의 용접부나 HAZ(열영향부)의 경화현상에 의해 발생한다.

52 용접 잔류응력을 경감하기 위한 방법이 아닌 것은?

① 용착금속의 양을 될 수 있는 대로 적게 한다.

② 예열을 이용한다.

③ 적당한 용착법과 용접순서를 선택한다.

④ 용접 전에 억제법, 역변형법 등을 이용한다.

해설

억제법과 역변형법은 용접으로 인한 재료의 변형방지법으로, 잔류응력의 경감과는 관련이 없다.

53 지그(Jig)의 사용목적에 부합되지 않는 것은?

① 제품의 정밀도가 향상되고 대량 생산에서 호환성 있는 제품이 만들어진다.

② 불량률이 감소되고 미숙련공의 작업을 용이하게 한다.

③ 제작상의 공정수가 감소하고 생산능률을 향상시킨다.

④ 비교적 본 기계장비에 비해 소형·경량이며, 큰 출력을 발생시키는 데 사용된다.

해설

용접용 지그(Jig)는 작업의 편의성이나 대량 생산을 위해서 사용하는 용접 보조기구로 기계장비의 출력과는 전혀 관련이 없다.

54 용접 순서를 결정하는 방법으로 옳은 것은?

① 같은 평면 안에 많은 이음이 있을 때 수축량이 큰 이음은 가능한 지그로 교정한다.

② 물품에 대하여 처음부터 끝까지 일률적으로 용접을 진행한다.

③ 수축이 작은 이음을 가능한 먼저하고 수축이 큰 이음을 뒤에 용접한다.

④ 용접물의 중립축에 대하여 수축력모멘트의 합이 "0"이 되도록 한다.

해설
용접 순서를 결정할 때는 용접물의 중립축에 대해 수축력모멘트(M)의 합이 "0"이 되도록 해야 한다.

55 모집단으로부터 공간적, 시간적으로 간격을 일정하게 하여 샘플링하는 방식은?

① 단순랜덤샘플링(Simple Random Sampling)

② 2단계 샘플링(Two-stage Sampling)

③ 취락샘플링(Cluster Sampling)

④ 계통샘플링(Systematic Sampling)

해설
샘플링법의 종류
• 단순랜덤샘플링 : 모집단의 모든 샘플링 단위가 동일한 확률로 시료로 뽑힐 가능성이 있는 샘플링 방법
• 2단계 샘플링 : 전체 크기가 N인 로트로 각각 A개씩 제품이 포함되어 있는 서브 Lot로 나뉘어져 있을 때, 서브 Lot에서 랜덤하게 몇 상자를 선택해서 각 상자로부터 몇 개의 제품을 랜덤하게 샘플링하는 방법
• 계통샘플링 : 시료를 시간적으로나 공간적으로 일정한 간격을 두고 취하는 샘플링 방법
• 층별샘플링 : 로트를 몇 개의 층(서브 Lot)으로 나누어 각 층으로부터 시료를 취하는 방법
• 집락샘플링(취락샘플링) : 모집단을 여러 개의 층(서브 Lot)으로 나누고, 그중 일부를 랜덤으로 샘플링한 후 샘플링된 층에 속해 있는 모든 제품을 조사하는 방법
• 지그재그샘플링 : 계통샘플링의 간격을 복수로 하여 치우침을 방지하기 위한 방법

56 예방보전(Preventive Maintenance)의 효과가 아닌 것은?

① 기계의 수리비용이 감소한다.

② 생산시스템의 신뢰도가 향상된다.

③ 고장으로 인한 중단시간이 감소한다.

④ 잦은 정비로 인해 제조원단위가 증가한다.

해설
예방보전을 하면 정비에 투입되는 기회비용이 더 늘어나 비용이 증가하므로 이를 예방보전의 효과로 보는 것은 옳지 않다.

57 제품공정도를 작성할 때 사용되는 요소(명칭)가 아닌 것은?

① 가 공   ② 검 사
③ 정 체   ④ 여 유

해설
제조공정분석표 사용기호

공정명	기호 명칭	기호 형상
가 공	가 공	◯
운 반	운 반	⇨
정 체	저 장	▽
	대 기	D
검 사	수량검사	□
	품질검사	◇

58 작업방법 개선의 기본 4원칙을 표현한 것은?

① 층별 – 랜덤 – 재배열 – 표준화
② 배제 – 결합 – 랜덤 – 표준화
③ 층별 – 랜덤 – 표준화 – 단순화
④ 배제 – 결합 – 재배열 – 단순화

해설
작업방법 개선의 기본 4원칙
배제 – 결합 – 재배열 – 단순화

59 이항분포(Binomial Distribution)의 특징에 대한 설명으로 옳은 것은?

① $P = 0.01$일 때는 평균치에 대하여 좌우대칭이다.
② $P \leq 0.1$이고, $nP = 0.1 \sim 10$일 때는 푸아송분포에 근사한다.
③ 부적합품의 출현 개수에 대한 표준편차는 $D(x) = nP$이다.
④ $P \leq 0.5$이고, $nP \leq 5$일 때는 정규분포에 근사한다.

해설
이항분포는 $P \leq 0.1$이고, $nP = 0.1 \sim 10$일 때는 푸아송분포에 근사한다.

60 부적합수관리도를 작성하기 위해 $\sum c = 559$, $\sum n = 222$를 구하였다. 시료의 크기가 부분군마다 일정하지 않기 때문에 u 관리도를 사용하기로 하였다. $n = 10$일 경우 u 관리도의 UCL 값은 약 얼마인가?

① 4.023
② 2.518
③ 0.502
④ 0.252

해설

$$\begin{aligned}
\mathrm{UCL} &= \bar{u} + 3\sqrt{\frac{\bar{u}}{n}} \\
&= \frac{\sum c}{\sum n} + 3\sqrt{\frac{\bar{u}}{n}} \\
&= \frac{559}{222} + 3\sqrt{\frac{\frac{559}{222}}{10}} \\
&\fallingdotseq 2.518 + 3\sqrt{\frac{2.518}{10}} \\
&\fallingdotseq 4.023
\end{aligned}$$

01 용접 중의 피복제의 중요한 작용이 아닌 것은?

① 슬래그(Slag)의 작용

② 피복통(被覆筒)의 생성

③ 용접비드 형성 작용

④ 아크분위기의 생성

해설

피복아크용접용 용접봉은 심선을 피복제가 둘러싸고 있는데 이 심선이 용융되면서 용접비드가 형성된다.

※ 피복통(被 입을 피, 覆 뒤집힐 복, 筒 대롱(속 빈) 통) : 피복제가 용접 중 심선보다 다소 늦게 용융됨으로서 "통" 모양이 되는 부분

피복제(Flux)의 역할

• 아크를 안정시킨다.

• 전기절연작용을 한다.

• 보호가스를 발생시킨다.

• 스패터의 발생을 줄인다.

• 아크의 집중성을 좋게 한다.

• 용착금속의 급랭을 방지한다.

• 용착금속의 탈산·정련작용을 한다.

• 용융금속과 슬래그의 유동성을 좋게 한다.

• 용적(쇳물)을 미세화하여 용착효율을 높인다.

• 용융점이 낮고 적당한 점성의 슬래그를 생성한다.

• 슬래그 제거를 쉽게 하여 비드의 외관을 좋게 한다.

• 적당량의 합금원소를 첨가하여 금속에 특수성을 부여한다.

• 중성 또는 환원성 분위기를 만들어 질화나 산화를 방지하고 용융 금속을 보호한다.

• 쇳물이 쉽게 달라붙도록 힘을 주어 수직자세, 위보기자세 등 어려운 자세를 쉽게 한다.

02 가스절단작업에서 예열불꽃이 강할 때 일어나는 현상이 아닌 것은?

① 절단면이 거칠어진다.

② 드래그가 증가한다.

③ 모서리가 용융되어 둥글게 된다.

④ 슬래그 중의 철성분의 박리가 어려워진다.

해설

예열불꽃이 너무 약하면 절단이 잘 안 되므로 드래그가 증가한다.

드래그(Drag) : 가스절단 시 한 번에 토치를 이동한 거리로서 절단 면에 일정한 간격의 곡선이 나타나는 것이다.

예열불꽃의 세기

예열불꽃이 너무 강할 때	예열불꽃이 너무 약할 때
• 절단면이 거칠어진다. • 절단면 위 모서리가 녹아 둥글게 된다. • 슬래그가 뒤쪽에 많이 달라붙어 잘 떨어지지 않는다. • 슬래그 중의 철성분의 박리가 어려워진다.	• 드래그가 증가한다. • 역화를 일으키기 쉽다. • 절단속도가 느려지며, 절단이 중단되기 쉽다.

03 정격전류 200A, 정격사용률 50%의 아크용접기로 150A의 용접전류로 용접하는 경우 허용사용률은 약 몇 %인가?

① 38

② 66

③ 89

④ 112

해설

허용사용률 구하는 식

$$\text{허용사용률(\%)} = \frac{(\text{정격 2차 전류})^2}{(\text{실제용접전류})^2} \times \text{정격사용률(\%)}$$

$$= \frac{(200\text{A})^2}{(150\text{A})^2} \times 50\% = \frac{40,000}{22,500} \times 50\%$$

$$\fallingdotseq 88.8\%$$

04 MIG용접에서 많이 사용하는 분무형이행(Spray Transfer)을 설명한 것 중 틀린 것은?

① 용융방울입자(용적)가 느리게 모재로 이행한다.
② 고전압, 고전류에서 주로 얻어진다.
③ 아르곤가스나 헬륨가스를 사용하는 경합금용접에서 주로 나타난다.
④ 용착속도가 빠르고 능률적이다.

해설

MIG용접에서 분무형이행은 일반적으로 스프레이이행으로 불리는데 아크기류 중에서 용가재가 고속으로 용융되어 미입자의 용적으로 분사되어 모재에 옮겨가면서 용착되는 용적이행방법이다.

05 용접전류 조정은 직류여자전류의 조정에 의하여 증감하며 조작이 간단하고 소음이 없으며 원격조정(Remote Control)이나 핫스타트가 용이한 용접기는?

① 가동철심형 교류아크용접기
② 가포화리액터형 교류아크용접기
③ 탭전환형 교류아크용접기
④ 가동코일형 교류아크용접기

해설

가포화리액터형 교류아크용접기는 가변저항의 변화로 전류의 원격 조정이 가능하고 핫스타트가 용이하다.

더 알아보기!

핫스타트장치: 아크 발생 초기에 용접봉과 모재가 냉각되어 있어 아크가 불안정하게 되는데 아크 발생을 더 쉽게 하기 위해 아크 발생 초기에만 용접전류를 특별히 크게 하는 장치이다. 아크 발생을 쉽게 하므로 초기 비드 용입을 가능하게 하고 비드 모양을 개선시킨다.

교류아크용접기의 종류별 특징

종류	특징
가동 철심형	• 현재 가장 많이 사용된다. • 미세한 전류 조정이 가능하다. • 광범위한 전류의 조정이 어렵다. • 가동철심으로 누설자속을 가감하여 전류를 조정한다.
가동 코일형	• 아크안정성이 크고 소음이 없다. • 가격이 비싸며 현재는 거의 사용되지 않는다. • 용접기의 핸들로 1차 코일을 상하로 이동시켜 2차 코일의 간격을 변화시켜 전류를 조정한다.
탭 전환형	• 주로 소형이 많다. • 탭전환부의 소손이 심하다. • 넓은 범위의 전류 조정이 어렵다. • 코일의 감긴수에 따라 전류를 조정한다. • 미세전류의 조정 시 무부하전압이 높아서 전격의 위험이 크다.
가포화 리액터형	• 핫스타트가 용이하다. • 조작이 간단하고 원격제어가 된다. • 가변저항의 변화로 전류의 원격 조정이 가능하다. • 전기적 전류 조정으로 소음이 없고 기계의 수명이 길다.

06 연강용 피복아크용접봉 중 주성분이 산화철에 철분을 첨가하여 만든 것으로, 아크는 분무상이고 스패터가 적으며 비드 표면이 곱고 슬래그의 박리성이 좋아 아래보기 및 수평필릿용접에 적합한 용접봉은?

① E4301

② E4311

③ E4316

④ E4327

해설
철분산화철계(E4327) 용접봉의 특징
• 용착금속의 기계적 성질이 좋다.
• 용착효율이 좋고, 용접속도가 빠르다.
• 슬래그제거가 양호하고, 비드표면이 깨끗하다.
• 산화철을 주성분으로 다량의 철분을 첨가한 것이다.
• 아크가 분무상(스프레이형)으로 나타나며 스패터가 적고 용입은 E4324보다 깊다.
• 비드의 표면이 곱고 슬래그의 박리성이 좋아서 아래보기나 수평 필릿용접에 많이 사용된다.
• 주성분인 산화철에 철분을 첨가한 것으로 규산염을 다량 함유하고 있어서 산성의 슬래그가 생성된다.

08 용적이 40L인 산소용기에 고압력계가 90kgf/cm² 이 나타났다면 300L의 팁으로 몇 시간을 용접할 수 있겠는가?

① 3.5시간

② 7.5시간

③ 12시간

④ 20시간

해설
300L 팁의 시간당 소비량은 300L이다.

$$용접가능시간 = \frac{산소용기의\ 총가스량}{시간당\ 소비량} = \frac{내용적 \times 압력}{시간당\ 소비량}$$

$$= \frac{40 \times 90}{300} = 12시간$$

07 플라스마제트절단 시 알루미늄 등 경금속에 많이 사용되는 혼합가스는?

① 아르곤과 수소의 혼합가스

② 아르곤과 산소의 혼합가스

③ 헬륨과 질소의 혼합가스

④ 헬륨과 산소의 혼합가스

해설
플라스마아크절단
플라스마기류가 노즐을 통과할 때 열적핀치효과를 이용하여 20,000~30,000℃의 플라스마아크를 만들어 내는데, 이 초고온의 플라스마아크를 절단열원으로 사용하여 가공물을 절단하는 방법이다. 플라스마아크(제트)절단 작업 시 알루미늄과 같은 경금속의 절단작업에는 Ar(아르곤) + H₂(수소)의 혼합가스를 사용한다. 단, 스테인리스강을 플라스마절단할 때는 N₂ + H₂의 혼합가스를 사용한다.

09 전류가 일정할 때 아크전압이 높아지면 용접봉의 용융속도가 늦어지고, 아크전압이 낮아지면 용융속도가 빨라지는 특성은?

① 부저항특성

② 전압회복특성

③ 정전압특성

④ 아크길이 자기제어특성

해설
④ 아크길이 자기제어 : 자동용접에서 와이어 자동송급 시 아크길이가 변동되어도 항상 일정한 길이가 되도록 유지하는 제어기능이다. 아크전류가 일정할 때 전압이 높아지면 용접봉의 용융속도가 늦어지고, 전압이 낮아지면 용융속도가 빨라지게 하는 것으로 전류밀도가 클 때 잘 나타난다.
③ 정전압특성(CP특성, Constant Voltage Characteristic) : 전류가 변해도 전압은 거의 변하지 않는다.

10 피복아크용접봉의 종류를 나타내는 기호 중 철분 저수소계를 나타내는 것은?

① E4303
② E4316
③ E4324
④ E4326

용접봉의 종류

기 호	종 류	기 호	종 류
E4301	일미나이트계	E4316	저수소계
E4303	라임티타니아계	E4324	철분산화타이타늄계
E4311	고셀룰로스계	E4326	철분저수소계
E4313	고산화타이타늄계	E4327	철분산화철계

11 다음 재료의 용접 예열온도로 가장 적합한 것은?

① 주철 : 150~300℃
② 주강 : 150~250℃
③ 청동 : 60~100℃
④ 망가니즈(Mn) - 몰리브데넘강(Mo) : 20~100℃

주철의 예열온도는 탄소(C)함유량에 따라 달라지나 일반적으로 150~300℃ 사이면 적합하다.

12 아크에어가우징(Arc Air Gouging)을 가스가우징과 비교했을 때 작업능률에 대한 설명으로 맞는 것은?

① 작업능률이 가스가우징과 대략 동일하다.
② 작업능률이 가스가우징보다 1.5배이다.
③ 작업능률이 가스가우징보다 2~3배이다.
④ 작업능률이 가스가우징보다 조금 낮다.

아크에어가우징
탄소봉을 전극으로 하여 아크를 발생시킨 후 절단을 하는 탄소아크 절단법에 약 5~7kgf/cm²인 고압의 압축공기를 병용하는 것으로, 용융된 금속을 탄소봉과 평행으로 분출하는 압축공기를 전극홀더의 끝부분에 위치한 구멍을 통해 연속해서 불어내서 홈을 파내는 방법이다. 용접부의 홈가공, 구멍 뚫기, 절단작업, 뒷면 따내기, 용접결함부 제거 등에 사용된다. 철이나 비철금속에 모두 이용할 수 있으며, 가스가우징보다 작업능률이 2~3배 높고 모재에도 해를 입히지 않는다.

13 연료가스 아세틸렌의 공기 중 대기압에서의 발화 온도는 몇 ℃ 정도인가?

① 406~408℃
② 515~543℃
③ 520~630℃
④ 650~750℃

해설

아세틸렌가스(Acetylene, C_2H_2)
- 400℃ 근처에서 자연발화한다.
- 카바이드(CaC_2)를 물에 작용시켜 제조한다.
- 가스용접이나 절단작업 시 연료가스로 사용된다.
- 구리나 은, 수은 등과 반응할 때 폭발성물질이 생성된다.
- 산소와 적당히 혼합 후 연소시키면 3,000~3,500℃의 고온을 낸다.
- 아세틸렌가스의 비중은 0.906으로, 비중이 1.105인 산소보다 가볍다.
- 아세틸렌가스는 불포화탄화수소의 일종으로 불완전한 상태의 가스이다.
- 각종 액체에 용해가 잘된다(물 : 1배, 석유 : 2배, 벤젠 : 4배, 알코올 : 6배, 아세톤 : 25배).
- 가스봄베(병) 내부가 1.5기압 이상이 되면 폭발위험이 있고, 2기압 이상으로 압축하면 폭발한다.
- 아세틸렌가스의 충전은 15℃, 1기압하에서 $15kgf/cm^2$의 압력으로 한다. 아세틸렌가스 1L의 무게는 1.176g이다.
- 순수한 카바이드 1kg은 이론적으로 348L의 아세틸렌가스를 발생하며, 보통의 카바이드는 230~300L의 아세틸렌가스를 발생시킨다.
- 순수한 아세틸렌가스는 무색무취의 기체이나 아세틸렌가스 중에 포함된 불순물인 인화수소, 황화수소, 암모니아에 의해 악취가 난다.
- 아세틸렌이 완전연소하는 데 이론적으로 2.5배의 산소가 필요하지만 실제는 아세틸렌에 불순물이 포함되어 산소가 1.2~1.3배 필요하다.
- 아세틸렌은 공기 또는 산소와 혼합되면 폭발성이 격렬해지는데, 아세틸렌 15%, 산소 85% 부근이 가장 위험하다.

14 아세틸렌 도관 내에 산소가 역류하는 원인에 대한 설명 중 틀린 것은?

① 토치가 과열되었을 때
② 토치가 산화물 등 부착물이 붙어서 화구구멍이 막혔을 때
③ 토치의 능력에 비해 산소의 압력이 지나치게 낮을 때
④ 토치의 콕과 밸브가 마모되었을 때

해설

아세틸렌 도관 내에서 토치의 능력에 비해 산소의 압력이 지나치게 높을 때 산소는 역류한다.

아세틸렌 도관 내 산소 역류의 원인
- 토치가 과열되었을 때
- 산소 압력이 지나치게 높을 때
- 토치의 콕과 밸브가 마모되었을 때
- 토치에 산화물 등이 붙어서 화구의 구멍이 막혔을 때

15 용접 시 수축량에 대한 설명으로 틀린 것은?

① 선팽창계수가 클수록 수축이 증가한다.
② 입열량이 클수록 수축이 증가한다.
③ 다층용접에서 층수가 증가함에 따라 수축량의 증가속도도 차츰 증가한다.
④ 재료의 밀도가 클수록 수축량은 감소한다.

해설

다층용접할 때 층수가 증가하면 그만큼 빈 공간에 용융금속이 채워지기 때문에 수축량의 증가속도는 점점 감소한다.

16 서브머지드아크용접 시 와이어 표면에 구리도금을 하는 목적이 아닌 것은?

① 콘택트팁과 전기적 접촉을 원활히 해 준다.
② 와이어의 녹방지를 함으로써 기공 발생을 적게 한다.
③ 송급롤러와 접촉을 원활히 해 줌으로써 용접속도 에 도움이 된다.
④ 용착금속의 강도를 저하시키고, 기계적 성질도 저하시킨다.

> **해설**
> 서브머지드아크용접(SAW)은 용접봉 역할을 하는 와이어와 모재 사이의 전기전도율이 용접 품질에 큰 영향을 미치기 때문에, 와이어와 접촉팁 사이의 전기전도율 향상을 위해 구리(Cu)를 와이어 표면에 도금한다. 전기전도율이 향상되면 용착금속의 강도를 증가시키므로 기계적 성질은 좋아진다.

17 가스용접작업에 관한 안전사항 중 틀린 것은?

① 가스누설점검은 수시로 비눗물로 점검한다.
② 아세틸렌병은 저압이므로 눕혀서 사용하여도 좋다.
③ 산소병을 운반할 때는 캡(Cap)을 씌워 이동한다.
④ 작업 종료 후에는 메인밸브 및 콕을 완전히 잠근다.

> **해설**
> 가스용접뿐만 아니라 특수용접 중 보호가스로 사용되는 가스를 담고 있는 용기(봄베, 압력용기)는 안전을 위해 모두 세워서 보관해야 한다.

18 일렉트로슬래그용접의 특징 중 틀린 것은?

① 입향상진 전용 용접임
② 박판용접에 사용함
③ 소모성노즐을 사용함
④ 용접능률과 용접품질이 우수함

> **해설**
> 일렉트로슬래그용접
> 용융된 슬래그와 용융금속이 용접부에서 흘러나오지 못하도록 수랭동판으로 둘러싸고 이 용융풀에 용접봉을 연속적으로 공급하는데 이때 발생하는 용융슬래그의 저항열에 의하여 용접봉과 모재를 연속적으로 용융시키면서 용접하는 방법으로, 선박이나 보일러와 같이 두꺼운 판의 용접에 적합하다. 수직상진으로 단층용접하는 방식으로 용접전원으로는 정전압형교류를 사용한다.
> 일렉트로슬래그용접의 장점
> • 용접이 능률적이다.
> • 전기저항열에 의한 용접이다.
> • 용접시간이 짧아 용접 후 변형이 작다.
> • 다전극을 이용하면 더 효과적인 용접이 가능하다.
> • 후판용접을 단일층으로 한 번에 용접할 수 있다.
> • 스패터나 슬래그 혼입, 기공 등의 결함이 거의 없다.
> • 일렉트로슬래그용접의 용착량은 거의 100%에 가깝다.
> • 냉각하는데 시간이 오래 걸려서 기공이나 슬래그가 섞일 확률이 적다.

19 GTAW(Gas Tungsten Arc Welding)용접 시 텅스텐의 혼입을 막기 위한 대책으로 옳은 것은?

① 사용전류를 높인다.
② 전극의 크기를 작게 한다.
③ 용융지와의 거리를 가깝게 한다.
④ 고주파발생장치를 이용하여 아크를 발생시킨다.

> **해설**
> TIG용접 시 텅스텐 혼입을 막으려면 고주파발생장치를 통해 텅스텐 전극봉이 모재에 근접하기 전 아크를 쉽게 발생시키게 한다.
> TIG용접 시 텅스텐 혼입이 발생하는 이유
> • 전극과 용융지가 접촉한 경우
> • 전극봉의 파편이 모재에 들어가는 경우
> • 전극의 굵기보다 큰 전류를 사용한 경우
> • 외부 바람의 영향으로 전극이 산화된 경우

20 저항점용접(Spot Welding) 중 접합면의 일부가 녹아 바둑알 모양의 단면으로 오목하게 들어간 부분을 무엇이라고 하는가?

① 너 깃   ② 스 폿
③ 슬래그   ④ 플라스마

해설
③ 슬래그 : 용융된 금속부에서 순수 금속만을 빼내고 남은 찌꺼기 덩어리로 비드의 표면을 덮고 있다.
④ 플라스마 : 기체를 가열하여 온도가 높아지면 기체의 전자는 심한 열운동에 의해 전리(양이온과 음이온으로 분리)되어 이온과 전자가 혼합되면서 매우 높은 온도와 도전성을 가지는 현상이다.

21 저항점용접에서 용접을 좌우하는 중요인자가 아닌 것은?

① 용접전류   ② 통전시간
③ 용접전압   ④ 전극가압력

해설
저항용접의 3요소 : 가압력, 용접전류, 통전시간

22 레이저용접에 대한 설명으로 틀린 것은?

① 비접촉용접이며 어떤 분위기에서도 용접이 가능하다.
② 고에너지밀도로 모든 금속 및 이종금속의 용접도 가능하다.
③ 정밀하지 않은 넓은 장소의 용접에 응용되고, 열에 민감한 부품에 근접용접이 가능하다.
④ 레이저빔은 거울에 의해 반사될 수 있으므로 직각 및 기존의 용접방식으로는 도달하기 어려운 영역에서도 용접 가능하다.

해설
레이저빔용접은 비접촉식의 정밀용접법으로 고융점을 가진 금속의 용접에 이용되므로 열에 민감한 재료에는 근접용접이 어렵다.

23 탄산가스아크용접에서 토치의 작동형식에 의한 분류가 아닌 것은?

① 수동식   ② 용극식
③ 반자동식   ④ 전자동식

해설
탄산가스(CO_2)아크용접용 토치의 작동형식에 대한 분류
• 수동식
• 전자동식
• 반자동식

24 연납땜 시 용제를 사용하게 되는데 연납용 용제의 종류가 아닌 것은?

① 염 산   ② 붕산염
③ 염화아연   ④ 염화암모늄

해설
납땜용 용제의 종류

경납용 용제(Flux)	연납용 용제(Flux)
• 붕 사	• 송 진
• 붕 산	• 인 산
• 플루오린화나트륨	• 염 산
• 플루오린화칼륨	• 염화아연
• 은 납	• 염화암모늄
• 황동납	• 주석-납
• 인동납	• 카드뮴-아연납
• 망가니즈납	• 저융점 땜납
• 양은납	
• 알루미늄납	

25 MIG용접의 특징이 아닌 것은?

① 전류의 밀도가 대단히 크다.

② 아크의 자기제어특성이 있다.

③ 용접전원은 직류의 정전압특성과 상승특성이다.

④ 모재 표면에 대한 청정작용이 있고, 수하특성이다.

해설
MIG용접은 Al, Mg 등에는 클리닝작용(청정작용)이 있어 용제 없이도 용접이 가능하나 수하특성이 아닌 정전압특성이나 상승특성이 사용된다.

MIG용접의 특징
• 분무이행이 원활하다.
• 열영향부가 매우 적다.
• 용착효율은 약 98%이다.
• 전자세용접이 가능하다.
• 용접기의 조작이 간단하다.
• 아크의 자기제어기능이 있다.
• 직류용접기의 경우 정전압특성 또는 상승특성이 있다.
• 전류가 일정할 때 아크전압이 커지면 용융속도가 낮아진다.
• 전류밀도가 아크용접의 4∼6배, TIG용접의 2배 정도로 매우 높다.
• 용접부가 좁고, 깊은 용입을 얻으므로 후판(두꺼운 판)용접에 적당하다.
• 전자동 또는 반자동식이 많으며 전극인 와이어는 모재와 동일한 금속을 사용한다.
• 용접부로 공급되는 와이어가 전극과 용가재의 역할을 동시에 하므로 전극인 와이어는 소모된다.
• 전원은 직류역극성이 이용되며 Al, Mg 등에는 클리닝작용(청정작용)이 있어 용제 없이도 용접이 가능하다.
• 용접봉을 갈아 끼울 필요가 없어 용접속도를 빨리할 수 있으므로 고속 및 연속적으로 양호한 용접을 할 수 있다.

26 서브머지드아크용접용 용제의 구비조건이 아닌 것은?

① 용접 후 슬래그의 이탈성이 좋을 것

② 적당한 입도를 가져 아크의 보호성이 좋을 것

③ 아크 발생을 안정시켜 안정된 용접을 할 수 있을 것

④ 적당한 수분을 흡수하고 유지하여 양호한 비드를 얻을 것

해설
서브머지드아크용접용 용제는 흡습성이 커서 건조나 취급을 잘해야 한다.

서브머지드아크용접용 용제의 구비조건
• 아크 발생을 안정적으로 유지할 것
• 적당한 입도로 아크보호성이 우수할 것
• 용접 후 슬래그(Slag)의 박리(이탈성)가 쉬울 것
• 적당한 합금성분을 첨가하여 탈산, 탈황 등의 정련작용을 할 것

27 서브머지드용접 시 금속분말(Metal Powder)을 용접 진행방향에 미리 추가할 때 이점으로 옳은 것은?

① 비드외관은 거칠어진다.

② 용착률을 최고 120% 증대시킬 수 있다.

③ 용착금속의 크랙 발생을 억제할 수 있다.

④ 입열을 증대시켜 인성의 저하를 막을 수 있다.

해설
서브머지드아크용접(SAW) 시 금속분말을 용접 진행방향으로 미리 추가해 놓으면 일종의 예열 및 보온기능이 있어서 용착금속의 크랙 발생을 억제할 수 있다.

28 프로젝션용접의 특징을 옳게 설명한 것은?

① 모재의 두께가 각각 다른 경우에는 용접할 수 없다.

② 서로 다른 금속을 용접할 때 열전도가 낮은 쪽에 돌기를 만든다.

③ 점 간 거리가 작은 점용접이 가능하고 동시에 여러 점의 용접을 할 수 있어 작업속도가 빠르다.

④ 전극면적이 넓으므로 기계적 강도나 열전도 면에서 유리하나 전극의 소모가 많다.

해설

프로젝션용접은 모재의 평면에 프로젝션인 돌기부를 만들어 평탄한 동전극의 사이에 물려 대전류를 흘려보낸 후 돌기부에 발생된 저항열로 용접하는 방법이다. 용접부에 다량의 돌기부를 만들어 한 번에 용접할 수 있는 부분이 많으므로 작업속도가 빠르다.

프로젝션용접의 특징

• 열의 집중성이 좋다.
• 스폿용접의 일종이다.
• 전극의 가격이 고가이다.
• 대전류가 돌기부에 집중된다.
• 표면에 요철부가 생기지 않는다.
• 용접 위치를 항상 일정하게 할 수 있다.
• 좁은 공간에 많은 점을 용접할 수 있다.
• 전극의 형상이 복잡하지 않으며 수명이 길다.
• 돌기를 미리 가공해야 하므로 원가가 상승한다.
• 두께, 강도, 재질이 현저히 다른 경우에도 양호한 용접부를 얻는다.

29 전기적 에너지를 열원으로 사용하는 용접법에 해당되지 않는 것은?

① 테르밋용접
② 플라스마아크용접
③ 피복금속아크용접
④ 일렉트로슬래그용접

해설

테르밋용접은 반응열에 의한 용접법이므로 전기적 에너지를 사용하지는 않는다.

테르밋용접(Thermit Welding)

금속산화물과 알루미늄이 반응하여 열과 슬래그를 발생시키는 테르밋반응을 이용하는 용접법이다. 강을 용접할 경우에는 산화철과 알루미늄분말을 3 : 1로 혼합한 테르밋제를 만들어 냄비의 역할을 하는 도가니에 넣은 후, 점화제를 약 1,000℃로 점화시키면 약 2,800℃의 열이 발생되어 용접용 강이 만들어지는데 이 강(Steel)을 용접 부위에 주입 후 서랭하여 용접을 완료한다. 주로 철도레일이나 차축, 선박의 프레임 접합에 사용된다.

30 담금질할 때 생긴 내부응력을 제거하며 인성을 증가시키기 위한 목적으로 하는 열처리는?

① 뜨 임
② 담금질
③ 표면경화
④ 침탄처리

해설

열처리의 기본 4단계

• 담금질(Quenching) : 재질을 경화시킬 목적으로 강을 오스테나이트조직의 영역으로 가열한 후 급랭시켜 강도와 경도를 증가시키는 열처리법이다.

• 뜨임(Tempering) : 담금질한 강을 A_1변태점(723℃) 이하로 가열 후 서랭하는 것으로, 담금질로 경화된 재료에 인성을 부여하고 내부응력을 제거한다.

• 풀림(Annealing) : 재질을 연하고 균일화시킬 목적으로 실시하는 열처리법으로 완전풀림은 A_3변태점(968℃) 이상의 온도로, 연화풀림은 650℃ 정도의 온도로 가열한 후 서랭한다.

• 불림(Normalizing) : 담금질 정도가 심하거나 결정입자가 조대해진 강을 표준화조직으로 만들기 위하여 A_3점(968℃)이나 A_{cm}(시멘타이트)점 이상의 온도로 가열한 후 공랭시킨다.

31 황동의 종류 중 톰백(Tombac)이란 무엇을 말하는가?

① 0.3~0.8% Zn 황동
② 1.2~3.7% Zn 황동
③ 5~20% Zn 황동
④ 30~40% Zn 황동

해설

톰백 : Cu에 Zn을 5~20% 합금한 것으로 색깔이 아름답고 냉간가공이 쉽게 되어 단추나 금박, 금 모조품과 같은 장식용 재료로 사용된다.

32 35~36% Ni, 0.4% Mn, 0.1~0.3% Co에 나머지는 Fe의 합금으로 열팽창계수가 상온 부근에서 매우 작아 길이의 변화가 거의 없어 측정용 표준자 등에 쓰이는 불변강은?

① 인바(Invar)
② 코엘린바(Coelinver)
③ 스텔라이트(Stellite)
④ 플래티나이트(Platinite)

해설

① 인바 : Fe에 35%의 Ni, 0.1~0.3%의 Co, 0.4%의 Mn이 합금된 불변강의 일종으로 상온 부근에서 열팽창계수가 매우 작아서 길이 변화가 거의 없으므로 줄자나 측정용 표준자, 시계추, 바이메탈용 재료로 사용한다.
② 코엘린바 : Fe에 Cr 10~11%, Co 26~58%, Ni 10~16% 합금한 것으로, 온도변화에 대한 탄성률의 변화가 작고 공기 중이나 수중에서 부식되지 않아서 스프링, 태엽, 기상관측용 기구의 부품에 사용한다.
③ 스텔라이트 : 주조경질합금의 일종으로 Co(코발트)를 주성분으로 한 Co-Cr-W-C계의 합금이다. 800℃의 절삭열에도 경도변화가 없고 열처리가 불필요하며 고속도강보다 2배의 절삭속도로 가공이 가능하나 내구성과 인성이 작다. 청동이나 황동의 절삭재료로도 사용된다.
④ 플래티나이트 : 전구나 진공관용 도선재료로 사용된다.

33 Fe-C 평형상태도에서 공석반응이 일어나는 곳의 탄소함량은 얼마 정도인가?

① 0.025%
② 0.33%
③ 0.80%
④ 2.0%

해설
Fe-C계 평형상태도에서의 불변반응

종 류	반응온도	탄소 함유량	반응내용	생성조직
공석 반응	723℃	0.8%	γ고용체 ↔ α고용체 + Fe_3C	펄라이트 조직
공정 반응	1,147℃	4.3%	융체(L) ↔ γ고용체 + Fe_3C	레데부라이트조직
포정 반응	1,494℃ (1,500℃)	0.18%	δ고용체 +융체(L) ↔ γ고용체	오스테나이트조직

34 경질주조합금 공구재료로서, 주조한 상태 그대로를 연삭하여 사용하는 것은?

① 스텔라이트
② 오일리스합금
③ 고속도공구강
④ 하이드로날륨

해설

스텔라이트(Stellite)로도 불리는 주조경질합금은 Co(코발트)를 주성분으로 한 Co-Cr-W-C계의 합금이다. 800℃의 절삭열에도 경도변화가 없고 열처리가 불필요하며 고속도강보다 2배의 절삭속도로 가공이 가능하나 내구성과 인성이 작다. 청동이나 황동의 절삭재료로도 사용된다.

35 탄소강이 200~300℃에서 단면수축률, 연신율이 현저히 감소되어 충격치가 저하하는 현상을 무엇이라 하는가?

① 상온취성
② 적열취성
③ 청열취성
④ 저온취성

해설

③ 청열취성(靑熱, 푸를 청, 더울 열, 철이 산화되어 푸른빛으로 달궈져 보이는 상태) : 탄소강이 200~300℃에서 인장강도와 경도값이 상온일 때보다 커지는 반면에, 연신율이나 성형성은 오히려 작아져서 취성이 커지는 현상이다. 이 온도범위(200~300℃)에서는 철의 표면에 푸른 산화피막이 형성되기 때문에 청열취성이라고 불린다. 따라서 탄소강은 200~300℃에서는 가공을 피해야 한다.
① 상온취성 : P(인)의 함유량이 많은 탄소강이 상온(약 24℃)에서 충격치가 떨어지면서 취성이 커지는 현상이다.
② 적열취성(赤熱, 붉을 적, 더울 열, 철이 빨갛게 달궈진 상태) : S(황)의 함유량이 많은 탄소강이 900℃ 부근에서 적열상태가 되었을 때 파괴되는 성질로 철에 S의 함유량이 많으면 황화철이 되면서 결정립계 부근의 S이 망상으로 분포되면서 결정립계가 파괴된다. 적열취성을 방지하려면 Mn(망가니즈)를 합금하여 S을 MnS로 석출시키면 된다. 이 적열취성은 높은 온도에서 발생하므로 고온취성으로도 불린다.
④ 저온취성 : 탄소강이 천이온도에 도달하면 충격치가 급격히 감소되면서 취성이 커지는 현상이다.

36 잔류 오스테나이트를 마텐자이트화하기 위한 처리를 무엇이라고 하는가?

① 심랭처리　　　② 용체화처리
③ 균질화처리　　④ 블루잉처리

해설
심랭처리(Subzero Treatment, 서브제로)는 담금질강의 경도를 증가시키고 시효변형을 방지하기 위한 열처리조작으로 담금질강의 조직이 잔류 오스테나이트에서 전부 오스테나이트 조직으로 바꾸기 위해 재료를 오스테나이트영역까지 가열한 후 0℃ 이하로 급랭시킨다.

37 고주파담금질의 특징을 설명한 것 중 틀린 것은?

① 직접 가열에 의하므로 열효율이 높다.
② 조작이 간단하며 열처리 가공시간이 단축될 수 있다.
③ 열처리 불량은 적으나 변형 보정이 항상 필요하다.
④ 가열시간이 짧아 경화면의 탈탄이나 산화가 극히 적다.

해설
고주파경화법의 특징
• 작업비가 싸다.
• 직접 가열하므로 열효율이 높다.
• 열처리 후 연삭과정을 생략할 수 있다.
• 조작이 간단하여 열처리시간이 단축된다.
• 불량이 적어서 변형을 수정할 필요가 없다.
• 급열이나 급랭으로 인해 재료가 변형될 수 있다.
• 경화층이 이탈되거나 담금질균열이 생기기 쉽다.
• 가열시간이 짧아서 산화되거나 탈탄의 우려가 적다.
• 마텐자이트 생성으로 체적이 변화하여 내부응력이 발생한다.
• 부분담금질이 가능하므로 필요한 깊이만큼 균일하게 경화시킬 수 있다.

고주파경화법(고주파담금질)
고주파유도전류로 강(Steel)의 표면층을 급속가열한 후 급랭시키는 방법으로 가열시간이 짧고, 피가열물에 대한 영향을 최소로 억제하며 표면을 경화시키는 표면경화법이다. 고주파는 소형 제품이나 깊이가 얕은 담금질층을 얻고자 할 때, 저주파는 대형 제품이나 깊은 담금질 층을 얻고자 할 때 사용한다.

38 두랄루민(Duralumin)의 조성으로 옳은 것은?

① Al-Cu-Mg-Mn
② Al-Cu-Ni-Si
③ Al-Ni-Cu-Zn
④ Al-Ni-Si-Mg

해설
두랄루민은 가공용 알루미늄합금의 일종으로 Al+Cu+Mg+Mn로 구성된다. 고강도로서 항공기나 자동차용 재료로 사용된다.
시험에 자주 출제되는 주요 알루미늄합금

Y합금	Al + Cu + Mg + Ni 알구마니
두랄루민	Al + Cu + Mg + Mn 알구마망

39 청동에 대한 설명 중 틀린 것은?

① 구리와 주석의 합금이다.
② 포금은 청동의 일종이다.
③ 내식성이 나쁘다.
④ 내마멸성이 좋다.

해설
청동은 내식성이 좋은 편에 속하는 합금이다.
구리합금의 대표적인 종류

청 동	황 동
Cu + Sn, 구리 + 주석	Cu + Zn, 구리 + 아연

40 주석계 화이트메탈(White Metal)의 주성분으로 옳은 것은?

① 주석, 알루미늄, 인
② 구리, 니켈, 주석
③ 납, 알루미늄, 주석
④ 구리, 안티모니, 주석

> **해설**
> **배빗메탈(화이트메탈)** : Sn(주석), Sb(안티모니) 및 Cu(구리)가 주성분인 합금으로 Sn이 89%, Sb가 7%, Cu가 4% 섞여 있다. 발명자 Issac Babbit의 이름을 따서 배빗메탈이라 하며 화이트메탈이라고도 부른다. 내열성이 우수하여 내연기관용 베어링재료로 사용된다.

41 금속침투법 중 철강표면에 Zn을 확산침투시키는 방법을 무엇이라고 하는가?

① 크로마이징(Chromizing)
② 칼로라이징(Calorizing)
③ 보로나이징(Boronizing)
④ 세라다이징(Sheradizing)

> **해설**
> 표면경화법의 일종인 금속침투법에서 세라다이징은 금속 표면에 Zn(아연)을 침투시킨다.
>
> **금속침투법의 종류**
>
> | 구 분 | 침투원소 |
> |---|---|
> | 세라다이징 | Zn(아연) |
> | 칼로라이징 | Al(알루미늄) |
> | 크로마이징 | Cr(크로뮴) |
> | 실리코나이징 | Si(규소, 실리콘) |
> | 보로나이징 | B(붕소) |

42 주철의 성질에 대한 설명으로 옳은 것은?

① 비중은 C와 Si 등이 많을수록 높아진다.
② 용융점은 C와 Si 등이 많을수록 높아진다.
③ 흑연편이 클수록 자기감응도가 나빠진다.
④ 투자율을 크게 하기 위해서는 화합탄소를 많게 하여 균일하게 분포시킨다.

> **해설**
> ① 철의 비중이 7.8로 탄소와 규소의 비중이 이보다 낮으므로 합금량이 많을수록 총비중은 낮아진다.
> ② 주철의 용융점은 불순물이 많아질수록 낮아진다.
> ④ 투자율을 크게 하려면 화합탄소를 적게 하고 유리탄소를 균일하게 분포시킨다.

43 용접 전에 변형 발생을 적게 하는 변형방지방법이 아닌 것은?

① 억제법
② 역변형법
③ 압축법
④ 비드순서나 용착방법을 바꾸는 법

> **해설**
> **용접으로 인한 재료의 변형방지법**
> • 억제법 : 지그나 보조판을 모재에 설치하거나 가접을 통해 변형을 억제하도록 한 것
> • 역변형법 : 용접 전에 변형을 예측하여 반대방향으로 변형시킨 후 용접을 하도록 한 것
> • 도열법 : 용접 중 모재의 입열을 최소화하기 위해 물을 적신 동판을 덧대어 열을 흡수하도록 한 것

44 용접균열시험 중 열적구속도시험이라고도 부르는 것은?

① 피스코균열시험(Fisco Cracking Test)

② CTS균열시험(Controlled Thermal Severity Cracking Test)

③ 리하이구속균열시험(Lehigh Controlled Cracking Test)

④ 슬릿형 균열시험(Slit Type Cracking Test)

해설

용접부 성질시험법의 종류

구 분	종 류	
연성시험	• 킨젤시험	• 코머렐시험
	• T-굽힘시험	
취성시험	• 로버트슨시험	• 밴더빈시험
	• 칸티어시험	• 슈나트시험
	• 카안인열시험	• 티퍼시험
	• 에소시험	• 샤르피충격시험
균열(터짐, 열적구속도)성 시험	• 피스코균열시험	
	• CTS균열시험법	
	• 리하이형 구속균열시험	

45 용접부 육안검사의 장점이 아닌 것은?

① 육안검사는 어떤 용접부이건 제작 전, 중, 후에 할 수 있다.

② 검사원의 경험과 지식에 따라 크게 좌우되지 않는다.

③ 육안검사는 용접이 끝난 즉시 보수해야 할 불연속을 검출, 제거할 수 있다.

④ 육안검사는 대부분 큰 불연속을 검출하나 기타 다른 방법에 의해 검출되어야 할 불연속도 예측할 수 있게 된다.

해설

용접부를 육안으로 검사하면 주관적인 검사로 진행되므로 검사원의 경험과 지식에 따라 그 결과가 크게 달라진다.

46 다음 중 용접조건의 결정 시 점검사항이 아닌 것은?

① 용접전류   ② 아크길이

③ 용접자세   ④ 예열 유무

해설

용접조건을 결정할 때는 용접전류와 아크길이, 용접자세 등이 재료의 예열 유무보다 더 우선적으로 점검해야 할 사항이다.

47 용접잔류응력에 관한 설명 중 틀린 것은?

① 용접에 의한 영향 중 역학적인 것으로 잔류응력이 가장 크다.

② 잔류응력은 일반적으로 용접선 부근에서는 인장항복응력에 가까운 값으로 존재한다.

③ 일반적으로 하중방향의 인장잔류응력은 피로강도를 어느 정도 증가시킨다.

④ 잔류응력이 존재하는 상태에서는 재료의 부식저항이 약화되어 부식이 촉진되기 쉽다.

48 다음 그림과 같은 형상을 한 용접부를 용접기호로 나타낸 것은?

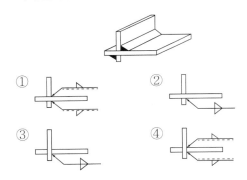

① ② ③ ④

49 아크용접 자동화의 센서(Sensor) 종류에서 과전류, 전격방지 등을 위한 비접촉식센서로 가장 많이 활용되는 것은?

① 퍼텐쇼미터(Potentio Meter)식 센서
② 기계식 센서
③ 전자기식 센서
④ 전기접점식 센서

해설
자동화 센서 중 과전류와 전격방지용으로 전기접점방식의 센서를 주로 사용한다.

50 주철의 보수용접 종류 중 스터드볼트 대신 용접부 바닥면에 둥근 홈을 파고 이 부분에 걸쳐 힘을 받도록 하여 용접하는 것은?

① 스터드법
② 비녀장법
③ 버터링법
④ 로킹법

해설
주철의 보수용접방법
• 스터드법 : 스터드볼트를 사용해서 용접부가 힘을 받도록 하는 방법이다.
• 비녀장법 : 균열부 수리나 가늘고 긴 부분을 용접할 때 용접선에 직각이 되게 지름이 6~10mm 정도인 ⌐자형의 강봉을 박고 용접하는 방법이다.
• 버터링법 : 처음에는 모재와 잘 융합되는 용접봉으로 적정 두께까지 용착시킨 후 다른 용접봉으로 용접하는 방법이다.
• 로킹법 : 스터드볼트 대신에 용접부 바닥에 홈을 파고 이 부분을 걸쳐서 힘을 받도록 하는 방법이다.

51 용접지그 사용 시 장점이 아닌 것은?

① 구속력이 커도 잔류응력이 발생하지 않는다.
② 제품의 정밀도와 용접부 신뢰성을 높인다.
③ 작업을 용이하게 하고 용접능률을 높인다.
④ 동일 제품을 다량 생산할 수 있다.

해설
용접 시 지그를 사용하면 작업성은 높아지나 구속력이 커져서 잔류응력이 발생할 가능성이 크다.

52 용착금속의 균열방지법이 아닌 것은?

① 적당한 수축에 의한 인장응력
② 적당한 예열과 서랭
③ 적당한 용접조건 및 순서
④ 적당한 피닝(Peening)

해설
적당한 수축에 의한 인장응력은 용착금속 내부에 잔류응력을 발생시켜 균열을 더욱 촉진시킨다.

53 맞대기이음에서 1,500kgf의 인장력을 작동시키려고 한다. 판 두께가 6mm일 때 필요한 용접길이는?(단, 허용인장응력은 7kgf/mm²이다)

① 25.7mm   ② 35.7mm

③ 38.5mm   ④ 47.5mm

해설

인장응력 $\sigma = \dfrac{F}{A} = \dfrac{F}{t \times L}$

$7\text{kgf/mm}^2 = \dfrac{1,500\text{kgf}}{6 \times L}$

$L = \dfrac{1,500\text{kgf}}{6\text{mm} \times 7\text{kgf/mm}^2} \fallingdotseq 35.7\text{mm}$

54 피복아크용접에서 모재 재질이 불량하고, 용착금속의 냉각속도가 빠를 때 발생하는 결함은?

① 언더컷   ② 용입 불량

③ 기 공   ④ 선상조직

해설

선상조직은 모재의 재질이 불량해서 불순물이 많거나 용착금속의 냉각속도가 빠를 때 발생되는 용접불량이다.

선상조직

표면이 눈꽃모양인 조직으로 인(P)을 많이 함유하는 강에 나타나는 편석의 일종이다. 용접금속의 파단면에 미세한 주상정이 서릿발 모양으로 병립하고 그 사이에 현미경으로 확인 가능한 비금속 개재물이나 기공을 포함하고 있다. 모재의 재질이 불량해서 불순물이 많거나 용착금속의 냉각속도가 빠를 때, 모재에 탄소·탈산 생성물이 많을 때 발생된다.

55 다음 표를 참조하여 5개월 단순이동평균법으로 7월의 수요를 예측하면 몇 개인가?

[단위 : 개]

월	1	2	3	4	5	6
실 적	48	50	53	60	64	68

① 55개   ② 57개

③ 58개   ④ 59개

해설

이동평균법이란 평균의 계산기간을 순차로 한 개씩 이동시켜 가면서 기간별 평균을 계산하여 경향치를 구하는 방법이다. 가장 오래된 데이터는 제거하고 가장 최초의 데이터로부터 평균에 대입하여 값을 구한다.

$M_t = \dfrac{1}{5}(50 + 53 + 60 + 64 + 68) = 59$

56 도수분포표에서 도수가 최대인 계급의 대푯값을 정확히 표현한 통계량은?

① 중위수

② 시료평균

③ 최빈수

④ 미드-레인지(Mid-range)

해설

도수분포표에서 도수가 최대인 계급의 대푯값은 최빈수로 표현한다.

57 전수검사와 샘플링검사에 관한 설명으로 가장 올바른 것은?

① 파괴검사의 경우에는 전수검사를 적용한다.

② 전수검사가 일반적으로 샘플링검사보다 품질 향상에 자극을 더 준다.

③ 검사항목이 많을 경우 전수검사보다 샘플링검사가 유리하다.

④ 샘플링검사는 부적합품이 섞여 들어가서는 안 되는 경우에 적용한다.

해설

검사항목이 많을 때 전수검사를 실시하면 작업시간이 너무 오래 걸려서 제품의 납기일을 맞추지 못하므로 샘플링검사가 더 적합하다.

샘플링검사

로트(Lot)에서 무작위(랜덤)로 시료를 추출하여 검사한 후 그 결과에 따라 로트 전체의 합격과 불합격을 판정하는 검사방법이다.

샘플링검사의 목적

• 검사비용의 절감
• 품질 향상의 자극
• 나쁜 품질인 로트(Lot)의 불합격 처리

58 다음 중 반즈(Ralph M. Barnes)가 제시한 동작경제원칙에 해당되지 않는 것은?

① 표준작업의 원칙

② 신체의 사용에 관한 원칙

③ 작업장의 배치에 관한 원칙

④ 공구 및 설비의 디자인에 관한 원칙

해설

반즈의 동작경제원칙

• 신체의 사용에 관한 원칙
• 작업장의 배치에 관한 원칙
• 공구 및 설비의 디자인에 관한 원칙

59 근래 인간공학이 여러 분야에서 크게 기여하고 있다. 다음 중 어느 단계에서 인간공학적 지식이 고려됨으로서 기업에 가장 큰 이익을 줄 수 있는가?

① 제품의 개발단계

② 제품의 구매단계

③ 제품의 사용단계

④ 작업자의 채용단계

해설

최근 전자제품을 비롯한 다양한 분야에서 인간공학을 고려한 제품들이 많이 출시되고 있다. 이 인간공학은 제품의 개발단계에서부터 철저히 논의되어야 한다.

60 다음 중 두 관리도가 모두 푸아송분포를 따르는 것은?

① $\bar{x}$ 관리도, R 관리도

② c 관리도, u 관리도

③ nP 관리도, P 관리도

④ c 관리도, P 관리도

해설

푸아송분포는 대부분 결점의 수를 나타낸 데이터이다. 이 데이터는 단위당 결점 발생률을 모형화한 것으로 u관리도나 c관리도를 사용하여 불량단위를 표시한다.

01 정격 2차 전류가 300A, 정격사용률이 60%인 용접기를 사용하여 200A로 용접할 때, 허용사용률은?

① 91% ② 111%

③ 121% ④ 135%

해설

허용사용률 구하는 식

$$허용사용률(\%) = \frac{(정격\ 2차\ 전류)^2}{(실제용접전류)^2} \times 정격사용률(\%)$$

$$= \frac{(300A)^2}{(200A)^2} \times 60\%$$

$$= \frac{90,000}{40,000} \times 60\%$$

$$= 135\%$$

02 절단작업에 관한 설명 중 옳은 것은?

① 절단속도가 같은 조건에서 보통팁에 비하여 다이버전트노즐은 산소소비량이 25~40% 절약된다.

② 예열불꽃의 끝에서 모재 표면까지의 거리는 15~25mm 정도로 유지하면 절단이 가장 능률적이다.

③ 산소의 순도가 높으면 절단속도가 빠르나 절단면은 거칠게 된다.

④ 드래그는 핀 두께의 10%를 표준으로 하고 있다.

해설

② 예열 시 팁의 백심에서 모재까지의 거리는 1.5~2.0mm가 되도록 유지한다.

③ 산소의 순도가 높으면 절단속도가 빠르고 절단면도 고르다.

④ 표준 드래그길이는 단 두께의 20%이다.

다이버전트형 팁은 최소에너지 손실속도로 변화되는 전단팁의 노즐로 고속분출을 얻을 수 있어서 보통의 절단팁에 비해 절단속도를 20~25% 증가시킬 수 있다.

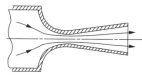

[다이버전트형 팁]

03 가스절단 작업 시 예열불꽃이 강한 경우 절단결과에 미치는 영향이 아닌 것은?

① 드래그가 증가한다.

② 절단면이 거칠게 된다.

③ 모서리가 용융되어 둥글게 된다.

④ 슬래그 중의 철 성분의 박리가 어렵다.

해설

예열불꽃이 너무 약할 때 절단이 잘 안 되므로 드래그가 증가한다.

드래그(Drag) : 가스절단 시 한 번에 토치를 이동한 거리로서 절단면에 일정한 간격의 곡선이 나타나는 것이다.

예열불꽃의 세기

예열불꽃이 너무 강할 때	예열불꽃이 너무 약할 때
• 절단면이 거칠어진다. • 절단면 위 모서리가 녹아 둥글게 된다. • 슬래그가 뒤쪽에 많이 달라붙어 잘 떨어지지 않는다. • 슬래그 중의 철 성분의 박리가 어려워진다.	• 드래그가 증가한다. • 역화를 일으키기 쉽다. • 절단속도가 느려지며, 절단이 중단되기 쉽다.

04 아크에어가우징에 대한 설명 중 틀린 것은?

① 압축공기를 사용한다.

② 전극을 텅스텐으로 사용한다.

③ 가스가우징에 비해 작업능률이 2~3배 높다.

④ 용접결함 제거, 절단 및 천공작업에 적합하다.

해설

아크에어가우징은 전극으로 탄소전극봉을 사용한다.

05 다음 중 피복아크용접봉의 피복제 역할에 대한 설명으로 틀린 것은?

① 용적을 미세화하여 용착효율을 높인다.

② 모재 표면의 산화물을 제거하고 아크를 안정시킨다.

③ 용착금속의 급랭을 막아주나, 슬래그의 제거를 어렵게 한다.

④ 중성 또는 환원성 분위기로 공기에 의한 산화, 질화 등의 해를 방지하여 용착금속을 보호한다.

해설
피복아크용접용 용접봉은 심선을 피복제가 둘러싸고 있는데 이 피복제는 용접금속을 덮고 있는 형상이므로 냉각속도를 느리게 하며 슬래그의 제거를 쉽게 한다.

06 연강용 피복아크용접봉 심선의 KS 규격기호로 옳은 것은?

① SMAW   ② SM40

③ SWR11   ④ SS41

해설
피복아크용접봉 심선재의 KS 규격(KS D 3508)에 따르면 "SWR11"과 "SWR21"이 있다.

07 아세틸렌가스 소비량이 1시간당 200L인 저압토치를 사용해서 용접할 때, 게이지압력이 60kgf/cm²인 산소병을 몇 시간 정도 사용할 수 있는가?(단, 병의 내용적은 40L, 산소는 아세틸렌가스의 1.2배 정도 소비하는 것으로 한다)

① 2시간   ② 8시간

③ 10시간   ④ 12시간

해설

$$용접 \ 가능시간 = \frac{산소용기 \ 총가스량}{시간당 \ 소비량} = \frac{내용적 \times 압력}{시간당 \ 소비량}$$

$$= \frac{40L \times 60}{200 \times 1.2} = 10시간$$

08 아크전류 200A, 아크전압 25V, 용접속도 20cm/min인 경우 용접단위길이 1cm당 발생하는 용접입열은 얼마인가?

① 12,000J/cm

② 15,000J/cm

③ 20,000J/cm

④ 23,000J/cm

해설
용접입열량 구하는 식

$$H = \frac{60EI}{v}[\text{J/cm}]$$

$$= \frac{60 \times 25 \times 200}{20} = 15,000[\text{J/cm}]$$

여기서, H : 용접단위길이가 1cm당 발생하는 전기적 에너지
E : 아크전압(V)
I : 아크전류(A)
v : 용접속도(cm/min)

※ 일반적으로 모재에 흡수된 열량은 입열의 75~85% 정도이다.

09 스테인리스 클래드강 용접 시 탄소강과 스테인리스강의 경계부(이중재질부)에 중화작용 역할을 하는 용접봉은?

① E308   ② E309

③ E316   ④ E317

해설
클래드강이란 녹 발생이 쉬운 금속의 표면에 녹 발생이 어려운 금속을 피복한 것으로 경계부의 중화작용을 하는 용접봉은 E309이다.
스테인리스 클래드강의 특징
• 균열 불량이 발생할 수 있다.
• 용접한 경계부의 연성이 저하된다.
• 용입량에 따라 내식성이 저하된다.
• 열영향부(Hot Affected Zone) 입계침투는 발생하지 않는다.

10 용해 아세틸렌병의 전체 무게가 33kg, 빈 병의 무게가 30kg일 때 이 병 안에 있는 아세틸렌가스의 양은 몇 L인가?

① 2,115L
② 2,315L
③ 2,715L
④ 2,915L

해설
용해 아세틸렌 1kg을 기화시키면 약 905L의 가스가 발생하므로, 아세틸렌가스량을 구하는 공식은 다음과 같다.
아세틸렌가스량(L) = 905(병 전체 무게(A) − 빈 병의 무게(B))
= 905(33 − 30)
= 2,715L

11 다음 중 용접속도와 관련된 설명으로 틀린 것은?

① 운봉속도 또는 아크속도라고도 한다.
② 모재의 재질, 이음의 형상, 용접봉의 종류 및 전룻값, 위빙의 유무에 따라 용접속도가 달라진다.
③ 용접변형을 작게 하기 위하여 가능한 한 높은 전류를 사용하여 용접속도를 느리게 한다.
④ 용입의 정도는 용접전룻값을 용접속도로 나눈 값에 따라 결정되므로 전류가 높을 때 용접속도가 증가한다.

해설
용접변형을 작게 하려면 재료에 입열하는 열량을 줄여야 하는데 고전류를 적용하고 용접속도를 천천히 하면 입열량이 커진다. 따라서 재료에 적합한 전류와 용접속도를 적용해야 한다.

12 가스용접에서 사용되는 용제(Flux)에 대한 설명으로 틀린 것은?

① 용착금속의 성질을 양호하게 한다.
② 일반적으로 연강에는 용제를 사용하지 않는다.
③ 용접 중에 생기는 금속산화물을 제거하는 역할을 한다.
④ 구리 및 구리합금의 용제로는 염화나트륨이나 염화칼륨 등이 쓰인다.

해설
가스용접용 용제의 종류

재 질	용 제
연 강	용제를 사용하지 않는다.
반경강	중탄산소다, 탄산소다
주 철	붕사, 탄산나트륨, 중탄산나트륨
알루미늄	염화칼륨, 염화나트륨, 염화리튬, 플루오린화칼륨
구리합금	붕사, 염화리튬

13 용접봉 선택 및 취급 시 주의사항으로 틀린 것은?

① 용접봉의 편심률은 10%가 넘는 것을 선택한다.
② 용접봉은 사용 전에 충분히 건조해야 한다.
③ 일미나이트계 용접봉의 건조온도는 70~100℃이다.
④ 저수소계 용접봉의 건조온도는 300~350℃이다.

해설
피복아크용접봉의 편심률(e)은 일반적으로 3% 이내이어야 한다.
$$e = \frac{D - D'}{D} \times 100\%$$

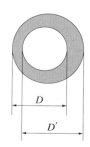

14 용접봉을 선정하는 인자가 아닌 것은?

① 용접자세
② 모재의 재질
③ 모재의 형상
④ 사용전류의 극성

해설
용접봉을 선정할 때는 용접하려는 구조물의 재질과 사용전류의 극성(정극성이나 역극성), 위보기작업 시 용락의 발생을 줄일 필요가 있으므로 용접자세도 고려해야 한다. 그러나 모재의 형상은 고려 대상이 아니다.

15 산소-아세틸렌가스를 1 : 1로 혼합하여 생긴 불꽃에서 백심의 온도는 약 몇 ℃인가?

① 2,000℃
② 2,500℃
③ 3,000℃
④ 4,000℃

해설
산소-아세틸렌가스 불꽃 중 표준불꽃의 백심온도는 약 3,000℃이다.

16 그래비티(Gravity) 및 오토콘(Autocon)용접 시 T형 필릿용접에 많이 이용되는 피복용접봉의 종류는?

① 저수소계
② 일미나이트계
③ 철분산화철계
④ 라임티타니아계

해설
그래비티용접(중력용접법)과 오토콘용접은 모두 피복아크용접법에서 생산성 향상을 위해 응용된 방법으로, 철분계 피복아크용접봉을 사용해서 수평필릿과 아래보기자세의 용접에 주로 사용하는 용접법이다.

17 다음 중 레이저용접의 특징을 설명한 것으로 옳은 것은?

① 레이저용접의 경우 용융폭이 매우 넓다.
② 아크용접에 비해 깊은 용입을 얻을 수 있다.
③ 아크용접에 비하여 용접부가 조대화되어 품질이 우수하다.
④ 용접에너지를 모재에 전달할 때 표면을 기점으로 점진적으로 열을 전달한다.

해설
레이저빔용접은 에너지밀도가 피복아크용접법보다 높아서 용입이 깊은 용접부를 얻을 수 있다.
레이저빔용접(레이저용접)의 특징
• 좁고 깊은 용접부를 얻을 수 있다.
• 이종금속의 용접이 가능하다.
• 미세하고 정밀한 용접이 가능하다.
• 접근이 곤란한 물체의 용접이 가능하다.
• 열변형이 거의 없는 비접촉식 용접법이다.
• 전자빔용접기 설치비용보다 설치비가 저렴하다.
• 고속용접과 용접공정의 융통성을 부여할 수 있다.
• 전자부품과 같은 작은 크기의 정밀용접이 가능하다.
• 용접입열이 매우 작으며, 열영향부의 범위가 좁다.
• 용접될 물체가 불량도체인 경우에도 용접이 가능하다.
• 에너지밀도가 매우 높으며, 고융점을 가진 금속의 용접에 이용한다.
• 접합되어야 할 부품의 조건에 따라서 한면용접으로 접합이 가능하다.
• 열원이 빛의 빔이기 때문에 투명재료를 써서 어떤 분위기 속(공기, 진공)에서도 용접이 가능하다.

18 불활성가스텅스텐아크용접(TIG)에서 고주파발생장치를 더하면 다음과 같은 이점이 있다. 설명 중 틀린 것은?

① 전극을 모재에 접촉시키지 않아도 아크가 발생된다.

② 아크가 안정되고 아크가 길어도 끊어지지 않는다.

③ 전극봉의 소모가 적어 수명이 길어진다.

④ 일정 지름의 전극에 대해서만 지정된 전압의 사용이 가능하다.

해설
고주파발생장치는 모든 지름의 전극에 사용이 가능하다.
고주파발생장치
교류아크용접기의 아크안정성을 확보하기 위하여 상용주파수의 아크전류 외에 고전압(2,000~3,000V)의 고주파전류를 중첩시키는 방식으로 라디오나 TV 등에 방해를 주는 단점도 있으나 장점이 더 많다.
고주파발생장치의 특징
• 전극봉의 소모량을 적게 한다.
• 아크손실이 작아 용접하기 쉽다.
• 무부하전압을 낮게 할 수 있다.
• 아크가 안정되고 아크가 길어도 끊어지지 않게 한다.
• 전격의 위험이 적고 전원입력을 작게 할 수 있으므로 역률이 개선된다.
• 아크 발생 초기에 용접봉을 모재에 접촉시키지 않아도 아크가 발생된다.

19 MIG용접에서 일반적으로 사용되는 용접극성은?

① 직류역극성   ② 직류정극성

③ 교류역극성   ④ 교류정극성

해설
MIG용접(Metal Inert Gas arc welding)의 전원은 Al, Mg 등의 재료에 클리닝작용(청정작용)이 가능한 직류역극성이 사용된다.

20 겹치기저항용접에 있어서 접합부에 나타나는 용융 응고된 금속 부분을 무엇이라고 하는가?

① 오목자국   ② 너 깃

③ 튐   ④ 오 손

해설
너깃은 저항점용접 중 접합면의 일부가 녹아서 바둑알 모양의 단면으로 오목하게 들어간 부분을 말한다.

21 TIG용접에 관한 설명으로 틀린 것은?

① 직류정극성은 용입이 깊고 비드폭이 좁아진다.

② 스테인리스강, 주철, 탄소강 등의 강은 주로 고주파 교류전원으로 용접한다.

③ 직류역극성으로 용접할 때 전극봉의 직경은 같은 전류에서 직류정극성보다 4배 정도 큰 것을 사용한다.

④ 교류전원은 청정효과가 있어 알루미늄이나 마그네슘 등의 용접에 이용된다.

해설
TIG용접으로 스테인리스강이나 탄소강, 주철, 동합금을 용접할 때는 토륨 텅스텐 전극봉을 이용해서 직류정극성으로 용접한다. 이외의 재질을 TIG용접법으로 용접할 때는 아크안정을 위해 주로 고주파교류(ACHF)를 전원으로 사용하는데 고주파전류는 아크를 발생하기 쉽고 전극의 소모를 줄여 텅스텐봉의 수명을 길게 하는 장점이 있다.

22 수랭동판을 용접부의 양편에 부착하고 용융된 슬래그 속에서 전극와이어를 연속적으로 송급하여 용융 슬래그 내를 흐르는 저항열에 의하여 전극와이어 및 모재를 용융접합시키는 용접법은?

① 일렉트로슬래그용접
② 일렉트로 가스아크슬래그용접
③ 일렉트로 피복금속슬래그용접
④ 일렉트로 플럭스코어드아크용접

해설
일렉트로슬래그용접 : 용융된 슬래그와 용융금속이 용접부에서 흘러나오지 못하도록 수랭동판으로 둘러싸고 이 용융풀에 용접봉을 연속적으로 공급하는데 이때 발생하는 용융슬래그의 저항열에 의하여 용접봉과 모재를 연속적으로 용융시키면서 용접하는 방법이다. 선박이나 보일러와 같이 두꺼운 판의 용접에 적합하며, 수직상진으로 단층용접하는 방식으로 용접전원으로는 정전압형교류를 사용한다.

23 납땜에 대하여 설명한 것 중 틀린 것은?

① 용가재의 용융온도에 따라 연납땜, 경납땜으로 구분된다.
② 황동납은 구리와 아연의 합금으로 그 융점은 600℃ 정도이다.
③ 흡착작용은 주석함량이 100%일 때 가장 좋다.
④ 주석과 납이 공정합금땜납일 때 용융점이 가장 낮다.

해설
황동납은 구리와 아연계의 합금으로 용융점은 800~1,000℃이다. 은납에 비해 가격이 저렴하며 철이나 비철금속의 납땜용 재료로 사용된다.

24 서브머지드아크용접에 사용되는 용융형 플럭스(Fused Flux)는 원료광석을 몇 ℃로 가열 용융시키는가?

① 1,200℃ 이상
② 800~1,000℃
③ 500~600℃
④ 150~300℃

해설
서브머지드아크용접용 용제의 제조방법 및 특징

용제의 종류	제조과정 및 특징
용융형 용제 (Fused Flux)	• 광물성 원료를 원광석과 혼합시킨 후 아크전기로에서 1,300℃로 용융하여 응고시킨 후 분쇄하여 알맞은 입도로 만든 것이다. • 유리모양의 광택이 나며 흡습성이 작다.
소결형 용제 (Sintered Flux)	원료와 합금분말을 규산화나트륨과 같은 점결제와 함께 낮은 온도에서 일정의 입도로 소결하여 제조한 것으로 기계적 성질을 쉽게 조절할 수 있다.

25 가스용접 안전에서 산소용기와 아세틸렌용기의 취급에 있어서 적합하지 못한 것은?

① 산소용기는 40℃ 이하에서 보관하고 직사광선은 피해야 한다.
② 아세틸렌용기는 넘어지므로 뉘어서 사용하며 충격을 주어서는 안 된다.
③ 산소용기밸브 조정기, 도관 등은 기름 묻은 천으로 닦아서는 안 된다.
④ 산소용기를 운반할 때에는 반드시 캡(Cap)을 씌워서 이동한다.

해설
가스용접뿐만 아니라 특수용접 중 보호가스로 사용되는 가스를 담고 있는 용기(봄베, 압력용기)는 안전을 위해 모두 세워서 보관한다.

26 탄산가스아크용접용 토치의 구성품이 아닌 것은?

① 콘택트팁(Contact Tip)

② 노즐인슐레이터(Nozzle Insulator)

③ 오리피스(Orifice)

④ 조정기(Regulator)

> **해설**
> CO_2가스아크용접에는 가스량을 조절하는 조정기(Regulator)는 사용되지 않는다.
> CO_2가스아크용접용 토치구조
> • 노 즐 ・ 오리피스
> • 토치 몸체 ・ 콘택트팁
> • 가스디퓨저 ・ 스프링라이너
> • 노즐인슐레이터

27 탭작업, 구멍 뚫기 등의 작업 없이 모재에 볼트나 환봉 등을 용접할 수 있는 용접법은?

① 심용접 ② 스터드용접

③ 레이저용접 ④ 테르밋용접

> **해설**
> 스터드용접
> 아크용접의 일부로서 봉재, 볼트 등의 스터드를 판 또는 프레임 등의 구조재에 직접 심는 능률적인 용접방법이다. 여기서 스터드란 판재에 덧대는 물체인 봉이나 볼트같이 긴 물체를 일컫는 용어이다.

28 탄산가스아크용접에서 후진법으로 용접할 때 나타나는 현상이 아닌 것은?

① 용입이 깊다.

② 스패터가 적다.

③ 아크가 안정적이다.

④ 용접선을 잘 볼 수 있다.

> **해설**
> 탄산가스(CO_2)작업 시 후진법을 사용하면 용접선이 노즐에 가려 운봉이 부정확하다.
> CO_2용접의 전진법과 후진법의 차이점
>
> | 전진법 | 후진법 |
> | --- | --- |
> | • 용접선이 잘 보여 운봉이 정확하다. | • 스패터 발생이 적다. |
> | • 높이가 낮고 평탄한 비드를 형성한다. | • 깊은 용입을 얻을 수 있다. |
> | • 스패터가 비교적 많고 진행 방향으로 흩어진다. | • 높이가 높고 폭이 좁은 비드를 형성한다. |
> | • 용착금속이 아크보다 앞서 기 쉬워 용입이 얕다. | • 용접선이 노즐에 가려 운봉이 부정확하다. |
> | | • 비드 형상이 잘 보여 폭, 높이의 제어가 가능하다. |

29 전기저항용접(Electric Resistance Welding)의 원리를 설명한 것 중 틀린 것은?

① 전기저항용접은 모재를 서로 접촉시켜 놓고 전류를 통하면 저항열로 접합면을 가압하여 용접하는 방법이다.

② 저항열은 줄(Joule)의 법칙 즉, $H = 0.42IRT$ 의 공식에 의해 계산한다.

③ 전류를 통하는 시간은 짧을수록 좋다.

④ 용접변압기, 단시간 전류개폐기, 가압장치, 전극 및 홀더(Holder) 등으로 구성된다.

> **해설**
> 전기저항용접의 발열량
> 발열량(H) $= 0.24I^2RT$
> 여기서, I : 전류, R : 저항, T : 시간

30 금속침투법은 철과 친화력이 강한 금속을 표면에 침투시켜 내열 및 내식성을 부여하는 방법으로, 실리코나이징(Siliconizing)은 어느 금속을 침투시키는가?

① B
② Al
③ Si
④ Cr

해설
금속침투법의 종류

구 분	침투원소
세라다이징	Zn(아연)
칼로라이징	Al(알루미늄)
크로마이징	Cr(크로뮴)
실리코나이징	Si(규소, 실리콘)
보로나이징	B(붕소)

31 Fe-C 상태도에서 γ고용체 + Fe_3C의 조직으로 옳은 것은?

① 페라이트(Ferrite)
② 펄라이트(Pearlite)
③ 레데부라이트(Ledeburite)
④ 오스테나이트(Austenite)

해설
Fe-C계 평형상태도에서의 불변반응

종 류	반응온도	탄소 함유량	반응내용	생성조직
공석 반응	723℃	0.8%	γ고용체 ↔ α고용체 + Fe_3C	펄라이트 조직
공정 반응	1,147℃	4.3%	융체(L) ↔ γ고용체 + Fe_3C	레데부라이트조직
포정 반응	1,494℃ (1,500℃)	0.18%	δ고용체+융체(L) ↔ γ고용체	오스테나이트조직

32 순철에 합금성분이 증가하면 나타나는 현상이 아닌 것은?

① 경도가 높아진다.
② 전기전도율이 저하된다.
③ 용융온도가 높아진다.
④ 열전도율이 저하된다.

해설
순철에 합금성분이 높아지면 용융온도는 내려간다.

33 메탄가스와 같은 탄화수소계 가스를 사용하여 침탄하는 방법으로, 침탄온도 900~950℃에서 침탄하는 방법은?

① 액체침탄법
② 고체침탄법
③ 가스침탄법
④ 고액침탄법

해설
침탄법의 종류

액체 침탄법	• 침탄제인 NaCN, KCN에 염화물과 탄화염을 40~50% 첨가하고 600~900℃에서 용해하여 C와 N가 동시에 소재의 표면에 침투하게 하여 표면을 경화시키는 방법으로, 침탄과 질화가 동시에 된다는 특징이 있다. • 침탄제의 종류 : NaCN(사이안화나트륨), KCN(사이안화칼륨)
고체 침탄법	침탄제인 목탄이나 코크스분말과 소금 등의 침탄촉진제를 재료와 함께 침탄상자에서 약 900℃의 온도에서 약 3~4시간 가열하여 표면에서 0.5~2mm의 침탄층을 얻는 표면경화법이다.
가스 침탄법	메탄가스나 프로판가스를 이용하여 표면을 침탄하는 표면경화법이다.

34 알루미늄의 용접성에 대한 설명 중 옳은 것은?

① 열팽창률과 온도확산율이 저조하다.
② 알루미나가 용접성을 좋게 해 준다.
③ 용융상태에서 수소를 흡수, 기공이 발생하기 쉽다.
④ 알루미늄은 산화가 안 되며 공기 중에서 내부까지 부식한다.

해설
알루미늄은 용용응고 시 수소가스를 흡수하기 때문에 기공이 발생하기 쉽다.
알루미늄이나 그 합금의 용접성이 불량한 이유
· 강에 비해 용접 후 변형이 커서 균열이 발생하기 쉽다.
· 색채에 따라 가열온도의 판정이 곤란하므로 지나치게 용용되기 쉽다.
· 알루미늄은 용용응고 시 수소가스를 흡수하기 때문에 기공이 발생하기 쉽다.
· 비열과 열전도도가 매우 커서 수축량이 크고 단시간 내 용용온도에 이르기 힘들다.
· 알루미늄합금은 표면에 강한 산화막이 존재하기 때문에 납땜이나 용접하기가 힘든데, 그 이유는 산화알루미늄의 용용온도(약 2,070℃)가 알루미늄(용용온도 660℃, 끓는점 약 2,500℃)의 용용온도보다 매우 크기 때문이다.

35 황동에 관한 설명 중 틀린 것은?

① 6-4황동은 60%Cu-40%Zn 합금으로 상온조직은 $\alpha + \beta$조직으로 전연성이 낮고 인장강도가 크다.
② 7-3황동은 70%Cu-30%Sn 합금으로 상온조직은 β조직으로 전연성이 크고 인장강도가 작다.
③ 황동은 가공재, 특히 관, 봉 등에서 잔류응력으로 인한 균열을 일으키는 일이 있다.
④ α황동을 냉간가공하여 재결정온도 이하의 낮은 온도로 풀림하면 가공상태보다도 오히려 경화한다.

해설
7 : 3황동은 70%의 Cu와 30%의 Zn이 합금된 재료로 상온조직은 α조직이다. 전연성이 크고 인장강도가 작다. 황동은 일반적으로 놋쇠라고도 불리는데 Cu에 비해 주조성과 가공성, 내식성이 좋고 색깔이 아름다워 공업용으로 많이 사용된다.

36 탄소강에 함유된 원소 중 망가니즈(Mn)의 영향으로 옳은 것은?

① 적열취성을 방지한다.
② 뜨임취성을 방지한다.
③ 전자기적 성질을 개선시킨다.
④ Cr과 함께 사용되어 고온강도와 경도를 증가시킨다.

해설
적열취성을 방지하려면 Mn(망가니즈)을 합금하여 S을 MnS로 석출시키면 된다. 이 적열취성은 높은 온도에서 발생하므로 고온취성으로도 불린다.

🔍 더 알아보기!
적열취성(赤熱, 붉을 적, 더울 열, 철이 빨갛게 달궈진 상태)
S(황)의 함유량이 많은 탄소강이 900℃ 부근에서 적열(赤熱) 상태가 되었을 때 파괴되는 성질로, 철에 S의 함유량이 많으면 황화철이 되면서 결정립계 부근의 S이 망상으로 분포되면서 결정립계가 파괴된다.

37 오스테나이트계 스테인리스강 용접 시 발생하는 입계부식(Intergramular Corrosion)을 방지하기 위한 방법으로써 옳은 것은?

① 용접 후 200~350℃로 가열하여 지나치게 모재가 용해되지 않도록 하거나, 500℃에서 완전 풀림한다.

② 용접 후 475℃로 장시간 가열하여 불안정한 고용체에서 탄화물을 석출시키거나 서랭시킨다.

③ 용접 후 800℃ 정도의 풀림을 하거나 200~400℃의 예열로서 용접한 후, 100℃에서 풀림하여 인성을 회복시킨다.

④ 용접 후 1,000~1,050℃로 용체화처리를 하고 급랭시킨다.

해설
오스테나이트 스테인리스강 용접 시 유의사항
• 짧은 아크를 유지한다.
• 아크를 중단하기 전에 크레이터처리를 한다.
• 낮은 전룻값으로 용접하여 용접입열을 억제한다.
• 170℃ 정도로 층간온도를 낮게 유지하면서 최대한 용접입열을 낮추어야 한다.
• 입계부식을 방지하려면 용접 후 1,000~1,050℃로 용체화처리하고 급랭시킨다.
• 입계부식을 방지하려면 STS 321, STS 347 등의 용접에 사용한다.
• 오스테나이트계 스테인리스강에 높은 열이 가해질수록 탄화물이 더 빨리 발생되고 탄화물의 석출에 따른 크로뮴함유량이 감소되어 입계부식을 일으키기 때문에 가능한 한 용접입열을 작게해야 한다.

38 열처리방법 중 가열온도는 A_3 또는 A_{cm}선보다 30~50℃ 높은 온도에서 가열하였다가 공기 중에 냉각하여 표준화된 조직을 얻는 열처리방법은?

① 뜨 임   ② 풀 림
③ 담금질   ④ 노멀라이징

해설
불림(Normalizing)처리는 영어로 노멀라이징으로 불리는데 담금질 정도가 심하거나 결정입자가 조대해진 강을 표준화 조직으로 만들기 위하여 A_3점(968℃)이나 A_{cm}(시멘타이트)점 이상의 온도로 가열 후 공랭시킨다.

39 물리적 표면경화법으로 강이나 주철제의 작은 볼을 고속으로 분사하여 표면층을 가공경화시키는 것은?

① 질화법   ② 숏피닝법
③ 불꽃경화법   ④ 고주파경화법

해설
숏피닝 : 강이나 주철제의 작은 강구(볼)를 금속 표면에 고속으로 분사하여 표면층을 냉간가공에 의한 가공경화효과로 경화시키면서 압축잔류응력을 부여하여 금속부품의 피로수명을 향상시키는 표면경화법이다.

40 다음 특수원소가 강 중에서 나타나는 일반적인 특성이 아닌 것은?

① Si – 적열취성 방지

② Mn – 담금질효과 향상

③ Mo – 뜨임취성 방지

④ Cr – 내식성, 내마모성 향상

해설

적열취성을 방지하는 원소는 Mn(망가니즈)이다.

탄소강에 합금된 규소(Si)의 영향

• 탈산제로 사용한다.

• 유동성을 증가시킨다.

• 용접성과 가공성을 저하시킨다.

• 인장강도, 탄성한계, 경도를 상승시킨다.

• 결정립의 조대화로 충격값과 인성, 연신율을 저하시킨다.

41 베어링용 합금으로 갖추어야 할 조건으로 틀린 것은?

① 마찰계수가 작고 저항력이 클 것

② 충분한 점성과 인성이 있을 것

③ 소착성이 크고 내식성이 있을 것

④ 주조성, 절삭성이 좋고 열전도율이 클 것

해설

베어링용 합금재료는 내식성은 있어야 하나 재료가 눌어붙는 성질인 소착성은 작아야 한다.

42 78~80% Ni, 12~14% Cr의 합금으로 내식성과 내열성이 우수하며, 특히 산화기류 중에서 내열성이 우수한 합금은?

① 니크로뮴(Nichrome)

② 콘스탄탄(Constantan)

③ 인코넬(Inconel)

④ 모넬메탈(Monel Metal)

해설

③ 인코넬 : Ni-Cr계 합금으로 약 80%의 Ni과 약 14%의 Cr으로 구성된다. 내식성과 내열성이 우수하며, 특히 산화기류에서 내열성이 우수하다.

① 니크로뮴 : 니켈과 크로뮴의 이원합금으로, 고온에 잘 견디며 높은 저항성이 있어서 저항선이나 전열선으로 사용된다.

② 콘스탄탄 : Cu에 Ni을 40~45% 합금한 재료로, 온도변화에 영향을 많이 받으며 전기저항성이 커서 저항선이나 전열선, 열전쌍의 재료로 사용된다.

④ 모넬메탈 : Cu에 Ni이 60~70% 합금된 재료로, 내식성과 고온강도가 높아서 화학기계나 열기관용 재료로 사용된다.

43 용접비드 끝단에 생기는 작은 홈의 결함으로 전류가 높고, 아크(Arc)길이가 길 때 생기기 쉬운 결함은?

① 피트   ② 언더컷

③ 오버랩   ④ 용입 불량

해설

언더컷 불량은 용접전류가 너무 높아서 입열량이 많아졌을 때, 아크길이가 길 때, 운봉속도가 너무 빠를 때 용접재료가 파여서 생긴 것으로 이 불량을 방지하려면 용접전류를 알맞게 조절하거나 운봉속도를 알맞게 조절해야 한다.

① 피트(Pit) : 작은 구멍이 용접부 표면에 생기는 현상으로, 주로 C(탄소)에 의해 발생된다. 따라서 피트는 표면결함이다.

③ 오버랩 : 용융된 금속이 용입이 되지 않은 상태에서 표면을 덮어버린 불량

④ 용입 불량 : 모재에 용가재가 모두 채워지지 않는 불량

44 용접로봇의 작업기능에 해당되지 않는 것은?

① 동작기능
② 구속기능
③ 계측기능
④ 이동기능

해설
용접로봇은 본래의 목적에 맞는 용접작업과 관련된 작업기능인 동작과 구속(고정), 이동기능을 할 뿐 계측기능은 없다.

45 아크용접부 파단면에 생기는 것으로, 용접부의 냉각속도가 너무 빠르고 모재의 탄소·탈산 생성물 등이 너무 많을 때의 원인으로 생성되는 결함은?

① 선상조직
② 스패터링
③ 수지상조직
④ 아크스트라이크

해설
선상조직은 모재의 재질이 불량해서 불순물이 많거나 용착금속의 냉각속도가 빠를 때 발생되는 용접불량이다.
선상조직
표면이 눈꽃모양인 조직으로 인(P)을 많이 함유하는 강에 나타나는 편석의 일종이다. 용접금속의 파단면에 미세한 주상정이 서릿발 모양으로 병립하고 그 사이에 현미경으로 확인 가능한 비금속 개재물이나 기공을 포함하고 있다. 모재의 재질이 불량해서 불순물이 많거나 용착금속의 냉각속도가 빠를 때, 모재에 탄소·탈산 생성물이 많을 때 발생된다.

46 CO_2가스아크용접의 용접결함 중 기공 발생의 원인이 아닌 것은?

① CO_2가스 유량이 부족하다.
② 전원전압이 불안정하다.
③ 노즐과 모재 간 거리가 지나치게 길다.
④ 노즐에 스패터가 많이 부착되어 있다.

해설
기공 불량은 보호가스의 정도, 아크길이, 모재의 청결도와 관련이 있지만, 용접기의 전원전압과는 관련성이 없다.

47 다음 중 용접이음의 기본형식에 해당되지 않는 것은?

① T이음
② 겹치기이음
③ 맞대기이음
④ 플러그이음

해설
플러그용접은 기본 용접형식에 포함되지 않는다. 용접의 기본형식으로는 맞대기용접, 필릿용접, 겹치기용접, 모서리이음 등이 있다.
플러그용접

위아래로 겹쳐진 판을 접합할 때 사용하는 용접법으로 위에 놓인 판의 한쪽에 구멍을 뚫고 그 구멍 아래부터 용접하면 용접불꽃에 의해 아랫면이 용해되면서 용접이 되며 용가재로 구멍을 채워 용접하는 용접방법이다.

48 가용접 시 주의하여야 할 사항으로 틀린 것은?

① 본용접과 같은 온도에서 예열을 한다.
② 본용접사와 동등한 기량을 갖는 용접사가 가접을 시행한다.
③ 위치는 부재의 단면이 급변하여 응력이 집중될 우려가 있는 곳은 피한다.
④ 가접용접봉은 본용접 작업 시 사용하는 것보다 지름이 굵은 것을 사용한다.

해설
가용접은 본용접 시보다 지름이 작은 용접봉으로 실시하는 것이 좋다.

49 용접순서를 결정하는 기준으로 틀린 것은?

① 용접물의 중심에 대하여 항상 대칭으로 용접을 해 나간다.

② 수축이 작은 이음을 먼저 용접하고 수축이 큰 이음을 나중에 용접한다.

③ 용접구조물이 조립되어 감에 따라 용접작업이 불가능한 곳이나 곤란한 경우가 생기지 않도록 한다.

④ 용접구조물의 중립축에 대하여 용접수축력의 모멘트 합이 0(Zero)이 되게 용접한다.

[해설]
용접변형을 최소화하려면 용접순서는 용접 후 수축이 큰 이음부를 먼저 용접한 뒤 수축이 작은 부분을 용접해야 최종용접물의 변형을 방지할 수 있다.

50 보통 판두께가 4~19mm 이하의 경우를 한쪽에서 용접으로 완전용입을 얻고자 할 때 사용하며 홈가 공이 비교적 쉬우나 판의 두께가 두꺼워지면 용착 금속의 양이 증가하는 맞대기이음형상은?

① V형 홈

② H형 홈

③ J형 홈

④ X형 홈

[해설]
관련 서적에 따라 적용되는 형상별 두께가 다르지만 V형 홈 형상은 모재 두께가 6~19mm 정도일 때 적용하므로 ①번이 적합하다.
맞대기용접홈의 형상별 적용 판두께

형 상	적용두께
I형	6mm 이하
V형	6~19mm
∨형	9~14mm
X형	18~28mm
U형	16~50mm

51 용접부의 단면을 연삭기나 샌드페이퍼 등으로 연마하고 적당한 부식을 해서 육안이나 저배율의 확대경으로 관찰하여 용입의 상태, 열영향부의 범위, 결함의 유무 등을 알아보는 시험은?

① 파면시험

② 현미경시험

③ 응력부식시험

④ 매크로조직시험

[해설]
매크로조직시험 : 용접부의 단면을 연삭기나 샌드페이퍼로 연마한 뒤 부식시켜 육안이나 저배율확대경으로 관찰함으로써 용입상태나 열영향부의 범위, 결함 등을 파악하는 시험법으로 현미경조직 시험이라고도 불린다.

52 용접변형의 교정방법에 해당되지 않는 것은?

① 구속법

② 점가열법

③ 가열 후 해머링법

④ 롤러에 의한 법

[해설]
구속법은 재료를 구속하는 것이기 때문에 재료의 변형교정과는 관련이 없다.

53 각 층마다 전체의 길이를 용접하면서 쌓아올리는 용접방법은?

① 스킵법
② 덧살올림법
③ 전진블록법
④ 캐스케이드법

해설
용접법의 종류

구 분		특 징
용착 방향에 의한 용착법	전진법	• 한쪽 끝에서 다른 쪽 끝으로 용접을 진행하는 방법으로, 용접 진행방향과 용착방향이 서로 같다. • 용접길이가 길면 끝부분 쪽에 수축과 잔류응력이 생긴다.
	후퇴법	• 용접을 단계적으로 후퇴하면서 전체 길이를 용접하는 방법으로 용접 진행방향과 용착방향이 서로 반대가 된다. • 수축과 잔류응력을 줄이는 용접기법이나 작업능률은 떨어진다.
	대칭법	변형과 수축응력의 경감법으로 용접의 전 길이에 걸쳐 중심에서 좌우 또는 용접물 형상에 따라 좌우대칭으로 용접하는 기법이다.
	스킵법 (비석법)	• 용접부 전체의 길이를 5개 부분으로 나누어 놓고 1-4-2-5-3순으로 용접하는 방법이다. • 용접부에 잔류응력을 적게 하면서 변형을 방지하고자 할 때 사용한다.
다층 비드 용착법	덧살올림법 (빌드업법)	각 층마다 전체의 길이를 용접하면서 쌓아올리는 가장 일반적인 방법이다.
	전진블록법	• 한 개의 용접봉으로 살을 붙일만한 길이로 구분해서 홈을 한 층 완료한 후 다른 층을 용접하는 방법이다. • 다층용접 시 변형과 잔류응력의 경감을 위해 사용한다.
	캐스케이드법	한 부분의 몇 층을 용접하다가 다음 부분의 층으로 연속시켜 전체가 단계를 이루도록 용착시켜 나가는 방법이다.

54 용접선이 교차하는 것을 방지하기 위한 조치로 옳은 것은?

① 교차되는 곳에는 용접을 하지 않는다.
② 교차되는 곳에는 돌림용접을 시공한다.
③ 교차되는 곳에는 용접각장을 키워 준다.
④ 교차되는 곳에는 스캘럽을 만들어 준다.

해설
용접선이 교차하는 것을 방지하기 위해서는 교차되는 곳에 스캘럽을 만들어 준다.

스캘럽(Scallop)

55 nP관리도에서 시료군마다 시료수(n)는 100이고, 시료군의 수(k)는 20, $\sum nP = 77$이다. 이때 nP 관리도의 관리상한선(UCL)을 구하면 약 얼마인가?

① 8.94
② 3.85
③ 5.77
④ 9.62

56 그림의 OC곡선을 보고 가장 올바른 내용을 나타낸 것은?

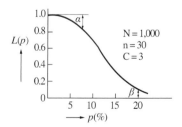

① α : 소비자 위험
② $L(p)$: 로트가 합격할 확률
③ β : 생산자 위험
④ 부적합품률 : 0.03

해설
OC곡선에서 $L(p)$는 로트가 합격할 확률을, α=생산자 위험, β=소비자위험을 나타낸다.

57 미국의 마틴 마리에타사(Martin Marietta Corp.)에서 시작된 품질 개선을 위한 동기부여 프로그램으로, 모든 작업자가 무결점을 목표로 설정하고, 처음부터 작업을 올바르게 수행함으로써 품질비용을 줄이기 위한 프로그램은 무엇인가?

① TPM활동
② 6시그마운동
③ ZD운동
④ ISO9001인증

해설

ZD운동(Zero Defect Movement) : 미국의 마리에타 기업에서 시작된 품질 개선을 위한 동기부여 프로그램으로 모든 작업자가 무결점을 목표로 처음부터 올바른 작업을 수행하여 품질비용을 줄이기 위한 운동이다.

58 다음 중 단속생산시스템과 비교한 연속생산시스템의 특징으로 옳은 것은?

① 단위당 생산원가가 낮다.
② 다품종 소량 생산에 적합하다.
③ 생산방식은 주문생산방식이다.
④ 생산설비는 범용설비를 사용한다.

해설

단속생산시스템은 Lot단위로 일정 수량 단위 생산하는 것으로 다품종 소량 생산, 주문생산방식으로 범용설비를 주로 이용한다. 반면, 연속생산시스템은 전용설비를 사용해서 계속해서 생산하므로 단위당 생산원가가 낮고 생산속도가 빠르다.

59 일정통제를 할 때 1일당 그 작업을 단축하는데 소요되는 비용의 증가를 의미하는 것은?

① 정상소요시간(Normal Duration Time)
② 비용 견적(Cost Estimation)
③ 비용구배(Cost Slope)
④ 총비용(Total Cost)

해설

비용구배(Cost Slope)란 일정통제할 때 1일당 그 작업을 단축하는데 소요되는 비용의 증가를 의미한다.

60 MTM(Method Time Measurement)법에서 사용되는 1TMU(Time Measurement Unit)는 몇 시간인가?

① $\dfrac{1}{100,000}$ 시간
② $\dfrac{1}{10,000}$ 시간
③ $\dfrac{6}{10,000}$ 시간
④ $\dfrac{36}{1,000}$ 시간

해설

MTM법에서의 1TMU 구하는 식 : $\dfrac{1}{100,000}$ 시간

01

KS D 7004 규정에서 연강용 피복용접봉의 표시는 E 43 △ □이다. 용착금속의 최저인장강도를 나타내는 것은?

① E
② 43
③ △
④ □

해설

연강용 피복아크용접봉의 규격(예 저수소계 용접봉인 E4316의 경우)

E	43	16
Electrode (전기용접봉)	용착금속의 최소인장강도(kgf/mm²)	피복제의 계통

02

스테인리스강, 스텔라이트, 모넬메탈 등의 용접에 사용되며 금속 표면에 침탄작용을 일으키기 쉬운 산소–아세틸렌불꽃은?

① 중성불꽃
② 산화불꽃
③ 산소과잉불꽃
④ 탄화불꽃

해설

스테인리스강이나 스텔라이트 등의 금속에 사용되는 가스용접용 불꽃으로 금속 표면에 침탄작용을 일으키기 쉬운 것은 탄화불꽃이다. 산소과잉불꽃은 아세틸렌불꽃을 달리 부르는 말이다.

탄화불꽃

스테인리스나 스텔라이트와 같이 가스용접 시 산화방지가 필요한 금속의 용접에 사용한다. 금속 표면에 침탄작용을 일으키기 쉬운 불꽃으로 아세틸렌과잉불꽃이라고도 한다. 속불꽃과 겉불꽃 사이에 연한 백색의 제3불꽃인 아세틸렌 페더가 있는 것이 특징으로 아세틸렌밸브를 열고 점화한 후 산소밸브를 조금만 열게 되면 다량의 그을음이 발생되어 연소하는 경우 발생한다.

03

가스용접에서 역류, 역화, 인화의 주된 원인으로 틀린 것은?

① 토치 체결 부분의 나사가 풀렸을 때
② 팁에 석회가루, 먼지, 기타 이물질이 막혔을 때
③ 팁의 과열, 토치의 취급을 잘못할 때
④ 산소가스의 공급이 부족할 때

해설

가스용접을 할 때 산소가스의 공급이 부족하면 연소가 원활하지 않아서 불꽃이 꺼진다.

불꽃의 이상현상

• 역류 : 토치 내부의 청소가 불량할 때 내부 기관에 막힘이 생겨 고압의 산소가 밖으로 배출되지 못하고 압력이 낮은 아세틸렌 쪽으로 흐르는 현상이다.
• 역화 : 토치의 팁 끝이 모재에 닿아 순간적으로 막히거나 팁의 과열 또는 사용가스의 압력이 부적당할 때 팁 속에서 폭발음을 내면서 불꽃이 꺼졌다가 다시 나타나는 현상이다. 불꽃이 꺼지면 산소밸브를 차단하고, 이어 아세틸렌밸브를 닫는다. 팁이 가열되었으면 물속에 담가 산소를 약간 누출시키면서 냉각한다.
• 인화 : 팁 끝이 순간적으로 막히면 가스의 분출이 나빠지고 가스 혼합실까지 불꽃이 도달하여 토치를 빨갛게 달구는 현상이다.

04

용접자세에 사용된 기호 F가 나타내는 용접자세는?

① 아래보기자세
② 수직자세
③ 수평자세
④ 위보기자세

해설

용접자세(Welding Position)

자 세	KS규격	ISO	AWS
아래보기	F(Flat Position)	PA	1G
수 평	H(Horizontal Position)	PC	2G
수 직	V(Vertical Position)	PF	3G
위보기	OH(Overhead Position)	PE	4G

1 ② 2 ④ 3 ④ 4 ① **정답**

05 교류아크용접기 중 가동철심형에 대한 설명으로 틀린 것은?

① 가변저항기 부분을 분리하여 용접전류를 원격으로 조정한다.

② 가동철심으로 누설자속을 이용하여 전류를 조정한다.

③ 중간 이상 가동철심을 빼면 누설자속의 영향으로 아크가 불안정되기 쉽다.

④ 미세한 전류 조정이 가능하다.

해설
가변저항의 변화로 용접전류를 원격으로 조정하는 것은 가포화리액터형 교류아크용접기이다.
가동철심형 교류아크용접기의 특징
• 현재 가장 많이 사용된다.
• 미세한 전류 조정이 가능하다.
• 광범위한 전류 조정이 어렵다.
• 가동철심으로 누설자속을 가감하여 전류를 조정한다.
• 중간 이상 가동철심을 빼면 누설자속의 영향으로 아크가 불안정되기 쉽다.

06 용접성에 영향을 미치는 탄소강의 5대 인자 중 강도, 경도, 인성을 증가시키고 유황의 해를 제거하며 강의 고온가공을 쉽게 하는 원소는?

① 탄소(C)　　　　② 규소(Si)

③ 망가니즈(Mn)　　④ 인(P)

해설
망가니즈(Mn)가 탄소강에 합금될 때 미치는 영향
• 탈산제로 사용한다.
• 주조성을 향상시킨다.
• 주철의 흑연화를 방지한다.
• 강의 고온가공을 쉽게 한다.
• 고온에서 결정립성장을 억제한다.
• 인성과 점성, 인장강도를 증가시킨다.
• 강의 담금질효과를 증가시켜 경화능을 향상시킨다.
• 탄소강에 함유된 S(황)을 MnS로 석출시켜 적열취성을 방지한다.

🔍 더 알아보기!
경화능 : 담금질함으로써 생기는 경화의 깊이 및 분포의 정도를 표시하는 것으로 경화능이 클수록 담금질이 잘된다는 의미이다.

07 다음 중 피복아크용접에서 아크의 성질 중 정극성(DCSP)의 특징으로 옳은 것은?

① 모재의 용입이 얕다.

② 용접봉의 녹음이 느리다.

③ 비드폭이 넓다.

④ 박판, 주철, 비철금속의 용접에 쓰인다.

해설
직류정극성은 모재에 (+)전극이 연결되어 70%의 열이 발생하므로 용입을 깊게 할 수 있으나 용접봉에는 (−)극이 연결되어 30%의 열이 발생하기 때문에 용접봉의 녹음이 느리다.
용접기의 극성에 따른 특징

직류정극성 (DCSP ; Direct Current Straight Polarity)	• 용입이 깊다. • 비드폭이 좁다. • 용접봉의 용융속도가 느리다. • 후판(두꺼운 판)용접이 가능하다. • 모재에는 (+)전극이 연결되며 70% 열이 발생하고, 용접봉에는 (−)전극이 연결되며 30% 열이 발생한다.
직류역극성 (DCRP ; Direct Current Reverse Polarity)	• 용입이 얕다. • 비드폭이 넓다. • 용접봉의 용융속도가 빠르다. • 박판(얇은 판)용접이 가능하다. • 주철, 고탄소강, 비철금속의 용접에 쓰인다. • 모재에는 (−)전극이 연결되며 30% 열이 발생하고, 용접봉에는 (+)전극이 연결되며 70% 열이 발생한다.
교류(AC)	• 극성이 없다. • 전원 주파수의 $\frac{1}{2}$사이클마다 극성이 바뀐다. • 직류정극성과 직류역극성의 중간적 성격이다.

08 순수한 카바이드 5kg은 이론적으로 몇 L의 아세틸렌가스를 발생시키는가?

① 174L　　　　② 1,740L

③ 219L　　　　④ 2,190L

해설
순수한 카바이드 1kg은 이론적으로 348L의 아세틸렌가스를 발생시키므로 5kg은 1,740L의 가스를 발생시킨다.

09 피복아크용접봉의 피복제의 주요기능을 설명한 것 중 틀린 것은?

① 아크를 안정하게 하며 슬래그를 제거하기 쉽게 하고, 파형이 고운 비드를 만든다.

② 중성 및 환원성의 가스를 발생하여 아크를 덮어서 대기 중 산소나 질소의 침입을 방지하고 용융금속을 보호한다.

③ 용착금속의 탈산·정련작용을 하며, 용융점이 낮은 적당한 점성의 가벼운 슬래그를 만든다.

④ 용착금속의 냉각속도를 빠르게 하여 급랭을 방지한다.

해설

피복아크용접용 피복제는 용착금속을 덮고 있는 형상이므로 냉각속도를 느리게 하여 급랭을 방지한다.

피복제(Flux)의 역할

• 아크를 안정시킨다.
• 전기절연작용을 한다.
• 보호가스를 발생시킨다.
• 스패터의 발생을 줄인다.
• 아크의 집중성을 좋게 한다.
• 용착금속의 급랭을 방지한다.
• 용착금속의 탈산·정련작용을 한다.
• 용융금속과 슬래그의 유동성을 좋게 한다.
• 용적(쇳물)을 미세화하여 용착효율을 높인다.
• 용융점이 낮고 적당한 점성의 슬래그를 생성한다.
• 슬래그 제거를 쉽게 하여 비드의 외관을 좋게 한다.
• 적당량의 합금원소를 첨가하여 금속에 특수성을 부여한다.
• 중성 또는 환원성 분위기를 만들어 질화나 산화를 방지하고 용융금속을 보호한다.
• 쇳물이 쉽게 달라붙도록 힘을 주어 수직자세, 위보기자세 등 어려운 자세를 쉽게 한다.

10 가스절단에 관한 설명으로 옳은 것은?

① 모재가 산화 연소하는 온도는 그 금속의 용융점보다 높아야 한다.

② 생성된 산화물의 용융점은 모재의 용융점보다 높아야 한다.

③ 예열불꽃을 약하게 하면 역화가 발생하지 않는다.

④ 동심형 팁은 전후, 좌우 및 직선을 자유롭게 절단할 수 있다.

해설

절단팁의 종류

동심형 팁(프랑스식)	이심형 팁(독일식)
• 동심원의 중앙 구멍으로 고압산소를 분출하고 외곽 구멍으로는 예열용 혼합가스를 분출한다. • 가스절단에서 전후, 좌우 및 직선절단을 자유롭게 할 수 있다.	• 고압가스 분출구와 예열가스 분출구가 분리된다. • 예열용 분출구가 있는 방향으로만 절단 가능하다. • 작은 곡선 및 후진 등의 절단은 어렵지만 직선절단의 능률이 높고, 절단면이 깨끗하다.

11 스테인리스강을 플라스마절단하고자 할 때 어떤 작동가스를 사용하는가?

① $O_2 + H_2$

② $Ar + N_2$

③ $N_2 + O_2$

④ $N_2 + H_2$

해설

플라스마아크절단

플라스마기류가 노즐을 통과할 때 열적핀치효과를 이용하여 20,000~30,000℃의 플라스마아크를 만들어 내는데, 이 초고온의 플라스마아크를 절단열원으로 사용하여 가공물을 절단하는 방법이다. 스테인리스강을 플라스마절단할 때는 $N_2 + H_2$의 혼합가스를 사용한다.

12 용접기 사용상의 일반적인 주의사항으로 틀린 것은?

① 탭 전환형 용접기에서 탭 전환은 반드시 아크를 멈추고 행한다.

② 용접기 케이스에 접지(Earth)를 시키지 않는다.

③ 정격사용률 이상 사용하면 과열되므로 사용률을 준수한다.

④ 1차측의 탭은 1차측의 전류전압의 변동을 조절하는 것이므로 2차측의 무부하전압을 높이거나 용접전류를 높이는 데 사용해서는 안 된다.

해설
용접기는 내부 누전에 의한 전격의 방지를 위하여 반드시 케이스를 접지(Earth)시켜야 한다.

13 용접기의 자동전격방지 장치에서 아크를 발생하지 않을 때는 보조변압기에 의해 용접기의 2차 무부하전압을 몇 V 이하로 유지하는 것이 가장 적합한가?

① 30　　　　② 40
③ 45　　　　④ 50

해설
전격방지기는 작업을 쉬는 동안에 2차 무부하전압이 항상 25V 정도를 유지하도록 하여 전격을 방지한다. 전격이란 강한 전류를 갑자기 몸에 느꼈을 때의 충격을 말하며, 용접기에는 작업자의 전격을 방지하기 위해서 반드시 전격방지기를 부착해야 한다.

14 산소가스절단의 원리를 가장 바르게 설명한 것은?

① 산소와 금속의 산화반응열을 이용하여 절단한다.

② 산소와 금속의 탄화반응열을 이용하여 절단한다.

③ 산소와 금속의 산화아크열을 이용하여 절단한다.

④ 산소와 금속의 탄화아크열을 이용하여 절단한다.

해설
산소가스절단은 산소와 금속의 산화반응열을 이용하여 금속재료를 절단한다.

가스절단
산소-아세틸렌가스불꽃을 이용하여 재료를 절단시키는 작업으로 산화반응열을 이용한다. 가스절단 시 팁에서 나온 불꽃의 백심 끝과 강판 사이의 간격은 1.5~2mm로 하여 절단한다.

15 아크에어가우징 시 압축공기의 압력은 몇 kgf/cm² 정도가 좋은가?

① 2~4　　　　② 5~7
③ 8~10　　　　④ 11~13

해설
아크에어가우징
탄소봉을 전극으로 하여 아크를 발생시킨 후 절단을 하는 탄소아크 절단법에 약 5~7kgf/cm²인 고압의 압축공기를 병용하는 것으로, 용융된 금속을 탄소봉과 평행으로 분출하는 압축공기를 전극 홀더의 끝부분에 위치한 구멍을 통해 연속해서 불어내서 홈을 파내는 방법이다. 용접부의 홈가공, 구멍 뚫기, 절단작업, 뒷면 따내기, 용접결함부 제거 등에 사용된다. 이 방법은 철이나 비철금속에 모두 이용할 수 있으며, 가스가우징보다 작업능률이 2~3배 높고 모재에도 해를 입히지 않는다.

16 용접 관련 안전사항에 대한 설명으로 옳은 것은?

① 탭 전환 시 아크를 발생하면서 진행한다.

② 용접봉 홀더는 전체가 절연된 B형을 사용하여 작업자를 보호한다.

③ 작업자의 안전을 위하여 무부하전압은 높이고 아크전압은 낮춘다.

④ 정격 2차 전류가 낮을 때 정격사용률 이상으로 용접기를 사용해도 안전하다.

해설
① 탭 전환 시 아크를 발생시키면 위험하다.
② A형이 안전형 홀더이고, B형은 비안전형 홀더이다.
③ 안전을 위하여 무부하전압은 낮추어야 한다.

17 레이저광에 의한 눈의 위험을 방지하기 위한 주의 사항으로 적합하지 않은 것은?

① 적당한 보호안경을 사용할 것
② 밝은 장소에서 레이저를 취급하지 말 것
③ 레이저장치에 따른 레이저광이 난반사되지 않게 정밀히 조절할 것
④ 레이저장치의 주위에 반사율이 높은 물질을 사용하는 것을 피할 것

해설
레이저빔(광)은 밝은 장소에서 취급해야 눈에 주는 부담이 더 적다.

18 전기 저항열을 이용한 용접법은?

① 전자빔용접
② 일렉트로슬래그용접
③ 플라스마용접
④ 레이저용접

해설
일렉트로슬래그용접 : 용융된 슬래그와 용융금속이 용접부에서 흘러나오지 못하도록 수랭동판으로 둘러싸고 이 용융풀에 용접봉을 연속적으로 공급하는데 이때 발생하는 용융 슬래그의 저항열에 의하여 용접봉과 모재를 연속적으로 용융시키면서 용접하는 방법이다. 선박이나 보일러와 같이 두꺼운 판의 용접에 적합하며, 수직상진으로 단층용접하는 방식으로 용접전원으로는 정전압형 교류를 사용한다.

19 CO_2가스아크용접에서 사용되는 복합 와이어의 구조가 아닌 것은?

① U관상 와이어
② Y관상 와이어
③ S관상 와이어
④ 아코스 와이어

해설
CO_2가스아크용접용 와이어에 따른 용접법의 분류

Solid Wire	혼합가스법
	CO_2법
복합 와이어 (FCW ; Flux Cored Wire)	아코스아크법
	유니언아크법
	퓨즈아크법
	NCG법
	S관상 와이어
	Y관상 와이어

20 납땜에서 용제가 갖추어야 할 조건이 아닌 것은?

① 모재의 산화피막과 같은 불순물을 제거하고 유동성이 좋을 것
② 청정한 금속면의 산화를 방지할 것
③ 용제의 유효온도범위와 납땜온도가 일치할 것
④ 침지땜에 사용되는 것은 충분한 수분을 함유할 것

해설
납땜용 용제가 갖추어야 할 조건
• 유동성이 좋아야 한다.
• 인체에 해가 없어야 한다.
• 슬래그 제거가 용이해야 한다.
• 금속의 표면이 산화되지 않아야 한다.
• 모재나 땜납에 대한 부식이 최소이어야 한다.
• 침지땜에 사용되는 것은 수분을 함유하면 안 된다.
• 용제의 유효온도범위와 납땜의 온도가 일치해야 한다.
• 땜납의 표면장력을 맞추어서 모재와의 친화력이 높아야 한다.
• 전기저항 납땜용 용제는 전기가 잘 통하는 도체를 사용해야 한다.

21 탄산가스아크용접은 어느 극성으로 연결하여 사용해야 하는가?(단, 복합와이어는 사용하지 않는다)

① 교류(AC)를 사용하므로 극성에 제한이 없다.
② 직류(DC)전원을 사용하며 극성에 제한이 없다.
③ 직류정극성(DCSP)을 사용한다.
④ 직류역극성(DCRP)을 사용한다.

해설
탄산가스아크용접할 때 직류역극성을 전류로 사용하면 청정작용의 효과가 있다.

22 헬륨을 이용하여 불활성가스아크용접을 하고자 할 때 가장 적합한 금속은?

① 비중이 높은 금속
② 저속도의 수동용접
③ 연성이 큰 얇은 금속
④ 열전도율이 높은 금속

해설
헬륨가스를 보호가스로 사용하는 불활성가스아크용접법으로 가장 적합한 금속은 열전도율이 큰 금속이다.

23 불활성가스아크용접에서 일반적으로 헬륨(He)가스는 아르곤(Ar)가스의 몇 배의 유량을 분출해야만 아르곤과 같은 정도의 실드효과를 나타내는가?

① 약 1배   ② 약 2배
③ 약 3배   ④ 약 4배

해설
헬륨가스가 아르곤가스의 분출량과 동일한 효과를 얻으려면 약 2배의 가스량을 분출해야 한다.

24 서브머지드아크용접 시 용접속도가 지나치게 빠른 경우 어떤 현상이 나타나는가?

① 용입은 다소 증가하고 이음가공의 정도가 좋아진다.
② 용접선이 길어져 단열작용의 원인이 된다.
③ 비드가 좁고 용입이 얕아진다.
④ 용접전류와 전압이 높아져 용입이 깊게 된다.

해설
서브머지드아크용접 시 송급 와이어가 용융지를 다 채우기도 전에 지나가버릴 정도로 용접속도가 빨라지면 비드가 좁아지고 용입도 얕아진다.

25 스터드용접에서 페룰의 역할이 아닌 것은?

① 용접이 진행되는 동안 아크열을 집중시켜 준다.
② 용착부의 오염을 방지한다.
③ 용융금속의 유출을 증가시킨다.
④ 용융금속의 산화를 방지한다.

해설
페룰(Ferrule)
모재와 스터드가 통전할 수 있도록 연결해 주는 것으로 아크공간을 대기와 차단하여 아크분위기를 보호한다. 아크열을 집중시켜 주며 용착금속의 누출을 방지하고 작업자의 눈도 보호해 준다.

26 아크용접법에 속하지 않는 것은?

① 프로젝션용접   ② 그래비티용접

③ MIG용접   ④ 스터드용접

해설
용접법의 분류

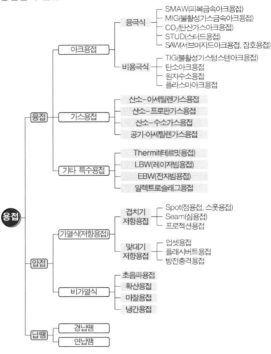

27 전자빔용접법의 특징이 아닌 것은?

① 에너지 밀도가 크다.

② 고용융점 재료의 용접이 가능하다.

③ 얇은 판에서 두꺼운 판까지 용접할 수 있다.

④ 모재의 크기에 제한이 없고, 배기장치가 필요없다.

해설
전자빔용접은 진공 중에서 용접하기 때문에 진공상자의 크기에 따라 모재 크기가 제한된다.
전자빔용접
고밀도로 집속되고 가속화된 전자빔을 높은 진공($10^{-6} \sim 10^{-4}$mmHg) 속에서 용접물에 고속도로 조사시키면 빛과 같은 속도로 이동한 전자가 용접물에 충돌하면서 전자의 운동에너지를 열에너지로 변환시켜 국부적으로 고열을 발생시키는데, 이때 생긴 열원으로 용접부를 용융시켜 용접하는 방식이다. 텅스텐(3,410℃)과 몰리브데넘(2,620℃)과 같이 용융점이 높은 재료의 용접에 적합하다.

28 용접매연 발생의 영향인자에 대한 설명으로 틀린 것은?

① 일반적으로 용접전류가 증가함에 따라 용접매연의 발생량이 증가한다.

② 일반적으로 모든 아크용접에는 용접전압이 증가함에 따라 용접매연의 발생량이 증가한다.

③ 보호가스의 조성은 용접매연의 조성뿐만 아니라 발생량에도 영향을 미친다.

④ 피복용접봉과 플럭스코어드와이어가 솔리드와이어보다 용접매연이 적게 발생한다.

해설
솔리드와이어는 순수한 금속으로 이루어져 있지만 플럭스코어드와이어는 심선 주변을 Flux(피복제)가 둘러싸고 있으므로 용접 시 발생하는 가스(매연)가 더 발생한다.

29 서브머지드아크용접용 용제의 종류 중 광물성 원료를 혼합하여 노에 넣어 1,300℃ 이상으로 가열해서 용해하여 응고시킨 후 분쇄하여 알맞은 입도로 만든 것으로, 유리모양의 광택이 나며 흡습성이 작은 것이 특징인 것은?

① 용융형 용제

② 소결형 용제

③ 혼성형 용제

④ 분쇄형 용제

해설
서브머지드아크용접용 용제의 제조방법 및 특징

용제의 종류	제조과정 및 특징
용융형 용제 (Fused Flux)	• 광물성 원료를 원광석과 혼합시킨 후 아크 전기로에서 1,300℃로 용융하여 응고시킨 후 분쇄하여 알맞은 입도로 만든 것이다. • 유리모양의 광택이 나며 흡습성이 작다.
소결형 용제 (Sintered Flux)	원료와 합금분말을 규산화나트륨과 같은 점결제와 함께 낮은 온도에서 일정의 입도로 소결하여 제조한 것으로 기계적 성질을 쉽게 조절할 수 있다.

30 일반 고장력강의 용접 시 주의사항으로 틀린 것은?

① 용접봉은 저수소계를 사용한다.

② 아크길이는 가능한 한 짧게 한다.

③ 위빙폭을 가급적 크게 한다.

④ 용접 개시 전에 이음부 내부 또는 용접할 부분을 청소한다.

해설

일반 고장력강을 용접할 때는 위빙폭을 가급적 작게 하여 열영향부를 줄여야 한다.

31 주철의 용접이 곤란하고 어려운 이유를 설명한 것은?

① 주철은 연강에 비해 수축이 작아 균열이 생기기 어렵기 때문이다.

② 일산화탄소가 발생하여 용착금속에 기공이 생기기 쉽기 때문이다.

③ 장시간 가열로 흑연이 조대화된 경우 모재와의 친화력이 좋기 때문이다.

④ 주철은 연강에 비하여 경하고 급랭에 의한 흑선화로 기계가공이 쉽기 때문이다.

해설

주철의 용접이 곤란한 이유는 주철에 함유된 흑연 때문이다. 흑연에 열이 가해지면 연소되면서 가스가 발생한 부분에 기공이 생겨 결함이 발생하고 용접금속과의 친화력이 좋지 않아 용착금속의 성질을 약하게 한다.

주철용접 시 주의사항

• 용입을 지나치게 깊게 하지 않는다.
• 용접전류는 필요 이상으로 높이지 않는다.
• 용접부를 필요 이상으로 크게 하지 않는다.
• 용접봉은 되도록 가는 지름의 것을 사용한다.
• 비드배치는 짧게 해서 여러 번의 조작으로 완료하도록 한다.
• 가열되어 있을 때 피닝작업을 하여 변형을 줄이는 것이 좋다.
• 균열의 보수는 균열의 연장을 방지하기 위하여 균열의 끝에 작은 구멍을 뚫는다.

32 순철이 1,539℃ 용융상태에서 상온까지 냉각하는 동안에 1,400℃ 부근에서 나타나는 동소변태의 기호는?

① A_1

② A_2

③ A_3

④ A_4

해설

변태란 철이 온도변화에 따라 원자배열이 바뀌면서 내부의 결정구조나 자기적 성질이 변화되는 현상으로, 변태점이란 변태가 일어나는 온도이다. 변태점 중 A_4변태점이 1,410℃에서 동소변태를 일으킨다.

🔍 더 알아보기!

동소변태 : 동일한 원소 내에서 온도변화에 따라 원자배열이 바뀌는 현상으로, 철(Fe)은 고체상태에서 910℃의 열을 받으면 체심입방격자(BCC) → 면심입방격자(FCC)로, 1,410℃에서는 FCC → BCC로 바뀌며 열을 잃을 때는 반대가 된다.

33 탄소강의 기계적 성질인 취성(메짐)과 관계없는 것은?

① 청열취성

② 저온취성

③ 흑연취성

④ 적열취성

해설

취성은 물체가 외력에 견디지 못하고 파괴되는 성질로, 종류에 흑연취성은 없다. 취성재료는 연성이 거의 없으므로 항복점이 아닌 탄성한도를 고려해서 다뤄야 한다.

① 청열취성(靑熱, 푸를 청, 더울 열, 철이 산화되어 푸른빛으로 달궈져 보이는 상태) : 탄소강이 200~300℃에서 인장강도와 경도값이 상온일 때보다 커지는 반면, 연신율이나 성형성은 오히려 작아져서 취성이 커지는 현상이다. 이 온도범위(200~300℃)에서는 철의 표면에 푸른 산화피막이 형성되기 때문에 청열취성이라고 불린다. 따라서 탄소강은 200~300℃에서는 가공을 피해야 한다.

② 저온취성 : 탄소강이 천이온도에 도달하면 충격치가 급격히 감소되면서 취성이 커지는 현상이다.

④ 적열취성(赤熱, 붉을 적, 더울 열, 철이 빨갛게 달궈진 상태) : S(황)의 함유량이 많은 탄소강이 900℃ 부근에서 적열상태가 되었을 때 파괴되는 성질로 철에 S의 함유량이 많으면 황화철이 되면서 결정립계 부근의 S이 망상으로 분포되어 결정립계가 파괴된다. 적열취성을 방지하려면 Mn(망가니즈)를 합금하여 S을 MnS로 석출시키면 된다. 이 적열취성은 높은 온도에서 발생하므로 고온취성으로도 불린다.

34 탈산 및 기타 가스처리가 불충분한 상태의 용강을 그대로 주형에 주입하여 응고한 것으로, 강괴 내에 기포가 많이 존재하게 되어 품질이 균일하지 못한 강괴는?

① 림드강
② 킬드강
③ 캡트강
④ 세미킬드강

해설

① 림드강 : 평로, 전로에서 제조된 것을 Fe-Mn으로 가볍게 탈산시킨 강이다. 탈산처리가 불충분한 상태로 주형에 주입시켜 응고시킨 것으로, 강괴 내에 기포가 많이 존재하여 품질이 균일하지 못한 단점이 있다.

② 킬드강 : 편석이나 기공이 적은 가장 좋은 양질의 단면을 갖는 강이다. 평로, 전기로에서 제조된 용강을 Fe-Mn, Fe-Si, Al 등으로 완전히 탈산시킨 강으로, 상부에 작은 수축관과 소수의 기포만 존재하며 탄소 함유량이 0.15~0.3% 정도이다.

③ 캡트강 : 림드강을 주형에 주입한 후 탈산제를 넣거나 주형에 뚜껑을 덮고 리밍작용을 억제하여 표면을 림드강처럼 깨끗하게 만듦과 동시에 내부를 세미킬드강처럼 편석이 적은 상태로 만든 강이다.

④ 세미킬드강 : 탈산의 정도가 킬드강과 림드강 중간으로 림드강에 비해 재질이 균일하며 용접성이 좋고, 킬드강보다는 압연이 잘된다.

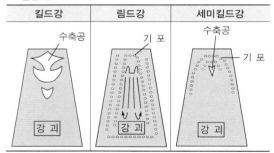

킬드강	림드강	세미킬드강

35 표준자, 시계추 등 치수변화가 작아야 하는 부품을 만드는 데 가장 적합한 재료는?

① 스텔라이트
② 샌더스트
③ 인 바
④ 불수강

해설

인바 : Fe에 35%의 Ni, 0.1~0.3%의 Co, 0.4%의 Mn이 합금된 불변강의 일종으로 상온 부근에서 열팽창계수가 매우 작아서 길이 변화가 거의 없으므로 줄자나 측정용 표준자, 시계추, 바이메탈용 재료로 사용한다.
※ 불수강(스테인리스강)

36 오스테나이트계 스테인리스강을 용접하면 내식성을 감소시키는 입계부식이 발생하는데 이 입계부식을 방지하는 방법이 아닌 것은?

① 탄소량을 감소시켜 Cr_4C 탄화물의 발생을 저지시킨다.
② 500~800℃로 가열하여 가능한 한 예민화(Sensitize)시키도록 한다.
③ 타이타늄(Ti), 바나듐(V), 나이오븀(Nb) 등을 첨가하여 Cr의 탄화물화를 감소시킨다.
④ 고온으로 가열한 후 Cr 탄화물을 오스테나이트 조직 중에 용체화하여 급랭시킨다.

해설

스테인리스강 중 가장 널리 사용되는 오스테나이트계 스테인리스강은 높은 열이 가해질수록 탄화물이 더 빨리 발생하여 입계부식을 일으키므로 가능한 한 용접입열을 작게 해야 한다. 그리고 예민화시킬 필요는 없다.

오스테나이트 스테인리스강 용접 시 유의사항
• 짧은 아크를 유지한다.
• 아크를 중단하기 전에 크레이터처리를 한다.
• 낮은 전륫값으로 용접하여 용접입열을 억제한다.
• 170℃ 정도로 층간온도를 낮게 유지하면서 최대한 용접입열을 낮추어야 한다.
• 입계부식을 방지하려면 용접 후 1,000~1,050℃로 용체화처리하고 급랭시킨다.
• 입계부식을 방지하려면 STS 321, STS 347 등의 모재를 용접에 사용한다.
• 오스테나이트계 스테인리스강은 높은 열이 가해질수록 탄화물이 더 빨리 발생하여 입계부식을 일으키므로 가능한 용접입열을 작게 해야 한다.

37 Fe-C 상태도에서 탄소함유량이 약 0.8%일 때 강의 명칭은?

① 공석강
② 아공석강
③ 과공석강
④ 공정주철

해설
① 공석강 : 순철에 C가 0.8% 합금된 강
② 아공석강 : 순철에 C가 0.025~0.8% 합금된 강
③ 과공석강 : 순철에 C가 0.8~2% 합금된 강

38 Fe-C 평형상태도에서 나타나는 반응이 아닌 것은?

① 공석반응
② 공정반응
③ 포정반응
④ 포석반응

해설
Fe-C계 평형상태도에서의 불변반응

종 류	반응온도	탄소 함유량	반응내용	생성조직
공석 반응	723℃	0.8%	γ고용체 ↔ α고용체 + Fe_3C	펄라이트 조직
공정 반응	1,147℃	4.3%	융체(L) ↔ γ고용체 + Fe_3C	레데부라이트 조직
포정 반응	1,494℃ (1,500℃)	0.18%	δ고용체 + 융체(L) ↔ γ고용체	오스테나이트 조직

39 구리 및 구리합금의 용접성에 관한 설명으로 틀린 것은?

① 충분한 용입을 얻으려면 예열을 해야 한다.
② 용접 후 응고 수축 시 변형이 발생하기 쉽다.
③ 구리합금의 경우 아연 증발로 중독을 일으키기 쉽다.
④ 가스용접 시 수소분위기에서 가열하면 산화물이 산화되어 수분을 생성하지 않는다.

해설
구리 및 구리합금을 용접할 때 수소분위기에서 작업하면 더욱 약점이 조성된다.
구리 및 구리합금의 용접이 어려운 이유
• 구리는 열전도율이 높고 냉각속도가 크다.
• 수소와 같이 확산성이 큰 가스를 석출하여 그 압력 때문에 더욱 약점이 조성된다.
• 열팽창계수는 연강보다 약 50% 크므로 냉각에 의한 수축과 응력 집중을 일으켜 균열이 발생하기 쉽다.
• 구리는 용융될 때 심한 산화를 일으키며, 가스를 흡수하기 쉬우므로 용접부에 기공 등이 발생하기 쉽다.
• 구리의 경우 열전도율과 열팽창계수가 높아서 가열 시 재료의 변형이 일어나고, 열의 집중성이 떨어져서 저항용접이 어렵다.
• 구리 중의 산화구리(Cu_2O)를 함유한 부분이 순수한 구리에 비하여 용융점이 약간 낮으므로, 먼저 용융되어 균열이 발생하기 쉽다.
• 가스용접, 그 밖의 용접방법으로 환원성 분위기 속에서 용접을 하면 산화구리는 환원될 가능성이 커진다. 이때 용적은 감소하여 스펀지(Sponge)모양의 구리가 되므로 더욱 강도를 약화시킨다. 그러므로 용접용 구리재료는 전해구리보다 탈산구리를 사용해야 하며 용접봉은 탈산구리용접봉 또는 합금용접봉을 사용해야 한다.

40 오스테나이트 온도로 가열 유지시킨 후 절삭유 또는 연삭유의 수용액 등에 담금질하여 미세펄라이트조직을 얻는 방법으로 200℃ 이하에서 공랭하는 것은?

① 슬랙(Slack)담금질
② 시간(Time)담금질
③ 분사(Jet)담금질
④ 프레스(Press)담금질

해설
슬랙(Slack)담금질 : 오스테나이트 온도로 가열한 후 절삭유나 연삭유 안에 담금질하여 미세한 펄라이트조직을 얻는 방법으로, 200℃ 이하에서 공랭시키는 열처리조작이다.

41 열처리방법 중 연화를 목적으로 하며, 냉각 시 서랭하는 열처리법은?

① 뜨 임
② 풀 림
③ 담금질
④ 노멀라이징

열처리의 기본 4단계
- 담금질(Quenching) : 재질을 경화시킬 목적으로 강을 오스테나이트조직의 영역으로 가열한 후 급랭시켜 강도와 경도를 증가시키는 열처리법이다.
- 뜨임(Tempering) : 담금질한 강을 A_1변태점(723℃) 이하로 가열 후 서랭하는 것으로 담금질로 경화된 재료에 인성을 부여하고 내부응력을 제거한다.
- 풀림(Annealing) : 재질을 연하고 균일화시킬 목적으로 실시하는 열처리법으로 완전풀림은 A_3변태점(968℃) 이상의 온도로, 연화풀림은 650℃ 정도의 온도로 가열한 후 서랭한다.
- 불림(Normalizing) : 담금질 정도가 심하거나 결정입자가 조대해진 강을 표준화조직으로 만들기 위하여 A_3점(968℃)이나 A_{cm}(시멘타이트)점 이상의 온도로 가열한 후 공랭시킨다.

42 Cu에 5~20% Zn을 첨가한 황동으로, 강도는 낮으나 전연성이 좋고 금색에 가까운 색을 나타내며, 금박대용으로 사용되는 것은?

① 톰 백
② 쾌삭황동
③ 문쯔메탈
④ 네이벌황동

톰백 : Cu에 Zn을 5~20% 합금한 것으로 색깔이 아름답고 냉간가공이 쉽게 되어 단추나 금박, 금 모조품과 같은 장식용 재료로 사용된다.

43 용접부 인장시험에서 모재의 인장강도가 450kg/mm², 용접시험편의 인장강도가 300kg/mm²으로 나타났다면 이음효율은 몇 %인가?

① 15%
② 66.7%
③ 150%
④ 667%

용접부의 이음효율(η)
$$\eta = \frac{\text{시험편 인장강도}}{\text{모재 인장강도}} \times 100\%$$
$$= \frac{300\,\text{kg}/\text{mm}^2}{450\,\text{kg}/\text{mm}^2} \times 100\%$$
$$\fallingdotseq 66.7\%$$

44 모재 가운데 유황 함유량의 과대, 아크길이 조작의 부적당, 과대전류 사용 등으로 기공이 발생하는데 기공의 방지대책으로 틀린 것은?

① 건조한 저수소계 용접봉을 사용한다.
② 정해진 범위 안의 전류로 긴 아크를 사용한다.
③ 적정전류를 사용한다.
④ 용접분위기 가운데 수소량을 증가시킨다.

기공을 방지하려면 용접분위기에서 가스의 발생을 줄여야 한다. 따라서 수소의 발생량도 적어야 한다.

45 용착법에 대해 잘못 표현된 것은?

① 후진법 : 잔류응력을 최소로 해야 할 경우에 이용된다.

② 대칭법 : 이음의 수축에 따른 변형이 서로 대칭이 되게 할 경우에 사용된다.

③ 스킵법 : 판이 매우 얇은 경우나 용접 후에 비틀림이 생길 염려가 있는 경우에 사용된다.

④ 전진법 : 이음의 수축에 따른 변형과 잔류응력을 최소화하여 기계적 성질을 높이는 데 사용된다.

해설

용접법의 종류

구 분		특 징
용착 방향에 의한 용착법	전진법	• 한쪽 끝에서 다른쪽 끝으로 용접을 진행하는 방법으로 용접 진행방향과 용착방향이 서로 같다. • 용접길이가 길면 끝부분쪽에 수축과 잔류응력이 생긴다.
	후퇴법	• 용접을 단계적으로 후퇴하면서 전체 길이를 용접하는 방법으로 용접 진행방향과 용착방향이 서로 반대가 된다. • 수축과 잔류응력을 줄이는 용접기법이나 작업능률은 떨어진다.
	대칭법	변형과 수축응력의 경감법으로 용접의 전 길이에 걸쳐 중심에서 좌우 또는 용접물 형상에 따라 좌우대칭으로 용접하는 기법이다.
	스킵법 (비석법)	• 용접부 전체의 길이를 5개 부분으로 나누어 놓고 1-4-2-5-3순으로 용접하는 방법이다. • 용접부에 잔류응력을 작게 하면서 변형을 방지하고자 할 때 사용한다.
다층 비드 용착법	덧살올림법 (빌드업법)	각 층마다 전체의 길이를 용접하면서 쌓아올리는 가장 일반적인 방법이다.
	전진 블록법	• 한 개의 용접봉으로 살을 붙일만한 길이로 구분해서 홈을 한 층 완료한 후 다른 층을 용접하는 방법이다. • 다층용접 시 변형과 잔류응력의 경감을 위해 사용한다.
	캐스 케이드법	한 부분의 몇 층을 용접하다가 다음 부분의 층으로 연속시켜 전체가 단계를 이루도록 용착시켜 나가는 방법이다.

46 대형 공작물을 일정하게 고정하고 용접기를 용접부 위로 이동시켜 작업을 능률적으로 하기 위한 장치로 대차주행 크로스, 헤드, 상승 칼럼, 선회 붐(Boom) 등으로 구성되어 용접작업하는 자동화장치는?

① 포지셔너(Positioner)

② 머니퓰레이터(Manipulator)

③ 포지션코더(Position Corder)

④ 퍼텐쇼미터(Potentiometer)

해설

머니퓰레이터 : 원격의 거리에서 조종할 수 있는 로봇으로 집게 팔이 대표적이며 매직핸드로도 불린다.

47 보수용접의 설명으로 틀린 것은?

① 용접 부분의 기공은 연삭하여 제거 후에 재용접한다.

② 용접 균열부는 균열 정지구멍을 뚫고 용접 홈을 만든 다음 재용접한다.

③ 언더컷은 굵은 용접봉을 사용한다.

④ 용접부의 천이온도가 높을수록 취화가 적다.

해설

보수용접할 때 언더컷 불량은 파인 부분을 채워야 하므로 가는 용접봉을 사용한다.

48 꼭지각이 136°인 다이아몬드 4각추의 압자를 1~120kg의 하중으로 시험편에 압입한 후에 생긴 오목자국의 대각선을 측정하여 경도를 측정하는 시험은?

① 로크웰경도　　② 브리넬경도
③ 쇼어경도　　　④ 비커스경도

비커스경도 : 136°인 다이아몬드 피라미드 압입자인 강구에 일정량의 하중을 걸어 시험편의 표면에 압입한 후, 압입자국의 표면적 크기와 하중의 비로 경도를 측정한다.

경도시험법의 종류

종류	시험 원리	압입자
브리넬 경도 (H_B)	압입자인 강구에 일정량의 하중을 걸어 시험편의 표면에 압입한 후, 압입자국의 표면적 크기와 하중의 비로 경도를 측정한다. $H_B = \dfrac{P}{A} = \dfrac{P}{\pi Dh}$ $= \dfrac{2P}{\pi D(D-\sqrt{D^2-d^2})}$ 여기서 D : 강구지름 　　　　d : 압입자국의 지름 　　　　h : 압입자국의 깊이 　　　　A : 압입자국의 표면적	강구
비커스 경도 (H_V)	압입자에 1~120kg의 하중을 걸어 자국의 대각선 길이로 경도를 측정한다. 하중을 가하는 시간은 캠의 회전속도로 조절한다. $H_V = \dfrac{P(하중)}{A(압입자국의\ 표면적)}$	136°인 다이아몬드 피라미드 압입자
로크웰 경도 (H_{RB}, H_{RC})	압입자에 하중을 걸어 압입자국(홈)의 깊이를 측정하여 경도를 측정한다. • 예비하중 : 10kg • 시험하중 : B스케일 100kg 　　　　　C스케일 150kg $H_{RB} = 130 - 500h$ $H_{RC} = 100 - 500h$ 여기서, h : 압입자국의 깊이	• B스케일 : 강구 • C스케일 : 120° 다이아몬드(콘)
쇼어 경도 (H_S)	추를 일정한 높이(h_0)에서 낙하시켜 이 추의 반발높이(h)를 측정해서 경도를 측정한다. $H_S = \dfrac{10,000}{65} \times \dfrac{h(해머의\ 반발높이)}{h_0(해머의\ 낙하높이)}$	다이아몬드 추

49 용접의 결함 중 마이크로(Micro)결함에 속하는 것은?

① 본드부
② 연화영역
③ 취성화영역
④ 불순물 또는 비금속 개재물 편석

마이크로결함은 미세결함을 의미하므로 불순물이나 비금속 개재물 편석이 이에 속한다.

50 초음파탐상법의 종류가 아닌 것은?

① 직각통전법
② 투과법
③ 펄스반사법
④ 공진법

초음파탐상법의 종류
• 투과법 : 초음파 펄스를 시험체의 한쪽면에서 송신하고 반대쪽면에서 수신하는 방법이다.
• 펄스반사법 : 시험체 내로 초음파 펄스를 송신하고 내부 또는 바닥면에서 그 반사파를 탐지하는 결함에코의 형태로 내부결함이나 재질을 조사하는 방법으로, 현재 가장 널리 사용된다.
• 공진법 : 시험체에 가해진 초음파진동수와 고유진동수가 일치할 때 진동폭이 커지는 공진현상을 이용하여 시험체의 두께를 측정하는 방법이다.

51 다음 용접보조기호는?

① 용접부를 볼록으로 다듬질함
② 끝단부를 매끄럽게 함
③ 용접부를 오목으로 다듬질함
④ 영구적인 덮개판을 사용함

해설
용접부의 보조기호

영구적인 덮개판(이면판재) 사용	M
제거 가능한 덮개판(이면판재) 사용	MR
끝단부 토(Toe)를 매끄럽게 함	⳩
필릿용접부 토(Toe)를 매끄럽게 함	ⳡ

🔍 **더 알아보기!**
토(Toe)란 용접모재와 용접표면이 만나는 부위를 말한다.

52 용접용 로봇을 동작기능으로 분류할 때 좌표계의 종류로 해당되지 않는 것은?

① 원통좌표로봇
② 평행좌표로봇
③ 극좌표로봇
④ 관절좌표로봇

해설
용접용 로봇이 동작할 때 사용되는 동작기능에 평행좌표는 사용되지 않는다.

53 용접변형에 영향을 미치는 인자 중 용접열에 관계되는 인자가 아닌 것은?

① 용접속도
② 용접 층수
③ 용접전류
④ 부재 치수

해설
용접재료(용접부재)의 치수는 용접열에 의해 발생하는 용접변형에 영향을 미치는 인자로 보지 않는다. 용접열은 용접속도가 느릴수록, 용접층수가 많을수록, 용접전류가 높을수록 재료에 더 크게 작용한다.

54 용접설계상 주의하여야 할 사항으로 틀린 것은?

① 용접이음이 한 군데 집중되거나 너무 접근하지 않도록 할 것
② 반복하중을 받는 이음에서는 이음 표면을 볼록하게 할 것
③ 용접길이는 가능한 한 짧게 하고, 용착금속도 필요한 최소한으로 할 것
④ 필릿용접은 가능한 한 피할 것

해설
반복하중을 받는 이음에서는 특히 이음 표면을 편평하게 해야한다. 만일 굴곡이 있을 경우 그 경계부에 균열이 발생한다.
용접이음부 설계 시 주의사항
• 용접선의 교차를 최대한 줄인다.
• 용착량을 가능한 한 적게 설계해야 한다.
• 용접길이가 감소될 수 있는 설계를 한다.
• 가능한 아래보기자세로 작업하도록 한다.
• 필릿용접보다는 맞대기용접으로 설계한다.
• 용접열이 국부적으로 집중되지 않도록 한다.
• 보강재 등 구속이 커지도록 구조설계를 한다.
• 용접작업에 지장을 주지 않도록 공간을 남긴다.
• 열의 분포가 가능한 한 부재 전체에 고루 퍼지도록 한다.
• 용접치수는 강도상 필요한 치수 이상으로 하지 않는다.
• 판면에 직각방향으로 인장하중이 작용할 경우에는 판의 이방성에 주의한다.

55 생산보전(PM ; Productive Maintenance)의 내용에 속하지 않는 것은?

① 보전예방   ② 안전보전

③ 예방보전   ④ 개량보전

해설

생산보전의 분류

유지활동	예방보전(PM)	정상운전, 일상보전, 정기보전, 예지보전
	사후보전(BM)	–
개선활동	개량보전(CM)	–
	보전예방(MP)	–

56 200개 들이 상자가 15개 있을 때 각 상자로부터 제품을 랜덤하게 10개씩 샘플링할 경우, 이러한 샘플링방법을 무엇이라 하는가?

① 층별 샘플링   ② 계통샘플링

③ 취락샘플링   ④ 2단계 샘플링

해설

층별 샘플링은 동일한 수량의 제품이 들은 상자가 여러 개 있을 경우, 각 상자로부터 제품을 랜덤하게 x개씩 샘플링하는 방법이다. 이것은 로트를 몇 개의 층(서브 Lot)으로 나누어 각 층으로부터 시료를 취하는 방법으로도 설명할 수 있다.

샘플링법의 종류

• 단순랜덤샘플링 : 모집단의 모든 샘플링 단위가 동일한 확률로 시료로 뽑힐 가능성이 있는 샘플링방법

• 2단계 샘플링 : 전체 크기가 N인 로트로 각각 A개씩 제품이 포함되어 있는 서브 Lot로 나뉘어져 있을 때, 서브 Lot에서 랜덤하게 몇 상자를 선택해서 각 상자로부터 몇 개의 제품을 랜덤하게 샘플링하는 방법

• 계통샘플링 : 시료를 시간적으로나 공간적으로 일정한 간격을 두고 취하는 샘플링방법

• 층별 샘플링 : 로트를 몇 개의 층(서브 Lot)으로 나누어 각 층으로부터 시료를 취하는 방법

• 집락샘플링(취락샘플링) : 모집단을 여러 개의 층(서브 Lot)으로 나누고, 그중 일부를 랜덤으로 샘플링한 후 샘플링된 층에 속해 있는 모든 제품을 조사하는 방법

• 지그재그샘플링 : 계통샘플링의 간격을 복수로 하여 치우침을 방지하기 위한 방법

57 모든 작업을 기본동작으로 분해하고, 각 기본동작에 대하여 성질과 조건에 따라 미리 정해 놓은 시간치를 적용하여 정미시간을 산정하는 방법은?

① PTS법

② Work Sampling법

③ 스톱워치법

④ 실적자료법

해설

② Work Sampling법 : 관측대상을 무작위로 선정하여 일정시간 동안 관측한 데이터를 취합한 후 이를 기초로 하여 작업자나 기계설비의 가동상태 등을 통계적수법을 사용하여 분석하는 작업연구의 한 방법이다.

③ 스톱워치법 : 테일러에 의해 처음 도입된 방법이다. 스톱워치를 들고 작업시간을 직접 관측하여 표준시간을 설정하는 기법이므로 직접측정법에 속한다.

④ 실적자료법 : 기존 데이터자료를 기반으로 시간을 추정하는 방법이다.

58 어떤 공장에서 작업을 하는데 있어서 소요되는 기간과 비용이 다음 표와 같을 때 비용구배는?(단, 활동시간의 단위는 일(日)로 계산한다)

정상작업		특급작업	
기 간	비 용	기 간	비 용
15일	150만원	10일	200만원

① 50,000원   ② 100,000원

③ 200,000원   ④ 500,000원

해설

$$비용구배 = \frac{특급작업비용 - 정상작업비용}{정상작업기간 - 특급작업기간}$$

$$= \frac{200만원 - 150만원}{15 - 10}$$

$$= 10만원$$

59 관리도에서 측정한 값을 차례로 타점했을 때 점이 순차적으로 상승하거나 하강하는 것을 무엇이라 하는가?

① 연(Run)
② 주기(Cycle)
③ 경향(Trend)
④ 산포(Dispersion)

해설
경향(Trend) : 관리도에서 측정한 값을 차례로 타점했을 때 점이 순차적으로 상승하거나 하강하는 것

60 품질특성을 나타내는 데이터 중 계수치 데이터에 속하는 것은?

① 무 게
② 길 이
③ 인장강도
④ 부적합품률

해설
무게나 길이, 인장강도는 모두 계량치 데이터로 연속적으로 변화하는 값을 말한다. 계수치 데이터는 불량 개수나 부적합품률, 재해 발생 건수, 물체에 긁힌 개수와 같이 불연속적으로 변화하는 값을 말한다.

01 저수소계 용접봉은 용접하기 전에 어느 정도의 온도에서 일정시간 건조시켜 사용하는가?

① 100~150℃

② 200~250℃

③ 300~350℃

④ 400~450℃

해설
저수소계 용접봉은 흡습성이 큰 단점이 있어서 사용 전 300~350℃에서 1~2시간 건조 후 사용해야 한다.

일반 용접봉	약 100℃로 30분~1시간
저수소계 용접봉	약 300~350℃에서 1~2시간

02 가스절단이 원활하게 이루어질 수 있는 재료의 성질은?

① 모재의 산화물이 유동성이 좋아야 한다.

② 산화물의 용융온도가 모재의 용융온도보다 높아야 한다.

③ 모재의 점도가 높아야 한다.

④ 산소와 결합하여 연소되면 안 된다.

해설
① 가스절단작업이 원활하려면 모재의 산화물 유동성이 좋아야 양호한 절단면을 얻을 수 있다.
② 산화물의 용융온도가 모재의 용융온도보다 낮아야 한다.
③ 모재의 점도는 높기보다 적당해야 한다.
④ 산소와 결합하여 연소해도 된다.

03 산소-아세틸렌을 사용한 수동절단 시 팁 끝과 연강판 사이의 거리는 백심에서 약 몇 mm 정도가 가장 적당한가?

① 0.5~1.0

② 1.5~2.0

③ 2.5~3.0

④ 3.5~4.0

해설
가스절단 시 팁에서 나온 불꽃의 백심 끝과 강판 사이의 간격은 1.5~2mm로 해야 한다.

04 아세틸렌가스 발생기가 아닌 것은?

① 투입식   ② 청정식

③ 주수식   ④ 침지식

해설
아세틸렌가스 발생기의 종류에 청정식은 없다.

05 가스 절단팁의 노즐모양으로 가우징, 스카핑 등에서 사용하는 것으로 넓고 얇게 용착을 행하기 위한 노즐로 가장 적합한 것은?

① 스트레이트 노즐

② 곡선형 노즐

③ 저속 다이버전트 노즐

④ 직선형 노즐

해설

저속 다이버전트 노즐은 가우징이나 스카핑의 용도로 사용하며 넓고 얇게 용착시킬 수 있다. 일반적인 다이버전트형 팁(노즐)은 최소에너지 손실속도로 변화되는 전단(剪斷)팁의 노즐로 고속분출을 얻을 수 있어서 보통의 전단팁에 비해 전단속도를 20~25% 증가시킬 수 있다.

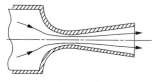

[다이버전트형 팁]

06 용착(Deposit)을 가장 잘 설명한 것은?

① 모재가 녹은 깊이

② 용접봉이 용융지에 녹아 들어가는 것

③ 모재의 열영향을 받는 경계부

④ 아크열에 녹은 모재의 용융지 면적

해설

용착이란 용접봉의 Core Wire(심선)가 용융되어 용융지에 녹아서 들어가는 것을 말한다.

07 다음 중 전류 100A 이상 300A 미만의 금속아크용접 시 어떤 범위의 차광렌즈를 사용하는 것이 가장 적당한가?

① 8~9

② 10~12

③ 13~14

④ 15 이상

해설

아크용접 시 전류를 100~300A로 설정했다면 차광도는 다음 표에 따라 ②번이 적합하다.

용접의 종류별 적정 차광번호[KS P 8141]

아크가 발생될 때 눈을 자극하는 빛인 적외선과 자외선을 차단하는 것으로, 번호가 클수록 빛을 차단하는 차광량이 많아진다.

용접의 종류	전류범위(A)	차광도 번호(No.)
납 땜	–	2~4
가스용접	–	4~7
산소절단	901~2,000	5
	2,001~4,000	6
	4,001~6,000	7
피복아크용접 및 절단	30 이하	5~6
	36~75	7~8
	76~200	9~11
	201~400	12~13
	401~	14
아크에어가우징	126~225	10~11
	226~350	12~13
	351~	14~16
탄소아크용접	–	14
TIG, MIG	100 이하	9~10
	101~300	11~12
	301~500	13~14
	501~	15~16

08 강재표면의 흠이나 개재물, 탈탄층 등을 제거하기 위하여 될 수 있는 대로 얇게 그리고 타원형 모양으로 표면을 깎아내는 가공법은?

① 가우징(Gouging)

② 드래그(Drag)

③ 스테이킹(Staking)

④ 스카핑(Scarfing)

해설

스카핑(Scarfing) : 강괴나 강편, 강재 표면의 흠이나 개재물, 탈탄층 등을 제거하기 위한 불꽃가공으로 가능한 한 얇으면서 타원형의 모양으로 표면을 깎아내는 가공법이다.

09 E4313-AC-5-400 연강용 피복아크용접봉의 규격을 표시한 것 중 규격 설명이 잘못된 것은?

① E : 전기용접봉

② 43 : 용착금속의 최저인장강도

③ 13 : 피복제의 계통

④ 400 : 용접전류

해설
• AC : 교류전류 사용
• 5 : 용접봉의 지름
• 400 : 용접봉의 길이

10 용접부의 내식성에 영향을 미치는 인자가 아닌 것은?

① 용접이음 형상

② 용제(Flux)

③ 잔류응력 및 재질

④ 용접방법

해설
용접부의 내식성은 용접봉을 둘러싸고 있는 피복제나 잔류응력과 재질, 용접부의 이음 형상이 크게 작용하지만, 용접방법은 크게 영향을 미치지 않는다.

11 용접기의 핫스타트(Hot Start)장치의 장점이 아닌 것은?

① 아크 발생을 쉽게 한다.

② 크레이터처리를 잘해 준다.

③ 비드모양을 개선한다.

④ 아크 발생 초기의 비드용입을 양호하게 한다.

해설
핫스타트장치는 아크 발생 초기에 용접봉과 모재가 냉각되어 있어 아크가 불안정하게 되는데 아크 발생을 더 쉽게 하기 위해 아크 발생 초기에만 용접전류를 특별히 크게 하는 장치이다. 아크 발생을 쉽게 하여 초기 비드용입을 가능하게 하고 비드모양을 개선시킨다. 그러나 크레이터처리와는 관련이 없다.

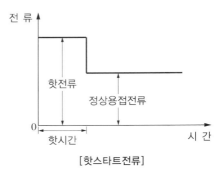

[핫스타트전류]

12 아세틸렌가스의 자연발화온도는 몇 도인가?

① 306~308℃

② 355~358℃

③ 406~408℃

④ 455~458℃

해설
아세틸렌가스는 400℃ 근처에서 자연발화하기 때문에 정답은 ③ 번이 적합하다.

아세틸렌가스(Acetylene, C_2H_2)
• 400℃ 근처에서 자연발화한다.
• 카바이드(CaC_2)를 물에 작용시켜 제조한다.
• 가스용접이나 절단작업 시 연료가스로 사용된다.
• 구리나 은, 수은 등과 반응할 때 폭발성 물질이 생성된다.
• 산소와 적당히 혼합 후 연소시키면 3,000~3,500℃의 고온을 낸다.
• 아세틸렌가스의 비중은 0.906으로, 비중이 1.105인 산소보다 가볍다.
• 아세틸렌가스는 불포화탄화수소의 일종으로 불완전한 상태의 가스이다.
• 각종 액체에 용해가 잘된다(물 : 1배, 석유 : 2배, 벤젠 : 4배, 알코올 : 6배, 아세톤 : 25배).
• 가스봄베(병) 내부가 1.5기압 이상이 되면 폭발위험이 있고, 2기압 이상으로 압축하면 폭발한다.
• 아세틸렌가스의 충전은 15℃, 1기압하에서 15kgf/cm^2의 압력으로 한다. 아세틸렌가스 1L의 무게는 1.176g이다.
• 순수한 카바이드 1kg은 이론적으로 348L의 아세틸렌가스를 발생시키며, 보통의 카바이드는 230~300L의 아세틸렌가스를 발생시킨다.
• 순수한 아세틸렌가스는 무색무취의 기체이나 아세틸렌가스 중에 포함된 불순물인 인화수소, 황화수소, 암모니아에 의해 악취가 난다.
• 아세틸렌이 완전 연소하는 데 이론적으로 2.5배의 산소가 필요하지만 실제는 아세틸렌에 불순물이 포함되어 산소가 1.2~1.3배 필요하다.
• 아세틸렌은 공기 또는 산소와 혼합되면 폭발성이 격렬해지는데, 아세틸렌 15%, 산소 85% 부근이 가장 위험하다.

13 정격사용률이 40%, 정격 2차 전류 300A, 무부하 전압 80V, 효율 85%인 용접기를 200A의 전류로 사용하고자 할 때 이 용접기의 허용사용률은 몇 % 인가?

① 60%   ② 70.6%

③ 76.5%   ④ 90%

해설

허용사용률 구하는 식

$$\text{허용사용률}(\%) = \frac{(\text{정격 2차 전류})^2}{(\text{실제용접전류})^2} \times \text{정격사용률}(\%)$$

$$= \frac{(300\text{A})^2}{(200\text{A})^2} \times 40\%$$

$$= \frac{90,000}{40,000} \times 40\%$$

$$= 90\%$$

14 가스용접에서 전진법에 대한 설명으로 옳은 것은?

① 용접봉의 소비가 많고 용접시간이 길다.

② 용접봉의 소비가 적고 용접시간이 길다.

③ 용접봉의 소비가 많고 용접시간이 짧다.

④ 용접봉의 소비가 적고 용접시간이 짧다.

해설

가스용접에서 전진법을 사용하면 용접속도가 느리고, 용접시간이 길며 용접봉의 소비도 많아진다.

가스용접에서의 전진법과 후진법의 차이점

구 분	전진법	후진법
열 이용률	나쁘다.	좋다.
비드의 모양	보기 좋다.	매끈하지 못하다.
홈의 각도	크다(약 80°).	작다(약 60°).
용접속도	느리다.	빠르다.
용접변형	크다.	작다.
용접 가능 두께	두께 5mm 이하의 박판	후 판
가열시간	길다.	짧다.
기계적 성질	나쁘다.	좋다.
산화 정도	심하다.	양호하다.
토치 진행방향 및 각도	오른쪽 → 왼쪽	왼쪽 → 오른쪽

15 아세틸렌의 발화나 폭발과 관계없는 것은?

① 압 력   ② 가스혼합비

③ 유화수소   ④ 온 도

해설

아세틸렌가스의 발화나 폭발에 압력이나 온도, 가스혼합비는 영향을 크게 미치지만 유화수소의 양은 관련이 없다.

16 TIG용접으로 Ti 합금재질의 파이프(Pipe)용접 시의 설명으로 틀린 것은?

① Ar 가스로 용접부의 용접비드 보호를 위하여 파이프 내면의 퍼징과 외면에 퍼징기구를 사용하여 보호가스로 퍼징하여 산화를 막는다.

② Ti 합금의 용접부 가공 시 초경합금 또는 다이아몬드 숫돌로 가공한 후 용접한다.

③ Ti 합금의 용접전류는 펄스(Pulse)전류를 사용하는 것이 좋으며 직류정극성을 사용하여야 한다.

④ Ti 합금 용접 시 예열온도는 350℃, 층간온도는 300℃로 하여야 한다.

해설

층간온도란 Multi-pass용접에서 Arc 발생 직전에 이전 Pass용접 열에 의해 데워져 있는 용접부 모재의 온도를 말하는데, 이 층간 온도가 200℃를 넘게 되면 입열량 과다로 강도나 충격치가 저하할 수 있다. 따라서 층간온도는 200℃ 이하로 해야 한다. 타이타늄 합금은 고온에서 다른 원소나 화합물과 반응하여 쉽게 취화되므로 불활성가스용접에만 주로 사용된다.

17 용접면을 가볍게 접촉시키면서 대전류를 흐르게 하여 접촉면에 전기불꽃을 발생시켜 그 열로 두 개의 면을 접합시키는 용접은?

① 플래시용접　　　② 마찰용접
③ 프로젝션용접　　④ 심용접

해설
② 마찰용접 : 특별한 용가재 없이도 회전력과 압력만을 이용해서 두 소재를 붙이는 용접방법이다. 환봉이나 파이프 등을 가압된 상태에서 회전시키면 이때 마찰열이 발생하는데, 일정온도에 도달하면 회전을 멈추고 가압시켜 용접한다.
③ 프로젝션용접 : 모재의 평면에 프로젝션인 돌기부를 만들어 평탄한 동전극의 사이에 물려 대전류를 흘려보낸 후 돌기부에 발생된 저항열로 용접한다.
④ 심용접 : 원판상의 롤러전극 사이에 용접할 2장의 판을 두고, 전기와 압력을 가하며 전극을 회전시키면서 연속적으로 점용접을 반복하는 용접법이다.

18 불활성가스아크용접에서 주로 사용되는 불활성가스는?

① C_2H_2　　　　　② Ar
③ H_2　　　　　　④ N_2

해설
불활성가스아크용접인 TIG용접과 MIG용접에서는 주로 Ar(아르곤)가스를 보호가스로 사용한다.

19 탄산가스(CO_2)아크용접 작업 시 전진법의 특징으로 옳은 것은?

① 용접 스패터가 비교적 많으며 진행방향쪽으로 흩어진다.
② 용접선이 잘 안 보이므로 운봉을 정확하게 할 수 없다.
③ 용착금속의 용입이 깊어진다.
④ 비드폭의 높이가 높아진다.

해설
CO_2용접의 전진법과 후진법의 차이점

전진법	후진법
• 용접선이 잘 보여 운봉이 정확하다.	• 스패터 발생이 적다.
• 높이가 낮고 평탄한 비드를 형성한다.	• 깊은 용입을 얻을 수 있다.
• 스패터가 비교적 많고 진행방향으로 흩어진다.	• 높이가 높고 폭이 좁은 비드를 형성한다.
• 용착금속이 아크보다 앞서기 쉬워 용입이 얕다.	• 용접선이 노즐에 가려 운봉이 부정확하다.
	• 비드 형상이 잘 보여 폭, 높이의 제어가 가능하다.

20 가스용접 및 절단작업 시 안전사항으로 가장 거리가 먼 것은?

① 작업 시 작업복은 깨끗하고 간편한 복장으로 갈아입고 작업자의 눈을 보호하기 위해 보안경을 착용한다.

② 납이나 아연합금 및 도금재료의 용접이나 절단 시 중독의 우려가 있으므로 환기에 신경을 쓰며 방독마스크를 착용하고 작업을 한다.

③ 산소병은 고압으로 충전되어 있으므로 운반 시는 전용 운반장비를 이용하며, 나사 부분의 마모를 적게 하기 위하여 윤활유를 사용한다.

④ 밀폐된 용기를 용접하거나 절단할 때 내부의 잔여 물질 성분이 팽창하여 폭발할 우려를 충분히 검토한 후 작업을 한다.

해설
가스절단이나 용접 시 사용되는 가스봄베(병)는 나사부에 윤활유나 그리스 등의 윤활제를 사용해서는 안 된다. 만일 결합 부분에 사용할 경우 불순물이 가스로 혼입될 수 있다.

21 서브머지드아크용접에 사용하는 용제(Flux)의 작용이 아닌 것은?

① 용착금속에 포함된 불순물을 제거한다.

② 용접금속의 급랭을 방지한다.

③ 용제의 공급이 많아지면 기공의 발생이 적어진다.

④ 단열작용으로 아크열이 외부에 발산되는 것을 막아 용접부에 집중시킨다.

해설
서브머지드아크용접(SAW ; Submerged Arc Welding, 잠호용접)용 용제의 양이 많아지면 기공이 더 많이 발생할 수 있다.

22 CO_2용접에서 용접부에 가스를 잘 분출시켜 양호한 실드(Shield)작용을 하도록 하는 부품은?

① 토치보디(Torch Body)

② 노즐(Nozzle)

③ 가스 분출기(Gas Diffuse)

④ 인슐레이터(Insulator)

해설
② CO_2가스 아크용접용 토치의 구성요소인 노즐(Nozzle)은 용접부에 보호가스를 잘 분출시켜 용접부를 보호하는 역할을 한다.
④ 인슐레이터는 외부의 진동을 막아 주는 진동흡수장치이다.

23 땜납 가운데 결정입자가 치밀하며 강도도 충분하여 스테인리스강의 납땜에 이용되는 것은?

① 20% 주석-납

② 30~40% 주석-납

③ 50% 주석-납

④ 60% 주석-납

해설
땜납 중 결정입자가 치밀하고 강도도 충분하여 스테인리스강 용접용으로 사용되는 것은 60%의 주석-납이다.

24 서브머지드아크용접에서 고능률 용접법이 아닌 것은?

① 다전극법

② 컷 와이어(Cut Wire)첨가법

③ CO_2+UM 다전극법

④ 일렉트로슬래그용접법

해설
일렉트로슬래그용접과 서브머지드아크용접은 그 방법이 다른 용접법이다.

25 테르밋용접의 특징은?

① 용접시간이 짧고 용접 후 변형이 적다.

② 설비비가 비싸고 작업장소 이동이 어렵다.

③ 용접에 전기가 필요하다.

④ 불활성가스를 사용하여 용접한다.

해설

테르밋용접의 특징

• 전기가 필요 없다.
• 용접작업이 단순하다.
• 홈 가공이 불필요하다.
• 용접시간이 비교적 짧다.
• 용접 결과물이 우수하다.
• 용접 후 변형이 크지 않다.
• 용접기구가 간단해서 설비비가 저렴하다.
• 구조, 단조, 레일 등의 용접 및 보수에 이용한다.
• 작업장소의 이동이 쉬워 현장에서 많이 사용된다.
• 차량, 선박, 접합단면이 큰 구조물의 용접에 적용한다.
• 금속산화물이 알루미늄에 의해 산소를 빼앗기는 반응을 이용한다.
• 차축이나 레일의 접합, 선박의 프레임 등 비교적 큰 단면을 가진 물체의 맞대기용접과 보수용접에 주로 사용한다.

26 일렉트로가스아크용접(EGW) 시 사용되는 보호가스가 아닌 것은?

① 아르곤가스   ② 헬륨가스

③ 이산화탄소   ④ 수소가스

해설

일렉트로가스용접용 보호가스로 수소가스는 사용하지 않는다.

일렉트로가스용접(EGW)

용접하는 모재의 틈을 물로 냉각시킨 구리 받침판으로 싸고 용접풀의 위부터 이산화탄소가스인 실드가스를 공급하면서 와이어를 용융부에 연속적으로 공급하여 와이어선단과 용융부와의 사이에서 아크를 발생시켜 그 열로 와이어와 모재를 용융시키는 용접법이다.

27 불활성가스 금속아크용접법에 대한 설명 중 틀린 것은?

① 알루미늄(Al), 마그네슘(Mg), 동합금, 스테인리스강, 저합금강 등 거의 모든 금속에 적용되며, TIG용접의 2~3배 용접능률을 얻을 수 있다.

② MIG용접에서 아크길이를 일정하게 유지할 수 있게 하는 것은 고주파장치가 있기 때문이다.

③ MIG용접에서의 용적이행은 단락이행, 입상이행, 스프레이이행이 있으며, 이 중 가장 많이 사용하는 것은 스프레이이행이다.

④ TIG용접과 같이 청정작용으로 용제(Flux)가 필요 없다.

해설

아크길이 자기제어

자동용접에서 와이어 자동송급 시 아크길이가 변동되어도 항상 일정한 길이가 되도록 유지하는 제어기능이다. 아크전류가 일정할 때 전압이 높아지면 용접봉의 용융속도가 늦어지고, 전압이 낮아지면 용융속도가 빨라지게 하는 것으로 전류밀도가 클 때 잘 나타난다.

28 TIG용접에서 고주파 교류전원은 일반 교류전원에 비하여 다음과 같은 장점을 가지고 있다. 틀린 것은?

① 텅스텐 전극봉의 수명이 연장된다.

② 텅스텐 전극봉을 모재에 접촉시키지 않아도 아크가 발생된다.

③ 아크가 더욱 안정된다.

④ 텅스텐 전극봉에 보다 많은 열이 발생한다.

[해설]

TIG용접에서 고주파 교류(ACHF)를 전원으로 사용하면 전극봉에 열이 적게 발생하므로 전극봉의 수명을 길게 할 수 있다.

TIG용접에서 고주파 교류(ACHF)를 전원으로 사용하는 이유

• 긴 아크유지가 용이하다.

• 아크를 발생시키기 쉽다.

• 비접촉에 의해 용착금속과 전극의 오염을 방지한다.

• 전극의 소모를 줄여 텅스텐 전극봉의 수명을 길게 한다.

• 고주파 전원을 사용하므로 모재에 접촉시키지 않아도 아크가 발생한다.

• 동일한 전극봉에서 직류정극성(DCSP)에 비해 고주파교류(ACHF)가 사용전류범위가 크다.

29 이음 형상에 따른 심용접기의 종류가 아닌 것은?

① 횡심용접기 ② 종심용접기

③ 만능심용접기 ④ 업셋심용접기

[해설]

심용접기의 종류

• 횡심용접기

• 종심용접기

• 만능심용접기

30 베어링합금의 필요조건으로 틀린 것은?

① 충분한 점성과 인성이 있을 것

② 마찰계수가 크고 저항력이 작을 것

③ 전동피로수명이 길고, 내마모성을 가질 것

④ 하중에 견딜 수 있는 정도의 경도와 내압력을 가질 것

[해설]

베어링은 축에 끼워져서 구조물의 하중을 받아야 하므로 그 재료는 마찰계수가 작아야 한다.

베어링재료의 구비조건(미끄럼 및 구름베어링)

• 내식성이 클 것

• 피로한도가 높을 것

• 마찰계수가 작을 것

• 마찰과 마멸이 작을 것

• 유막의 형성이 용이할 것

• 방열을 위하여 열전도율이 클 것

• 축 재질보다 면압강도가 클 것

• 하중 및 피로에 대한 충분한 강도를 가질 것

31 합금강에서 Cr원소의 첨가효과로 틀린 것은?

① 내열성을 증가시킨다.

② 자경성을 증가시킨다.

③ 부식성을 증가시킨다.

④ 내마멸성을 증가시킨다.

[해설]

크로뮴(Cr)원소의 합금효과

• 강도와 경도를 증가시킨다.

• 탄화물을 만들기 쉽게 한다.

• 내식성, 내열성, 내마모성을 증가시킨다.

32 금속침투법 중에서 Al을 침투시키는 것은?

① 세라다이징　　② 크로마이징
③ 실리코나이징　　④ 칼로라이징

해설

금속침투법

경화하고자 하는 재료의 표면을 가열한 후 여기에 다른 종류의 금속을 확산작용으로 부착시켜 합금 피복층을 얻는 표면경화법이다.

금속침투법의 종류

구 분	침투원소
세라다이징	Zn(아연)
칼로라이징	Al(알루미늄)
크로마이징	Cr(크로뮴)
실리코나이징	Si(규소, 실리콘)
보로나이징	B(붕소)

33 용접구조용 압연강재의 한국산업표준(KS D 3515)의 기호로 옳은 것은?

① SM400A　　② SS400A
③ STS410A　　④ SWR11A

해설

용접구조용 압연강재의 KS표시기호(KS D 3515)는 SM400 표시 후 A, B, C를 붙이는데 A, B, C 순서로 용접성이 좋아진다. SM400A에서 "400"은 작업 가능한 최대용접전류(A)를 나타낸다.

34 다음 탄소공구강 중 탄소함유량이 가장 많은 것은?

① STC1　　② STC2
③ STC3　　④ STC4

해설

탄소공구강재(STC)의 탄소함유량

탄소공구강재는 KS규격에 STC를 기호로 사용하는데 탄소함유량에 따라 다음과 같이 분류한다.

STC1 > STC2 > STC3 > STC4

35 Sn 청동의 용해 주조 시에 탈산제로 사용되는 P을 합금 중에 0.05~0.5% 정도 남게 하여 용탕의 유동성이 좋아지고 합금의 경도 · 강도가 증가하며, 내마모성, 탄성이 개선되는 청동은?

① 인청동　　② 연청동
③ 규소청동　　④ 알루미늄청동

해설

① 인청동 : Sn(주석) 청동의 용해 주조 시 탈산제로 사용되는 P(인)을 0.05~0.5% 남게 하면 용탕의 유동성이 좋아지고 합금의 경도와 강도가 증가하며 내마모성과 탄성을 개선시킨 청동으로 스프링 재료로 많이 사용된다.

② 연청동 : Pb(납)을 1.5~40% 함유한 청동으로서, 주로 베어링 합금으로 사용된다.

③ 규소청동 : Si(규소, 실리콘)을 3~4% 함유한 청동으로 전기적 성질을 크게 저하시키지 않고 기계적 성질과 내식성, 내열성을 개선시킨 청동이다.

36 주철의 기계적 성질로서 틀린 것은?

① 압축강도가 크다.
② 내마멸성이 크다.
③ 절삭성이 크다.
④ 연성 및 전성이 크다.

해설

주철은 취성이 강해서 연성과 전성이 작다.

37 시멘타이트(Cementite)란?

① Fe과 C의 화합물

② Fe과 S의 화합물

③ Fe과 N의 화합물

④ Fe과 O의 화합물

해설

시멘타이트(Cementite) : 순철(Fe)에 6.67%의 탄소(C)가 합금된 금속조직으로, 경도가 매우 크고 취성도 크다. 재료기호는 Fe₃C 로 표시한다.

38 스테인리스강 용접 시 열영향부 부근의 부식저항이 감소되어 입계부식이 일어나기 쉬운데 이러한 현상의 주된 원인은?

① 탄화물의 석출로 크로뮴함유량 감소

② 산화물의 석출로 니켈함유량 감소

③ 수소의 침투로 니켈함유량 감소

④ 유황의 편석으로 크로뮴함유량 감소

해설

오스테나이트계 스테인리스강에 높은 열이 가해질수록 탄화물이 더 빨리 발생되고 탄화물의 석출에 따른 크로뮴함유량이 감소되어 입계부식을 일으키기 때문에 가능한 한 용접입열을 작게 해야 한다.

39 Fe-C 평형상태도에 대한 설명 중 틀린 것은?

① BCC격자가 FCC격자로 변태하면 팽창한다.

② 결정격자가 변화하는 것을 동소변태라 한다.

③ 강자성을 잃고 상자성으로 변화하는 것을 자기변태라 한다.

④ 성질변화가 일정한 온도에서 급격히 불연속적으로 일어나는 것을 동소변태라 한다.

해설

Fe-C상태도에서 BCC에서 FCC로 변태하면 결정입자는 잠시 수축했다가 팽창한다.

40 WC, TiC, TaC 등의 분말에 Co분말을 결합제로 혼합하여 1,300~1,600℃로 가열소결시키는 재료는?

① 세라믹

② 초경합금

③ 스테인리스

④ 스텔라이트

해설

초경합금(소결 초경합금) : 1,100℃의 고온에서도 경도 변화 없이 고속절삭이 가능한 절삭공구로 WC, TiC, TaC 분말에 Co나 Ni 분말을 함께 첨가한 후 1,400℃ 이상의 고온으로 가열하면서 프레스로 소결시켜 만든다. 진동이나 충격을 받으면 쉽게 깨지는 단점이 있으나 고속도강의 4배의 절삭속도로 가공 가능하다.

41 라우탈(Lautal)의 주요합금 조성으로 옳은 것은?

① Al-Si합금

② Al-Cu-Si합금

③ Al-Cu-Ni-Mn

④ Al-Cu-Mg-Mg

해설

라우탈 : Al + Cu 4% + Si 5%의 주조용 알루미늄합금으로 열처리로 기계적 성질을 개량할 수 있다.

42 불변강이란 온도변화에 따라 열팽창계수, 탄성계수 등이 변하지 않는 것이다. 이러한 불변강에 해당되지 않는 것은?

① 인바(Invar)

② 코엘린바(Coelinvar)

③ 센더스트(Sendust)

④ 슈퍼인바(Superinvar)

해설

불변강이란 일반적으로 Ni-Fe계 내식용 합금을 말하는데 주변온도가 변해도 재료가 가진 열팽창계수나 탄성계수가 변하지 않아서 불변강이라고 불린다. 센더스트(Sendust)는 불변강에 속하지 않는다. 센더스트는 85% Fe과 10%의 Si, 5%의 Al으로 구성된 알루미늄합금이다. 고투자율을 가진 자성재료로 자기차폐기나 통신기기의 자심용 재료로 사용된다.

Ni-Fe계 합금(불변강)의 종류

종 류	용 도
인 바	• Fe에 35%의 Ni, 0.1~0.3%의 Co, 0.4%의 Mn이 합금된 불변강의 일종으로 상온 부근에서 열팽창계수가 매우 작아서 길이변화가 거의 없다. • 줄자나 측정용 표준자, 바이메탈용 재료로 사용한다.
슈퍼 인바	• Fe에 30~32%의 Ni, 4~6%의 Co를 합금한 재료로 20℃에서 열팽창계수가 0에 가까워서 표준 척도용 재료로 사용한다. • 인바에 비해 열팽창계수가 작다.
엘린바	Fe에 36%의 Ni, 12%의 Cr이 합금된 재료로 온도변화에 따라 탄성률의 변화가 미세하여 시계태엽이나 계기의 스프링, 기압계용 다이어프램, 정밀 저울용 스프링재료로 사용한다.
퍼멀 로이	• 자기장의 세기가 큰 합금의 상품명이다. • Fe에 35~80%의 Ni이 합금된 재료로 열팽창계수가 작고 열처리를 하면 높은 자기투과도를 나타내기 때문에 측정기나 고주파철심, 코일, 릴레이용 재료로 사용된다.
플래티 나이트	Fe에 46%의 Ni이 합금된 재료로 열팽창계수가 유리와 백금과 가까우며 전구 도입선이나 진공관의 도선용으로 사용한다.
코엘 린바	• 엘린바에 Co(코발트)를 첨가한 재료이다. • Fe에 Cr 10~11%, Co 26~58%, Ni 10~16% 합금한 것으로 온도변화에 대한 탄성률의 변화가 작고 공기 중이나 수중에서 부식되지 않아서 스프링, 태엽, 기상관측용 기구의 부품에 사용한다.

43 인장을 받는 맞대기 용접이음에서 굽힘모멘트 : M (kgf·mm), 굽힘응력 : σ_b(kgf/mm^2), 용접길이 : L(mm)일 때, 용접치수(모재두께) : t(mm)를 구하는 식으로 옳은 것은?

① $t = \sqrt{\dfrac{\sigma_b L}{6M}}$　　② $t = \sqrt{\dfrac{\sigma_b M}{6L}}$

③ $t = \sqrt{\dfrac{6M}{\sigma_b L}}$　　④ $t = \sqrt{\dfrac{6L}{\sigma_b M}}$

해설

용접모재의 두께$(t) = \sqrt{\dfrac{6 \times M}{\sigma_b \times L}}$

44 용접전류가 과대하거나 운봉속도가 너무 빨라서 용접 비드 토(Toe)에 생기는 작은 홈과 같은 용접결함을 무엇이라 하는가?

① 기 공　　　　② 오버랩

③ 언더컷　　　　④ 용입 불량

해설

③ 언더컷 : 용접부의 끝부분에서 모재가 파이고 용착금속이 채워지지 않고 홈으로 남아 있는 부분으로 용접속도가 너무 빠르거나 전류가 너무 높을 때 발생한다.

① 기공 : 용접부가 급랭될 때 미처 빠져나오지 못한 가스에 의해 발생하는 빈 공간이다.

② 오버랩 : 용융된 금속이 용입이 되지 않은 상태에서 표면을 덮어버린 불량이다.

④ 용입 불량 : 모재에 용가재가 모두 채워지지 않는 불량이다.

45 용접에서 잔류응력이 영향을 주는 것은?

① 좌굴강도

② 은점(Fish Eye)

③ 용접덧살

④ 언더컷

해설

좌굴이란 축 방향을 기준으로 변형되는 현상으로, 용접부에 잔류하는 응력인 잔류응력은 좌굴강도에 영향을 미친다.

46 꼭지각이 136°인 다이아몬드 사각추의 압입자를 시험 하중으로 시험편에 압입한 후에 생긴 오목자국의 대각선을 측정해서 환산표에 의해 경도를 표시하는 것은?

① 비커스경도

② 피로경도

③ 브리넬경도

④ 로크웰경도

해설

비커스경도 : 136°인 다이아몬드 피라미드 압입자인 강구에 일정량의 하중을 걸어 시험편의 표면에 압입한 후, 압입자국의 표면적 크기와 하중의 비로 경도를 측정한다.

47 주철은 대체적으로 보수용접에 많이 쓰이며, 주물의 상태, 결함의 위치, 크기와 특징, 겉모양 등에 대하여 요구될 때에는 여러 가지 시공법에 유의하여 용접하여야 한다. 다음 중 주철의 보수용접에 쓰이는 용접방법이 아닌 것은?

① 스터드법

② 비녀장법

③ 버터링법

④ 홀더링법

해설

주철의 보수용접방법

• 스터드법 : 스터드볼트를 사용해서 용접부가 힘을 받도록 하는 방법

• 비녀장법 : 균열부 수리나 가늘고 긴 부분을 용접할 때 용접선에 직각이 되게 지름이 6~10mm 정도인 ㄷ자형의 강봉을 박고 용접하는 방법

• 버터링법 : 처음에는 모재와 잘 융합되는 용접봉으로 적정 두께까지 용착시킨 후 다른 용접봉으로 용접하는 방법

• 로킹법 : 스터드볼트 대신에 용접부 바닥에 홈을 파고 이 부분을 걸쳐서 힘을 받도록 하는 방법

48 비파괴검사법 중 표면 바로 밑의 결함 검출에 가장 좋은 검사법은 어느 것인가?

① 방사선투과시험

② 육안검사시험

③ 자기탐상시험

④ 침투탐상시험

해설

표면 바로 밑의 결함은 곧 내부결함을 의미하므로 내부결함에 적합한 비파괴검사법은 방사선투과시험법이다.

방사선투과검사(Radiography Test)

용접부 뒷면에 필름을 놓고 용접물 표면에서 X선이나 γ선을 방사하여 용접부를 통과시키면, 금속 내부에 구멍이 있을 경우 그만큼 투과되는 두께가 얇아져서 필름에 방사선의 투과량은 그만큼 많아지게 되므로 다른 곳보다 검게 됨을 확인함으로써 불량을 검출하는 방법이다.

비파괴시험법의 종류

비파괴 시험	내부결함	방사선투과시험(RT)
		초음파탐상시험(UT)
	표면결함	외관검사(육안검사)(VT)
		자분탐상검사(자기탐상검사)(MT)
		침투탐상검사(PT)
		누설검사(LT)

49 제조업의 피크 전력 시간대에 용접된 제품의 품질이 저하되는 이유는?

① 전압 강하로 인한 용접조건의 변화
② 기온 상승에 의한 모재 온도 상승
③ 전류밀도 증가로 용적이행 상태변화
④ 작업 권태 발생으로 품질의식 저하

해설
피크 전력 시간대의 경우 공장으로 들어오는 전력량이 일정하지 않을 경우 전압 강하로 인하여 용접조건이 변화될 수 있어서 용접제품의 품질저하를 초래할 수 있다.

50 보조기호 중 영구적인 이면판재 사용을 표시하는 기호는?

① M   ② ⌣

③ MR   ④ ⌣ (토)

해설
용접부의 보조기호

영구적인 덮개판(이면판재) 사용	M
제거 가능한 덮개판(이면판재) 사용	MR
끝단부 토(Toe)를 매끄럽게 함	
용접부 표면모양을 볼록하게 함	⌒

※ 토(Toe) : 용접모재와 용접 표면이 만나는 부위

51 다음 중 각 변형의 방지대책으로 틀린 것은?

① 개선각도는 용접에 지장이 없는 한도 내에서 작게 한다.
② 판 두께가 얇을수록 첫 패스의 개선깊이를 작게 한다.
③ 용접속도가 빠른 용접방법을 선택한다.
④ 구속 지그 등을 활용한다.

해설
두께가 얇은 판의 첫 패스의 개선깊이를 작게 하면 녹아내릴 수 있기 때문에 첫 패스의 개선깊이는 크게 한다.

52 가접에 대한 설명 중 가장 올바른 것은?

① 가접은 가능한 한 크게 한다.
② 가접은 중요치 않으므로 본용접공보다 기능이 떨어지는 용접공이 해도 된다.
③ 강도상 중요한 곳, 용접 시점 및 종점이 되는 끝부분은 가접을 피하도록 한다.
④ 가접은 본용접에는 영향이 없다.

해설
③ 가접은 용접할 재료의 고정을 위해 재료의 일부분만 용접하는 작업으로, 강도상 중요한 곳이나 용접 시점 및 종점이 되는 끝부분은 가급적 피해야 한다.
① 가접은 가능한 한 작게 한다.
② 가접은 용접 구조물의 형태를 잡는 중요한 작업이다.
④ 가접 역시 본용접에 큰 영향을 미친다.

53 용접성(Weldability) 시험법에 속하는 것은?

① 화학분석시험

② 부식시험

③ 노치취성시험

④ 파면시험

해설

용접 시 언더컷 불량에 의해 발생된 노치부의 취성시험은 용접성 시험법에 속한다.

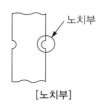

노치부

[노치부]

54 용접패스상의 언더컷이 발생하는 가장 큰 원인은?

① 용접전류가 너무 높을 때

② 짧은 아크길이를 유지할 때

③ 이음설계가 적당할 때

④ 용접부가 급랭될 때

해설

언더컷 : 용접부의 끝부분에서 모재가 파이고 용착금속이 채워지지 않고 홈으로 남아 있는 부분으로, 용접속도가 너무 빠르거나 전류가 너무 높을 때 발생한다.

55 TPM 활동체제 구축을 위한 5가지 기둥과 가장 거리가 먼 것은?

① 설비초기관리체제 구축활동

② 설비효율화의 개별개선 활동

③ 운전과 보전의 스킬업 훈련활동

④ 설비경제성 검토를 위한 설비투자분석활동

해설

TPM은 총체적 생산관리의 약자로 생산설비의 초기관리나 설비의 효율성 정도, 작업자의 설비운전과 유지보수에 대한 스킬을 관리한다. 그러나 설비의 경제성 검토는 기업운영과 관련된 것으로 TPM과는 관련이 없다.

56 로트에서 랜덤하게 시료를 추출하여 검사한 후 그 결과에 따라 로트의 합격, 불합격을 판정하는 검사 방법을 무엇이라 하는가?

① 자주검사

② 간접검사

③ 전수검사

④ 샘플링검사

해설

샘플링검사 : 로트(Lot)에서 무작위(랜덤)로 시료를 추출하여 검사한 후 그 결과에 따라 로트 전체의 합격과 불합격을 판정하는 검사방법이다.

샘플링검사의 목적

• 검사비용의 절감

• 품질향상의 자극

• 나쁜 품질인 로트(Lot)의 불합격 처리

57 도수분포표에서 알 수 있는 정보로 가장 거리가 먼 것은?

① 로트 분포의 모양

② 100단위당 부적합수

③ 로트의 평균 및 표준편차

④ 규격과의 비교를 통한 부적합품률의 추정

> **해설**
> 도수분포표란 자료를 일정 수치의 범위로 나누어서 분류하고, 그 범위별로 데이터 수치를 정리한 표이다. 데이터가 어떻게 만들어졌는지 알 수 있고 다양한 통계치를 쉽게 얻을 수 있으나, 부적합수는 알 수 없다.

58 ASME(American Society of Mechanical Engineers)에서 정의하고 있는 제품공정 분석표에 사용되는 기호 중 "저장(Storage)"을 표현한 것은?

① ○   ② □

③ ▽   ④ ⇨

> **해설**
> 제조공정 분석표 사용기호
>
> | 공정명 | 기호 명칭 | 기호 형상 |
> | --- | --- | --- |
> | 가 공 | 가 공 | ○ |
> | 운 반 | 운 반 | ⇨ |
> | 정 체 | 저 장 | ▽ |
> | | 대 기 | D |
> | 검 사 | 수량검사 | □ |
> | | 품질검사 | ◇ |

59 자전거를 셀방식으로 생산하는 공장에서 자전거 1대당 소요공수가 14.5H이며, 1일 8H, 월 25일 작업을 한다면 작업자 1명당 월 생산 가능 대수는 몇 대인가?(단, 작업자의 생산종합효율은 80%이다)

① 10대   ② 11대

③ 13대   ④ 14대

> **해설**
> $$\frac{(8H \times 25일) \times 0.8}{1대당\ 14.5H} \fallingdotseq 11.03$$
> 따라서, 월 생산대수는 11대가 된다.

60 미리 정해진 일정단위 중에 포함된 부적합수에 의거하여 공정을 관리할 때 사용되는 관리도는?

① c관리도

② P관리도

③ x관리도

④ nP관리도

> **해설**
> ① c관리도 : 미리 정해진 일정단위 중 포함된 부적합수에 의거하여 공정을 관리할 때 사용한다.
> ② P관리도 : 계수형 관리도로 불량의 비율을 수치 그래프로 표시하는 관리도이다.
> ③ x관리도 : 한 개의 측정치 데이터를 그대로 사용하여 공정관리에 사용하는 관리도 또는 정해진 공정으로부터 한 개의 측정치밖에 얻을 수 없을 때에 사용한다.
> ④ nP관리도 : 제품의 크기가 일정할 때 일정개수의 Lot 생산 시 사용하는 관리도로 nP는 불량 개수를 의미한다.

01 아세틸렌가스에 관한 설명으로 틀린 것은?

① 공기보다 무겁다.
② 탄소와 수소의 화합물이다.
③ 압축하면 분해폭발을 일으킬 수 있다.
④ 카바이드와 물의 화학작용으로 발생한다.

해설
아세틸렌가스의 비중은 0.906으로, 비중이 1.105인 산소보다 가볍다(공기 : 1).

02 가스절단작업에서 산소의 순도가 99.5% 이상 높을 때 나타나는 현상이 아닌 것은?

① 절단속도가 빠르다.
② 절단면이 양호하다.
③ 절단 홈의 폭이 넓어진다.
④ 경제적인 절단이 이루어진다.

해설
가스절단작업 시 가연성가스와 조연성가스의 순도는 작업성의 빠르기와 절단면의 품질에 큰 영향을 미친다. 따라서 조연성가스인 산소의 순도가 99.5% 이상이라면 고순도에 속하므로 절단면이 양호하게 되고 가스불꽃이 안정되며 절단속도도 빠르게 할 수 있어서 가스의 사용량이 적어지므로 경제적인 작업이 가능하다. 따라서 안정된 불꽃을 얻기 때문에 절단 홈의 폭이 넓어지지는 않는다.

03 가스절단 시 예열불꽃이 강할 때 일어나는 현상이 아닌 것은?

① 절단속도가 늦어진다.
② 절단면이 거칠어진다.
③ 모서리가 용융되어 둥글게 된다.
④ 슬래그 중의 철 성분의 박리가 어려워진다.

해설
예열불꽃이 너무 강하면 절단속도는 빨라지면서 절단면이 거칠어진다.

예열불꽃의 세기

예열불꽃이 너무 강할 때	예열불꽃이 너무 약할 때
• 절단면이 거칠어진다. • 절단면 위 모서리가 녹아 둥글게 된다. • 슬래그가 뒤쪽에 많이 달라붙어 잘 떨어지지 않는다. • 슬래그 중의 철 성분의 박리가 어려워진다.	• 드래그가 증가한다. • 역화를 일으키기 쉽다. • 절단속도가 느려지며, 절단이 중단되기 쉽다.

04 공업용 LP가스는 상온에서 얼마 정도로 압축하는가?

① 1/100
② 1/150
③ 1/200
④ 1/250

해설
LP가스(액화석유가스)는 액화가 용이하기 때문에 용기(봄베)에 1/250 정도로 압축해서 저장할 수 있다.

05 다음 가연성 가스 중 발열량이 가장 큰 것은?

① 수 소
② 뷰테인
③ 에틸렌
④ 아세틸렌

해설
가스별 불꽃의 온도 및 발열량

가스 종류	불꽃온도(℃)	발열량(kcal/m³)
아세틸렌	3,430	12,500
뷰테인	2,926	26,000
수 소	2,960	2,400
프로판	2,820	21,000
메 탄	2,700	8,500
에틸렌	-	14,000

🔍 더 알아보기!
불꽃온도나 발열량은 실험방식과 측정기의 캘리브레이션 정도에 따라 달라지므로 일반적으로 통용되는 수치를 기준으로 작성된다.

06 강판두께 25.4mm를 가스절단 시 표준드래그 길이는 약 몇 mm 정도인가?

① 3.1
② 5.1
③ 7.1
④ 9.1

해설
표준드래그 길이 구하는 식

표준드래그 길이(mm) = 판두께(mm) × $\frac{1}{5}$ = 판두께의 20%

$$= 25.4\text{mm} \times \frac{1}{5}$$

$$= 5.08\text{mm}$$

07 교류와 직류용접기를 비교할 때 교류용접기가 유리한 항목은?

① 역률이 매우 양호하다.
② 아크의 안정이 우수하다.
③ 비피복봉 사용이 가능하다.
④ 자기쏠림방지가 가능하다.

해설
직류아크용접기와 교류아크용접기의 차이점

구 분	직류아크용접기	교류아크용접기
아크안정성	우수하다.	보통이다.
비피복봉 사용 여부	가능하다.	불가능하다.
극성변화	가능하다.	불가능하다.
아크(자기) 쏠림방지	불가능하다.	가능하다.
무부하전압	약간 낮다(40~60V).	높다(70~80V).
전격의 위험	작다.	크다.
유지보수	다소 어렵다.	쉽다.
고 장	비교적 많다.	적다.
구 조	복잡하다.	간단하다.
역 률	양호하다.	불량하다.
가 격	고가이다.	저렴하다.

08 정격 2차 전류 250A, 정격사용률 40%의 아크용접기로서 실제로 200A의 전류로 용접한다면 허용사용률은 몇 %인가?

① 22.5
② 42.5
③ 62.5
④ 82.5

해설
허용사용률 구하는 식

허용사용률(%) = $\frac{(\text{정격 2차 전류})^2}{(\text{실제용접전류})^2} \times \text{정격사용률(%)}$

$$= \frac{(250\text{A})^2}{(200\text{A})^2} \times 40\%$$

$$= \frac{62,500}{40,000} \times 40\%$$

$$= 62.5\%$$

09 포갬절단(Stack Cutting)에 대한 설명으로 틀린 것은?

① 비교적 얇은 판(6mm 이하)에 사용된다.

② 절단 시 판 사이에 산화물이나 불순물을 깨끗이 제거한다.

③ 0.08mm 이하의 틈이 생기도록 포개어 압착시킨 후 절단한다.

④ 예열불꽃으로 산소-프로판불꽃보다 산소-아세틸렌불꽃이 적합하다.

해설

포갬절단은 판과 판 사이의 틈새를 0.1mm 이상으로 포개어 압착시킨 후 절단하는 방법으로, 포갬절단의 가공속도는 프로판가스를 사용하였을 때가 빠르기 때문에 아세틸렌보다는 프로판가스가 더 적합하다.

10 일명 핀치효과형이라고도 하며, 비교적 큰 용적이 단락되지 않고 옮겨가는 이행형식은?

① 단락형　　　　② 입자형

③ 스프레이형　　④ 글로뷸러형

해설

MIG용접용 이행방식인 입상이행(글로뷸러형)은 대전류영역에서 초당 90회 정도의 와이어보다 큰 용적으로 용융되어 모재로 이행된다.

MIG용접 시 용융금속의 이행방식에 따른 분류

이행방식	이행형태	특 징
단락이행		• 박판용접에 적합하다. • 모재로의 입열량이 적고 용입이 얕다. • 용융금속이 표면장력의 작용으로 모재에 옮겨가는 용적이행이다. • 저전류의 CO_2 및 MIG용접에서 솔리드 와이어를 사용할 때 발생한다.
입상이행 (글로뷸러, Globular)		• Globule은 용융방울인 용적을 의미한다. • 핀치효과형이라고도 한다. • 깊고 양호한 용입을 얻을 수 있어서 능률적이나 스패터가 많이 발생한다. • 대전류영역에서 초당 90회 정도의 와이어보다 큰 용적으로 용융되어 모재로 이행된다.
스프레이 이행		• 용적이 작은 입자로 되어 스패터 발생이 적고 비드의 외관이 좋다. • 가장 많이 사용되는 것으로 아크기류 중에서 용가재가 고속으로 용융되어 미입자의 용적으로 분사되어 모재에 옮겨가면서 용착되는 용적이행이다. • 고전압 · 고전류에서 발생하고, 아르곤가스나 헬륨가스를 사용하는 경합금용접에서 주로 나타나며 용착속도가 빠르고 능률적이다.
맥동이행 (펄스아크)		연속적으로 스프레이이행을 사용할 때 높은 입열로 인해 용접부의 물성이 변화되었거나 박판용접 시 용락으로 인해 용접이 불가능하게 되었을 때 낮은 전류에서도 스프레이이행이 이루어지게 하여 박판용접을 가능하게 한다.

11 피복아크용접에서 아크쏠림 방지대책 중 옳은 것은?

① 아크길이를 길게 할 것

② 접지점은 가급적 용접부에 가까이 할 것

③ 교류용접으로 하지 말고 직류용접으로 할 것

④ 용접봉 끝을 아크쏠림 반대방향으로 기울일 것

해설

아크쏠림 방지대책

• 용접전류를 줄인다.
• 교류용접기를 사용한다.
• 접지점을 2개 연결한다.
• 아크길이는 최대한 짧게 유지한다.
• 접지부를 용접부에서 최대한 멀리한다.
• 용접봉 끝을 아크쏠림의 반대방향으로 기울인다.
• 용접부가 긴 경우는 가용접 후 후진법(후퇴용접법)을 사용한다.
• 받침쇠, 긴 가용접부, 이음의 처음과 끝에는 엔드탭을 사용한다.

12 토치를 사용하여 용접부의 결함, 뒤 따내기, 가접의 제거, 압연강재, 주강의 표면결함 제거 등에 사용하는 가공법은?

① 가스가우징   ② 산소창절단

③ 산소아크절단   ④ 아크에어가우징

해설

① 가스가우징 : 용접결함(압연강재나 주강의 표면결함)이나 가접부 등의 제거를 위하여 가스절단과 비슷한 토치를 사용해서 용접부분의 뒷면을 따내거나 U형, H형상의 용접 홈을 가공하기 위하여 깊은 홈을 파내는 가공방법이다.

② 산소창절단 : 가늘고 긴 강관(안지름 3.2~6mm, 길이 1.5~3m)을 사용해서 절단산소를 큰 강괴의 중심부에 분출시켜 창으로 불리는 강관 자체가 함께 연소되면서 절단하는 방법으로, 주로 두꺼운 강판이나 주철, 강괴 등의 절단에 사용된다.

③ 산소아크절단 : 산소아크절단에 사용되는 전극봉은 중공의 피복봉으로 발생되는 아크열을 이용하여 모재를 용융시킨 후 중공 부분으로 절단산소를 내보내서 절단하는 방법이다. 산화발열효과와 산소의 분출압력 때문에 작업속도가 빠르며, 입열시간이 짧아 변형이 작고 전극의 운봉이 거의 필요 없으며 전극봉을 절단방향으로 직선이동시키면 되지만, 전단면이 고르지 못한 단점이 있다.

④ 아크에어가우징 : 탄소봉을 전극으로 하여 아크를 발생시킨 후 절단을 하는 탄소아크절단법에 약 5~7kgf/cm² 인 고압의 압축공기를 병용하는 것으로, 용융된 금속을 탄소봉과 평행으로 분출하는 압축공기를 전극홀더의 끝부분에 위치한 구멍을 통해 연속해서 불어내서 홈을 파내는 방법이다. 용접부의 홈가공, 구멍 뚫기, 절단작업, 뒷면 따내기, 용접결함부 제거 등에 사용된다. 철이나 비철금속에 모두 이용할 수 있으며, 가스가우징보다 작업 능률이 2~3배 높고 모재에도 해를 입히지 않는다.

13 저수소계 용접봉은 사용 전에 충분한 건조가 되어야 한다. 가장 적당한 건조온도와 건조시간은?

① 150~200℃, 30분~1시간

② 200~250℃, 1~2시간

③ 300~350℃, 1~2시간

④ 400~450℃, 30분~1시간

해설

용접봉의 건조온도

용접봉은 습기에 민감해서 건조가 필요하다. 습기는 기공이나 균열 등의 원인이 되므로 저수소계 용접봉에 수소가 많으면 특히 기공을 발생시키기 쉽고 내균열성과 강도가 저하되며 셀룰로스계는 피복이 떨어진다.

일반용접봉	약 100℃로 30분~1시간
저수소계 용접봉	약 300~350℃에서 1~2시간

14 스카핑(Scarfing)에 대한 설명으로 옳은 것은?

① 탄소 또는 흑연전극봉과 모재와의 사이에 아크를 일으켜서 절단하는 방법이다.

② 강재 표면의 탈탄층 또는 홈을 제거하기 위해 타원형 모양으로 얇고 넓게 표면을 깎는 것이다.

③ 탄소아크절단에 압축공기를 병용한 방법으로 결함 제거, 절단 및 구멍 뚫기 작업이다.

④ 물의 압력을 초고압 이상으로 압축하여 물의 정지에너지를 운동에너지로 전환하여 절단하는 작업이다.

스카핑(Scarfing) : 강괴나 강편, 강재 표면의 흠이나 개재물, 탈탄층 등을 제거하기 위한 불꽃가공으로 가능한 한 얇으면서 타원형의 모양으로 표면을 깎아내는 가공법이다.

15 AW-500 교류아크용접기의 최고 무부하전압은 몇 V 이하인가?

① 30
② 80
③ 95
④ 110

교류아크용접기의 규격

종 류	AW200	AW300	AW400	AW500
정격 2차 전류(A)	200	300	400	500
정격사용률(%)	40	40	40	60
정격부하전압(V)	30	35	40	40
최고 2차 무부하전압(V)	85 이하	85 이하	85 이하	95 이하
사용 용접봉 지름 (mm)	2.0~4.0	2.6~6.0	3.2~8.0	4.0~8.0

16 전자빔용접의 단점이 아닌 것은?

① 냉각속도가 빨라 경화현상이 일어난다.

② 배기장치가 필요하고 피용접물의 크기도 제한받는다.

③ X선이 많이 누출되므로 X선 방호장비를 착용해야 한다.

④ 용접봉을 일반적으로 사용하지 않으므로 슬래그 섞임 등의 결함이 생기지 않는다.

전자빔용접은 아크빔에 의해 에너지의 집중이 가능하기 때문에 용융속도가 빠르고 고속 용접이 가능하나 표면 불순물 등에 의해 슬래그섞임 등의 결함이 생길 수 있다.

전자빔용접의 장단점

장 점	• 에너지밀도가 크다. • 용접부의 성질이 양호하다. • 활성재료가 용이하게 용접된다. • 고용융점재료의 용접이 가능하다. • 아크빔에 의해 열의 집중이 잘된다. • 고속절단이나 구멍뚫기에 적합하다. • 얇은 판에서 두꺼운 판까지 용접할 수 있다(응용범위가 넓다). • 아크용접에 비해 용입이 깊어 다층용접도 단층용접으로 완성할 수 있다. • 에너지의 집중이 가능하기 때문에 용융속도가 빠르고 고속용접이 가능하다. • 높은 진공상태에서 행해지므로 대기와 반응하기 쉬운 재료도 용접이 가능하다. • 진공 중에서 용접하므로 불순가스에 의한 오염이 적고 높은 순도의 용접이 된다. • 용접부가 작아서 용접부의 입열이 작고 용입이 깊어 용접변형이 적고 정밀용접이 가능하다.
단 점	• 설비비가 비싸다. • 용접부에 경화현상이 생긴다. • X선 피해에 대한 특수보호장치가 필요하다. • 진공 중에서 용접하기 때문에 진공상자의 크기에 따라 모재 크기가 제한된다.

17 다음과 같은 성질을 무엇이라고 하는가?

> 아크플라스마는 고전류가 되면 방전전류에 의하여
> 생기는 자장과 전류의 작용으로 아크 단면이 수축하
> 여 가늘게 되고 전류밀도는 증가한다.

① 플라스마
② 단락이행효과
③ 자기적 핀치효과
④ 플라스마제트효과

해설
자기적 핀치효과란 아크플라스마는 고전류가 되면 방전전류에
의하여 생기는 자장과 전류의 작용으로 아크의 단면이 수축되는데
그 결과 아크 단면이 수축하여 가늘게 되고 전류밀도가 증가하여
큰 에너지를 발생하는 것이다.

18 CO_2가스아크용접용 토치의 구성품이 아닌 것은?

① 노 즐
② 오리피스
③ 송급롤러
④ 콘택트팁

해설
CO_2가스아크용접용 설비에서 송급롤러는 본체에 부착되어 용접
용 와이어를 토치로 송급시키는 역할을 한다.
CO_2가스 아크용접용 토치구조
- 노 즐
- 오리피스
- 토치 몸체
- 콘택트팁
- 가스디퓨저
- 스프링라이너
- 노즐 인슐레이터

19 TIG용접에 사용되는 텅스텐 전극봉의 종류에 해당
되지 않는 것은?

① 순 텅스텐
② 바륨 텅스텐
③ 2% 토륨 텅스텐
④ 지르코늄 텅스텐

해설
텅스텐 전극봉의 종류별 식별 색상

종 류	색 상
순 텅스텐봉	녹 색
1% 토륨 텅스텐봉	노랑(황색)
2% 토륨 텅스텐봉	적 색
지르코늄 텅스텐봉	갈 색
세륨 텅스텐봉	회 색

20 납땜과 용제를 삽입한 틈을 고주파전류를 이용하
여 가열하는 납땜방법으로, 가열시간이 짧고 작업
이 용이한 것은?

① 저항납땜
② 노내납땜
③ 인두납땜
④ 유도가열납땜

해설
유도가열납땜이란 고주파전류를 이용하여 납땜과 용제 사이를 가
열하여 납땜하는 방법으로, 가열시간이 짧고 작업성이 용이하다.

21 탄산가스아크용접에서 전진법의 특징이 아닌 것은?

① 비드높이가 낮고 평탄한 비드가 형성된다.

② 용접선이 잘 보이므로 운봉을 정확하게 할 수 있다.

③ 스패터가 비교적 많으며 진행방향쪽으로 흩어진다.

④ 용융금속이 앞으로 나가지 않으므로 깊은 용입을 얻을 수 있다.

해설

CO_2용접의 전진법과 후진법의 차이점

전진법	후진법
• 용접선이 잘 보여 운봉이 정확하다.	• 스패터 발생이 적다.
• 높이가 낮고 평탄한 비드를 형성한다.	• 깊은 용입을 얻을 수 있다.
• 스패터가 비교적 많고 진행방향으로 흩어진다.	• 높이가 높고 폭이 좁은 비드를 형성한다.
• 용착금속이 아크보다 앞서기 쉬워 용입이 얕다.	• 용접선이 노즐에 가려 운봉이 부정확하다.
	• 비드형상이 잘 보여 폭, 높이의 제어가 가능하다.

22 금속 또는 금속화합물의 분말을 가열하여 반용융 상태로 하여 불어서 밀착피복하는 방법은?

① 용 사 ② 스카핑

③ 레이저 ④ 가우징

해설

용사법 : 금속을 가열해서 미세한 용적형상으로 만들어 가공물의 표면에 분무시켜서 밀착시키는 방법이다.

23 불활성가스아크용접으로 스테인리스강을 용접할 때의 설명 중 가장 거리가 먼 것은?

① 깊은 용입을 위하여 직류정극성을 사용한다.

② 용접성이 우수한 순 텅스텐 전극봉을 가장 많이 사용한다.

③ 전극의 끝은 뾰족할수록 전류가 안정되고 열집중성이 좋다.

④ 보호가스는 아르곤가스를 사용하며 낮은 유속에서도 우수한 보호작용을 한다.

해설

TIG용접으로 스테인리스강을 용접할 때는 1~2%의 토륨을 함유한 토륨 텅스텐봉이 가장 많이 사용된다.

24 플래시버트용접의 특징으로 틀린 것은?

① 용접면에 산화물 개입이 적다.

② 업셋용접보다 전력 소비가 작다.

③ 용접면을 정밀하게 가공할 필요가 없다.

④ 가열부의 열영향부가 넓고 용접시간이 길다.

해설

플래시버트용접은 맞대기저항용접의 일종으로 가열범위와 열영향부(HAZ)가 좁고 용접시간이 길다.

25 CO₂아크용접 시 아크전압은 비드형상을 결정하는 가장 주요한 요인이 되는데 아크전압을 높이면 어떤 현상이 나타나는가?

① 용입이 약간 깊어진다.

② 비드가 볼록하고 좁아진다.

③ 비드가 넓어지고 납작해진다.

④ 와이어가 녹지 않고 모재 바닥을 부딪친다.

해설
아크용접 시 아크전압을 높이면 용접와이어(용접봉)가 더 빨리 녹게 되므로 비드의 폭이 넓어지고 납작해진다.

26 테르밋용접에 대한 설명으로 틀린 것은?

① 용접시간이 짧고, 용접 후 변형이 작다.

② 설비가 싸고, 전원이 필요 없으므로 이동해서 사용이 가능하다.

③ 테르밋반응의 발화제로서 산화구리, 타이타늄 등의 혼합분말을 이용한다.

④ 철도레일의 맞대기용접, 크랭크축, 배의 프레임 등의 보수용접에 사용한다.

해설
테르밋용접
금속산화물과 알루미늄이 반응하여 열과 슬래그를 발생시키는 테르밋반응을 이용하는 용접법이다. 강을 용접할 경우에는 산화철과 알루미늄분말을 3 : 1로 혼합한 테르밋제를 만들어 냄비의 역할을 하는 도가니에 넣은 후, 점화제를 약 1,000℃로 점화시키면 약 2,800℃의 열이 발생되어 용접용 강이 만들어지는데 이 강(Steel)을 용접 부위에 주입 후 서랭하여 용접을 완료한다. 주로 철도레일이나 차축, 선박의 프레임 접합에 사용된다.

27 레이저용접(Laser Welding)에 관한 설명으로 틀린 것은?

① 소입열용접이 가능하다.

② 좁고 깊은 용접부를 얻을 수 있다.

③ 고속용접과 용접공정의 융통성을 부여할 수 있다.

④ 접합되어야 할 부품의 조건에 따라서 한 방향의 용접으로는 접합이 불가능하다.

해설
레이저빔용접(레이저용접)은 한 방향으로 용접이 가능하다.
레이저빔용접(레이저용접)의 특징
• 좁고 깊은 용접부를 얻을 수 있다.
• 이종금속의 용접이 가능하다.
• 미세하고 정밀한 용접이 가능하다.
• 접근이 곤란한 물체의 용접이 가능하다.
• 열변형이 거의 없는 비접촉식 용접법이다.
• 전자빔용접기 설치비용보다 설치비가 저렴하다.
• 고속용접과 용접공정의 융통성을 부여할 수 있다.
• 전자부품과 같은 작은 크기의 정밀용접이 가능하다.
• 용접입열이 매우 작으며, 열영향부의 범위가 좁다.
• 용접될 물체가 불량 도체인 경우에도 용접이 가능하다.
• 에너지밀도가 매우 높으며, 고융점을 가진 금속의 용접에 이용한다.
• 접합되어야 할 부품의 조건에 따라서 한면용접으로 접합이 가능하다.
• 열원이 빛의 빔이기 때문에 투명재료를 써서 어떤 분위기 속(공기, 진공)에서도 용접이 가능하다.

28 플라스마(Plasma)아크용접장치의 구성요소가 아닌 것은?

① 토 치   ② 홀 더

③ 용접전원   ④ 고주파 발생장치

해설
플라스마아크용접용 장치에는 용접홀더 대신 토치를 사용한다.

29 논가스아크용접법의 특징으로 틀린 것은?

① 보호가스나 용제를 필요로 하지 않는다.

② 수소가 많이 발생하여 아크빛과 열이 약하다.

③ 보호가스의 발생이 많아서 용접선이 잘 보이지 않는다.

④ 용접길이가 긴 용접물에 아크를 중단하지 않고 연속으로 용접할 수 있다.

해설
논가스아크용접은 수소가스가 발생하지 않는다.
논가스아크용접
솔리드 와이어나 플럭스 와이어를 사용하여 보호가스가 없이도 공기 중에서 직접 용접하는 방법으로, 비피복아크용접이라고도 불리는데 반자동용접 중 가장 간편하다. 별도로 추가 공급하는 보호가스가 필요치 않으므로 바람에도 비교적 안정되어 옥외용접도 가능하다. 용접비드가 깨끗하지 않으나 슬래그 박리성은 좋다. 용착금속의 기계적 성질은 다른 용접법에 비해 좋지 못하며 용접아크에 의해 스패터가 많이 발생하고 용접전원도 특수하게 만들어야 한다는 단점이 있다.

30 강의 담금질 조직에서 경도가 높은 순서로 옳게 표시한 것은?

① 마텐자이트 > 트루스타이트 > 소르바이트 > 오스테나이트

② 마텐자이트 > 소르바이트 > 오스테나이트 > 트루스타이트

③ 오스테나이트 > 트루스타이트 > 마텐자이트 > 소르바이트

④ 마텐자이트 > 소르바이트 > 트루스타이트 > 오스테나이트

해설
금속조직의 경도가 높은 순서
페라이트 < 오스테나이트 < 펄라이트 < 소르바이트 < 베이나이트 < 트루스타이트 < 마텐자이트 < 시멘타이트

🔍 더 알아보기!
강의 열처리조직 중 Fe에 C(탄소)가 6.67% 함유된 시멘타이트 조직의 경도가 가장 높다.

31 주철용접 시 주의사항 중 틀린 것은?

① 용접봉은 가능한 한 가는 지름을 사용한다.

② 용접전류는 필요 이상 높이지 말아야 한다.

③ 가스용접에 사용되는 불꽃은 산화불꽃으로 한다.

④ 균열의 보수는 균열의 연장을 방지하기 위하여 균열 끝에 작은 구멍을 뚫는다.

해설
가스용접법으로 주철을 용접할 때는 높은 탄소함유량 때문에 중성불꽃을 사용한다.
• 산화불꽃 : 산소과잉의 불꽃으로 산소와 아세틸렌가스의 비율이 1.15~1.17 : 1로 강한 산화성을 나타내며, 가스불꽃 중에서 온도가 가장 높다. 이 산화불꽃은 황동과 같은 구리합금의 용접에 적합하다.
• 탄화불꽃은 아세틸렌 과잉불꽃으로 가스용접에서 산화방지가 필요한 금속인 스테인리스나 스텔라이트의 용접에 사용되나 금속 표면에 침탄작용을 일으키기 쉽다.

32 다음 금속 중 비중이 가장 큰 것은?

① Mo   ② Ni
③ Cu   ④ Mg

해설
금속의 비중

경금속		중금속			
Mg	1.7	Sn	5.8	Mo	10.2
Be	1.8	V	6.1	Ag	10.4
Al	2.7	Cr	7.1	Pb	11.3
Ti	4.5	Mn	7.4	W	19.1
		Fe	7.8	Au	19.3
		Ni	8.9	Pt	21.4
		Cu	8.9	Ir	22

※ 경금속과 중금속을 구분하는 비중의 경계 : 4.5

33 CO_2용접으로 용접하기에 가장 용이한 재료로 사용되는 것은?

① 철 강   ② 구 리

③ 실루민   ④ 알루미늄

해설

CO_2용접(탄산가스아크용접)의 특징

• 조작이 간단하다.
• 가시아크로 시공이 편리하다.
• 철 재질의 용접에만 한정된다.
• 전용접자세로 용접이 가능하다.
• 용착금속의 강도와 연신율이 크다.
• MIG용접에 비해 용착금속에 기공의 발생이 적다.
• 보호가스가 저렴한 탄산가스이므로 경비가 적게 든다.
• 킬드강이나 세미킬드강, 림드강도 쉽게 용접할 수 있다.
• 아크와 용융지가 눈에 보여 정확한 용접이 가능하다.
• 산화 및 질화가 되지 않아 양호한 용착금속을 얻을 수 있다.
• 용접의 전류밀도가 커서 용입이 깊고 용접속도를 빠르게 할 수 있다.
• 용착금속 내부의 수소함량이 타 용접법보다 적어 은점이 생기지 않는다.
• 용제가 사용되지 않아 슬래그의 잠입이 적고 슬래그를 제거하지 않아도 된다.
• 아크특성에 적합한 상승특성을 갖는 전원을 사용하므로 스패터의 발생이 적고 안정된 아크를 얻는다.

34 알루미늄 및 알루미늄 합금 재료의 용접에 가장 적절한 용접방법은?

① TIG용접

② CO_2용접

③ 피복아크용접

④ 서브머지드아크용접

해설

TIG용접은 청정작용이 있어서 산화막이 강한 금속인 알루미늄 및 그 합금의 용접에 적합하다.

35 고Mn강의 조직으로 옳은 것은?

① 오스테나이트

② 펄라이트

③ 베이나이트

④ 마텐자이트

해설

고Mn주강 : Mn을 약 12%, C를 1~1.4% 합금한 고망가니즈주강(하드필드강)은 오스테나이트 입계의 탄화물 석출로 취약하지만, 약 1,000℃에서 담금질하면 균일한 오스테나이트조직이 되면서 조직이 강인해지므로 광산이나 토목용 기계부품에 사용이 가능하다.

36 Fe-C 평형상태도에서 시멘타이트의 자기변태점에 해당되는 것은?

① A_0변태점   ② A_1변태점

③ A_3변태점   ④ A_4변태점

해설

Fe의 변태점의 종류

• A_0변태점(210℃) : 시멘타이트의 자기변태점
• A_1변태점(723℃) : 철의 동소변태점(공석변태점)
• A_2변태점(768℃) : 철의 자기변태점
• A_3변태점(910℃) : 철의 동소변태점, 체심입방격자(BCC) → 면심입방격자(FCC)
• A_4변태점(1,410℃) : 철의 동소변태점, 면심입방격자(FCC) → 체심입방격자(BCC)

37 철강재료 선정 시 고려사항 중 틀린 것은?

① 기계적 강도가 요구되면 인장강도가 클 것
② 반복하중을 받는 것이면 피로강도가 클 것
③ 마모되는 곳에는 탈탄산화성이 클 것
④ 부식되는 곳에는 내부식성이 클 것

해설
철강재료는 마모되는 곳뿐만 아니라 모든 곳에서 산화성이 크면 안 된다.

38 철강 표면에 아연(Zn)을 확산침투시키는 세라다이징(Sheradizing)의 주요목적으로 옳은 것은?

① 연 성   ② 가단성
③ 내식성   ④ 인장강도

해설
금속침투법 : 경화하고자 하는 재료의 표면을 가열한 후 여기에 다른 종류의 금속을 확산작용으로 부착시켜 합금피복층을 얻는 표면경화법이다. 이 금속침투법에 사용되는 원소로 Zn을 사용했다면 표면경화와 내식성 향상을 동시에 얻고자 한 목적이 있다.
금속침투법의 종류

구 분	침투원소
세라다이징	Zn(아연)
칼로라이징	Al(알루미늄)
크로마이징	Cr(크로뮴)
실리코나이징	Si(규소, 실리콘)
보로나이징	B(붕소)

39 용접 후 열처리(Post Weld Heat Treatment)를 실시한 후 시간의 경과에 따라 형상치수를 안정시키는 방법으로 옳은 것은?

① 최종 잔류응력을 증가시켜야 한다.
② 냉각속도는 가급적 빠르게 진행한다.
③ 노로부터 반출온도는 가급적 낮게 하여야 한다.
④ 용접부의 가열 후 유지온도의 상·하한 폭을 가능한 한 높게 한다.

해설
열처리 완료 후 노(Furnace)에서 제품을 꺼내는 온도는 상온(24℃)에서 떨어지지 않도록 가급적 낮게 하여야 열변형이 작다.

40 알루미늄합금 중 플루오린화알칼리, 금속나트륨 등을 첨가하여 개량처리하는 합금은?

① 실루민
② 라우탈
③ 로-엑스합금
④ 하이드로날륨

해설
개량처리된 알루미늄합금은 실루민(Silumin)으로 나트륨이나 수산화나트륨, 플루오린화알칼리, 알칼리염류 등을 용탕 안에 넣고 10~50분 후에 주입하면 조직이 미세화되며, 공정점과 온도가 14%, 556℃로 이동하는데 이 처리를 개량처리라고 한다.

41 한국산업표준에서 정한 일반구조용 탄소강관을 나타내는 기호로 옳은 것은?

① STS　　　　② SKS

③ SNC　　　　④ STK

해설

④ STK : 일반구조용 탄소강관
① STS : 합금공구강(절삭공구)
② SKS : 합금공구강재의 JIS기호
③ SNC : 니켈-크로뮴강

42 질화처리에 대한 설명 중 틀린 것은?

① 내마모성이 커진다.

② 피로한도가 향상된다.

③ 높은 표면경도를 얻을 수 있다.

④ 고온에서 처리되는 관계로 변형이 많다.

해설

침탄법과 질화법의 특징

특 성	침탄법	질화법
경 도	질화법보다 낮다.	침탄법보다 높다.
수정 여부	침탄 후 수정이 가능하다.	침탄 후 수정이 불가하다.
처리시간	짧다.	길다.
열처리	침탄 후 열처리가 필요하다.	침탄 후 열처리가 불필요하다.
변 형	변형이 크다.	변형이 작다.
취 성	질화층보다 여리지 않다.	질화층부가 여리다.
경화층	질화법에 비해 깊다.	침탄법에 비해 얇다.
가열온도	질화법보다 높다.	침탄법보다 낮다.

43 용접길이를 짧게 나누어 간격을 두면서 용접하는 것으로 잔류응력이 적게 발생하도록 하는 용착법은?

① 전진법

② 후진법

③ 스킵법

④ 빌드업법

해설

용접법의 종류

구 분		특 징
용착 방향에 의한 용착법	전진법	• 한쪽 끝에서 다른쪽 끝으로 용접을 진행하는 방법으로, 용접 진행방향과 용착방향이 서로 같다. • 용접길이가 길면 끝부분쪽에 수축과 잔류응력이 생긴다.
	후퇴법	• 용접을 단계적으로 후퇴하면서 전체 길이를 용접하는 방법으로, 용접 진행방향과 용착방향이 서로 반대가 된다. • 수축과 잔류응력을 줄이는 용접기법이나 작업능률은 떨어진다.
	대칭법	변형과 수축응력의 경감법으로 용접의 전 길이에 걸쳐 중심에서 좌우 또는 용접물 형상에 따라 좌우대칭으로 용접하는 기법이다.
	스킵법 (비석법)	• 용접부 전체의 길이를 5개 부분으로 나누어 놓고 1-4-2-5-3순으로 용접하는 방법이다. • 용접부에 잔류응력을 적게 하면서 변형을 방지하고자 할 때 사용한다.
다층 비드 용착법	덧살올림법 (빌드업법)	각 층마다 전체의 길이를 용접하면서 쌓아올리는 가장 일반적인 방법이다.
	전진블록법	• 한 개의 용접봉으로 살을 붙일만한 길이로 구분해서 홈을 한 층 완료한 후 다른 층을 용접하는 방법이다. • 다층용접 시 변형과 잔류응력의 경감을 위해 사용한다.
	캐스 케이드법	한 부분의 몇 층을 용접하다가 다음 부분의 층으로 연속시켜 전체가 단계를 이루도록 용착시켜 나가는 방법이다.

44 양호한 용접 품질을 얻기 위하여 용접시공 시 예열이 많이 사용되고 있다. 다음 중 예열을 하는 가장 주된 이유는?

① 표면 오염을 제거하기 위하여

② 고강도의 용착금속을 얻기 위하여

③ 저열전도도 재료를 용이하게 용접하기 위하여

④ 열영향부와 용착금속의 경화를 방지하고 연성을 증가하기 위하여

해설

재료에 예열을 가하는 목적은 급열 및 급랭방지로 잔류응력을 줄여 용착금속의 경화를 방지하고 용접금속에 연성과 인성을 부여하기 위함이다.

용접 전과 후 모재에 예열을 가하는 목적
• 열영향부(HAZ)의 균열을 방지한다.
• 수축변형 및 균열을 경감시킨다.
• 용접금속에 연성 및 인성을 부여한다.
• 열영향부와 용착금속의 경화를 방지한다.
• 급열 및 급랭방지로 잔류응력을 줄인다.
• 용접금속의 팽창이나 수축의 정도를 줄여준다.
• 수소 방출을 용이하게 하여 저온균열을 방지한다.
• 금속 내부의 가스를 방출시켜 기공 및 균열을 방지한다.

45 판두께 12mm, 용접길이가 25cm인 판을 맞대기용접하여 4,200N의 인장하중을 작용시킬 때 인장응력은 얼마인가?

① 14N/cm^2
② 140N/cm^2
③ 700N/cm^2
④ $1,400\text{N/cm}^2$

해설

인장응력 $\sigma = \dfrac{F}{A} = \dfrac{F}{t \times L}$ 식을 응용하면

$\sigma = \dfrac{4,200\text{N}}{1.2\text{cm} \times 25\text{cm}} = 140\text{N/cm}^2$

맞대기용접부의 인장하중(힘)

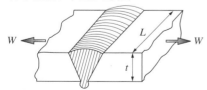

인장응력 $\sigma = \dfrac{F}{A} = \dfrac{F}{t \times L}$ 식을 응용하면,

$\sigma[\text{N/mm}^2] = \dfrac{W}{t(\text{mm}) \times L(\text{mm})}$

46 용접 후 변형을 교정하는 방법을 나열한 것 중 틀린 것은?

① 롤러에 거는 방법

② 형재에 대한 직선수축법

③ 냉각 후 해머질하는 방법

④ 절단에 의하여 성형하고 재용접하는 방법

해설

재료가 냉각된 이후 해머질을 가할 경우 해머질을 실시한 부분에 오히려 잔류응력이 더 발생하기 때문에 변형교정법으로 실시하지 않는다.

47 용접작업에서 잔류응력의 경감과 완화를 위한 방법으로 적합하지 않는 것은?

① 포지셔너 사용

② 직선수축법 선정

③ 용착금속량의 감소

④ 용착법의 적절한 선정

해설

직선수축법은 용접변형 교정법의 방법으로, 잔류응력을 줄이는 대책과는 관련이 없다.

48 용접비드 끝에서 불순물과 편석에 의해 발생하는 응고균열은?

① 은 점
② 스패터
③ 수소취성
④ 크레이터균열

해설

크레이터균열 : 용접비드의 끝에서 발생하는 고온균열로서 불순물이나 편석이 있는 경우, 냉각속도가 지나치게 빠른 경우에 발생하며 용접루트의 노치부에 의한 응력집중부에도 발생한다.

Crater Crack

49 용접지그를 선택하는 기준으로 틀린 것은?

① 용접변형을 억제할 수 있는 구조이어야 한다.
② 청소하기 쉽고 작업능률이 향상되어야 한다.
③ 피용접물과의 고정과 분해가 어렵고 용접할 간극이 좁아야 한다.
④ 용접하고자 하는 물체를 튼튼하게 고정시켜 줄 수 있는 크기와 강성이 있어야 한다.

해설

용접용 지그(Jig)는 작업의 편의성을 위하거나 대량 생산을 위해서 사용하는 용접 보조기구로 용접할 재료를 고정하고 분해하기 쉬워야 하며 용접할 간극이 좁으면 작업하기 힘들다.

50 다음 용접기호를 바르게 설명한 것은?

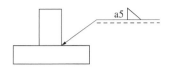

① 필릿용접
② 플러그용접
③ 목길이가 5mm
④ 루트 간격은 5mm

해설

필릿용접의 용접기호는 다음과 같다.

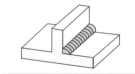

51 가접에 대한 설명으로 가장 거리가 먼 것은?

① 부재강도상 중요한 곳은 가접을 피한다.
② 가접할 때 용접봉은 본용접봉보다 지름이 굵은 것을 사용한다.
③ 본용접사와 동등한 기량을 갖는 용접자로 하여금 가접을 하게 한다.
④ 본용접 전에 좌우의 홈 부분을 잠정적으로 고정하기 위한 짧은 용접이다.

해설

가접은 본용접 전 재료를 고정시키기 위한 것으로 변형방지를 위해 가는 용접봉으로 작업한다.

52 오버랩(Over Lap)의 결함이 있을 경우, 보수방법으로 가장 적합한 것은?

① 비드 위에 재용접한다.
② 드릴로 구멍을 뚫고 재용접한다.
③ 결함 부분을 깎아내고 재용접한다.
④ 직경이 작은 용접봉으로 재용접한다.

해설
오버랩은 용융된 금속이 용입이 되지 않은 상태에서 표면을 덮어버린 불량이므로 덮힌 부분을 스카핑작업 등으로 깎아내고 재용접을 실시해야 한다.

53 용접구조 설계상의 주의사항으로 틀린 것은?

① 용접이음의 집중, 접근 및 교차를 가급적 피할 것
② 용접치수는 강도상 필요 이상으로 크게 하지 말 것
③ 용접에 의한 변형 및 잔류응력을 경감시킬 수 있도록 할 것
④ 후판용접의 경우 용입이 얕은 용접법을 이용하여 용접층수(패스수)를 많게 할 것

해설
두꺼운 판을 용접할 때는 용입을 크게 하여 용접층수를 작게 함으로써 모재로의 과다한 입열에 의한 변형을 방지할 수 있다.
용접이음부 설계 시 주의사항
• 용접선의 교차를 최대한 줄인다.
• 용착량을 가능한 적게 설계해야 한다.
• 용접길이가 감소될 수 있는 설계를 한다.
• 가능한 한 아래보기자세로 작업하도록 한다.
• 필릿용접보다는 맞대기용접으로 설계한다.
• 용접열이 국부적으로 집중되지 않도록 한다.
• 보강재 등 구속이 커지도록 구조설계를 한다.
• 용접작업에 지장을 주지 않도록 공간을 남긴다.
• 열의 분포가 가능한 한 부재 전체에 고루 퍼지도록 한다.
• 용접치수는 강도상 필요한 치수 이상으로 하지 않는다.
• 판면에 직각방향으로 인장하중이 작용할 경우에는 판의 이방성에 주의한다.

54 강재 용접부 표면에 발생한 기공의 탐상에 가장 적합한 비파괴검사법은?

① 음향방출검사
② 자분탐상검사
③ 초음파탐상검사
④ 방사선투과검사

해설
자기탐상시험(자분탐상시험, Magnetic Test)
철강재료 등 강자성체를 자기장에 놓았을 때 시험편표면이나 표면 근처에 균열이나 비금속 개재물과 같은 결함이 있으면 결함 부분에는 자속이 통하기 어려워 공간으로 누설되어 누설자속이 생긴다. 이 누설자속을 자분(자성분말)이나 검사코일을 사용하여 결함의 존재를 검출하는 검사방법이다. 기계부품의 표면부에 존재하는 결함을 검출하는 비파괴시험법이나 알루미늄, 오스테나이트 스테인리스강, 구리 등 비자성체에는 적용이 불가하다.

비파괴시험법의 종류

비파괴 시험	내부결함	방사선투과시험(RT)
		초음파탐상시험(UT)
	표면결함	외관검사(육안검사, VT)
		자분탐상검사(자기탐상검사, MT)
		침투탐상검사(PT)
		누설검사(LT)

55 계수규준형 샘플링검사의 OC곡선에서 좋은 로트를 합격시키는 확률을 뜻하는 것은?(단, α는 제1종 과오, β는 제2종 과오이다)

① α
② β
③ $1-\alpha$
④ $1-\beta$

56 어떤 작업을 수행하는데 작업소요시간이 빠른 경우 5시간, 보통이면 8시간, 늦으면 12시간 걸린다고 예측되었다면 3점견적법에 의한 기대시간치와 분산을 계산하면 약 얼마인가?

① $te = 8.0$, $\sigma^2 = 1.17$

② $te = 8.2$, $\sigma^2 = 1.36$

③ $te = 8.3$, $\sigma^2 = 1.17$

④ $te = 8.3$, $\sigma^2 = 1.36$

57 작업측정의 목적 중 틀린 것은?

① 작업 개선

② 표준시간 설정

③ 과업관리

④ 요소작업 분할

해설

작업을 측정하는 목적은 현재의 작업상태를 진단하여 개선하기 위함이고, 작업에 필요한 표준시간을 설정함으로써 최종 출하시기를 확정시키기 위함이다. 그러므로 요소작업 분할을 위해서가 주 목적은 아니다.

58 정규분포에 관한 설명 중 틀린 것은?

① 일반적으로 평균치가 중앙값보다 크다.

② 평균을 중심으로 좌우대칭의 분포이다.

③ 대체로 표준편차가 클수록 산포가 나쁘다고 본다.

④ 평균치가 0이고, 표준편차가 1인 정규분포를 표준정규분포라 한다.

해설

정규분포는 평균치와 중앙값이 같다.

정규분포의 특징

• 평균치와 중앙값이 같다.

• 표준편차가 클수록 산포가 나쁘다.

• 그래프는 평균을 중심으로 좌우가 대칭이다.

• 평균치가 0이고 표준편차가 1인 정규분포를 표준정규분포라 한다.

59 계량값 관리도에 해당되는 것은?

① c 관리도

② u 관리도

③ R 관리도

④ nP 관리도

해설

R 관리도는 계량값 관리도에 속한다.

관리도의 분류에 따른 종류

구 분	관리도의 종류	
계량형 관리도 (계량값)	x 관리도	개별치 관리도
	$\bar{x}$ 관리도	평균 관리도
	$\bar{x}$-R 관리도	평균치와 범위 관리도
	Me-R 관리도	중위수와 범위 관리도
	Me 관리도	중위수 관리도
	R 관리도	범위 관리도
	S 관리도	표준편차 관리도
계수형 관리도 (계수치)	c 관리도	부적합수 관리도
	P 관리도	부적합품률 관리도
	nP 관리도	부적합품수 관리도
	u 관리도	단위당 부적합수 관리도

60 일반적으로 품질코스트 가운데 가장 큰 비율을 차지하는 것은?

① 평가코스트

② 실패코스트

③ 예방코스트

④ 검사코스트

해설

품질관리의 기준 수치가 높아질수록 정상 제품에서 불량품으로 선별되는 비율이 높아지기 때문에 이는 곧 제품 생산의 실패코스트로써 큰 비중을 차지하게 된다.

01 교류아크용접기에 관한 설명으로 옳은 것은?

① 교류아크용접기는 극성변화가 가능하고 전격의 위험이 적다.

② 교류아크용접기의 부속장치에는 전격방지장치, 원격제어장치 등이 있다.

③ 교류아크용접기는 가동철심형, 탭전환형, 엔진구동형, 가포화리액터형 등으로 분류된다.

④ AW-300은 교류아크용접기의 정격 입력전류가 300A 흐를 수 있는 전류용량의 값을 표시하고 있다.

해설
① 교류아크용접기는 극성변화가 불가능하며 전격의 위험이 크다.
③ 교류아크용접기의 종류에는 가동철심형, 가동코일형, 탭전환형, 가포화리액터형이 있다.
④ AW-300인 교류아크용접기에서 300은 정격 2차 전류가 300A임을 표시한다.

02 강괴, 강편, 슬래그 기타 표면의 흠이나 주름, 주조 결함, 탈탄층 등을 제거하는 방법으로 가장 적합한 가공법은?

① 스카핑

② 분말절단

③ 가스가우징

④ 아크에어가우징

해설
① 스카핑(Scarfing) : 강괴나 강편, 강재 표면의 흠이나 개재물, 탈탄층 등을 제거하기 위한 불꽃가공으로 가능한 한 얇으면서 타원형의 모양으로 표면을 깎아내는 가공법이다.
② 분말절단 : 철분말이나 용제분말을 절단용산소에 연속적으로 혼입시켜서 용접부에 공급하면 반응하면서 발생하는 산화열로 구조물을 절단하는 방법이다.
③ 가스가우징 : 용접결함(압연강재나 주강의 표면결함)이나 가접부 등의 제거를 위하여 가스절단과 비슷한 토치를 사용해서 용접 부분의 뒷면을 따내거나 U형, H형상의 용접홈을 가공하기 위하여 깊은 홈을 파내는 가공방법이다.
④ 아크에어가우징 : 탄소봉을 전극으로 하여 아크를 발생시킨 후 절단을 하는 탄소아크절단법에 약 5~7kgf/cm² 인 고압의 압축공기를 병용하는 것으로, 용융된 금속을 탄소봉과 평행으로 분출하는 압축공기를 전극홀더의 끝부분에 위치한 구멍을 통해 연속해서 불어내서 홈을 파내는 방법이다. 용접부의 홈가공, 구멍 뚫기, 절단작업, 뒷면 따내기, 용접결함부 제거 등에 사용된다. 철이나 비철금속에 모두 이용할 수 있으며, 가스가우징보다 작업 능률이 2~3배 높고 모재에도 해를 입히지 않는다.

03 피복아크용접봉으로 운봉할 때 운봉폭은 심선지름의 어느 정도가 가장 적합한가?

① 2~3배

② 4~5배

③ 6~7배

④ 8~9배

해설
피복아크용접봉으로 용접할 때 위빙하는 운봉폭은 용접봉 심선지름의 2~3배로 하는 것이 적당하다.

04 200메시(mesh) 정도의 철분에 알루미늄분말을 배합하여 절단하는 것으로 주철, 스테인리스강, 구리, 청동 등의 절단에 효과적인 절단법은?

① 수중절단
② 철분절단
③ 산소창절단
④ 탄소아크절단

해설
② 철분절단 : 200mesh 정도 크기의 철분에 알루미늄분말을 배합시켜 절단에 사용하는 방법으로, 주철이나 스테인리스강과 같은 철강재료와 구리나 청동과 같은 비철금속재료의 절단에도 효과적인 절단법이다.
④ 탄소아크절단 : 탄소나 흑연재질의 전극봉과 금속 사이에서 아크를 일으켜 금속의 일부를 용융시켜 이 용융금속을 제거하면서 절단하는 방법이다.

05 교량의 개조나 침몰선의 해체, 항만의 방파제공사 등에 가장 많이 사용되는 절단은?

① 수중절단
② 분말절단
③ 산소창절단
④ 플라스마절단

해설
① 수중절단 : 수중(水中)에서 철구조물을 절단하고자 할 때 사용하는 가스용접법으로, 주로 수소(H_2)가스가 사용되며 예열가스의 양은 공기 중의 4~8배로 한다. 교량의 개조나 침몰선의 해체, 항만의 방파제공사에도 사용한다.
② 분말절단 : 철분말이나 용제분말을 절단용 산소에 연속적으로 혼입시켜서 용접부에 공급하면 반응하면서 발생하는 산화열로 구조물을 절단하는 방법이다.
④ 플라스마절단(플라스마제트절단) : 높은 온도를 가진 플라스마를 한 방향으로 모아서 분출시키는 것을 일컬어 플라스마제트라고 부르는데 이 열원으로 절단하는 방법이다.

06 용해아세틸렌을 충전하였을 때 용기 전체의 무게가 62.5kgf이었는데, B형 토치의 200번 팁으로 표준불꽃 상태에서 가스용접을 하고 빈 용기를 달아보았더니 무게가 58.5kgf이었다면 가스용접을 실시한 시간은 약 얼마인가?

① 약 12시간
② 약 14시간
③ 약 16시간
④ 약 18시간

해설
용해아세틸렌 1kg을 기화시키면 약 905L의 가스가 발생하므로, 아세틸렌가스량 공식에 적용하면 다음과 같다.
아세틸렌가스량(L) = 905(병 전체 무게(A) − 빈 병의 무게(B))
= 905(62.5 − 58.5)
= 3,620L
팁 200번이란 단위시간당 가스소비량이 200L임을 의미하므로 아세틸렌가스의 총발생량 3,620L를 200L로 나누면 18.1시간이 나온다.

07 아세틸렌가스의 압력에 따른 가스용접 토치의 분류에 해당하지 않는 것은?

① 저압식
② 차압식
③ 중압식
④ 고압식

해설
산소-아세틸렌가스용접용 토치별 사용압력

저압식	중압식	고압식
0.07kgf/cm² 이하	0.07~1.3kgf/cm²	1.3kgf/cm² 이상

08 절단법에 대한 설명으로 틀린 것은?

① 레이저절단은 다른 절단법에 비해 에너지밀도가 높고 정밀절단이 가능하다.

② 산소창절단법의 용도는 스테인리스강이나 구리, 알루미늄 및 그 합금을 절단하는 데 주로 사용한다.

③ 수중절단에 사용되는 연료가스로는 수소, 아세틸렌, LPG 등이 쓰이는데 주로 수소가스가 사용된다.

④ 아크에어가우징은 탄소아크절단에 압축공기를 같이 사용하는 방법으로 용접부의 홈파기, 결함부 제거 등에 사용된다.

해설
산소창절단 : 가늘고 긴 강관(안지름 3.2~6mm, 길이 1.5~3m)을 사용해서 절단산소를 큰 강괴의 중심부에 분출시켜 창으로 불리는 강관 자체가 함께 연소되면서 절단하는 방법으로, 주로 두꺼운 강판이나 주철, 강괴 등의 절단에 사용된다.

09 교류아크용접기 중 가변저항의 변화로 용접전류를 조정하는 용접기의 형식은?

① 탭전환형 ② 가동철심형
③ 가동코일형 ④ 가포화리액터형

해설
교류아크용접기의 종류별 특징

종 류	특 징
가동 철심형	• 현재 가장 많이 사용된다. • 미세한 전류 조정이 가능하다. • 광범위한 전류의 조정이 어렵다. • 가동철심으로 누설자속을 가감하여 전류를 조정한다.
가동 코일형	• 아크안정성이 크고 소음이 없다. • 가격이 비싸며 현재는 거의 사용되지 않는다. • 용접기의 핸들로 1차 코일을 상하로 이동시켜 2차 코일의 간격을 변화시켜 전류를 조정한다.
탭 전환형	• 주로 소형이 많다. • 탭 전환부의 소손이 심하다. • 넓은 범위의 전류 조정이 어렵다. • 코일의 감긴수에 따라 전류를 조정한다. • 미세전류의 조정 시 무부하전압이 높아서 전격의 위험이 크다.
가포화 리액터형	• 핫스타트가 용이하다. • 조작이 간단하고 원격제어가 된다. • 가변저항의 변화로 전류의 원격조정이 가능하다. • 전기적 전류 조정으로 소음이 없고, 기계의 수명이 길다.

10 고산화타이타늄계의 연강용 피복아크용접봉을 나타낸 것은?

① E4301 ② E4313
③ E4311 ④ E4316

해설
피복아크용접봉의 종류

기 호	종 류	기 호	종 류
E4301	일미나이트계	E4316	저수소계
E4303	라임티타니아계	E4324	철분산화타이타늄계
E4311	고셀룰로스계	E4326	철분저수소계
E4313	고산화타이타늄계	E4327	철분산화철계

11 피복아크용접봉의 피복제의 역할이 아닌 것은?

① 아크를 안정시킨다.

② 용착금속을 보호한다.

③ 파형이 고운 비드를 만든다.

④ 스패터의 발생을 많게 한다.

피복제(Flux)의 역할
- 아크를 안정시킨다.
- 전기절연작용을 한다.
- 보호가스를 발생시킨다.
- 스패터의 발생을 줄인다.
- 아크의 집중성을 좋게 한다.
- 용착금속의 급랭을 방지한다.
- 용착금속의 탈산·정련작용을 한다.
- 용융금속과 슬래그의 유동성을 좋게 한다.
- 용적(쇳물)을 미세화하여 용착효율을 높인다.
- 용융점이 낮고 적당한 점성의 슬래그를 생성한다.
- 슬래그 제거를 쉽게 하여 비드의 외관을 좋게 한다.
- 적당량의 합금원소를 첨가하여 금속에 특수성을 부여한다.
- 중성 또는 환원성 분위기를 만들어 질화나 산화를 방지하고 용융 금속을 보호한다.
- 쇳물이 쉽게 달라붙도록 힘을 주어 수직자세, 위보기자세 등 어려운 자세를 쉽게 한다.

12 피복아크용접 시 아크전압 30V, 아크전류 600A, 용접속도 30cm/min일 때 용접입열은 몇 Joule/cm인가?

① 9,000 ② 13,500

③ 36,000 ④ 43,225

용접입열량 구하는 식

$$H = \frac{60EI}{v}[\text{J/cm}]$$

$$= \frac{60 \times 30 \times 600}{30} = 36,000[\text{J/cm}]$$

여기서, H : 용접단위길이 1cm당 발생하는 전기적 에너지
E : 아크전압(V)
I : 아크전류(A)
v : 용접속도(cm/min)
※ 일반적으로 모재에 흡수된 열량은 입열의 75~85% 정도이다.

13 산소-아세틸렌용접을 할 때 팁(Tip) 끝이 순간적으로 막히면 가스의 분출이 나빠지고 토치의 가스 혼합실까지 불꽃이 그대로 도달되어 토치가 빨갛게 달구어지는 현상은?

① 인화(Flash Back)

② 역화(Back Fire)

③ 적화(Red Flash)

④ 역류(Contra Flow)

① 인화 : 팁 끝이 순간적으로 막히면 가스의 분출이 나빠지고 가스혼합실까지 불꽃이 도달하여 토치를 빨갛게 달구는 현상 이다.
② 역화 : 토치의 팁 끝이 모재에 닿아 순간적으로 막히거나 팁의 과열 또는 사용가스의 압력이 부적당할 때 팁 속에서 폭발음을 내면서 불꽃이 꺼졌다가 다시 나타나는 현상이다. 불꽃이 꺼지 면 산소밸브를 차단하고, 이어 아세틸렌밸브를 닫는다. 팁이 가열되었으면 물속에 담가 산소를 약간 누출시키면서 냉각 한다.
④ 역류 : 토치 내부의 청소가 불량할 때 내부기관에 막힘이 생겨 고압의 산소가 밖으로 배출되지 못하고 압력이 낮은 아세틸렌 쪽으로 흐르는 현상이다.

14 피복아크용접봉의 피복제에 포함되어 있는 주요성분이 아닌 것은?

① 고착제

② 탈산제

③ 탈수소제

④ 가스발생제

해설
심선을 둘러싸는 피복배합제의 종류

배합제	용 도	종 류
고착제	심선에 피복제를 고착시킨다.	규산나트륨, 규산칼륨, 아교
탈산제	용융금속 중의 산화물을 탈산·정련한다.	크로뮴, 망가니즈, 알루미늄, 규소철, 톱밥, 페로망가니즈(Fe-Mn), 페로실리콘(Fe-Si), Fe-Ti, 망가니즈철, 소맥분(밀가루)
가스 발생제	중성, 환원성 가스를 발생하여 대기와의 접촉을 차단하여 용융금속의 산화나 질화를 방지한다.	아교, 녹말, 톱밥, 탄산바륨, 셀룰로이드, 석회석, 마그네사이트
아크 안정제	아크를 안정시킨다.	산화타이타늄, 규산칼륨, 규산나트륨, 석회석
슬래그 생성제	용융점이 낮고 가벼운 슬래그를 만들어 산화나 질화를 방지한다.	석회석, 규사, 산화철, 일미나이트, 이산화망가니즈
합금 첨가제	용접부의 성질을 개선하기 위해 첨가한다.	페로망가니즈, 페로실리콘, 니켈, 몰리브데넘, 구리

15 부하전류가 증가하면 단자전압이 저하하는 특성으로서 피복아크용접에서 필요한 전원특성은?

① 수하특성

② 상승특성

③ 부저항특성

④ 정전압특성

해설
용접기는 아크안정성을 위해서 외부특성곡선을 필요로 한다. 외부특성곡선이란 부하전류와 부하단자전압의 관계를 나타낸 곡선으로 피복아크용접에서는 수하특성을, MIG나 CO_2용접기는 정전압특성이나 상승특성을 사용한다.

용접기의 외부특성곡선의 종류

• 정전류특성(CC특성, Constant Current) : 전압이 변해도 전류는 거의 변하지 않는다.

• 정전압특성(CP특성, Constant Voltage Characteristic) : 전류가 변해도 전압은 거의 변하지 않는다.

• 수하특성(DC특성, Drooping Characteristic) : 전류가 증가하면 전압이 낮아진다.

• 상승특성(RC특성, Rising Characteristic) : 전류가 증가하면 전압이 약간 높아진다.

16 TIG용접에 사용되는 전극봉의 조건으로 틀린 것은?

① 저용융점의 금속

② 열전도성이 좋은 금속

③ 전기저항률이 작은 금속

④ 전자방출이 잘되는 금속

해설
TIG(Tungsten Inert Gas arc welding)용접용 전극봉인 Tungsten(텅스텐, W)의 용융점은 3,410℃로 고용융점의 금속에 속한다.

17 MIG용접에서 극성에 따른 아크상태 및 용접부의 형상에 관한 설명으로 틀린 것은?

① 직류역극성에서는 스프레이이행이 되고 용입이 깊다.

② 직류정극성에서는 입상이행이 되고 용입이 낮은 비드를 얻을 수 있다.

③ 직류정극성에서는 큰 용적이 간헐적으로 낙하되어 볼록한 비드를 얻을 수 있다.

④ 직류역극성에서는 안정된 아크를 얻고, 적은 스패터와 좁고 깊은 용입을 얻을 수 있다.

해설
MIG에서 직류정극성은 와이어에서 30%의 열이 발생되므로 납작하고 용입이 얕은 비드를 얻는다.

18 서브머지드아크용접과 같은 대전류를 사용하는 것에 알맞은 용융금속의 이행방법은?

① 직선형   ② 단락형

③ 폭발형   ④ 핀치효과형

해설
대전류를 사용하는 용융금속의 이행방법으로는 핀치효과를 사용하는 것이 좋다.

19 테르밋용접에서 테르밋제의 주성분은?

① 과산화바륨과 산화철분말

② 아연분말과 알루미늄분말

③ 과산화바륨과 마그네슘분말

④ 알루미늄분말과 산화철분말

해설
테르밋용접용 테르밋제는 산화철과 알루미늄분말을 3:1로 혼합한다.

20 아세틸렌가스와 접촉 시 폭발의 위험성이 없는 것은?

① Cu   ② Zn

③ Ag   ④ Hg

해설
아세틸렌가스(Acetylene, C_2H_2)

- 400℃ 근처에서 자연 발화한다.
- 카바이드(CaC_2)를 물에 작용시켜 제조한다.
- 가스용접이나 절단작업 시 연료가스로 사용된다.
- 구리나 은, 수은 등과 반응할 때 폭발성물질이 생성된다.
- 산소와 적당히 혼합 후 연소시키면 3,000~3,500℃의 고온을 낸다.
- 아세틸렌가스의 비중은 0.906으로, 비중이 1.105인 산소보다 가볍다.
- 아세틸렌가스는 불포화탄화수소의 일종으로 불완전한 상태의 가스이다.
- 각종 액체에 용해가 잘된다(물 : 1배, 석유 : 2배, 벤젠 : 4배, 알코올 : 6배, 아세톤 : 25배).
- 가스봄베(병) 내부가 1.5기압 이상이 되면 폭발위험이 있고, 2기압 이상으로 압축하면 폭발한다.
- 아세틸렌가스의 충전은 15℃, 1기압하에서 15kgf/cm² 의 압력으로 한다. 아세틸렌가스 1L의 무게는 1.176g이다.
- 순수한 카바이드 1kg은 이론적으로 348L의 아세틸렌가스를 발생하며, 보통의 카바이드는 230~300L의 아세틸렌가스를 발생시킨다.
- 순수한 아세틸렌가스는 무색무취의 기체이나 아세틸렌가스 중에 포함된 불순물인 인화수소, 황화수소, 암모니아에 의해 악취가 난다.
- 아세틸렌이 완전연소하는 데 이론적으로 2.5배의 산소가 필요하지만 실제는 아세틸렌에 불순물이 포함되어 산소가 1.2~1.3배 필요하다.
- 아세틸렌은 공기 또는 산소와 혼합되면 폭발성이 격렬해지는데, 아세틸렌 15%, 산소 85% 부근이 가장 위험하다.

21 용접법은 에너지원의 종류에 따라 분류할 수 있는데 용접에너지원과 용접법을 연결한 것 중 틀린 것은?

① 전기에너지 – 확산용접법
② 기계적 에너지 – 마찰용접법
③ 전자기적 에너지 – 폭발용접법
④ 화학적 에너지 – 테르밋용접법

해설
폭발은 화학적인 작용에 의해 발생되는 현상이므로 폭발용접은 화학적 에너지에 의해 용접에너지원을 얻는다.

22 오토콘용접과 비교한 그래비티용접의 특징을 설명한 것으로 옳은 것은?

① 사용법이 쉽다.
② 중량이 가볍다.
③ 구조가 간단하다.
④ 운봉속도의 조절이 가능하다.

해설
오토콘용접과 그래비티용접법의 차이점

구 분	오토콘용접	그래비티용접
운봉속도 조절	불가능하다.	가능하다.
중 량	가볍다.	무겁다.
구 조	간단하다.	복잡하다.
사용방법	쉽다.	어렵다.
비드 외관	양호하다.	양호하다.
용 입	얕다.	보통이다.
조립모재길이	1m 이상이다.	3m 이상이다.
부 피	작다.	크다.

23 용제가 들어 있는 와이어 CO_2법은 복합와이어의 구조에 따라 분류하는데, 다음 그림과 같은 와이어는?

① NCG 와이어
② S관상 와이어
③ Y관상 와이어
④ 아코스 와이어

해설
아크용접용 와이어에 따른 용접법의 분류

Solid Wire	혼합가스법
	CO_2법
복합와이어 (FCW ; Flux Cored Wire)	아코스아크법
	유니언아크법
	퓨즈아크법
	NCG법
	S관상 와이어
	Y관상 와이어

24 저항용접의 3대 요소에 해당되는 것은?

① 도전율
② 가압력
③ 용접전압
④ 용접저항

해설
저항용접의 3요소 : 가압력, 용접전류, 통전시간

25 솔더링(Soldering)용 용제와 용도가 서로 맞게 연결된 것은?

① 인산 – 염화아연 혼합용
② 염산(HCl) – 아연도금 강판용
③ 염화아연($ZnCl_2$) – 일반 전기제품용
④ 염화암모니아(NH_4Cl) – 구리와 동합금용

해설
납땜(Soldering, 솔더링)용 용제로 아연도금 강판은 염산으로 한다.

26 후판구조물 제작과 스테인리스강 용접이 가능하며, 잠호용접이라고도 하는 것은?

① 테르밋용접
② 논가스아크용접
③ 서브머지드아크용접
④ 일렉트로슬래그용접

해설
서브머지드아크용접 : 용접 부위에 미세한 입상의 플럭스를 용제호퍼를 통해 다량으로 공급하면서 도포하고 용접선과 나란히 설치된 레일 위를 주행대차가 지나면서 와이어릴에 감겨 있는 와이어를 이송롤러를 통해 용접부로 공급하면 플럭스 내부에서 아크가 발생하는 자동용접법이다. 이때 아크가 플럭스 속에서 발생되므로 불가시아크용접, 잠호용접, 개발자의 이름을 딴 케네디용접, 그리고 이를 개발한 회사의 상품명인 유니언멜트용접이라고도 한다. 용접봉인 와이어의 공급과 이송이 자동이며 용접부를 플럭스가 덮고 있으므로 복사열과 연기가 많이 발생하지 않는다.

27 플라스마아크용접의 장점으로 틀린 것은?

① 높은 에너지밀도를 얻을 수 있다.
② 용접속도가 빠르고 품질이 우수하다.
③ 용접부의 기계적성질이 좋으며 변형이 작다.
④ 맞대기용접에서 용접 가능한 모재 두께의 제한이 없다.

해설
플라스마아크용접은 판 두께가 두꺼울 경우 토치노즐이 용접이음부의 루트면까지의 접근이 어려워서 모재의 두께는 25mm 이하로 제한을 받는다.
플라스마아크용접의 특징
• 용입이 깊다.
• 비드의 폭이 좁다.
• 용접변형이 작다.
• 용접의 품질이 균일하다.
• 용접부의 기계적 성질이 좋다.
• 용접속도를 크게 할 수 있다.
• 용접장치 중에 고주파발생장치가 필요하다.
• 용접속도가 빨라서 가스보호가 잘 안 된다.
• 무부하전압이 일반 아크용접기보다 2~5배 더 높다.
• 핀치효과에 의해 전류밀도가 크고, 안정적이며 보유열량이 크다.
• 스테인리스강이나 저탄소합금강, 구리합금, 니켈합금과 같이 용접하기 힘든 재료도 용접이 가능하다.

• 판두께가 두꺼울 경우 토치노즐이 용접이음부의 루트면까지의 접근이 어려워서 모재의 두께는 25mm 이하로 제한을 받는다.
• 아크용접에 비해 10~100배의 높은 에너지밀도를 가짐으로써 10,000~30,000℃의 고온의 플라스마를 얻으므로 철과 비철금속의 용접과 절단에 이용된다.

28 다음 용접법 중 압접법에 속하는 것은?

① 초음파용접
② 피복아크용접
③ 산소아세틸렌용접
④ 불활성가스아크용접

해설
용접법의 분류

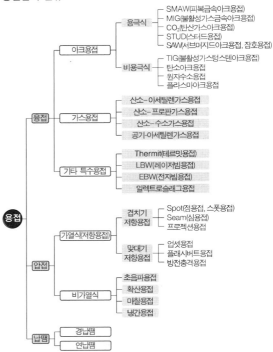

29 납땜의 용제가 갖추어야 할 조건으로 틀린 것은?

① 청정한 금속면의 산화를 방지할 것

② 모재나 땜납에 대한 부식작용이 최소한일 것

③ 용제의 유효온도 범위와 납땜온도가 일치할 것

④ 땜납의 표면장력을 맞추어서 모재와의 친화력을 낮출 것

해설
납땜용 용제가 갖추어야 할 조건
• 유동성이 좋아야 한다.
• 인체에 해가 없어야 한다.
• 슬래그 제거가 용이해야 한다.
• 금속의 표면이 산화되지 않아야 한다.
• 모재나 땜납에 대한 부식이 최소이어야 한다.
• 침지땜에 사용되는 것은 수분을 함유하면 안 된다.
• 용제의 유효온도 범위와 납땜의 온도가 일치해야 한다.
• 땜납의 표면장력을 맞추어서 모재와의 친화력이 높아야 한다.
• 전기저항납땜용 용제는 전기가 잘 통하는 도체를 사용해야 한다.

30 베어링용 합금이 갖추어야 할 조건으로 틀린 것은?

① 열전도율이 작아야 한다.

② 주조성, 절삭성이 좋아야 한다.

③ 충분한 경도와 내압력을 가져야 한다.

④ 내소착성이 크고 내식성이 좋아야 한다.

해설
베어링용 합금은 재료 내부에 발생하는 열을 밖으로 배출해야 하기 때문에 열전도율이 커야 한다.

31 담금질강의 취성을 줄이고 인성(Toughness)을 부여하기 위한 일처리법으로 가장 좋은 것은?

① 풀림(Annealing)

② 뜨임(Tempering)

③ 담금질(Quenching)

④ 노멀라이징(Normalizing)

해설
열처리의 기본 4단계
• 담금질(Quenching) : 재질을 경화시킬 목적으로 강을 오스테나이트조직의 영역으로 가열한 후 급랭시켜 강도와 경도를 증가시키는 열처리법이다.
• 뜨임(Tempering) : 담금질한 강을 A₁변태점(723℃) 이하로 가열 후 서랭하는 것으로 담금질로 경화된 재료에 인성을 부여하고 내부응력을 제거한다.
• 풀림(Annealing) : 재질을 연하고 균일화시킬 목적으로 실시하는 열처리법으로 완전풀림은 A₃변태점(968℃) 이상의 온도로, 연화풀림은 650℃ 정도의 온도로 가열한 후 서랭한다.
• 불림(Normalizing) : 담금질 정도가 심하거나 결정입자가 조대해진 강을 표준화조직으로 만들기 위하여 A₃점(968℃)이나 Acm(시멘타이트)점 이상의 온도로 가열한 후 공랭시킨다.

32 용접 시 산화아연이 발생되는 용접재료는?

① 황 동

② 주 철

③ 연 강

④ 스테인리스강

해설
황동은 구리(Cu)와 아연(Zn)의 합금으로 이루어진 재료이므로 용접 시 산화아연이 발생된다.

33 Fe-C 평형상태도에서 3상이 공존하는 곳의 자유도는?(단, 압력은 일정하다)

① 0

② 1

③ 2

④ 3

해설
Fe-C 평형상태도는 순철(Fe)에 합금되는 C(탄소)의 합금비율에 따른 철의 특성을 나타낸 그림으로 3상(액상, 기상, 고상)이 공존하는 곳에서의 자유도는 0이다.

34 일반 고장력강을 용접할 때 주의사항으로 틀린 것은?

① 아크길이는 가능한 한 짧게 한다.

② 위빙폭은 크게 하지 않는다.

③ 용접 개시 전에 이음부 내부 또는 용접할 부분에 청소를 한다.

④ 용접봉은 용접작업성이 좋은 고산화타이타늄계 용접봉을 사용한다.

해설
일반 고장력강을 용접할 때는 저수소계 용접봉(E4316)을 사용하면서 위빙폭을 가급적 작게 하여 열영향부를 줄여야 한다.

35 침탄, 질화 등으로 내마모성과 인성이 요구되는 기계적 성질을 개선하는 열처리는?

① 수인법

② 담금질

③ 표면경화

④ 오스포밍

해설
침탄법이나 질화법 모두 재료의 표면을 경화시키고 내부에 인성을 부여할 경우 실시하는 열처리법이다.
표면경화법의 종류

종 류		침탄재료
화염경화법		산소-아세틸렌불꽃
고주파경화법		고주파유도전류
질화법		암모니아가스
침탄법	고체침탄법	목탄, 코크스, 골탄
	액체침탄법	KCN(사이안화칼륨), NaCN(사이안화나트륨)
	가스침탄법	메탄, 에탄, 프로판
금속침투법	세라다이징	Zn(아연)
	칼로라이징	Al(알루미늄)
	크로마이징	Cr(크로뮴)
	실리코나이징	Si(규소, 실리콘)
	보로나이징	B(붕소)

36 고주파담금질의 특징을 설명한 것으로 틀린 것은?

① 직접가열에 의하므로 열효율이 높다.

② 조작이 간단하며 열처리가공시간이 단축될 수 있다.

③ 열처리 불량은 적으나, 변형 보정이 항상 필요하다.

④ 가열시간이 짧아 경화면의 탈탄이나 산화가 극히 적다.

해설
고주파경화법의 특징
• 작업비가 싸다.
• 직접 가열하므로 열효율이 높다.
• 열처리 후 연삭과정을 생략할 수 있다.
• 조작이 간단하여 열처리시간이 단축된다.
• 불량이 적어서 변형을 수정할 필요가 없다.
• 급열이나 급랭으로 인해 재료가 변형될 수 있다.
• 경화층이 이탈되거나 담금질균열이 생기기 쉽다.
• 가열시간이 짧아서 산화되거나 탈탄의 우려가 적다.
• 마텐자이트 생성으로 체적이 변화하여 내부응력이 발생한다.
• 부분담금질이 가능하므로 필요한 깊이만큼 균일하게 경화시킬 수 있다.

37 표면열처리방법인 금속침투법의 침투원소 종류 중 칼로라이징은 어떤 금속을 침투시키는 방법인가?

① Zn   ② Cr

③ Al   ④ Cu

해설
금속침투법 중 칼로라이징은 Al(알루미늄)을 침투시키는 방법이다.

38 주철의 마우러(Maurer)조직도란?

① C와 Si 양에 따른 주철조직도

② Fe과 Si 양에 따른 주철조직도

③ Fe과 C 양에 따른 주철조직도

④ Fe 및 C와 Si 양에 따른 주철조직도

해설

마우러조직도 : 주철의 조직을 지배하는 주요요소인 C(탄소)와 Si(규소, 실리콘)의 함유량에 따른 주철의 조직의 관계를 나타낸 그래프이다.

39 강을 담금질한 후 0℃ 이하로 냉각하고 잔류 오스테나이트를 마텐자이트화하기 위한 방법은?

① 저온풀림　　　　② 고온뜨임

③ 오스템퍼링　　　④ 서브제로처리

해설

심랭처리(Subzero Treatment, 서브제로)는 담금질강의 경도를 증가시키고 시효변형을 방지하기 위한 열처리조작으로 담금질강의 조직이 잔류 오스테나이트에서 전부 오스테나이트조직으로 바꾸기 위해 재료를 오스테나이트영역까지 가열한 후 0℃ 이하로 급랭시킨다.

40 Fe-C 평형상태도에서 공석반응이 일어나는 곳의 탄소함량은 약 몇 %인가?

① 0.025%　　　　② 0.33%

③ 0.80%　　　　④ 2.0%

해설

Fe-C계 평형상태도에서의 불변반응

종 류	반응온도	탄소 함유량	반응내용	생성조직
공석 반응	723℃	0.8%	γ고용체 $\leftrightarrow$ α고용체 + Fe_3C	펄라이트 조직
공정 반응	1,147℃	4.3%	융체(L) $\leftrightarrow$ γ고용체 + Fe_3C	레데부라이트 조직
포정 반응	1,494℃ (1,500℃)	0.18%	δ고용체 +융체(L) $\leftrightarrow$ γ고용체	오스테나이트 조직

41 Ni 36%를 함유하는 Fe-Ni 합금으로서, 상온에서 열팽창계수가 매우 작고 내식성이 대단히 좋으므로 줄자, 계측기, 시계의 진자, 바이메탈 등으로 사용되는 강은?

① 인 바

② 라우탈

③ 퍼멀로이

④ 두랄루민

해설

Ni-Fe계 합금(불변강)의 종류

종 류	용 도
인 바	• Fe에 35%의 Ni, 0.1~0.3%의 Co, 0.4%의 Mn이 합금된 불변강의 일종으로, 상온 부근에서 열팽창계수가 매우 작아서 길이변화가 거의 없다. • 줄자나 측정용 표준자, 바이메탈용 재료로 사용한다.
슈퍼인바	• Fe에 30~32%의 Ni, 4~6%의 Co를 합금한 재료로, 20℃에서 열팽창계수가 0에 가까워서 표준 척도용 재료로 사용한다. • 인바에 비해 열팽창계수가 작다.
엘린바	Fe에 36%의 Ni, 12%의 Cr이 합금된 재료로, 온도변화에 따라 탄성률의 변화가 미세하여 시계태엽이나 계기의 스프링, 기압계용 다이어프램, 정밀 저울용 스프링재료로 사용한다.
퍼멀로이	• 자기장의 세기가 큰 합금의 상품명이다. • Fe에 35~80%의 Ni이 합금된 재료로 열팽창계수가 작고 열처리를 하면 높은 자기투과도를 나타내기 때문에 측정기나 고주파철심, 코일, 릴레이용 재료로 사용된다.
플래티나이트	Fe에 46%의 Ni이 합금된 재료로, 열팽창계수가 유리와 백금과 가까우며 전구 도입선이나 진공관의 도선용으로 사용한다.
코엘린바	• 엘린바에 Co(코발트)를 첨가한 재료이다. • Fe에 Cr 10~11%, Co 26~58%, Ni 10~16% 합금한 것으로, 온도변화에 대한 탄성률의 변화가 작고 공기 중이나 수중에서 부식되지 않아 스프링, 태엽, 기상관측용 기구의 부품에 사용한다.

※ 불변강 : 일반적으로 Ni-Fe계 내식용 합금을 말한다.

42 탄산가스아크용접에서 와이어에 적당한 탈산제를 첨가하여 용착금속 내에 기공을 방지하는 데 사용되는 원소는?

① Mn, Si

② Cr, Si

③ Ni, Mn

④ Cr, Ni

해설

탄산가스(CO_2)아크용접에서 용착금속 내 기공을 방지하기 위해서 용접용 롤 와이어에 Mn(망가니즈)나 Si(실리콘, 규소)를 발라 준다.

※ 기공 : 용접부가 급랭될 때 미처 빠져나오지 못한 가스에 의해 발생하는 빈 공간

43 용접부에 생기는 용접균열결함의 종류에 속하지 않는 것은?

① 가로균열

② 세로균열

③ 플랭크균열

④ 비드밑균열

해설

③ 플랭크균열 : 플랭크란 절삭공구의 측면으로, 플랭크균열은 용접균열에 속하지 않는다.

② 세로균열 : 용접부에 세로방향의 크랙이 생기는 결함으로 열영향부에서 발생하지 않는다.

[세로균열]

④ 비드밑균열 : 모재의 용융선 근처의 열영향부에서 발생되는 균열로, 고탄소강이나 저합금강을 용접할 때 용접열에 의한 열영향부의 경화와 변태응력 및 용착금속 내부의 확산성 수소에 의해 발생한다.

44 비드를 쌓아 올리는 다층용접법에 해당되지 않는 것은?

① 스킵법

② 덧살올림법

③ 전진블록법

④ 캐스케이드법

해설

스킵법은 용착방법에 의한 분류에 속한다.

45 용접구조 설계상의 주의사항으로 틀린 것은?

① 용접이음이 집중되게 한다.

② 단면형상의 급격한 변화 및 노치를 피한다.

③ 용접치수는 강도상 필요 이상 크게 하지 않는다.

④ 용접에 의한 변형 및 잔류응력을 경감시킬 수 있도록 한다.

해설

용접구조물을 설계할 때는 용접이음이 집중되지 않도록 하고 교차를 줄여야 변형을 방지할 수 있다.

46 다음 용접기호의 설명으로 틀린 것은?

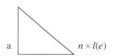

① a : 목두께

② n : 목길이의 개수

③ (e) : 인접한 용접부 간격

④ l : 용접길이(크레이터 제외)

해설

단속필릿용접부 표시기호

$a \triangleright n \times l(e)$

• a : 목두께
• n : 용접부 수
• (e) : 인접한 용접부 간격
• $\triangleright$: 필릿용접
• l : 용접길이

47 용접비드 끝부분에서 흔히 나타나는 고온균열로서, 고장력강이나 합금원소가 많은 강 중에서 나타나는 균열은?

① 토균열(Toe Crack)
② 설퍼균열(Sufur Crack)
③ 크레이터균열(Crater Crack)
④ 비드밑균열(Under Bead Crack)

해설

③ 크레이터균열 : 용접비드의 끝에서 발생하는 고온균열로, 냉각속도가 지나치게 빠른 경우에 발생하며 용접루트의 노치부에 의한 응력집중부에도 발생한다. 주로 고장력강이나 합금원소가 많이 함유된 강에 주로 발생된다.

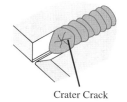

Crater Crack

① 토균열 : 표면비드와 모재와의 경계부에서 발생하는 불량으로, 토(Toe)란 용접모재와 용접표면이 만나는 부위를 말한다.
② 설퍼균열 : 유황의 편석이 층상으로 존재하는 강재를 용접하는 경우, 낮은 융점의 황화철공정이 원인이 되어 용접금속 내에 생기는 1차 결정립계의 균열이다.
④ 비드밑균열 : 모재의 용융선 근처의 열영향부에서 발생되는 균열로, 고탄소강이나 저합금강을 용접할 때 용접열에 의한 열영향부의 경화와 변태응력 및 용착금속 내부의 확산성 수소에 의해 발생한다.

48 용접 시 발생하는 변형 또는 잔류응력을 경감시키는 방법에 대한 설명으로 틀린 것은?

① 용접부의 잔류응력을 경감하는 방법으로 급랭법을 쓴다.
② 용접 전 변형방지책으로 억제법 또는 역변형법을 쓴다.
③ 용접금속부의 변형과 잔류응력 경감을 위하여 피닝을 한다.
④ 용접시공에 의한 경감법으로는 대칭법, 후퇴법, 스킵블록법, 스킵법 등을 쓴다.

해설

급랭법을 실시하면 용접부가 급랭으로 인한 수축으로 변형과 잔류응력이 더 발생하므로 이를 피해서 서랭해야 한다.

49 용접이음의 안전율을 계산하는 식은?

① 안전율 $= \dfrac{\text{허용응력}}{\text{인장강도}}$

② 안전율 $= \dfrac{\text{인장강도}}{\text{허용응력}}$

③ 안전율 $= \dfrac{\text{피로강도}}{\text{변형률}}$

④ 안전율 $= \dfrac{\text{파괴강도}}{\text{연신율}}$

해설

안전율(S) : 외부의 하중에 견딜 수 있는 정도를 수치로 나타낸 것

$$S = \frac{\text{극한강도}(\sigma_u)}{\text{허용응력}(\sigma_a)} = \frac{\text{인장강도}(\sigma_y)}{\text{허용응력}(\sigma_a)}$$

50 강재이음 제작 시 용접이음부 내에 라멜라테어 (Lamella Tear)가 발생할 수 있다. 다음 중 라멜라테어 발생을 방지할 수 있는 대책은?

① 다층용접을 한다.
② 모서리이음을 한다.
③ 킬드강재나 세미킬드강재의 모재를 사용한다.
④ 모재의 두께방향으로 구속을 부과하는 구조를 사용한다.

해설

라멜라테어(Lamellar Tear)균열 : 압연으로 제작된 강판 내부에 표면과 평행하게 층상으로 발생하는 균열로, T이음과 모서리이음에서 발생한다. 평행부와 수직부로 구성되며 주로 MnS계 개재물에 의해서 발생되는데 S의 함량을 감소시키거나 킬드 및 세미킬드강을 모재로 사용한다. 판두께 방향으로 구속도가 최소가 되게 설계하고 시공함으로써 억제할 수 있다.

51 용접작업에서 피닝을 실시하는 가장 큰 이유는?

① 급랭을 방지한다.
② 잔류응력을 줄인다.
③ 모재의 연성을 높인다.
④ 모재의 경도를 높인다.

해설
피닝(Peening) : 타격 부분이 둥근 구면인 특수해머를 사용하여 모재의 표면에 지속적으로 충격을 가하여 재료 내부에 있는 잔류응력을 완화시키면서 표면층에 소성변형을 주는 방법이다.

52 파이프용접 시 용접능률과 품질을 향상시킬 수 있는 아래보기자세의 유지가 가능한 기구로, 파이프의 원주속도와 용접속도를 같게 조정하여 파이프의 맞대기용접을 자동으로 시공할 수 있게 하는 기구는?

① 정 반
② 터닝롤러
③ 회전지그
④ 용접용 포지셔너

해설
터닝롤러 : 파이프용접 시 작업사의 능률과 품질 향상을 위해 항상 파이프 작업 위치가 아래보기자세를 유지하기 위해 사용하는 기구이다. 파이프의 원주속도와 용접속도를 같게 조정하여 파이프 맞대기용접을 자동으로 시공할 수 있다.

[터닝롤러(Turning Roller)]

53 용접자동화의 장점으로 틀린 것은?

① 용접의 품질 향상
② 용접의 원가 절감
③ 용접의 생산성 증대
④ 용접의 설비투자비용 감소

해설
용접을 자동화하려면 반드시 설비투자가 필요하므로 투자비용이 증가한다.

54 용접지그(Jig)를 사용하여 용접작업할 때 얻는 효과로 가장 거리가 먼 것은?

① 용접변형을 억제한다.
② 작업능률이 향상된다.
③ 용접작업을 용이하게 한다.
④ 용접공정수를 늘리게 된다.

해설
용접 시 지그를 사용하면 용접사의 작업 편의성이 증대되므로 작업성과 능률이 향상되나 용접공정수를 늘리지는 않는다.

55 다음 표는 어느 자동차영업소의 월별 판매실적을 나타낸 것이다. 5개월 단순이동평균법으로 6월의 수요를 예측하면 몇 대인가?

월	1월	2월	3월	4월	5월
판매량	100대	110대	120대	130대	140대

① 120대
② 130대
③ 140대
④ 150대

해설
이동평균법이란 평균의 계산기간을 순차로 한 개씩 이동시켜 가면서 기간별 평균을 계산하여 경향치를 구하는 방법이다. 가장 오래된 데이터는 제거하고, 가장 최초의 데이터로부터 평균에 대입하여 값을 구한다.

$$M_t = \frac{1}{5}(100 + 110 + 120 + 130 + 140) = 120$$

56 표준시간 설정 시 미리 정해진 표를 활용하여 작업자의 동작에 대해 시간을 산정하는 시간연구법에 해당되는 것은?

① PTS법
② 스톱워치법
③ 워크샘플링법
④ 실적자료법

해설
① PTS법 : 모든 작업을 기본동작으로 분해하고 각 기본동작의 성질과 조건에 따라 미리 정해 놓은 시간치를 적용하여 정미시간을 산정하는 방법이다.
② 스톱워치법 : 테일러에 의해 처음 도입된 방법이다. 스톱워치를 들고 작업시간을 직접 관측하여 표준시간을 설정하는 기법으로, 직접측정법의 일종이다.
③ 워크샘플링법 : 관측대상을 무작위로 선정하여 일정시간 동안 관측한 데이터를 취합한 후 이를 기초로 작업자나 기계설비의 가동상태 등을 통계적 수법을 사용하여 분석하는 작업연구의 한 방법이다.
④ 실적자료법 : 기존 데이터자료를 기반으로 시간을 추정하는 방법이다.

57 다음 내용은 설비보전조직에 대한 설명이다. 어떤 조직의 형태에 대한 설명인가?

> 보전작업자는 조직상 각 제조부문의 감독자 밑에 둔다.
> • 단점 : 생산 우선에 의한 보전작업 경시, 보전기술 향상의 곤란성
> • 장점 : 운전자와 일체감 및 현장감독의 용이성

① 집중보전
② 지역보전
③ 부문보전
④ 절충보전

해설
③ 부문보전 : 보전작업자는 조직상 각 제조부문의 감독자 밑에 둔다.
① 집중보전 : 모든 보전작업자가 한 명의 관리자 밑에 조직되며 보전현장도 한곳으로 집중된다. 설계나 예방보전의 관리, 공사관리도 모두 한곳에서 집중적으로 이루어진다.
② 지역보전 : 조직상으로는 집중보전과 비슷하며 보전지역은 각 지역에 분산되어 있다. 여기서 지역이란 지리적 혹은 제품별, 제조별, 제조부문별 구분을 의미한다.
④ 절충보전 : 지역보전이나 부문보전과 집중보전을 조합시켜 각각의 장단점을 고려한 방식이다.

58 다음은 관리도의 사용절차를 나타낸 것이다. 관리도의 사용절차를 순서대로 나열한 것은?

> ㉠ 관리하여야 할 항목의 선정
> ㉡ 관리도의 선정
> ㉢ 관리하려는 제품이나 종류 선정
> ㉣ 시료를 채취하고 측정하여 관리도를 작성

① ㉠ → ㉡ → ㉢ → ㉣
② ㉠ → ㉢ → ㉣ → ㉡
③ ㉢ → ㉠ → ㉡ → ㉣
④ ㉢ → ㉣ → ㉠ → ㉡

해설
관리도의 사용절차

> 관리가 필요한 제품이나 제품군 선정 → 관리항목 선정 → 관리도 선정 → 시료 채취 및 측정하여 관리도 작성

59 이항분포(Binomial Distribution)에서 매회 A가 일어나는 확률이 일정한 값 P일 때, n회의 독립시행 중 사상 A가 x회 일어날 확률 $P(x)$를 구하는 식은?(단, N은 로트의 크기, n은 시료의 크기, P는 로트의 모부적합품률이다)

① $P(x) = \dfrac{n!}{x!(n-x)!}$

② $P(x) = e^{-x} \cdot \dfrac{(nP)^x}{x!}$

③ $P(x) = \dfrac{\dbinom{NP}{x}\dbinom{N-NP}{n-x}}{\dbinom{N}{n}}$

④ $P(x) = \dbinom{n}{x}P^x(1-P)^{n-x}$

해설
A가 x회 일어날 확률을 구하는데 Lot의 크기(N)는 고려하지 않는다.

60 샘플링에 관한 설명으로 틀린 것은?

① 취락샘플링에서는 취락 간의 차는 작게, 취락 내의 차는 크게 한다.
② 제조공정의 품질특성에 주기적인 변동이 있는 경우 계통샘플링을 적용하는 것이 좋다.
③ 시간적 또는 공간적으로 일정 간격을 두고 샘플링하는 방법을 계통샘플링이라고 한다.
④ 모집단을 몇 개의 층으로 나누어 각 층마다 랜덤하게 시료를 추출하는 것을 층별 샘플링이라고 한다.

해설
품질특성에 주기적인 변동이 있는 경우 계통샘플링은 사용하지 않는 것이 좋다.
샘플링법의 종류
• 단순랜덤샘플링 : 모집단의 모든 샘플링단위가 동일한 확률로 시료로 뽑힐 가능성이 있는 샘플링방법이다.
• 2단계샘플링 : 전체 크기가 N인 로트로 각각 A개씩 제품이 포함되어 있는 서브 Lot로 나뉘어져 있을 때, 서브 Lot에서 랜덤하게 몇 상자를 선택해서 각 상자로부터 몇 개의 제품을 랜덤하게 샘플링하는 방법이다.
• 계통샘플링 : 시료를 시간적으로나 공간적으로 일정한 간격을 두고 취하는 샘플링방법이다.
• 층별 샘플링 : 로트를 몇 개의 층(서브 Lot)으로 나누어 각 층으로부터 시료를 취하는 방법이다.
• 집락샘플링(취락샘플링) : 모집단을 여러 개의 층(서브 Lot)으로 나누고, 그중 일부를 랜덤으로 샘플링한 후 샘플링된 층에 속해 있는 모든 제품을 조사하는 방법이다.
• 지그재그샘플링 : 계통샘플링의 간격을 복수로 하여 치우침을 방지하기 위한 방법이다.

01

아세틸렌과 산소를 대기 중에서 연소시킬 때 공급되는 산소량에 따라 불꽃을 나눌 수 있다. 다음 중 불꽃의 종류에 포함되지 않는 것은?

① 탄화불꽃 ② 중성불꽃

③ 인화불꽃 ④ 산화불꽃

해설
가스용접불꽃의 종류
- 표준불꽃
- 탄화불꽃
- 중성불꽃
- 산화불꽃

02

보통가스절단 시 판두께 12.7mm의 표준드래그길이는 약 몇 mm인가?

① 2.4 ② 5.2

③ 5.6 ④ 6.4

해설
표준드래그길이 구하는 식

표준드래그길이(mm) = 판두께(mm) $\times \dfrac{1}{5}$ = 판두께의 20%

$$= 12.7mm \times \frac{1}{5}$$

$$= 2.54mm$$

따라서, 정답은 ①번이 가깝다.

03

용접이음에서 안전율 결정조건으로 가장 거리가 먼 것은?

① 재료의 용접성

② 용접시공조건

③ 하중과 응력 계산의 정확성

④ 모재와 용착금속의 화학적 성질

해설
용접이음 시 안전율의 결정조건으로 모재와 용착금속 간의 화학적 성질은 고려사항이 아니다.
안전율(S) : 외부의 하중에 견딜 수 있는 정도를 수치로 나타낸 것

$$S = \frac{극한강도(\sigma_u)}{허용응력(\sigma_a)} = \frac{인장강도(\sigma_y)}{허용응력(\sigma_a)}$$

04

다음 중 용접기의 사용률을 계산하는 식은?

① 사용률(%) $= \dfrac{아크시간}{휴식시간}$

② 사용률(%) $= \dfrac{아크시간}{아크시간+휴식시간} \times 100$

③ 사용률(%) $= \dfrac{(정격 \ 2차 \ 전류)^2}{(실제의 \ 용접전류)^2} \times 100$

④ 사용률(%) $= \dfrac{(정격 \ 2차 \ 전류)^2}{(실제의 \ 용접전류)^2} \times 정격사용률$

해설
사용률(Duty Cycle)
용접기의 사용률은 용접기를 사용하여 아크용접을 할 때 용접기의 2차측에서 아크를 발생하는 시간을 나타내는 것으로, 사용률이 40%이면 아크를 발생하는 시간은 용접기가 가동된 전체 시간의 40%이고, 나머지 60%는 용접작업 준비, 슬래그 제거 등으로 용접기가 쉬는 시간을 비율로 나타낸 것이다. 이 사용률을 고려하는 것은 용접기의 온도 상승을 방지하여 용접기를 보호하기 위해서 반드시 필요하다.

$$사용률(\%) = \frac{아크발생시간}{아크발생시간 + 정지시간} \times 100$$

05 피복아크용접에서 피복제의 역할로 틀린 것은?

① 아크를 안정시킨다.

② 스패터 발생을 적게 한다.

③ 용융금속의 용적을 조대화하여 용착효율을 높인다.

④ 모재 표면의 산화물을 제거하고 양호한 용접부를 만든다.

해설

피복아크용접용 용접봉은 심선을 피복제가 둘러싸고 있는데, 피복제는 용적(쇳물)을 미세화하여 용착효율을 높인다.

피복제(Flux)의 역할

• 아크를 안정시킨다.
• 전기절연작용을 한다.
• 보호가스를 발생시킨다.
• 스패터의 발생을 줄인다.
• 아크의 집중성을 좋게 한다.
• 용착금속의 급랭을 방지한다.
• 용착금속의 탈산·정련작용을 한다.
• 용융금속과 슬래그의 유동성을 좋게 한다.
• 용적(쇳물)을 미세화하여 용착효율을 높인다.
• 용융점이 낮고 적당한 점성의 슬래그를 생성한다.
• 슬래그 제거를 쉽게 하여 비드의 외관을 좋게 한다.
• 적당량의 합금원소를 첨가하여 금속에 특수성을 부여한다.
• 중성 또는 환원성분위기를 만들어 질화나 산화를 방지하고 용융금속을 보호한다.
• 쇳물이 쉽게 달라붙도록 힘을 주어 수직자세, 위보기자세 등 어려운 자세를 쉽게 한다.

06 피복아크용접에서 용접봉의 용융속도(Melting Rate)를 가장 적합하게 설명한 것은?

① 전체 사용된 용접봉의 길이

② 전체 사용된 용접봉의 중량

③ 단위시간당 사용된 용접재료

④ 단위시간당 소비되는 용접봉의 길이

해설

피복아크용접에서 용접봉의 용융속도는 곧 용접봉이 녹아들어간 시간과 관련이 있으므로 "단위시간당 소비되는 용접봉의 길이"로 설명할 수 있다.

07 용접 후 열처리에서 고려대상이 아닌 것은?

① 냉각속도(Cooling Rate)

② 가열속도(Heating Rate)

③ 연료의 종류(Type of Fuel)

④ 가열온도(Heating Temperature)

해설

용접 후 열처리할 때 재료의 가열온도와 가열속도, 냉각속도는 고려해야 하나, 연료의 종류는 고려하지 않는다.

08 교류용접기에서 2차 무부하전압 80V, 아크전압 30V, 아크전류 300A라고 하면 역률은 약 몇 %인가?(단, 용접기의 내부손실은 4kW이다)

① 26   ② 48

③ 54   ④ 69

해설

$$\text{역률}(\%) = \frac{\text{소비전력}}{\text{전원입력}} \times 100(\%)$$

$$= \frac{\text{아크전력} + \text{내부손실}}{\text{무부하전압} \times \text{정격 2차전류}} \times 100(\%)$$

여기서,

• 아크전력 = 아크전압 × 정격 2차 전류 = 30 × 300 = 9,000W
• 소비전력 = 아크전력 + 내부손실 = 9,000 + 4,000 = 13,000W
• 전원입력 = 무부하전압 × 정격2차전류 = 80 × 300 = 24,000W

따라서 역률$(\%) = \dfrac{13,000W}{24,000W} \times 100(\%) ≒ 54.1\%$

※ 역률(Power Factor) : 역률이 낮으면 입력에너지가 증가하며, 전기 소모량이 낮아진다. 또한 용접비용이 증가하고, 용접기용량이 커지며 시설비도 증가한다.

09 가스용접불꽃의 구성에 포함되지 않는 것은?

① 불꽃심   ② 속불꽃

③ 겉불꽃   ④ 제3불꽃

해설

불꽃은 불꽃심, 속불꽃, 겉불꽃으로 구성되어 있다.

10 플라스마절단 시 절단 품질에 영향을 미치는 요소가 아닌 것은?

① 작동가스
② 절단전류
③ 토치 높이
④ 토치 도선의 길이

해설
플라스마절단 시 절단 품질에 영향을 미치는 요인으로는 작동가스와 토치의 높이, 절단전류가 있다. 그러나 토치 도선의 길이는 길거나 짧아도 영향을 미치지 못한다.

11 주철, 비철금속, 스테인리스강 등을 절단하는데 용제 및 철분을 혼합 사용하는 절단방법은?

① 스카핑
② 분말절단
③ 산소창절단
④ 플라스마절단

해설
② 분말절단 : 철분말이나 용제분말을 절단용 산소에 연속적으로 혼입시켜서 용접부에 공급하면 반응하면서 발생하는 산화열로 구조물을 절단하는 방법이다.
① 스카핑(Scarfing) : 강괴나 강편, 강재 표면의 흠이나 개재물, 탈탄층 등을 제거하기 위한 불꽃가공으로 가능한 한 얇으면서 타원형의 모양으로 표면을 깎아내는 가공법이다.
③ 산소창절단 : 가늘고 긴 강관(안지름 3.2~6mm, 길이 1.5~3m)을 사용해서 절단산소를 큰 강괴의 중심부에 분출시켜 창으로 불리는 강관 자체가 함께 연소되면서 절단하는 방법으로, 주로 두꺼운 강판이나 주철, 강괴 등의 절단에 사용된다.
④ 플라스마절단(플라스마제트절단) : 높은 온도를 가진 플라스마를 한 방향으로 모아서 분출시키는 것을 일컬어 플라스마제트라고 부르는데 이 열원으로 절단하는 방법이다.

12 강철을 산소-아세틸렌가스를 이용하여 절단할 경우 예열온도는 약 몇 ℃ 정도가 가장 적당한가?

① 100~200
② 300~500
③ 800~1,000
④ 1,100~1,500

해설
산소-아세틸렌가스절단 시 강철의 예열온도는 일반적으로 800~1,000℃가 적당하다.

13 연강용 피복아크용접봉의 종류 중 철분산화철계에 해당되는 것은?

① E4324
② E4340
③ E4326
④ E4327

해설
용접봉의 종류

기 호	종 류	기 호	종 류
E4301	일미나이트계	E4316	저수소계
E4303	라임티타니아계	E4324	철분산화타이타늄계
E4311	고셀룰로스계	E4326	철분저수소계
E4313	고산화타이타늄계	E4327	철분산화철계

14 피복아크용접봉의 피복배합제 중 탈산제가 아닌 것은?

① 페로타이타늄
② 알루미늄
③ 페로실리콘
④ 규산나트륨

해설
심선을 둘러싸는 피복배합제의 종류

배합제	용 도	종 류
고착제	심선에 피복제를 고착시킨다.	규산나트륨, 규산칼륨, 아교
탈산제	용융금속 중의 산화물을 탈산·정련한다.	크로뮴, 망가니즈, 알루미늄, 규소철, 톱밥, 페로망가니즈(Fe-Mn), 페로실리콘(Fe-Si), Fe-Ti, 망가니즈철, 소맥분(밀가루)
가스 발생제	중성, 환원성 가스를 발생하여 대기와의 접촉을 차단하여 용융금속의 산화나 질화를 방지한다.	아교, 녹말, 톱밥, 탄산바륨, 셀룰로이드, 석회석, 마그네사이트
아크 안정제	아크를 안정시킨다.	산화타이타늄, 규산칼륨, 규산나트륨, 석회석
슬래그 생성제	용융점이 낮고 가벼운 슬래그를 만들어 산화나 질화를 방지한다.	석회석, 규사, 산화철, 일미나이트, 이산화망가니즈
합금 첨가제	용접부의 성질을 개선하기 위해 첨가한다.	페로망가니즈, 페로실리콘, 니켈, 몰리브데넘, 구리

15 가스용접에서 사용하는 토치의 취급 시 주의사항으로 틀린 것은?

① 토치를 망치 등 다른 용도로 사용한다.

② 점화되어 있는 토치를 아무 곳에나 방치하지 않는다.

③ 팁 및 토치를 작업장 바닥이나 흙 속에 방치하지 않는다.

④ 팁을 바꿔 끼울 때는 반드시 양쪽 밸브를 모두 닫은 다음에 행한다.

해설

가스용접 시 사용하는 토치는 가스를 분출하는 원형의 관을 내장하고 있기 때문에 절대 망치 등의 다른 용도로 사용하면 안 된다. 관의 형상이 일그러질 경우 가스 분출이 원활하지 못하여 용접성이 떨어진다.

16 다음 중 주철의 보수용접방법이 아닌 것은?

① 로킹법   ② 크라운법

③ 비녀장법   ④ 버터링법

해설

주철의 보수용접방법

• 스터드법 : 스터드볼트를 사용해서 용접부가 힘을 받도록 하는 방법

• 비녀장법 : 균열부 수리나 가늘고 긴 부분을 용접할 때 용접선에 직각이 되게 지름이 6~10mm 정도인 ㄷ자형의 강봉을 박고 용접하는 방법

• 버터링법 : 처음에는 모재와 잘 융합되는 용접봉으로 적정 두께까지 용착시킨 후 다른 용접봉으로 용접하는 방법

• 로킹법 : 스터드볼트 대신에 용접부 바닥에 홈을 파고 이 부분을 걸쳐서 힘을 받도록 하는 방법

17 다음 중 레이저용접장치의 기본형에 속하지 않는 것은?

① 반도체형   ② 엔드밀형

③ 고체금속형   ④ 가스방전형

해설

레이저용접장치의 기본형으로는 반도체형과 가스방전형, 고체금속형이 있다.

18 오스테나이트계 스테인리스강 용접 시 유의해야 할 사항으로 틀린 것은?

① 예열을 실시해야 한다.

② 짧은 아크길이를 유지한다.

③ 용접봉은 모재의 재질과 동일한 것을 사용한다.

④ 낮은 전룟값으로 용접하여 용접입열을 억제한다.

해설

오스테나이트 스테인리스강 용접 시 유의사항

• 짧은 아크를 유지한다.

• 아크를 중단하기 전에 크레이터처리를 한다.

• 낮은 전룟값으로 용접하여 용접입열을 억제한다.

• 170℃ 정도로 층간온도를 낮게 유지하면서 최대한 용접입열을 낮추어야 한다.

• 입계부식을 방지하려면 용접 후 1,000~1,050℃로 용체화처리하고 급랭시킨다.

• 입계부식을 방지하려면 STS 321, STS 347 등의 용접에 사용한다.

• 오스테나이트계 스테인리스강에 높은 열이 가해질수록 탄화물이 더 빨리 발생되고, 탄화물의 석출에 따른 크로뮴함유량이 감소되어 입계부식을 일으키기 때문에 가능한 한 용접입열을 작게 해야 한다. 따라서 예열을 실시하지 않는 것이 좋다.

19 CO_2가스아크용접법의 종류 중 용제가 들어 있는 와이어CO_2법이 아닌 것은?

① 퓨즈아크법(Fuse Arc Process)

② 필러아크법 (Filler Arc Process)

③ 유니언아크법 (Union Arc Process)

④ 아코스아크법(Arcos Arc Process)

해설

필러아크법은 MIG용접법의 일종이다.

CO_2가스아크용접용 와이어에 따른 용접법의 분류

Solid Wire	복합와이어(FCW ; Flux Cored Wire)	
• 혼합가스법 • CO_2법	• 아코스아크법 • 퓨즈아크법 • S관상 와이어	• 유니언아크법 • NCG법 • Y관상 와이어

20 CO_2가스아크용접의 용적이행형태가 아닌 것은?

① 단락이행

② 입상이행

③ 복합이행

④ 스프레이이행

해설

MIG용접 시 용융금속의 이행방식에 따른 분류

이행방식	이행형태	특 징
단락이행		• 박판용접에 적합하다. • 모재로의 입열량이 적고 용입이 얕다. • 용융금속이 표면장력의 작용으로 모재에 옮겨가는 용적이행이다. • 저전류의 CO_2 및 MIG용접에서 솔리드 와이어를 사용할 때 발생한다.
입상이행 (글로뷸러, Globular)		• Globule은 용융방울인 용적을 의미한다. • 핀치효과형이라고도 한다. • 깊고 양호한 용입을 얻을 수 있어서 능률적이나 스패터가 많이 발생한다. • 대전류영역에서 초당 90회 정도의 와이어보다 큰 용적으로 용융되어 모재로 이행된다.
스프레이 이행		• 용적이 작은 입자로 되어 스패터발생이 적고 비드의 외관이 좋다. • 가장 많이 사용되는 것으로 아크기류 중에서 용가재가 고속으로 용융되어 미입자의 용적으로 분사되어 모재에 옮겨가면서 용착되는 용적이행이다. • 고전압 · 고전류에서 발생하며, 아르곤가스나 헬륨가스를 사용하는 경합금용접에서 주로 나타나며 용착속도가 빠르고 능률적이다.
맥동이행 (펄스아크)		연속적으로 스프레이이행을 사용할 때 높은 입열로 인해 용접부의 물성이 변화되었거나 박판용접 시 용락으로 인해 용접이 불가능하게 되었을 때 낮은 전류에서도 스프레이이행이 이루어지게 하여 박판용접을 가능하게 한다.

21 연납용으로 사용되는 용제가 아닌 것은?

① 염 산 　　　② 붕산염

③ 염화아연 　　④ 염화암모니아

해설

납땜용 용제의 종류

경납용 용제(Flux)	연납용 용제(Flux)
• 붕 사 • 붕 산 • 플루오린화나트륨 • 플루오린화칼륨 • 은 납 • 황동납 • 인동납 • 망가니즈납 • 양은납 • 알루미늄납	• 송 진 • 인 산 • 염 산 • 염화아연 • 염화암모늄 • 주석-납 • 카드뮴-아연납 • 저융점 땜납

22 플라스마아크용접에 관한 설명으로 틀린 것은?

① 핀치효과에 의해 열에너지의 집중이 좋으므로 용입이 깊다.

② 가스가 충분히 이온화되어 전류가 통할 수 있는 상태를 플라스마라 한다.

③ 플라스마아크 발생방법은 플라스마 이행형태에 따라 크게 두 가지가 있다.

④ 아크의 형태가 원통형이며, 일반적으로 토치에서 모재까지의 거리변화에 영향이 크지 않다.

해설

플라스마아크용접용 아크의 종류별 특징

• 이행형 아크 : 텅스텐 전극봉에 (-), 모재에 (+)를 연결하는 것으로 모재가 전기전도성을 가진 것으로 용입이 깊다.

• 비이행형 아크 : 텅스텐 전극봉에 (-), 구속노즐(+) 사이에서 아크를 발생시키는 것으로 모재에는 전기를 연결하지 않아서 비전도체도 용접이 가능하나 용입이 얕고 비드가 넓다.

• 중간형 아크 : 이행형과 비이행형 아크의 중간적 성질을 갖는다.

정답 20 ③ 21 ② 22 ③

23 일렉트로가스아크용접의 특징으로 틀린 것은?

① 판두께가 두꺼울수록 경제적이다.

② 판두께에 관계없이 단층으로 상진용접한다.

③ 용접장치가 간단하며, 취급이 쉽고 고도의 숙련을 요하지 않는다.

④ 스패터 및 가스의 발생이 적고, 용접작업 시 바람의 영향을 받지 않는다.

해설
일렉트로가스아크용접의 특징
• 용접속도는 자동으로 조절된다.
• 판두께가 두꺼울수록 경제적이다.
• 이산화탄소(CO_2)가스를 보호가스로 사용하여 바람의 영향을 받는다.
• 판두께에 관계없이 단층으로 상진용접한다.
• 용접홈의 기계가공이 필요하며 가스절단 그대로 용접할 수 있다.
• 정확한 조립이 요구되며 이동용 냉각동판에 급수장치가 필요하다.
• 용접장치가 간단해서 취급이 쉬워 용접 시 숙련이 요구되지 않는다.

일렉트로가스아크용접
용접하는 모재의 틈을 물로 냉각시킨 구리받침판으로 싸고 용융풀의 위부터 이산화탄소가스인 실드가스를 공급하면서 와이어를 용융부에 연속적으로 공급하여 와이어선단과 용융부와의 사이에서 아크를 발생시켜 그 열로 와이어와 모재를 용융시키는 용접법이다.

24 다음 중 전자빔용접의 특징으로 틀린 것은?

① 용접변형이 작아 정밀한 용접을 할 수 있다.

② 에너지의 집중이 가능하기 때문에 용융속도가 빠르고 고속용접이 가능하다.

③ 전자빔은 전기적으로 정확한 제어가 어려워 얇은 판의 용접에 적용되며 후판의 용접은 곤란하다.

④ 전자빔은 자기렌즈에 의해 에너지를 집중시킬 수 있으므로 용융점이 높은 재료의 용접이 가능하다.

해설
전자빔용접의 장단점

장 점	• 에너지밀도가 크다. • 용접부의 성질이 양호하다. • 활성재료가 용이하게 용접된다. • 고용융점재료의 용접이 가능하다. • 아크빔에 의해 열의 집중이 잘된다. • 고속절단이나 구멍 뚫기에 적합하다. • 얇은 판에서 두꺼운 판까지 용접할 수 있다(응용범위가 넓다). • 아크용접에 비해 용입이 깊어 다층용접도 단층용접으로 완성할 수 있다. • 에너지의 집중이 가능하기 때문에 용융속도가 빠르고 고속용접이 가능하다. • 높은 진공상태에서 행해지므로 대기와 반응하기 쉬운 재료도 용접이 가능하다. • 진공 중에서 용접하므로 불순가스에 의한 오염이 적고 높은 순도의 용접이 된다. • 용접부가 작아서 용접부의 입열이 작고 용입이 깊어 용접변형이 작고 정밀용접이 가능하다.
단 점	• 설비비가 비싸다. • 용접부에 경화현상이 생긴다. • X선 피해에 대한 특수보호장치가 필요하다. • 진공 중에서 용접하기 때문에 진공상자의 크기에 따라 모재 크기가 제한된다.

25 겹치기저항용접에서 접합부에 나타나는 용융응고된 금속 부분을 무엇이라고 하는가?

① 튐   ② 오 손

③ 너 깃   ④ 오목자국

해설
너깃은 저항점 용접 중 접합면의 일부가 녹아서 바둑알모양의 단면으로 오목하게 들어간 부분을 말한다.

26 가스용접작업에 관한 안전사항 중 틀린 것은?

① 가스누설점검은 수시로 비눗물로 점검한다.
② 아세틸렌병은 저압이므로 눕혀서 사용하여도 좋다.
③ 산소병을 운반할 때는 캡(Cap)을 씌워 이동한다.
④ 작업 종료 후에는 메인밸브 및 콕을 완전히 잠근다.

해설
가스용접뿐만 아니라 특수용접 중 보호가스로 사용되는 가스를 담고 있는 용기(봄베, 압력용기)는 안전을 위해 모두 세워서 보관해야 한다.

27 서브머지드아크용접에서 수소가스가 기포상태로 용착금속 내에 포함될 때 발생하며, 주로 비드 중앙에서 발생하기 쉬운 결함은?

① 용 락   ② 기 공
③ 언더컷   ④ 용입 부족

해설
기공은 용접부가 급랭될 때 미처 빠져나오지 못한 가스에 의해 발생하는 빈 공간으로, 서브머지드아크용접에서 수소가스가 기포상태로 용착금속 내에 포함될 때 기공 불량이 발생한다. 금속이 차가운 벽 쪽부터 냉각되므로 기공 불량은 주로 비드의 중앙 부분에서 발생한다.

28 타이타늄의 용접성에 관한 설명으로 틀린 것은?

① 열간가공이나 용접이 어렵다.
② 해수 및 암모니아 등에 우수한 내식성을 가지고 있다.
③ 물리적 성질은 용융점이 낮고 탄소강에 비해 밀도가 낮다.
④ 타이타늄의 용접에는 플라스마아크용접, 전자빔용접 등의 특수용접법이 사용되고 있다.

해설
Ti(타이타늄)의 용융점은 약 1,670℃로 철(1,538℃)보다 높다.

29 불활성가스텅스텐아크용접의 장점이 아닌 것은?

① 모든 용접자세가 가능하며, 특히 박판용접에서 능률이 좋다.
② 후판용접에서는 다른 아크용접에 비해 능률이 떨어진다.
③ 거의 모든 금속을 용접할 수 있으므로 응용범위가 넓다.
④ 용접부에 산화, 질화 등을 방지할 수 있어 우수한 이음을 얻을 수 있다.

해설
불활성가스텅스텐아크용접(TIG용접)은 박판용접에 적합하다. 후판용접에서 작업능률이 떨어지는 것은 장점이 아닌 단점에 속한다.
불활성가스텅스텐아크용접의 특징
• 보통의 아크용접법보다 생산비가 고가이다.
• 모든 용접자세가 가능하며, 박판용접에 적합하다.
• 용접전원으로 DC나 AC가 사용되며 직류에서 극성은 용접결과에 큰 영향을 준다.
• 보호가스로 사용되는 불활성가스는 용접봉 지지기 내를 통과시켜 용접물에 분출시킨다.
• 용접부가 불활성가스로 보호되어 용가재 합금성분의 용착효율이 거의 100%에 가깝다.
• 직류역극성에서 청정효과가 있어서 Al과 Mg과 같은 강한 산화막이나 용융점이 높은 금속의 용접에 적합하다.
• 교류에서는 아크가 끊어지기 쉬우므로 용접전류에 고주파의 약전류를 중첩시켜 양자의 특징을 이용하여 아크를 안정시킬 필요가 있다.
• 직류정극성(DCSP)에서는 음전기를 가진 전자가 전극에서 모재 쪽으로 흐르고 가스이온은 반대로 모재에서 전극쪽으로 흐르며 깊은 용입을 얻는다.
• 불활성가스의 압력 조정과 유량 조정은 불활성가스 압력조정기로 하며 일반적으로 1차 압력은 150kgf/cm², 2차 조정압력은 140kgf/cm² 정도이다.

30 탄소강에서 탄소량이 증가할 경우 나타나는 현상은?

① 경도 감소, 연성 감소
② 경도 감소, 연성 증가
③ 경도 증가, 연성 증가
④ 경도 증가, 연성 감소

해설
탄소강에서 탄소량이 증가하면 경도는 증가하지만, 전성과 연성은 떨어진다.
탄소함유량 증가에 따른 철강의 특성
- 경도 증가
- 취성 증가
- 항복점 증가
- 충격치 감소
- 인장강도 증가
- 인성 및 연신율, 단면수축률 감소

31 일반적인 화염경화법의 특징으로 틀린 것은?

① 국부담금질이 가능하다.
② 가열장치의 이동이 가능하다.
③ 장치가 간단하며 설비비가 저렴하다.
④ 담금질변형을 일으키는 경우가 많다.

해설
화염경화법
산소–아세틸렌가스불꽃으로 강의 표면을 급격히 가열한 후 물을 분사시켜 급랭시킴으로써 담금질성 있는 재료의 표면을 경화시키는 방법이다. 필요한 부분만 가열하기 때문에 재료 전체를 열처리하는 일반 담금질법에 비해 변형이 작다.

32 담금질하여 경화된 강을 변태가 일어나지 않는 A_1점 (온도) 이하에서 가열한 후 서랭 또는 공랭하는 열처리 방법은?

① 뜨 임
② 담금질
③ 침탄법
④ 질화법

해설
열처리의 기본 4단계
- 담금질(Quenching) : 재질을 경화시킬 목적으로 강을 오스테나이트조직의 영역으로 가열한 후 급랭시켜 강도와 경도를 증가시키는 열처리법이다.
- 뜨임(Tempering) : 담금질한 강을 A_1변태점(723℃) 이하로 가열 후 서랭하는 것으로 담금질로 경화된 재료에 인성을 부여하고 내부응력을 제거한다.
- 풀림(Annealing) : 재질을 연하고 균일화시킬 목적으로 실시하는 열처리법으로 완전풀림은 A_3변태점(968℃) 이상의 온도로, 연화풀림은 650℃ 정도의 온도로 가열한 후 서랭한다.
- 불림(Normalizing) : 담금질정도가 심하거나 결정입자가 조대해진 강을 표준화조직으로 만들기 위하여 A_3점(968℃)이나 A_{cm}(시멘타이트)점 이상의 온도로 가열한 후 공랭시킨다.

33 다음 중 베이나이트조직을 얻기 위한 항온열처리 방법은?

① 퀜 칭
② 심랭처리
③ 오스템퍼링
④ 노멀라이징

해설

베이나이트조직은 항온 열처리조작을 통해서만 얻을 수 있는데, 항온 열처리의 종류에는 오스템퍼링이 있다.

항온 열처리의 종류

	항온풀림	재료의 내부응력을 제거하여 조직을 균일화하고 인성을 향상시키기 위한 열처리조작으로, 가열한 재료를 연속적으로 냉각하지 않고 약 500~600℃의 염욕 중에 냉각하여 일정시간 동안 유지시킨 뒤 냉각시키는 방법이다.
	항온뜨임	약 250℃의 열욕에서 일정시간을 유지시킨 후 공랭하여 마텐자이트와 베이나이트의 혼합된 조직을 얻는 열처리법으로, 고속도강이나 다이스강을 뜨임처리할 때 사용한다.
항온담금질	오스템퍼링	강을 오스테나이트 상태로 가열한 후 300~350℃의 온도에서 담금질하여 하부 베이나이트조직으로 변태시킨 후 공랭하는 방법으로, 강인한 베이나이트조직을 얻고자 할 때 사용한다.
	마템퍼링	강을 M_s점과 M_f점 사이에서 항온 유지 후 꺼내어 공기 중에서 냉각하여 마텐자이트와 베이나이트의 혼합조직을 얻는 방법이다. • M_s : 마텐자이트 생성 시작점 • M_f : 마텐자이트 생성 종료점
	마퀜칭	강을 오스테나이트 상태로 가열한 후 M_s점 바로 위에서 기름이나 염욕에 담그는 열욕에서 담금질하여 재료의 내부 및 외부가 같은 온도가 될 때까지 항온을 유지한 후 공랭하여 열처리하는 방법으로 균열이 없는 마텐자이트 조직을 얻을 때 사용한다.
	오스포밍	가공과 열처리를 동시에 하는 방법으로, 조밀하고 기계적 성질이 좋은 마텐자이트를 얻고자 할때 사용된다.
	MS 퀜칭	강을 M_s점보다 다소 낮은 온도에서 담금질하여 물이나 기름 중에서 급랭시키는 열처리방법으로, 잔류 오스테나이트의 양이 적다.

34 7-3 황동에 Sn을 1% 첨가한 황동으로 전연성이 좋아 관 또는 판을 만들어 증발기, 열교환기 등에 사용하는 것은?

① 양 은
② 톰 백
③ 네이벌황동
④ 애드미럴티황동

해설

황동의 종류

톰 백	Cu에 Zn을 5~20% 합금한 것으로 색깔이 아름답고 냉간가공이 쉽게 되어 단추나 금박, 금모조품과 같은 장식용 재료로 사용된다.
문쯔메탈	60%의 Cu와 40%의 Zn이 합금된 것으로 인장강도가 최대이며, 강도가 필요한 단조제품이나 볼트, 리벳용 재료로 사용한다.
알브락	Cu 75% + Zn 20% + 소량의 Al, Si, As의 합금이다. 해수에 강하며 내식성과 내침수성이 커서 복수기관과 냉각기관에 사용한다.
애드미럴티황동	7 : 3 황동에 Sn 1%를 합금한 것으로 전연성이 좋아서 관이나 판을 만들어 증발기나, 열교환기, 콘덴서튜브에 사용한다.
델타메탈	6 : 4 황동에 1~2% Fe를 첨가한 것으로, 강도가 크고 내식성이 좋아서 광산기계나 선박용, 화학용 기계에 사용한다.
쾌삭황동	황동에 Pb를 0.5~3% 합금한 것으로 피절삭성 향상을 위해 사용한다.
납황동	3% 이하의 Pb를 6 : 4 황동에 첨가하여 절삭성을 향상시킨 쾌삭황동으로 기계적 성질은 다소 떨어진다.
강력황동	4 : 6황동에 Mn, Al, Fe, Ni, Sn 등을 첨가하여 한층 더 강력하게 만든 황동이다.
네이벌황동	6 : 4황동에 0.8% 정도의 Sn을 첨가한 것으로 내해수성이 강해서 선박용 부품에 사용한다.

35 Al의 표면을 적당한 전해액 중에 양극산화처리하여 표면에 방식성이 우수하고 치밀한 산화피막을 만드는 방법이 아닌 것은?

① 수산법
② 크롤법
③ 황산법
④ 크로뮴산법

해설
알루미늄재료의 방식법
• 수산법 : 알루마이트법이라고도 하며 Al 제품을 2%의 수산용액에서 전류를 흘려 표면에 단단하고 치밀한 산화막조직을 형성시키는 방법이다.
• 황산법 : 전해액으로 황산(H_2SO_4)을 사용하며, 가장 널리 사용되는 Al 방식법이다. 경제적이며 내식성과 내마모성이 우수하다. 착색력이 좋아서 유지하기가 용이하다.
• 크로뮴산법 : 전해액으로 크로뮴산(H_2CrO_4)을 사용하며, 반투명이나 애나멜과 같은 색을 띤다. 광학기계나 가전제품, 통신기기 등에 사용된다.

36 다음 중 트루스타이트보다 냉각속도를 느리게 하면 얻어지는 조직으로, 트루스타이트보다는 연하지만 펄라이트보다는 강인하고 단단한 조직은?

① 페라이트
② 마텐자이트
③ 소르바이트
④ 오스테나이트

해설
소르바이트 조직은 트루스타이트보다 냉각속도를 느리게 하면 얻어지는 조직으로, 펄라이트보다 강인하고 단단하다.

37 면심입방격자(FCC)에 속하지 않는 금속은?

① Ag
② Cu
③ Ni
④ Zn

해설
철의 결정구조

종 류	체심입방격자 (BCC ; Body Centered Cubic)	면심입방격자 (FCC ; Face Centered Cubic)	조밀육방격자 (HCP ; Hexagonal Close Packed lattice)
성 질	• 강도가 크다. • 용융점이 높다. • 전성과 연성이 작다.	• 전기전도도가 크다. • 가공성이 우수하다. • 장신구로 사용된다. • 전성과 연성이 크다. • 연한 성질의 재료이다.	• 전성과 연성이 작다. • 가공성이 좋지 않다.
원 소	W, Cr, Mo, V, Na, K	Al, Ag, Au, Cu, Ni, Pb, Pt, Ca	Mg, Zn, Ti, Be, Hg, Zr, Cd, Ce
단위격자	2개	4개	2개
배위수	8	12	12
원자충진율	68%	74%	70.4%

※ 결정구조란 3차원 공간에서 규칙적으로 배열된 원자의 집합체를 말한다.

38 다음 중 표면경화열처리 방법이 아닌 것은?

① 방전경화법

② 세라다이징

③ 서브제로처리

④ 고주파경화법

해설

심랭처리는 전체 열처리의 일종으로 표면경화법에 속하지 않는다.

심랭처리(Subzero Treatment, 서브제로)

담금질강의 경도를 증가시키고 시효변형을 방지하기 위한 열처리 조작으로, 담금질강의 조직이 잔류 오스테나이트에서 전부 오스테나이트조직으로 바꾸기 위해 재료를 오스테나이트영역까지 가열한 후 0℃ 이하로 급랭시킨다.

39 특정의 결정면을 경계로 처음의 결정과 경면적 대칭의 관계에 있는 원자배열을 갖는 결정 부분을 무엇이라고 하는가?

① 슬 립　　　　② 쌍 정

③ 전 위　　　　④ 결정구조

해설

② 쌍정 : 특정 결정면을 경계로 처음의 결정과 경면적 대칭의 관계에 있는 원자배열을 갖는 결정 부분이다.

① 슬립 : 금속이 소성변형을 일으키는 원인으로 원자밀도가 가장 큰 격자면에서 잘 일어난다.

③ 전위 : 안정된 상태의 금속결정은 원자가 규칙적으로 질서정연하게 배열되어 있는데, 이 상태에서 어긋나 있는 상태를 말하며 이는 전자현미경으로 확인이 가능하다.

④ 결정구조 : 3차원 공간에서 규칙적으로 배열된 원자의 집합체를 말한다.

40 Y합금은 고온강도가 크므로 내연기관의 실린더, 피스톤 등에 사용된다. Y합금의 조성으로 옳은 것은?

① Cu-Zn

② Cu-Sn-P

③ Fe-Ni-C-Mn

④ Al-Cu-Ni-Mg

해설

Y합금은 알루미늄 + 구리 + 마그네슘 + 니켈의 합금으로 "알구마니"로 암기하면 쉽다.

알루미늄합금의 종류 및 특징

분 류	종 류	구성 및 특징
주조용 (내열용)	실루민	• Al+Si(10~14% 함유) • 알팍스로도 불리며, 해수에 잘 침식되지 않는다.
	라우탈	• Al+Cu 4%+Si 5% • 열처리에 의하여 기계적 성질을 개량할 수 있다.
	Y합금	• Al+Cu+Mg+Ni • 내연기관용 피스톤, 실린더헤드의 재료로 사용된다.
	로-엑스합금 (Lo-Ex)	• Al+Si 12%+Mg 1%+Cu 1%+Ni • 열팽창계수가 작아서 엔진, 피스톤용 재료로 사용된다.
	코비탈륨	• Al+Cu+Ni에 Ti, Cu 0.2% 첨가 • 내연기관의 피스톤용 재료로 사용된다.
가공용	두랄루민	• Al+Cu+Mg+Mn • 고강도로서 항공기나 자동차용 재료로 사용된다.
	알클래드	고강도 Al 합금에 다시 Al을 피복한 것이다.
내식성	알 민	• Al+Mn • 내식성과 용접성이 우수한 알루미늄합금이다.
	알드레이	• Al+Mg+Si • 강인성이 없고 가공변형에 잘 견딘다.
	하이드로날륨	• Al+Mg • 내식성과 용접성이 우수한 알루미늄합금이다.

41 용강 중에 Fe-Si 또는 Al분말 등의 강한 탈산제를 첨가하여 완전히 탈산시킨 강은?

① 림드강　　　② 킬드강
③ 캡트강　　　④ 세미킬드강

해설
② 킬드강 : 편석이나 기공이 적은 가장 좋은 양질의 단면을 갖는 강이다. 평로, 전기로에서 제조된 용강을 Fe-Mn, Fe-Si, Al 등으로 완전히 탈산시킨 강으로 상부에 작은 수축관과 소수의 기포만 존재하며 탄소함유량이 0.15~0.3% 정도이다.
① 림드강 : 평로, 전로에서 제조된 것을 Fe-Mn으로 가볍게 탈산시킨 강이다. 탈산처리가 불충분한 상태로 주형에 주입시켜 응고시킨 것으로, 강괴 내에 기포가 많이 존재하여 품질이 균일하지 못한 단점이 있다.
③ 캡트강 : 림드강을 주형에 주입한 후 탈산제를 넣거나 주형에 뚜껑을 덮고 리밍작용을 억제하여 표면을 림드강처럼 깨끗하게 만듦과 동시에 내부를 세미킬드강처럼 편석이 적은 상태로 만든 강이다.
④ 세미킬드강 : 탈산의 정도가 킬드강과 림드강 중간으로 림드강에 비해 재질이 균일하며 용접성이 좋고, 킬드강보다는 압연이 잘된다.

킬드강	림드강	세미킬드강
수축공 강괴	기포 강괴	수축공 기포 강괴

42 다음 중 용융점이 가장 높은 금속은?

① Au　　　② W
③ Cr　　　④ Ni

해설
금속의 용융점(℃)

W	3,410	Ag	960
Cr	1,860	Al	660
Fe	1,538	Mg	650
Ni	1,453	Zn	420
Cu	1,083	Hg	-38.4
Au	1,063		

43 용접의 기본기호 중 심(Seam)용접기호로 맞는 것은?

해설
용접부기호의 종류

명 칭	기본기호
점용접(스폿용접)	◯
심용접	⊖
표면(서페이싱)육성용접	⌒⌒
겹침이음	⊋

44 용접부의 단면을 연삭기나 샌드페이퍼 등으로 연마하고 적당한 부식을 해서 육안이나 저배율의 확대경으로 관찰하여 용입의 상태, 열영향부의 범위, 결함의 유무 등을 알아보는 시험은?

① 파면시험
② 현미경시험
③ 응력부식시험
④ 매크로조직시험

해설
매크로조직시험 : 용접부의 단면을 연삭기나 샌드페이퍼로 연마한 뒤 부식시켜 육안이나 저배율확대경으로 관찰함으로써 용입상태나 열영향부의 범위, 결함 등을 파악하는 시험법으로, 현미경조직시험이라고도 불린다.

45 주철의 보수용접 종류 중 스터드볼트 대신 용접부 바닥면에 둥근 홈을 파고 이 부분에 걸쳐 힘을 받도록 하여 용접하는 방법은?

① 로킹법   ② 스터드법

③ 비녀장법   ④ 버터링법

해설

주철의 보수용접방법

• 스터드법 : 스터드볼트를 사용해서 용접부가 힘을 받도록 하는 방법이다.

• 비녀장법 : 균열부 수리나 가늘고 긴 부분을 용접할 때 용접선에 직각이 되게 지름이 6~10mm 정도인 □자형의 강봉을 박고 용접하는 방법이다.

• 버터링법 : 처음에는 모재와 잘 융합되는 용접봉으로 적정 두께까지 용착시킨 후 다른 용접봉으로 용접하는 방법이다.

• 로킹법 : 스터드볼트 대신에 용접부 바닥에 홈을 파고 이 부분을 걸쳐서 힘을 받도록 하는 방법이다.

46 다음 중 용접부의 시험법 중에서 비파괴검사방법이 아닌 것은?

① 피로시험   ② 자분검사

③ 초음파검사   ④ 침투탐상검사

해설

파괴 및 비파괴시험법

비파괴시험	내부결함	방사선투과시험(RT)
		초음파탐상시험(UT)
	표면결함	외관검사(육안검사, VT)
		자분탐상검사(자기탐상검사, MT)
		침투탐상검사(PT)
		누설검사(LT)
파괴시험 (기계적 시험)	인장시험	인장강도, 항복점, 연신율 계산
	굽힘시험	연성의 정도 측정
	충격시험	인성과 취성의 정도 측정
	경도시험	외력에 대한 저항의 크기 측정
	매크로시험	현미경조직검사
	피로시험	반복적인 외력에 대한 저항력 측정

47 용접비드 끝단에 생기는 작은 홈의 결함으로 전류가 높고, 아크길이가 길 때 생기기 쉬운 결함은?

① 피 트

② 언더컷

③ 오버랩

④ 용입 불량

해설

언더컷 : 용접부의 끝부분에서 모재가 파이고 용착금속이 채워지지 않고 홈으로 남아 있는 부분으로, 용접속도가 너무 빠르거나 전류가 너무 높을 때 발생한다.

48 용접이음에서 정하중에 대한 안전율은 얼마인가?

① 1   ② 3

③ 5   ④ 8

해설

안전율(S)이란 외부의 하중에 견딜 수 있는 정도를 수치로 나타낸 것으로, $S = \dfrac{극한강도}{허용응력}$ 로 나타낸다. 정하중에 대한 안전율은 3으로 설정한다.

하중의 종류에 따른 안전율 설정

• 정하중 : 3

• 동하중(일반) : 5

• 동하중(주기적) : 8

• 충격하중 : 12

49 용접재료검사 중 경도시험에서 사용되지 않는 시험방법은?

① 쇼어경도　　　　② 브리넬경도
③ 비커스경도　　　　④ 샤르피경도

해설
경도시험법에 샤르피경도는 없다.

50 용접시공방법 중 잔류응력을 경감시키는 데 필요한 방법이 아닌 것은?

① 예열을 이용한다.
② 용접 후 후열처리를 한다.
③ 적당한 용착법과 용접순서를 선정한다.
④ 용착금속의 양을 될 수 있는 대로 많이 한다.

해설
용착금속의 양을 될 수 있는 대로 많이 하면 그만큼 모재에 많은 열이 가해진다는 의미이므로 잔류응력이 더 크게 발생한다. 용착금속의 양은 구조물에 알맞게 적당히 작업해야 한다.

51 다음 용접이음에서 냉각속도가 가장 빠른 것은?

① 모서리이음　　　　② T형 필릿이음
③ I형 맞대기이음　　　　④ V형 맞대기이음

해설
용접이음에서 냉각속도가 가장 빠른 것은 용접부가 대기 중에 많이 노출되면 되는데 보기 중 T형필릿이음이 대기와 가장 많이 접촉하므로 냉각속도도 가장 빠르다.
필릿용접(Fillet Welding)이음 : 2장의 모재를 T자 형태로 맞붙이거나 겹쳐붙이기를 할 때 생기는 코너 부분을 용접하는 것이다.

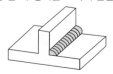

52 다음 중 잔류응력완화법에 해당되지 않는 것은?

① 피닝법
② 역변형법
③ 응력제거풀림
④ 저온응력완화법

해설
역변형법은 재료의 변형방지법으로 잔류응력의 경감과는 관련이 없다.

53 다음 그림과 같이 강판의 두께 25mm, 인장하중 10,000kgf를 작용시켜 겹치기용접이음을 한다. 용접부 허용응력을 7kgf/mm²이라 할 때 필요한 용접길이는?(단, 두 장의 판두께는 동일하다)

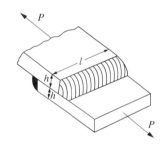

① 40.4mm
② 42.3mm
③ 45.6mm
④ 50.5mm

해설
인장응력 $\sigma = \dfrac{F}{A} = \dfrac{F}{t \times L}$

$7\text{kgf/mm}^2 = \dfrac{10{,}000\text{kgf}}{2(25\cos 45°) \times L}$

$L = \dfrac{10{,}000\text{kgf}}{50\cos 45°\text{mm} \times 7\text{kgf/mm}^2}$

$\fallingdotseq 40.4\text{mm}$

54 한 부분의 몇 층을 용접하다가 이것을 다음 부분의 층으로 연속시켜 전체가 계단형태의 단계를 이루도록 용착시켜 나가는 용착방법은?

① 블록법
② 스킵법
③ 덧붙이법
④ 캐스케이드법

용접법의 종류

구 분		특 징
용착 방향에 의한 용착법	전진법	• 한쪽 끝에서 다른쪽 끝으로 용접을 진행하는 방법으로, 용접 진행방향과 용착방향이 서로 같다. • 용접길이가 길면 끝부분쪽에 수축과 잔류응력이 생긴다.
	후퇴법	• 용접을 단계적으로 후퇴하면서 전체 길이를 용접하는 방법으로 용접 진행방향과 용착방향이 서로 반대가 된다. • 수축과 잔류응력을 줄이는 용접기법이나 작업능률은 떨어진다.
	대칭법	변형과 수축응력의 경감법으로 용접의 전 길이에 걸쳐 중심에서 좌우 또는 용접물 형상에 따라 좌우대칭으로 용접하는 기법이다.
	스킵법 (비석법)	• 용접부 전체의 길이를 5개 부분으로 나누어 놓고 1-4-2-5-3순으로 용접하는 방법이다. • 용접부에 잔류응력을 작게 하면서 변형을 방지하고자 할 때 사용한다.
다층 비드 용착법	덧살올림법 (빌드업법)	각 층마다 전체의 길이를 용접하면서 쌓아올리는 가장 일반적인 방법이다.
	전진블록법	• 한 개의 용접봉으로 살을 붙일만한 길이로 구분해서 홈을 한 층 완료한 후 다른 층을 용접하는 방법이다. • 다층용접 시 변형과 잔류응력의 경감을 위해 사용한다.
	캐스케이드법	한 부분의 몇 층을 용접하다가 다음 부분의 층으로 연속시켜 전체가 단계를 이루도록 용착시켜 나가는 방법이다.

55 검사의 종류 중 검사공정에 의한 분류에 해당되지 않는 것은?

① 수입검사
② 출하검사
③ 출장검사
④ 공정검사

③ 출장검사 : 검사장소에 의한 분류에 속한다.
① 수입검사 : 제품을 만들 재료를 현장에 투입하기 전 자체검사 기준에 의하여 불량품을 선별하는 검사이다.
② 출하검사 : 고객에게 제품을 납품하기 전 고객의 요구조건이나 기업의 자체표준검사 기준에 맞추어 불량품을 선별하는 검사이다.
④ 공정검사 : 제품을 생산하는 도중 공정단계에서 실시하는 검사이다.

56 설비보전조직 중 지역보전(Area Maintenance)의 장단점에 해당하지 않는 것은?

① 현장 왕복시간이 증가한다.
② 조업요원과 지역보전요원과의 관계가 밀접해진다.
③ 보전요원이 현장에 있으므로 생산 본위가 되며 생산 의욕을 가진다.
④ 같은 사람이 같은 설비를 담당하므로 설비를 잘 알며 충분한 서비스를 할 수 있다.

지역보전은 조직상으로는 집중보전과 비슷하며 보전지역은 각 지역에 분산되어 있다. 여기서 지역이란 지리적 혹은 제품별, 제조별, 제조부문별 구분을 의미하는데 각 지역에 위치한 보전조직은 각각의 생산현장에 위치하므로 현장의 왕복시간은 타 보전법에 비해 줄어든다.

57 설비배치 및 개선의 목적을 설명한 내용으로 가장 관계가 먼 것은?

① 재공품의 증가
② 설비투자 최소화
③ 이동거리의 감소
④ 작업자부하 평준화

해설
설비배치를 다시 하는 목적은 생산성을 높여 생산공정 중의 재공품을 감소시키기 위함이다.

58 워크샘플링에 관한 설명 중 틀린 것은?

① 워크샘플링은 일명 스냅리딩(Snap Reading)이라 불린다.
② 워크샘플링은 스톱워치를 사용하여 관측대상을 순간적으로 관측하는 것이다.
③ 워크샘플링은 영국의 통계학자 L.H.C. Tippet가 가동률조사를 위해 창안한 것이다.
④ 워크샘플링은 사람의 상태나 기계의 가동상태 및 작업의 종류 등을 순간적으로 관측하는 것이다.

해설
워크샘플링법 : 관측대상을 무작위로 선정하여 일정시간 동안 관측한 데이터를 취합한 후 이를 기초로 작업자나 기계설비의 가동상태 등을 통계적 수법을 사용하여 분석하는 작업연구의 한 방법이다.
스톱워치를 사용하는 샘플링법은 스톱워치법으로, 테일러에 의해 처음 도입된 방법이다. 스톱워치를 들고 작업시간을 직접 관측하여 표준시간을 설정하는 기법으로서 직접측정법의 일종이다.

59 부적합품률이 20%인 공정에서 생산되는 제품을 매시간 10개씩 샘플링검사하여 공정을 관리하려고 한다. 이때 측정되는 시료의 부적합품수에 대한 기댓값과 분산은 약 얼마인가?

① 기댓값 : 1.6, 분산 : 1.3
② 기댓값 : 1.6, 분산 : 1.6
③ 기댓값 : 2.0, 분산 : 1.3
④ 기댓값 : 2.0, 분산 : 1.6

60 3σ법의 $\bar{X}$ 관리도에서 공정이 관리상태에 있는데도 불구하고 관리상태가 아니라고 판정하는 제1종 과오는 약 몇 %인가?

① 0.27   ② 0.54
③ 1.0   ④ 1.2

해설
관리도의 두 가지 오류 중에서 제종 오류란 해당 공정이 관리상태에 있음에도 불구하고 한 점이 우연히 관리한계 밖에 찍혀서 일어나는데, 공정이 관리상태에 있지 않다(이상상태)라고 잘못 판단하여 존재하지 않은 문제의 원인을 조사하는 비용이 발생한다. 이 개념을 만든 슈하트박사는 이 크기를 0.3% 정도로 본다. 따라서 정답은 ①번이 적합하다.

01 다음 중 아크쏠림 방지대책으로 옳은 것은?

① 긴 아크를 사용한다.

② 교류용접기를 사용한다.

③ 접지점을 용접부로부터 가깝게 한다.

④ 용접봉 끝을 아크쏠림방향으로 기울인다.

해설

아크쏠림 방지대책
• 용접전류를 줄인다.
• 교류용접기를 사용한다.
• 접지점을 2개 연결한다.
• 아크길이는 최대한 짧게 유지한다.
• 접지부를 용접부에서 최대한 멀리한다.
• 용접봉 끝을 아크쏠림의 반대방향으로 기울인다.
• 용접부가 긴 경우는 가용접 후 후진법(후퇴용접법)을 사용한다.
• 받침쇠, 긴 가용접부, 이음의 처음과 끝에는 엔드탭을 사용한다.

02 다음 중 아세틸렌가스의 폭발성과 관련이 가장 적은 것은?

① 외 력

② 압 력

③ 온 도

④ 증류수

해설

가연성가스인 아세틸렌과 조연성가스인 산소가 만나서 폭발할 때 증류수는 영향을 미치지 않는다.

03 다음 중 아크절단법의 종류에 해당되지 않는 것은?

① TIG절단

② 분말절단

③ MIG절단

④ 플라스마절단

해설

분말절단은 철분말이나 용제분말을 절단용 산소에 연속적으로 혼입시켜서 용접부에 공급하면 반응하면서 발생하는 산화열로 구조물을 절단하는 방법으로, 아크절단법에 속하지 않는다.

04 다음 중 융접에 속하지 않는 것은?

① 마찰용접

② 스터드용접

③ 피복아크용접

④ 탄산가스아크용접

해설

용접법의 분류

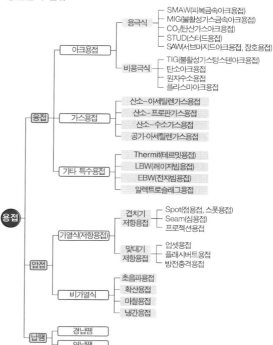

05 피복아크용접봉의 심선으로 주로 사용되는 재료는?

① 저탄소림드강
② 저탄소킬드강
③ 고탄소킬드강
④ 고탄소세미킬드강

해설
탄소가 많이 함유된 강은 용접성이 좋지 못하므로 피복아크용접봉의 심선은 저탄소림드강으로 제조한다.

06 아세틸렌가스와 프로판가스를 이용한 절단 시의 비교 내용으로 틀린 것은?

① 프로판은 슬래그의 제거가 쉽다.
② 아세틸렌은 절단 개시까지의 시간이 빠르다.
③ 프로판이 점화하기 쉽고 중성불꽃을 만들기도 쉽다.
④ 포갬절단속도는 프로판이 아세틸렌보다 빠르다.

해설
아세틸렌과 LP(프로판)가스의 비교

아세틸렌가스	LP가스
점화가 용이하다.	슬래그의 제거가 용이하다.
중성불꽃을 만들기 쉽다.	절단면이 깨끗하고 정밀하다.
절단 시작까지 시간이 빠르다.	절단 위 모서리 녹음이 적다.
박판절단 때 속도가 빠르다.	두꺼운 판(후판)을 절단할 때 유리하다.
모재 표면에 대한 영향이 적다.	포갬절단에서 아세틸렌보다 유리하다.

07 가스용접에서 공급압력이 낮거나 팁이 과열되었을 때 산소가 아세틸렌쪽으로 흡입되는 것을 무엇이라고 하는가?

① 역 류   ② 역 화
③ 인 화   ④ 폭 발

해설
① 역류 : 토치 내부의 청소가 불량할 때 내부기관에 막힘이 생겨 고압의 산소가 밖으로 배출되지 못하고 압력이 낮은 아세틸렌 쪽으로 흐르는 현상이다.
② 역화 : 토치의 팁 끝이 모재에 닿아 순간적으로 막히거나 팁의 과열 또는 사용가스의 압력이 부적당할 때 팁 속에서 폭발음을 내면서 불꽃이 꺼졌다가 다시 나타나는 현상으로 불꽃이 꺼지면 산소밸브를 차단하고, 이어 아세틸렌밸브를 닫는다. 팁이 가열되었으면 물속에 담가 산소를 약간 누출시키면서 냉각한다.
③ 인화 : 팁 끝이 순간적으로 막히면 가스의 분출이 나빠지고 가스 혼합실까지 불꽃이 도달하여 토치를 빨갛게 달구는 현상이다.

08 아세틸렌용기 속에 아세틸렌가스가 3,200L 보관되어 있다면, 프랑스식 200번 팁을 이용하여 표준불꽃으로 연강판을 용접할 경우 약 몇 시간 동안 용접할 수 있는가?

① 4시간   ② 8시간
③ 16시간   ④ 32시간

해설
팁 200번이란 단위시간당 가스소비량이 200L임을 의미하는데, 아세틸렌가스의 총량이 3,200L이므로 이를 200L로 나누면 16시간이 나온다.

09 강재 표면의 흠이나 개재물, 탈탄층 등을 제거하기 위하여 얇고 넓게 표면을 깎아내는 가공법은?

① 스카핑
② 가스가우징
③ 탄소가우징
④ 아크에어가우징

해설
① 스카핑(Scarfing) : 강괴나 강편, 강재 표면의 흠이나 개재물, 탈탄층 등을 제거하기 위한 불꽃가공으로 가능한 얇으면서 타원형의 모양으로 표면을 깎아내는 가공법이다.
② 가스가우징 : 용접결함(압연강재나 주강의 표면결함)이나 가접부 등의 제거를 위하여 가스절단과 비슷한 토치를 사용해서 용접 부분의 뒷면을 따내거나 U형, H형상의 용접홈을 가공하기 위하여 깊은 홈을 파내는 가공방법이다.
④ 아크에어가우징 : 탄소봉을 전극으로 하여 아크를 발생시킨 후 절단을 하는 탄소아크절단법에 약 5~7kgf/cm²인 고압의 압축공기를 병용하는 것이다. 용융된 금속을 탄소봉과 평행으로 분출하는 압축공기를 전극홀더의 끝부분에 위치한 구멍을 통해 연속해서 불어내서 홈을 파내는 방법이다. 용접부의 홈 가공, 구멍 뚫기, 절단작업, 뒷면 따내기, 용접결함부 제거 등에 사용된다. 철이나 비철금속에 모두 이용할 수 있으며, 가스가우징보다 작업능률이 2~3배 높고 모재에도 해를 입히지 않는다.

11 피복아크용접봉 중 내균열성이 가장 우수한 것은?

① E4303
② E4311
③ E4316
④ E4327

해설
용접봉 중에서 내균열성이 가장 우수한 것은 저수소계 용접봉(E4316)이다.

용접봉의 종류

기 호	종 류	기 호	종 류
E4301	일미나이트계	E4316	저수소계
E4303	라임티타니아계	E4324	철분산화타이타늄계
E4311	고셀룰로스계	E4326	철분저수소계
E4313	고산화타이타늄계	E4327	철분산화철계

12 탄소아크절단에 압축공기를 병용하여 전극홀더의 구멍에서 탄소전극봉에 나란히 분출하는 고속의 공기를 분출시켜 용융금속을 불어내어 홈을 파는 방법을 무엇이라고 하는가?

① 철분절단
② 불꽃절단
③ 가스가우징
④ 아크에어가우징

해설
아크에어가우징
탄소봉을 전극으로 하여 아크를 발생시킨 후 절단을 하는 탄소아크절단법에 약 5~7kgf/cm²인 고압의 압축공기를 병용하는 것이다. 용융된 금속을 탄소봉과 평행으로 분출하는 압축공기를 전극홀더의 끝부분에 위치한 구멍을 통해 연속해서 불어내서 홈을 파내는 방법이다. 용접부의 홈 가공, 구멍 뚫기, 절단작업, 뒷면 따내기, 용접결함부 제거 등에 사용된다. 철이나 비철금속에 모두 이용할 수 있으며, 가스가우징보다 작업능률이 2~3배 높고 모재에도 해를 입히지 않는다.

10 피복아크용접봉에 사용되는 피복배합제에서 아크 안정제로 사용되는 것은?

① 니 켈
② 산화타이타늄
③ 페로망가니즈
④ 마그네슘

해설
피복아크용접용 피복제(피복배합제) 중에서 산화타이타늄은 아크 안정제로 사용한다.

13 용접전류 200A, 아크전압을 20V, 용접속도 15cm/min이라 하면 용접의 단위길이 1cm당 발생하는 용접입열을 몇 Joule/cm인가?

① 2,000　　　　② 5,000

③ 10,000　　　④ 16,000

해설

용접입열량

$$H = \frac{60EI}{v}$$

$$= \frac{60 \times 20 \times 200}{15}$$

$$= 16,000 \text{J/cm}$$

여기서, H : 용접단위길이 1cm당 발생하는 전기적 에너지

　　　　E : 아크전압(V)

　　　　I : 아크전류(A)

　　　　v : 용접속도(cm/min)

※ 일반적으로 모재에 흡수된 열량은 입열의 75~85% 정도이다.

14 가스절단에서 표준드래그의 길이는 판두께의 얼마 정도인가?

① 5%　　　　② 10%

③ 15%　　　④ 20%

해설

표준드래그 길이 구하는 식

표준드래그 길이(mm) = 판두께(mm) × $\frac{1}{5}$ = 판두께의 20%

15 피복아크용접에서 양호한 용접을 하려면 짧은 아크를 사용하여야 하는데 아크길이가 적당할 때 나타나는 현상이 아닌 것은?

① 아크가 안정된다.

② 산화 및 질화되기 쉽다.

③ 정상적인 입자가 형성된다.

④ 양호한 용접부를 얻을 수 있다.

해설

아크길이가 길 때 모재로의 입열량이 커지므로 아크길이가 적당할 때보다 산화 및 질화되기 쉽다.

16 일반적인 레이저빔용접의 특징으로 옳은 것은?

① 용접속도가 느리고 비드 폭이 매우 넓다.

② 깊은 용입을 얻을 수 있고 이종금속의 용접도 가능하다.

③ 가공물의 열변형이 크고 정밀용접이 불가능하다.

④ 여러 작업을 한 레이저로 동시에 작업할 수 없으며 생산성이 낮다.

해설

레이저빔용접(레이저용접)의 특징

• 좁고 깊은 용접부를 얻을 수 있다.

• 이종금속의 용접이 가능하다.

• 미세하고 정밀한 용접이 가능하다.

• 접근이 곤란한 물체의 용접이 가능하다.

• 열변형이 거의 없는 비접촉식 용접법이다.

• 전자빔용접기 설치비용보다 설치비가 저렴하다.

• 고속용접과 용접공정의 융통성을 부여할 수 있다.

• 전자부품과 같은 작은 크기의 정밀용접이 가능하다.

• 용접입열이 매우 작으며, 열영향부의 범위가 좁다.

• 용접될 물체가 불량 도체인 경우에도 용접이 가능하다.

• 에너지밀도가 매우 높으며, 고융점을 가진 금속의 용접에 이용한다.

• 접합되어야 할 부품의 조건에 따라서 한면용접으로 접합이 가능하다.

• 열원이 빛의 빔이기 때문에 투명재료를 써서 어떤 분위기 속(공기, 진공)에서도 용접이 가능하다.

17 고진공상태에서 충격열을 이용하여 용접하며 원자력 및 전자제품의 정밀용접에 적용되고, 일반적으로 용접봉을 사용하지 않아 슬래그 섞임 등의 결함이 생기지 않는 용접은?

① 오토콘용접

② 전자빔용접

③ 원자수소아크용접

④ 일렉트로가스아크용접

해설

전자빔용접 : 고밀도로 집속되고 가속화된 전자빔을 높은 진공$(10^{-6} \sim 10^{-4} mmHg)$ 속에서 용접물에 고속도로 조사시키면 빛과 같은 속도로 이동한 전자가 용접물에 충돌하면서 전자의 운동에너지를 열에너지로 변환시켜 국부적으로 고열을 발생시키는데, 이때 생긴 열원으로 용접부를 용융시켜 용접하는 방식이다. 텅스텐(3,410℃)과 몰리브데넘(2,620℃)과 같이 용융점이 높은 재료의 용접에 적합하다.

18 논가스아크용접에서 개봉된 와이어를 재사용하면 흡습으로 인하여 여러 가지 결함이 발생하기 쉽다. 이를 방지하기 위하여 사용하기 전 재건조를 실시하는데, 이때 가장 적당한 온도와 시간은?

① 50~100℃에서 1~2시간 건조

② 100~150℃에서 3시간 이상 건조

③ 200~300℃에서 1~2시간 건조

④ 400~500℃에서 3시간 이상 건조

해설

논가스아크용접용 와이어의 재건조는 200~300℃에서 1~2시간 실시한다.

논가스아크용접

솔리드와이어나 플럭스와이어를 사용하여 보호가스 없이도 공기 중에서 직접 용접하는 방법으로, 비피복아크용접이라고도 불리는데 반자동용접 중 가장 간편하다. 보호가스가 필요치 않으므로 바람에도 비교적 안정되어 옥외용접도 가능하다. 용접비드가 깨끗하지 않으나 슬래그박리성은 좋다. 용착금속의 기계적 성질은 다른 용접법에 비해 좋지 못하며 용접아크에 의해 스패터가 많이 발생하고 용접전원도 특수하게 만들어야 한다는 단점이 있다.

19 불활성가스텅스텐아크용접을 이용하여 알루미늄 주물을 용접할 때 사용하는 전류로 가장 적합한 것은?

① AC

② DCRP

③ DCSP

④ ACHF

해설

TIG용접으로 스테인리스강이나 탄소강, 주철, 동합금을 용접할 때는 토륨 텅스텐 전극봉을 이용해서 직류정극성으로 용접한다. 이외의 재질을 TIG용접법으로 용접할 때는 아크안정을 위해 주로 고주파교류(ACHF)를 전원으로 사용하는데, 고주파교류는 아크를 발생시키기 쉽고 전극의 소모를 줄여 텅스텐봉의 수명을 길게 하는 장점이 있다.

20 가스금속아크용접에서 제어장치의 기능 중 크레이터 처리기능에 의해 낮아진 전류가 서서히 줄어들면서 아크가 끊어져 이면용접부가 녹아내리는 것을 방지하는 것은?

① 번백시간

② 스타트업시간

③ 크레이터지연시간

④ 이면용접보호시간

해설

MIG용접의 제어기능

종 류	기 능
예비 가스유출시간	아크 발생 전 보호가스 유출로 아크안정과 결함의 발생을 방지한다.
스타트시간	아크가 발생되는 순간에 전류와 전압을 크게 하여 아크 발생과 모재의 융합을 돕는다.
크레이터충전시간	크레이터 결함을 방지한다.
번백시간	크레이터처리에 의해 낮아진 전류가 서서히 줄어들면서 아크가 끊어지는 현상을 제어함으로써 용접부가 녹아내리는 것을 방지한다.
가스 지연 유출시간	용접 후 5~25초 정도 가스를 흘려서 크레이터의 산화를 방지한다.

21 점용접의 종류에 속하지 않는 것은?

① 직렬식 점용접

② 맥동 점용접

③ 인터랙 점용접

④ 플래시 점용접

해설

① 직렬식 점용접 : 1개의 전류회로에 2개 이상의 용접점을 만드는 방법으로, 전류손실이 크다. 전류를 증가시켜야 하며 용접 표면이 불량하고 균일하지 못하다.

② 맥동 점용접 : 모재 두께가 다른 경우에 전극의 과열을 피하기 위해 전류를 단속하여 용접한다.

③ 인터랙 점용접 : 용접전류가 피용접물의 일부를 통하여 다른 곳으로 전달하는 방식이다.

22 일반적인 CO_2가스아크용접 작업에서 전진법의 특징으로 틀린 것은?

① 스패터가 많으며 진행방향쪽으로 흩어진다.

② 높이가 높고 폭이 좁은 비드가 형성된다.

③ 용착금속이 아크보다 앞서기 쉬워 용입이 얕아진다.

④ 용접 시 용접선이 잘 보여서 운봉을 정확하게 할 수 있다.

해설

CO_2용접의 전진법과 후진법의 차이점

전진법	후진법
• 용접선이 잘 보여 운봉이 정확하다.	• 스패터 발생이 적다.
• 높이가 낮고 평탄한 비드를 형성한다.	• 깊은 용입을 얻을 수 있다.
• 스패터가 비교적 많고 진행 방향으로 흩어진다.	• 높이가 높고 폭이 좁은 비드를 형성한다.
• 용착금속이 아크보다 앞서기 쉬워 용입이 얕다.	• 용접선이 노즐에 가려 운봉이 부정확하다.
	• 비드 형상이 잘 보여 폭, 높이의 제어가 가능하다.

23 구리 및 구리합금의 용접성에 대한 설명으로 틀린 것은?

① 용접 후 응고수축 시 변형이 생기지 않는다.

② 열전도도, 열팽창계수는 용접성에 영향을 준다.

③ 구리합금의 경우 아연 증발로 용접사가 중독될 수 있다.

④ 가스용접 시 수소 분위기에서 가열을 하면 산화물이 환원되어 수분을 생성시킨다.

해설

구리 및 구리합금의 용접이 어려운 이유

• 구리는 열전도율이 높고 냉각속도가 크다.

• 수소와 같이 확산성이 큰 가스를 석출하여 그 압력 때문에 더욱 약점이 조성된다.

• 열팽창계수는 연강보다 약 50% 크므로 냉각에 의한 수축과 응력 집중을 일으켜 균열이 발생하기 쉽다.

• 구리는 용융될 때 심한 산화를 일으키며, 가스를 흡수하기 쉬우므로 용접부에 기공 등이 발생하기 쉽다.

• 구리의 경우 열전도율과 열팽창계수가 높아서 가열 시 재료의 변형이 일어나고, 열의 집중성이 떨어져서 저항용접이 어렵다.

• 구리 중의 산화구리(Cu_2O)를 함유한 부분이 순수한 구리에 비하여 용융점이 약간 낮으므로, 먼저 용융되어 균열이 발생하기 쉽다.

• 가스용접, 그 밖의 용접방법으로 환원성 분위기 속에서 용접을 하면 산화구리는 환원될 가능성이 커진다. 이때 용적은 감소하여 스펀지(Sponge)모양의 구리가 되므로 더욱 강도를 약화시킨다. 그러므로, 용접용 구리재료는 전해구리보다 탈산구리를 사용해야 하며, 용접봉은 탈산구리용접봉 또는 합금용접봉을 사용해야 한다.

24 일반적인 저탄소강의 용접에 대한 설명으로 틀린 것은?

① 용접법의 적용에 제한이 없다.

② 용접균열의 발생 위험이 적다.

③ 피복아크용접의 경우 노치인성이 요구될 때에는 저수소계 계통의 용접봉을 사용한다.

④ 서브머지드아크용접의 경우 일반적으로 판두께 25mm 이하에서도 예열이 필요하다.

해설

서브머지드아크용접은 넓은 열영향부를 발생시키므로 판두께 25mm 이하의 재료에는 예열이 필요없다.

25 피복아크용접 작업에서 전기적 충격을 방지하기 위한 대책으로 틀린 것은?

① 용접기의 내부에 함부로 손을 대지 않는다.
② 홀더나 용접봉을 맨손으로 취급하지 않는다.
③ 땀, 물 등에 의해 습기찬 작업복이나 장갑, 구두 등을 착용한다.
④ 가죽장갑, 앞치마, 발덮개 등 규정된 보호구를 반드시 착용한다.

해설
전기적 충격인 전격은 땀이나 물로 인해 습기가 찬 작업복이나 장갑, 구두를 착용한 상태에서 용접작업을 했을 때 발생하므로 이를 피해야 한다. 여기서 전격이란 강한 전류를 갑자기 몸에 느꼈을 때의 충격을 말하며, 용접기에는 작업자의 전격을 방지하기 위해서 반드시 전격방지기를 부착해야 한다.

26 스터드용접에서 페룰의 역할이 아닌 것은?

① 용착부의 오염을 방지한다.
② 용접이 진행되는 동안 아크열을 집중시켜 준다.
③ 탈산제가 들어 있어 용접부의 기계적 성질을 개선해 준다.
④ 용융금속의 산화를 방지하고, 용융금속의 유출을 막아준다.

해설
페룰은 작업도구의 일종이므로 탈산제가 함유되어 있지 않다.
페룰(Ferrule)
모재와 스터드가 통전할 수 있도록 연결해 주는 것으로 아크공간을 대기와 차단하여 아크분위기를 보호한다. 아크열을 집중시켜 주며 용착금속의 누출을 방지하고 작업자의 눈도 보호해 준다.

27 플라스마아크용접의 장점으로 틀린 것은?

① 용접속도가 빠르다.
② 용입이 낮고 비드 폭이 넓다.
③ 1층으로 용접할 수 있으므로 능률적이다.
④ 용접부의 기계적 성질이 좋으며 변형이 적다.

해설
플라스마아크용접의 특징
• 용입이 깊다.
• 비드의 폭이 좁다.
• 용접변형이 작다.
• 용접의 품질이 균일하다.
• 용접부의 기계적 성질이 좋다.
• 용접속도를 크게 할 수 있다.
• 용접장치 중에 고주파발생장치가 필요하다.
• 용접속도가 빨라서 가스보호가 잘 안 된다.
• 무부하전압이 일반 아크용접기보다 2~5배 더 높다.
• 핀치효과에 의해 전류밀도가 크고, 안정적이며 보유열량이 크다.

28 박판(3mm 이하)용접에 적용하기 곤란한 용접법은?

① TIG용접
② CO_2용접
③ 심(Seam)용접
④ 일렉트로슬래그용접

해설
일렉트로슬래그용접
용융된 슬래그와 용융금속이 용접부에서 흘러나오지 못하도록 수랭동판으로 둘러싸고 이 용융풀에 용접봉을 연속적으로 공급하는데 이때 발생하는 용융슬래그의 저항열에 의하여 용접봉과 모재를 연속적으로 용융시키면서 용접하는 방법으로, 선박이나 보일러와 같이 두꺼운 판의 용접에 적합하다. 수직 상진으로 단층용접하는 방식으로 용접전원으로는 정전압형 교류를 사용한다.
일렉트로슬래그용접의 장점
• 용접이 능률적이다.
• 전기저항열에 의한 용접이다.
• 용접시간이 적어서 용접 후 변형이 작다.
• 다전극을 이용하면 더 효과적인 용접이 가능하다.
• 후판용접을 단일층으로 한 번에 용접할 수 있다.
• 스패터나 슬래그 혼입, 기공 등의 결함이 거의 없다.
• 일렉트로슬래그용접의 용착량은 거의 100%에 가깝다.
• 냉각하는 데 시간이 오래 걸려서 기공이나 슬래그가 섞일 확률이 작다.

29 서브머지드아크용접에서 사용하는 플럭스 중 분말원료에 결합제를 혼합하여 500~600℃에서 건조하여 제조한 것은?

① 용융형 용제
② 혼합형 용제
③ 저온소결 용제
④ 고온소결 용제

해설
③ 저온소결 용제 : SAW(서브머지드아크용접)용 용제로 분말원료에 결합제를 혼합시킨 후 500~600℃에서 건조시켜 제조한다.
① 용융형 용제 : 광물성 원료를 원광석과 혼합시킨 후 아크전기로에서 1,300℃로 용융하여 응고시킨 후 분쇄하여 알맞은 입도로 만든 것이다. 유리모양의 광택이 나며 흡습성이 적다.

30 다음 중 항온열처리방법에 해당되지 않는 것은?

① 마퀜칭　　　　② 마템퍼링
③ 오스템퍼링　　④ 노멀라이징

해설
불림(Normalizing)처리는 영어로 노멀라이징으로 불리는데 담금질 정도가 심하거나 결정입자가 조대해진 강을 표준화조직으로 만들기 위하여 A3점(968℃)이나 A_cm(시멘타이트)점 이상의 온도로 가열 후 공랭시킨다.

31 오스테나이트계 스테인리스강에 대한 설명으로 틀린 것은?

① 가공경화성이 높다.
② 실온에서 조직이 마텐자이트이다.
③ 냉간가공에 의해 내력과 강도가 크게 상승한다.
④ 용접 등의 열가공을 할 경우 변형이나 잔류응력에 대한 문제가 발생한다.

해설
오스테나이트계 스테인리스강은 상온에서 완전한 오스테나이트 조직으로 존재해야 한다.

32 사이안화법이라고도 하며 사이안화나트륨(NaCN), 사이안화칼륨(KCN)을 주성분으로 하는 용융염을 사용하여 침탄하는 방법은?

① 고체침탄법
② 액체침탄법
③ 가스침탄법
④ 고주파침탄법

해설
② 액체침탄법 : 침탄제인 NaCN, KCN에 염화물과 탄화염을 40~50% 첨가하고 600~900℃에서 용해하여 C와 N가 동시에 소재의 표면에 침투하게 하여 표면을 경화시키는 방법으로, 침탄과 질화가 동시에 된다는 특징이 있다.
① 고체침탄법 : 침탄제인 목탄이나 코크스분말과 소금 등의 침탄촉진제를 재료와 함께 침탄상자에서 약 900℃의 온도로 약 3~4시간 가열하여 표면에서 0.5~2mm의 침탄층을 얻는 표면경화법이다.
③ 가스침탄법 : 메탄가스나 프로판가스를 이용하여 표면을 침탄하는 표면경화법이다.

33 탄소강에 포함된 원소 인(P)의 영향이 아닌 것은?

① 연신율을 증가시킨다.
② 상온취성의 원인이 된다.
③ 결정립을 조대화시킨다.
④ Fe₃P은 MnS 등과 접합하여 고스트라인을 형성하여 강의 파괴원인이 된다.

해설
탄소강에 함유된 인(P)의 영향
• 불순물을 제거한다.
• 상온취성의 원인이 된다.
• 강도와 경도를 증가시킨다.
• 연신율과 충격값을 저하시킨다.
• 결정립의 크기를 조대화시킨다.
• 편석이나 균열의 원인이 된다.
• 주철의 용융점을 낮추고 유동성을 좋게 한다.

34 다음 중 Al-Si계 합금인 것은?

① 청 동   ② 실루민

③ 퍼민바   ④ 머시메탈

> **해설**
> 실루민은 Al+Si(10~14% 함유)계 합금으로 알팍스라고도 불린다.

35 다음 주철 중 조직은 주로 편상흑연과 페라이트로 되어 있으나, 약간의 펄라이트를 함유하고 있으며 기계가공성이 좋고 값이 저렴한 주철은?

① 보통주철

② 가단주철

③ 구상흑연주철

④ 미하나이트주철

> **해설**
> ① 보통주철 : 주로 편상흑연과 페라이트로 조직되어 있는 보통주철(GC 100~GC 200)은 주철 중에서 인장강도가 가장 낮다. 인장강도가 100~200N/mm²(10~20kgf/mm²) 정도로 기계가공성이 좋고 값이 싸며 기계구조물의 몸체 등의 재료로 사용된다. 주조성이 좋으나 취성이 커서 연신율이 거의 없다. 탄소 함유량이 높기 때문에 고온에서 기계적 성질이 떨어지는 단점이 있다.
> ② 가단주철 : 백주철을 고온에서 장시간 열처리하여 시멘타이트 조직을 분해하거나 소실시켜 조직의 인성과 연성을 개선한 주철로 가단성이 부족했던 주철을 강인한 조직으로 만들기 때문에 단조작업이 가능한 주철이다. 제작공정이 복잡해서 시간과 비용이 상대적으로 많이 든다.
> ③ 구상흑연주철 : 일반 주철에 Ni(니켈), Cr(크로뮴), Mo(몰리브데넘), Cu(구리)를 첨가하여 재질을 개선한 주철로 내마멸성, 내열성, 내식성이 매우 우수하여 자동차용 주물이나 주조용 재료로 사용되며 다른 말로 노듈러주철, 덕타일주철로도 불린다.
> ④ 미하나이트주철 : 바탕이 펄라이트조직으로 인장강도가 350~450MPa인 이 주철은 담금질이 가능하고 인성과 연성이 매우 크며, 두께 차이에 의한 성질의 변화가 매우 작아서 내연기관의 실린더재료로 사용된다.

36 다음 금속침투법 중 철강 표면에 알루미늄을 확산침투시키는 것은?

① 칼로라이징   ② 크로마이징

③ 세라다이징   ④ 보로나이징

> **해설**
> **금속침투법의 종류**
>
> | 금속침투법 | 세라다이징 | Zn |
> | --- | --- | --- |
> | | 칼로라이징 | Al |
> | | 크로마이징 | Cr |
> | | 실리코나이징 | Si |
> | | 보로나이징 | B(붕소) |

37 황동의 종류 중 톰백에 대한 설명으로 옳은 것은?

① 0.3~0.8% Zn의 황동

② 1.2~3.7% Zn의 황동

③ 5~20% Zn의 황동

④ 30~40% Zn의 황동

> **해설**
> **톰백** : Cu에 Zn을 5~20% 합금한 것으로 색깔이 아름답고 냉간가공이 쉽게 되어 단추나 금박, 금 모조품과 같은 장식용 재료로 사용된다.

38 다음 중 순철에 대한 설명으로 틀린 것은?

① 비중이 약 7.8 정도이다.

② 융점이 약 1,539℃ 정도이다.

③ 순철의 A₃변태점은 약 910℃이다.

④ 순철의 조직인 페라이트는 공석강조직보다 경도가 강하다.

> **해설**
> 순철은 C(탄소)의 함유량이 0.02% 이하인 철로 가장 연하다. 따라서 ④번은 잘못된 표현이다.

39 Ti합금의 결정구조의 종류가 아닌 것은?

① α형 합금   ② β형 합금

③ δ형 합금   ④ $(\alpha + \beta)$형 합금

해설

Ti합금의 결정구조에 δ형은 없다.

40 다음 중 스테인리스강의 종류에 포함되지 않는 것은?

① 펄라이트계 스테인리스강

② 페라이트계 스테인리스강

③ 마텐자이트계 스테인리스강

④ 오스테나이트계 스테인리스강

해설

스테인리스강의 분류

구 분	종 류	주요성분	자 성
Cr계	페라이트계 스테인리스강	Fe+Cr 12% 이상	자성체
	마텐자이트계 스테인리스강	Fe+Cr 13%	자성체
Cr + Ni계	오스테나이트계 스테인리스강	Fe+Cr 18%+Ni 8%	비자성체
	석출경화계 스테인리스강	Fe+Cr+Ni	비자성체

41 금속조직학상으로 강이라 함은 Fe-C합금 중 탄소의 함유량이 약 몇 % 정도 포함된 것인가?

① 0.008~2.1   ② 2.1~4.3

③ 4.3~6.6   ④ 6.6 이상

해설

철강의 분류

성 질	순 철	강	주 철
영 문	Pure Iron	Steel	Cast Iron
탄소함유량	0.02% 이하	0.02~2.0%	2.0~6.67%
담금질성	담금질이 안 된다.	좋다.	잘되지 않는다.
강도/경도	연하고 약하다.	크다.	경도는 크나 잘 부서진다.
활 용	전기재료	기계재료	주조용 철
제 조	전기로	전 로	큐폴라

42 재료의 선팽창계수나 탄성률 등의 특성이 변하지 않는 불변강에 해당되지 않는 것은?

① 인바(Invar)

② 코엘린바(Coelinvar)

③ 슈퍼인바(Super Invar)

④ 슈퍼엘린바(Super Elinvar)

해설

불변강이란 일반적으로 Ni-Fe계 내식용 합금을 말하는데 주변온도가 변해도 재료가 가진 열팽창계수나 탄성계수가 변하지 않아서 불변강이라고 불리고 있다. 슈퍼엘린바는 불변강에 속하지 않는다.

① 인바 : Fe에 35%의 Ni, 0.1~0.3%의 Co, 0.4%의 Mn이 합금된 불변강의 일종으로, 상온 부근에서 열팽창계수가 매우 작아서 길이변화가 거의 없다. 줄자나 측정용 표준자, 바이메탈용 재료로 사용한다.

② 코엘린바 : Fe에 Cr 10~11%, Co 26~58%, Ni 10~16% 합금한 것으로, 온도변화에 대한 탄성률의 변화가 작고 공기 중이나 수중에서 부식되지 않아서 스프링, 태엽, 기상관측용 기구의 부품에 사용한다.

③ 슈퍼인바 : Fe에 30~32%의 Ni, 4~6%의 Co를 합금한 재료로 20℃에서 열팽창계수가 0에 가까워서 표준척도용 재료로 사용한다.

43 용접변형방법 중 용접부의 부근을 냉각시켜서 열영향부의 넓이를 축소시킴으로써 변형을 감소시키는 방법은?

① 피닝법
② 도열법
③ 구속법
④ 역변형법

해설
② 도열법 : 용접 중 모재의 입열을 최소화하기 위해 물을 적신 동판을 덧대어 열을 흡수하도록 한 것으로 용접부의 부근을 냉각시켜서 열영향부의 넓이가 축소되면서 변형이 감소된다.
① 피닝법 : 타격 부분이 둥근 구면인 특수해머를 사용하여 모재의 표면에 지속적으로 충격을 가해 줌으로써 재료 내부에 있는 잔류응력을 완화시키면서 표면층에 소성변형을 주는 방법이다.
④ 역변형법 : 용접 전에 변형을 예측하여 반대방향으로 변형시킨 후 용접을 하도록 한 것이다.

44 보통 판두께가 4~19mm 이하의 경우 한쪽에서 용접으로 완전용입을 얻고자 할 때 사용하며 홈 가공이 비교적 쉬우나 판의 두께가 두꺼워지면 용착금속의 양이 증가하는 맞대기이음 형상은?

① V형 홈
② H형 홈
③ J형 홈
④ X형 홈

해설
V형 홈은 일반적으로 6~19mm(일부 책에는 4~19mm) 이하인 두께의 판을 한쪽에서 용접하여 완전한 용입을 얻고자 할 때 사용하는 홈 형상이다.
홈의 형상에 따른 특징

홈의 형상	특 징
I형	• 가공이 쉽고 용착량이 적어서 경제적이다. • 판이 두꺼워지면 이음부를 완전히 녹일 수 없다.
V형	• 한쪽 방향에서 완전한 용입을 얻고자 할 때 사용한다. • 홈 가공이 용이하나 두꺼운 판에서는 용착량이 많아지고 변형이 일어난다.
X형	• 후판(두꺼운 판)용접에 적합하다. • 홈가공이 V형에 비해 어렵지만 용착량이 적다. • 양쪽에서 용접하므로 완전한 용입을 얻을 수 있다.
U형	• 홈 가공이 어렵다. • 두꺼운 판에서 비드의 너비가 좁고 용착량도 적다. • 두꺼운 판을 한쪽 방향에서 충분한 용입을 얻고자 할 때 사용한다.
H형	두꺼운 판을 양쪽에서 용접하므로 완전한 용입을 얻을 수 있다.
J형	한쪽 V형이나 K형 홈보다 두꺼운 판에 사용한다.

45 맞대기이음에서 1,500kgf의 인장력을 작동시키려고 한다. 판두께가 6mm일 때 필요한 용접길이는 약 몇 mm인가?(단, 허용인장응력은 7kgf/mm²이다)

① 25.7
② 35.7
③ 38.5
④ 47.5

해설
허용인장응력 $\sigma_a = \dfrac{F}{A} = \dfrac{F}{t \times L}$ 식을 응용하면

$$7\text{kgf/mm}^2 = \frac{1,500\text{kgf}}{6\text{mm} \times L}$$

$$L = \frac{1,500\text{kgf}}{6\text{mm} \times 7\text{kgf/mm}^2}$$

$$\fallingdotseq 35.7\text{mm}$$

46 용접아크길이가 길어지면 발생하는 현상으로 틀린 것은?

① 열집중도가 좋다.
② 아크가 불안정하게 된다.
③ 용융금속이 산화되기 쉽다.
④ 용접금속에 개재물이 많게 된다.

해설
아크길이가 길면 열이 발산되기 때문에 아크열이 집중되지 못한다.

47 용접부에 생기는 잔류응력제거법이 아닌 것은?

① 국부풀림법
② 노내풀림법
③ 노멀라이징법
④ 기계적 응력완화법

해설
불림(Normalizing)처리는 영어로 노멀라이징으로 불리는데 담금질 정도가 심하거나 결정입자가 조대해진 강을 표준화조직으로 만들기 위하여 A₃점(968℃)이나 A$_{cm}$(시멘타이트)점 이상의 온도로 가열 후 공랭시키는 열처리조작으로, 잔류응력제거법과는 관련이 없다.

48 용접구조를 설계 시 주의할 사항 중 틀린 것은?

① 용접이음은 집중, 접근 및 교차를 피한다.
② 용접성, 노치인성이 우수한 재료를 선택하여 시공하기 쉽게 설계한다.
③ 용접금속은 가능한 한 다듬질 부분에 포함되지 않게 주의한다.
④ 후판을 용접할 경우는 용입을 깊게 하기 위하여 용접층수를 가능한 한 많게 설계한다.

해설
후판을 용접할 때 용접층수를 많게 하면 용접열이 모재로 그만큼 많이 주어지므로 이에 따라 재료의 변형이 발생한다. 따라서 용접층수는 가급적 줄이도록 설계해야 한다.

49 용접으로 인한 변형교정방법 중에서 가열에 의한 교정방법이 아닌 것은?

① 롤러에 의한 법
② 형재에 대한 직선수축법
③ 얇은 판에 대한 점수축법
④ 후판에 대한 가열 후 압력을 주어 수랭하는 법

해설
롤러를 통해서 재료를 소성변형(영구적인 변형)시킬 때는 재료에 열을 가하지 않고 외력만 가해도 된다.

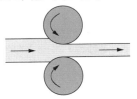

50 로봇의 동작기능을 나타내는 좌표계의 종류에 포함되지 않는 것은?

① 극좌표로봇
② 다관절로봇
③ 원통좌표로봇
④ 삼각좌표로봇

해설
① 극좌표로봇 : 수직면이나 수평면 내에서 선회하는 회전영역이 넓고 팔이 기울어져 상하로 움직일 수 있어서 주로 스폿용접이나 중량물을 취급하는 장소에 이용된다.
③ 원통좌표로봇 : 원통의 길이와 반경방향으로 움직이는 두 개의 직선축과 원의 둘레방향으로 움직이는 하나의 회전축으로 구성되는데 설치공간이 직교좌표형에 비해 작고 빠르게 움직인다.

51 용접부의 비파괴검사 중 비자성체재료에 적용할 수 없는 검사방법은?

① 침투탐상검사
② 자분탐상검사
③ 초음파탐상검사
④ 방사선투과검사

해설

② 자기탐상시험(자분탐상시험, Magnetic Test) : 철강재료 등 강자성체를 자기장에 놓았을 때 시험편 표면이나 표면 근처에 균열이나 비금속 개재물과 같은 결함이 있으면 결함 부분에는 자속이 통하기 어려워 공간으로 누설되어 누설자속이 생긴다. 이 누설자속을 자분(자성분말)이나 검사코일을 사용하여 결함의 존재를 검출하는 검사방법이다. 기계부품의 표면부에 존재하는 결함을 검출하는 비파괴시험법이나 알루미늄, 오스테나이트 스테인리스강, 구리 등 비자성체에는 적용이 불가능하다.

① 침투탐상검사 : 검사하려는 대상물의 표면에 침투력이 강한 형광성 침투액을 도포 또는 분무하거나 표면 전체를 침투액 속으로 침적시켜 표면의 흠집 속에 침투액이 스며들게 한 다음 이를 백색분말의 현상제나 현상액을 뿌려서 침투액을 표면으로부터 빨아내서 결함을 검출하는 방법으로 모세관현상을 이용한다. 침투액이 형광물질이면 형광침투탐상시험이라고 불린다.

③ 초음파탐상검사 : 사람이 들을 수 없는 매우 높은 주파수의 초음파를 사용하여 검사대상물의 형상과 물리적 특성을 검사하는 방법이다. 4~5MHz 정도의 초음파가 경계면, 결함 표면 등에서 반사하여 되돌아오는 성질을 이용하며 반사파의 시간과 크기를 탐촉자로 파악하고 스크린으로 관찰하여 결함의 유무, 크기, 종류 등을 검사한다.

④ 방사선투과시험 : 용접부 뒷면에 필름을 놓고 용접물 표면에서 X선이나 γ선을 방사하여 용접부를 통과시키면, 금속 내부에 구멍이 있을 경우 그만큼 투과되는 두께가 얇아져서 필름에 방사선의 투과량이 그만큼 많아지게 되므로 다른 곳보다 검게 됨을 확인함으로써 불량을 검출하는 방법이다.

52 용접설계 시 주의사항으로 틀린 것은?

① 구조상의 노치부를 만들 것
② 용접하기 쉽도록 설계할 것
③ 용접에 적합한 구조의 설계를 할 것
④ 용접이음의 특성을 고려하여 선택할 것

해설

용접부에 노치가 있으면 균열의 발생 시점으로 작용하기 때문에 노치부를 만들면 안 된다.

53 용접 후 용착금속부의 인장응력을 연화시키는 데 효과적인 방법으로 구면 모양의 특수해머로 용접부를 가볍게 때리는 것은?

① 어닐링(Annealing)
② 피닝(Peening)
③ 크리프(Creep)가공
④ 저온응력완화법

해설

피닝 : 타격부분이 둥근 구면인 특수해머를 사용하여 모재의 표면에 지속적으로 충격을 가해 줌으로써 재료 내부에 있는 잔류응력을 완화시키면서 표면층에 소성변형을 주는 방법이다.

54 재료의 인성과 취성을 측정하려고 할 때 사용하는 가장 적합한 파괴시험법은?

① 인장시험
② 압축시험
③ 충격시험
④ 피로시험

해설

재료의 인성과 취성의 정도를 측정하기 위해서 충격시험을 활용한다. 충격시험법의 종류에는 샤르피식과 아이조드식이 있다.

55 검사특성곡선(OC Curve)에 관한 설명으로 틀린 것은?(단, N : 로트의 크기, n : 시료의 크기, c : 합격판정계수이다)

① N, n이 일정할 때 c가 커지면 나쁜 로트의 합격률은 높아진다.

② N, c가 일정할 때 n이 커지면 좋은 로트의 합격률은 낮아진다.

③ $N/n/c$의 비율이 일정하게 증가하거나 감소하는 퍼센트 샘플링검사 시 좋은 로트의 합격률은 영향이 없다.

④ 일반적으로 로트의 크기 N이 시료 n에 비해 10배 이상 크다면, 로트의 크기를 증가시켜도 나쁜 로트의 합격률은 크게 변화하지 않는다.

56 다음 그림의 AOA(Activity-On-Arc) 네트워크에서 E작업을 시작하려면 어떤 작업들이 완료되어야 하는가?

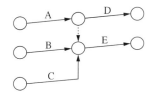

① B
② A, B
③ B, C
④ A, B, C

해설

AOA네트워크는 O를 마디로, 화살표(→)를 가지로 활동상태를 나타내며, 점선의 화살표는 활동을 나타낸다. 여기는 PERT방식이 적용되기 때문에 E작업이 시작되려면 A와 B, C가 모두 완료되어야 한다.

57 표준시간을 내경법으로 구하는 수식으로 맞는 것은?

① 표준시간 = 정미시간 + 여유시간

② 표준시간 = 정미시간 × (1+여유율)

③ 표준시간 = 정미시간 × $\left(\dfrac{1}{1 - 여유율} \right)$

④ 표준시간 = 정미시간 × $\left(\dfrac{1}{1 + 여유율} \right)$

해설

내경법을 적용한 표준시간 = 정미시간 × $\left(\dfrac{1}{1 - 여유율} \right)$

58 브레인스토밍(Brainstorming)과 가장 관계가 깊은 것은?

① 특성요인도
② 파레토도
③ 히스토그램
④ 회귀분석

해설

특성요인도란 문제가 되는 특성과 그 특성에 영향을 미친다고 여기는 요인과의 관계를 계통으로 그린 그림이다. 특성에 미치는 요인의 영향도는 수치로 파악하여 파레토 그림으로 표현하는데 수치로 표현하지 않을 경우는 그에 영향을 미친다고 생각되는 것을 브레인스토밍 방식으로 검토해서 적용한다.

브레인스토밍

창의적인 아이디어를 이끌어내는 회의기법으로 구성원들이 자발적으로 자연스럽게 제시한 아이디어를 모두 기록함으로써 특정한 문제에 대한 좋은 아이디어를 얻어내는 방법이다.

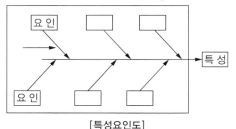

[특성요인도]

59 품질특성에서 X 관리도로 관리하기에 가장 거리가 먼 것은?

① 볼펜의 길이

② 알코올 농도

③ 1일 전력소비량

④ 나사길이의 부적합품 수

해설

c 관리도 : 미리 정해진 일정단위 중 포함된 부적합 수에 의거하여 공정을 관리할 때 사용한다. 따라서 나사길이의 부적합품 수 역시 c 관리도를 사용하는 것이 적합하다.

60 다음 데이터로부터 통계량을 계산한 것 중 틀린 것은?

21.5, 23.7, 24.3, 27.2, 29.1

① 범위(R)=7.6

② 제곱합(S)=7.59

③ 중앙값(Me)=24.3

④ 시료분산(s^2)=8.988

해설

제곱합이란 원래의 값에서 평균을 뺀 값을 제곱하여 모두 합한 값이다. 따라서 평균값은 25.16이고, 이를 활용해서 제곱합을 구하면 35.9이므로 ②번은 맞지 않다.

01 연강피복아크용접봉 중 산화타이타늄과 염기성 산화물이 함유되어 작업성이 뛰어나고 비드 외관이 좋은 것은?

① E4301
② E4303
③ E4311
④ E4326

해설

E4303(라임티타니아계 용접봉)은 산화타이타늄과 염기성 산화물이 다량으로 함유된 슬래그 생성식 용접봉으로, 작업성이 뛰어나고 비드의 외관이 좋다.

02 교류아크용접기의 종류 표시와 사용된 기호의 수치에 대한 설명 중 옳은 것은?

① AW-300으로 표시하며 300의 수치는 정격 출력 전류이다.
② AW-300으로 표시하며 300의 수치는 정격 1차 전류이다.
③ AC-300으로 표시하며 300의 수치는 정격 출력 전류이다.
④ AC-300으로 표시하며 300의 수치는 정격 1차 전류이다.

해설

AW-300 교류아크용접기에서 300은 정격 2차 전류(출력전류)가 300A 흐를 수 있는 용량을 값으로 표현한 것이다.

03 피복아크용접봉의 피복제 중에 포함되어 있는 주요 성분이 아닌 것은?

① 가스발생제
② 고착제
③ 탈수소제
④ 탈산제

해설

피복아크용접용 피복제(피복배합제)에 탈수소제는 포함되지 않는다.

04 서브머지드용접과 같이 대전류 영역에서 비교적 큰 용적이 단락되지 않고 옮겨가는 용적이행방식은?

① 입상용적이행(Globular Transfer)
② 단락이행(Short-circuiting Transfer)
③ 분사식이행(Spray Transfer)
④ 중간이행(Middle Transfer)

해설

MIG용접용 이행방식인 입상이행(글로뷸러)은 대전류 영역에서 초당 90회 정도의 와이어보다 큰 용적으로 용융되어 모재로 이행된다.

05 피복아크용접봉으로 운봉할 때 운봉폭은 심선지름의 어느 정도가 가장 적합한가?

① 2~3배
② 4~5배
③ 6~7배
④ 8~9배

해설

피복아크용접봉으로 용접할 때 위빙하는 운봉폭은 용접봉 심선지름의 2~3배로 하는 것이 적당하다.

06 전기저항용접의 3대 요소에 해당되는 것은?

① 도전율   ② 용접전압

③ 용접저항   ④ 가압력

해설
저항용접의 3요소
• 용접전류
• 통전시간
• 가압력

07 스테인리스강을 조직상으로 분류한 것 중 틀린 것은?

① 시멘타이트계   ② 페라이트계

③ 마텐자이트계   ④ 오스테나이트계

해설
스테인리스강의 분류

구 분	종 류	주요성분	자 성
Cr계	페라이트계 스테인리스강	Fe + Cr 12% 이상	자성체
	마텐자이트계 스테인리스강	Fe + Cr 13%	자성체
Cr+Ni계	오스테나이트계 스테인리스강	Fe + Cr 18% + Ni 8%	비자성체
	석출경화계 스테인리스강	Fe + Cr + Ni	비자성체

08 다음 중 레이저용접의 특징을 설명한 것으로 옳은 것은?

① 레이저용접의 경우 용융폭이 매우 넓다.

② 아크용접에 비해 깊은 용입을 얻을 수 있다.

③ 아크용접에 비하여 용접부가 조대화되어 품질이 우수하다.

④ 용접에너지를 모재에 전달할 때 표면을 기점으로 점진적으로 열을 전달한다.

해설
레이저빔용접은 에너지밀도가 피복아크용접법보다 높아서 용입이 깊은 용접부를 얻을 수 있다.

09 가스 절단팁의 노즐 모양으로 가우징, 스카핑 등에서 사용하는 것으로, 넓고 얇게 용착을 행하기 위한 노즐로 가장 적합한 것은?

① 스트레이트 노즐

② 곡선형 노즐

③ 저속 다이버전트 노즐

④ 직선형 노즐

해설
저속 다이버전트 노즐은 가우징이나 스카핑의 용도로 사용하며, 넓고 얇게 용착시킬 수 있다. 일반적인 다이버전트형 팁(노즐)은 최소에너지 손실속도로 변화되는 전단(剪斷)팁의 노즐로 고속분출을 얻을 수 있어서 보통의 전단팁에 비해 전단속도를 20~25% 증가시킬 수 있다.

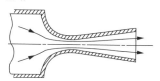

[다이버전트형 팁]

10 용접 관련 안전사항에 대한 설명으로 옳은 것은?

① 탭 전환 시 아크를 발생시키면서 진행한다.

② 용접봉 홀더는 전체가 절연된 B형을 사용하여 작업자를 보호한다.

③ 작업자의 안전을 위하여 무부하전압은 높이고 아크전압은 낮춘다.

④ 정격 2차 전류가 낮을 때 정격사용률 이상으로 용접기를 사용해도 안전하다.

해설
① 탭 전환 시 아크를 발생시키면 위험하다.
② A형이 안전형 홀더이고, B형은 비안전형 홀더이다.
③ 안전을 위하여 무부하전압은 낮추어야 한다.

11 납땜에서 용제가 갖추어야 할 조건이 아닌 것은?

① 모재의 산화 피막과 같은 불순물을 제거하고 유동성이 좋을 것
② 청정한 금속면의 산화를 방지할 것
③ 용제의 유효 온도범위와 납땜온도가 일치할 것
④ 침지땜에 사용되는 것은 충분한 수분을 함유할 것

해설
납땜용 용제 중 침지땜에 사용되는 것은 수분을 함유하면 안 된다.

12 MIG용접에서 일반적으로 사용되는 용접극성은?

① 직류역극성
② 직류정극성
③ 교류역극성
④ 교류정극성

해설
MIG용접(Metal Inert Gas arc welding)의 전원은 Al, Mg 등의 재료에 클리닝작용(청정작용)이 가능한 직류역극성이 사용된다.

13 교류와 직류용접기를 비교할 때 교류용접기가 유리한 항목은?

① 아크의 안정이 우수하다.
② 비피복봉 사용이 가능하다.
③ 자기쏠림방지가 가능하다.
④ 역률이 매우 양호하다.

해설
교류아크용접기는 아크쏠림(자기쏠림)현상을 방지할 수 있다.

14 다음 중 용접기의 사용률을 계산하는 식은?

① 사용률[%] = $\dfrac{\text{아크시간}}{\text{휴식시간}}$

② 사용률[%] = $\dfrac{\text{아크시간}}{\text{아크시간} + \text{휴식시간}} \times 100$

③ 사용률[%] = $\dfrac{(\text{정격 2차 전류})^2}{(\text{실제의 용접전류})^2} \times 100$

④ 사용률[%] = $\dfrac{(\text{정격 2차 전류})^2}{(\text{실제의 용접전류})^2} \times \text{정격사용률}$

해설
사용률이란 실제의 용접작업에 용접기를 사용한 비율이다.

사용률[%] = $\dfrac{\text{아크시간}}{\text{아크시간} + \text{휴식시간}} \times 100\%$

15 용접자세에 사용된 기호 F가 나타내는 용접자세는?

① 아래보기자세   ② 수직자세
③ 수평자세   ④ 위보기자세

해설
용접자세(Welding Position)

자 세	KS 규격	ISO	AWS
아래보기	F(Flat Position)	PA	1G
수 평	H(Horizontal Position)	PC	2G
수 직	V(Vertical Position)	PF	3G
위보기	OH(Overhead Position)	PE	4G

16 금속침투법은 철과 친화력이 강한 금속을 표면에 침투시켜 내열 및 내식성을 부여하는 방법으로, 실리코나이징(Siliconizing)은 어느 금속을 침투시키는가?

① B
② Al
③ Si
④ Cr

해설
금속침투법의 종류

종 류	침투 원소
세라다이징	Zn(아연)
칼로라이징	Al(알루미늄)
크로마이징	Cr(크로뮴)
실리코나이징	Si(규소, 실리콘)
보로나이징	B(붕소)

17 용해 아세틸렌병의 전체 무게가 33kg, 빈 병의 무게가 30kg일 때 이 병 안에 있는 아세틸렌가스의 양은 몇 L인가?

① 2,115L
② 2,315L
③ 2,715L
④ 2,915L

해설
아세틸렌가스량[L] = 905(병 전체의 무게(A) − 빈 병의 무게(B))
= 905(33 − 30)
= 2,715L

18 TIG용접에 사용되는 텅스텐 전극봉의 종류에 해당되지 않는 것은?

① 순 텅스텐
② 바륨 텅스텐
③ 2% 토륨 텅스텐
④ 지르코늄 텅스텐

해설
바륨 텅스텐봉은 일반적인 TIG용접 작업에 사용되지 않는다.
텅스텐 전극봉의 종류별 식별 색상

종 류	색 상
순 텅스텐봉	녹 색
1% 토륨 텅스텐봉	노란색(황색)
2% 토륨 텅스텐봉	적 색
지르코늄 텅스텐봉	갈 색
세륨 텅스텐봉	회 색

19 TIG용접으로 Ti 합금재질의 파이프(Pipe)용접 시의 설명으로 틀린 것은?

① Ar가스로 용접부의 용접비드 보호를 위하여 파이프 내면의 퍼징과 외면에 퍼징기구를 사용하여 보호가스로 퍼징하여 산화를 막는다.
② Ti 합금의 용접부 가공 시 초경합금 또는 다이아몬드 숫돌로 가공한 후 용접한다.
③ Ti 합금의 용접전류는 펄스(Pulse)전류를 사용하는 것이 좋으며 직류정극성을 사용하여야 한다.
④ Ti 합금용접 시 예열온도는 350℃, 층간온도는 300℃로 하여야 한다.

해설
층간온도란 Multi-pass용접에서 Arc 발생 직전에 이전 Pass 용접열에 의해 데워진 용접부 모재의 온도로, 이 층간온도가 200℃를 넘으면 입열량 과다로 강도나 충격치가 저하할 수도 있다. 따라서 층간온도는 200℃ 이하로 해야 한다. 타이타늄합금은 고온에서 다른 원소나 화합물과 반응하여 쉽게 취화되므로 주로 불활성가스용접에만 사용된다.

20 CO_2용접에서 용접부에 가스를 잘 분출시켜 양호한 실드(Shield)작용을 하도록 하는 부품은?

① 토치보디(Torch Body)

② 노즐(Nozzle)

③ 가스분출기(Gas Diffuse)

④ 인슐레이터(Insulator)

> **해설**
> ② 노즐 : CO_2가스 아크용접용 토치의 구성요소인 노즐(Nozzle)은 용접부에 보호가스를 잘 분출시켜 용접부를 보호하는 역할을 한다.
> ④ 인슐레이터 : 외부의 진동을 막아주는 진동흡수장치

21 보통 가스 절단 시 판 두께 12.7mm의 표준 드래그 길이는 약 몇 mm인가?

① 2.5 ② 5.2

③ 5.6 ④ 6.4

> **해설**
> **표준 드래그 길이**
> 표준 드래그 길이[mm] = 판 두께[mm] $\times \dfrac{1}{5}$ = 판 두께의 20%
> $$= 12.7\mathrm{mm} \times \frac{1}{5} = 2.54\mathrm{mm}$$

22 불활성가스아크용접으로 스테인리스강을 용접할 때의 설명 중 가장 거리가 먼 것은?

① 깊은 용입을 위하여 직류정극성을 사용한다.

② 용접성이 우수한 순텅스텐 전극봉을 가장 많이 사용한다.

③ 전극의 끝은 뾰족할수록 전류가 안정되고 열집중성이 좋다.

④ 보호가스는 아르곤가스를 사용하며 낮은 유속에서도 우수한 보호작용을 한다.

> **해설**
> TIG용접으로 스테인리스강을 용접할 때는 1~2%의 토륨을 함유한 토륨 텅스텐봉을 가장 많이 사용된다.

23 플라스마(Plasma)아크용접장치의 구성요소가 아닌 것은?

① 토 치

② 홀 더

③ 용접전원

④ 고주파발생장치

> **해설**
> 플라스마아크용접용 장치에는 용접홀더 대신 토치를 사용한다.

24 프로젝션용접의 특징을 옳게 설명한 것은?

① 모재의 두께가 각각 다른 경우에는 용접할 수 없다.

② 서로 다른 금속을 용접할 때 열전도가 낮은 쪽에 돌기를 만든다.

③ 점 간 거리가 작은 점용접이 가능하고 동시에 여러 점의 용접을 할 수 있어 작업속도가 빠르다.

④ 전극면적이 넓으므로 기계적 강도나 열전도면에서 유리하나 전극 소모가 많다.

> **해설**
> 프로젝션용접은 모재의 평면에 프로젝션인 돌기부를 만들어 평탄한 동전극의 사이에 물려 대전류를 흘려보낸 후 돌기부에 발생된 저항열로 용접하는 방법이다. 용접부에 다량의 돌기부를 만들어 한 번에 용접할 수 있는 부분이 많으므로 작업속도가 빠르다.

20 ② 21 ① 22 ② 23 ② 24 ③ **정답**

25 공업용 LP가스는 상온에서 얼마 정도로 압축하는가?

① 1/100
② 1/150
③ 1/200
④ 1/250

해설
LP가스(액화석유가스)는 액화가 용이하기 때문에 1/250 정도로 압축해서 용기(봄베)에 저장할 수 있다.

26 포갬절단(Stack Cutting)에 대한 설명으로 틀린 것은?

① 비교적 얇은 판(6mm 이하)에 사용된다.
② 절단 시 판 사이에 산화물이나 불순물을 깨끗이 제거한다.
③ 0.08mm 이하의 틈이 생기도록 포개어 압착시킨 후 절단한다.
④ 예열불꽃으로 산소-프로판불꽃보다 산소-아세틸렌불꽃이 적합하다.

해설
포갬절단은 판과 판 사이의 틈새를 0.1mm 이상으로 포개어 압착시킨 후 절단하는 방법으로, 포갬절단의 가공속도는 프로판가스를 사용하였을 때가 빠르기 때문에 아세틸렌보다는 프로판가스가 더 적합하다.

27 플래시버트용접의 특징으로 틀린 것은?

① 용접면에 산화물 개입이 적다.
② 업셋용접보다 전력소비가 작다.
③ 용접면을 정밀하게 가공할 필요가 없다.
④ 가열부의 열영향부가 넓고 용접시간이 길다.

해설
플래시버트용접은 맞대기저항용접의 일종으로, 가열범위와 열영향부(HAZ)가 좁고 용접시간이 길다.

28 교량의 개조나 침몰선의 해체, 항만의 방파제공사 등에 가장 많이 사용되는 절단은?

① 수중절단
② 분말절단
③ 산소창절단
④ 플라스마절단

해설
수중절단은 수중(水中)에서 철구조물을 절단하고자 할 때 사용하는 가스용접법으로, 주로 수소(H_2)가스가 사용되며 예열가스의 양은 공기 중의 4~8배로 한다. 교량의 개조나 침몰선의 해체, 항만의 방파제공사에도 사용한다.

29 절단법에 대한 설명으로 틀린 것은?

① 레이저절단은 다른 절단법에 비해 에너지밀도가 높고 정밀절단이 가능하다.
② 산소창절단법의 용도는 스테인리스강이나 구리, 알루미늄 및 그 합금을 절단하는 데 주로 사용한다.
③ 수중절단에 사용되는 연료가스로는 수소, 아세틸렌, LPG 등이 쓰이는데 주로 수소가스가 사용된다.
④ 아크에어가우징은 탄소아크절단에 압축공기를 같이 사용하는 방법으로 용접부의 홈파기, 결함부 제거 등에 사용된다.

해설
산소창절단 : 가늘고 긴 강관(안지름 3.2~6mm, 길이 1.5~3m)을 사용해서 절단산소를 큰 강괴의 중심부에 분출시켜 창으로 불리는 강관 자체가 함께 연소되면서 절단하는 방법으로, 주로 두꺼운 강판이나 주철, 강괴 등의 절단에 사용된다.

30 피복아크용접봉의 피복제의 역할이 아닌 것은?

① 아크를 안정시킨다.

② 용착금속을 보호한다.

③ 파형이 고운 비드를 만든다.

④ 스패터의 발생을 많게 한다.

해설
피복아크용접봉을 둘러싸고 있는 피복제는 스패터의 발생을 줄인다.

31 오스테나이트 온도로 가열 유지시킨 후 절삭유 또는 연삭유의 수용액 등에 담금질하여 미세 펄라이트조직을 얻는 방법으로, 200℃ 이하에서 공랭하는 것은?

① 슬랙(Slack)담금질

② 시간(Time)담금질

③ 분사(Jet)담금질

④ 프레스(Press)담금질

해설
슬랙(Slack)담금질 : 오스테나이트 온도로 가열한 후 절삭유나 연삭유 안에 담금질하여 미세한 펄라이트조직을 얻는 방법으로, 200℃ 이하에서 공랭시키는 열처리조작이다.

32 금속침투법 중 철강 표면에 Zn을 확산침투시키는 방법을 무엇이라고 하는가?

① 크로마이징(Chromizing)

② 칼로라이징(Calorizing)

③ 보로나이징(Boronizing)

④ 세라다이징(Sheradizing)

해설
표면경화법의 일종인 금속침투법 중 세라다이징은 금속 표면에 Zn(아연)을 침투시킨다.

33 주철의 성질에 대한 설명으로 옳은 것은?

① 비중은 C와 Si 등이 많을수록 높아진다.

② 용융점은 C와 Si 등이 많을수록 높아진다.

③ 흑연편이 클수록 자기감응도가 나빠진다.

④ 투자율을 크게 하기 위해서는 화합탄소를 많게 하여 균일하게 분포시킨다.

해설
• 주철은 흑연편이 클수록 자기감응도가 나빠진다.
• 철의 비중이 7.8로 탄소와 규소의 비중이 이보다 낮으므로 합금량이 많을수록 총비중은 낮아진다.
• 주철의 용융점은 불순물이 많아질수록 낮아진다.
• 투자율을 크게 하려면 화합탄소를 적게 하고, 유리탄소를 균일하게 분포시킨다.

34 열처리방법 중 연화를 목적으로 하며, 냉각 시 서랭하는 열처리법은?

① 뜨 임   ② 풀 림

③ 담금질   ④ 노멀라이징

해설
풀림은 재료 내부의 응력을 제거하고 조직을 연하고 균일화시킬 목적으로 실시하는 열처리조작으로, 냉각 시 서랭처리한다.

35 베어링합금의 필요조건으로 틀린 것은?

① 충분한 점성과 인성이 있을 것
② 마찰계수가 크고 저항력이 작을 것
③ 전동피로수명이 길고 내마모성을 가질 것
④ 하중에 견딜 수 있는 정도의 경도와 내압력을 가질 것

해설
베어링은 축에 끼워져서 구조물의 하중을 받아야 하므로 그 재료는 마찰계수가 작아야 한다.

36 WC, TiC, TaC 등의 분말에 Co분말을 결합제로 혼합하여 1,300~1,600℃로 가열소결시키는 재료는?

① 세라믹
② 초경합금
③ 스테인리스
④ 스텔라이트

해설
초경합금(소결 초경합금) : 1,100℃의 고온에서도 경도 변화 없이 고속절삭이 가능한 절삭공구로 WC, TiC, TaC 분말에 Co나 Ni분말을 함께 첨가한 후 1,400℃ 이상의 고온으로 가열하면서 프레스로 소결시켜 만든다. 진동이나 충격을 받으면 쉽게 깨지는 단점이 있으나 고속도강의 4배 절삭속도로 가공이 가능하다.

37 Y합금은 고온강도가 크므로 내연기관의 실린더, 피스톤 등에 사용된다. Y합금의 조성으로 옳은 것은?

① Cu-Zn
② Cu-Sn-P
③ Fe-Ni-C-Mn
④ Al-Cu-Ni-Mg

해설
Y합금은 알루미늄+구리+마그네슘+니켈의 합금으로 '알구마니'로 암기하면 쉽다.

38 사이안화법이라고도 하며 사이안화나트륨(NaCN), 사이안화칼륨(KCN)을 주성분으로 하는 용융염을 사용하여 침탄하는 방법은?

① 고체침탄법
② 액체침탄법
③ 가스침탄법
④ 고주파침탄법

해설
② 액체침탄법 : 침탄제인 NaCN, KCN에 염화물과 탄화염을 40~50% 첨가하고 600~900℃에서 용해시켜 C와 N을 동시에 소재의 표면에 침투하게 하여 표면을 경화시키는 방법으로 침탄과 질화가 동시에 된다는 특징이 있다.
① 고체침탄법 : 침탄제인 목탄이나 코크스분말과 소금 등의 침탄 촉진제를 재료와 함께 침탄상자에서 약 900℃의 온도에서 약 3~4시간 가열하여 표면에서 0.5~2mm의 침탄층을 얻는 표면경화법이다.
③ 가스침탄법 : 메탄가스나 프로판가스를 이용하여 표면을 침탄하는 표면경화법이다.
※ 침탄제의 종류 : NaCN(사이안화나트륨), KCN(사이안화칼륨)

39 용해 아세틸렌을 충전하였을 때 용기 전체의 무게가 62.5kgf이었는데, B형 토치의 200번 팁으로 표준불꽃 상태에서 가스용접을 하고 빈 용기를 달아 보았더니 무게가 58.5kgf이었다면 가스용접을 실시한 시간은 약 얼마인가?

① 약 12시간
② 약 14시간
③ 약 16시간
④ 약 18시간

해설
용해 아세틸렌 1kg을 기화시키면 약 905L의 가스가 발생하므로, 아세틸렌가스량 공식에 적용하면 다음과 같다.
아세틸렌가스량(L) = 905(병 전체 무게(A) − 빈 병의 무게(B)
= 905(62.5 − 58.5)
= 3,620L
팁 200번이란 단위시간당 가스 소비량이 200L임을 의미하므로 다음의 계산에서 아세틸렌가스의 총발생량이 3,620L이므로 이를 200L로 나누면 18.1시간이 된다.

40 황동에 관한 설명 중 틀린 것은?

① 6-4황동은 60%Cu-40%Zn 합금으로 상온조직은 $\alpha + \beta$조직으로 전연성이 낮고 인장강도가 크다.

② 7-3황동은 70%Cu-30%Sn 합금으로 상온조직은 β조직으로 전연성이 크고 인장강도가 작다.

③ 황동은 가공재, 특히 관, 봉 등에서 잔류응력으로 인한 균열을 일으키는 일이 있다.

④ α황동을 냉간가공하여 재결정온도 이하의 낮은 온도로 풀림하면 가공 상태보다도 오히려 경화한다.

해설
7-3황동은 70%의 Cu와 30%의 Zn이 합금된 재료로 상온조직은 α조직이다. 전연성이 크고 인장강도가 작다. 황동은 일반적으로 놋쇠라고도 하는데 Cu에 비해 주조성과 가공성, 내식성이 좋고 색깔이 아름다워 공업용으로 많이 사용된다.

41 탄소강을 질화처리한 것으로 그 특징이 아닌 것은?

① 경화층은 얇고, 경도는 침탄한 것보다 크다.
② 마모 및 부식에 대한 저항이 크다.
③ 침탄강은 침탄 후 담금질하나, 질화강은 담금질할 필요가 없다.
④ 600℃ 이하의 온도에서는 경도가 감소되고, 산화가 잘된다.

해설
질화법은 표면경화법의 일종으로, 열처리온도는 500℃에서 실시되며 표면경도가 높아진다.

42 다음 특수원소가 강 중에서 나타나는 일반적인 특성이 아닌 것은?

① Si - 적열취성 방지
② Mn - 담금질효과 향상
③ Mo - 뜨임취성 방지
④ Cr - 내식성, 내마모성 향상

해설
적열취성을 방지하는 원소는 Mn(망가니즈)이다.
탄소강에 합금된 규소(Si)의 영향
• 탈산제로 사용한다.
• 유동성을 증가시킨다.
• 용접성과 가공성을 저하시킨다.
• 인장강도, 탄성한계, 경도를 상승시킨다.
• 결정립의 조대화로 충격값과 인성, 연신율을 저하시킨다.

43 보통 판 두께가 4~19mm 이하의 경우 한쪽에서 용접으로 완전용입을 얻고자 할 때 사용하며, 홈 가공이 비교적 쉬우나 판의 두께가 두꺼워지면 용착금속의 양이 증가하는 맞대기이음 형상은?

① V형 홈   ② H형 홈
③ J형 홈   ④ X형 홈

해설
V형 홈은 일반적으로 6~19mm(일부 책에는 4~19mm) 이하인 두께의 판을 한쪽에서 용접하여 완전한 용입을 얻고자 할 때 사용하는 홈 형상이다.
맞대기용접홈의 형상별 적용 판 두께

형 상	적용 두께
I형	6mm 이하
V형	6~19mm
V형	9~14mm
X형	18~28mm
U형	16~50mm

44 용접의 기본기호 중 심(Seam)용접기호로 맞는 것은?

① 원
② 쌍곡선
③ 원에 선
④ 겹침

용접부기호의 종류

명 칭	기본기호
점용접(스폿용접)	◯
심용접	⊖
표면(서페이스)육성용접	∽
겹침이음	⊋

45 주철의 보수용접 종류 중 스터드볼트 대신 용접부 바닥면에 둥근 홈을 파고 이 부분에 걸쳐 힘을 받도록 하여 용접하는 방법은?

① 로킹법
② 스터드법
③ 비녀장법
④ 버터링법

주철의 보수용접방법
- 스터드법 : 스터드볼트를 사용해서 용접부가 힘을 받도록 하는 방법이다.
- 비녀장법 : 균열부 수리나 가늘고 긴 부분을 용접할 때 용접선에 직각이 되게 지름이 6~10mm 정도인 ㄷ자형의 강봉을 박고 용접하는 방법이다.
- 버터링법 : 처음에는 모재와 잘 융합되는 용접봉으로 적정 두께까지 용착시킨 후 다른 용접봉으로 용접하는 방법이다.
- 로킹법 : 스터드볼트 대신에 용접부 바닥에 홈을 파고 이 부분을 걸쳐서 힘을 받도록 하는 방법이다.

46 용착법에 대해 잘못 표현된 것은?

① 후진법 : 잔류응력을 최소로 해야 할 경우에 이용된다.
② 대칭법 : 이음의 수축에 따른 변형이 서로 대칭이 되게 할 경우에 사용된다.
③ 스킵법 : 판이 매우 얇은 경우나 용접 후에 비틀림이 생길 염려가 있는 경우에 사용된다.
④ 전진법 : 이음의 수축에 따른 변형과 잔류응력을 최소화하여 기계적 성질을 높이는 데 사용된다.

용접법의 종류

구 분		특 징
용착방향에 의한 용착법	전진법	• 한쪽 끝에서 다른쪽 끝으로 용접을 진행하는 방법으로, 용접 진행 방향과 용착 방향이 서로 같다. • 용접 길이가 길면 끝부분쪽에 수축과 잔류응력이 생긴다.
	후퇴법	• 용접을 단계적으로 후퇴하면서 전체 길이를 용접하는 방법으로 용접 진행 방향과 용착 방향이 서로 반대가 된다. • 수축과 잔류응력을 줄이는 용접기법이나 작업능률은 떨어진다.
	대칭법	변형과 수축응력의 경감법으로 용접의 전 길이에 걸쳐 중심에서 좌우 또는 용접물 형상에 따라 좌우대칭으로 용접하는 기법이다.
	스킵법 (비석법)	• 용접부 전체의 길이를 5개 부분으로 나누어 놓고 1-4-2-5-3순으로 용접하는 방법이다. • 용접부에 잔류응력을 작게 하면서 변형을 방지하고자 할 때 사용한다.
다층 비드 용착법	덧살올림법 (빌드업법)	각 층마다 전체의 길이를 용접하면서 쌓아올리는 가장 일반적인 방법이다.
	전진 블록법	• 한 개의 용접봉으로 살을 붙일만한 길이로 구분해서 홈을 한 층 완료한 후 다른 층을 용접하는 방법이다. • 다층용접 시 변형과 잔류응력의 경감을 위해 사용한다.
	캐스케이드법	한 부분의 몇 층을 용접하다가 다음 부분의 층으로 연속시켜 전체가 단계를 이루도록 용착시켜 나가는 방법이다.

47 용접이음의 안전율을 계산하는 식은?

① 안전율 = $\dfrac{\text{허용응력}}{\text{인장강도}}$

② 안전율 = $\dfrac{\text{인장강도}}{\text{허용응력}}$

③ 안전율 = $\dfrac{\text{피로강도}}{\text{변형률}}$

④ 안전율 = $\dfrac{\text{파괴강도}}{\text{연신율}}$

해설

안전율(S) : 외부의 하중에 견딜 수 있는 정도를 수치로 나타낸 것

$$S = \frac{\text{극한강도}(\sigma_u)}{\text{허용응력}(\sigma_a)} = \frac{\text{인장강도}(\sigma_y)}{\text{허용응력}(\sigma_a)}$$

48 보수용접의 설명으로 틀린 것은?

① 용접 부분의 기공은 연삭하여 제거한 후에 재용접한다.

② 용접 균열부는 균열 정지 구멍을 뚫고 용접 홈을 만든 다음 재용접한다.

③ 언더컷은 굵은 용접봉을 사용한다.

④ 용접부의 천이온도가 높을수록 취화가 작다.

해설

보수용접할 때 언더컷 불량은 파인 부분을 채워야 하므로 가는 용접봉을 사용한다.

49 다음 그림과 같은 형상을 한 용접부를 용접기호로 나타낸 것은?

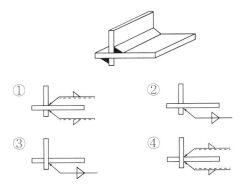

①
②
③
④

해설

용접부가 화살표쪽에 있으면 기호는 실선 위에 위치해야 한다. 반대로 화살표의 반대 방향으로 용접부가 만들어져야 한다면 점선 위에 용접기호를 위치시켜야 한다. 따라서 정답은 ①번이 된다.

 실선 위에 V표가 있으면 화살표 쪽에 용접한다.

-------- 점선 위에 V표가 있으면 화살표 반대쪽에 용접한다.

50 용접으로 인한 변형 교정방법 중에서 가열에 의한 교정방법이 아닌 것은?

① 롤러에 의한 법

② 형재에 대한 직선수축법

③ 얇은 판에 대한 점수축법

④ 후판에 대한 가열 후 압력을 주어 수랭하는 법

해설

롤러를 통해서 재료를 소성변형(영구적인 변형)시킬 때는 재료에 열을 가하지 않고 외력만 가해도 된다.

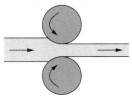

51 용접 변형 교정방법 중 맞대기용접이음이나 필릿용접이음의 각 변형을 교정하기 위하여 이용하는 방법으로 이면 담금질법이라고도 하는 것은?

① 점가열법
② 선상 가열법
③ 가열 후 해머링
④ 피닝법

> **해설**
> **선상 가열법** : 용접 변형 교정방법의 일종으로 맞대기나 필릿용접이음에서 각 변형을 교정하기 위한 방법으로 이면 담금질법이라고도 한다. 선상 가열법의 실시방법은 강판의 표면을 가스버너로 직선으로 가열하면 그 발생열에 의한 열 변형을 이용하여 각 변형(휨 변형)을 교정한다.

52 각 층마다 전체의 길이를 용접하면서 쌓아올리는 용접방법은?

① 스킵법
② 덧살올림법
③ 전진블록법
④ 캐스케이드법

> **해설**
> 덧살올림법은 다층용접법의 일종으로서 각 층마다 전체의 길이를 용접하면서 쌓아올리는 가장 일반적인 방법이다.

53 용접설계상 주의하여야 할 사항으로 틀린 것은?

① 용접이음이 한 군데 집중되거나 너무 접근하지 않도록 할 것
② 반복하중을 받는 이음에서는 이음 표면을 볼록하게 할 것
③ 용접 길이는 가능한 한 짧게 하고, 용착금속도 필요한 최소한으로 할 것
④ 필릿용접은 가능한 한 피할 것

> **해설**
> 반복하중을 받는 이음에서는 특히 이음 표면을 편평하게 해야 한다. 만일 굴곡이 있을 경우 그 경계부에 균열이 발생한다.
> **용접이음부 설계 시 주의사항**
> • 용접선의 교차를 최대한 줄인다.
> • 용착량을 가능한 한 적게 설계해야 한다.
> • 용접 길이가 감소될 수 있도록 설계한다.
> • 가능한 한 아래보기자세로 작업한다.
> • 필릿용접보다는 맞대기용접으로 설계한다.
> • 용접열이 국부적으로 집중되지 않도록 한다.
> • 보강재 등 구속이 커지도록 구조설계를 한다.
> • 용접작업에 지장을 주지 않도록 공간을 남긴다.
> • 가능한 한 열의 분포가 부재 전체에 고루 퍼지도록 한다.
> • 용접치수는 강도상 필요한 치수 이상으로 하지 않는다.
> • 판면에 직각 방향으로 인장하중이 작용할 경우에는 판의 이방성에 주의한다.

54 용접지그(Jig)를 사용하여 용접작업할 때 얻는 효과로 가장 거리가 먼 것은?

① 용접 변형을 억제한다.
② 작업능률이 향상된다.
③ 용접작업을 용이하게 한다.
④ 용접 공정수를 늘리게 된다.

> **해설**
> 용접 시 지그를 사용하면 용접사의 작업 편의성이 증대되어 작업성과 능률은 향상되나 용접 공정수를 늘리지는 않는다.

55 작업방법 개선의 기본 4원칙을 표현한 것은?

① 층별 – 랜덤 – 재배열 – 표준화
② 배제 – 결합 – 랜덤 – 표준화
③ 층별 – 랜덤 – 표준화 – 단순화
④ 배제 – 결합 – 재배열 – 단순화

해설
작업방법 개선 기본 4원칙
배제 – 결합 – 재배열 – 단순화

56 다음 중 반즈(Ralph M. Barnes)가 제시한 동작경제원칙에 해당되지 않는 것은?

① 표준작업의 원칙
② 신체의 사용에 관한 원칙
③ 작업장의 배치에 관한 원칙
④ 공구 및 설비의 디자인에 관한 원칙

해설
반즈의 동작경제원칙
• 신체의 사용에 관한 원칙
• 작업장의 배치에 관한 원칙
• 공구 및 설비의 디자인에 관한 원칙

57 검사의 종류 중 검사공정에 의한 분류에 해당되지 않는 것은?

① 수입검사   ② 출하검사
③ 출장검사   ④ 공정검사

해설
③ 출장검사 : 검사장소에 의한 분류에 속한다.
① 수입검사 : 제품을 만들 재료를 현장에 투입하기 전 자체검사 기준에 의하여 불량품을 선별하는 검사이다.
② 출하검사 : 고객에게 제품을 납품하기 전 고객의 요구조건이나 기업의 자체표준검사 기준에 맞추어 불량품을 선별하는 검사이다.
④ 공정검사 : 제품을 생산하는 도중 공정단계에서 실시하는 검사이다.

58 설비보전조직 중 지역보전(Area Maintenance)의 장단점에 해당하지 않는 것은?

① 현장 왕복시간이 증가한다.
② 조업요원과 지역보전요원과의 관계가 밀접해진다.
③ 보전요원이 현장에 있으므로 생산 본위가 되며 생산 의욕을 가진다.
④ 같은 사람이 같은 설비를 담당하므로 설비를 잘 알며 충분한 서비스를 할 수 있다.

해설
지역보전은 조직상으로는 집중보전과 비슷하며 보전지역은 각 지역에 분산되어 있다. 여기서 지역이란 지리적 혹은 제품별, 제조별, 제조부문별 구분을 의미하는데 각 지역에 위치한 보전조직은 각각의 생산현장에 위치하므로 현장의 왕복시간은 타 보전법에 비해 줄어든다.

59 브레인스토밍(Brainstorming)과 가장 관계가 깊은 것은?

① 특성요인도   ② 파레토도
③ 히스토그램   ④ 회귀분석

해설
특성요인도란 문제가 되는 특성과 그 특성에 영향을 미친다고 여기는 요인과의 관계를 계통으로 그린 그림이다. 특성에 미치는 요인의 영향도는 수치로 파악하여 파레토 그림으로 표현하는데 수치로 표현하지 않을 경우는 그에 영향을 미친다고 생각되는 것을 브레인스토밍 방식으로 검토해서 적용한다.

60 관리도에서 측정한 값을 차례로 타점했을 때 점이 순차적으로 상승하거나 하강하는 것은?

① 연(Run)   ② 주기(Cycle)
③ 경향(Trend)   ④ 산포(Dispersion)

해설
경향(Trend) : 관리도에서 측정한 값을 차례로 타점했을 때 점이 순차적으로 상승하거나 하강하는 것

01 피복아크용접봉의 심선으로 주로 사용되는 재료는?

① 저탄소림드강
② 저탄소킬드강
③ 고탄소킬드강
④ 고탄소세미킬드강

해설

탄소가 많이 함유된 강은 용접성이 좋지 않으므로, 피복아크용접봉의 심선은 저탄소림드강으로 제조한다.

02 정격사용률이 40%, 정격 2차 전류 300A, 무부하 전압 80V, 효율 85%인 용접기를 200A의 전류로 사용하고자 할 때 이 용접기의 허용사용률은 몇 % 인가?

① 60%
② 70.6%
③ 76.5%
④ 90%

해설

허용사용률 구하는 식

$$허용사용률 = \frac{(정격\ 2차\ 전류)^2}{(실제\ 용접\ 전류)^2} \times 정격사용률[\%]$$

$$= \frac{(300A)^2}{(200A)^2} \times 40\% = \frac{90,000}{40,000} \times 40\% = 90\%$$

03 가스 절단에서 표준 드래그의 길이는 판 두께의 얼마 정도인가?

① 5%
② 10%
③ 15%
④ 20%

해설

표준 드래그 길이(mm) = 판 두께(mm) $\times \frac{1}{5}$ = 판 두께의 20%

04 가스용접에서 공급압력이 낮거나 팁이 과열되었을 때 산소가 아세틸렌쪽으로 흡입되는 현상은?

① 역 류
② 역 화
③ 인 화
④ 폭 발

해설

역류 : 토치 내부의 청소가 불량하면 내부기관에 막힘이 생겨 고압의 산소가 밖으로 배출되지 못하고 압력이 낮은 아세틸렌 쪽으로 흐르는 현상이다.

05 일반적인 레이저빔용접의 특징으로 옳은 것은?

① 용접속도가 느리고 비드 폭이 매우 넓다.
② 깊은 용입을 얻을 수 있고 이종금속의 용접도 가능하다.
③ 가공물의 열 변형이 크고 정밀 용접이 불가능하다.
④ 여러 작업을 한 레이저로 동시에 작업할 수 없으며 생산성이 낮다.

해설

레이저빔용접(레이저용접)의 특징
• 좁고 깊은 용접부를 얻을 수 있다.
• 이종금속의 용접이 가능하다.
• 미세하고 정밀한 용접이 가능하다.
• 접근이 곤란한 물체의 용접이 가능하다.
• 열 변형이 거의 없는 비접촉식 용접법이다.
• 전자빔용접기 설치비용보다 설치비가 저렴하다.
• 고속용접과 용접공정의 융통성을 부여할 수 있다.
• 전자부품과 같은 작은 크기의 정밀용접이 가능하다.
• 용접입열이 매우 작으며, 열영향부의 범위가 좁다.
• 용접될 물체가 불량 도체인 경우에도 용접이 가능하다.
• 에너지밀도가 매우 높으며, 고융점을 가진 금속의 용접에 이용한다.
• 접합되어야 할 부품의 조건에 따라서 한면용접으로 접합이 가능하다.
• 열원이 빛의 빔이기 때문에 투명재료를 써서 어떤 분위기 속(공기, 진공)에서도 용접이 가능하다.

06 용접아크 길이가 길어지면 발생하는 현상으로 틀린 것은?

① 열 집중도가 좋다.
② 아크가 불안정해진다.
③ 용융금속이 산화되기 쉽다.
④ 용접금속에 개재물이 많게 된다.

해설
아크 길이가 길면 열이 발산되기 때문에 아크열이 집중되지 못한다.

07 납땜에 대하여 설명한 것 중 틀린 것은?

① 용가재의 용융온도에 따라 연납땜, 경납땜으로 구분된다.
② 황동납은 구리와 아연의 합금으로 그 융점은 600℃ 정도이다.
③ 흡착작용은 주석 함량이 100%일 때 가장 좋다.
④ 주석과 납이 공정합금땜납일 때 용융점이 가장 낮다.

해설
황동납은 구리와 아연계의 합금으로 용융점은 800~1,000℃이다. 은납에 비해 가격이 저렴하며 철이나 비철금속의 납땜용 재료로 사용된다.

08 용착(Deposit)을 가장 잘 설명한 것은?

① 모재가 녹은 깊이
② 용접봉이 용융지에 녹아 들어가는 것
③ 모재의 열영향을 받는 경계부
④ 아크열에 녹은 모재의 용융지 면적

해설
용착이란 용접봉의 Core Wire(심선)가 용융되어 용융지에 녹아서 들어가는 것을 말한다.

09 용접기의 핫스타트(Hot Start)장치의 장점이 아닌 것은?

① 아크 발생을 쉽게 한다.
② 크레이터처리를 잘해 준다.
③ 비드 모양을 개선한다.
④ 아크 발생 초기의 비드용입을 양호하게 한다.

해설
핫스타트장치는 아크 발생 초기에 용접봉과 모재가 냉각되어 있어 아크가 불안정하게 되는데, 아크 발생을 더 쉽게 하기 위해 아크 발생 초기에만 용접전류를 특별히 크게 하는 장치이다. 아크 발생을 쉽게 하여 초기 비드용입을 가능하게 하고 비드 모양을 개선시킨다. 그러나 크레이터처리와는 관련이 없다.

10 부하전류가 증가하면 단자전압이 저하되는 특성으로서 피복아크용접에서 필요한 전원특성은?

① 수하특성
② 상승특성
③ 부저항특성
④ 정전압특성

해설
용접기는 아크 안정성을 위해서 외부특성곡선이 필요하다. 외부특성곡선이란 부하전류와 부하단자전압의 관계를 나타낸 곡선으로, 피복아크용접에서는 수하특성을, MIG나 CO_2용접기는 정전압특성이나 상승특성을 사용한다.

11 염화아연을 사용하여 납땜을 사용하였더니 그 후에 납땜 부분이 부식되기 시작했다. 그 주된 원인은?

① 인두의 가열온도가 높기 때문에
② 땜납의 모재가 친화력이 없기 때문에
③ 납땜 후 염화아연을 닦아내지 않았기 때문에
④ 땜납과 금속판이 전기작용을 일으켰기 때문에

해설
연납용 납땜용제인 염화아연으로 납땜한 뒤 이를 닦아내지 않으면 산화작용에 의해 납땜 부분이 부식된다.

12 GTAW(Gas Tungsten Arc Welding)용접방법으로 파이프 이면 비드를 얻기 위한 방법으로 옳은 것을 보기에서 모두 고른 것은?

┤보기├
ㄱ. 파이프 안쪽에 알맞은 플럭스를 칠한 후 용접한다.
ㄴ. 용접부 전면과 같이 뒷면에도 아르곤가스 등을 공급하면서 용접한다.
ㄷ. 세라믹가스컵을 가능한 한 큰 것으로 사용하고 전극봉을 길게 하여 용접한다.

① ㄱ, ㄴ　　　　② ㄱ, ㄷ
③ ㄴ, ㄷ　　　　④ ㄱ, ㄴ, ㄷ

해설
TIG용접(Tungsten Inert Gas Arc Welding, GTAW)으로 파이프의 이면 비드를 얻으려면 파이프 안쪽에 알맞은 Flux(용제)를 칠한 뒤 용접부 전면과 같이 뒷면에도 Ar가스(불활성 가스)를 공급하면서 용접해야 한다. 전극봉을 길게 하면 보호가스의 실드 범위에 영향을 받아 작업하기 힘들다.

13 수랭동판을 용접부의 양편에 부착하고 용융된 슬래그 속에서 전극와이어를 연속적으로 송급하여 용융 슬래그 내를 흐르는 저항열에 의하여 전극와이어 및 모재를 용융접합시키는 용접법은?

① 일렉트로슬래그용접
② 일렉트로가스아크슬래그용접
③ 일렉트로피복금속슬래그용접
④ 일렉트로플럭스코어드아크용접

해설
일렉트로슬래그용접: 용융된 슬래그와 용융금속이 용접부에서 흘러나오지 못하도록 수랭동판으로 둘러싸고 이 용융풀에 용접봉을 연속적으로 공급하는데, 이때 발생하는 용융슬래그의 저항열에 의하여 용접봉과 모재를 연속적으로 용융시키면서 용접하는 방법으로, 선박이나 보일러와 같이 두꺼운 판의 용접에 적합하다. 수직 상진으로 단층용접하는 방식으로 용접전원으로는 정전압형 교류를 사용한다.

14 용접 중 피복제의 중요한 작용이 아닌 것은?

① 슬래그(Slag)의 작용
② 피복통(被覆筒)의 생성
③ 용접비드 형성 작용
④ 아크분위기의 생성

해설
피복아크용접용 용접봉은 심선을 피복제가 둘러싸고 있는데 이 심선이 용융되면서 용접비드가 형성된다.

15 이음 형상에 따른 심용접기의 종류가 아닌 것은?

① 횡심용접기　　　② 종심용접기
③ 만능심용접기　　④ 업셋심용접기

해설
심용접기의 종류
• 횡심용접기
• 종심용접기
• 만능심용접기

16 테르밋용접의 특징은?

① 용접시간이 짧고 용접 후 변형이 작다.
② 설비비가 비싸고 작업장소 이동이 어렵다.
③ 용접에 전기가 필요하다.
④ 불활성가스를 사용하여 용접한다.

해설
테르밋용접은 용접시간이 비교적 짧고 용접 후의 변형이 크지 않다.

17 서브머지드아크용접에서 고능률 용접법이 아닌 것은?

① 다전극법
② 컷 와이어(Cut Wire) 첨가법
③ CO_2 + UM 다전극법
④ 일렉트로슬래그용접법

해설
일렉트로슬래그용접과 서브머지드아크용접은 그 방법이 다른 용접법이다.

18 아세틸렌가스의 자연발화온도는 몇 ℃인가?

① 306~308℃
② 355~358℃
③ 406~408℃
④ 455~458℃

해설
아세틸렌가스는 400℃ 근처에서 자연발화한다.

19 프로젝션용접의 특징을 옳게 설명한 것은?

① 모재의 두께가 각각 다른 경우에는 용접할 수 없다.
② 서로 다른 금속을 용접할 때 열전도가 낮은 쪽에 돌기를 만든다.
③ 점 간 거리가 작은 점용접이 가능하고 동시에 여러 점의 용접을 할 수 있어 작업속도가 빠르다.
④ 전극면적이 넓어 기계적 강도나 열전도면에서 유리하나 전극의 소모가 많다.

해설
프로젝션용접은 모재의 평면에 프로젝션인 돌기부를 만들어 평탄한 동전극의 사이에 물려 대전류를 흘려보낸 후 돌기부에 발생된 저항열로 용접하는 방법이다. 용접부에 다량의 돌기부를 만들어 한 번에 용접할 수 있는 부분이 많아 작업속도가 빠르다.

20 피복아크용접에서 아크쏠림 방지대책 중 옳은 것은?

① 아크 길이를 길게 할 것
② 접지점은 가급적 용접부에 가까이 할 것
③ 교류용접으로 하지 말고 직류용접으로 할 것
④ 용접봉 끝을 아크쏠림 반대 방향으로 기울일 것

해설
아크쏠림(자기불림)을 방지하려면 용접봉 끝을 아크쏠림의 반대 방향으로 기울여야 한다.

21 토치를 사용하여 용접부의 결함, 뒤 따내기, 가접의 제거, 압연강재, 주강의 표면결함 제거 등에 사용하는 가공법은?

① 가스가우징
② 산소창절단
③ 산소아크절단
④ 아크에어가우징

해설
가스가우징 : 용접결함(압연강재나 주강의 표면결함)이나 가접부 등의 제거를 위하여 가스절단과 비슷한 토치를 사용해서 용접 부분의 뒷면을 따내거나 U형, H형상의 용접홈을 가공하기 위하여 깊은 홈을 파내는 가공방법이다.

22 아세틸렌가스와 프로판가스를 이용한 절단 시 비교 내용으로 틀린 것은?

① 프로판은 슬래그 제거가 쉽다.
② 아세틸렌은 절단 개시까지의 시간이 빠르다.
③ 프로판이 점화하기 쉽고 중성불꽃을 만들기도 쉽다.
④ 포갬 절단속도는 프로판이 아세틸렌보다 빠르다.

해설
프로판가스보다 아세틸렌가스가 점화하기 더 용이하고 중성불꽃도 만들기 쉽다.

23 CO_2가스아크용접용 토치의 구성품이 아닌 것은?

① 노 즐
② 오리피스
③ 송급롤러
④ 콘택트팁

해설
CO_2가스아크용접용 설비에서 송급롤러는 본체에 부착되어 용접용 와이어를 토치로 송급시키는 역할을 한다.
CO_2가스아크용접용 토치구조
• 노 즐
• 오리피스
• 토치 몸체
• 콘택트팁
• 가스디퓨저
• 스프링라이너
• 노즐인슐레이터

24 교류아크용접기에서 용접사를 보호하기 위하여 사용한 장치는?

① 전격방지기
② 핫스타트장치
③ 고주파발생장치
④ 원격제어장치

해설
교류아크용접기에는 용접사의 감전사고 방지를 위하여 전격방지 장치(전격방지기)가 반드시 설치되어 있어야 한다. 전격방지장치는 용접기가 작업을 쉬는 동안에 2차 무부하전압을 항상 25V 정도로 유지되도록 하여 전격을 방지하는 장치로 용접기에 부착한다.

25 전류가 인체에 미치는 영향 중 순간적으로 사망할 위험이 있는 전류량은 몇 mA 이상인가?

① 10
② 20
③ 30
④ 50

해설
50mA 이상의 전류가 인체에 닿으면 심장마비 발생으로 사망의 위험이 있다.

26 테르밋용접에서 테르밋제의 주성분은?

① 과산화바륨과 산화철분말

② 아연분말과 알루미늄분말

③ 과산화바륨과 마그네슘분말

④ 알루미늄분말과 산화철분말

해설
테르밋용접용 테르밋제는 산화철과 알루미늄분말을 3 : 1로 혼합한다.

27 솔더링(Soldering)용 용제와 용도가 서로 옳게 연결된 것은?

① 인산 – 염화아연 혼합용

② 염산(HCl) – 아연도금 강판용

③ 염화아연($ZnCl_2$) – 일반 전기제품용

④ 염화암모니아(NH_4Cl) – 구리와 동합금용

해설
납땜(Soldering, 솔더링)용 용제로 아연도금 강판은 염산으로 한다.

28 납땜의 용제가 갖추어야 할 조건으로 틀린 것은?

① 청정한 금속면의 산화를 방지할 것

② 모재나 땜납에 대한 부식작용이 최소한일 것

③ 용제의 유효온도 범위와 납땜온도가 일치할 것

④ 땜납의 표면장력을 맞추어서 모재와의 친화력을 낮출 것

해설
납땜용 용제는 땜납의 표면장력을 맞추어서 모재와의 친화력이 높아야 한다.

29 연강용 피복아크용접봉 중 주성분이 산화철에 철분을 첨가하여 만든 것으로, 아크는 분무상이고 스패터가 적으며 비드 표면이 곱고 슬래그의 박리성이 좋아 아래보기 및 수평필릿용접에 적합한 용접봉은?

① E4301 ② E4311

③ E4316 ④ E4327

해설
철분산화철계(E4327) 용접봉의 특징

• 용착금속의 기계적 성질이 좋다.

• 용착효율이 좋고, 용접속도가 빠르다.

• 슬래그 제거가 양호하고, 비드 표면이 깨끗하다.

• 산화철을 주성분으로 다량의 철분을 첨가한 것이다.

• 아크가 분무상(스프레이형)으로 나타나며 스패터가 적고 용입은 E4324보다 깊다.

• 비드의 표면이 곱고 슬래그의 박리성이 좋아서 아래보기나 수평 필릿용접에 많이 사용된다.

• 주성분인 산화철에 철분을 첨가한 것으로 규산염을 다량 함유하고 있어서 산성의 슬래그가 생성된다.

30 다음 재료의 용접 예열온도로 가장 적합한 것은?

① 주철 – 150~300℃

② 주강 – 150~250℃

③ 청동 – 60~100℃

④ 망가니즈(Mn)-몰리브데넘강(Mo) – 20~100℃

해설
주철의 예열온도는 탄소(C) 함유량에 따라 달라지나 일반적으로 150~300℃ 사이이면 적합하다.

31 Fe-C 평형상태도에서 공석반응이 일어나는 곳의 탄소 함량은 얼마 정도인가?

① 0.025%
② 0.33%
③ 0.80%
④ 2.0%

해설
공석반응은 순철에 0.8%의 탄소(C)가 합금되었을 때 발생한다.

32 Fe-C 상태도에서 고용체 + Fe_3C의 조직으로 옳은 것은?

① 페라이트(Ferrite)
② 펄라이트(Pearlite)
③ 레데부라이트(Ledeburite)
④ 오스테나이트(Austenite)

해설
레데부라이트 조직은 융체(L)가 냉각되면서 고용체 + Fe_3C로 변환되면서 만들어진다.

33 금속침투법 중에서 Al을 침투시키는 것은?

① 세라다이징
② 크로마이징
③ 실리코나이징
④ 칼로라이징

해설
금속침투법
경화하고자 하는 재료의 표면을 가열한 후 여기에 다른 종류의 금속을 확산작용으로 부착시켜 합금 피복층을 얻는 표면경화법이다. 칼로라이징은 금속 표면에 Al을 침투시킨다.

34 다음 금속 중 비중이 가장 큰 것은?

① Mo
② Ni
③ Cu
④ Mg

해설
Mo(몰리브데넘)의 비중은 10.2로 보기의 금속 중 가장 크다.

35 경질주조합금 공구재료로서, 주조한 상태 그대로를 연삭하여 사용하는 것은?

① 스텔라이트
② 오일리스합금
③ 고속도공구강
④ 하이드로날륨

해설
스텔라이트(Stellite)라고도 하는 주조경질합금은 Co(코발트)를 주성분으로 한 Co-Cr-W-C계의 합금이다. 800℃의 절삭열에도 경도 변화가 없고 열처리가 불필요하며 고속도강보다 2배의 절삭속도로 가공이 가능하나 내구성과 인성이 작다. 청동이나 황동의 절삭재료로도 사용된다.

36 다음 탄소공구강 중 탄소 함유량이 가장 많은 것은?

① STC1 ② STC2
③ STC3 ④ STC4

> **해설**
> **탄소공구강재(STC)의 탄소함유량**
> 탄소공구강재는 KS 규격에 STC를 기호로 사용하는데 탄소 함유량에 따라 다음과 같이 분류한다.
> STC1 > STC2 > STC3 > STC4

37 Sn 청동의 용해 주조 시에 탈산제로 사용되는 P을 합금 중에 0.05~0.5% 정도 남게 하면 용탕의 유동성이 좋아지고 합금의 경도와 강도가 증가하며, 내마모성과 탄성이 개선되는 청동은?

① 인청동
② 연청동
③ 규소청동
④ 알루미늄청동

> **해설**
> **인청동** : Sn(주석) 청동의 용해 주조 시 탈산제로 사용되는 P(인)을 0.05~0.5% 남게 하면 용탕의 유동성이 좋아지고 합금의 경도와 강도가 증가하며 내마모성과 탄성을 개선시킨 청동으로 스프링 재료로 많이 사용된다.

38 침탄, 질화 등으로 내마모성과 인성이 요구되는 기계적 성질을 개선하는 열처리는?

① 수인법 ② 담금질
③ 표면경화 ④ 오스포밍

> **해설**
> 침탄법이나 질화법은 모두 재료의 표면을 경화시키고 내부에 인성을 부여할 때 실시하는 열처리법이다.

39 주철의 마우러(Maurer)조직도란?

① C와 Si의 양에 따른 주철조직도
② Fe과 Si의 양에 따른 주철조직도
③ Fe과 C의 양에 따른 주철조직도
④ Fe 및 C와 Si의 양에 따른 주철조직도

> **해설**
> **마우러조직도** : 주철의 조직을 지배하는 주요요소인 C(탄소)와 Si(규소, 실리콘)의 함유량에 따른 주철의 조직의 관계를 나타낸 그래프

40 다음 중 용융점이 가장 높은 금속은?

① Au ② W
③ Cr ④ Ni

> **해설**
> W(텅스텐)의 용융점은 약 3,410℃로 다른 금속들보다 높다.

41 금속조직학상으로 강은 Fe–C 합금 중 탄소 함유량이 약 몇 % 정도 포함된 것인가?

① 0.008~2.1   ② 2.1~4.3
③ 4.3~6.6   ④ 6.6 이상

해설
철강의 분류

성 질	순 철	강	주 철
영 문	Pure Iron	Steel	Cast Iron
탄소 함유량	0.02% 이하	0.02~2.0%	2.0~6.67%
담금질성	담금질이 안 됨	좋 음	잘되지 않음
강도/경도	연하고 약함	크다.	경도는 크나 잘 부서짐
활 용	전기재료	기계재료	주조용 철
제 조	전기로	전 로	큐폴라

42 열처리방법 중 가열온도는 A_3 또는 A_{cm}선보다 30~50℃ 높은 온도에서 가열하였다가 공기 중에 냉각하여 표준화된 조직을 얻는 열처리방법은?

① 뜨 임   ② 풀 림
③ 담금질   ④ 노멀라이징

해설
불림(Normalizing)처리는 영어로 노멀라이징이라고 하는데 담금질 정도가 심하거나 결정입자가 조대해진 강을 표준화조직으로 만들기 위하여 A_3점(968℃)이나 A_{cm}(시멘타이트)점 이상의 온도로 가열 후 공랭시킨다.

43 아크용접부 파단면에 생기는 것으로, 용접부의 냉각속도가 너무 빠르고 모재의 탄소·탈산 생성물 등이 너무 많을 때의 원인으로 생성되는 결함은?

① 선상 조직   ② 스패터링
③ 수지상 조직   ④ 아크스트라이크

해설
선상 조직은 모재의 재질이 불량해서 불순물이 많거나 용착금속의 냉각속도가 빠를 때 발생되는 용접 불량이다.

44 주철은 대체적으로 보수용접에 많이 쓰이며 주물의 상태, 결함의 위치, 크기와 특징, 겉모양 등에 대하여 요구될 때에는 여러 가지 시공법에 유의하여 용접하여야 한다. 다음 중 주철의 보수용접에 쓰이는 용접방법이 아닌 것은?

① 스터드법   ② 비녀장법
③ 버터링법   ④ 홀더링법

해설
주철의 보수용접법에 홀더링법은 없다.

45 한국산업표준에서 현장용접을 나타내는 기호는?

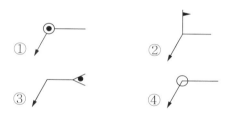

해설
용접부의 보조기호

구 분		보조기호	비 고
용접부의 표면모양	평 탄	━━	–
	볼 록	⌒	기선의 밖으로 향하여 볼록하게 한다.
	오 목	⌣	기선의 밖으로 향하여 오목하게 한다.
용접부의 다듬질방법	치 핑	C	–
	연 삭	G	그라인더다듬질일 경우
	절 삭	M	기계다듬질일 경우
	지정 없음	F	다듬질방법을 지정하지 않을 경우
현장용접		⚑	
온둘레용접		○	온둘레용접이 분명할 때에는 생략해도 좋다.
온둘레현장용접		⚑	

46 용접전류가 과대하거나 운봉속도가 너무 빨라서 용접 비드 토(Toe)에 생기는 작은 홈과 같은 용접 결함은?

① 기 공
② 오버랩
③ 언더컷
④ 용입 불량

해설
③ 언더컷 : 용접부의 끝부분에서 모재가 파이고 용착금속이 채워지지 않고 홈으로 남아 있는 부분으로, 용접속도가 너무 빠르거나 전류가 너무 높을 때 발생한다.
① 기공 : 용접부가 급랭될 때 미처 빠져나오지 못한 가스에 의해 발생하는 빈 공간이다.
② 오버랩 : 용융된 금속이 용입이 되지 않은 상태에서 표면을 덮어버린 불량이다.
④ 용입 불량 : 모재에 용가재가 모두 채워지지 않는 불량이다.

47 용접구조 설계상의 주의사항으로 틀린 것은?

① 용접이음이 집중되게 한다.
② 단면형상의 급격한 변화 및 노치를 피한다.
③ 용접치수는 강도상 필요 이상 크게 하지 않는다.
④ 용접에 의한 변형 및 잔류응력을 경감시킬 수 있도록 한다.

해설
용접구조물을 설계할 때는 용접이음이 집중되지 않도록 하고 교차를 줄여야 변형을 방지할 수 있다.

48 다음 중 용접이음의 기본형식에 해당되지 않는 것은?

① T이음
② 겹치기이음
③ 맞대기이음
④ 플러그이음

해설
플러그용접은 기본 용접형식에는 포함되지 않는다. 용접의 기본형식으로는 맞대기용접, 필릿용접, 겹치기용접, 모서리이음 등이 있다.

49 CO_2 아크용접에서 기공의 발생원인이 아닌 것은?

① 노즐과 모재 사이의 거리가 15mm이었다.
② CO_2가스에 공기가 혼입되어 있다.
③ 노즐에 스패터가 많이 부착되어 있다.
④ CO_2가스 순도가 불량하다.

해설
CO_2용접(탄산가스, 이산화탄소가스아크용접)에서 노즐과 모재 사이의 거리가 15mm이면 적절하므로 기공 발생의 원인이 되지 않는다.

50 금속현미경 조직시험 진행과정의 순서로 맞는 것은?

① 시편의 채취 → 성형 → 연삭 → 광연마 → 물세척 및 건조 → 부식 → 알코올 세척 및 건조 → 현미경검사
② 시편의 채취 → 광연마 → 연삭 → 성형 → 물세척 및 건조 → 부식 → 알코올 세척 및 건조 → 현미경검사
③ 시편의 채취 → 성형 → 물세척 및 건조 → 광연마 → 연삭 → 부식 → 알코올 세척 및 건조 → 현미경검사
④ 시편의 채취 → 알코올 세척 및 건조 → 성형 → 광연마 → 물세척 및 건조 → 연삭 → 부식 → 현미경검사

해설
현미경 조직시험의 순서
시험편 채취 → 마운팅 → 샌드페이퍼 연마 → 폴리싱 → 부식 → 알코올 세척 및 건조 → 현미경 조직검사
• 마운팅 : 시편의 성형작업을 말한다.
• 폴리싱(Polishing) : 알루미나 등의 연마입자가 부착된 연마벨트로 제품 표면의 이물질을 제거하여 표면을 매끈하고 광택이 나게 만드는 정밀입자가공법으로, 버핑가공의 전 단계에서 실시한다.

51 보조기호 중 영구적인 이면판재 사용을 표시하는 기호는?

① M
② ⌒
③ MR
④ ⫝̸

용접부의 보조기호

영구적인 덮개판(이면판재) 사용	M
제거 가능한 덮개판(이면판재) 사용	MR
끝단부 토(Toe)를 매끄럽게 함	⫝̸
용접부 표면 모양을 볼록하게 함	⌒

※ 토(Toe) : 용접모재와 용접 표면이 만나는 부위

52 오버랩(Over Lap)의 결함이 있을 경우, 보수방법으로 가장 적합한 것은?

① 비드 위에 재용접한다.
② 드릴로 구멍을 뚫고 재용접한다.
③ 결함 부분을 깎아내고 재용접한다.
④ 직경이 작은 용접봉으로 재용접한다.

오버랩은 용융된 금속이 용입이 되지 않은 상태로 표면을 덮어버린 불량이므로, 덮힌 부분을 스카핑작업 등으로 깎아내고 재용접을 실시해야 한다.

53 용접 후 용착금속부의 인장응력을 연화시키는 데 효과적인 방법으로 구면 모양의 특수해머로 용접부를 가볍게 때리는 것은?

① 어닐링(Annealing)
② 피닝(Peening)
③ 크리프(Creep)가공
④ 저온응력완화법

피닝 : 타격 부분이 둥근 구면인 특수해머를 사용하여 모재의 표면에 지속적으로 충격을 가해 줌으로써 재료 내부에 있는 잔류응력을 완화시키면서 표면층에 소성변형을 주는 방법이다.

54 아크용접 자동화의 센서(Sensor) 종류에서 과전류, 전격방지 등을 위한 비접촉식 센서로 가장 많이 활용되는 것은?

① 퍼텐쇼미터(Potentiometer)식 센서
② 기계식 센서
③ 전자기식 센서
④ 전기접점식 센서

자동화 센서 중 과전류와 전격방지용으로 많이 사용되는 것은 전기접점방식의 센서이다.

55 로트에서 랜덤하게 시료를 추출하여 검사한 후 그 결과에 따라 로트의 합격, 불합격을 판정하는 검사방법은?

① 자주검사
② 간접검사
③ 전수검사
④ 샘플링검사

샘플링검사 : 로트(Lot)에서 무작위(랜덤)로 시료를 추출하여 검사한 후 그 결과에 따라 로트 전체의 합격과 불합격을 판정하는 검사방법이다.

56 표준시간을 내경법으로 구하는 수식으로 맞는 것은?

① 표준시간 = 정미시간 + 여유시간

② 표준시간 = 정미시간 $\times (1 + $ 여유율$)$

③ 표준시간 = 정미시간 $\times \left(\dfrac{1}{1 - 여유율} \right)$

④ 표준시간 = 정미시간 $\times \left(\dfrac{1}{1 + 여유율} \right)$

해설

내경법을 적용한 표준시간 = 정미시간 $\times \left(\dfrac{1}{1 - 여유율} \right)$

57 3σ법의 $\overline{X}$ 관리도에서 공정이 관리 상태에 있는데도 불구하고 관리 상태가 아니라고 판정하는 제1종 과오는 약 몇 %인가?

① 0.27   ② 0.54

③ 1.0   ④ 1.2

해설

관리도의 두 가지 오류 중에서 제1종 오류란 해당 공정이 관리 상태에 있음에도 불구하고 한 점이 우연히 관리한계 밖에 찍혀서 일어나는데, 공정이 관리 상태에 있지 않다(이상 상태)라고 잘못 판단하여 존재하지 않은 문제의 원인을 조사하는 비용이 발생한다. 이 개념을 만든 슈하트 박사는 이 크기를 0.3% 정도로 본다. 따라서 정답은 ①번이 적합하다.

58 어떤 공장에서 작업을 하는데 있어서 소요되는 기간과 비용이 다음 표와 같을 때 비용구배는?(단, 활동시간의 단위는 일(日)로 계산한다)

정상작업		특급작업	
기 간	비 용	기 간	비 용
15일	150만원	10일	200만원

① 50,000원   ② 100,000원

③ 200,000원   ④ 500,000원

해설

$$비용구배 = \dfrac{특급작업비용 - 정상작업비용}{정상작업\ 기간 - 특급작업\ 기간}$$

$$= \dfrac{200만원 - 150만원}{15 - 10}$$

$$= 10만원$$

59 샘플링에 관한 설명으로 틀린 것은?

① 취락샘플링에서는 취락 간의 차는 작게, 취락 내의 차는 크게 한다.

② 제조공정의 품질특성에 주기적인 변동이 있는 경우 계통샘플링을 적용하는 것이 좋다.

③ 시간적 또는 공간적으로 일정 간격을 두고 샘플링하는 방법을 계통샘플링이라고 한다.

④ 모집단을 몇 개의 층으로 나누어 각 층마다 랜덤하게 시료를 추출하는 것을 층별 샘플링이라고 한다.

해설

품질특성에 주기적인 변동이 있는 경우 계통샘플링은 사용하지 않는 것이 좋다.

60 관리사이클의 순서를 가장 적절하게 표시한 것은?(단, A는 조치(Act), C는 체크(Check), D는 실시(Do), P는 계획(Plan)이다)

① P → D → C → A

② A → D → C → P

③ P → A → C → D

④ P → C → A → D

해설

관리사이클의 순서

P		D		C		A
계획 (Plan)	→	실시 (Do)	→	체크 (Check)	→	조치 (Act)

01 불활성가스아크용접에서 주로 사용되는 불활성가스는?

① C_2H_2

② Ar

③ H_2

④ N_2

해설

불활성가스아크용접인 TIG용접과 MIG용접에서는 주로 Ar(아르곤)가스를 보호가스로 사용한다.

02 저수소계 용접봉은 용접하기 전에 어느 정도의 온도에서 일정 시간 건조시켜 사용하는가?

① 100~150℃

② 200~250℃

③ 300~350℃

④ 400~450℃

해설

저수소계 용접봉은 흡습성이 큰 단점이 있어서 사용 전 300~350℃에서 1~2시간 건조 후 사용해야 한다.

03 산소-아세틸렌을 사용한 수동 절단 시 팁 끝과 연강판 사이의 거리는 백심에서 약 몇 mm 정도가 가장 적당한가?

① 0.5~1.0

② 1.5~2.0

③ 2.5~3.0

④ 3.5~4.0

해설

가스 절단 시 팁에서 나온 불꽃의 백심 끝과 강판 사이의 간격은 1.5~2mm로 해야 한다.

04 E4313-AC-5-400 연강용 피복아크용접봉의 규격을 표시한 것 중 규격 설명이 잘못된 것은?

① E - 전기용접봉

② 43 - 용착금속의 최저인장강도

③ 13 - 피복제의 계통

④ 400 - 용접전류

해설

• AC : 교류전류 사용
• 5 : 용접봉의 지름
• 400 : 용접봉의 길이

05 가스용접에서 전진법에 대한 설명으로 옳은 것은?

① 용접봉의 소비가 많고, 용접시간이 길다.

② 용접봉의 소비가 적고, 용접시간이 길다.

③ 용접봉의 소비가 많고, 용접시간이 짧다.

④ 용접봉의 소비가 적고, 용접시간이 짧다.

해설

가스용접에서 전진법을 사용하면 용접속도가 느리고, 용접시간이 길어지며 용접봉의 소비도 많아진다.

06 용접면을 가볍게 접촉시키면서 대전류를 흐르게 하여 접촉면에 전기불꽃을 발생시켜 그 열로 두 개의 면을 접합시키는 용접은?

① 플래시용접
② 마찰용접
③ 프로젝션용접
④ 심용접

07 정격전류 200A, 정격사용률 50%의 아크용접기로 150A의 용접전류로 용접하는 경우 허용사용률은 약 몇 %인가?

① 38
② 66
③ 89
④ 112

08 피복아크용접봉에 사용되는 피복배합제에서 아크안정제로 사용되는 것은?

① 니켈
② 산화타이타늄
③ 페로망가니즈
④ 마그네슘

09 돌기(Projection)용접의 장점 설명으로 틀린 것은?

① 여러 점을 동시에 용접할 수 있으므로 생산성이 높다.
② 좁은 공간에 많은 점을 용접할 수 있다.
③ 용접부의 외관이 깨끗하며 열 변형이 작다.
④ 용접기의 용량이 적어 설비비가 저렴하다.

10 아세틸렌가스와 프로판가스를 이용한 절단 시 비교 내용으로 틀린 것은?

① 프로판은 슬래그의 제거가 쉽다.
② 아세틸렌은 절단 개시까지의 시간이 빠르다.
③ 프로판이 점화하기 쉽고 중성불꽃을 만들기도 쉽다.
④ 포갬 절단속도는 프로판이 아세틸렌보다 빠르다.

11 불활성가스 금속아크용접법에 대한 설명 중 틀린 것은?

① 알루미늄(Al), 마그네슘(Mg), 동합금, 스테인리스강, 저합금강 등 거의 모든 금속에 적용되며, TIG용접의 2~3배 용접능률을 얻을 수 있다.

② MIG용접에서 아크 길이를 일정하게 유지할 수 있게 하는 것은 고주파장치가 있기 때문이다.

③ MIG용접의 용적이행에는 단락이행, 입상이행, 스프레이이행이 있으며, 이 중 가장 많이 사용하는 것은 스프레이이행이다.

④ TIG용접과 같이 청정작용으로 용제(Flux)가 필요 없다.

해설
MIG용접에서 아크 길이를 일정하게 유지할 수 있는 것은 '아크 길이 자기제어' 기능 때문이다.

12 다음 가연성 가스 중 발열량이 가장 큰 것은?

① 수 소　　② 뷰테인
③ 에틸렌　　④ 아세틸렌

해설
가스별 불꽃의 온도 및 발열량

가스 종류	불꽃온도[℃]	발열량[kcal/m³]
아세틸렌	3,430	12,500
뷰테인	2,926	26,000
수 소	2,960	2,400
프로판	2,820	21,000
메 탄	2,700	8,500
에틸렌	–	14,000

※ 불꽃온도나 발열량은 실험방식과 측정기의 캘리브레이션 정도에 따라 달라지므로 일반적으로 통용되는 수치를 기준으로 작성한다.

13 AW-500 교류아크용접기의 최고 무부하전압은 몇 V 이하인가?

① 30　　② 80
③ 95　　④ 110

해설
AW-500인 교류아크용접기의 최고 2차 무부하전압[V]은 95V 이하이다.

14 직류용접기와 교류용접기의 비교 설명 중 틀린 것은?

① 무부하전압은 교류용접기가 높다.
② 직류용접기가 역률이 양호하다.
③ 교류용접기의 구조가 직류용접기보다 간단하다.
④ 교류용접기는 극성 변화가 가능하다.

해설
교류아크용접기는 극성 변화가 불가능하나 직류아크용접기는 정극성과 역극성으로 극성 변화가 가능하다.

직류아크용접기와 교류아크용접기의 차이점

구 분	직류아크용접기	교류아크용접기
아크안정성	우수하다.	보통이다.
비피복봉 사용 여부	가능하다.	불가능하다.
극성 변화	가능하다.	불가능하다.
아크(자기) 쏠림방지	불가능하다.	가능하다.
무부하전압	약간 낮다(40~60V).	높다(70~80V).
전격의 위험	작다.	크다.
유지보수	다소 어렵다.	쉽다.
고 장	비교적 많다.	적다.
구 조	복잡하다.	간단하다.
역 률	양호하다.	불량하다.
가 격	고가이다.	저렴하다.

15 레이저용접(Laser Welding)에 관한 설명으로 틀린 것은?

① 소입열용접이 가능하다.

② 좁고 깊은 용접부를 얻을 수 있다.

③ 고속용접과 용접공정의 융통성을 부여할 수 있다.

④ 접합되어야 할 부품의 조건에 따라서 한 방향의 용접으로는 접합이 불가능하다.

해설
레이저빔용접(레이저용접)은 한 방향으로 용접이 가능하다.

16 불활성가스텅스텐아크용접을 이용하여 알루미늄 주물을 용접할 때 사용하는 전류로 가장 적합한 것은?

① AC   ② DCRP

③ DCSP   ④ ACHF

해설
TIG용접으로 스테인리스강이나 탄소강, 주철, 동합금을 용접할 때는 토륨 텅스텐 전극봉을 이용해서 직류정극성으로 용접한다. 이외의 재질을 TIG용접법으로 용접할 때는 아크 안정을 위해 주로 고주파교류(ACHF)를 전원으로 사용하는데 고주파교류는 아크를 발생시키기 쉽고 전극의 소모를 줄여 텅스텐봉의 수명을 길게 하는 장점이 있다.

17 산업보건기준에 관한 규칙에서 근로자가 상시 작업하는 장소의 작업면의 조도 중 정밀작업 시 조도의 기준으로 맞는 것은?(단, 갱내 및 감광재료를 취급하는 작업장은 제외한다)

① 300lx 이상   ② 750lx 이상

③ 150lx 이상   ④ 75lx 이상

해설
조도의 기준(산업안전보건기준에 관한 규칙 제8조)

작업 구분	기 준
기타작업	75lx 이상
보통작업	150lx 이상
정밀작업	300lx 이상
초정밀작업	750lx 이상

18 탄산가스아크용접에서 전진법의 특징이 아닌 것은?

① 비드 높이가 낮고 평탄한 비드가 형성된다.

② 용접선이 잘 보이므로 운봉을 정확하게 할 수 있다.

③ 스패터가 비교적 많으며 진행 방향쪽으로 흩어진다.

④ 용융금속이 앞으로 나가지 않으므로 깊은 용입을 얻을 수 있다.

해설
CO_2용접의 전진법과 후진법의 차이점

전진법	후진법
• 용접선이 잘 보여 운봉이 정확하다.	• 스패터 발생이 적다.
• 높이가 낮고 평탄한 비드를 형성한다.	• 깊은 용입을 얻을 수 있다.
• 스패터가 비교적 많고 진행 방향으로 흩어진다.	• 높이가 높고 폭이 좁은 비드를 형성한다.
• 용착금속이 아크보다 앞서기 쉬워 용입이 얕다.	• 용접선이 노즐에 가려 운봉이 부정확하다.
	• 비드 형상이 잘 보여 폭, 높이의 제어가 가능하다.

19 아크용접법에 속하지 않는 것은?

① 프로젝션용접　　② 그래비티용접

③ MIG용접　　　　④ 스터드용접

> **해설**
> 프로젝션용접은 저항용접으로 분류된다.

20 가스 절단작업에서 산소의 순도가 99.5% 이상 높을 때 나타나는 현상이 아닌 것은?

① 절단속도가 빠르다.

② 절단면이 양호하다.

③ 절단 홈의 폭이 넓어진다.

④ 경제적인 절단이 이루어진다.

> **해설**
> 가스 절단작업 시 가연성가스와 조연성가스의 순도는 작업성의 빠르기와 절단면의 품질에 큰 영향을 미친다. 따라서 조연성가스인 산소의 순도가 99.5% 이상이면, 고순도에 속하므로 절단면이 양호하게 되고 가스불꽃이 안정되며 절단속도 역시 빠르게 할 수 있어서 가스의 사용량이 적어지므로 경제적인 작업이 가능하다. 따라서 안정된 불꽃을 얻기 때문에 절단 홈의 폭이 넓어지지는 않는다.

21 아세틸렌가스의 압력에 따른 가스용접 토치의 분류에 해당하지 않는 것은?

① 저압식　　　　　② 차압식

③ 중압식　　　　　④ 고압식

> **해설**
> 산소-아세틸렌가스 용접용 토치별 사용압력
>
> | | |
> |---|---|
> | 저압식 | 0.07kgf/cm² 이하 |
> | 중압식 | 0.07~1.3kgf/cm² |
> | 고압식 | 1.3kgf/cm² 이상 |

22 피복아크용접 시 아크전압 30V, 아크전류 600A, 용접속도 30cm/min일 때 용접입열은 몇 Joule/cm인가?

① 9,000　　　　　② 13,500

③ 36,000　　　　　④ 43,225

> **해설**
> 용접 입열량 구하는 식
>
> $$H = \frac{60EI}{v} = \frac{60 \times 30 \times 600}{30} = 36,000 \text{J/cm}$$
>
> 여기서, H : 용접단위 길이 1cm당 발생하는 전기적 에너지
> E : 아크전압[V]
> I : 아크전류[A]
> v : 용접속도[cm/min]
> ※ 일반적으로 모재에 흡수된 열량은 입열의 75~85% 정도임

23 부하전류가 증가하면 단자전압이 저하하는 특성으로서 피복아크용접에서 필요한 전원특성은?

① 수하특성　　　　② 상승특성

③ 부저항특성　　　④ 정전압특성

> **해설**
> 용접기는 아크 안정성을 위해서 외부특성곡선이 필요하다. 외부특성곡선이란 부하전류와 부하단자전압의 관계를 나타낸 곡선으로 피복아크용접에서는 수하특성을, MIG나 CO₂용접기는 정전압특성이나 상승특성을 사용한다.

24 논가스아크용접법의 특징으로 틀린 것은?

① 보호가스나 용제를 필요로 하지 않는다.

② 수소가 많이 발생하여 아크빛과 열이 약하다.

③ 보호가스의 발생이 많아서 용접선이 잘 보이지 않는다.

④ 용접 길이가 긴 용접물에 아크를 중단하지 않고 연속으로 용접할 수 있다.

해설

논가스아크용접은 수소가스가 발생하지 않는다.

논가스아크용접

솔리드 와이어나 플럭스 와이어를 사용하여 보호가스가 없이도 공기 중에서 직접 용접하는 방법으로, 비피복아크용접이라고도 불리는데 반자동용접 중 가장 간편하다. 별도로 추가 공급하는 보호가스가 필요치 않으므로 바람에도 비교적 안정되어 옥외용접도 가능하다. 용접비드가 깨끗하지 않으나 슬래그 박리성은 좋다. 용착금속의 기계적 성질은 다른 용접법에 비해 좋지 못하며 용접아크에 의해 스패터가 많이 발생하고 용접전원도 특수하게 만들어야 한다는 단점이 있다.

25 용접법은 에너지원의 종류에 따라 분류할 수 있는데 용접에너지원과 용접법을 연결한 것 중 틀린 것은?

① 전기에너지 – 확산용접법

② 기계적 에너지 – 마찰용접법

③ 전자기적 에너지 – 폭발용접법

④ 화학적 에너지 – 테르밋용접법

해설

폭발은 화학적인 작용에 의해 발생되는 현상이므로 폭발용접은 화학적 에너지에 의해 용접에너지원을 얻는다.

26 다음 용접법 중 압접법에 속하는 것은?

① 초음파용접

② 피복아크용접

③ 산소아세틸렌용접

④ 불활성가스아크용접

해설

초음파접은 비가열식 압접의 일종이다.

27 아크에어가우징의 장점에 해당되지 않는 것은?

① 가스가우징에 비해 작업능률이 2~3배 높다.

② 용융금속에 순간적으로 불어내므로 모재에 악영향을 주지 않는다.

③ 소음이 매우 심하다.

④ 용접결함부를 그대로 밀어 붙이지 않는 관계로 발견하기 쉽다.

해설

아크에어가우징은 소음 발생이 거의 없다.

28 플라스마아크용접의 장점으로 틀린 것은?

① 높은 에너지밀도를 얻을 수 있다.

② 용접속도가 빠르고 품질이 우수하다.

③ 용접부의 기계적 성질이 좋으며 변형이 작다.

④ 맞대기용접에서 용접 가능한 모재 두께의 제한이 없다.

해설
플라스마아크용접은 판 두께가 두꺼울 경우 토치노즐이 용접이음부의 루트면까지의 접근이 어려워서 모재의 두께는 25mm 이하로 제한을 받는다.

플라스마아크용접의 특징
• 용입이 깊다.
• 비드의 폭이 좁다.
• 용접 변형이 작다.
• 용접의 품질이 균일하다.
• 용접부의 기계적 성질이 좋다.
• 용접속도를 크게 할 수 있다.
• 용접장치 중에 고주파 발생장치가 필요하다.
• 용접속도가 빨라서 가스 보호가 잘 안 된다.
• 무부하전압이 일반 아크용접기보다 2~5배 더 높다.
• 핀치효과에 의해 전류밀도가 크고, 안정적이며 보유 열량이 크다.

29 그래비티용접의 설명으로 틀린 것은?

① 철분계 용접봉을 사용한다.

② 한 사람이 여러 대(2~7대)의 용접기를 조작할 수 있다.

③ 중력을 이용한 용접법이다.

④ 스프링으로 압력을 가하여 자동적으로 용접봉이 모재에 밀착되도록 설계된 특수홀더를 사용한다.

해설
그래비티용접용 홀더는 스프링으로 용접봉을 용접선에 밀착시키는 방법이 아니라 슬라이드 바의 면을 따라 미끄러지면서 밀착된다. 특수홀더를 스프링으로 압력을 가해 자동으로 용접봉이 모재에 밀착되도록 하는 것은 오토콘용접장치의 구조이다.

30 Fe-C 상태도에서 고용체 + Fe_3C의 조직으로 옳은 것은?

① 페라이트(Ferrite)

② 펄라이트(Pearlite)

③ 레데부라이트(Ledeburite)

④ 오스테나이트(Austenite)

해설
레데부라이트 조직은 융체(L)가 냉각되면서 고용체 + Fe_3C로 변환되면서 만들어진다.

31 담금질할 때 생긴 내부응력을 제거하며 인성을 증가시키기 위한 목적으로 하는 열처리는?

① 뜨 임   ② 담금질
③ 표면경화   ④ 침탄처리

해설
뜨임(Tempering)은 담금질로 경화된 재료에 인성을 부여하고 내부응력을 제거하기 위한 열처리조작이다.

32 시멘타이트(Cementite)란?

① Fe과 C의 화합물

② Fe과 S의 화합물

③ Fe과 N의 화합물

④ Fe과 O의 화합물

해설
시멘타이트(Cementite) : 순철(Fe)에 6.67%의 탄소(C)가 합금된 금속조직으로 경도가 매우 크고 취성도 크다. 재료기호는 Fe_3C로 표시한다.

33 알루미늄합금 중 플루오린화알칼리, 금속나트륨 등을 첨가하여 개량처리하는 합금은?

① 실루민
② 라우탈
③ 로-엑스합금
④ 하이드로날륨

해설
개량처리된 알루미늄합금은 실루민(Silumin)으로 나트륨이나 수산화나트륨, 플루오린화알칼리, 알칼리염류 등을 용탕 안에 넣고 10~50분 후에 주입하면 조직이 미세화되며, 공정점과 온도가 14%, 556℃로 이동하는데 이를 개량처리라고 한다.

34 탄소강이 200~300℃에서 단면 수축률, 연신율이 현저히 감소되어 충격치가 저하하는 현상은?

① 상온취성
② 적열취성
③ 청열취성
④ 저온취성

해설
청열(靑熱)취성(철이 산화되어 푸른빛으로 달궈져 보이는 상태) : 탄소강이 200~300℃에서 인장강도와 경도값이 상온일 때보다 커지는 반면, 연신율이나 성형성은 오히려 작아져서 취성이 커지는 현상이다. 이 온도범위(200~300℃)에서는 철의 표면에 푸른 산화피막이 형성되기 때문에 청열취성이라고 한다. 따라서 탄소강은 200~300℃에서는 가공을 피해야 한다.
※ 靑 : 푸를 (청), 熱 : 더울 (열)

35 융접구조용 압연강재의 한국산업표준(KS D 3515)의 기호로 옳은 것은?

① SM400A
② SS400A
③ STS410A
④ SWR11A

해설
용접구조용 압연강재의 KS표시기호(KS D 3515)는 SM400 표시 후 A, B, C를 붙이는데 A, B, C 순서로 용접성이 좋아진다. SM400A 에서 '400'은 작업 가능한 최대용접전류(A)를 나타낸다.

36 표준자, 시계추 등 치수 변화가 작아야 하는 부품을 만드는 데 가장 적합한 재료는?

① 스텔라이트
② 샌더스트
③ 인 바
④ 불수강

해설
인바 : Fe에 35%의 Ni, 0.1~0.3%의 Co, 0.4%의 Mn이 합금된 불변강의 일종으로 상온 부근에서 열팽창계수가 매우 작아서 길이 변화가 거의 없으므로 줄자나 측정용 표준자, 시계추, 바이메탈용 재료로 사용한다.

37 황동의 탈아연부식에 대한 설명으로 틀린 것은?

① 탈아연부식은 60 : 40 황동보다 70 : 30 황동에서 많이 발생한다.
② 탈아연된 부분은 다공질로 되어 강도가 감소하는 경향이 있다.
③ 아연이 구리에 비하여 전기화학적으로 이온화 경향이 크기 때문에 발생한다.
④ 불순물이나 부식성 물질이 공존할 때 수용액의 작용에 의하여 생긴다.

해설
탈아연부식은 Zn의 함량이 많을수록 많이 발생하므로 Cu : Zn의 비율이 60 : 40에서 더 많이 발생한다.

38 Fe-C 평형상태도에서 3상이 공존하는 곳의 자유도는?(단, 압력은 일정하다)

① 0

② 1

③ 2

④ 3

Fe-C 평형상태도는 순철(Fe)에 합금되는 C(탄소)의 합금 비율에 따른 철의 특성을 나타낸 것으로 3상(액상, 기상, 고상)이 공존하는 곳에서의 자유도는 0이다.

39 78~80% Ni, 12~14% Cr의 합금으로 내식성과 내열성이 우수하며, 특히 산화기류 중에서 내열성이 우수한 합금은?

① 니크로뮴(Nichrome)

② 콘스탄탄(Constantan)

③ 인코넬(Inconel)

④ 모넬메탈(Monel Metal)

인코넬은 Ni-Cr계 합금으로 약 80%의 Ni과 약 14%의 Cr으로 구성된다. 내식성과 내열성이 우수하며, 특히 산화기류에서 내열성이 우수하다.

40 강을 담금질한 후 0℃ 이하로 냉각하고 잔류 오스테나이트를 마텐자이트화하기 위한 방법은?

① 저온 풀림

② 고온 뜨임

③ 오스템퍼링

④ 서브제로처리

심랭처리(Subzero Treatment, 서브제로)는 담금질강의 경도를 증가시키고 시효 변형을 방지하기 위한 열처리조작으로, 담금질강의 조직이 잔류 오스테나이트에서 전부 오스테나이트조직으로 바꾸기 위해 재료를 오스테나이트 영역까지 가열한 후 0℃ 이하로 급랭시킨다.

41 다음 그림에서 강판의 두께 20mm, 인장하중 8,000N을 작용시키고자 하는 겹치기용접이음을 하고자 한다. 용접부의 허용응력을 5N/mm²라고 할 때 필요한 용접 길이는 약 얼마인가?

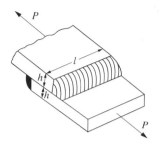

① 36.6mm

② 46.5mm

③ 56.6mm

④ 66.5mm

인장응력 $\sigma = \dfrac{F}{A}$

겹치기 이음이므로 $\dfrac{F}{2(h\cos 45°) \times L}$ 식을 응용하면,

$5\text{N/mm}^2 = \dfrac{8,000\text{N}}{40\cos 45° \times L}$

$L = \dfrac{8,000\text{N}}{40\cos 45° \times 5\text{N/mm}} = 56.5\text{mm}$

42 알루미늄용접의 전처리 방법으로 부적합한 것은?

① 와이어브러시나 줄로 표면을 문지른다.

② 화학약품과 물을 사용하여 표면을 깨끗이 한다.

③ 불활성가스용접의 경우는 전처리를 하지 않아도 된다.

④ 전처리는 용접 하루 전에 실시하는 것이 좋다.

알루미늄용접 시 전처리는 용접부의 청결을 위해 반드시 필요하므로 작업 직전에 실시하는 것이 좋다.

43 용접부검사법 중 비파괴시험에 속하지 않는 것은?

① 부식시험　　　　② 와류시험

③ 형광시험　　　　④ 누설시험

해설
부식시험은 파괴시험법의 일종이다.

44 용접 순서를 결정하는 기준으로 틀린 것은?

① 용접물의 중심에 대하여 항상 대칭으로 용접을 해 나간다.

② 수축이 작은 이음을 먼저 용접하고 수축이 큰 이음을 나중에 용접한다.

③ 용접구조물이 조립되어 감에 따라 용접작업이 불가능한 곳이나 곤란한 경우가 생기지 않도록 한다.

④ 용접구조물의 중립축에 대하여 용접수축력의 모멘트합이 0(Zero)이 되게 용접한다.

해설
용접 변형을 최소화하려면 용접 순서는 용접 후 수축이 큰 이음부를 먼저 용접한 뒤 수축이 작은 부분을 용접해야 최종 용접물의 변형을 방지할 수 있다.

45 용접에서 잔류응력이 영향을 주는 것은?

① 좌굴강도

② 은점(Fish Eye)

③ 용접덧살

④ 언더컷

해설
좌굴이란 축 방향을 기준으로 변형되는 현상으로, 용접부에 잔류하는 응력인 잔류응력은 이 좌굴강도에 영향을 미친다.

46 지그(Jig)의 사용목적에 부합되지 않는 것은?

① 제품의 정밀도가 향상되고 대량 생산에서 호환성 있는 제품이 만들어진다.

② 불량률이 감소되고 미숙련공의 작업을 용이하게 한다.

③ 제작상의 공정수가 감소하고 생산능률을 향상시킨다.

④ 비교적 본 기계장비에 비해 소형·경량이며, 큰 출력을 발생시키는 데 사용된다.

해설
용접용 지그(Jig)는 작업의 편의성이나 대량 생산을 위해서 사용하는 용접 보조기구로 기계장비의 출력과는 전혀 관련이 없다.

47 주철의 보수용접 종류 중 스터드볼트 대신 용접부 바닥면에 둥근 홈을 파고 이 부분에 걸쳐 힘을 받도록 하여 용접하는 것은?

① 스터드법　　　　② 비녀장법

③ 버터링법　　　　④ 로킹법

해설
주철의 보수용접방법
• 스터드법 : 스터드볼트를 사용해서 용접부가 힘을 받도록 하는 방법이다.
• 비녀장법 : 균열부 수리나 가늘고 긴 부분을 용접할 때 용접선에 직각이 되게 지름이 6~10mm 정도인 ⌐자형의 강봉을 박고 용접하는 방법이다.
• 버터링법 : 처음에는 모재와 잘 융합되는 용접봉으로 적정 두께까지 용착시킨 후 다른 용접봉으로 용접하는 방법이다.
• 로킹법 : 스터드볼트 대신에 용접부 바닥에 홈을 파고 이 부분을 걸쳐서 힘을 받도록 하는 방법이다.

48 꼭지각이 136°인 다이아몬드 사각추의 압입자를 시험 하중으로 시험편에 압입한 후에 생긴 오목 자국의 대각선을 측정해서 환산표에 의해 경도를 표시하는 것은?

① 비커스경도   ② 피로경도

③ 브리넬경도   ④ 로크웰경도

해설

비커스경도 : 136°인 다이아몬드 피라미드 압입자인 강구에 일정량의 하중을 걸어 시험편의 표면에 압입한 후, 압입자국의 표면적 크기와 하중의 비로 경도를 측정한다.

49 강재이음 제작 시 용접이음부 내에 라멜라테어 (Lamella Tear)가 발생할 수 있다. 다음 중 라멜라테어 발생을 방지할 수 있는 대책은?

① 다층용접을 한다.

② 모서리이음을 한다.

③ 킬드강재나 세미킬드강재의 모재를 사용한다.

④ 모재의 두께 방향으로 구속을 부과하는 구조를 사용한다.

해설

라멜라테어(Lamellar Tear) 균열 : 압연으로 제작된 강판 내부에 표면과 평행하게 층상으로 발생하는 균열로, T이음과 모서리이음에서 발생한다. 평행부와 수직부로 구성되며 주로 MnS계 개재물에 의해서 발생되는데 S의 함량을 감소시키거나 킬드 및 세미킬드강을 모재로 사용한다. 판 두께 방향으로 구속도가 최소가 되게 설계하고 시공함으로써 억제할 수 있다.

50 용접부에 생기는 잔류응력 제거법이 아닌 것은?

① 국부 풀림법   ② 노 내 풀림법

③ 노멀라이징법   ④ 기계적 응력완화법

해설

불림(Normalizing)처리는 영어로 노멀라이징이라고 하는데 담금질 정도가 심하거나 결정입자가 조대해진 강을 표준화 조직으로 만들기 위하여 A_3점(968℃)이나 A_{cm}(시멘타이트)점 이상의 온도로 가열 후 공랭시키는 열처리 조작으로, 잔류응력 제거법과는 관련이 없다.

51 다음 중 각 변형의 방지대책으로 틀린 것은?

① 개선각도는 용접에 지장이 없는 한도 내에서 작게 한다.

② 판 두께가 얇을수록 첫 패스의 개선 깊이를 작게 한다.

③ 용접속도가 빠른 용접방법을 선택한다.

④ 구속 지그 등을 활용한다.

해설

두께가 얇은 판의 첫 패스의 개선 깊이를 작게 하면 녹아내릴 수 있기 때문에 첫 패스의 개선 깊이는 크게 한다.

52 용접구조 설계상의 주의사항으로 틀린 것은?

① 용접이음의 집중, 접근 및 교차를 가급적 피할 것

② 용접치수는 강도상 필요 이상으로 크게 하지 말 것

③ 용접에 의한 변형 및 잔류응력을 경감시킬 수 있도록 할 것

④ 후판용접의 경우 용입이 얕은 용접법을 이용하여 용접층수(패스수)를 많게 할 것

해설

두꺼운 판을 용접할 때는 용입을 크게 하여 용접층수를 작게 함으로써 모재로의 과다한 입열에 의한 변형을 방지한다.

53 한 부분의 몇 층을 용접하다가 이것을 다음 부분의 층으로 연속시켜 전체가 계단형태의 단계를 이루도록 용착시켜 나가는 용착방법은?

① 블록법　　　　② 스킵법
③ 덧붙이법　　　④ 캐스케이드법

해설
캐스케이드법은 다층용접법의 일종으로 한 부분의 몇 층을 용접하다가 다음 부분의 층으로 연속시켜 전체가 단계를 이루도록 용착시켜 나가는 방법이다.

54 용접 자동화의 장점으로 틀린 것은?

① 용접의 품질 향상
② 용접의 원가 절감
③ 용접의 생산성 증대
④ 용접의 설비투자비용 감소

해설
용접을 자동화하려면 설비투자가 반드시 필요하므로 투자비용이 증가한다.

55 ASME(American Society of Mechanical Engineers)에서 정의하고 있는 제품공정분석표에 사용되는 기호 중 '저장(Storage)'을 표현한 것은?

① ○　　　　　② □
③ ▽　　　　　④ ⇨

해설
제조공정분석표 사용기호

공정명	기호 명칭	기호 형상
가 공	가 공	○
운 반	운 반	⇨
정 체	저 장	▽
	대 기	D
검 사	수량검사	□
	품질검사	◇

56 도수분포표에서 알 수 있는 정보로 가장 거리가 먼 것은?

① 로트 분포의 모양
② 100단위당 부적합수
③ 로트의 평균 및 표준편차
④ 규격과의 비교를 통한 부적합품률의 추정

해설
도수분포표란 자료를 일정 수치의 범위로 나누어서 분류하고, 그 범위별로 데이터 수치를 정리한 표이다. 데이터가 어떻게 만들어졌는지를 알 수 있고 다양한 통계치를 쉽게 얻을 수 있으나 부적합수는 알 수 없다.

57 생산보전(PM ; Productive Maintenance)의 내용에 속하지 않는 것은?

① 보전예방
② 안전보전
③ 예방보전
④ 개량보전

해설
생산보전의 분류

유지활동	예방보전(PM)	정상운전, 일상보전, 정기보전, 예지보전
	사후보전(BM)	–
개선활동	개량보전(CM)	–
	보전예방(MP)	–

58 다음 그림의 AOA(Activity-On-Arc)네트워크에서 E작업을 시작하려면 어떤 작업들이 완료되어야 하는가?

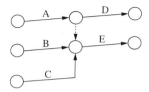

① B
② A, B
③ B, C
④ A, B, C

AOA네트워크는 O를 마디로, 화살표(→)를 가지로 활동 상태를 나타내고, 점선의 화살표는 활동을 나타낸다. 여기는 PERT방식이 적용되기 때문에 E작업이 시작되려면 A, B, C가 모두 완료되어야 한다.

59 다음은 설비보전조직에 대한 설명이다. 어떤 조직의 형태에 대한 설명인가?

> 보전작업자는 조직상 각 제조부문의 감독자 밑에 둔다.
> • 단점 : 생산 우선에 의한 보전작업 경시, 보전기술 향상의 곤란성
> • 장점 : 운전자와 일체감 및 현장감독의 용이성

① 집중보전
② 지역보전
③ 부문보전
④ 절충보전

③ 부문보전 : 보전작업자는 조직상 각 제조부문의 감독자 밑에 둔다.
① 집중보전 : 모든 보전작업자가 한 명의 관리자 밑에 조직되며 보전현장도 한곳으로 집중된다. 설계나 예방보전의 관리, 공사관리도 모두 한곳에서 집중적으로 이루어진다.
② 지역보전 : 조직상으로는 집중보전과 비슷하며 보전지역은 각 지역에 분산되어 있다. 여기서 지역이란 지리적 혹은 제품별, 제조별, 제조부문별 구분을 의미한다.
④ 절충보전 : 지역보전이나 부문보전과 집중보전을 조합시켜 각각의 장단점을 고려한 방식이다.

60 다음 표는 어느 자동차 영업소의 월별 판매실적을 나타낸 것이다. 5개월 단순이동평균법으로 6월의 수요를 예측하면 몇 대인가?

월	1월	2월	3월	4월	5월
판매량	100대	110대	120대	130대	140대

① 120대
② 130대
③ 140대
④ 150대

이동평균법이란 평균의 계산기간을 순차로 한 개씩 이동시켜 가면서 기간별 평균을 계산하여 경향치를 구하는 방법이다. 가장 오래된 데이터는 제거하고 가장 최초의 데이터로부터 평균에 대입하여 값을 구한다.

$$M_t = \frac{1}{5}(100 + 110 + 120 + 130 + 140) = 120$$

01 용착(Deposit)을 가장 잘 설명한 것은?

① 모재가 녹은 깊이
② 용접봉이 용융지에 녹아 들어가는 것
③ 모재의 열영향을 받는 경계부
④ 아크열에 녹은 모재의 용융지 면적

해설
용착 : 용접봉의 Core Wire(심선)가 용융되어 용융지에 녹아 들어가는 것이다.

02 용접기의 핫스타트(Hot Start) 장치의 장점이 아닌 것은?

① 아크 발생을 쉽게 한다.
② 크레이터 처리를 잘해 준다.
③ 비드 모양을 개선한다.
④ 아크 발생 초기의 비드 용입을 양호하게 한다.

해설
핫스타트 장치는 아크 발생 초기에 용접봉과 모재가 냉각되어 있어 아크가 불안정하게 되는데, 아크 발생을 더 쉽게 하기 위해 아크 발생 초기에만 용접전류를 특별히 크게 하는 장치이다. 아크 발생을 쉽게 하여 초기 비드 용입을 가능하게 하고 비드 모양을 개선시킨다. 크레이터 처리와는 관련 없다.

03 아세틸렌의 발화나 폭발과 관계없는 것은?

① 압 력
② 가스 혼합비
③ 유화수소
④ 온 도

해설
아세틸렌가스의 발화나 폭발에 압력이나 온도, 가스 혼합비는 영향을 크게 미치지만, 유화수소의 양과는 관련 없다.

04 저수소계 용접봉은 사용 전에 충분히 건조되어야 한다. 가장 적당한 건조온도와 건조시간은?

① 150~200℃, 30분~1시간
② 200~250℃, 1~2시간
③ 300~350℃, 1~2시간
④ 400~450℃, 30분~1시간

해설
저수소계 용접봉은 흡습성이 큰 단점이 있어서 사용 전 300~350℃에서 1~2시간 건조 후 사용해야 한다.

일반 용접봉	약 100℃로, 30분~1시간
저수소계 용접봉	약 300~350℃에서 1~2시간

05 용접면을 가볍게 접촉시키면서 대전류를 흐르게 하여 접촉면에 전기불꽃을 발생시켜 그 열로 두 개의 면을 접합시키는 용접은?

① 플래시용접
② 마찰용접
③ 프로젝션용접
④ 심용접

해설
② 마찰용접 : 특별한 용가재 없이도 회전력과 압력만을 이용해서 두 소재를 붙이는 용접방법이다. 환봉이나 파이프 등을 가압된 상태에서 회전시키면 마찰열이 발생하는데, 일정 온도에 도달하면 회전을 멈추고 가압시켜 용접한다.
③ 프로젝션용접 : 모재의 평면에 프로젝션인 돌기부를 만들어 평탄한 동전극의 사이에 물려 대전류를 흘려 보낸 후 돌기부에 발생된 저항열로 용접한다.
④ 심용접 : 원판상의 롤러전극 사이에 용접할 두 장의 판을 두고, 전기와 압력을 가하며 전극을 회전시키면서 연속적으로 점용접을 반복하는 용접법이다.

06 서브머지드아크용접에 사용하는 용제(Flux)의 작용이 아닌 것은?

① 용착금속에 포함된 불순물을 제거한다.

② 용접금속의 급랭을 방지한다.

③ 용제의 공급이 많아지면 기공의 발생이 적어진다.

④ 단열작용으로 아크열이 외부에 발산되는 것을 막아 용접부에 집중시킨다.

해설

서브머지드아크용접(SAW ; Submerged Arc Welding, 잠호용접)
용 용제의 양이 많아지면 기공 발생이 더 많이 발생할 수 있다.

07 레이저절단기의 구성요소가 아닌 것은?

① 광전송부　　　② 가공테이블

③ 광파측정볼　　④ 레이저발진기

해설

레이저절단기의 주요 구성

• 광전송부
• 절단헤드
• 가공테이블
• 레이저발진기

[레이저절단기]

08 테르밋용접의 특징은?

① 용접시간이 짧고 용접 후 변형이 작다.

② 설비비가 비싸고 작업 장소 이동이 어렵다.

③ 용접에 전기가 필요하다.

④ 불활성가스를 사용하여 용접한다.

해설

테르밋용접의 특징

• 전기가 필요 없다.
• 용접작업이 단순하다.
• 홈 가공이 불필요하다.
• 용접시간이 비교적 짧다.
• 용접 결과물이 우수하다.
• 용접 후 변형이 크지 않다.
• 용접기구가 간단해서 설비가 저렴하다.
• 구조, 단조, 레일 등의 용접 및 보수에 이용한다.
• 작업 장소의 이동이 쉬워 현장에서 많이 사용된다.
• 차량, 선박, 접합 단면이 큰 구조물의 용접에 적용한다.
• 금속산화물이 알루미늄에 의해 산소를 빼앗기는 반응을 이용한다.
• 차축이나 레일의 접합, 선박의 프레임 등 비교적 큰 단면을 가진 물체의 맞대기용접과 보수용접에 주로 사용한다.

09 강판 두께 25.4mm를 가스 절단 시 표준드래그 길이는 약 몇 mm 정도인가?

① 3.1　　　　② 5.1

③ 7.1　　　　④ 9.1

해설

표준드래그 길이 구하는 식

$$표준드래그\ 길이(mm) = 판\ 두께(mm) \times \frac{1}{5} = 판\ 두께의\ 20\%$$

$$= 25.4mm \times \frac{1}{5}$$

$$= 5.08mm$$

10 피복아크용접에서 아크쏠림 방지대책 중 옳은 것은?

① 아크 길이를 길게 할 것
② 접지점은 가급적 용접부에 가까이 할 것
③ 교류용접으로 하지 말고 직류용접으로 할 것
④ 용접봉 끝을 아크쏠림 반대 방향으로 기울일 것

해설
아크쏠림(자기불림)을 방지하려면 용접봉 끝을 아크쏠림의 반대 방향으로 기울여야 한다.

11 AW-500 교류아크용접기의 최고 무부하전압은 몇 V 이하인가?

① 30 ② 80
③ 95 ④ 110

해설
교류아크용접기의 규격

종 류	AW200	AW300	AW400	AW500
정격 2차 전류(A)	200	300	400	500
정격사용률(%)	40	40	40	60
정격부하전압(V)	30	35	40	40
최고 2차 무부하전압(V)	85 이하	85 이하	85 이하	95 이하
사용 용접봉 지름 (mm)	2.0~4.0	2.6~6.0	3.2~8.0	4.0~8.0

12 전자빔용접의 단점이 아닌 것은?

① 냉각속도가 빨라 경화현상이 일어난다.
② 배기장치가 필요하고 피용접물의 크기도 제한받는다.
③ X선이 많이 누출되므로 X선 방호장비를 착용해야 한다.
④ 용접봉을 일반적으로 사용하지 않으므로 슬래그 섞임 등의 결함이 생기지 않는다.

해설
전자빔용접은 아크빔에 의해 에너지의 집중이 가능하기 때문에 용융속도가 빠르고 고속용접이 가능하나, 표면 불순물에 의해 슬래그 섞임 결함이 발생할 수 있다.

13 탄산가스아크용접에서 전진법의 특징이 아닌 것은?

① 비드 높이가 낮고 평탄한 비드가 형성된다.
② 용접선이 잘 보이므로 운봉을 정확하게 할 수 있다.
③ 스패터가 비교적 많으며 진행 방향쪽으로 흩어진다.
④ 용융금속이 앞으로 나가지 않으므로 깊은 용입을 얻을 수 있다.

해설
CO_2(탄산가스)아크용접에서 전진법을 사용하면 용착금속이 아크보다 앞서기 쉬워 용입이 얕다.

14 교량의 개조나 침몰선의 해체, 항만의 방파제 공사 등에 가장 많이 사용되는 절단은?

① 수중 절단   ② 분말 절단
③ 산소창 절단   ④ 플라스마 절단

해설
① 수중 절단 : 수중(水中)에서 철구조물을 절단하고자 할 때 사용하는 가스용접법으로, 주로 수소(H_2)가스가 사용되며 예열가스의 양은 공기 중의 4~8배로 한다. 교량의 개조나 침몰선의 해체, 항만의 방파제 공사에도 사용한다.
② 분말 절단 : 철 분말이나 용제 분말을 절단용 산소에 연속적으로 혼입시켜서 용접부에 공급하면 반응하면서 발생하는 산화열로 구조물을 절단하는 방법이다.
④ 플라스마 절단(플라스마제트 절단) : 높은 온도를 가진 플라스마를 한 방향으로 모아서 분출시키는 것을 플라스마제트라고 하는데, 이 열원으로 절단하는 방법이다.

15 고산화타이타늄계의 연강용 피복아크용접봉을 나타낸 것은?

① E4301   ② E4313
③ E4311   ④ E4316

해설
① E4301 : 일미나이트계
③ E4311 : 고셀룰로스계
④ E4316 : 저수소계

16 저항용접의 3대 요소에 해당되는 것은?

① 도전율   ② 가압력
③ 용접전압   ④ 용접저항

해설
저항용접의 3요소 : 가압력, 용접전류, 통전시간

17 주철, 비철금속, 스테인리스강 등을 절단하는 데 용제 및 철분을 혼합 사용하는 절단방법은?

① 스카핑
② 분말 절단
③ 산소창 절단
④ 플라스마 절단

해설
분말 절단은 철 분말이나 용제 분말을 절단용 산소에 연속적으로 혼입시켜서 용접부에 공급하면 반응하면서 발생하는 산화열로, 구조물을 절단하는 방법이다.

18 플라스마아크용접에 관한 설명으로 틀린 것은?

① 핀치효과에 의해 열에너지의 집중이 좋으므로 용입이 깊다.
② 가스가 충분히 이온화되어 전류가 통할 수 있는 상태를 플라스마라고 한다.
③ 플라스마아크 발생방법은 플라스마 이행형태에 따라 크게 두 가지가 있다.
④ 아크의 형태가 원통형이며, 일반적으로 토치에서 모재까지의 거리 변화에 영향이 크지 않다.

해설
플라스마아크용접용 아크의 종류별 특징
플라스마아크의 발생방법은 이행형태에 따라 3가지로 분류된다.
• 이행형 아크 : 텅스텐 전극봉에 (−), 모재에 (+)를 연결하는 것으로 모재가 전기전도성을 가진 것으로 용입이 깊다.
• 비이행형 아크 : 텅스텐 전극봉에 (−), 구속노즐(+) 사이에서 아크를 발생시키는 것으로 모재에는 전기를 연결하지 않아서 비전도체도 용접이 가능하나 용입이 얕고 비드가 넓다.
• 중간형 아크 : 이행형과 비이행형 아크의 중간적 성질을 갖는다.

19 탄소아크 절단에 압축공기를 병용하여 전극홀더의 구멍에서 탄소전극봉에 나란히 분출하는 고속의 공기를 분출시켜 용융금속을 불어내어 홈을 파는 방법은?

① 철분 절단
② 불꽃 절단
③ 가스가우징
④ 아크에어가우징

해설

아크에어가우징

탄소봉을 전극으로 하여 아크를 발생시킨 후 절단하는 탄소아크절단법에 약 5~7kgf/cm² 인 고압의 압축공기를 병용하는 것으로, 용융된 금속을 탄소봉과 평행으로 분출하는 압축공기를 전극홀더의 끝부분에 위치한 구멍을 통해 연속해서 불어내어 홈을 파내는 방법이다. 용접부의 홈 가공, 구멍 뚫기, 절단작업, 뒷면 따내기, 용접 결함부 제거 등에 사용된다. 철이나 비철금속에 모두 이용할 수 있으며, 가스가우징보다 작업능률이 2~3배 높고 모재에도 해를 입히지 않는다.

20 스터드용접에서 페룰의 역할이 아닌 것은?

① 용착부의 오염을 방지한다.
② 용접이 진행되는 동안 아크열을 집중시켜 준다.
③ 탈산제가 들어 있어 용접부의 기계적 성질을 개선해 준다.
④ 용융금속의 산화를 방지하고, 용융금속의 유출을 막아 준다.

해설

페룰(Ferrule)

모재와 스터드가 통전할 수 있도록 연결해 주는 것으로, 아크 공간을 대기와 차단시켜 아크분위기를 보호한다. 아크열을 집중시켜 주며 용착금속의 누출을 방지하고 작업자의 눈도 보호해 준다. 페룰은 작업도구의 일종이므로 탈산제가 함유되어 있지 않다.

21 박판(3mm 이하) 용접에 적용하기 곤란한 용접법은?

① TIG용접
② CO_2용접
③ 심(Seam) 용접
④ 일렉트로 슬래그용접

해설

일렉트로 슬래그용접

용융된 슬래그와 용융금속이 용접부에서 흘러나오지 못하도록 수랭동판으로 둘러싸고 이 용융 풀에 용접봉을 연속적으로 공급하는데, 이때 발생하는 용융 슬래그의 저항열에 의하여 용접봉과 모재를 연속적으로 용융시키면서 용접하는 방법이다. 일렉트로 슬래그용접은 선박이나 보일러와 같이 두꺼운 판(후판)의 용접에 적합하며, 수직 상진으로 단층 용접하는 방식으로 용접 전원으로는 정전압형 교류를 사용한다.

22 점용접의 종류에 속하지 않는 것은?

① 직렬식 점용접　　② 맥동 점용접
③ 인터랙 점용접　　④ 플래시 점용접

해설

① 직렬식 점용접 : 1개의 전류회로에 2개 이상의 용접점을 만드는 방법으로, 전류 손실이 크다. 전류를 증가시켜야 하며 용접 표면이 불량하고 균일하지 못하다.
② 맥동 점용접 : 모재 두께가 다른 경우에 전극의 과열을 피하기 위해 전류를 단속하여 용접한다.
③ 인터랙 점용접 : 용접전류가 피용접물의 일부를 통하여 다른 곳으로 전달하는 방식이다.

23 용해 아세틸렌을 충전하였을 때 용기 전체의 무게가 62.5kgf이었는데, B형 토치의 200번 팁으로 표준불꽃 상태에서 가스용접을 하고 빈 용기를 달아보았더니 무게가 58.5kgf이었다면 가스용접을 실시한 시간은 약 얼마인가?

① 약 12시간   ② 약 14시간
③ 약 16시간   ④ 약 18시간

해설
용해 아세틸렌 1kg을 기화시키면 약 905L의 가스가 발생하므로, 아세틸렌가스량 공식에 적용하면 다음과 같다.
아세틸렌가스량(L) = 905(병 전체 무게(A) − 빈 병의 무게(B))
　　　　　　　　 = 905(62.5 − 58.5)
　　　　　　　　 = 3,620L
팁 200번이란 단위시간당 가스 소비량이 200L임을 의미하므로 아세틸렌가스의 총발생량 3,620L를 200L로 나누면 18.1시간이 된다.

24 서브머지드용접과 같이 대전류 영역에서 비교적 큰 용적이 단락되지 않고 옮겨 가는 용적이행방식은?

① 입상용적이행(Globular Transfer)
② 단락이행(Short-circuiting Transfer)
③ 분사식 이행(Spray Transfer)
④ 중간이행(Middle Transfer)

해설
MIG용접용 이행방식인 입상이행(글로불러)은 대전류 영역에서 초당 90회 정도의 와이어보다 큰 용적으로 용융되어 모재로 이행된다.

25 기체를 가열하여 양이온과 음이온이 혼합된 도전(導電)성을 띤 가스체를 적당한 방법으로 한 방향에 분출시켜 각종 금속의 접합에 이용하는 용접은?

① 서브머지드아크용접
② MIG용접
③ 피복아크용접
④ 플라스마아크용접

해설
플라스마아크용접(Plasma Arc Welding)
양이온과 음이온이 혼합된 도전성의 가스체로 높은 온도를 가진 플라스마를 한 방향으로 모아서 분출시키는 것을 플라스마제트라고 하는데, 플라스마아크용접은 이를 이용하여 용접이나 절단에 사용하는 용접법이다. 용접 품질이 균일하며 용접속도가 빠른 장점이 있으나 설비비가 많이 드는 단점이 있다.

26 정격 2차 전류 250A, 정격사용률 40%의 아크용접기로서 실제로 200A의 전류로 용접한다면 허용사용률은 몇 %인가?

① 22.5   ② 42.5
③ 62.5   ④ 82.5

해설
허용사용률 구하는 식

$$허용사용률(\%) = \frac{(정격\ 2차\ 전류)^2}{(실제\ 용접\ 전류)^2} \times 정격사용률(\%)$$

$$= \frac{(250A)^2}{(200A)^2} \times 40\% = \frac{62,500}{40,000} \times 40\% = 62.5\%$$

27 테르밋용접에서 테르밋제의 주성분은?

① 과산화바륨과 마그네슘 분말
② 알루미늄 분말과 산화철 분말
③ 아연 분말과 알루미늄 분말
④ 과산화바륨과 산화철 분말

해설

테르밋용접 : 금속 산화물과 알루미늄이 반응하여 열과 슬래그를 발생시키는 테르밋반응을 이용하는 용접법이다. 강을 용접할 경우에는 산화철과 알루미늄 분말을 3 : 1로 혼합한 테르밋제를 만들어 냄비의 역할을 하는 도가니에 넣은 후 점화제를 약 1,000℃로 점화시키면 약 2,800℃의 열이 발생되어 용접용 강이 만들어지는데 이 강(Steel)을 용접 부위에 주입 후 서랭하여 용접을 완료한다. 주로 철도레일이나 차축, 선박의 프레임 접합에 사용된다.

28 산소-아세틸렌용접을 할 때 팁(Tip) 끝이 순간적으로 막히면 가스의 분출이 나빠지고 토치의 가스 혼합실까지 불꽃이 그대로 도달되어 토치가 빨갛게 달구어지는 현상은?

① 인화(Flash Back)
② 역화(Back Fire)
③ 적화(Red Flash)
④ 역류(Contra Flow)

해설

불꽃의 이상현상

• 인화 : 팁 끝이 순간적으로 막히면 가스의 분출이 나빠지고 가스 혼합실까지 불꽃이 도달하여 토치를 빨갛게 달구는 현상이다.
• 역류 : 토치 내부의 청소가 불량할 때 내부 기관에 막힘이 생겨 고압의 산소가 밖으로 배출되지 못하고 압력이 낮은 아세틸렌쪽으로 흐르는 현상이다.
• 역화 : 토치의 팁 끝이 모재에 닿아 순간적으로 막히거나 팁의 과열 또는 사용가스의 압력이 부적당할 때 팁 속에서 폭발음을 내면서 불꽃이 꺼졌다가 다시 나타나는 현상이다. 불꽃이 꺼지면 산소밸브를 차단하고 이어 아세틸렌밸브를 닫는다. 팁이 가열되었으면 물속에 담가 산소를 약간 누출시키면서 냉각한다.

29 피복아크용접에서 아크의 성질 중 정극성(DCSP)의 특징으로 옳은 것은?

① 모재의 용입이 얕다.
② 용접봉의 녹음이 느리다.
③ 비드폭이 넓다.
④ 박판, 주철, 비철금속의 용접에 쓰인다.

해설

직류정극성은 모재에 (+)전극이 연결되어 70%의 열이 발생하므로 용입을 깊게 할 수 있으나 용접봉에는 (−)극이 연결되어 30%의 열이 발생하기 때문에 용접봉의 녹음이 느리다.

30 탄산가스아크용접은 어느 극성으로 연결하여 사용해야 하는가?(단, 복합와이어는 사용하지 않는다)

① 교류(AC)를 사용하므로 극성에 제한이 없다.
② 직류(DC)전원을 사용하며 극성에 제한이 없다.
③ 직류정극성(DCSP)을 사용한다.
④ 직류역극성(DCRP)을 사용한다.

해설

탄산가스아크용접을 할 때 직류역극성을 전류로 사용하면 청정작용의 효과가 있다.

31 순철이 1,539℃ 용융 상태에서 상온까지 냉각하는 동안에 1,400℃ 부근에서 나타나는 동소변태의 기호는?

① A_1

② A_2

③ A_3

④ A_4

해설

변태란 철이 온도 변화에 따라 원자배열이 바뀌면서 내부의 결정구조나 자기적 성질이 변화되는 현상인데, 변태점이란 변태가 일어나는 온도이다. 변태점 중 A_4 변태점이 1,410℃에서 동소변태를 일으킨다.

- A_0 변태점(210℃) : 시멘타이트의 자기변태점
- A_1 변태점(723℃) : 철의 동소변태점(공석변태점)
- A_2 변태점(768℃) : 순철의 자기변태점
- A_3 변태점(910℃) : 철의 동소변태점, 체심입방격자(BCC) → 면심입방격자(FCC)
- A_4 변태점(1,410℃) : 철의 동소변태점, 면심입방격자(FCC) → 체심입방격자(BCC)

32 고주파담금질의 특징을 설명한 것으로 틀린 것은?

① 직접 가열에 의하므로 열효율이 높다.

② 조작이 간단하며 열처리가공시간이 단축될 수 있다.

③ 열처리 불량은 적으나 항상 변형 보정이 필요하다.

④ 가열시간이 짧아 경화면의 탈탄이나 산화가 극히 적다.

해설

고주파경화법의 특징

- 작업비가 싸다.
- 직접 가열하므로 열효율이 높다.
- 열처리 후 연삭과정을 생략할 수 있다.
- 조작이 간단하여 열처리시간이 단축된다.
- 불량이 적어서 변형을 수정할 필요가 없다.
- 급열이나 급랭으로 인해 재료가 변형될 수 있다.
- 경화층이 이탈되거나 담금질 균열이 생기기 쉽다.
- 가열시간이 짧아서 산화되거나 탈탄의 우려가 적다.
- 마텐자이트 생성으로 체적이 변화하여 내부응력이 발생한다.
- 부분 담금질이 가능하므로 필요한 깊이만큼 균일하게 경화시킬 수 있다.

33 베이나이트 조직을 얻기 위한 항온 열처리 방법은?

① 퀜칭

② 심랭처리

③ 오스템퍼링

④ 노멀라이징

해설

베이나이트 조직은 항온 열처리 조작을 통해서만 얻을 수 있는데, 항온 열처리의 종류에는 오스템퍼링이 있다.

항온 열처리의 종류

항온풀림		재료의 내부응력을 제거하여 조직을 균일화하고 인성을 향상시키기 위한 열처리 조작으로, 가열한 재료를 연속적으로 냉각하지 않고 약 500~600℃의 염욕 중에 냉각하여 일정 시간 동안 유지시킨 뒤 냉각시키는 방법이다.
항온뜨임		약 250℃의 열욕에서 일정 시간을 유지시킨 후 공랭하여 마텐자이트와 베이나이트의 혼합된 조직을 얻는 열처리법으로, 고속도강이나 다이스강을 뜨임처리할 때 사용한다.
항온담금질	오스템퍼링	강을 오스테나이트 상태로 가열한 후 300~350℃의 온도에서 담금질하여 하부 베이나이트 조직으로 변태시킨 후 공랭하는 방법으로, 강인한 베이나이트 조직을 얻고자 할 때 사용한다.
	마템퍼링	강을 M_s점과 M_f점 사이에서 항온 유지 후 꺼내어 공기 중에서 냉각하여 마텐자이트와 베이나이트의 혼합조직을 얻는 방법이다. • M_s : 마텐자이트 생성 시작점 • M_f : 마텐자이트 생성 종료점
	마퀜칭	강을 오스테나이트 상태로 가열한 후 M_s점 바로 위에서 기름이나 염욕에 담그는 열욕에서 담금질하여 재료의 내부 및 외부 같은 온도가 될 때까지 항온을 유지한 후 공랭하여 열처리하는 방법으로, 균열이 없는 마텐자이트 조직을 얻을 때 사용한다.
	오스포밍	가공과 열처리를 동시에 하는 방법으로, 조밀하고 기계적 성질이 좋은 마텐자이트를 얻고자 할 때 사용된다.
	MS 퀜칭	강을 M_s점보다 다소 낮은 온도에서 담금질하여 물이나 기름 중에서 급랭시키는 열처리방법으로, 잔류 오스테나이트의 양이 적다.

34 AI의 표면을 적당한 전해액 중에 양극 산화처리하여 표면에 방식성이 우수하고 치밀한 산화피막을 만드는 방법이 아닌 것은?

① 수산법　　　　② 크롤법
③ 황산법　　　　④ 크로뮴산법

해설
① 수산법 : 알루마이트법이라고도 하며 AI 제품을 2%의 수산용액에서 전류를 흘려 표면에 단단하고 치밀한 산화막 조직을 형성시키는 방법이다.
③ 황산법 : 전해액으로 황산(H_2SO_4)을 사용하며, 가장 널리 사용되는 AI 방식법이다. 경제적이며 내식성과 내마모성이 우수하다. 착색력이 좋아서 유지하기가 용이하다.
④ 크로뮴산법 : 전해액으로 크로뮴산(H_2CrO_4)을 사용하며, 반투명이나 에나멜과 같은 색을 띤다. 광학기계나 가전제품, 통신기기 등에 사용된다.

35 풀림의 목적으로 틀린 것은?

① 냉간가공 시 재료가 경화된다.
② 가스 및 분출물의 방출과 확산을 일으키고 내부 응력이 저하된다.
③ 금속합금의 성질을 변화시켜 연화된다.
④ 일정한 조직의 균일화

해설
풀림은 냉간가공으로 경화된 재료를 연하게 만들기 위한 열처리 조작이다.

36 Fe-C계 평형상태도상에서 탄소를 2.0~6.67% 정도 함유하는 금속재료는?

① 구 리　　　　② 타이타늄
③ 주 철　　　　④ 니 켈

해설
주철은 순철에 탄소(C)의 함유량이 2.0~6.67%인 금속 재료이다.

37 베어링용 합금이 갖추어야 할 조건 중 옳지 않은 것은?

① 충분한 경도와 내압력을 가져야 한다.
② 전연성이 풍부해야 한다.
③ 주조성, 절삭성이 좋아야 한다.
④ 내식성이 좋고 가격이 저렴해야 한다.

해설
베어링은 축에 끼워져서 구조물의 하중을 받아야 하므로 전연성이 없고 강성이 커야 한다. 전연성이 크면 베어링에 변형을 가져온다.

38 주철용접 시 주의사항으로 틀린 것은?

① 용접봉은 가능한 한 가는 지름을 사용한다.
② 용접전류는 필요 이상 높이지 말아야 한다.
③ 가스용접에 사용되는 불꽃은 산화불꽃으로 한다.
④ 균열의 보수는 균열의 연장을 방지하기 위하여 균열 끝에 작은 구멍을 뚫는다.

해설
가스용접법으로 주철을 용접할 때는 높은 탄소 함유량 때문에 중성불꽃을 사용한다.
• 산화불꽃 : 산소 과잉의 불꽃으로 산소와 아세틸렌가스의 비율이 1.15~1.17 : 1로 강한 산화성을 나타내며, 가스불꽃 중에서 온도가 가장 높다. 이 산화불꽃은 황동과 같은 구리합금의 용접에 적합하다.
• 탄화불꽃은 아세틸렌 과잉불꽃으로 가스용접에서 산화 방지가 필요한 금속인 스테인리스나 스텔라이트의 용접에 사용되나 금속 표면에 침탄작용을 일으키기 쉽다.

39 용강 중에 Fe-Si 또는 Al 분말 등의 강한 탈산제를 첨가하여 완전히 탈산시킨 강은?

① 림드강
② 킬드강
③ 캡트강
④ 세미킬드강

해설

② 킬드강 : 편석이나 기공이 적은 가장 좋은 양질의 단면을 갖는 강이다. 평로, 전기로에서 제조된 용강을 Fe-Mn, Fe-Si, Al 등으로 완전히 탈산시킨 강으로, 상부에 작은 수축관과 소수의 기포만이 존재하며 탄소 함유량이 0.15~0.3% 정도이다.

① 림드강 : 평로, 전로에서 제조된 것을 Fe-Mn으로 가볍게 탈산시킨 강이다. 탈산처리가 불충분한 상태로 주형에 주입시켜 응고시킨 것으로, 강괴 내에 기포가 많이 존재하여 품질이 균일하지 못한 단점이 있다.

③ 캡트강 : 림드강을 주형에 주입한 후 탈산제를 넣거나 주형에 뚜껑을 덮고 리밍작용을 억제하여 표면을 림드강처럼 깨끗하게 만듦과 동시에 내부를 세미킬드강처럼 편석이 적은 상태로 만든 강이다.

④ 세미킬드강 : 탈산의 정도가 킬드강과 림드강 중간으로 림드강에 비해 재질이 균일하며 용접성이 좋고, 킬드강보다는 압연이 잘된다.

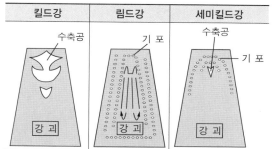

40 용접부의 시험법 중에서 비파괴검사방법이 아닌 것은?

① 피로시험
② 자분검사
③ 초음파검사
④ 침투탐상검사

해설

피로시험은 파괴시험법에 속한다.

41 마그네슘(Mg)의 성질에 대한 설명 중 틀린 것은?

① 고온에서 발화하기 쉽다.
② 비중은 1.74 정도이다.
③ 조밀육방격자로 되어 있다.
④ 바닷물에 대단히 강하다.

해설

Mg(마그네슘)의 성질

• 절삭성이 우수하다.
• 용융점은 650℃이다.
• 조밀육방격자 구조이다.
• 고온에서 발화하기 쉽다.
• Al에 비해 약 35% 가볍다.
• 알칼리성에는 거의 부식되지 않는다.
• 구상흑연주철 제조 시 첨가제로 사용된다.
• 비중이 1.74로, 실용금속 중 가장 가볍다.
• 열전도율과 전기전도율은 Cu, Al보다 낮다.
• 비강도가 우수하여 항공기나 자동차 부품으로 사용된다.
• 대기 중에는 내식성이 양호하나 산이나 염류(바닷물)에는 침식되기 쉽다.
※ 마그네슘 합금은 부식되기 쉽고, 탄성한도와 연신율이 작아 Al, Zn, Mn 및 Zr 등을 첨가한 합금으로 제조된다.

42 알루미늄용접의 전처리 방법으로 부적합한 것은?

① 와이어브러시나 줄로 표면을 문지른다.
② 화학약품과 물을 사용하여 표면을 깨끗이 한다.
③ 불활성가스용접의 경우는 전처리를 하지 않아도 된다.
④ 전처리는 용접 하루 전에 실시하는 것이 좋다.

해설

알루미늄용접 시 전처리는 용접부의 청결을 위해 반드시 필요하므로 작업 직전에 실시하는 것이 좋다.

43 시멘타이트(Cementite)란?

① Fe과 C의 화합물

② Fe과 S의 화합물

③ Fe과 N의 화합물

④ Fe과 O의 화합물

해설
시멘타이트(Cementite) : 순철(Fe)에 6.67%의 탄소(C)가 합금된 금속조직으로, 경도가 매우 크고 취성도 크다. 재료기호는 Fe₃C로 표시한다.

44 질화처리에 대한 설명 중 틀린 것은?

① 내마모성이 커진다.

② 피로한도가 향상된다.

③ 높은 표면경도를 얻을 수 있다.

④ 고온에서 처리되는 관계로 변형이 많다.

해설
질화법 : 암모니아(NH₃)가스 분위기(영역) 안에 재료를 넣고 500℃에서 50~100시간을 가열하면 재료 표면에 Al, Cr, Mo 원소와 함께 질소가 확산되면서 강 재료의 표면이 단단해지는 표면경화법이다. 가열온도가 상대적으로 낮고 변형이 작아 내연기관의 실린더 내벽이나 고압용 터빈 날개를 표면경화할 때 주로 사용된다.

45 배빗메탈(Babbit Metal)은 무슨 계를 주성분으로 하는 화이트메탈인가?

① Sb계

② Sn계

③ Pb계

④ Zn계

해설
배빗메탈(화이트메탈) : Sn(주석), Sb(안티모니) 및 Cu(구리)가 주성분인 합금으로 Sn이 89%, Sb가 7%, Cu가 4% 섞여 있다. 발명자 Issac Babbit의 이름을 따서 배빗메탈이라 하며 화이트메탈이라고도 한다. 내열성이 우수하여 내연기관용 베어링재료로 사용된다.

46 한국산업표준에서 현장용접을 나타내는 기호는?

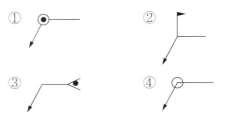

해설
용접부의 보조기호

구 분	보조기호	비 고
현장용접	▶	
온둘레용접	○	온둘레용접이 분명할 때에는 생략해도 좋다.
온둘레현장용접	▶○	

47 T형 이음(홈완전용입)에서 인장하중 6ton, 판 두께를 20mm로 할 때 필요한 용접 길이는 몇 mm인가? (단, 용접부의 허용인장응력은 5kgf/mm²이다)

① 60

② 80

③ 100

④ 102

해설
인장응력 $\sigma = \dfrac{F}{A} = \dfrac{F}{t \times L}$ 식을 응용하면

$5\mathrm{kgf/mm^2} = \dfrac{6,000\mathrm{kgf}}{20\mathrm{mm} \times L}$

$L = \dfrac{6,000\mathrm{kgf}}{20\mathrm{mm} \times 5\mathrm{kgf/mm^2}} = 60\mathrm{mm}$

43 ① 44 ④ 45 ② 46 ② 47 ① **정답**

48 다음 용접보조기호는?

① 용접부를 볼록으로 다듬질한다.
② 끝단부를 매끄럽게 한다.
③ 용접부를 오목으로 다듬질한다.
④ 영구적인 덮개판을 사용한다.

> **해설**
> 용접부의 보조기호
>
> | 영구적인 덮개판(이면판재) 사용 | M |
> |---|---|
> | 제거 가능한 덮개판(이면판재) 사용 | MR |
> | 끝단부 토(Toe)를 매끄럽게 함 | ⌣ |
> | 필릿용접부 토(Toe)를 매끄럽게 함 | |
>
> 🔍 **더 알아보기!**
> 토(Toe)란 용접모재와 용접 표면이 만나는 부위를 말한다.

49 다음 그림과 같은 형상을 한 용접부를 용접기호로 나타낸 것은?

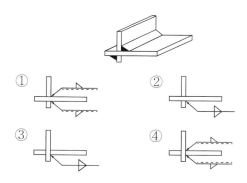

① ② ③ ④

> **해설**
> 용접부가 화살표쪽에 있으면 기호는 실선 위에 위치해야 한다. 반대로 화살표의 반대 방향으로 용접부가 만들어져야 한다면 점선 위에 용접기호를 위치시켜야 한다. 따라서 정답은 ①번이 된다.
>
> 실선 위에 V표가 있으면 화살표쪽에 용접한다.
>
> 점선 위에 V표가 있으면 화살표 반대쪽에 용접한다.

50 용접이음의 안전율을 계산하는 식은?

① 안전율 $= \dfrac{허용응력}{인장강도}$

② 안전율 $= \dfrac{인장강도}{허용응력}$

③ 안전율 $= \dfrac{피로강도}{변형률}$

④ 안전율 $= \dfrac{파괴강도}{연신율}$

> **해설**
> 안전율(S) : 외부의 하중에 견딜 수 있는 정도를 수치로 나타낸 것
> $$S = \frac{극한강도(\sigma_u)}{허용응력(\sigma_a)} = \frac{인장강도(\sigma_y)}{허용응력(\sigma_a)}$$

51 용접포지셔너 사용 시 장점이 아닌 것은?

① 최적의 용접 자세를 유지할 수 있다.
② 로봇 손목에 의해 제어되는 이송각도의 일종인 토치팁의 리드각과 래그각의 변화를 줄일 수 있다.
③ 용접토치가 접근하기 어려운 위치를 용접이 가능하도록 접근성을 부여한다.
④ 바닥에 고정되어 있는 로봇의 작업영역한계를 축소시켜 준다.

> **해설**
> 용접포지셔너는 용접작업 중 불편한 용접 자세를 바로잡기 위해 작업자가 원하는 대로 용접물을 움직일 수 있는 작업보조기구이므로 로봇의 작업영역과는 관련이 없다.

52 용접구조 설계 시 주의사항으로 틀린 것은?

① 용접이음의 집중, 접근 및 교차를 가급적 피할 것
② 용접치수는 강도상 필요 이상으로 크게 하지 말 것
③ 용접에 의한 변형 및 잔류응력을 경감시킬 수 있도록 할 것
④ 후판용접의 경우 용입이 얕은 용접법을 이용하여 용접층수(패스수)를 많게 할 것

해설
두꺼운 판을 용접할 때는 용입을 크게 하여 용접층수를 작게 함으로써 모재로의 과다한 입열에 의한 변형을 방지한다.
용접이음부 설계 시 주의사항
• 용접선의 교차를 최대한 줄인다.
• 용착량을 가능한 한 적게 설계해야 한다.
• 용접 길이가 감소될 수 있는 설계를 한다.
• 가능한 한 아래보기자세로 작업한다.
• 필릿용접보다는 맞대기용접으로 설계한다.

53 용접부의 단면을 연삭기나 샌드페이퍼 등으로 연마하고 적당한 부식을 해서 육안이나 저배율의 확대경으로 관찰하여 용입의 상태, 열영향부의 범위, 결함의 유무 등을 알아보는 시험은?

① 파면시험
② 현미경시험
③ 응력부식시험
④ 매크로조직시험

해설
매크로조직시험 : 용접부의 단면을 연삭기나 샌드페이퍼로 연마한 뒤 부식시켜 육안이나 저배율확대경으로 관찰함으로써 용입 상태나 열영향부의 범위, 결함 등을 파악하는 시험법으로 현미경조직시험이라고도 한다.

54 용접선이 교차하는 것을 방지하기 위한 조치로 옳은 것은?

① 교차되는 곳에는 용접을 하지 않는다.
② 교차되는 곳에는 돌림용접을 시공한다.
③ 교차되는 곳에는 용접각장을 키워 준다.
④ 교차되는 곳에는 스캘럽을 만들어 준다.

해설
용접선이 교차하는 것을 방지하기 위해서는 교차되는 곳에 스캘럽(Scallop)을 만들어 준다.

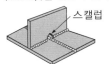
스캘럽

55 일반적인 각 변형의 방지대책으로 틀린 것은?

① 구속지그를 활용한다.
② 용접속도가 빠른 용접법을 이용한다.
③ 판 두께가 얇을수록 첫 패스측의 개선 깊이를 크게 한다.
④ 개선각도는 작업에 지장이 없는 한도 내에서 크게 한다.

해설
일반적으로 용접할 재료의 개선각도가 크면 그만큼 투입해야 할 재료의 양이 많아지는데, 재료의 양이 많아지면 용접 입열량이 늘어나서 재료에 열변형을 줄 수 있으므로 가능한 한 재료의 개선각도는 작아야 한다.

56 계수형 관리도 중 부적합수 관리도를 의미하는 것은?

① c관리도
② P관리도
③ nP관리도
④ u관리도

해설
① c관리도 : 미리 정해진 일정 단위 중 포함된 부적합수에 의거하여 공정을 관리할 때 사용한다.
② P관리도 : 계수형 관리도로, 불량의 비율을 수치 그래프로 표시하는 관리도이다.
③ nP관리도 : 제품의 크기가 일정할 때 일정 개수의 Lot 생산 시 사용하는 관리도로, nP는 불량 개수를 의미한다.
④ u관리도 : 제품의 크기가 일정하지 않을 경우 결점수를 일정 단위로 바꾸어서 관리하는 방법이다.

57 설비 배치 및 개선의 목적을 설명한 내용으로 가장 관계가 먼 것은?

① 재공품의 증가 ② 설비 투자 최소화

③ 이동거리의 감소 ④ 작업자 부하 평준화

해설

설비 배치를 다시 하는 목적은 생산성을 높여 생산공정 중의 재공품을 감소시키기 위함이다.

58 제품의 작업 순서대로 모든 제품을 검사하는 방식은?

① 자주검사 ② 간접검사

③ 전수검사 ④ 샘플링검사

해설

③ 전수검사 : 제품의 작업 순서대로 모든 제품을 검사하는 방식이다.

① 자주검사 : 작업자가 스스로 만든 제품을 검사하는 방식이다.

② 간접검사 : 제품을 직접적으로 검사하지 못할 경우 제품 제작공정이나 장비, 작업자 등을 관리하면서 검사하는 방식이다.

④ 샘플링검사 : 로트(Lot)에서 무작위(랜덤)로 시료를 추출하여 검사한 후 그 결과에 따라 로트 전체의 합격과 불합격을 판정하는 검사방법이다.

59 샘플링에 관한 설명으로 틀린 것은?

① 취락샘플링에서는 취락 간의 차는 작게, 취락 내의 차는 크게 한다.

② 제조공정의 품질특성에 주기적인 변동이 있는 경우 계통샘플링을 적용하는 것이 좋다.

③ 시간적 또는 공간적으로 일정 간격을 두고 샘플링하는 방법을 계통샘플링이라고 한다.

④ 모집단을 몇 개의 층으로 나누어 각 층마다 랜덤하게 시료를 추출하는 것을 층별 샘플링이라고 한다.

해설

품질특성에 주기적인 변동이 있는 경우 계통샘플링은 사용하지 않는 것이 좋다.

샘플링법의 종류

• 단순랜덤샘플링 : 모집단의 모든 샘플링 단위가 동일한 확률로 시료로 뽑힐 가능성이 있는 샘플링방법이다.

• 2단계 샘플링 : 전체 크기가 N인 로트로 각각 A개씩 제품이 포함되어 있는 서브 로트로 나뉘어져 있을 때, 서브 로트에서 랜덤으로 몇 상자를 선택해서 각 상자로부터 몇 개의 제품을 랜덤으로 샘플링하는 방법이다.

• 계통샘플링 : 시료를 시간적으로나 공간적으로 일정한 간격을 두고 취하는 샘플링방법이다.

• 층별 샘플링 : 로트를 몇 개의 층(서브 로트)으로 나누어 각 층으로부터 시료를 취하는 방법이다.

• 집락샘플링(취락샘플링) : 모집단을 여러 개의 층(서브 로트)으로 나누고 그중 일부를 랜덤으로 샘플링한 후 샘플링된 층에 속해 있는 모든 제품을 조사하는 방법이다.

• 지그재그샘플링 : 계통샘플링의 간격을 복수로 하여 치우침을 방지하기 위한 방법이다.

60 브레인스토밍(Brainstorming)과 가장 관계가 깊은 것은?

① 특성요인도 ② 파레토도

③ 히스토그램 ④ 회귀분석

해설

• 특성요인도 : 문제가 되는 특성과 그 특성에 영향을 미친다고 여기는 요인과의 관계를 계통으로 그린 그림이다. 특성에 미치는 요인의 영향도는 수치로 파악하여 파레토 그림으로 표현하는데 수치로 표현하지 않을 경우에는 그에 영향을 미친다고 생각되는 것을 브레인스토밍 방식으로 검토해서 적용한다.

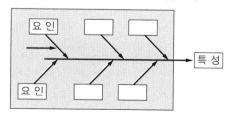

[특성요인도]

• 브레인스토밍 : 창의적인 아이디어를 이끌어내는 회의기법으로, 구성원들이 자발적으로 자연스럽게 제시한 아이디어를 모두 기록함으로써 특정한 문제에 대한 좋은 아이디어를 얻어내는 방법이다.

01 다음 중 용착효율(Deposition Efficiency)이 가장 낮은 용접은?

① MIG용접
② 피복아크용접
③ 서브머지드아크용접
④ 플럭스코어드아크용접

해설
용접 시 용접부에 보호가스가 충분히 공급되어 대기와 용접부가 완전히 분리되어야 한다. 이 점이 용접성 및 용착효율에 큰 영향을 미친다. 피복아크용접은 불활성가스를 보호가스로 공급받는 타 용접방법과는 달리 불활성가스를 추가로 공급하지 않으므로 용착효율이 가장 낮다.

02 납땜에 사용하는 용제가 갖추어야 할 조건 중 틀린 것은?

① 모재의 산화피막과 같은 불순물을 제거하고 유동성이 좋을 것
② 모재나 땜납에 대한 부식작용이 최대일 것
③ 납땜 후 슬래그 제거가 용이할 것
④ 인체에 해가 없어야 할 것

해설
납땜용 용제는 모재나 땜납에 대한 부식이 거의 없어야 한다.
※ 땜납 : 납땜에 사용하는 재료로, 융점이 450℃ 이하인 연납땜용과 450℃ 이상인 경납땜용 땜납이 있다.

03 아세틸렌가스에 관한 설명으로 틀린 것은?

① 공기보다 무겁다.
② 탄소와 수소의 화합물이다.
③ 압축하면 분해폭발을 일으킬 수 있다.
④ 카바이드와 물의 화학작용으로 발생한다.

해설
아세틸렌가스의 비중은 0.906로, 비중이 1인 공기보다 가볍다.
※ 산소의 비중 : 1.105

04 E4313-AC-5-400 연강용 피복아크용접봉의 규격 표시에 대한 설명이 잘못된 것은?

① E : 전기용접봉
② 43 : 용착금속의 최저 인장강도
③ 13 : 피복제의 계통
④ 400 : 용접전류

해설
• E : 전기용접봉(Electrod)
• 43 : 용착금속의 최저인장강도
• 13 : 피복제의 계통
• AC : 교류전류 사용
• 5 : 용접봉의 지름
• 400 : 용접봉의 길이

05 공업용 LP가스는 상온에서 얼마 정도로 압축하는가?

① 1/100
② 1/150
③ 1/200
④ 1/250

해설
LP가스(액화석유가스)는 액화가 용이하기 때문에 용기(봄베)에 보통 1/250 정도로 압축해서 저장한다.

1 ② 2 ② 3 ① 4 ④ 5 ④ **정답**

06 용접기의 핫스타트(Hot Start)장치의 장점이 아닌 것은?

① 아크 발생을 쉽게 한다.
② 크레이터처리를 잘해 준다.
③ 비드 모양을 개선한다.
④ 아크 발생 초기의 비드 용입을 양호하게 한다.

해설
핫스타트장치는 아크 발생 초기에 용접봉과 모재가 냉각되어 있어서 아크가 불안정할 때, 아크 발생을 더 쉽게 하기 위해, 아크 발생 초기에만 용접전류를 크게 만들어 주는 장치이다. 아크 발생을 쉽게 하므로 초기 용접 홈에 비드의 용입을 가능하게 하고 비드 모양을 개선시킨다. 그러나 크레이터처리와는 관련이 없다.

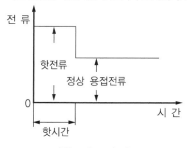

[핫스타트 전류]

07 가스용접에서 전진법에 대한 설명으로 옳은 것은?

① 용접봉의 소비가 많고, 용접시간이 길다.
② 용접봉의 소비가 적고, 용접시간이 길다.
③ 용접봉의 소비가 많고, 용접시간이 짧다.
④ 용접봉의 소비가 적고, 용접시간이 짧다.

해설
가스용접의 전진법은 후진법에 비해 용접속도가 느려 용접시간이 길고, 용접봉의 소비도 많아진다.

가스용접에서의 전진법과 후진법의 차이점

구 분	전진법	후진법
열이용률	나쁘다.	좋다.
비드의 모양	보기 좋다.	매끈하지 못하다.
홈의 각도	크다(약 80°).	작다(약 60°).
용접속도	느리다.	빠르다.
용접변형	크다.	작다.
용접 가능두께	두께 5mm 이하의 박판	후 판
가열시간	길다.	짧다.
기계적 성질	나쁘다.	좋다.
산화 정도	심하다.	양호하다.
토치 진행방향 및 각도	오른쪽 → 왼쪽	왼쪽 → 오른쪽

08 가스 절단 시 양호한 절단면을 얻기 위한 조건이 아닌 것은?

① 드래그(Drag)가 가능한 한 클 것
② 절단면 표면의 각이 예리할 것
③ 슬래그 이탈이 양호할 것
④ 절단면이 평활하여 노치 등이 없을 것

해설
양호한 절단면을 얻기 위한 조건
• 드래그가 될 수 있으면 작을 것
• 경제적인 절단이 이루어지도록 할 것
• 절단면 표면의 각이 예리하고 슬래그의 박리성이 좋을 것
• 절단면이 평활하며 드래그의 홈이 낮고 노치 등이 없을 것
※ 드래그(Drag) : 가스 절단 시 한 번에 토치를 이동한 거리로, 절단면에 일정한 간격의 곡선이 나타나는 것

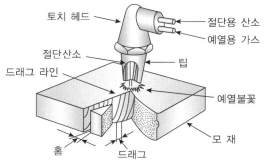

09 용접면을 가볍게 접촉시키면서 대전류를 흐르게 하여 접촉면에 전기불꽃을 발생시켜 그 열로 두 개의 면을 접합시키는 용접은?

① 플래시용접
② 마찰용접
③ 프로젝션용접
④ 심용접

② 마찰용접 : 특별한 용가재 없이도 회전력과 압력만 이용해서 두 소재를 붙이는 용접방법이다. 환봉이나 파이프 등을 서로 맞물려 놓고 가압된 상태에서 회전시킬 때 마찰열이 발생하는데, 일정 온도에 도달하면 회전을 멈추고 가압시켜 용접하는 방법이다.
③ 프로젝션용접 : 모재의 평면에 프로젝션인 돌기부를 만들어 평탄한 동전극의 사이에 물려 대전류를 흘려보낸 후 돌기부에 발생된 저항열로 용접하는 방법이다.
④ 심용접 : 원판상의 롤러 전극 사이에 용접할 2장의 판을 두고, 전기와 압력을 가하며 전극을 회전시키면서 연속적으로 반복하여 점용접을 하는 방법이다.

10 교류아크용접기 중 가변저항의 변화로 용접전류를 조정하는 용접기의 형식은?

① 탭전환형
② 가동철심형
③ 가동코일형
④ 가포화리액터형

교류아크용접기의 종류별 특징

종 류	특 징
가동 철심형	• 현재 가장 많이 사용된다. • 미세한 전류 조정이 가능하다. • 광범위한 전류의 조정이 어렵다. • 가동철심으로 누설자속을 가감하여 전류를 조정한다.
가동 코일형	• 아크 안정성이 크고 소음이 없다. • 가격이 비싸며 현재는 거의 사용되지 않는다. • 용접기의 핸들로 1차 코일을 상하로 이동시켜 2차 코일의 간격을 변화시켜 전류를 조정한다.
탭 전환형	• 주로 소형이 많다. • 탭 전환부의 소손이 심하다. • 넓은 범위의 전류 조정이 어렵다. • 코일의 감긴 수에 따라 전류를 조정한다. • 미세전류의 조정 시 무부하 전압이 높아서 전격의 위험이 크다.
가포화 리액터형	• 핫스타트가 용이하다. • 조작이 간단하고 원격제어가 된다. • 가변저항의 변화로 전류의 원격 조정이 가능하다. • 전기적 전류 조정으로 소음이 없고 기계의 수명이 길다.

11 교류와 직류용접기를 비교할 때 교류용접기가 유리한 항목은?

① 아크의 안정이 우수하다.

② 비피복봉 사용이 가능하다.

③ 자기쏠림방지가 가능하다.

④ 역률이 매우 양호하다.

> **해설**
>
> **직류아크용접기와 교류아크용접기의 차이점**
>
> | 구 분 | 직류아크용접기 | 교류아크용접기 |
> |---|---|---|
> | 아크안정성 | 우수하다. | 보통이다. |
> | 비피복봉 사용 여부 | 가능하다. | 불가능하다. |
> | 극성변화 | 가능하다. | 불가능하다. |
> | 아크(자기) 쏠림방지 | 불가능하다. | 가능하다. |
> | 무부하전압 | 약간 낮다(40~60V). | 높다(70~80V). |
> | 전격의 위험 | 작다. | 크다. |
> | 유지보수 | 다소 어렵다. | 쉽다. |
> | 고 장 | 비교적 많다. | 적다. |
> | 구 조 | 복잡하다. | 간단하다. |
> | 역 률 | 양호하다. | 불량하다. |
> | 가 격 | 고가이다. | 저렴하다. |

12 아세틸렌가스와 접촉해도 폭발의 위험성이 가장 작은 재료는?

① 수은(Hg)　　　② 은(Ag)

③ 구리(Cu)　　　④ 크로뮴(Cr)

> **해설**
>
> **아세틸렌가스(Acetylene, C_2H_2)**
> - 400℃ 근처에서 자연발화한다.
> - 카바이드를 물에 작용시켜 제조한다.
> - 가스용접이나 절단작업 시 연료가스로 사용된다.
> - 구리나 은, 수은 등과 반응할 때 폭발성 물질이 생성된다.
> - 산소와 적당히 혼합 후 연소시키면 3,000~3,500℃의 고온을 낸다.
> - 아세틸렌가스는 비중이 0.906으로, 비중이 1.105인 산소보다 가볍다.
> - 아세틸렌가스는 불포화탄화수소의 일종으로 불완전한 상태의 가스이다.

- 각종 액체에 용해가 잘된다(물 : 1배, 석유 : 2배, 벤젠 : 4배, 알코올 : 6배, 아세톤 : 25배).
- 가스봄베(병) 내부가 1.5기압 이상이 되면 폭발 위험이 있고, 2기압 이상으로 압축하면 폭발한다.
- 아세틸렌가스의 충전은 15℃, 1기압하에서 15kgf/cm² 의 압력으로 한다. 아세틸렌가스 1L의 무게는 1.176g이다.
- 순수한 카바이드 1kg은 이론적으로 348L의 아세틸렌가스를 발생시키며, 보통의 카바이드는 230~300L의 아세틸렌가스를 발생시킨다.
- 순수한 아세틸렌가스는 무색무취의 기체이지만, 아세틸렌가스 중에 포함된 불순물인 인화수소, 황화수소, 암모니아에 의해 악취가 난다.
- 아세틸렌이 완전연소하는 데 이론적으로 2.5배의 산소가 필요하지만, 실제는 아세틸렌에 불순물이 포함되어 산소가 1.2~1.3배 필요하다.
- 아세틸렌은 공기 또는 산소와 혼합되면 폭발성이 격렬해지는데, 아세틸렌 15%, 산소 85% 부근이 가장 위험하다.

13 토치를 사용하여 용접 부분의 뒷면을 따내거나 U형, H형의 용접 홈가공법으로, 가스 파내기라고도 하는 것은?

① 스카핑　　　② 가스가우징

③ 산소창 절단　　　④ 포갬 절단

> **해설**
>
> ② 가스가우징 : 용접결함(압연강재나 주강의 표면결함)이나 가접부 등의 제거를 위하여 가스 절단과 비슷한 토치를 사용해서 용접 부분의 뒷면을 따내거나 U형, H형상의 용접홈을 가공하기 위하여 깊은 홈을 파내는 가공방법이다.
>
> ① 스카핑(Scarfing) : 강괴나 강편, 강재 표면의 흠이나 개재물, 탈탄층 등을 제거하기 위한 불꽃가공으로 가능한 한 얇으면서 타원형의 모양으로 표면을 깎아내는 가공방법이다.
>
> ③ 산소창 절단 : 가늘고 긴 강관(안지름 3.2~6mm, 길이 1.5~3m)을 사용해서 절단산소를 큰 강괴의 중심부에 분출시켜 창으로 부르는 강관 자체가 함께 연소되면서 절단하는 방법으로, 주로 두꺼운 강판이나 주철, 강괴 등의 절단에 사용된다.
>
> ④ 포갬 절단 : 판과 판 사이의 틈새를 0.1mm 이상으로 포개어 압착시킨 후 절단하는 방법이다.

14 테르밋용접(Thermit Welding)에서 테르밋제는 무엇의 미세한 분말 혼합인가?

① 규소와 납의 분말

② 붕사와 붕산의 분말

③ 알루미늄과 산화철의 분말

④ 알루미늄과 마그네슘의 분말

해설
테르밋용접
금속 산화물과 알루미늄이 반응하여 열과 슬래그를 발생시키는 테르밋반응을 이용하는 용접법이다. 강을 용접할 경우에는 산화철과 알루미늄 분말을 3 : 1로 혼합한 테르밋제를 만들어 냄비의 역할을 하는 도가니에 넣은 후 점화제를 약 1,000℃로 점화시키면 약 2,800℃의 열이 발생되어 용접용 강이 만들어지는데 이 강(Steel)을 용접 부위에 주입 후 서랭하여 용접을 완료한다. 주로 철도 레일이나 차축, 선박의 프레임 접합에 사용된다.

16 다음 중 서브머지드아크용접에서 다전극방식에 따른 분류에 해당되지 않는 것은?

① 횡횡렬식　　　　② 횡병렬식

③ 횡직렬식　　　　④ 탠덤식

해설
서브머지드아크용접의 다전극용극방식의 종류
• 횡병렬식 : 2개의 와이어를 독립전원에 직렬로 흐르게 하여 아크의 복사열로 모재를 용융시켜 다량의 용착금속을 얻는 방식으로, 용접의 폭이 넓고 용입이 깊다.
• 횡직렬식 : 2개의 와이어를 한 개의 같은 전원에(AC–AC 또는 DC–DC) 연결한 후 아크를 발생시켜 그 복사열로 다량의 용착금속을 얻는 방법으로, 용입이 얕아 스테인리스강의 덧붙이용접에 사용한다.
• 탠덤식 : 2개의 와이어를 독립전원(AC–DC 또는 AC–AC)에 연결한 후 아크를 발생시켜 한 번에 다량의 용착금속을 얻는 방식이다.

15 서브머지드아크용접에서 비드 중앙에 발생되기 쉬우며 그 주된 원인은 수소가스가 기포로서 용착금속 내에 포함되기 때문이다. 이러한 결함을 무엇이라고 하는가?

① 용입 부족　　　　② 언더컷

③ 용락　　　　　　④ 기공

해설
기공은 용접부에서 산소나 수소와 같은 가스가 빠져나가지 못해서 공동부를 만드는 불량이다. 은점(백점)이나 헤어크랙은 수소(H_2) 가스가 원인이 되기 때문에 용접부에서의 탈가스작업은 중요하다.

17 아크용접에서 아크 길이가 너무 길 때 용접부에 미치는 현상으로 틀린 것은?

① 스패터가 많다.

② 아크 실드효과가 떨어진다.

③ 열집중이 많다.

④ 기공이 생긴다.

해설
아크 길이가 길면 열이 발산되기 때문에 아크열이 집중되지 못한다.

18 아크에어가우징의 장점이 아닌 것은?

① 가스가우징에 비해 작업능률이 2~3배 높다.
② 용융금속에 순간적으로 불어내므로 모재에 악영향을 주지 않는다.
③ 소음이 매우 심하다.
④ 용접결함부를 그대로 밀어 붙이지 않는 관계로 발견이 쉽다.

해설
아크에어가우징은 소음 발생이 거의 없다.

아크에어가우징
탄소봉을 전극으로 하여 아크를 발생시킨 후 절단하는 탄소아크절단법에 약 5~7kgf/cm²인 고압의 압축공기를 병용하는 것으로, 용융된 금속을 탄소봉과 평행으로 분출하는 압축공기를 전극홀더의 끝부분에 위치한 구멍을 통해 연속해서 불어내서 홈을 파내는 방법이다. 용접부의 홈가공, 구멍 뚫기, 절단작업, 뒷면 따내기, 용접결함부 제거 등에 사용된다. 이 방법은 철이나 비철금속에 모두 이용할 수 있으며, 가스가우징보다 작업능률이 2~3배 높고 모재에도 해를 입히지 않는다.

19 티그(TIG)용접 시 불활성가스를 용접 중은 물론 용접 전후에도 약간 유출시켜야 하는 이유에 대한 설명으로 틀린 것은?

① 용접 전에 가스 유출은 도관이나 토치에 공기를 배출시키기 위함이다.
② 용접 후에 가스 유출은 가열된 상태의 용접부가 산화 혹은 질화되는 것을 방지하기 위함이다.
③ 용접 후에 가스 유출은 가열된 텅스텐 전극의 산화방지를 하기 위함이다.
④ 용접 전에 가스 유출은 세라믹 노즐을 보호하기 위함이다.

해설
TIG용접(Tungsten Inert Gas arc welding)은 Inert Gas(불활성가스)로 Ar(아르곤)을 주로 사용한다. 불활성가스를 작업 전후 약간씩 누출시켜야 하는 이유는 용접부와 텅스텐 전극을 보호하고 도관이나 토치 내부의 공기를 밖으로 배출시키기 위함이지 세라믹 노즐을 보호하기 위해서는 아니다.

20 이산화탄소아크용접법이 아닌 것은?

① 아코스아크법
② 플라스마아크법
③ 유니언아크법
④ 퓨즈아크법

해설
CO₂가스아크용접용 와이어에 따른 용접법의 분류

Solid Wire	혼합가스법
	CO₂법
복합 와이어 (FCW ; Flux Cored Wire)	아코스아크법
	유니언아크법
	퓨즈아크법
	NCG법
	S관상와이어
	Y관상와이어

21 탄산가스아크용접에서 전진법의 특징이 아닌 것은?

① 용접선이 잘 보이므로 운봉을 정확하게 할 수 있다.
② 용융금속이 앞으로 나가지 않으므로 깊은 용입을 얻을 수 있다.
③ 스패터가 비교적 많으며 진행 방향쪽으로 흩어진다.
④ 비드 높이가 낮고 평탄한 비드가 형성된다.

해설
CO₂용접의 전진법과 후진법의 차이점

전진법	후진법
• 용접선이 잘 보여 운봉이 정확하다.	• 스패터 발생이 적다.
• 높이가 낮고 평탄한 비드를 형성한다.	• 깊은 용입을 얻을 수 있다.
• 스패터가 비교적 많고 진행 방향으로 흩어진다.	• 높이가 높고 폭이 좁은 비드를 형성한다.
• 용착금속이 아크보다 앞서기 쉬워 용입이 얕아서 깊은 용입을 얻을 수 없다.	• 용접선이 노즐에 가려 운봉이 부정확하다.
	• 비드 형상이 잘 보여 폭, 높이의 제어가 가능하다.

22 용접 중의 피복제의 중요한 작용이 아닌 것은?

① 슬래그(Slag)의 작용

② 피복통(被覆筒)의 생성

③ 용접비드 형성 작용

④ 아크분위기의 생성

해설

피복아크용접용 용접봉은 심선을 피복제가 둘러싸고 있는데 이 심선이 용융되면서 용접비드가 형성된다.

※ 피복통(被覆筒) : 피복제가 용접 중 심선보다 다소 늦게 용융되어 통 모양이 되는 부분(被 : 입을 피, 覆 : 뒤집힐 복, 筒 : 대롱 (속 빈) 통)

피복제(Flux)의 역할

• 아크를 안정시킨다.
• 전기절연작용을 한다.
• 보호가스를 발생시킨다.
• 스패터의 발생을 줄인다.
• 아크의 집중성을 좋게 한다.
• 용착금속의 급랭을 방지한다.
• 용착금속의 탈산·정련작용을 한다.
• 용융금속과 슬래그의 유동성을 좋게 한다.
• 용적(쇳물)을 미세화하여 용착효율을 높인다.
• 용융점이 낮고 적당한 점성의 슬래그를 생성한다.
• 슬래그 제거를 쉽게 하여 비드의 외관을 좋게 한다.
• 적당량의 합금원소를 첨가하여 금속에 특수성을 부여한다.
• 중성 또는 환원성 분위기를 만들어 질화나 산화를 방지하고 용융 금속을 보호한다.
• 쇳물이 쉽게 달라붙도록 힘을 주어 수직자세, 위보기자세 등 어려운 자세를 쉽게 한다.

23 플라스마제트 절단 시 알루미늄 등 경금속에 많이 사용되는 혼합가스는?

① 아르곤과 수소의 혼합가스

② 아르곤과 산소의 혼합가스

③ 헬륨과 질소의 혼합가스

④ 헬륨과 산소의 혼합가스

해설

플라스마아크 절단

플라스마 기류가 노즐을 통과할 때 열적핀치효과를 이용하여 20,000~30,000℃의 플라스마아크를 만들어 내는데, 이 초고온의 플라스마아크를 절단열원으로 사용하여 가공물을 절단하는 방법이다. 플라스마아크(제트) 절단작업 시 알루미늄과 같은 경금속의 절단작업에는 Ar(아르곤)＋H₂(수소)의 혼합가스를 사용한다. 단, 스테인리스강을 플라스마 절단할 때는 N₂＋H₂의 혼합가스를 사용한다.

24 다음 재료의 용접 예열온도로 가장 적합한 것은?

① 주철 : 150~300℃

② 주강 : 150~250℃

③ 청동 : 60~100℃

④ 망가니즈(Mn) - 몰리브데넘(Mo)강 : 20~100℃

해설

주철의 예열온도는 탄소(C) 함유량에 따라 달라지나 일반적으로 150~300℃ 사이면 적합하다.

25 GTAW(Gas Tungsten Arc Welding)용접 시 텅스텐의 혼입을 막기 위한 대책으로 옳은 것은?

① 사용전류를 높인다.

② 전극의 크기를 작게 한다.

③ 용융지와의 거리를 가깝게 한다.

④ 고주파발생장치를 이용하여 아크를 발생시킨다.

해설

TIG용접 시 텅스텐 혼입을 막으려면 고주파발생장치를 통해 텅스텐 전극봉이 모재에 근접하기 전 아크를 쉽게 발생시키게 만들면 된다.

TIG용접 시 텅스텐 혼입이 발생하는 이유

• 전극과 용융지가 접촉한 경우

• 전극봉의 파편이 모재에 들어가는 경우

• 전극의 굵기보다 큰 전류를 사용한 경우

• 외부 바람의 영향으로 전극이 산화된 경우

26 일렉트로슬래그용접의 특징 중 틀린 것은?

① 입향상진 전용 용접이다.

② 박판용접에 사용한다.

③ 소모성 노즐을 사용한다.

④ 용접능률과 용접 품질이 우수하다.

해설

일렉트로슬래그용접

용융된 슬래그와 용융금속이 용접부에서 흘러나오지 못하도록 수랭동판으로 둘러싸고 이 용융 풀에 용접봉을 연속적으로 공급하는데, 이때 발생하는 용융슬래그의 저항열에 의하여 용접봉과 모재를 연속적으로 용융시키면서 용접하는 방법이다. 선박이나 보일러와 같이 두꺼운 판(후판)의 용접에 적합하다. 수직상진으로 단층 용접하는 방식으로 용접전원으로는 정전압형 교류를 사용한다.

일렉트로슬래그용접의 장점

• 용접이 능률적이다.

• 전기저항열에 의한 용접이다.

• 용접시간이 짧아 용접 후 변형이 작다.

• 다전극을 이용하면 더 효과적인 용접이 가능하다.

• 후판용접을 단일층으로 한 번에 용접할 수 있다.

• 스패터나 슬래그 혼입, 기공 등의 결함이 거의 없다.

• 일렉트로슬래그용접의 용착량은 거의 100%에 가깝다.

• 냉각하는 데 시간이 오래 걸려서 기공이나 슬래그가 섞일 확률이 작다.

27 산소-아세틸렌을 사용한 수동 절단 시 팁 끝과 연강판 사이의 거리는 백심에서 약 몇 mm 정도가 가장 적당한가?

① 0.5~1.0   ② 1.5~2.0

③ 2.5~3.0   ④ 3.5~4.0

해설

가스 절단 시 팁에서 나온 불꽃의 백심 끝과 강판 사이의 간격은 1.5~2mm로 해야 한다.

28 자동가스 절단에서 절단면에 대한 설명으로 옳은 것은?

① 절단속도가 빠른 경우 드래그가 작다.

② 절단속도가 느린 경우 표면이 과열되어 위 가장자리가 둥글게 된다.

③ 산소 중에 불순물이 증가하면 슬래그의 이탈성이 좋아진다.

④ 팁의 위치가 높을 때에는 예열범위가 좁아진다.

해설

② 절단속도가 느리면 재료에 더 많은 열량이 전달되므로 표면이 과열되어 위 가장자리가 둥글게 된다.

① 절단속도가 빠른 경우 드래그 간격은 크다.

③ 산소 중 불순물이 증가하면 슬래그 이탈성은 나빠진다.

④ 팁의 위치가 높으면 예열범위가 넓어진다.

29 일렉트로가스아크용접의 특징으로 틀린 것은?

① 판 두께가 두꺼울수록 경제적이다.

② 판 두께에 관계없이 단층으로 상진용접한다.

③ 용접장치가 간단하며, 취급이 쉽고 고도의 숙련을 요하지 않는다.

④ 스패터 및 가스의 발생이 적고, 용접작업 시 바람의 영향을 받지 않는다.

해설

일렉트로가스아크용접은 보호가스로 이산화탄소(CO_2)가스를 사용하여 용접부를 대기와의 접촉을 차단하는데, 바람이 세면 이 보호막 형성이 잘되지 않는다.

일렉트로가스용접(EGW)의 정의

용접하는 모재의 틈을 물로 냉각시킨 구리 받침판으로 싸고 용융풀의 위부터 이산화탄소가스인 실드가스를 공급하면서 와이어를 용융부에 연속적으로 공급하여 와이어 선단과 용융부의 사이에 아크를 발생시켜 그 열로 와이어와 모재를 용융시키는 용접법이다.

일렉트로가스아크용접의 특징

• 용접속도는 자동으로 조절된다.
• 판 두께가 두꺼울수록 경제적이다.
• 이산화탄소(CO_2)가스를 보호가스로 사용한다.
• 판 두께에 관계없이 단층으로 상진용접이 가능하다.
• 정확한 조립이 요구되며 이동용 냉각동판에 급수장치가 필요하다.
• 용접홈의 기계가공이 필요하며 가스 절단 상태 그대로 용접할 수 있다.
• 용접장치가 간단하고 취급이 쉬워서 용접 시 숙련이 요구되지 않는다.

30 백주철을 열처리하여 연신율을 향상시킨 주철은?

① 반주철   ② 회주철

③ 구상흑연주철   ④ 가단주철

해설

④ 가단주철 : 주조성이 우수한 백선의 주물을 만들고, 열처리하여 강인한 조직으로 단조가공을 가능하게 한 주철이다. 고탄소주철로서 회주철과 같이 주조성이 우수한 백선주물을 만들고 열처리함으로써 강인한 조직으로 만들기 때문에 단조작업을 가능하게 한다.

② 회주철 : 'GC200'으로 표시되는 주조용 철로서, 200은 최저 인장강도를 나타낸다. 탄소가 흑연박편의 형태로 석출되며 내마모성과 진동흡수능력이 우수하고 압축강도가 좋아서 엔진블록이나 브레이크드럼용 재료, 공작기계의 베드용 재료로 사용된다. 회주철조직에서 가장 큰 영향을 미치는 원소는 C와 Si이다.

③ 구상흑연주철 : 주철 속 흑연이 완전히 구상이고 바탕조직은 펄라이트이고 그 주위가 페라이트조직으로 되어 있는데, 이 형상이 황소의 눈과 닮았다고 하여 불스아이주철이라고도 한다. 일반주철에 Ni(니켈), Cr(크로뮴), Mo(몰리브데넘), Cu(구리)를 첨가하여 재질을 개선한 주철로 내마멸성, 내열성, 내식성이 매우 우수하여 자동차용 주물이나 주조용 재료로 사용된다. 노듈러주철, 덕타일주철이라고도 한다.

31 알루미늄용접의 전처리 방법으로 부적합한 것은?

① 와이어브러시나 줄로 표면을 문지른다.

② 화학약품과 물을 사용하여 표면을 깨끗이 한다.

③ 불활성가스용접의 경우는 전처리를 하지 않아도 된다.

④ 전처리는 용접 하루 전에 실시하는 것이 좋다.

해설

알루미늄용접 시 전처리는 용접부의 청결을 위해 반드시 필요하므로 작업 직전에 실시하는 것이 좋다.

32 다음 주조용 알루미늄합금 중 Alcoa(알코아) No. 12 합금의 종류는?

① Al-Ni계 합금   ② Al-Si계 합금

③ Al-Cu계 합금   ④ Al-Zn계 합금

33 다음 중 전류 100A 이상 300A 미만의 금속아크용접 시 어떤 범위의 차광렌즈를 사용하는 것이 가장 적당한가?

① 8~9　　　　　② 10~12
③ 13~14　　　　④ 15 이상

용접의 종류별 적정 차광번호(KS P 8141)
아크가 발생될 때 눈을 자극하는 빛인 적외선과 자외선을 차단하는 것으로, 번호가 클수록 빛을 차단하는 차광량이 많아진다.

용접의 종류	전류범위(A)	차광도 번호(No.)
납 땜	–	2~4
가스용접	–	4~7
산소절단	901~2,000	5
	2,001~4,000	6
	4,001~6,000	7
피복아크용접 및 절단	30 이하	5~6
	36~75	7~8
	76~200	9~11
	201~400	12~13
	401~	14
아크에어가우징	126~225	10~11
	226~350	12~13
	351~	14~16
탄소아크용접	–	14
TIG, MIG	100 이하	9~10
	101~300	11~12
	301~500	13~14
	501~	15~16

34 다음 중 항온 열처리방법에 해당되지 않는 것은?

① 마켄칭　　　　② 마템퍼링
③ 오스템퍼링　　④ 노멀라이징

불림(Normalizing, 노멀라이징)처리 : 담금질 정도가 심하거나 결정립자가 조대해진 강을 표준화조직으로 만들기 위하여 A_3점 (968℃)이나 A_{cm}(시멘타이트)점 이상의 온도로 가열 후 공랭시킨다.

35 오스테나이트계 스테인리스강의 용접 시 입계부식 방지를 위하여 탄화물을 분해하는 가열온도로 가장 적당한 것은?

① 480~600℃　　② 650~750℃
③ 800~950℃　　④ 1,000~1,100℃

오스테나이트계 스테인리스강에 필요 이상의 온도로 가열하면 탄화물이 더 빨리 석출되면서 크로뮴 함유량도 함께 급감소되어 입계부식을 일으킨다. 따라서 입계부식방지를 위한 적정 온도범위는 1,000~1,100℃이다.

36 WC, TiC, TaC 등의 분말에 Co분말을 결합제로 혼합하여 1,300~1,600℃로 가열소결시키는 재료는?

① 세라믹　　　　② 초경합금
③ 스테인리스　　④ 스텔라이트

초경합금(소결 초경합금) : 1,100℃의 고온에서도 경도 변화 없이 고속 절삭이 가능한 절삭공구로, WC, TiC, TaC 분말에 Co나 Ni 분말을 함께 첨가한 후 1,400℃ 이상의 고온으로 가열하면서 프레스로 소결시켜 만든다. 진동이나 충격을 받으면 쉽게 깨지는 단점이 있으나 고속도강의 4배의 절삭속도로 가공이 가능하다.

37 다음 금속침투법 중 철강 표면에 알루미늄을 확산 침투시키는 것은?

① 칼로라이징　　② 크로마이징
③ 세라타이징　　④ 보로나이징

금속침투법의 종류

금속침투법	세라다이징	Zn
	칼로라이징	Al
	크로마이징	Cr
	실리코나이징	Si
	보로나이징	B(붕소)

38 사이안화법이라고도 하며 사이안화나트륨(NaCN), 사이안화칼륨(KCN)을 주성분으로 하는 용융염을 사용하여 침탄하는 방법은?

① 고체침탄법

② 액체침탄법

③ 가스침탄법

④ 고주파침탄법

해설

② 액체침탄법 : 침탄제인 NaCN(사이안화나트륨), KCN(사이안화칼륨)에 염화물과 탄화염을 40~50% 첨가하고, 600~900℃에서 용해하여 C와 N가 동시에 소재의 표면에 침투하게 하여 표면을 경화시키는 방법으로, 침탄과 질화가 동시에 된다.

① 고체침탄법 : 침탄제인 목탄이나 코크스 분말과 소금 등의 침탄 촉진제를 재료와 함께 침탄 상자에서 약 900℃의 온도에서 약 3~4시간 가열하여 표면에서 0.5~2mm의 침탄층을 얻는 표면경화법이다.

③ 가스침탄법 : 메탄가스나 프로판가스를 이용하여 표면을 침탄하는 표면경화법이다.

39 두랄루민(Duralumin)의 조성으로 옳은 것은?

① Al-Cu-Mg-Mn

② Al-Cu-Ni-Si

③ Al-Ni-Cu-Zn

④ Al-Ni-Si-Mg

해설

두랄루민은 가공용 알루미늄 합금의 일종으로 Al + Cu + Mg + Mn로 구성된다. 고강도로서 항공기나 자동차용 재료로 사용된다.

※ 시험에 자주 출제되는 주요 알루미늄 합금

Y합금	Al + Cu + Mg + Ni(알구마니)
두랄루민	Al + Cu + Mg + Mn(알구마망)

40 열처리방법 중 연화를 목적으로 하며 냉각 시 서랭하는 열처리법은?

① 뜨 임

② 풀 림

③ 담금질

④ 노멀라이징

해설

열처리의 기본 4단계

• 담금질(Quenching) : 재질을 경화시킬 목적으로 강을 오스테나이트조직의 영역으로 가열한 후 급랭시켜 강도와 경도를 증가시키는 열처리법이다.

• 뜨임(Tempering) : 담금질한 강을 A_1 변태점(723℃) 이하로 가열 후 서랭하는 것으로, 담금질로 경화된 재료에 인성을 부여하고 내부응력을 제거한다.

• 풀림(Annealing) : 재질을 연하고 균일화시킬 목적으로 실시하는 열처리법으로, 완전풀림은 A_3 변태점(968℃) 이상의 온도로, 연화풀림은 650℃ 정도의 온도로 가열한 후 서랭한다.

• 불림(Normalizing) : 담금질 정도가 심하거나 결정립자가 조대해진 강을 표준화 조직으로 만들기 위하여 A_3점(968℃)이나 A_{cm}(시멘타이트)점 이상의 온도로 가열 후 공랭시킨다.

41 Fe-C 상태도에서 탄소 함유량이 약 0.8%일 때 강의 명칭은?

① 공석강

② 아공석강

③ 과공석강

④ 공정주철

해설

② 아공석강 : 순철에 C가 0.025~0.8% 합금된 강

③ 과공석강 : 순철에 C가 0.8~2% 합금된 강

42 초음파탐상시험의 장점에 대한 설명으로 틀린 것은?

① 표면에 아주 가까운 얇은 불연속을 검출할 수 있다.
② 고강도이므로 아주 작은 결함의 검출도 가능하다.
③ 휴대가 가능하다.
④ 검사시험체의 한 면에서도 검사가 가능하다.

해설

초음파탐상시험의 장단점

장 점	단 점
• 인체에 무해하다.	• 기록 보존력이 떨어진다.
• 휴대가 가능하다.	• 결함의 경사에 좌우된다.
• 고감도이므로 미세한 크랙(Crack)을 감지한다.	• 검사자의 기능에 좌우된다.
• 대상물에 대한 3차원적인 검사가 가능하다.	• 검사 표면을 평평하게 가공해야 한다.
• 검사시험체의 한 면에서도 검사가 가능하다.	• 결함의 위치를 정확하게 감지하기 어렵다.
• 균열이나 용융 부족 등의 결함을 찾는 데 탁월하다.	• 결함의 형상을 정확하게 감지하기 어렵다.
	• 용접 두께가 약 6.4mm 이상이 되어야 검사가 원만하므로 표면에 아주 가까운 얇은 불연속은 검출이 불가능하다.

43 고Mn강의 조직으로 옳은 것은?

① 오스테나이트
② 펄라이트
③ 베이나이트
④ 마텐자이트

해설

고Mn주강 : Mn을 약 12%, C를 1~1.4% 합금한 고망가니즈주강(하드필드강)은 오스테나이트 입계의 탄화물 석출로 취약하나 약 1,000℃에서 담금질하면 균일한 오스테나이트조직이 되면서 조직이 강인해지므로 광산이나 토목용 기계 부품에 사용 가능하다.

44 알루미늄합금 중 플루오린화알칼리, 금속나트륨 등을 첨가하여 개량처리하는 합금은?

① 실루민
② 라우탈
③ 로-엑스합금
④ 하이드로날륨

해설

개량처리된 알루미늄합금은 실루민(Silumin)으로 나트륨이나 수산화나트륨, 플루오린화알칼리, 알칼리염류 등을 용탕 안에 넣고 10~50분 후에 주입하면 조직이 미세화되며, 공정점과 온도가 14%, 556℃로 이동하는데, 이 처리를 개량처리라고 한다.

45 맞대기 이음에서 1,500kgf의 인장력을 작동시키려고 한다. 판 두께가 6mm일 때 필요한 용접 길이는 약 몇 mm인가?(단, 허용인장응력은 7kgf/mm² 이다)

① 25.7
② 35.7
③ 38.5
④ 47.5

해설

허용인장응력 $\sigma_a = \dfrac{F}{A} = \dfrac{F}{t \times L}$ 식을 응용하면

$$7\mathrm{kgf/mm^2} = \frac{1,500\mathrm{kgf}}{6\mathrm{mm} \times L}$$

$$L = \frac{1,500\mathrm{kgf}}{6\mathrm{mm} \times 7\mathrm{kgf/mm^2}}$$

$$\fallingdotseq 35.7mm$$

46 보통 판 두께가 4~19mm 이하의 경우 한쪽에서 용접으로 완전 용입을 얻고자 할 때 사용하며, 홈가공이 비교적 쉬우나 판의 두께가 두꺼워지면 용착금속의 양이 증가하는 맞대기 이음 형상은?

① V형 홈
② H형 홈
③ J형 홈
④ X형 홈

해설

V형 홈은 일반적으로 6~19mm(일부 책에는 4~19mm) 이하인 두께의 판을 한쪽에서 용접할 때 완전한 용입을 얻고자 할 때 사용하는 홈 형상이다.

홈 형상에 따른 특징

홈의 형상	특 징
I형	• 가공이 쉽고 용착량이 적어서 경제적이다. • 판이 두꺼워지면 이음부를 완전히 녹일 수 없다.
V형	• 한쪽 방향에서 완전한 용입을 얻고자 할 때 사용한다. • 홈 가공이 용이하나 두꺼운 판에서는 용착량이 많아지고 변형이 일어난다.
X형	• 후판(두꺼운 판)용접에 적합하다. • 홈가공이 V형에 비해 어렵지만 용착량이 적다. • 양쪽에서 용접하므로 완전한 용입을 얻을 수 있다.
U형	• 홈가공이 어렵다. • 두꺼운 판에서 비드의 너비가 좁고 용착량도 적다. • 두꺼운 판을 한쪽 방향에서 충분한 용입을 얻고자 할 때 사용한다.
H형	• 두꺼운 판을 양쪽에서 용접하므로 완전한 용입을 얻을 수 있다.
J형	• 한쪽 V형이나 K형 홈보다 두꺼운 판에 사용한다.

47 용접비드 끝에서 불순물과 편석에 의해 발생하는 응고균열은?

① 은 점
② 스패터
③ 수소취성
④ 크레이터균열

해설

크레이터균열 : 용접비드의 끝에서 발생하는 고온균열로서 불순물이나 편석이 있는 경우, 냉각속도가 지나치게 빠른 경우에 발생하며 용접 루트의 노치부에 의한 응력집중부에도 발생한다.

크레이터균열(Crater Crack)

48 용접보조기호 중 용접부의 다듬질 방법을 표시하는 기호 설명으로 잘못된 것은?

① P – 치핑
② G – 연삭
③ M – 절삭
④ F – 지정 없음

해설

가공방법의 기호

기 호	가공방법	기 호	가공방법
L	선 반	FS	스크레이핑
B	보 링	G	연 삭
BR	브로칭	GH	호 닝
CD	다이캐스팅	GS	평면연삭
D	드 릴	M	밀 링
FB	브러싱	P	플레이닝
FF	줄 다듬질	PS	절단(전단)
FL	래 핑	SH	기계적 경화
FR	리머 다듬질	–	–

49 압력용기를 회전하면서 아래보기자세로 용접하기에 가장 적합하지 않은 용접설비는?

① 스트롱백(Strong Back)
② 포지셔너(Positioner)
③ 머니퓰레이터(Manipulator)
④ 터닝롤러(Turning Roller)

해설
스트롱백(Strong Back)은 변형방지법의 일종으로, 용접자세를 좋게 하는 설비는 아니다.
용접 변형방지용 지그

바이스 지그	
스트롱백 지그	
역변형 지그	

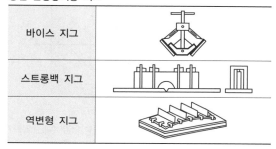

50 용접이음을 설계할 때의 주의사항으로 틀린 것은?

① 맞대기용접에서는 뒷면용접을 할 수 있도록 해서 용입 부족이 없도록 한다.
② 용접이음부가 한곳에 집중되지 않도록 설계한다.
③ 맞대기용접은 가급적 피하고 필릿용접을 한다.
④ 아래보기용접을 많이 하도록 설계한다.

해설
용접이음부 설계 시 주의사항
• 용접선의 교차를 최대한 줄인다.
• 용착량을 가능한 한 적게 설계해야 한다.
• 용접 길이가 감소될 수 있는 설계를 한다.
• 가능한 한 아래보기자세로 작업하도록 한다.
• 필릿용접보다는 맞대기용접으로 설계해야 강성을 높일 수 있다.
• 용접열이 국부적으로 집중되지 않도록 한다.
• 보강재 등 구속이 커지도록 구조설계를 한다.
• 용접작업에 지장을 주지 않도록 공간을 남긴다.
• 가능한 한 열의 분포가 부재 전체에 고루 퍼지도록 한다.
• 용접치수는 강도상 필요한 치수 이상으로 하지 않는다.
• 판면에 직각 방향으로 인장하중이 작용할 경우에는 판의 이방성에 주의한다.

51 용접작업에서 잔류응력의 경감과 완화를 위한 방법으로 적합하지 않은 것은?

① 용착금속량의 감소
② 용착법의 적절한 선정
③ 포지셔너 사용
④ 직선수축법 선정

해설
직선수축법은 용접 변형 교정방법 중 하나로 잔류응력 경감법과는 관련이 없다.

52 용접 변형을 방지하는 방법 중 냉각법이 아닌 것은?

① 수랭동판 사용법   ② 살수법
③ 피닝법   ④ 석면포 사용법

해설
피닝(Peening)법은 타격 부분이 둥근 구면인 특수해머를 사용하여 모재의 표면에 지속적으로 충격을 가하여 재료 내부에 있는 잔류응력을 완화시키면서 표면층에 소성변형을 주는 작업이므로, 냉각법과는 관련이 없다.

53 다음 용접도면에 대한 설명으로 틀린 것은?

① a : 목 두께
② l : 용접 길이(크레이터 제외)
③ n : 목 길이의 개수
④ (e) : 인접한 용접부 간격

해설
단속 필릿용접부 표시기호

$$a \triangleright n \times l(e)$$

• a : 목 두께   • ⊳ : 필릿용접기호
• n : 용접부 수   • l : 용접 길이
• (e) : 인접한 용접부 간격

54 한국산업표준에서 현장용접을 나타내는 기호는?

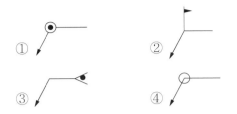

①　②　③　④

용접부의 보조기호

구 분		보조기호	비 고
용접부의 표면모양	평 탄	———	–
	볼 록	⌢	기선의 밖으로 향하여 볼록 하게 한다.
	오 목	⌣	기선의 밖으로 향하여 오목 하게 한다.
용접부의 다듬질방법	치 핑	C	–
	연 삭	G	그라인더다듬질일 경우
	절 삭	M	기계다듬질일 경우
	지정 없음	F	다듬질방법을 지정하지 않을 경우
현장용접		⚑	
온둘레용접		○	온둘레용접이 분명할 때에는 생략해도 좋다.
온둘레현장용접		⚑	

55 다음 중 브레인스토밍(Brainstorming)과 가장 관계가 깊은 것은?

① 파레토도　② 히스토그램
③ 회귀분석　④ 특성요인도

해설
• 특성요인도 : 문제가 되는 특성과 그 특성에 영향을 미친다고 여기는 요인과의 관계를 계통으로 그린 그림이다. 특성에 미치는 요인의 영향도는 수치로 파악하여 파레토 그림으로 표현하는데, 수치로 표현하지 않을 경우는 그에 영향을 미친다고 생각되는 것을 브레인스토밍 방식으로 검토해서 적용한다.

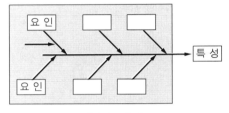

[특성요인도]

• 브레인스토밍 : 창의적인 아이디어를 이끌어내는 회의기법으로, 구성원들이 자발적으로 자연스럽게 제시한 아이디어를 모두 기록함으로써 특정한 문제에 대한 좋은 아이디어를 얻어내는 방법이다.

56 도수분포표에서 알 수 있는 정보로 가장 거리가 먼 것은?

① 로트 분포의 모양
② 100단위당 부적합수
③ 로트의 평균 및 표준편차
④ 규격과의 비교를 통한 부적합품률의 추정

해설
도수분포표란 자료를 일정 수치의 범위로 나누어서 분류하고, 그 범위별로 데이터 수치를 정리한 표이다. 데이터가 어떻게 만들어졌는지를 알 수 있고 다양한 통계치를 쉽게 얻을 수 있으나 부적합수는 알 수 없다.

57 품질특성에서 $\bar{X}$ 관리도로 관리하기에 가장 거리가 먼 것은?

① 볼펜의 길이

② 알코올 농도

③ 1일 전력소비량

④ 나사 길이의 부적합품수

해설

c관리도 : 미리 정해진 일정 단위 중 포함된 부적합수에 의거하여 공정을 관리할 때 사용한다. 따라서 나사 길이의 부적합품 수도 c관리도를 사용하는 것이 적합하다.

58 다음 중 반즈(Ralph M. Barnes)가 제시한 동작경제원칙에 해당되지 않는 것은?

① 표준작업의 원칙

② 신체의 사용에 관한 원칙

③ 작업장의 배치에 관한 원칙

④ 공구 및 설비의 디자인에 관한 원칙

해설

반즈의 동작경제원칙

• 신체의 사용에 관한 원칙

• 작업장의 배치에 관한 원칙

• 공구 및 설비의 디자인에 관한 원칙

59 제품공정도를 작성할 때 사용되는 요소(명칭)가 아닌 것은?

① 가 공   ② 검 사

③ 정 체   ④ 여 유

해설

제조공정 분석표 사용기호

공정명	기호 명칭	기호 형상
가 공	가 공	◯
운 반	운 반	⇨
정 체	저 장	▽
	대 기	◐
검 사	수량검사	☐
	품질검사	◇

60 설비보전조직 중 지역보전(Area Maintenance)의 장단점에 해당하지 않는 것은?

① 현장 왕복시간이 증가한다.

② 조업요원과 지역보전요원과의 관계가 밀집해진다.

③ 보전요원이 현장에 있으므로 생산 본위가 되며 생산 의욕을 가진다.

④ 같은 사람이 같은 설비를 담당하므로 설비를 잘 알며 충분한 서비스를 할 수 있다.

해설

지역보전은 조직상으로는 집중보전과 비슷하며 보전지역은 각 지역에 분산되어 있다. 여기서 지역이란 지리적 또는 제품별, 제조별, 제조부문별 구분을 의미하는데 각 지역에 위치한 보전조직은 각각의 생산현장에 위치하므로 현장의 왕복시간은 타 보전법에 비해 줄어든다.

01 다음 중 용접의 단점이 아닌 것은?

① 품질검사가 곤란하다.

② 응력 집중에 민감하다.

③ 변형과 수축이 생긴다.

④ 보수와 수리가 용이하다.

해설

용접의 장점 및 단점

용접의 장점	용접의 단점
• 이음효율이 높다.	• 취성이 생기기 쉽다.
• 재료가 절약된다.	• 균열이 발생하기 쉽다.
• 제작비가 적게 든다.	• 용접부의 결함 판단이 어렵다.
• 이음구조가 간단하다.	• 용융 부위 금속의 재질이 변한다.
• 유지와 보수가 용이하다.	• 저온에서 쉽게 약해질 우려가 있다.
• 재료의 두께 제한이 없다.	• 용접 모재의 재질에 따라 영향을 크게 받는다.
• 이종재료도 접합이 가능하다.	• 용접 기술자(용접사)의 기량에 따라 품질이 다르다.
• 제품의 성능과 수명이 향상된다.	• 용접 후 변형 및 수축에 따라 잔류응력이 발생한다.
• 유밀성, 기밀성, 수밀성이 우수하다.	
• 작업 공정이 줄고, 자동화가 용이하다.	

02 다음 중 압접법에 속하는 용접법은?

① 초음파용접

② 피복아크용접

③ 산소아세틸렌용접

④ 불활성가스아크용접

해설

초음파용접은 비가열식압접의 일종이다.

03 피복아크용접 시 열효율과 가장 관계가 없는 항목은?

① 용접봉의 길이

② 아크 길이

③ 모재의 판 두께

④ 용접속도

해설

피복아크용접 시 열효율과 관련이 깊은 것은 아크 길이와 모재의 판 두께, 용접속도로 용접 입열량에 큰 영향을 미친다. 그러나 용접봉의 길이는 열효율과 관련이 없다.

04 교류아크용접기의 종류 표시와 사용된 기호의 수치에 대한 설명 중 옳은 것은?

① AW-300으로 표시하며, 300의 수치는 정격 출력 전류이다.

② AW-300으로 표시하며, 300의 수치는 정격 1차 전류이다.

③ AC-300으로 표시하며, 300의 수치는 정격 출력 전류이다.

④ AC-300으로 표시하며, 300의 수치는 정격 1차 전류이다.

해설

AW-300 교류아크용접기에서 300은 정격 2차 전류(출력전류)가 300A 흐를 수 있는 용량을 값으로 나타낸 것이다.

05 피복아크용접봉으로 운봉할 때 운봉폭은 심선지름의 어느 정도가 가장 적합한가?

① 2~3배

② 4~5배

③ 6~7배

④ 8~9배

해설

피복아크용접봉으로 용접할 때 위빙하는 운봉폭은 용접봉 심선지름의 2~3배로 하는 것이 적당하다.

06 피복아크용접봉 피복제 중에 포함되어 있는 주요 성분은 용접에 있어서 중요한 작용과 역할을 하는데, 이 중 관계없는 것은?

① 아크안정제 ② 슬래그 생성제
③ 고착제   ④ 침탄제

해설

심선을 둘러싸는 피복배합제의 종류

배합제	용 도	종 류
고착제	심선에 피복제를 고착시킨다.	규산나트륨, 규산칼륨, 아교
탈산제	용융금속 중의 산화물을 탈산·정련한다.	크로뮴, 망가니즈, 알루미늄, 규소철, 톱밥, 페로망가니즈(Fe-Mn), 페로실리콘(Fe-Si), Fe-Ti, 망가니즈철, 소맥분(밀가루)
가스 발생제	중성, 환원성 가스를 발생하여 대기와의 접촉을 차단하여 용융금속의 산화나 질화를 방지한다.	아교, 녹말, 톱밥, 탄산바륨, 셀룰로이드, 석회석, 마그네사이트
아크 안정제	아크를 안정시킨다.	산화타이타늄, 규산칼륨, 규산나트륨, 석회석
슬래그 생성제	용융점이 낮고 가벼운 슬래그를 만들어 산화나 질화를 방지한다.	석회석, 규사, 산화철, 일미나이트, 이산화망가니즈
합금 첨가제	용접부의 성질을 개선하기 위해 첨가한다.	페로망가니즈, 페로실리콘, 니켈, 몰리브데넘, 구리

07 가스절단작업에서 예열불꽃이 강할 때 일어나는 현상이 아닌 것은?

① 절단면이 거칠어진다.
② 드래그가 증가한다.
③ 모서리가 용융되어 둥글게 된다.
④ 슬래그 중의 철성분의 박리가 어려워진다.

해설

예열불꽃이 너무 약하면 절단이 잘 안 되므로 드래그가 증가한다.
드래그(Drag) : 가스 절단 시 한 번에 토치를 이동한 거리로, 절단면에 일정한 간격의 곡선이 나타난다.

08 저수소계 용접봉에 대한 설명으로 틀린 것은?

① 피복제는 석회석이나 형석을 주성분으로 한다.
② 타 용접봉에 비해 용착금속 중의 수소 함유량이 1/10 정도로 적다.
③ 용접봉은 사용하기 전에 300~350℃ 정도로 1~2시간 정도 건조시켜 사용한다.
④ 용착금속은 강인성이 풍부하나 내균열성이 나쁘다.

해설

저수소계 용접봉(E4316)은 내균열성과 용착강도가 타 용접봉에 비해 가장 우수하다.

09 용해 아세틸렌을 취급할 때 주의할 사항으로 틀린 것은?

① 저장 장소는 통풍이 잘되어야 한다.
② 용기가 넘어지는 것을 예방하기 위하여 용기는 뉘어서 사용한다.
③ 화기에 가깝거나 온도가 높은 장소에는 두지 않는다.
④ 용기 주변에 소화기를 설치해야 한다.

해설

가스용접뿐만 아니라 특수용접 중 보호가스로 사용되는 가스를 담고 있는 용기(봄베, 압력용기)는 안전을 위해 모두 세워서 보관해야 한다.

10 가스절단기 중 비교적 가볍고 두 가지의 가스를 이중으로 된 동심형의 구멍으로부터 분출하는 토치는?

① 프랑스식   ② 덴마크식
③ 독일식   ④ 스웨덴식

해설
절단팁의 종류

동심형 팁(프랑스식)	이심형 팁(독일식)
• 동심원의 중앙 구멍으로 고압산소를 분출하고 외곽 구멍으로는 예열용 혼합가스를 분출한다. • 가스 절단에서 전후, 좌우 및 직선 절단을 자유롭게 할 수 있다.	• 고압가스 분출구와 예열가스 분출구가 분리된다. • 예열용 분출구가 있는 방향으로만 절단 가능하다. • 작은 곡선 및 후진 등의 절단은 어렵지만 직선 절단의 능률이 높고, 절단면이 깨끗하다.

11 산소-아세틸렌용접에서 전진법은 보통 판 두께가 몇 mm 이하의 맞대기용접이나 변두리용접에 쓰이는가?

① 5mm   ② 10mm
③ 15mm   ④ 20mm

해설
가스용접에서 전진법은 두께 5mm 이하의 박판용접에 사용한다.

12 플라스마 절단방식에서 텅스텐 전극과 모재 사이에서 아크플라스마를 발생시키는 것은?

① 이행형 아크절단
② 비이행형 아크절단
③ 단락형 아크절단
④ 중간형 아크절단

해설

이행형 아크절단	텅스텐 전극과 모재 사이에서 아크플라스마를 발생시키는 것이다.
비이행형 아크절단	텅스텐 전극과 수랭 노즐 사이에서 아크플라스마를 발생시키는 것이다.

13 다음 중 이면 따내기 방법이 아닌 것은?

① 아크에어가우징
② 밀 링
③ 가스가우징
④ 산소창 절단

해설
산소창 절단 : 가늘고 긴 강관(안지름 3.2~6mm, 길이 1.5~3m)을 사용해서 절단산소를 큰 강괴의 중심부에 분출시켜 창으로 불리는 강관 자체가 함께 연소되면서 절단하는 방법이다. 이면(뒷면) 따내기 작업과는 관련이 없다.

14 스카핑(Scarfing)에 대한 설명으로 옳은 것은?

① 탄소 또는 흑연전극봉과 모재와의 사이에 아크를 일으켜서 절단하는 방법이다.
② 강재 표면의 탈탄층 또는 흠을 제거하기 위해 타원형 모양으로 얇고 넓게 표면을 깎는 것이다.
③ 탄소아크절단에 압축공기를 병용한 방법으로 결함제거, 절단 및 구멍 뚫기 작업이다.
④ 물의 압력을 초고압 이상으로 압축하여 물의 정지에너지를 운동에너지로 전환시켜 절단하는 작업이다.

해설
스카핑(Scarfing) : 강괴나 강편, 강재 표면의 흠이나 개재물, 탈탄층 등을 제거하기 위한 불꽃가공으로 가능한 한 얇으면서 타원형의 모양으로 표면을 깎아내는 가공법이다.

15 다음 중 가스가우징용 토치에 대한 설명으로 옳은 것은?

① 팁 끝은 일직선으로 되어 있다.
② 산소분출공이 일반 절단용에 비하여 작다.
③ 토치 본체는 일반 절단용과 차이가 매우 크다.
④ 예열화염의 구멍은 산소분출구멍의 상하 또는 둘레에 만들어져 있다.

해설
가스가우징용 토치는 절단용과 비교하여 토치의 본체는 비슷하나 절단용에 비해 산소분출 구멍이 더 크고 예열화염의 구멍은 산소분출구멍의 상하나 둘레 부분에 만들어져 있다. 그리고 팁의 끝부분이 다소 구부러져 있어서 용접부의 결함이나 뒷면 따내기, 가접 제거에 사용한다.

17 미그(MIG)용접의 와이어(Wire) 송급장치가 아닌 것은?

① 푸시(Push)방식
② 푸시-아웃(Push-out)방식
③ 풀방식
④ 푸시-풀(Push-pull)방식

해설
MIG용접기의 와이어 송급방식
• Push방식 : 미는 방식
• Pull방식 : 당기는 방식
• Push-pull방식 : 밀고 당기는 방식

18 일반적으로 곧고 긴 용접선의 용접에 적합하며 이음면 위에 뿌려 놓은 분말플럭스 속에 용가재(전극)를 찔러 넣은 상태에서 용접하는 용극식 자동용접법은?

① 불활성가스아크용접
② 전자빔용접
③ 플라스마아크용접
④ 서브머지드아크용접

해설
서브머지드아크용접(SAW)
용접 부위에 미세한 입상의 플럭스를 용제호퍼를 통해 다량으로 공급하면서 도포하고 용접선과 나란히 설치된 레일 위를 주행대차가 지나가면서 와이어릴에 감겨 있는 와이어를 이송롤러를 통해 용접부로 공급시키면 플럭스 내부에서 아크가 발생하는 자동용접법이다. 이때 아크가 플럭스 속에서 발생되므로 불가시아크용접, 잠호용접, 개발자의 이름을 딴 케네디용접, 그리고 이를 개발한 회사의 상품명인 유니언멜트용접이라고도 한다. 용접봉인 와이어의 공급과 이송이 자동이며 용접부를 플럭스가 덮고 있으므로 복사열과 연기가 많이 발생하지 않는다.

16 TIG용접에 사용되는 텅스텐 전극봉의 종류에 해당되지 않는 것은?

① 순 텅스텐
② 바륨 텅스텐
③ 2% 토륨 텅스텐
④ 지르코늄 텅스텐

해설
텅스텐 전극봉의 종류별 식별 색상

종 류	색 상
순 텅스텐봉	녹 색
1% 토륨 텅스텐봉	노랑(황색)
2% 토륨 텅스텐봉	적 색
지르코늄 텅스텐봉	갈 색
세륨 텅스텐봉	회 색

19 CO₂용접으로 용접하기 가장 용이한 재료로 사용되는 것은?

① 철 강 ② 구 리
③ 실루민 ④ 알루미늄

해설
이산화탄소(CO_2, 탄산)가스아크용접은 철 재질의 용접에만 한정된다는 특징을 갖는다.

20 다음 중 티그(TIG)용접과 비교한 플라스마(Plasma)아크용접의 단점이 아닌 것은?

① 플라스마아크 토치가 커서 필릿용접 등에 불리하다.
② 키홀용접 시 언더컷이 발생하기 쉽다.
③ 용입이 얕고, 비드 폭이 넓으며, 용접속도가 느리다.
④ 키홀용접과 용융용접을 모두 사용해야 하는 다층용접 시 용접 변수의 변화가 크다.

해설
플라스마아크용접의 특징
• 용입이 깊다.
• 비드의 폭이 좁다.
• 용접속도가 빠르다.
• 용접 변형이 작다.
• 용접의 품질이 균일하다.
• 용접부의 기계적 성질이 좋다.
• 용접속도를 크게 할 수 있다.

21 판 두께가 가장 두꺼운 경우에 적당한 용접방법은?

① 원자수소용접
② CO₂가스용접
③ 서브머지드아크용접(Submerged Arc Welding)
④ 일렉트로 슬래그용접(Electro Slag Welding)

해설
일렉트로 슬래그용접은 판의 두께가 아주 두꺼울 때 효과적인 용접법이다.

22 전자빔용접의 특징에 대한 설명으로 틀린 것은?

① 고진공 속에서 용접하므로 대기와 반응되기 쉬운 활성재료도 용이하게 용접된다.
② 전자렌즈에 의해 에너지를 집중시킬 수 있어 고용융재료의 용접이 가능하다.
③ 전기적으로 매우 정확히 제어되므로 얇은 판에서의 용접만 가능하다.
④ 에너지의 집중이 가능하기 때문에 용융속도가 빠르고 고속용접이 가능하다.

해설
전자빔용접의 장점 및 단점

장 점	• 에너지 밀도가 크다. • 용접부의 성질이 양호하다. • 아크용접에 비해 용입이 깊다. • 활성재료가 용이하게 용접된다. • 고용융점 재료의 용접이 가능하다. • 아크빔에 의해 열의 집중이 잘된다. • 고속 절단이나 구멍 뚫기에 적합하다. • 얇은 판부터 두꺼운 판까지 용접할 수 있다(응용범위가 넓다). • 높은 진공 상태에서 행해지므로 대기와 반응하기 쉬운 재료도 용접 가능하다. • 진공 중에서도 용접하므로 불순가스에 의한 오염이 적고, 높은 순도의 용접이 된다. • 용접부가 작아서 용접부의 입열이 작고, 용입이 깊어 용접 변형이 작고, 정밀용접이 가능하다.
단 점	• 용접부에 경화현상이 생긴다. • X선 피해에 대한 특수보호장치가 필요하다. • 진공 중에서 용접하기 때문에 진공 상자의 크기에 따라 모재 크기가 제한된다.

23 다음 중 맞대기 저항용접이 아닌 것은?

① 스폿용접
② 플래시용접
③ 업셋버트용접
④ 퍼커션용접

해설
• 스폿용접(Spot Welding, 점용접)은 겹치기 저항용접에 속한다.
• 방전충격용접(Percussion Welding)은 영어로 퍼커션 용접이므로 맞대기 저항용접에 속한다.

24 레이저용접(Laser Welding)의 장점에 대한 설명으로 틀린 것은?

① 좁고 깊은 용접부를 얻을 수 있다.

② 소입열용접이 가능하다.

③ 고속용접과 용접공정의 융통성을 부여할 수 있다.

④ 접합되어야 할 부품의 조건에 따라서 한 방향의 용접으로는 접합이 불가능하다.

해설

레이저빔용접(레이저용접)의 특징

• 한 방향으로 용접이 가능하다.
• 좁고 깊은 용접부를 얻을 수 있다.
• 이종금속의 용접이 가능하다.
• 미세하고 정밀한 용접이 가능하다.
• 접근이 곤란한 물체의 용접이 가능하다.
• 열 변형이 거의 없는 비접촉식 용접법이다.
• 전자빔용접기 설치 비용보다 설치비가 저렴하다.
• 고속용접과 용접공정의 융통성을 부여할 수 있다.
• 전자부품과 같은 작은 크기의 정밀용접이 가능하다.
• 용접입열이 매우 작으며, 열영향부의 범위가 좁다.
• 용접될 물체가 불량도체인 경우에도 용접이 가능하다.
• 에너지밀도가 매우 높으며, 고융점을 가진 금속의 용접에 이용한다.
• 접합되어야 할 부품의 조건에 따라서 한면용접으로 접합이 가능하다.
• 열원이 빛의 빔이기 때문에 투명재료를 써서 어떤 분위기 속(공기, 진공)에서도 용접이 가능하다.

25 플래시버트용접의 특징으로 틀린 것은?

① 용접면에 산화물 개입이 적다.

② 업셋용접보다 전력 소비가 작다.

③ 용접면을 정밀하게 가공할 필요가 없다.

④ 가열부의 열영향부가 넓고 용접시간이 길다.

해설

플래시버트용접은 맞대기 저항용접의 일종으로, 가열범위와 열영향부(HAZ)가 좁고 용접시간이 길다.

26 납땜에 쓰이는 용제(Flux)가 갖추어야 할 조건으로 가장 적합한 것은?

① 청정한 금속면의 산화를 촉진시킬 것

② 납땜 후 슬래그 제거가 어려울 것

③ 침지땜에 사용되는 것은 수분을 함유할 것

④ 모재와 친화력을 높일 수 있으며 유동성이 좋을 것

해설

납땜용 용제가 갖추어야 할 조건

• 유동성이 좋아야 한다.
• 인체에 해가 없어야 한다.
• 슬래그 제거가 용이해야 한다.
• 금속의 표면이 산화되지 않아야 한다.
• 모재나 땜납에 대한 부식이 최소이어야 한다.
• 침지땜에 사용되는 것은 수분이 함유되면 안 된다.
• 용제의 유효온도범위와 납땜의 온도가 일치해야 한다.
• 땜납의 표면장력을 맞추어서 모재와의 친화력이 높아야 한다.
• 전기저항납땜용 용제는 전기가 잘 통하는 도체를 사용해야 한다.

27 다이캐스팅용 알루미늄합금에 요구되는 성질이 아닌 것은?

① 유동성이 좋을 것

② 금형에 대한 점착성이 좋을 것

③ 응고 수축에 대한 용탕 보급성이 좋을 것

④ 열간취성이 작을 것

해설

다이캐스팅 주조법은 정확하게 가공된 강재로 만든 금형 안으로 용융된 금속을 주입하여 금형과 똑같은 형태의 주물을 얻는 정밀주조법으로, 용융금속이 응고된 후 금형에서 잘 떨어져야 하므로 점착성이 좋으면 안 된다. 만일 점착성이 좋으면 재료가 떨어지면서 손상이 생길 우려가 있다.

28 구리합금의 용접성에 대한 설명으로 틀린 것은?

① 순동은 좋은 용입을 얻기 위해서 반드시 예열이 필요하다.

② 알루미늄 청동은 열간에서 강도나 연성이 우수하다.

③ 인청동은 열간취성의 경향이 없으며, 용융점이 낮아 편석에 의한 균열 발생이 없다.

④ 황동에는 아연이 다량 함유되어 있어 용접 시 증발에 의해 기포가 발생하기 쉽다.

해설

청동은 구리와 주석의 합금으로, 구리 중의 산화구리를 함유한 부분이 순수한 구리에 비해 용융점이 낮아서 먼저 용융된다. 이때 균열이 발생하므로 동합금(구리합금)을 용접할 때 균열이 발생할 수 있다.

29 피복아크용접 시 안전홀더를 사용하는 이유로 옳은 것은?

① 고무장갑 대용

② 유해가스 중독 방지

③ 용접작업 중 전격 예방

④ 자외선과 적외선 차단

해설

피복아크용접의 전원은 전기이므로 반드시 전격의 위험을 방지하기 위해 안전홀더를 사용해야 한다.

용접홀더의 종류

A형	• 전체가 절연된 홀더이다. • 안전형 홀더이다.
B형	• 손잡이 부분만 절연된 홀더이다. • 비안전형 홀더이다.

30 강의 담금질 조직에서 경도가 높은 순서대로 옳게 표시한 것은?

① 마텐자이트 > 트루스타이트 > 소르바이트 > 오스테나이트

② 마텐자이트 > 소르바이트 > 오스테나이트 > 트루스타이트

③ 오스테나이트 > 트루스타이트 > 마텐자이트 > 소르바이트

④ 마텐자이트 > 소르바이트 > 트루스타이트 > 오스테나이트

해설

금속조직의 경도가 높은 순서

페라이트 < 오스테나이트 < 펄라이트 < 소르바이트 < 베이나이트 < 트루스타이트 < 마텐자이트 < 시멘타이트

🔍 더 알아보기!

강의 열처리조직 중 Fe에 C(탄소)가 6.67% 함유된 시멘타이트 조직의 경도가 가장 높다.

31 철강의 용접부 조직 중 수지상 결정조직으로 되어 있는 부분은?

① 모 재

② 열영향부

③ 용착금속부

④ 융합부

해설

철강의 용접부 조직에서 수지상의 결정구조를 갖는 부분은 용착금속부이다.

수지상정(수지상 결정) : 금속이 응고하는 과정에서 성장하는 결정립의 모양으로 그 모양이 나뭇가지 모양을 닮아 수지상정이라고 한다.

용융금속부

용융금속(Liquid)

32 큰 재료일수록 내외부 열처리 효과의 차이가 생기는 현상으로, 강의 담금질성에 의하여 영향을 받는 현상은?

① 시효경화　　　　② 노치효과
③ 담금질효과　　　④ 질량효과

해설

④ 질량효과 : 탄소강을 담금질하였을 때 강의 질량(크기)에 따라 조직과 기계적 성질이 변하는 현상이다. 질량이 무거운 제품을 담금질 시 질량이 큰 제품일수록 내부의 열이 많기 때문에 천천히 냉각되며, 그 결과 조직과 경도가 변한다.

① 시효경화 : 열처리 후 시간이 지남에 따라 강도와 경도가 증가하는 현상이다.
② 노치효과 : 표면층에 노치가 있는 물체에 기계적 외력을 가하면 노치 부분이 다른 부분보다 먼저 소성변형이 일어나거나 파괴되는 현상이다.
③ 담금질효과 : 담금질의 목적인 재료의 강도와 경도를 크게 얻는 정도로 냉각속도에 큰 영향을 받는다.

33 금속재료의 일반적인 특징이 아닌 것은?

① 금속결합인 결정체로 되어 있어 소성가공이 유리하다.
② 열과 전기의 양도체이다.
③ 이온화하면 음(−)이온이 된다.
④ 비중이 크고 금속적 광택을 갖는다.

해설

금속의 일반적인 특성

• 비중이 크다.
• 전기 및 열의 양도체이다.
• 금속 특유의 광택을 갖는다.
• 이온화하면 양(+)이온이 된다.
• 상온에서 고체이며 결정체이다(단, Hg 제외).
• 연성과 전성이 우수하며, 소성변형이 가능하다.

34 고급주철인 미하나이트주철은 저탄소, 저규소의 주철에 어떤 접종제를 사용하는가?

① 규소철, Ca-Si
② 규소철, Fe-Mn
③ 칼슘, Fe-Si
④ 칼슘, Fe-Mg

해설

미하나이트주철

바탕이 펄라이트조직으로 저탄소, 저규소의 주철에 규소철이나 Ca-Si를 접종시켜 사용한다. 인장강도는 350~450MPa이며 담금질이 가능하고 인성과 연성이 매우 크며 두께 차이에 의한 성질의 변화가 작아서 내연기관의 실린더 재료로 사용된다.

35 다음 중 용접성이 가장 좋은 강은?

① 0.2%C 이하의 강
② 0.3%C 강
③ 0.4%C 강
④ 0.5%C 강

해설

Fe에 C의 함량이 많을수록 용접성이 나빠지고 균열이 생기기 쉬우므로 탄소의 함량이 작은 강의 용접성이 가장 좋다.

36 실용 주철의 특성에 대한 설명으로 틀린 것은?

① 비중은 C와 Si 등이 많을수록 작아진다.
② 용융점은 C와 Si 등이 많을수록 낮아진다.
③ 흑연편이 클수록 자기감응도가 나빠진다.
④ 내식성 주철은 염산, 질산 등의 산에는 강하나 알칼리에는 약하다.

해설

주철은 일반적으로 알칼리에 강한 성질을 갖는다. 그러나 철에 내식성 원소인 Ni이나 Cr을 합금시킨 내식성 주철은 염산이나 질산과 같은 산에는 약하다.

37 고급주철은 주철의 기지조직을 펄라이트로 하고 흑연을 미세화시켜 인장강도를 약 몇 MPa 이상 강화시킨 것인가?

① 104 　　　　② 154

③ 234 　　　　④ 294

해설
고급주철(GC 250~GC 350)은 편상흑연주철 중 인장강도를 크게 향상시킨 주철로, 조직이 펄라이트라서 펄라이트주철이라고도 한다. 주로 고강도와 내마멸성을 요구하는 기계부품에 사용된다.

38 다음 중 70~90% Ni, 10~30% Fe을 함유한 합금으로 니켈-철계 합금은?

① 어드밴스(Advance)

② 큐프로니켈(Cupro Nickel)

③ 퍼멀로이(Permalloy)

④ 콘스탄탄(Constantan)

해설
③ 퍼멀로이 : Fe에 70~90%의 Ni이 합금된 Ni-Fe계 합금으로, 열팽창계수가 작고 열처리를 하면 높은 자기투과도를 나타내기 때문에 측정기나 고주파철심, 코일, 릴레이용 재료로 사용된다. 퍼멀로이는 자기장의 세기가 큰 합금의 상품명이다(Ni의 합금 비율은 문제 출제자마다 참고도서가 다르므로 각종 자격증시험마다 다르다).
① 어드밴스 : 56%의 Cu, 1.5% 이하의 Mn, 나머지 Ni의 합금으로 전기저항에 대한 온도계수가 작아서 열전쌍이나 저항재료를 활용한 전기기구에 사용한다.
② 큐프로니켈 : Cu에 Ni을 15~25% 합금한 재료로 백동이라고도 한다. 소성가공성과 내식성이 좋고 비교적 고온에서도 잘 견디어 열교환기의 재료로 사용된다.
④ 콘스탄탄 : Cu에 Ni을 40~45% 합금한 재료로 온도 변화에 영향을 많이 받으며 전기저항성이 커서 저항선이나 전열선, 열전쌍의 재료로 사용된다.

39 황동의 탈아연부식에 대한 설명으로 틀린 것은?

① 탈아연부식은 60 : 40 황동보다 70 : 30 황동에서 많이 발생한다.

② 탈아연된 부분은 다공질로 되어 강도가 감소하는 경향이 있다.

③ 아연이 구리에 비하여 전기화학적으로 이온화 경향이 크기 때문에 발생한다.

④ 불순물이나 부식성 물질이 공존할 때 수용액의 작용에 의하여 생긴다.

해설
탈아연부식
20% 이상의 Zn을 포함한 황동이 바닷물에 침식되거나 불순물이 있을 경우 아연만 용해되고 구리는 남아 있어 재료에 구멍이 나거나 두께가 얇아지는 현상이다. 탈아연부식은 Zn의 함량이 많을수록 많이 발생하므로 Cu : Zn의 비율이 60 : 40인 경우에 더 많이 발생한다. 이러한 부식을 방지하려면 주석이나 안티몬 등을 첨가한다.

40 강을 담금질할 때 냉각속도가 가장 빠른 것은?

① 식염수 　　　　② 기 름

③ 비눗물 　　　　④ 물

해설
담금질액 중 냉각속도가 가장 빠른 순서
소금물 > 물 > 기름 > 공기
재료를 소금물의 일종인 식염수에 담금질했을 때 냉각속도가 가장 빠르다. 물의 냉각속도가 가장 빠르지 않은 이유는 뜨거운 쇠가 물에 닿으면 물체의 주변에 기포가 발생하여 보호막 역할을 하기 때문에 열이 빨리 식지 못한다.

41 화염경화법의 장점에 해당되지 않는 것은?

① 부품의 크기나 형상에 제한이 없다.

② 국부담금질이 가능하다.

③ 일반담금질법에 비해 담금질 변형이 많다.

④ 설비비가 적게 든다.

해설

화염경화법

산소-아세틸렌가스불꽃으로 강의 표면을 급격히 가열한 후 물을 분사시켜 급랭시킴으로써 담금질성이 있는 재료의 표면을 경화시키는 방법이다. 필요한 부분만을 가열하기 때문에 재료 전체를 열처리하는 일반담금질법에 비해 변형이 작다.

42 다음 보기에서 공통적으로 설명하는 표면경화법은?

┤보기├

• 강을 NH₃ 가스 중에 500~550℃로 20~100시간 정도 가열한다.

• 경화 깊이를 깊게 하기 위해서는 시간을 길게 하여야 한다.

• 표면층에 합금 성분인 Cr, Al, Mo 등이 단단한 경화층을 형성하며, 특히 Al은 경도를 높여 주는 역할을 한다.

① 질화법

② 침탄법

③ 크로마이징

④ 화염경화법

해설

질화법은 암모니아(NH₃)가스 분위기(영역) 안에 재료를 넣고 500℃에서 50~100시간을 가열하면 재료 표면에 Al, Cr, Mo원소와 함께 질소가 확산되면서 강 재료의 표면이 단단해지는 표면경화법이다. 내연기관의 실린더 내벽이나 고압용 터빈날개를 표면경화할 때 주로 사용된다.

43 용접이음의 피로강도에 대한 설명으로 틀린 것은?

① 피로강도란 정적인 강도를 평가하는 시험방법이다.

② 하중, 변위 또는 열응력이 반독되어 재료가 손상되는 현상을 피로라고 한다.

③ 피로강도에 영향을 주는 요소는 이음 형상, 하중 상태, 용접부 표면 상태, 부식환경 등이 있다.

④ S-N 선도를 피로선도라고 하며, 응력 변동이 피로한도에 미치는 영향을 나타내는 선도이다.

해설

피로한도(피로강도)

피로강도는 동적인 강도를 평가하는 시험법이다. 재료에 하중을 반복적으로 가했을 때 파괴되지 않는 응력변동의 최대 범위로, S-N곡선으로 확인할 수 있다. 재질이나 반복하중의 종류, 표면 상태나 형상에 큰 영향을 받는다.

44 용착금속의 인장강도가 40kgf/mm²이고, 안전율이 5라면 용접이음의 허용응력은 얼마인가?

① $8kgf/mm^2$

② $20kgf/mm^2$

③ $40kgf/mm^2$

④ $200kgf/mm^2$

해설

안전율(S) : 외부의 하중에 견딜 수 있는 정도를 수치로 나타낸 것이다.

$$S = \frac{\text{극한강도}(\sigma_u) \text{ 또는 인장강도}}{\text{허용응력}(\sigma_a)}$$

$$5 = \frac{40kgf/mm^2}{\sigma_a}$$

$$\sigma_a = \frac{40kgf/mm^2}{5} = 8kgf/mm^2$$

45 용접 홈의 형상 중 V형 홈에 대한 설명으로 옳은 것은?

① 판 두께가 대략 6mm 이하의 경우 양면용접에 사용한다.

② 양쪽용접에 의해 완전한 용입을 얻으려고 할 때 쓰인다.

③ 판 두께 3mm 이하로 개선 가공 없이 한쪽에서 용접할 때 쓰인다.

④ 보통 판 두께 15mm 이하의 판에서 한쪽용접으로 완전한 용입을 얻고자 할 때 쓰인다.

해설
V형 홈을 맞대기 용접할 경우 약 6~19mm의 판에서 한쪽 방향으로 완전한 용입을 얻고자 할 때 사용한다. 판 두께가 6mm 이하일 때는 I형 홈을, 양쪽용접에서 완전한 용입을 얻고자 할 때는 X형이나 H형 홈을 사용한다.

46 저항용접에 의한 압접에서 전류 20A, 전기저항 30 Ω, 통전시간 10sec일 때 발열량은 약 몇 kcal인가?

① 14,400

② 24,400

③ 28,800

④ 48,800

해설
전기저항용접의 발열량
발열량$(H) = 0.24 I^2 R T \text{[kcal]}$
$$= 0.24 \times 20^2 \times 30 \times 10$$
$$= 28,800 \text{ kcal}$$
(여기서, I : 전류, R : 저항, T : 시간)

47 용접부는 급격한 열팽창 및 응고 수축으로 인한 결함 발생 우려가 있어 예열을 실시한다. 그 목적으로 거리가 먼 것은?

① 수축응력 감소

② 용착금속 및 열영향부 경화 방지

③ 비드 밑 균열 방지

④ 내부식성 향상

해설
용접 전과 후 모재에 예열을 가하는 목적
• 열영향부(HAZ)의 균열을 방지한다.
• 수축 변형 및 균열을 경감시킨다.
• 용접금속에 연성 및 인성을 부여한다.
• 열영향부와 용착금속의 경화를 방지한다.
• 급열 및 급랭 방지로 잔류응력을 줄인다.
• 용접금속의 팽창이나 수축의 정도를 줄여 준다.
• 수소 방출을 용이하게 하여 저온균열을 방지한다.
• 금속 내부의 가스를 방출시켜 기공 및 균열을 방지한다.

48 다음 용접기호의 명칭으로 옳은 것은?

① 플러그용접

② 뒷면용접

③ 스폿용접

④ 심용접

해설

명 칭	기본기호
뒷면용접(이면용접)	⌣
점용접(스폿용접)	◯
심용접	⊖

49 용접부에 생기는 용접균열결함의 종류에 속하지 않는 것은?

① 가로균열

② 세로균열

③ 플랭크균열

④ 비드밑균열

해설

③ 플랭크 균열 : 플랭크란 절삭공구의 측면을 뜻하는 용어로, 플랭크균열은 용접균열에 속하지 않는다.

② 세로균열 : 용접부에 세로 방향의 크랙이 생기는 결함으로, 열영향부에서 발생하지 않는다.

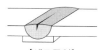

[세로균열]

④ 비드밑균열 : 모재의 용융선 근처의 열영향부에서 발생되는 균열로, 고탄소강이나 저합금강을 용접할 때 용접열에 의한 열영향부의 경화와 변태응력 및 용착금속 내부의 확산성 수소에 의해 발생되는 균열이다.

50 용접변형방지법의 종류로 가장 거리가 먼 것은?

① 전진법

② 억제법

③ 역변형법

④ 피닝법

해설

전진법은 용접할 때 용접봉의 진행 방향을 나타내는 것이므로, 용접변형 방지와는 거리가 멀다.

51 강재이음 제작 시 용접이음부 내에 라멜라테어(Lamella Tear)가 발생할 수 있다. 다음 중 라멜라테어 발생을 방지할 수 있는 대책은?

① 다층용접을 한다.

② 모서리이음을 한다.

③ 킬드강재나 세미킬드강재의 모재를 사용한다.

④ 모재의 두께 방향으로 구속을 부과하는 구조를 사용한다.

해설

라멜라테어(Lamellar Tear)균열 : 압연으로 제작된 강판 내부에 표면과 평행하게 층상으로 발생하는 균열로, T이음과 모서리이음에서 발생한다. 평행부와 수직부로 구성되며 주로 MnS계 개재물에 의해서 발생하는데 S의 함량을 감소시키거나 킬드 및 세미킬드강을 모재로 사용하며, 판 두께 방향으로 구속도가 최소가 되도록 설계하고 시공함으로써 억제할 수 있다.

52 길이가 긴 대형 강관 원주부를 연속 자동용접하고자 한다. 이때 사용하고자 하는 지그로 가장 적당한 것은?

① 엔드탭(End Tap)

② 터닝롤러(Turning Roller)

③ 컨베이어(Conveyor) 정반

④ 용접 포지셔너(Welding Positioner)

해설

[터닝롤러 지그]

53 용접부 시험에는 파괴시험과 비파괴시험이 있다. 파괴시험 중에서 야금학적 시험방법이 아닌 것은?

① 파면시험
② 물성시험
③ 매크로 시험
④ 현미경 조직시험

해설
물성 : 물성은 물체가 가지고 있는 성질이다. 물성시험은 물체의 성질을 파악하는 시험으로 비중이나 비열 등을 시험한다. 물체에 파손을 가하지 않아도 되는 시험법이므로, 이는 야금학적 시험방법에 속하지 않는다.

※ 야금 : 광석에서 금속을 추출하고 용융한 뒤 정련하여 사용목적에 알맞은 형상으로 제조하는 기술

54 비파괴검사법 중 표면결함 검출에 사용되지 않는 것은?

① MT   ② UT
③ PT   ④ ET

해설
비파괴시험법의 분류

내부결함	방사선투과시험(RT)
	초음파탐상시험(UT)
	와전류탐상시험(ET)
표면결함	외관검사(VT)
	자분탐상검사(MT)
	침투탐상검사(PT)
	누설검사(LT)

55 정규분포에 관한 설명 중 틀린 것은?

① 일반적으로 평균치가 중앙값보다 크다.
② 평균을 중심으로 좌우 대칭의 분포이다.
③ 대체로 표준편차가 클수록 산포가 나쁘다고 본다.
④ 평균치가 0이고, 표준편차가 1인 정규분포를 표준정규분포라고 한다.

해설
정규분포의 특징
• 평균치와 중앙값이 같다.
• 표준편차가 클수록 산포가 나쁘다.
• 그래프는 평균을 중심으로 좌우가 대칭이다.
• 평균치가 0이고, 표준편차가 1인 정규분포를 표준정규분포라고 한다.

56 모집단으로부터 공간적, 시간적으로 간격을 일정하게 하여 샘플링하는 방식은?

① 단순랜덤샘플링(Simple Random Sampling)
② 2단계 샘플링(Two-stage Sampling)
③ 취락샘플링(Cluster Sampling)
④ 계통샘플링(Systematic Sampling)

해설
샘플링법의 종류
• 단순랜덤샘플링 : 모집단의 모든 샘플링 단위가 동일한 확률로 시료로 뽑힐 가능성이 있는 샘플링 방법
• 2단계 샘플링 : 전체 크기가 N인 로트로 각각 A개씩 제품이 포함되어 있는 서브 로트로 나뉘어져 있을 때, 서브 로트에서 랜덤하게 몇 상자를 선택해서 각 상자로부터 몇 개의 제품을 랜덤하게 샘플링하는 방법
• 계통샘플링 : 시료를 시간적으로나 공간적으로 일정한 간격을 두고 취하는 샘플링 방법
• 층별 샘플링 : 로트를 몇 개의 층(서브 로트)으로 나누어 각 층으로부터 시료를 취하는 방법
• 집락샘플링(취락샘플링) : 모집단을 여러 개의 층(서브 로트)으로 나누고, 그중 일부를 랜덤으로 샘플링한 후 샘플링된 층에 속해 있는 모든 제품을 조사하는 방법
• 지그재그 샘플링 : 계통샘플링의 간격을 복수로 하여 치우침을 방지하기 위한 방법

57 다음 중 계량값 관리도만으로 짝지어진 것은?

① c 관리도, u 관리도

② $x - R_s$ 관리도, P 관리도

③ $\bar{x} - R$ 관리도, nP 관리도

④ Me-R 관리도, $\bar{x} - R$ 관리도

해설

관리도의 종류

분 류	관리도 종류	주요 특징
계량값 관리도	$\bar{x}$-R 관리도	평균치와 범위 관리도
	x 관리도	발생데이터 관리도
	Me-R 관리도	중위수와 범위 관리도
	R 관리도	범위 관리도
계수치 관리도	c 관리도	결점수 관리도
	u 관리도	단위당 결점수 관리도
	P 관리도	불량률 관리도
	nP 관리도	불량 개수 관리도

• $\bar{x}$-R 관리 : 축의 완성 지름이나 철사의 인장강도, 아스피린 순도와 같은 데이터를 관리하는 가장 대표적인 관리도이다.
• c 관리도 : 미리 정해진 일정 단위 중 포함된 부적합수에 의거하여 공정을 관리할 때 사용한다.
• u 관리도 : 제품의 크기가 일정하지 않을 경우 결점수를 일정 단위로 바꾸어서 관리하는 방법이다. 공식은 $\bar{u} \pm 3\sqrt{\dfrac{\bar{u}}{n}}$ 이다.

58 공정 중에 발생하는 모든 작업, 검사, 운반, 저장, 정체 등이 도식화된 것이며, 분석에 필요하다고 생각되는 소요시간, 운반거리 등의 정보가 기재된 것은?

① 작업분석(Operation Analysis)

② 다중활동분석표(Multiple Activity Chart)

③ 사무공정분석(Form Process Chart)

④ 유통공정도(Flow Process Chart)

해설

유통공정도 : 공정 중 발생하는 모든 작업과 검사, 운반, 저장, 정체 등을 도식화한 것으로 소요시간이나 운반거리 등의 정보가 기재되어 있다.

59 모든 보전작업자가 한 명의 관리자 밑에 조직되며 보전현장도 한곳으로 집중된다. 설계나 예방보전의 관리, 공사 관리도 모두 한곳에서 집중적으로 이루어지는 것은?

① 집중보전

② 부문보전

③ 절충보전

④ 지역보전

해설

② 부문보전 : 보전작업자는 조직상 각 제조 부문의 감독자 밑에 둔다.
③ 절충보전 : 지역보전이나 부문보전과 집중보전을 조합시켜 각각의 장단점을 고려한 방식이다.
④ 지역보전 : 조직상으로는 집중보전과 비슷하며 보전지역은 각 지역에 분산되어 있다. 여기서 지역이란 지리적 또는 제품별, 제조별, 제조 부문별 구분을 의미한다.

60 작업시간 측정방법 중 직접측정법은?

① PTS법

② 경험견적법

③ 표준자료법

④ 스톱워치법

해설

④ 스톱워치법 : 테일러에 의해 처음 도입된 방법이다. 스톱워치를 들고 작업시간을 직접 관측하여 표준시간을 설정하는 기법이므로 직접측정법에 속한다.
① PTS법 : 모든 작업을 기본동작으로 분해하고 각 기본동작의 성질과 조건에 따라 미리 정해 놓은 시간치를 적용하여 정미시간을 산정하는 방법이다.
② 경험견적법 : 전문가의 경험을 이용하는 방법으로 비용이 저렴하고 산정시간이 작지만 작업하는 상황 변화를 반영하지 못한다는 단점이 있다.
③ 표준자료법 : 표준시간 동안 축적된 자료를 분석하는 방법이다.

01 용접의 장점으로 옳지 않은 것은?

① 작업공정이 단축되며 경제적이다.

② 기밀, 수밀, 유밀성이 우수하며 이음효율이 높다.

③ 용접기술자의 기량에 따라 용접부의 품질이 좌우된다.

④ 재료의 두께에 제한이 없다.

해설

용접의 장점 및 단점

용접의 장점	용접의 단점
• 이음효율이 높다. • 재료가 절약된다. • 제작비가 적게 든다. • 이음구조가 간단하다. • 보수와 수리가 용이하다. • 재료의 두께 제한이 없다. • 이종재료도 접합이 가능하다. • 제품의 성능과 수명이 향상된다. • 유밀성, 기밀성, 수밀성이 우수하다. • 작업공정이 줄고, 자동화가 용이하다.	• 취성이 생기기 쉽다. • 균열이 발생하기 쉽다. • 용접부의 결함 판단이 어렵다. • 용융 부위 금속의 재질이 변한다. • 저온에서 쉽게 약해질 우려가 있다. • 용접 모재의 재질에 따라 영향을 크게 받는다. • 용접기술자(용접사)의 기량에 따라 품질이 다르다. • 용접 후 변형 및 수축함에 따라 잔류응력이 발생한다.

02 순철이 910℃에서 A₃ 변태를 할 때 결정격자의 변화로 옳은 것은?

① BCT → FCC

② BCC → FCC

③ FCC → BCC

④ FCC → BCT

해설

순철은 A₃ 변태점(910℃)에서 체심입방격자(BCC) α철에서 면심입방격자(FCC)인 γ철로 바뀐다.

순철의 변태점

• A₁ 변태점(723℃) : 철의 동소변태점(공석변태점)

• A₂ 변태점(768℃) : 철의 자기변태점

• A₃ 변태점(910℃) : 철의 동소변태점, 체심입방격자(BCC) → 면심입방격자(FCC)

• A₄ 변태점(1,410℃) : 철의 동소변태점, 면심입방격자(FCC) → 체심입방격자(BCC)

03 피복아크용접에서 용접전류에 의해 아크 주위에 발생하는 자장이 용접봉에 대해서 비대칭일 때 일어나는 현상은?

① 자기흐름   ② 언더컷

③ 자기불림   ④ 오버랩

해설

자기불림(아크쏠림) 방지책

• 용접전류를 줄인다.

• 교류용접기를 사용한다.

• 접지점을 2개 연결한다.

• 아크 길이는 최대한 짧게 유지한다.

• 접지부를 용접부에서 최대한 멀리한다.

• 용접봉 끝을 아크쏠림의 반대 방향으로 기울인다.

• 용접부가 긴 경우는 가용접 후 후진법(후퇴용접법)을 사용한다.

• 받침쇠, 긴 가용접부, 이음의 처음과 끝에는 엔드탭을 사용한다.

04 AW-500 교류아크용접기의 정격부하전압은 몇 V 인가?

① 28V　　　　　　② 32V

③ 36V　　　　　　④ 40V

AW-500이란 정격 2차 전류가 500A라는 뜻이다.

교류아크용접기의 규격

종 류	AW200	AW300	AW400	AW500
정격 2차 전류(A)	200	300	400	500
정격사용률(%)	40	40	40	60
정격부하전압(V)	30	35	40	40
최고 2차 무부하전압(V)	85 이하	85 이하	85 이하	95 이하
사용 용접봉 지름 (mm)	2.0~4.0	2.6~6.0	3.2~8.0	4.0~8.0

05 용접봉의 피복제 중 산화타이타늄을 약 35% 정도 포함한 용접봉으로, 일반 경구조물의 용접에 많이 사용되는 용접봉은?

① 저수소계

② 일루미나이트계

③ 고산화타이타늄계

④ 철분산화철계

고산화타이타늄계(E4313)의 특징
- 아크가 안정하다.
- 외관이 아름답다.
- 균열이 생기기 쉽다.
- 박판용접에 적합하다.
- 용입이 얕고, 스패터가 적다.
- 용착금속의 연성이나 인성이 다소 부족하다.
- 피복제에 약 35% 정도의 산화타이타늄을 함유한다.

06 피복아크용접봉에서 피복 배합제인 아교의 역할은?

① 아크안정제

② 합금제

③ 탈산제

④ 환원가스발생제

아교는 동물의 가죽이나 힘줄, 창자, 뼈 등을 고아서 만든 액체를 고형화한 물질로 고착제나 가스발생제로 사용한다.

피복 배합제의 종류

배합제	용 도	종 류
고착제	심선에 피복제를 고착시킨다.	규산나트륨, 규산칼륨, 아교
탈산제	용융금속 중의 산화물을 탈산·정련한다.	크로뮴, 망가니즈, 알루미늄, 규소철, 페로망가니즈, 페로실리콘, 망가니즈철, 톱밥, 소맥분(밀가루)
가스 발생제	중성, 환원성 가스를 발생하여 대기와의 접촉을 차단하고 용융금속의 산화나 질화를 방지한다.	아교, 녹말, 톱밥, 탄산바륨, 셀룰로이드, 석회석, 마그네사이트
아크 안정제	아크를 안정시킨다.	산화타이타늄, 규산칼륨, 규산나트륨, 석회석
슬래그 생성제	용융점이 낮고 가벼운 슬래그를 만들어 산화나 질화를 방지한다.	석회석, 규사, 산화철, 일미나이트, 이산화망가니즈
합금 첨가제	용접부의 성질을 개선하기 위해 첨가한다.	페로망가니즈, 페로실리콘, 니켈, 몰리브덴, 구리

07 피복아크용접봉의 피복제 작용에 대한 설명으로 옳지 않은 것은?

① 아크를 안정시킨다.

② 점성을 가진 무거운 슬래그를 만든다.

③ 용착금속의 탈산·정련작용을 한다.

④ 전기절연작용을 한다.

해설

피복제(Flux)의 역할

• 아크를 안정시킨다.

• 전기절연작용을 한다.

• 보호가스를 발생시킨다.

• 스패터의 발생을 줄인다.

• 아크의 집중성을 좋게 한다.

• 용착금속의 급랭을 방지한다.

• 용착금속의 탈산·정련작용을 한다.

• 용융금속과 슬래그의 유동성을 좋게 한다.

• 용적(쇳물)을 미세화하여 용착효율을 높인다.

• 용융점이 낮고 적당한 점성의 슬래그를 생성한다.

• 슬래그 제거를 쉽게 하여 비드의 외관을 좋게 한다.

• 적당량의 합금원소를 첨가하여 금속에 특수성을 부여한다.

• 중성 또는 환원성 분위기를 만들어 질화나 산화를 방지하고 용융 금속을 보호한다.

• 쇳물이 쉽게 달라붙도록 힘을 주어 수직자세, 위보기자세 등 어려운 자세를 쉽게 한다.

08 가스도관(호스) 취급에 관한 주의사항으로 옳지 않은 것은?

① 고무호스에 무리한 충격을 주지 않는다.

② 호스 이음부에는 조임용 밴드를 사용한다.

③ 한랭 시 호스가 얼면 더운물로 녹인다.

④ 호스 내부는 고압수소를 사용하여 청소한다.

해설

가스호스를 청소할 때는 고온의 수증기나 불활성가스와 같이 폭발 위험성이 없는 것으로 해야 한다. 수소가스와 같은 가연성 가스로 청소하면 안 된다.

09 강재의 가스 절단 시 팁 끝과 연강판 사이의 거리를 백심에서 1.5~2.0mm 떨어지게 한 후 절단부를 예열하여 약 몇 ℃ 정도가 되었을 때 고압산소를 이용하여 절단을 시작하는 것이 좋은가?

① 300~450℃

② 500~600℃

③ 650~750℃

④ 800~900℃

10 산소아크 절단에 대한 설명으로 옳지 않은 것은?

① 가스 절단에 비해 절단면이 거칠다.

② 직류 정극성이나 교류를 사용한다.

③ 중실(속이 찬) 원형봉의 단면을 가진 강(Steel)전 극을 사용한다.

④ 절단속도가 빨라 철강 구조물 해체, 수중 해체 작업에 이용된다.

해설

산소아크 절단에 사용되는 전극봉은 가운데가 비어 있는 중공의 피복봉으로, 이 전극봉에서 발생되는 아크열을 이용하여 모재를 용융시킨 후 중공 부분으로 절단 산소를 내보내서 절단한다.

11 가스 절단에 영향을 미치는 인자 중 절단속도에 대한 설명으로 옳지 않은 것은?

① 절단속도는 모재의 온도가 높을수록 고속 절단이 가능하다.

② 절단속도는 절단산소의 압력이 높을수록 정비례하여 증가한다.

③ 예열 불꽃의 세기가 약하면 절단속도가 늦어진다.

④ 절단속도는 산소 소비량이 적을수록 정비례하여 증가한다.

해설

절단속도는 산소 소비량이 많을수록 그 발열량도 커지기 때문에 산소 소비량과 정비례하여 증가한다.

12 산소-아세틸렌 가스용접 시 사용하는 토치가 아닌 것은?

① 저압식   ② 절단식

③ 중압식   ④ 고압식

해설

산소-아세틸렌 가스용접용 토치의 사용압력

저압식	중압식	고압식
0.07kgf/cm² 이하	0.07~1.3kgf/cm²	1.3kgf/cm² 이상

13 절단하려는 재료에 전기적 접촉을 하지 않아 금속 재료뿐만 아니라 비금속 절단도 가능한 절단법은?

① 플라스마(Plasma)아크 절단

② 불활성가스 텅스텐(TIG)아크 절단

③ 산소아크 절단

④ 탄소아크 절단

해설

플라스마아크 절단(플라스마제트 절단)

10,000~30,000℃의 높은 온도를 가진 플라스마를 한 방향으로 모아서 분출시키는 것을 플라스마제트라고 하는데 이 열원으로 절단하는 방법이다. 절단하려는 재료에 전기적 접촉을 하지 않아 금속재료와 비금속재료 모두 절단이 가능하다.

14 각종 강재 표면의 탈탄층이나 흠을 얇고 넓게 깎아 결함을 제거하는 방법은?

① 가스가우징   ② 스카핑

③ 선삭   ④ 천공

해설

② 스카핑 : 강괴나 강편, 강재 표면의 흠이나 개재물, 탈탄층 등을 제거하기 위한 불꽃가공으로 가능한 한 얇으면서 타원형의 모양으로 표면을 깎아내는 가공법

① 가스가우징 : 용접결함이나 가접부 등의 제거를 위해 사용하는 방법으로, 가스 절단과 비슷한 토치를 사용해 용접부의 뒷면을 따내거나 U형이나 H형의 용접 홈을 가공하기 위하여 깊은 홈을 파내는 가공법

③ 선삭 : 선반을 이용한 가공법

④ 천공 : 구멍을 뚫는 가공법

15 다음 중 아크에어가우징의 설명으로 옳은 것은?

① 압축공기의 압력은 1~2kgf/cm²이 적당하다.

② 비철금속에는 적용되지 않는다.

③ 용접 균열 부분이나 용접결함부를 제거하는 데 사용한다.

④ 그라인딩이나 가스가우징보다 작업능률이 낮다.

해설

아크에어가우징

탄소아크절단법에 고압(5~7kgf/cm²)의 압축공기를 병용하는 방법이다. 용융된 금속에 탄소봉과 평행으로 분출하는 압축공기를 전극 홀더의 끝부분에 위치한 구멍을 통해 연속해서 불어내어 홈을 파내는 방법으로 홈 가공이나 구멍 뚫기, 절단작업에 사용된다. 철이나 비철금속에 모두 이용할 수 있으며, 가스가우징보다 작업능률이 2~3배 높고, 모재에도 해를 입히지 않는다.

16 TIG 용접에서 전극봉의 마모가 심하지 않으면서 청정작용이 있고, 알루미늄이나 마그네슘 용접에 가장 적합한 전원 형태는?

① 직류정극성(DCSP)
② 직류역극성(DCRP)
③ 고주파 교류(ACHF)
④ 일반 교류(AC)

해설
TIG 용접에서 고주파 교류(ACHF)를 사용하면 직류정극성과 직류 역극성의 중간 형태인 용입을 얻을 수 있으며, 전극봉의 마모도 심하지 않다. 금속보다는 알루미늄이나 마그네슘의 용접에 가장 적합하다.

17 MIG 용접 시 사용되는 전원이 사용하는 직류의 특성은?

① 수하 특성
② 동전류 특성
③ 정전압 특성
④ 정극성 특성

해설
용접기는 아크 안정성을 위해 외부특성곡선이 필요하다. 외부특성 곡선이란 부하전류와 부하단자전압의 관계를 나타낸 곡선으로, 피복아크용접에서는 수하 특성을, MIG나 CO_2용접기는 정전압 특성이나 상승 특성을 사용한다.

용접기의 외부특성곡선의 종류
• 정전압 특성(CP 특성 ; Constant Voltage Characteristic) : 전류가 변해도 전압은 거의 변하지 않는다.
• 정전류 특성(CC 특성 ; Constant Current) : 전압이 변해도 전류는 거의 변하지 않는다.
• 수하 특성(DC 특성 ; Drooping Characteristic) : 전류가 증가하면 전압이 낮아진다.
• 상승 특성(RC 특성 ; Rising Characteristic) : 전류가 증가하면 전압이 약간 높아진다.

18 서브머지드아크용접에서 동일한 전류, 전압의 조건에서 사용되는 와이어 지름의 영향에 대한 설명 중 옳은 것은?

① 와이어의 지름이 크면 용입이 깊다.
② 와이어의 지름이 작으면 용입이 깊다.
③ 와이어의 지름과 상관이 없이 같다.
④ 와이어의 지름이 커지면 비드폭이 좁아진다.

해설
서브머지드아크용접은 전류밀도가 크기 때문에 동일한 전류, 전압의 조건에서 와이어 지름이 작으면 열이 집중도가 더 좋아져서 용입이 더 깊다.

19 탄산가스(CO_2)아크용접에 대한 설명을 옳지 않은 것은?

① 전자세용접이 가능하다.
② 용착금속의 기계적, 야금적 성질이 우수하다.
③ 용접전류의 밀도가 낮아 용입이 얕다.
④ 가시(可視)아크이므로 시공이 편리하다.

해설
CO_2가스아크용접의 특징
• 조작이 간단하다.
• 용접밀도가 크고 용입이 깊다.
• 가시아크로 시공이 편리하다.
• 철 재질의 용접에만 한정된다.
• 전자세용접이 가능하다.
• 용착금속의 강도와 연신율이 크다.
• MIG용접에 비해 용착금속에 기공의 발생이 적다.
• 보호가스가 저렴한 탄산가스이므로 경비가 적게 든다.
• 킬드강이나 세미킬드강, 림드강도 쉽게 용접할 수 있다.
• 아크와 용융지가 눈에 보여 정확한 용접이 가능하다.
• 산화 및 질화가 되지 않아 양호한 용착금속을 얻을 수 있다.
• 용접의 전류밀도가 커서 용입이 깊고 용접속도를 빠르게 할 수 있다.
• 용착금속 내부의 수소 함량이 타 용접법보다 적어 은점이 생기지 않는다.
• 용제가 사용되지 않아 슬래그의 잠입이 적으며 슬래그를 제거하지 않아도 된다.
• 아크 특성에 적합한 상승 특성을 갖는 전원을 사용하므로 스패터의 발생이 적고 안정된 아크를 얻는다.

20 플라스마아크용접에 대한 설명으로 옳지 않은 것은?

① 아크 플라스마의 온도는 10,000~30,000℃에 달한다.

② 핀치효과에 의해 전류밀도가 커서 용입이 깊고 비드폭이 좁다.

③ 무부하전압이 일반 아크용접기에 비하여 2~5배 정도 낮다.

④ 용접장치 중에 고주파발생장치가 필요하다.

해설

플라스마아크용접의 특징
- 용접 변형이 작다.
- 용접의 품질이 균일하다.
- 용접부의 기계적 성질이 좋다.
- 용접속도를 크게 할 수 있다.
- 용입이 깊고 비드폭이 좁다.
- 용접장치 중 고주파발생장치가 필요하다.
- 용접속도가 빨라서 가스 보호가 안 된다.
- 무부하전압이 일반 아크용접기보다 2~5배 더 높다.
- 핀치효과에 의해 전류밀도가 크고, 안정적이며 보유 열량이 크다.
- 아크용접에 비해 10~100배의 높은 에너지밀도를 가짐으로써 10,000~30,000℃의 고온 플라스마를 얻으므로 철과 비철금속의 용접과 절단에 이용된다.
- 스테인리스강이나 저탄소 합금강, 구리합금, 니켈합금과 같이 비교적 용접하기 힘든 재료도 용접이 가능하다.
- 판 두께가 두꺼울 경우 토치 노즐이 용접 이음부의 루트면까지의 접근이 어려워서 모재의 두께는 25mm 이하로 제한을 받는다.

21 실드가스로서 주로 탄산가스를 사용하여 용융부를 보호하여 탄산가스 분위기 속에서 아크를 발생시켜 그 아크열로 모재를 용융시켜 용접하는 방법은?

① 테르밋용접

② 실드용접

③ 전자빔용접

④ 일렉트로가스아크용접

해설

① 테르밋용접 : 금속 산화물과 알루미늄이 반응하여 열과 슬래그를 발생시키는 테르밋반응을 이용하는 용접법이다. 강을 용접할 경우에는 산화철과 알루미늄 분말을 3：1로 혼합한 테르밋제를 만든 후 냄비의 역할을 하는 도가니에 넣은 후 점화제를 약 1,000℃로 점화시키면 약 2,800℃의 열이 발생되어 용접용 강이 만들어지는데, 이 강을 용접 부위에 주입 후 서랭하여 용접을 완료한다. 주로 철도 레일이나 차축, 선박의 프레임 접합에 사용된다.

③ 전자빔용접 : 고밀도로 집속되고 가속화된 전자빔을 높은 진공 속에서 용접물에 고속도로 조사시키면 빛과 같은 속도로 이동한 전자가 용접물에 충돌하면서 전자의 운동에너지를 열에너지로 변환시켜 국부적으로 고열을 발생시키는데, 이때 생긴 열원으로 용접부를 용융시켜 용접하는 방식이다. 텅스텐(3,410℃)과 몰리브덴(2,620℃)과 같이 용융점이 높은 재료의 용접에 적합하다.

22 전자빔용접의 일반적인 특징에 대한 설명으로 옳지 않은 것은?

① 불순가스에 의한 오염이 적다.

② 용접 입열이 작아 용접 변형이 작다.

③ 텅스텐, 몰리브덴 등 고용융점 재료의 용접이 가능하다.

④ 에너지밀도가 낮아 용융부나 열영향부가 넓다.

해설

- 전자빔용접 : 고밀도로 집속되고 가속화된 전자빔을 높은 진공($10^{-6} \sim 10^{-4}$mmHg) 속에서 용접물에 고속도로 조사시키면 빛과 같은 속도로 이동한 전자가 용접물에 충돌하면서 전자의 운동에너지를 열에너지로 변환시켜 국부적으로 고열을 발생시키는데, 이때 생긴 열원으로 용접부를 용융시켜 용접하는 방식이다. 텅스텐(3,410℃)과 몰리브덴(2,620℃)과 같이 용융점이 높은 재료의 용접에 적합하다.
- 전자빔용접의 장점 및 단점

장 점	• 에너지밀도가 크다. • 용접부의 성질이 양호하다. • 아크용접에 비해 용입이 깊다. • 활성재료가 용이하게 용접이 된다. • 고용융점 재료의 용접이 가능하다. • 아크 빔에 의해 열의 집중이 잘된다. • 고속절단이나 구멍 뚫기에 적합하다. • 얇은 판에서 두꺼운 판까지 용접할 수 있다(응용 범위가 넓다). • 높은 진공 상태에서 행해지므로 대기와 반응하기 쉬운 재료도 용접이 가능하다. • 진공 중에서도 용접하므로 불순가스에 의한 오염이 적고 높은 순도의 용접이 된다. • 용접부가 작아서 용접부의 입열이 작고, 용입이 깊어 용접 변형이 적고 정밀 용접이 가능하다.
단 점	• 용접부에 경화현상이 생긴다. • X선 피해에 대한 특수보호장치가 필요하다. • 진공 중에서 용접하기 때문에 진공 상자의 크기에 따라 모재 크기가 제한된다.

23 레이저용접(Laser Welding)에 대한 설명으로 옳지 않은 것은?

① 모재의 열 변형이 거의 없다.

② 이종금속의 용접이 가능하다.

③ 미세하고 정밀한 용접을 할 수 있다.

④ 접촉식 용접방법이다.

해설

레이저빔용접(레이저용접)
- 좁고 깊은 용접부를 얻을 수 있다.
- 이종금속의 용접이 가능하다.
- 미세하고 정밀한 용접이 가능하다.
- 접근이 곤란한 물체의 용접이 가능하다.
- 열 변형이 거의 없는 비접촉식 용접법이다.
- 전자빔용접기 설치비용보다 설치비가 저렴하다.
- 고속용접과 용접공정의 융통성을 부여할 수 있다.
- 전자부품과 같은 작은 크기의 정밀용접이 가능하다.
- 용접 입열이 매우 작으며, 열영향부의 범위가 좁다.
- 용접될 물체가 불량 도체인 경우에도 용접이 가능하다.
- 에너지밀도가 매우 높으며, 고용점을 가진 금속의 용접에 이용한다.
- 접합되어야 할 부품의 조건에 따라서 한면용접으로 접합이 가능하다.
- 열원이 빛의 빔이기 때문에 투명재료를 써서 어떤 분위기 속(공기, 진공)에서도 용접이 가능하다.

24 저항용접의 3대 요소에 해당하는 것은?

① 가압력, 통전시간, 전류의 세기

② 가압력, 통전시간, 전압의 세기

③ 가압력, 냉각수량, 전류의 세기

④ 가압력, 냉각수량, 전압의 세기

해설

저항용접의 3요소
- 가압력
- 용접전류
- 통전시간

25 이음 형상에 따른 저항용접의 분류 중 맞대기용접이 아닌 것은?

① 플래시용접
② 버트심용접
③ 점용접
④ 퍼커션용접

해설
점(Spot)용접은 겹치기 저항용접에 해당한다.

26 미국에서 개발된 것으로 기계적인 진동이 모재의 융점 이하에서도 용접부가 두 소재 표면 사이에서 형성되도록 하는 용접은?

① 테르밋용접
② 원자수소용접
③ 금속아크용접
④ 초음파용접

해설
초음파용접은 용접물을 겹쳐서 용접 팁과 하부의 앤빌 사이에 끼워 놓고 압력을 가하면서 초음파 주파수(약 18kHz 이상)로 직각 방향으로 진동을 주면서 그 마찰열로 압접시키는 용접법이다.

27 주철용접 시 주의사항으로 옳지 않은 것은?

① 용접전류는 필요 이상 높이지 말고 지나치게 용입을 깊게 하지 않는다.
② 비드의 배치는 짧게 해서 여러 번의 조작으로 완료한다.
③ 용접봉은 가급적 지름이 굵은 것을 사용한다.
④ 용접부를 필요 이상 크게 하지 않는다.

해설
주철용접 시 주의사항
• 용입을 지나치게 깊게 하지 않는다.
• 용접전류는 필요 이상으로 높이지 않는다.
• 용접부를 필요 이상으로 크게 하지 않는다.
• 용접봉은 되도록 지름이 가는 것을 사용한다.
• 비드 배치는 짧게 해서 여러 번의 조작으로 완료하도록 한다.
• 가열되어 있을 때 피닝작업을 하여 변형을 줄이는 것이 좋다.
• 균열의 보수는 균열의 연장을 방지하기 위하여 균열의 끝에 작은 구멍을 뚫는다.

28 직류아크용접기와 교류아크용접기를 비교한 내용으로 옳지 않은 것은?

① 아크 안정 : 직류용접기가 교류용접기보다 우수하다.
② 전격의 위험 : 직류용접기가 교류용접기보다 높다.
③ 구조 : 직류용접기가 교류용접기보다 복잡하다.
④ 역률 : 직류용접기가 교류용접기보다 매우 양호하다.

해설
직류아크용접기와 교류아크용접기의 차이점

구 분	직류아크용접기	교류아크용접기
아크 안정성	우수하다.	보통이다.
비피복봉 사용 여부	가능하다.	불가능하다.
극성 변화	가능하다.	불가능하다.
아크(자기) 쏠림 방지	불가능하다.	가능하다.
무부하전압	약간 낮음(40~60V).	높음(70~80V).
전격의 위험	작다.	크다.
유지보수	다소 어렵다.	쉽다.
고 장	비교적 많다.	적다.
구 조	복잡하다.	간단하다.
역 률	양호하다.	불량하다.
가 격	고가이다.	저렴하다.

29 아크용접작업에서 전격의 방지대책으로 옳지 않은 것은?

① 절단 홀더의 절연 부분이 노출되면 즉시 교체한다.
② 홀더나 용접봉은 절대로 맨손으로 취급하지 않는다.
③ 밀폐된 공간에서는 자동 전격방지기를 사용하지 않는다.
④ 용접기의 내부에 함부로 손을 대지 않는다.

해설
용접기의 전원은 전기를 사용하므로 감전을 대비하여 장소를 불문하고 전격방지기를 내장하고 있어야 한다. 전격은 강한 전류를 갑자기 몸에 느꼈을 때의 충격으로, 용접기에는 작업자의 전격을 방지하기 위해서 반드시 전격방지기를 부착해야 한다. 전격방지기는 작업을 쉬는 동안에 2차 무부하전압이 항상 25V 정도로 유지되도록 하여 전격을 방지한다.

30 주철에서 탄소와 규소의 함유량에 의해 분류한 조직의 분포를 나타낸 것은?

① TTT 곡선
② Fe-C 상태도
③ 공정반응조직도
④ 마우러(Maurer)조직도

31 순철은 상온에서 어떤 조직을 갖는가?

① γ-Fe의 오스테나이트
② α-Fe의 페라이트
③ α-Fe의 펄라이트
④ γ-Fe의 마텐자이트

해설
고체 상태에서 순철은 온도의 변화에 따라 α철-페라이트 조직, γ철-오스테나이트 조직, δ철로 변하는데 상온에서의 철은 α철-페라이트 조직이다. 그리고 이 3개는 철의 동소체이며 결정격자는 α철(체심입방격자), γ철(면심입방격자), δ철(체심입방격자)이다.

32 고Ni의 초고장력강이며, 1,370~2,060MPa의 인장강도와 높은 인성을 가진 석출경화형 스테인리스강의 일종은?

① 마레이징(Maraging)강
② Cr 18%-Ni 8%의 스테인리스강
③ 13% Cr강의 마텐자이트계 스테인리스강
④ Cr 12~17%, C 0.2%의 페라이트계 스테인리스강

해설
마레이징(Maraging)강
18%의 Ni이 함유된 고니켈합금으로 인장강도가 약 1,400~2,800 MPa인 초고장력강이다. 석출경화형 스테인리스강의 일종으로 무탄소로 마텐자이트조직에서 금속간 화합물을 미세하게 석출하여 강인성을 높인 강이다. 500℃ 부근의 시효처리만으로도 고강도가 얻어지며, 열처리 변형이 작다는 특징을 갖는다. 고체연료 로켓이나 초고속 원심분리기, 각종 금형용 재료로 사용된다.

33 일반적으로 고장력강은 인장강도가 몇 N/mm^2 이상인가?

① 290 ② 390
③ 490 ④ 690

해설
• 고장력강 : 50kgf/mm^2 = 490N/mm^2 이상인 강
• 보통강 : 50kgf/mm^2 = 490N/mm^2 이하인 강

34 스테인리스강 중에서 내식성, 내열성, 용접성이 우수하여 대표적인 조성이 18Cr-8Ni인 계통은?

① 마텐자이트계 ② 페라이트계

③ 오스테나이트계 ④ 소르바이트계

> **해설**
>
> 스테인리스강의 분류
>
> | 구 분 | 종 류 | 주요성분 | 자 성 |
> |---|---|---|---|
> | Cr계 | 페라이트계 스테인리스강 | Fe + Cr 12% 이상 | 자성체 |
> | | 마텐자이트계 스테인리스강 | Fe + Cr 13% | 자성체 |
> | Cr+Ni계 | 오스테나이트계 스테인리스강 | Fe + Cr 18% + Ni 8% | 비자성체 |
> | | 석출경화계 스테인리스강 | Fe + Cr + Ni | 비자성체 |
>
> ※ 18-8스테인리스강은 18%의 Cr과 8%의 Ni이 합금된 것으로, 오스테나이트계 스테인리스강이라고도 한다.

35 레데부라이트(Ledeburite)에 대한 설명으로 옳은 것은?

① δ고용체의 석출을 끝내는 고상선

② Cementite의 용해 및 응고점

③ γ고용체로부터 α고용체와 Cementite가 동시에 석출되는 점

④ γ고용체와 Fe_3C의 공정주철

> **해설**
>
> 레데부라이트는 순수한 철에 C의 함유량이 약 4.3%인 금속조직으로, 융체(L)와 γ고용체 + Fe_3C 간 반응에 의해 생성되는 금속조직이다. 일반적으로 공정주철(γ고용체 + Fe_3C)이라고 한다.

36 2종 이상의 금속원자가 간단한 원자비로 결합되어 본래의 물질과는 전혀 다른 결정격자를 형성하는 것은?

① 동소변태 ② 금속간 화합물

③ 고용체 ④ 편 석

> **해설**
>
> ② 금속간 화합물 : 일종의 합금으로, 두 가지 이상의 원소를 간단한 원자의 정수비로 결합시킴으로써 원하는 성질의 재료를 만들어낸 결과물이다.
>
> ① 동소변태 : 동일한 원소 내에서 온도 변화에 따라 원자 배열이 바뀌는 현상으로, 철(Fe)은 고체 상태에서 910℃의 열을 받으면 체심입방격자(BCC) → 면심입방격자(FCC)로, 1,400℃에서는 FCC → BCC로 바뀐다. 열을 잃을 때는 반대가 된다.
>
> ③ 고용체 : 두 개 이상의 고체가 일정한 조성으로 완전하게 균일한 상을 이룬 혼합물이다.
>
> ④ 편석 : 합금원소나 불순물이 균일하지 못하고 편중되어 있는 상태이다.

37 구리 및 구리합금의 가스용접용 용제에 사용되는 물질은?

① 중탄산소다 ② 염화칼슘

③ 붕 사 ④ 황산칼륨

> **해설**
>
> 가스용접 시 재료에 따른 용제의 종류
>
> | 재 질 | 용 제 |
> |---|---|
> | 연 강 | 용제를 사용하지 않는다. |
> | 반경강 | 중탄산소다, 탄산소다 |
> | 주 철 | 붕사, 탄산나트륨, 중탄산나트륨 |
> | 알루미늄 | 염화칼륨, 염화나트륨, 염화리튬, 플루오린화칼륨 |
> | 구리합금 | 붕사, 염화리튬 |
>
> 가스용접용 용제의 특징
> - 용융온도가 낮은 슬래그를 생성한다.
> - 모재의 용융점보다 낮은 온도에서 녹는다.
> - 일반적으로 연강은 용제를 사용하지 않는다.
> - 불순물을 제거함으로써 용착금속의 성질을 좋게 한다.
> - 용접 중에 생기는 금속의 산화물이나 비금속 개재물을 용해한다.
> - 단독으로 사용하는 것보다 혼합제로 사용하는 것이 좋다.
> - 용제를 지나치게 많이 사용하면 오히려 용접을 곤란하게 한다.
> - 용접 직전의 모재 및 용접봉에 얇게 바른 다음 불꽃으로 태워 사용한다.

38 황동에 납(Pb)을 첨가하여 절삭성을 좋게 한 황동으로 스크루, 시계용 기어 등의 정밀가공에 사용되는 합금은?

① 리드브래스(Lead Brass)
② 문쯔메탈(Muntz Metal)
③ 틴브래스(Tin Brass)
④ 실루민(Silumin)

해설
리드브래스는 연함유 황동이라고도 하는데, Pb이 3% 정도 함유된 쾌삭황동의 일종이다.

39 동일한 강도의 강에서 노치의 인성을 높이기 위한 방법이 아닌 것은?

① 탄소량을 적게 한다.
② 망가니즈를 될수록 적게 한다.
③ 탈산이 잘되도록 한다.
④ 조직이 치밀하도록 한다.

해설
망가니즈(Mn)는 탄소강에 함유된 황(S)을 MnS로 석출시켜 적열취성을 방지하고 고온에서 결정립의 성장을 억제하기 때문에 함유량을 적게 하면 오히려 노치부의 인성을 저하시킨다.

[노치부]

40 용접 후 강재를 연화시키기 위하여 기계적, 물리적 특성을 변화시켜 함유가스를 방출시키는 것으로 일정시간 가열 후 노 안에서 서랭하는 금속의 열처리 방법은?

① 불 림　　　　　② 뜨 임
③ 풀 림　　　　　④ 재결정

해설
③ 풀림(Annealing) : 재질을 연하고(연화시키고), 균일화시키거나 내부응력을 제거할 목적으로 실시하는 열처리법으로, 완전 풀림은 A₃ 변태점(968℃) 이상의 온도로, 연화풀림은 650℃ 정도의 온도로 가열한 후 서랭한다.
① 불림(Normalizing) : 담금질 정도가 심하거나 결정입자가 조대해진 강, 소성가공이나 주조로 거칠어진 조직을 표준화 조직으로 만들기 위해 A₃점(968℃)이나 Acm(시멘타이트)점보다 30∼50℃ 이상의 온도로 가열 후 공랭시킨다.
② 뜨임(Tempering) : 담금질한 강을 A₁ 변태점(723℃) 이하로 가열 후 서랭하는 것으로, 담금질로 경화된 재료에 인성을 부여하고 내부응력을 제거한다.
④ 재결정 : 온도에 따른 용해도 차이를 이용하여 다시 결정화시키는 방법이다.

41 응력제거 열처리법 중에서 노 내 풀림 시 판 두께가 35mm인 일반구조용 압연강재, 용접구조용 압연강재 또는 탄소강의 경우 일반적으로 노 내 풀림 온도로 가장 적당한 것은?

① 300±25℃　　　② 400±25℃
③ 525±25℃　　　④ 625±25℃

해설
응력제거 풀림
주조나 단조, 기계가공, 용접으로 금속재료에 생긴 잔류응력을 제거하기 위한 열처리의 일종으로, 구조용 강의 경우 약 550∼650℃의 온도범위로 일정한 시간을 유지하였다가 노 속에서 냉각시킨다. 충격에 대한 저항력과 응력 부식에 대한 저항력을 증가시키고 크리프 강도도 향상시킨다. 그리고 용착금속 중 수소 제거에 의한 연성을 증대시킨다.

42 맞대기용접이음에서 모재의 인장강도가 50N/mm²이고, 용접시험편의 인장강도가 25N/mm²로 나타났을 때 이음효율은?

① 40% ② 50%

③ 60% ④ 70%

해설

용접부의 이음효율(η)

$$\eta = \frac{\text{시험편 인장강도}}{\text{모재 인장강도}} \times 100\%$$

$$= \frac{25\text{N/mm}^2}{50\text{N/mm}^2} \times 100\% = 50\%$$

43 용접설계 시 일반적인 주의사항으로 옳지 않은 것은?

① 용접에 적합한 구조를 설계해야 한다.

② 반복하중을 받는 이음에서는 특히 이음 표면을 볼록하게 한다.

③ 용접이음을 한곳으로 집중 근접시키지 않도록 한다.

④ 강도가 약한 필릿용접은 가급적 피한다.

해설

굴곡이 있을 경우 그 경계부에 균열이 발생하기 때문에 반복하중을 받는 이음은 표면을 편평하게 해야 한다.

44 기계나 용접구조물을 설계할 때 각 부분에서 최대로 허용되는 응력은?

① 사용응력 ② 잔류응력

③ 허용응력 ④ 극한 강도

해설

① 사용응력 : 실제 구조물에 적용하고 있는 응력이다.

② 잔류응력 : 재료의 내부에 존재하는 응력으로 주로 결정립계 주위에 몰려 있다.

④ 극한 강도 : 재료가 파단되기 전에 외력에 버틸 수 있는 최대의 응력이다.

45 용접이음 설계에서 홈의 특징에 대한 설명으로 옳지 않은 것은?

① I형 홈은 홈 가공이 쉽고 루트 간격을 좁게 하면 용착금속의 양도 적어져서 경제적인 면에서 우수하다.

② V형 홈은 홈 가공이 비교적 쉽지만 판의 두께가 두꺼워지면 용착금속량이 증대한다.

③ X형 홈은 양쪽에서의 용접에 의해 완전한 용입을 얻는 데 적합하다.

④ U형 홈은 두꺼운 판을 양쪽에서 용적에 의해서 충분한 용입을 얻으려고 할 때 사용한다.

해설

홈(Groove)의 형상에 따른 특징

홈의 형상	특 징
I형	• 가공이 쉽고 용착량이 적어서 경제적이다. • 판이 두꺼워지면 이음부를 완전히 녹일 수 없다.
V형	• 한쪽 방향에서 완전한 용입을 얻고자 할 때 사용한다. • 홈 가공이 용이하지만, 두꺼운 판에서는 용착량이 많아지고 변형이 일어난다.
X형	• 후판(두꺼운 판)용접에 적합하다. • 홈 가공이 V형에 비해 어렵지만 용착량이 적다. • 양쪽에서 용접하므로 완전한 용입을 얻을 수 있다.
U형	• 홈 가공이 어렵다. • 두꺼운 판에서는 비드의 너비가 좁고 용착량도 적다. • 두꺼운 판을 한쪽 방향에서 충분한 용입을 얻고자 할 때 사용한다. • V형 홈에 비해 홈의 폭이 좁아도 되고 루트 간격을 '0'으로 해도 용입이 좋다.
H형	• 두꺼운 판을 양쪽에서 용접하므로 완전한 용입을 얻을 수 있다.
J형	• 한쪽 V형이나 K형 홈보다 두꺼운 판에 사용한다.

46 가접에 대한 설명으로 옳지 않은 것은?

① 부재강도상 중요한 곳은 가접을 피한다.

② 가접할 때 용접봉은 본용접봉보다 지름이 굵은 것을 사용한다.

③ 본용접사와 동등한 기량을 갖는 용접자로 하여금 가접을 하게 한다.

④ 본용접 전에 좌우의 홈 부분을 잠정적으로 고정하기 위한 짧은 용접이다.

해설

가접은 본용접 전 재료를 고정시키기 위한 것으로 변형 방지를 위해 가는 용접봉으로 작업한다.

47 용접 후 열처리의 목적이 아닌 것은?

① 용접 잔류응력 제거

② 용접 열영향부 조직 개선

③ 응력 부식 균열 방지

④ 아크 열량 부족 보충

해설

용접 후 열처리의 목적

• 잔류응력 제거

• 응력 부식 균열 방지

• 용접재료의 급랭 및 급열로 인한 변형 방지

• 열영향부(HAZ ; Heat Affected Zone)의 조직 개선

48 필릿용접에서 'a5 △4 × 300(50)'에 대한 설명으로 옳은 것은?

① 목 두께 5mm, 용접부 수 4, 용접 길이 300mm, 인접한 용접부 간격 50mm

② 판 두께 5mm, 용접 두께 4mm, 용접 피치 300mm, 인접한 용접부 간격 50mm

③ 용입 깊이 5mm, 경사 길이 4mm, 용접 피치 300mm, 용접부 수 50

④ 목 길이 5mm, 용입 깊이 4mm, 용접 길이 300mm, 용접부 수 50

해설

단속필릿용접부 표시기호

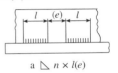

$$a \,\triangle\, n \times l(e)$$

• a : 목 두께

• △ : 필릿용접기호

• n : 용접부 수

• l : 용접 길이

• (e) : 인접한 용접부 간격

49 용접금속의 파단면이 매우 미세한 주상정(柱狀晶)이 서릿발 모양으로 병립하고 그 사이에 현미경으로 보이는 정도의 비금속 개재물이나 기공을 포함한 조직이 나타나는 결함은?

① 선상조직   ② 은 점

③ 슬래그 혼입   ④ 용입 불량

해설

① 선상조직 : 표면이 눈꽃 모양의 조직을 나타내는 것으로 인(P)을 많이 함유하는 강에 나타나는 편석의 일종이다. 용접금속의 파단면에 미세한 주상정이 서릿발 모양으로 병립하고 그 사이에 현미경으로 확인 가능한 비금속 개재물이나 기공을 포함한다.

② 은점 : 수소가스에 의해 발생하는 불량으로, 용착금속의 파단면에 은백색을 띤 물고기 눈 모양의 결함이다.

③ 슬래그 혼입 : 용접금속의 내부에 슬래그가 혼입된 불량이다.

④ 용입 불량 : 모재에 용가재가 모두 채워지지 않는 불량이다.

50 변형방지용 지그의 종류 중 다음 그림과 같이 사용된 지그는?

① 바이스 지그
② 스트롱백 지그
③ 탄성 역변형 지그
④ 판넬용 탄성 역변형 지그

해설

스트롱백은 용접 시 사용되는 지그의 일종으로 가접을 피하기 위해서 피용접물을 구속시키기 위한 변형방지용 도구이다.

용접 변형방지용 지그

바이스 지그	
스트롱백 지그	
역변형 지그	

51 설계단계에서 용접부 변형을 방지하기 위한 방법이 아닌 것은?

① 용접 길이가 감소될 수 있는 설계를 한다.
② 변형이 작아질 수 있는 이음 부분을 배치한다.
③ 보강재 등 구속이 커지도록 구조설계를 한다.
④ 용착금속을 증가시킬 수 있는 설계를 한다.

해설

용접부의 변형을 방지하려면 용접 시 발생되는 입열량을 줄여야 한다. 이를 줄이려면 가급적 용접시간을 줄이고 용착금속을 강도에 영향을 미치지 않는 한 최소가 되도록 설계해야 한다.

52 아크용접용 로봇에서 용접작업에 필요한 정보를 사람이 로봇에게 시키는 장치는?

① 전원장치
② 조작장치
③ 교시장치
④ 머니퓰레이터

해설

• 교시(敎示)장치 : 머니퓰레이터의 동작 순서나 위치, 속도를 설정하는 작업을 로봇에게 지령하는 장치이다.
• 머니퓰레이터 : 원격의 거리에서 조종할 수 있는 로봇으로, 집게팔이 대표적이며 매직핸드라고도 한다.

53 비파괴검사법 중 표면 바로 밑의 결함 검출에 가장 좋은 검사법은?

① 방사선투과시험
② 육안검사시험
③ 자기탐상시험
④ 침투탐상시험

해설

방사선투과검사(Radiography Test)

용접부 뒷면에 필름을 놓고 용접물 표면에 X선이나 γ선을 방사하여 용접부를 통과시키면 금속 내부에 구멍이 있을 경우 그만큼 투과되는 두께가 얇아져서 필름에 방사선의 투과량은 그만큼 많아지게 되므로 다른 곳보다 검게 됨을 확인함으로써 불량을 검출하는 방법이다. 표면 바로 밑의 결함은 곧 내부결함을 의미하므로 내부 결함에 적합한 비파괴검사법은 방사선투과시험법이다.

비파괴시험법의 종류

비파괴시험	내부결함	방사선투과시험(RT)
		초음파탐상시험(UT)
	표면결함	외관검사(육안검사, VT)
		자분탐상검사(자기탐상검사, MT)
		침투탐상검사(PT)
		누설검사(LT)

54 화학물질을 안전하게 관리 및 사용하기 위해 필요한 정보를 기재한 Date Sheet로 16가지의 항목을 상세하게 기록하고 있는 것은?

① MSDS(물질안전보건자료)
② ERP(전사적 자원관리)
③ TAT(턴 어라운드 타임)
④ CAD(컴퓨터응용설계)

55 작업의 관리사이클 순서 중 가장 처음으로 실시해야 하는 것은?

① 계획(Plan)　　② 실시(Do)
③ 체크(Check)　　④ 액션(Act)

해설

관리사이클의 순서

P 계획 (Plan)	→	D 실시 (Do)	→	C 체크 (Check)	→	A 조치 (Act)

56 관리도 중 계수치 관리도에 속하는 것은?

① x 관리도　　② P관리도
③ R관리도　　④ x̄ – R관리도

해설

관리도의 종류

분류	관리도 종류	주요 특징
계량값 관리도	x̄–R 관리도	평균치와 범위 관리도
	x 관리도	발생데이터 관리도
	Me–R 관리도	중위수와 범위 관리도
	R 관리도	범위 관리도
계수치 관리도	c 관리도	결점수 관리도
	u 관리도	단위당 결점수 관리도
	P 관리도	불량률 관리도
	nP 관리도	불량 개수 관리도

57 브레인스토밍(Brainstorming)과 관련 있는 것은?

① 파레토도
② 히스토그램
③ 회귀분석
④ 특성요인도

해설

• 브레인스토밍 : 창의적인 아이디어를 이끌어내는 회의기법으로, 구성원들이 자발적으로 자연스럽게 제시한 아이디어를 모두 기록하여 특정한 문제에 대한 좋은 아이디어를 얻어내는 방법이다.
• 특성요인도 : 문제가 되는 특성과 그 특성에 영향을 미친다고 여기는 요인과의 관계를 계통으로 그린 그림이다. 특성에 미치는 요인의 영향도는 수치로 파악하여 파레토 그림으로 표현하는데 수치로 표현하지 않을 경우는 그에 영향을 미친다고 생각되는 것을 브레인스토밍 방식으로 검토해서 적용한다.

58 설비보전조직 중 지역보전(Area Maintenance)의 장단점에 해당하지 않는 것은?

① 현장 왕복시간이 증가한다.
② 조업요원과 지역보전요원과의 관계가 밀접해진다.
③ 보전요원이 현장에 있으므로 생산 본위가 되며 생산 의욕을 가진다.
④ 같은 사람이 같은 설비를 담당하므로 설비를 잘 알며 충분한 서비스를 할 수 있다.

해설

지역보전은 조직상으로는 집중보전과 비슷하며, 보전지역은 각 지역에 분산되어 있다. 지역이란 지리적 혹은 제품별, 제조별, 제조부문별 구분을 의미하는데 각 지역에 위치한 보전조직은 각각의 생산현장에 위치하므로 현장의 왕복시간은 타 보전법에 비해 줄어든다.

59 모든 보전작업자가 한 명의 관리자 밑에 조직되며 보전현장도 한곳으로 집중되는 설비보전 조직의 형태는?

① 절충보전

② 지역보전

③ 집중보전

④ 부문보전

해설

③ 집중보전 : 모든 보전작업자가 한 명의 관리자 밑에 조직되며 보전현장도 한곳으로 집중된다. 설계나 예방보전의 관리, 공사 관리도 모두 한곳에서 집중적으로 이루어진다.

① 절충보전 : 지역보전이나 부문보전과 집중보전을 조합시켜 각 각의 장단점을 고려한 방식이다.

② 지역보전 : 조직상으로는 집중보전과 비슷하며 보전지역은 각 지역에 분산되어 있다. 여기서 지역이란 지리적 또는 제품별, 제조별, 제조 부문별 구분을 의미한다.

④ 부문보전 : 보전작업자는 조직상 각 제조 부문의 감독자 밑에 둔다.

60 제품의 작업 순서대로 모든 제품을 검사하는 방식은?

① 자주검사

② 간접검사

③ 전수검사

④ 샘플링검사

해설

① 자주검사 : 작업자가 스스로 만든 제품을 검사하는 방식이다.

② 간접검사 : 제품을 직접적으로 검사하지 못할 경우 제품 제작공 정이나 장비, 작업자 등을 관리하면서 검사하는 방식이다.

④ 샘플링검사 : 로트(Lot)에서 무작위(랜덤)로 시료를 추출하여 검사한 후 그 결과에 따라 로트 전체의 합격과 불합격을 판정하 는 검사방법이다.

01 다음 중 용접이음의 단점이 아닌 것은?

① 내부결함이 생기기 쉽고 정확한 검사가 어렵다.
② 용접사의 기능에 따라 용접부의 강도가 좌우된다.
③ 다른 이음작업과 비교하여 작업 공정이 많은 편이다.
④ 잔류응력이 발생하기 쉬워서 이를 제거해야 하는 작업이 필요하다.

해설
용접은 다른 이음작업에 비해 작업 공정이 적은편이다.
용접이음의 단점
• 내부결함이 생기기 쉽고 정확한 검사가 어렵다.
• 용접공의 기능에 따라 용접부의 강도가 좌우된다.
• 잔류응력이 발생하기 쉬워 이를 제거해야 하는 작업이 필요하다.

02 다음 용접법 중 압접에 해당되는 것은?

① MIG용접
② 서브머지드 아크용접
③ 점용접
④ TIG용접

해설
용접법의 분류

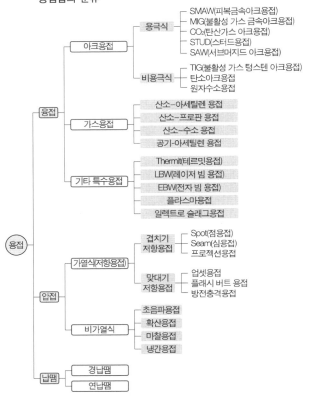

03 피복아크용접봉의 단면적 1mm²에 대한 적당한 전류밀도는?

① 6~9A
② 10~13A
③ 14~17A
④ 18~21A

04 직류아크용접기에서 발전형과 비교한 정류기형의 특징에 대한 설명으로 옳지 않은 것은?

① 소음이 작다.

② 취급이 간편하고 가격이 저렴하다.

③ 교류를 정류하므로 완전한 직류를 얻는다.

④ 보수·점검이 간단하다.

해설

직류아크용접기의 종류별 특징

발전기형	정류기형
고가이다.	저렴하다.
완전한 직류를 얻는다.	완전한 직류를 얻지 못한다.
전원이 없어도 사용이 가능하다.	전원이 필요하다.
소음이나 고장이 발생하기 쉽다.	소음이 없다.
구조가 복잡하다.	구조가 간단하다.
보수와 점검이 어렵다.	고장이 적고, 유지·보수가 용이하다.
다소 무게감이 있다.	소형, 경량화가 가능하다.

05 용접봉 피복제에 산화타이타늄이 약 35% 정도 포함된 용접봉으로서, 일반 경구조물의 용접에 많이 사용되는 용접봉은?

① 저수소계

② 일루미나이트계

③ 고산화타이타늄계

④ 철분산화철계

해설

고산화타이타늄계(E4313)의 특징

• 아크가 안정하다.

• 외관이 아름답다.

• 균열이 생기기 쉽다.

• 박판용접에 적합하다.

• 용입이 얕고, 스패터가 적다.

• 용착금속의 연성이나 인성이 다소 부족하다.

• 피복제에 약 35% 정도의 산화타이타늄을 함유한다.

06 피복아크용접봉에서 피복제의 편심률(e)은 몇 % 이내이어야 하는가?

① 3% ② 6%

③ 9% ④ 12%

07 피복아크용접봉으로 운봉할 때 운봉폭은 심선 지름의 어느 정도가 가장 적합한가?

① 2~3배 ② 4~5배

③ 6~7배 ④ 8~9배

해설

피복아크용접봉으로 용접할 때 위빙하는 운봉폭은 용접봉 심선 지름의 2~3배로 하는 것이 적합하다.

08 용해 아세틸렌병의 전체 무게가 33kg, 빈 병의 무게가 30kg일 때 이 병 안에 있는 아세틸렌가스의 양은 몇 L인가?

① 2,115L ② 2,315L

③ 2,715L ④ 2,915L

해설

용해 아세틸렌 1kg을 기화시키면 약 905L의 가스가 발생하므로, 아세틸렌가스량을 구하는 공식은 다음과 같다.

아세틸렌 가스량(L) = 905(병 전체 무게(A) − 빈 병의 무게(B))
= 905(33 − 30)
= 2,715L

09 산소-아세틸렌 불꽃에 대한 설명으로 옳지 않은 것은?

① 불꽃은 불꽃심, 속불꽃, 겉불꽃으로 구성되어 있다.

② 불꽃의 종류는 탄화불꽃, 중성불꽃, 산화불꽃으로 나눈다.

③ 용접작업은 백심불꽃을 사용한다.

④ 구리를 용접할 때 중성불꽃을 사용한다.

해설
산소-아세틸렌 불꽃으로 용접할 때는 표준불꽃을 사용한다.

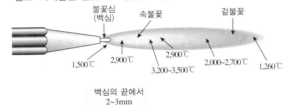

[산소-아세틸렌 불꽃의 구조]

10 가스절단에서 표준 드래그의 길이는 판 두께의 얼마 정도인가?

① 5%   ② 10%

③ 15%   ④ 20%

해설
표준 드래그 길이

표준 드래그 길이(mm) = 판 두께(mm) $\times \dfrac{1}{5}$

= 판 두께의 20%

11 가스절단기 중 비교적 가볍고, 두 가지의 가스를 이중으로 된 동심형의 구멍으로부터 분출하는 토치는?

① 프랑스식   ② 덴마크식

③ 독일식   ④ 스웨덴식

해설
절단팁의 종류

동심형 팁 (프랑스식)	• 동심원의 중앙 구멍으로 고압산소를 분출하고, 외각 구멍으로는 예열용 혼합가스를 분출한다. • 비교적 가볍고 가스절단에서 전후, 좌우 및 직선 절단을 자유롭게 할 수 있다.
이심형 팁 (독일식)	• 고압가스 분출구와 예열가스 분출구가 분리되어 있다. • 예열팁이 붙어 있는 방향으로만 절단할 수 있다. • 예열용 분출구가 있는 방향으로만 절단 가능하다. • 작은 곡선, 후진 등의 절단은 어렵지만, 직선 절단의 능률이 높고, 절단면이 깨끗하다.

12 아크절단법의 종류가 아닌 것은?

① 플라스마제트절단   ② 탄소아크절단

③ 스카핑   ④ 티그절단

해설
스카핑(Scarfing)
강괴나 강편, 강재 표면의 흠이나 개재물, 탈탄층 등을 제거하기 위한 불꽃가공이다. 가능한 한 얇으면서 타원형의 모양으로 표면을 깎아내는 가공법으로, 아크 절단법에는 속하지 않는다.

절단법의 열원에 의한 분류

종 류	특 징	분 류
아크절단	전기아크열을 이용한 금속절단법	산소아크절단
		피복아크절단
		탄소아크절단
		아크에어가우징
		플라스마제트절단
		불활성가스아크절단
가스절단	산소가스와 금속과의 산화반응을 이용한 금속절단법	산소-아세틸렌가스 절단
분말절단	철분이나 플럭스 분말을 연속적으로 절단산소 속에 혼입시켜 공급하여 그 반응열이나 용제작용을 이용한 절단법	

13 교량의 개조나 침몰선의 해체, 항만의 방파제 공사 등에 가장 많이 사용되는 것은?

① 산소창절단　　② 수중절단

③ 분말절단　　　④ 플라스마절단

해설

② 수중절단 : 수중에서 철구조물을 절단하고자 할 때 사용하는 가스용접법으로, 주로 수소(H_2)가스가 사용되며 예열가스의 양은 공기 중의 4~8배로 한다. 교량의 개조나 침몰선의 해체, 항만의 방파제 공사에도 사용한다.

① 산소창절단 : 가늘고 긴 강관(안지름 3.2~6mm, 길이 1.5~3m)을 사용해서 절단산소를 큰 강괴의 중심부에 분출시켜 창이라는 강관 자체가 함께 연소되면서 절단하는 방법이다. 주로 두꺼운 강판이나 주철, 강괴 등의 절단에 사용된다.

③ 분말절단 : 철 분말이나 용제 분말을 절단용 산소에 연속적으로 혼입시켜서 용접부에 공급하면 반응하면서 발생하는 산화열로 구조물을 절단하는 방법이다.

④ 플라스마절단(플라스마제트 절단) : 높은 온도를 가진 플라스마를 한 방향으로 모아서 분출시키는 것을 플라스마제트라고 하는데, 이 열원으로 절단하는 방법이다.

14 탄소아크절단에 압축공기를 병용하여 전극홀더의 구멍에서 탄소 전극봉에 나란히 분출하는 고속의 공기를 분출시켜 용융금속을 불어내어 홈을 파는 방법은?

① 철분절단

② 불꽃절단

③ 가스가우징

④ 아크에어가우징

해설

아크에어가우징

탄소봉을 전극으로 하여 아크를 발생시킨 후 절단을 하는 탄소아크절단법에 약 5~7kgf/cm^2인 고압의 압축공기를 병용하는 것으로, 용융된 금속을 탄소봉과 평행으로 분출하는 압축공기를 전극 홀더의 끝부분에 위치한 구멍을 통해 연속해서 불어내서 홈을 파내는 방법이다. 용접부의 홈가공, 구멍 뚫기, 절단작업, 뒷면 따내기, 용접 결함부 제거 등에 사용한다. 아크에어가우징은 철이나 비철금속에 모두 이용할 수 있으며, 가스가우징보다 작업 능률이 2~3배 높고 모재에도 해를 입히지 않는다.

15 가스가우징 작업에 대한 설명으로 옳지 않은 것은?

① 용접부의 결함 제거

② 가접의 제거

③ 용접부의 뒤 따내기

④ 강재 표면의 얕고 넓은 홈, 탈탄층 제거

해설

강재 표면의 흠이나 탈탄층을 제거하는 가공법은 스카핑이다.

가스가우징

용접결함(압연강재나 주강의 표면결함)이나 가접부 등의 제거를 위하여 가스절단과 비슷한 토치를 사용해서 용접 부분의 뒷면을 따내거나 U형, H형상의 용접 홈을 가공하기 위하여 깊은 홈을 파내는 가공방법이다.

16 TIG용접에 사용되는 텅스텐 전극봉의 종류가 아닌 것은?

① 순 텅스텐

② 바륨 텅스텐

③ 2% 토륨 텅스텐

④ 지르코늄 텅스텐

해설

텅스텐 전극봉의 종류별 식별 색상

종 류	색 상
순 텅스텐봉	녹 색
1% 토륨 텅스텐봉	노랑(황색)
2% 토륨 텅스텐봉	적 색
지르코늄 텅스텐봉	갈 색
세륨 텅스텐봉	회 색

17 MIG용접의 특성이 아닌 것은?

① 직류역극성 이용 시 청정작용에 의해 알루미늄, 마그네슘 등의 용접이 가능하다.

② TIG용접에 비해 전류밀도가 낮다.

③ 아크자기제어 특성이 있다.

④ 정전압 특성 또는 상승 특성의 직류용접기가 사용된다.

해설

MIG 용접의 특징

- 분무이행이 원활하다.
- 열영향부가 매우 적다.
- 용착효율은 약 98%이다.
- 전자세용접이 가능하다.
- 용접기의 조작이 간단하다.
- 아크의 자기제어기능이 있다.
- 직류용접기의 경우 정전압 특성 또는 상승 특성이 있다.
- 전류가 일정할 때 아크전압이 커지면 용융속도가 낮아진다.
- 전류밀도가 아크용접의 4~6배, TIG용접의 2배 정도로 매우 높다.
- 용접부가 좁고, 깊은 용입을 얻으므로 후판(두꺼운 판)용접에 적당하다.
- 전자동 또는 반자동식이 많으며 전극인 와이어는 모재와 동일한 금속을 사용한다.
- 용접부로 공급되는 와이어가 전극과 용가재의 역할을 동시에 하므로 전극인 와이어는 소모된다.
- 전원은 직류역극성이 이용되며 Al, Mg 등에는 클리닝 작용(청정작용)이 있어 용제 없이 용접이 가능하다.
- 용접봉을 갈아 끼울 필요가 없어 용접속도를 빠리할 수 있어 고속 및 연속적으로 양호한 용접을 할 수 있다.

18 서브머지드용접에서 소결형 용제의 사용 전 건조 온도와 시간은?

① 150~300℃에서 1시간 정도

② 150~300℃에서 3시간 정도

③ 400~600℃에서 1시간 정도

④ 400~600℃에서 3시간 정도

해설

서브머지드 아크용접(SAW)에 사용되는 소결형 용제의 특징

- 흡습성이 높아서 사용 전 150~300℃에서 1시간 정도 건조해서 사용해야 한다.
- 용융형 용제에 비해 용제의 소모량이 적다.
- 페로실리콘이나 페로망간 등에 의해 강력한 탈산작용이 된다.
- 분말형태로 작게 만든 후 결합하여 만들어서 흡습성이 가장 높다.
- 고입열의 자동차 후판용접, 고장력강 및 스테인리스강의 용접에 유리하다.

19 CO₂용접으로 용접하기 가장 용이한 재료는?

① 철 강

② 구 리

③ 실루민

④ 알루미늄

해설

CO₂용접(탄산가스 아크용접)의 특징

- 조작이 간단하다.
- 가시아크로 시공이 편리하다.
- 철 재질의 용접에만 한정된다.
- 전용접자세로 용접이 가능하다.
- 용착금속의 강도와 연신율이 크다.
- MIG용접에 비해 용착금속에 기공의 발생이 적다.
- 보호가스가 저렴한 탄산가스이므로 경비가 적게 든다.
- 킬드강이나 세미킬드강, 림드강도 쉽게 용접할 수 있다.
- 아크와 용융지가 눈에 보여 정확한 용접이 가능하다.
- 산화 및 질화가 되지 않아 양호한 용착금속을 얻을 수 있다.
- 용접의 전류밀도가 커서 용입이 깊고 용접속도를 빠르게 할 수 있다.
- 용착금속 내부의 수소 함량이 타 용접법보다 적어 은점이 생기지 않는다.
- 용제가 사용되지 않아 슬래그의 잠입이 적으며 슬래그를 제거하지 않아도 된다.
- 아크 특성에 적합한 상승 특성을 갖는 전원을 사용하므로 스패터의 발생이 적고 안정된 아크를 얻는다.

20 플라스마아크용접의 장점이 아닌 것은?

① 높은 에너지 밀도를 얻을 수 있다.

② 용접속도가 빠르고 품질이 우수하다.

③ 용접부의 기계적 성질이 좋으며 변형이 작다.

④ 맞대기용접에서 용접 가능한 모재 두께의 제한이 없다.

해설
플라스마아크용접의 특징
• 용입이 깊다.
• 비드의 폭이 좁다.
• 용접 변형이 작다.
• 용접의 품질이 균일하다.
• 용접부의 기계적 성질이 좋다.
• 용접속도를 크게 할 수 있다.
• 용접장치 중에 고주파 발생장치가 필요하다.
• 용접속도가 빨라서 가스 보호가 잘 안 된다.
• 무부하전압이 일반 아크용접기보다 2~5배 더 높다.
• 핀치효과에 의해 전류밀도가 크고, 안정적이며 보유 열량이 크다.
• 스테인리스강이나 저탄소합금강, 구리합금, 니켈합금과 같이 용접하기 힘든 재료도 용접이 가능하다.
• 판두께가 두꺼울 경우 토치노즐이 용접이음부의 루트면까지의 접근이 어려워서 모재의 두께는 25mm 이하로 제한을 받는다.
• 아크용접에 비해 10~100배의 높은 에너지밀도를 가짐으로써 10,000~30,000℃의 고온의 플라스마를 얻으므로 철과 비철금속의 용접과 절단에 이용된다.

21 아크용접법과 비교할 때 레이저 하이브리드 용접법의 특징으로 옳지 않은 것은?

① 용접속도가 빠르다.

② 용입이 깊다.

③ 입열량이 높다.

④ 강도가 높다.

해설
아크용접과 레이저빔용접법을 결합시킨 레이저 하이브리드 용접법은 아크용접법에 비해 입열량이 작다.

22 고진공 상태에서 충격열을 이용하여 용접하며 원자력 및 전자제품의 정밀용접에 적용되는 용접은?

① 전자빔용접

② 레이저용접

③ 원자수소아크용접

④ 플라스마제트용접

해설
전자빔용접
고밀도로 집속되고 가속화된 전자빔을 높은 진공(10^{-6}~10^{-4}mmHg) 속에서 용접물에 고속도로 조사시키면 빛과 같은 속도로 이동한 전자가 용접물에 충돌하면서 전자의 운동에너지를 열에너지로 변환시켜 국부적으로 고열을 발생시키는데, 이때 생긴 열원으로 용접부를 용융시켜 용접하는 방식이다. 텅스텐(3,410℃)과 몰리브덴(2,620℃)과 같이 용융점이 높은 재료의 용접에 적합하다.

23 테르밋용접의 특징은?

① 용접시간이 짧고, 용접 후 변형이 작다.

② 설비비가 비싸고, 작업 장소 이동이 어렵다.

③ 용접에 전기가 필요하다.

④ 불활성가스를 사용하여 용접한다.

해설
테르밋용접의 특징
• 전기가 필요 없다.
• 용접작업이 단순하다.
• 홈 가공이 불필요하다.
• 용접시간이 비교적 짧다.
• 용접 결과물이 우수하다.
• 용접 후 변형이 크지 않다.
• 용접기구가 간단해서 설비비가 저렴하다.
• 구조, 단조, 레일 등의 용접 및 보수에 이용한다.
• 작업장소의 이동이 쉬워 현장에서 많이 사용된다.
• 차량, 선박, 접합단면이 큰 구조물의 용접에 적용한다.
• 금속산화물이 알루미늄에 의해 산소를 빼앗기는 반응을 이용한다.
• 차축이나 레일의 접합, 선박의 프레임 등 비교적 큰 단면을 가진 물체의 맞대기용접과 보수용접에 주로 사용한다.

24 이음 형상에 따른 저항용접의 분류 중 맞대기용접이 아닌 것은?

① 플래시용접
② 버트심용접
③ 점용접
④ 퍼커션용접

25 접합하려는 두 모재를 겹쳐 놓고 한쪽의 모재에 드릴이나 밀링머신으로 둥근 구멍을 뚫고, 그곳을 용접하는 이음은?

① 필릿용접
② 플레어용접
③ 플러그용접
④ 맞대기 홈용접

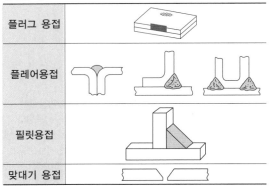
26 납땜에서 용제가 갖추어야 할 조건이 아닌 것은?

① 모재의 산화피막과 같은 불순물을 제거하고 유동성이 좋을 것
② 청정한 금속면의 산화를 방지할 것
③ 용제의 유효온도 범위와 납땜온도가 일치할 것
④ 침지땜에 사용되는 것은 수분을 충분히 함유할 것

27 알루미늄이나 그 합금은 대부분 용접성이 불량한데, 그 원인이 아닌 것은?

① 비열과 열전도도가 매우 커서 단시간 내에 용융온도까지 이르기 힘들기 때문이다.
② 용접 후의 변형이 크며 균열이 생기기 쉽기 때문이다.
③ 용융점이 660℃로 낮은 편이고, 색채에 따라 가열온도의 판정이 곤란하여 지나치게 용융되기 쉽기 때문이다.
④ 용융 응고 시에 수소가스를 배출하여 기공이 발생되기 어렵기 때문이다.

28 구리 및 구리합금의 용접성에 대한 설명으로 옳지 않은 것은?

① 용접 후 응고 수축 시 변형이 생기지 않는다.

② 열전도도, 열팽창계수는 용접성에 영향을 준다.

③ 구리합금의 경우 아연 증발로 용접사가 중독될 수 있다.

④ 가스용접 시 수소분위기에서 가열을 하면 산화물이 환원되어 수분을 생성시킨다.

해설

구리 및 구리합금의 용접이 어려운 이유

• 구리는 열전도율이 높고, 냉각속도가 크다.

• 수소와 같이 확산성이 큰 가스를 석출하여 그 압력 때문에 더욱 약점이 조성된다.

• 열팽창계수는 연강보다 약 50% 크므로 냉각에 의한 수축과 응력 집중을 일으켜 균열이 발생하기 쉽다.

• 구리는 용융될 때 심한 산화를 일으키며 가스를 흡수하기 쉬워 용접부에 기공 등이 쉽게 발생한다.

• 구리의 경우 열전도율과 열팽창계수가 높아서 가열 시 재료의 변형이 일어나고, 열의 집중성이 떨어져서 저항용접이 어렵다.

• 구리 중의 산화구리(Cu_2O)를 함유한 부분이 순수한 구리에 비하여 용융점이 약간 낮으므로, 먼저 용융되어 균열이 발생하기 쉽다.

• 가스용접, 그 밖의 용접방법으로 환원성 분위기 속에서 용접하면 산화구리는 환원될 가능성이 커진다. 이때 용적은 감소하여 스펀지(Sponge) 모양의 구리가 되어 더욱 강도를 약화시키므로, 용접용 구리재료는 전해구리보다 탈산구리를 사용해야 한다. 또한, 용접봉은 탈산구리 용접봉 또는 합금 용접봉을 사용해야 한다.

29 용접 관련 안전사항에 대한 설명으로 옳은 것은?

① 탭 전환 시 아크를 발생하면서 진행한다.

② 용접봉 홀더는 전체가 절연된 B형을 사용하여 작업자를 보호한다.

③ 작업자의 안전을 위하여 무부하전압은 높이고, 아크전압은 낮춘다.

④ 정격 2차 전류가 낮을 때 정격사용률 이상으로 용접기를 사용해도 안전하다.

해설

① 탭 전환 시 아크를 발생시키면 위험하다.

② A형이 안전형 홀더이고, B형이 비안전형 홀더이다.

③ 작업자의 안전을 위하여 무부하전압은 낮추어야 한다.

30 용접할 때 예열과 후열이 필요한 재료는?

① 15mm 이하 연강판

② 중탄소강

③ 18℃일 때 18mm 연강판

④ 순철판

해설

용접 중 갑자기 발생하는 열에 의해 재료 내부에 응력을 발생하며 조직이 변화된다. 또한, 재료도 변형을 일으키기 때문에 용접 전이나 중·후에는 반드시 예열 및 후열처리를 실시해야 한다. 그러나 탄소의 함유량이 0.3% 이하인 연강이나 순철과 같은 저탄소강의 용접재료까지는 예열이나 후열처리를 할 필요는 없다.

31 황(S)의 해를 방지하는 데 적합한 원소는?

① Mn(망간)

② Si(규소)

③ Al(알루미늄)

④ Mo(몰리브덴)

해설

S(황)은 적열취성을 일으키는 원소이므로 이를 방지하기 위해서는 Mn(망간)을 합금시킨다.

적열취성(철이 빨갛게 달궈진 상태)

S(황)의 함유량이 많은 탄소강이 900℃ 부근에서 적열(赤熱) 상태가 되었을 때 파괴되는 성질로, 철에 S의 함유량이 많으면 황화철이 되면서 결정립계 부근의 S이 망상으로 분포되면서 결정립계가 파괴된다. 적열취성을 방지하려면 Mn(망간)을 합금하여 S을 MnS로 석출시킨다. 적열취성은 높은 온도에서 발생하므로 고온취성이라고도 한다.

※ 赤 : 붉을 적, 熱 : 더울 열

32 면심입방격자(FCC)에 해당하지 않는 금속은?

① Ag

② Cu

③ Ni

④ Zn

해설

Zn(아연)은 조밀육방격자에 속하는 금속이다. Ag(은), Cu(구리), Ni(니켈)은 모두 연한 금속으로 면심입방격자에 속한다.

33 다음 중 스테인리스강의 종류가 아닌 것은?

① 펄라이트계 스테인리스강

② 페라이트계 스테인리스강

③ 마텐자이트계 스테인리스강

④ 오스테나이트계 스테인리스강

해설

스테인리스강의 분류

구 분	종 류	합금성분	자 성
Cr계	페라이트계 스테인리스강	Fe+Cr 12% 이상	자성체
	마텐자이트계 스테인리스강	Fe+Cr 13%	자성체
Cr+Ni계	오스테나이트계 스테인리스강	Fe+Cr 18%+Ni 8%	비자성체
	석출경화계 스테인리스강	Fe+Cr+Ni	비자성체

34 금속의 냉각속도가 빠르면 조직은 어떻게 되는가?

① 조직이 치밀해진다.

② 조직이 거칠어진다.

③ 불순물이 적어진다.

④ 냉각속도와 조직은 아무 관계가 없다.

해설

금속의 냉각속도

• 빠를 때 : 금속조직이 치밀(조밀)해진다.

• 느릴 때 : 금속조직이 조대화(크게)된다.

35 주철의 보수용접 방법 중 스터드볼트 대신 용접부 바닥면에 둥근 홈을 파고 이 부분에 걸쳐 힘을 받도록 용접하는 방법은?

① 로킹법
② 스터드법
③ 비녀장법
④ 버터링법

해설

주철의 보수용접 방법
- 스터드법 : 스터드볼트를 사용해서 용접부가 힘을 받도록 용접하는 방법이다.
- 비녀장법 : 균열부 수리나 가늘고 긴 부분을 용접할 때 용접선에 직각이 되도록 지름이 6~10mm 정도인 ⊏자형의 강봉을 박고 용접하는 방법이다.
- 버터링법 : 처음에는 모재와 잘 융합되는 용접봉으로 적정 두께까지 용착시킨 후 다른 용접봉으로 용접하는 방법이다.
- 로킹법 : 스터드볼트 대신 용접부 바닥에 홈을 파고 이 부분에 걸쳐서 힘을 받도록 용접하는 방법이다.

36 다음 중 완전탈산시켜 제조한 강은?

① 킬드강
② 림드강
③ 고망간강
④ 세미킬드강

해설

강괴의 탈산 정도에 따른 분류
- 킬드강 : 평로, 전기로에서 제조된 용강을 Fe-Mn, Fe-Si, Al 등으로 완전히 탈산시킨 강으로, 상부에 작은 수축관과 소수의 기포만 존재하며 탄소 함유량이 0.15~0.3% 정도이다.
- 세미킬드강 : Fe-Mn, Fe-S, Al으로 탈산시킨 강으로, 상부에 작은 수축관과 소수의 기포만 존재하며 탄소함유량이 0.15~0.3% 정도이다. 림드강과 킬드강의 중간 정도로 탈산시킨 강이다.
- 림드강 : 평로, 전로에서 제조된 것을 Fe-Mn으로 가볍게 탈산시킨 강이다.
- 캡트강 : 림드강을 주형에 주입한 후 탈산제를 넣거나 주형에 뚜껑을 덮고 리밍작용을 억제하여 표면을 림드강처럼 깨끗하게 만듦과 동시에 내부를 세미킬드강처럼 편석이 적은 상태로 만든 강이다.

킬드강	림드강	세미킬드강

37 형상기억합금인 니티놀(Nitinol)의 성분은?

① Cu-Zn
② Ti-Ni
③ Ni-Cr
④ Al-Cu

해설

형상기억합금

항복점을 넘어서 소성변형된 재료는 외력을 제거해도 원상태로 회복이 불가능하지만, 형상기억합금은 일정 온도에서 재료의 형상을 기억시키면 상온에서 재료가 외력에 의해 변형되어도 기억시킨 온도로 가열하면 변형 전의 형상으로 되돌아온다. 종류에는 Ni-Ti계, Ni-Ti-Cu계, Cu-Al-Ni계 합금이 있다.

38 두랄루민(Duralumin)의 조성으로 옳은 것은?

① Al-Cu-Mg-Mn
② Al-Cu-Ni-Si
③ Al-Ni-Cu-Zn
④ Al-Ni-Si-Mg

해설

두랄루민은 가공용 알루미늄 합금의 일종으로, Al + Cu + Mg + Mn로 구성된다. 고강도로서 항공기나 자동차용 재료로 사용된다.
※ 시험에 자주 출제되는 주요 알루미늄 합금

Y합금	Al + Cu + Mg + Ni, 알구마니
두랄루민	Al + Cu + Mg + Mn, 알구마망

39 아연을 5~20% 첨가한 것으로, 금색에 가까워 금박 대용으로 사용하여 주로 화폐, 메달 등에 사용하는 황동은?

① 톰 백
② 실루민
③ 문쯔메탈
④ 고속도강

해설

① 톰백 : Cu(구리)에 Zn(아연)을 5~20% 합금한 것으로, 색깔이 아름다워 장식용 재료나 화폐, 메달 등에 사용한다.
② 실루민 : Al에 Si을 10~14% 합금한 재료로 알펙스라고도 하며, 알루미늄 합금으로 내식성이 강해서 해수에 잘 침식되지 않는다.
③ 문쯔메탈 : 60%의 Cu(구리)와 40%의 Zn(아연)이 합금된 것이다. 인장강도가 최대이어서 강도가 필요한 단조 제품이나 볼트, 리벳 등의 재료로 사용한다.
④ 고속도강 : W-18%, Cr-4%, V-1%이 합금된 것으로, 600℃ 정도에서도 경도변화가 없다. 탄소강보다 2배의 절삭속도로 가공이 가능하기 때문에 강력 절삭 바이트나 밀링커터에 사용된다.

40 열처리방법 중 연화를 목적으로 하며, 냉각 시 서랭하는 열처리법은?

① 뜨 임   ② 풀 림
③ 담금질   ④ 노멀라이징

열처리의 기본 4단계
- 담금질(Quenching) : 재질을 경화시킬 목적으로 강을 오스테나이트 조직의 영역으로 가열한 후 급랭시켜 강도와 경도를 증가시키는 열처리법이다.
- 뜨임(Tempering) : 담금질한 강을 A_1변태점(723℃) 이하로 가열 후 서랭하는 것으로, 담금질로 경화된 재료에 인성을 부여하고 내부응력을 제거한다.
- 풀림(Annealing) : 재질을 연하고 균일화시킬 목적으로 실시하는 열처리법이다. 완전풀림은 A_3변태점(968℃) 이상의 온도로, 연화풀림은 650℃정도의 온도로 가열한 후 서랭한다.
- 불림(Normalizing) : 담금질 정도가 심하거나 결정입자가 조대해진 강을 표준화 조직으로 만들기 위하여 A_3점(968℃)이나 A_{cm}(시멘타이트)점 이상의 온도로 가열 후 공랭시킨다.

41 강의 표면경화법에 대한 설명으로 옳지 않은 것은?

① 침탄법에는 고체침탄법, 액체침탄법, 가스침탄법 등이 있다.
② 질화법은 강의 표면에 질소를 침투시켜 경화하는 방법이다.
③ 화염경화법은 일반 담금질법에 비해 담금질 변형이 작다.
④ 세라다이징은 철강 표면에 Cr을 확산 침투시키는 방법이다.

금속침투법

종 류	침투 원소
세라다이징	Zn
칼로라이징	Al
크로마이징	Cr
실리코나이징	Si
보로나이징	B(붕소)

42 용접 후 열처리의 목적이 아닌 것은?

① 용접 잔류응력을 제거하기 위해
② 용접 열영향부 조직을 개선하기 위해
③ 응력부식균열을 방지하기 위해
④ 부족한 아크 열량을 보충하기 위해

아크 열량의 부족 여부는 용접 중 발생하는 사항이므로 용접 후 열처리와는 관련이 없다.
용접 후 열처리의 목적
- 잔류응력을 제거하기 위해
- 응력부식균열을 방지하기 위해
- 용접재료의 급랭 및 급열로 인한 변형을 방지하기 위해
- 열영향부(HAZ ; Heat Affected Zone)의 조직을 개선하기 위해

43 맞대기이음에서 1,500kgf의 인장력을 작동시키려고 한다. 판 두께가 6mm일 때 필요한 용접길이는 약 몇 mm인가?(단, 허용인장응력은 7kgf/mm²이다)

① 25.7   ② 35.7
③ 38.5   ④ 47.5

허용인장응력 $\sigma_a = \dfrac{F}{A} = \dfrac{F}{t \times L}$

$7\mathrm{kg_f/mm^2} = \dfrac{1,500\mathrm{kg_f}}{6\mathrm{mm} \times L}$

$L = \dfrac{1.500\mathrm{kg_f}}{6\mathrm{mm} \times 7\mathrm{kg_f/mm^2}}$

$= 35.7\mathrm{mm}$

44 맞대기 용접이음에서 모재의 인장강도가 60N/mm²이고, 용접시험편의 인장강도가 25N/mm²으로 나타났을 때 이음효율은 약 얼마인가?

① 42% 　　　　　② 45%

③ 50% 　　　　　④ 55%

해설

용접부의 이음효율(η)

$$\eta = \frac{\text{시험편 인장강도}}{\text{모재 인장강도}} \times 100\%$$

$$= \frac{25\text{N/mm}^2}{60\text{N/mm}^2} \times 100\%$$

$$\fallingdotseq 41.6\%$$

45 보통 판두께가 4~19mm 이하의 경우를 한쪽에서 용접으로 완전용입을 얻고자 할 때 사용하며 홈가공이 비교적 쉬우나 판의 두께가 두꺼워지면 용착금속의 양이 증가하는 맞대기이음의 형상은?

① V형 홈

② H형 홈

③ J형 홈

④ X형 홈

해설

관련 서적에 따라 적용되는 형상별 두께가 다르지만, V형 홈 형상은 모재 두께가 6~19mm 정도일 때 적용하므로 ①번이 적합하다.

맞대기용접 홈의 형상별 적용 판 두께

형 상	적용 두께
I형	6mm 이하
V형	6~19mm
∨형	9~14mm
X형	18~28mm
U형	1~50mm

46 용접케이블에 대한 설명으로 옳지 않은 것은?

① 2차 측 케이블은 유연성이 좋은 캡타이어 전선을 사용한다.

② 전원에서 용접기에 연결하는 케이블을 2차 측 케이블이라 한다.

③ 2차 측 케이블은 저전압 대전류를 사용한다.

④ 2차 측 케이블에 비하여 1차 측 케이블은 움직임이 별로 없다.

해설

전원에서 용접기에 연결하는 케이블은 1차 측 케이블이다. 2차 측 케이블은 용접홀더와 연결된다.

47 예열을 하는 목적에 대한 설명으로 옳지 않은 것은?

① 용접부와 인접된 모재의 수축응력을 감소시키기 위해

② 임계온도 도달 후 냉각속도를 느리게 하여 경화를 방지하기 위해

③ 약 200℃ 범위의 통과시간을 지연시켜 비드 밑 균열 방지를 위해

④ 후판에서 30~50℃로 용접 홈을 예열하여 냉각속도를 높이기 위해

해설

재료에 예열을 가하는 목적은 급열 및 급랭 방지로 잔류응력을 줄이기 위함이므로 냉각속도를 낮추는 데 그 목적이 있다.

용접 전후 모재에 예열을 가하는 목적

• 열영향부(HAZ)의 균열을 방지한다.

• 수축 변형 및 균열을 경감시킨다.

• 용접금속에 연성 및 인성을 부여한다.

• 열영향부와 용착금속의 경화를 방지한다.

• 급열 및 급랭 방지로 잔류응력을 줄인다.

• 용접금속의 팽창이나 수축의 정도를 줄여 준다.

• 수소 방출을 용이하게 하여 저온 균열을 방지한다.

• 금속 내부의 가스를 방출시켜 기공 및 균열을 방지한다.

48 다음의 용접 보조기호에 대한 명칭으로 옳은 것은?

① 볼록 필릿용접
② 오목 필릿용접
③ 필릿용접 끝단부를 매끄럽게 다듬질
④ 한쪽 면 V형 맞대기 용접 평면 다듬질

해설

 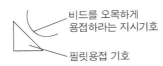

비드를 오목하게 용접하라는 지시기호

필릿용접 기호

49 용접 열영향부에서 생기는 균열이 아닌 것은?

① 비드 밑 균열(Under Bead Crack)
② 세로 균열(Longitudinal Crack)
③ 토 균열(Toe Crack)
④ 라멜라 테어 균열(Lamella Tear Crack)

해설

② 세로 균열 : 용접부에 세로 방향의 크랙이 생기는 결함으로, 열영향부에서 발생하지 않는다.

① 비드 밑 균열 : 모재의 용융선 근처의 열영향부에서 발생하는 균열로, 고탄소강이나 저합금강을 용접할 때 용접열에 의한 열영향부의 경화와 변태응력 및 용착금속 내부의 확산성 수소에 의해 발생한다.
③ 토 균열 : 표면 비드와 모재와의 경계부에서 발생하는 불량으로, 토란 용접 모재와 용접 표면이 만나는 부위이다.
④ 라멜라 테어 균열 : 압연으로 제작된 강판 내부에 표면과 평행하게 층상으로 발생하는 균열로, T이음과 모서리 이음에서 발생한다. 평행부와 수직부로 구성되며 주로 MnS계 개재물에 의해서 발생하는데 S의 함량을 감소시키거나 판 두께 방향으로 구속도가 최소가 되게 설계하거나 시공함으로써 억제할 수 있다.

50 용접변형방법 중 용접부의 부근을 냉각시켜서 열영향부의 넓이를 축소시킴으로써 변형을 감소시키는 방법은?

① 피닝법
② 도열법
③ 구속법
④ 역변형법

해설

② 도열법 : 용접 중 모재의 입열을 최소화하기 위해 물을 적신 동판을 덧대어 열을 흡수하도록 한 것으로, 용접부의 부근을 냉각시켜서 열영향부의 넓이가 축소되면서 변형이 감소된다.
① 피닝 : 타격 부분이 둥근 구면인 특수 해머를 사용하여 모재의 표면에 지속적으로 충격을 가해 줌으로써 재료 내부에 있는 잔류응력을 완화시키면서 표면층에 소성변형을 주는 방법이다.
④ 역변형법 : 용접 전에 변형을 예측하여 반대 방향으로 변형시킨 후 용접하는 방법이다.

51 용접 변형교정방법 중 맞대기 용접이음이나 필릿 용접이음의 각변형을 교정하기 위하여 이용하는 방법으로 이면 담금질법이라고도 하는 것은?

① 점가열법
② 선상가열법
③ 가열 후 해머링
④ 피닝법

해설

선상가열법

용접 변형교정방법의 일종으로 맞대기나 필릿용접 이음에서 각변형을 교정하기 위한 방법으로, 이면 담금질법이라고도 한다. 실시방법은 강판의 표면을 가스버너로 직선으로 가열하면 그 발생열에 의한 열변형을 이용하여 각변형(휨변형)을 교정한다.

52 아크용접용 로봇(Robot)에서 용접작업에 필요한 정보를 사람이 로봇에게 시키는 장치는?

① 전원장치
② 조작장치
③ 교시장치
④ 머니퓰레이터

해설

• 교시(敎示)장치 : 머니퓰레이터의 동작 순서나 위치, 속도를 설정하는 작업을 로봇에게 지령하는 장치이다.
  ※ 敎 : 가르칠 교, 示 : 보일 시
• 머니퓰레이터 : 원격의 거리에서 조종할 수 있는 로봇으로, 집게 팔이 대표적이며 매직 핸드라고도 한다.

53 결함에코 형태로 결함을 판정하는 방법으로, 초음 파검사법 중 가장 많이 사용하는 방법은?

① 투과법　　　　　② 공진법

③ 타격법　　　　　④ 펄스반사법

초음파탐상검사(UT ; Ultrasonic Test)
사람이 들을 수 없는 매우 높은 주파수의 초음파를 사용하여 검사 대상물의 형상과 물리적 특성을 검사하는 방법이다. 4~5MHz 정도의 초음파가 경계면, 결함 표면 등에서 반사하여 되돌아오는 성질을 이용하는 방법으로, 반사파의 시간과 크기를 스크린으로 관찰하여 결함의 유무, 크기, 종류 등을 검사한다.

초음파 탐상법의 종류
- 투과법 : 초음파 펄스를 시험체의 한쪽 면에서 송신하고 반대쪽 면에서 수신하는 방법이다.
- 펄스반사법 : 시험체 내로 초음파 펄스를 송신하고 내부 또는 바닥면에서 그 반사파를 탐지하는 결함에코의 형태로 내부결함 이나 재질을 조사하는 방법으로, 현재 가장 널리 사용된다.
- 공진법 : 시험체에 가해진 초음파 진동수와 고유 진동수가 일치할 때 진동 폭이 커지는 공진현상을 이용하여 시험체의 두께를 측정하는 방법이다.

54 용접부에 대한 비파괴시험방법에 관한 침투탐상시 험법을 나타내는 기호는?

① RT　　　　　② UT

③ MT　　　　　④ PT

비파괴시험법의 종류

비파괴시험	내부결함	방사선투과시험(RT)
		초음파탐상시험(UT)
	표면결함	외관검사(육안검사, VT)
		자분탐상검사(자기탐상검사, MT)
		침투탐상검사(PT)
		누설검사(LT)

55 이항분포(Binomial Distribution)의 특징에 대한 설명으로 옳은 것은?

① $P = 0.01$일 때는 평균치에 대하여 좌우대칭 이다.

② $P \leq 0.1$이고, $nP = 0.1{\sim}10$일 때는 푸아송분 포에 근사한다.

③ 부적합품의 출현 개수에 대한 표준편차는 $D(x)$ $= nP$이다.

④ $P \leq 0.5$이고, $nP \leq 5$일 때는 정규분포에 근 사한다.

56 로트에서 랜덤하게 시료를 추출하여 검사한 후 그 결과에 따라 로트의 합격, 불합격을 판정하는 검사 방법은?

① 자주검사　　　　② 간접검사

③ 전수검사　　　　④ 샘플링검사

④ 샘플링검사 : 로트(Lot)에서 무작위(랜덤)로 시료를 추출하여 검사한 후 그 결과에 따라 로트 전체의 합격과 불합격을 판정하 는 검사방법
① 자주검사 : 작업자가 만든 제품을 스스로 검사하는 방식
② 간접검사 : 제품을 직접적으로 검사하지 못할 경우 제품 제작 공정이나 장비, 작업자 등을 관리하면서 검사하는 방식
③ 전수검사 : 제품의 작업 순서대로 모든 제품을 검사하는 방식

57 미리 정해진 일정단위 중에 포함된 부적합수에 의 거하여 공정을 관리할 때 사용되는 관리도는?

① c관리도　　　　② P관리도

③ X관리도　　　　④ nP관리도

② P관리도 : 계수치 관리도의 일종으로 불량률 관리도이다.
③ X관리도 : 계량값 관리도의 일종으로 발생데이터 관리도이다.
④ nP관리도 : 계수치 관리도의 일종으로 불량 개수 관리도이다.

58 브레인스토밍(Brainstorming)과 가장 관계가 깊은 것은?

① 특성요인도 ② 파레토도
③ 히스토그램 ④ 회귀분석

해설

- 특성요인도 : 문제가 되는 특성과 그 특성에 영향을 미친다고 여기는 요인과의 관계를 계통으로 그린 그림이다. 특성에 미치는 용인의 영향도는 수치로 파악하여 파레토 그림으로 표현하는데 수치로 표현하지 않을 경우는 그에 영향을 미친다고 생각되는 것을 브레인스토밍 방식으로 검토해서 적용한다.
- 브레인스토밍 : 창의적인 아이디어를 이끌어내는 회의기법으로 구성원들이 자발적으로 자연스럽게 제시한 아이디어를 모두 기록함으로써 특정한 문제에 대한 좋은 아이디어를 얻어내는 방법이다.

59 TPM 활동 체제 구축을 위한 5가지 기둥과 가장 거리가 먼 것은?

① 설비초기관리 체제 구축 활동
② 설비효율화의 개별 개선 활동
③ 운전과 보전의 스킬업 훈련 활동
④ 설비 경제성 검토를 위한 설비투자분석 활동

해설

TPM은 총체적 생산관리의 약자로 생산설비의 초기관리나 설비의 효율성 정도, 작업자의 설비 운전과 유지보수에 대한 스킬을 관리한다. 그러나 설비의 경제성 검토는 기업 운영과 관련되므로 TPM과는 관련이 없다.

60 작업방법 개선의 기본 4원칙은?

① 충별 – 랜덤 – 재배열 – 표준화
② 배제 – 결합 – 랜덤 – 표준화
③ 충별 – 랜덤 – 표준화 – 단순화
④ 배제 – 결합 – 재배열 – 단순화

참 / 고 / 문 / 헌

- 기초제도(교육과학기술부), ㈜두산동아
- 기계제도(교육과학기술부), ㈜두산동아
- 기계일반(교육과학기술부), ㈜두산동아
- 금속재료(교육과학기술부), ㈜두산동아
- 금속제조(교육과학기술부), ㈜두산동아
- 재료가공(교육과학기술부), ㈜두산동아
- 소성가공(교육인적자원부), ㈜대한교과서
- 산업설비 상(교육과학기술부), ㈜두산동아
- 산업설비 하(교육과학기술부), ㈜두산동아
- 기계기초공작(교육과학기술부), ㈜두산동아
- 기계공작법(교육과학기술부), ㈜두산동아
- 간추린 금속재료(이승평), 청호
- Win-Q 용접기능사(홍순규), 시대고시기획
- Win-Q 용접산업기사(홍순규), 시대고시기획

교육은 우리 자신의 무지를 점차 발견해 가는 과정이다.

– 윌 듀란트 –

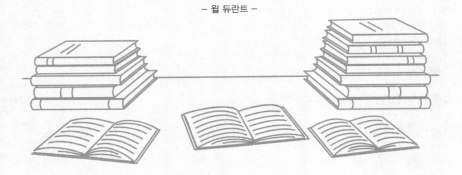

교육이란 사람이 학교에서 배운 것을 잊어버린 후에 남은 것을 말한다.

– 알버트 아인슈타인 –

우리 인생의 가장 큰 영광은 결코 넘어지지 않는 데 있는 것이 아니라

넘어질 때마다 일어서는 데 있다.

– 넬슨 만델라 –

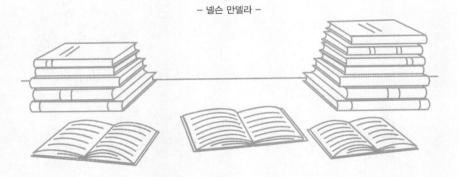

Win-Q 용접기능장 필기

개정6판1쇄 발행	2025년 01월 10일 (인쇄 2024년 09월 06일)
초 판 발 행	2018년 01월 05일 (인쇄 2017년 07월 21일)
발 행 인	박영일
책 임 편 집	이해욱
편 저	홍순규
편 집 진 행	윤진영, 최 영
표지디자인	권은경, 길전홍선
편집디자인	정경일, 이현진
발 행 처	(주)시대고시기획
출 판 등 록	제10-1521호
주 소	서울시 마포구 큰우물로 75 [도화동 538 성지 B/D] 9F
전 화	1600-3600
팩 스	02-701-8823
홈 페 이 지	www.sdedu.co.kr
I S B N	979-11-383-7710-2(13550)
정 가	29,000원

윙크

Win Qualification의 약자로서
자격증 도전에 승리하다의
의미를 갖는 시대에듀
자격서 브랜드입니다.

시대에듀

Win-Q 단기 합격을 위한 완전 학습서 시리즈

기술자격증 도전에
승리하다!

자격증 취득에 승리할 수 있도록
Win-Q시리즈가 완벽하게 준비하였습니다.

빨간키
핵심요약집으로
시험 전 최종점검

핵심이론
시험에 나오는 핵심만
쉽게 설명

빈출문제
꼭 알아야 할 내용을
다시 한번 풀이

기출문제
시험에 자주 나오는
문제유형 확인

TB
TECH BIBLE

한눈에 이해할 수 있도록
체계적으로 정리한 핵심이론

철저한 시험유형 파악으로
만든 필수확인문제

국가직 · 지방직 등
최신 기출문제와 상세 해설

기술직 공무원 건축계획
별판 | 30,000원

기술직 공무원 전기이론
별판 | 23,000원

기술직 공무원 전기기기
별판 | 23,000원

기술직 공무원 생물
별판 | 20,000원

기술직 공무원 임업경영
별판 | 20,000원

기술직 공무원 조림
별판 | 20,000원

※도서의 이미지와 가격은 변경될 수 있습니다.